"十五"国家重点图书
普通高等教育"十四五"规划教材

大学工程制图(3D版)

(第四版)

华东理工大学工程图学研究室　编著
郭　慧　钱自强　林大钧　主编

華東理工大學出版社
EAST CHINA UNIVERSITY OF SCIENCE AND TECHNOLOGY PRESS
·上海·

图书在版编目(CIP)数据

大学工程制图 / 郭慧,钱自强,林大钧主编. —4版. —上海：华东理工大学出版社,2024.6

ISBN 978 - 7 - 5628 - 7312 - 9

Ⅰ. ①大… Ⅱ. ①郭… ②钱… ③林… Ⅲ. ①工程制图-高等学校-教材 Ⅳ. ①TB23

中国国家版本馆 CIP 数据核字(2024)第 051570 号

内容简介

《大学工程制图(3D 版)(第四版)》根据教育部高等学校工程图学课程教学指导分委员会制定的工程图学课程教学基本要求编写,适宜作为普通高等学校机械类及化工、轻工、食品、环境等非机械类专业工程制图课程教材,也可作为相关专业工程技术人员的参考和自学用书。本书全部采用最新颁布的国家标准和有关的行业标准,并编有《大学工程制图习题集(3D 版)(第四版)》与之配套。本书在编写中,在保持过去历版教材特色的基础上,对部分内容做了重组和增减,如对标准件和常用件进行了重组;删减了化工设备图、化工工艺图,以及装配图、计算机绘图、机械制图国外标准等,加强了几何元素投影、立体的投影训练等。读者可按不同专业和学时数的要求,对内容进行灵活取舍和组合。

项目统筹 / 马夫娇　宋佳茗
责任编辑 / 宋佳茗　马夫娇
责任校对 / 张　波
装帧设计 / 徐　蓉
出版发行 / 华东理工大学出版社有限公司
地址：上海市梅陇路 130 号,200237
电话：021 - 64250306
网址：www.ecustpress.cn
邮箱：zongbianban@ecustpress.cn
印　　刷 / 常熟市华顺印刷有限公司
开　　本 / 787 mm × 1092 mm　1/16
印　　张 / 21
字　　数 / 512 千字
版　　次 / 2005 年 2 月第 1 版
2014 年 1 月第 2 版
2017 年 11 月第 3 版
2024 年 6 月第 4 版
印　　次 / 2024 年 6 月第 1 次
定　　价 / 58.00 元

第四版前言

本书根据我校历年出版的教材《大学工程制图》《工程制图》《工程制图教程》和编者多年教学改革实践的经验编写而成，是国家级一流本科课程的主讲教材。本书自2005年2月第一版出版以来，受到了许多使用院校教师和学生的好评，同时也得到了许多有价值的意见和建议。

在本次修订再版中，保持了前三版的定位宗旨，同时为适应现代成图技术要求，根据教育部高等学校工程图学课程教学指导分委员会制定的工程图学课程教学基本要求及现行的"技术制图"和"机械制图"国家标准，编者在内容上做了如下调整和修改：

(1) 对原书章节进行了梳理，将"标准件与常用件"单列为一章，力求体现少而精的原则，删去"化工设备图"和"化工工艺图"两章，需要学习这部分内容的师生请参见《现代工程制图(3D版)》教材。

(2) 采用了最新颁布实施的国家标准。

(3) 将知识难点与3D教学资源相融合，对书中大部分图例增设了3D可视化互动学习功能。手机安装配套的3D可视化互动软件(扫描封底下方二维码，关注"华理能源与环境出版中心"微信公众号，后台回复"7312"下载小程序，即可使用)后，扫描书中有"符号"标记的图形，可以全方位动态观看图例的三维演示，方便学生自主学习。

此外，与本书配套的教学资源包括：

(1) 多媒体教学课件，适合课堂教学使用(请联系作者邮箱 ghcad@163.com 获取)。

(2) 本书的线上教学资源学习链接：

https://mooc.s.ecust.edu.cn/course/441650000016999.html

(3)为了将教学、实验、助学互相结合，本书配套开发了四个虚拟仿真实验案例：① 化工工艺流程及设备管道布置虚拟仿真实验；② 换热器装拆及图形生成虚拟仿真实验；③ 偏心柱塞泵装拆及工程图绘制虚拟仿真实验；④ 工程制图典型案例虚拟仿真实验。网址为 https://xf.ecust.edu.cn/virexp/，读者可以注册后自行练习。

在考虑系统性的前提下，各章内容相对独立，满足机械类、近机类专业的教学要求。教师在选用时可根据不同专业的要求和学时数进行灵活组合和舍取。

与本书配套的《大学工程制图习题集(3D版)》已经出版。

本书历经了多次重编、修订，凝聚了华东理工大学工程图学教研组全体教师多年教学研究和实践的经验与辛勤付出，许多参与过本书编写的教师先后离开了教学工作岗位，他们为本书的编写和完善做出了积极的贡献，在此表示深深的敬意和衷心的感谢。本书在第一版至第三版的基础上进行修订，由郭慧、钱自强、林大钧主编。参与本次修订工作的人员(按章序排序)有郭慧(第1、3、4、5、6、7、8、10、13章)、赵菊娣(第2章、4.4节、第12章)、刘晶(4.2节、第11章)、马惠仙(4.3节、4.4节、第9章)。

本次修订中参考了国内外有关教材和标准，在此一并表示感谢。

限于编者水平有限，书中难免存在失误和不足之处，敬请广大读者继续提出宝贵意见和建议。

华理能源与环境出版中心

编　者

2024年3月

第 三 版 前 言

本书是根据我校历年出版的教材《工程制图学》《工程制图教程》和多年教学改革实践编写而成，是国家精品课程主讲教材。本书自2005年2月第一版出版以来，受到许多使用院校教师和学生的好评，同时也提出了许多有价值的意见和建议。

在本次修订版中，保持了前两版的定位宗旨，同时为适应现代成图技术要求，根据教育部高等学校工程图学课程教学指导委员会制定的工程制图课程教学基本要求(2015版)，编者在内容上做了如下调整和修改：

(1) 补充和更新了第15章计算机绘图、第10章零件图的内容。

(2) 采用了最新颁布实施的国家标准。

(3) 书中部分图例增加了二维码扫描直观演示。

内容的选择和编排力求体现"少而精"的原则，体现工程制图技术的发展，满足化工类专业及轻工、食品、环境等非机械类专业的教学要求。

此外，还增加了与本书配套的教学资源：

(1) 多媒体教学课件，适合课堂教学使用(请联系作者邮箱 ghcad@163.com 获取)。

(2) 网络教学资源辅助教学和学习：

http://e-learning.ecust.edu.cn/G2S/site/preview#/rich/v/70794?currentoc=26723

在考虑系统性的前提下，各章内容相对独立，教师在选用时可根据不同专业的要求和学时数进行灵活组合和舍取。

与本书配套的《大学工程制图习题集》也做了相应修订，与本书同期出版。

本书由郭慧、钱自强、林大钧主编。参加本次修订工作的人员(按章序)有：钱自强(1、3、4、5章)，林大钧(2、10章)，郭慧(6、15、16章)，张纯楠(7、11章)，蔡祥兴(8、13章)，马惠仙(9、12、14章)。

本书在修订中，参考了国内外有关教材和标准，在此一并表示感谢。

限于编者水平，书中难免存在失误和不足，敬请广大读者继续提出宝贵意见和建议。

编　者

2017年10月

第二版前言

本书自2005年2月第一版出版以来，受到许多使用本书的院校教师和学生的好评，同时他们也提出了许多有价值的意见和建议。在本次修订再版中，编者在内容上作了调整和修改。增写了绪论部分，精简了画法几何的内容，补充和更新了计算机绘图的内容，在技术要求等方面采用了最新国家标准。教材总体篇幅有了较大削减，力求体现“少而精”的原则，以满足化工类专业及轻工、食品、环境等非机械类专业的教学要求。

本书在考虑系统性前提下，各章内容相对独立，教师在选用时可根据不同专业的要求和学时数进行灵活组合和取舍。

与本书配套的《大学工程制图习题集》也作了相应修订，与本书同期出版。

本书由钱自强、林大钧、郭慧主编。参加本次修订工作的人员（按章序）有：钱自强（1、3、4、5章），林大钧（2、10章），郭慧（6、15、16章），张纯楠（7、11章），蔡祥兴（8、13章），马惠仙（9、12、14章）。邹培玲参加了部分绘图工作。

本书在修订中，参考了国内外有关教材和标准，在此一并表示感谢。

限于编者水平，书中难免存在不足，敬请广大读者继续提出宝贵意见和建议。

编　者

2013年10月

第一版前言

工程制图是工科类专业必修的一门技术基础课，其主要任务是培养学生具有一定的空间想象和思维能力，掌握按标准规定表达工程图样的实际技能，为学习后继的机械设计系列课程打下基础。同时它在培养学生形象思维、科学研究和创新能力等综合素质的过程中起着重要的作用。

从1795年法国几何学家格斯帕·蒙日应用投影方法创建画法几何学以来，200多年里，以画法几何为基本原理形成的工程图学随着人类社会的工业化进程，逐步成为工程设计领域的重要学科。它为工程技术各个领域解决机械结构、空间几何度量、构形设计等问题提供了可靠的理论依据和有效手段。进入21世纪，随着科学技术的飞速发展，学科间相互交叉和计算机技术的广泛应用，对本课程提出了更高要求，传统的教学内容和模式受到挑战，课程改革成为必然趋势。

本书是在我校历年出版的教材《工程制图学》《工程制图教程》《工程制图》和多年教改实践的基础上，根据全国高等工业学校工程制图课程教学指导委员会制定的工程制图课程教学基本要求编写而成的。为较好地处理传统内容和现代技术、理论教学与技能训练、形象思维与创新思维培养的关系，本书在编写中贯彻了精、新、特的原则。

(1) 对各部分内容的选取努力做到少而精，重点突出。如线面、面面相交主要介绍特殊位置情况；相贯线的处理结合工程上常用的柱柱、柱锥、柱球相贯的例子，突出表面取点法和近似画法的使用；焊接件的画法不再单独列章，并入化工设备图一起介绍。

(2) 书中全部采用新颁布的国家标准和其他一些相关的行业标准；在计算机绘图部分则介绍了较新的Auto CAD 2004版本。

(3) 继续保持和突出化工特色。比较全面地介绍了化工设备图、化工工艺图和展开图等化工专业图样的绘制，特别适合有关专业的选用。

(4) 进一步突出学生空间构思和创新能力的培养，加强了构形设计和制图等方面的内容，并独立成章。

(5) 为适应我国国际技术交流日益扩大和加入WTO后的形势，特别介绍了有关机械制图的ISO国际标准和美、日、俄等国家的标准。

本书在考虑系统性前提下，各章内容相对独立，并编有相应的《大学工程制图习题集》供配套使用，适用于本、专科化工工艺类专业，也可用于轻工、食品、环境等非机械类专业。教师在使用时，可根据不同专业的要求和学时数进行灵活组合和取舍。

本书由钱自强、林大钧、蔡祥兴主编。参加编写的人员(按章序)有：林大钧(1、5、9章)，钱自强(2、3、13章)，王蔚青(4、7章)，马惠仙(6、15章)，张纯楠(8、12章)，郭慧(10章)，张宝凤(11章)，蔡祥兴(14章)。邹佩玲参加了部分绘图工作。

本书在编写中，参考了国内外有关教材和标准，在此一并表示感谢。

限于编者水平，书中难免存在不足，敬请广大读者批评指正。

编　者

2004年10月

目　　录

1 绪 论

本章提要

本章简要介绍工程制图学科的研究对象和发展历史，阐述工程制图课程学习的目的、任务和方法。

1.1 本学科的研究对象

图样与语言、文字一样，都是人类表达、交流思想的工具。在工程建设中，为了正确地表示出机器、设备和建筑物的形状、大小、制造要求，通常将物体按一定的投影方法和规定表达在图纸上，即称为工程图样。由于在机器、设备和建筑物的设计、制造、检验、使用等各个环节中都离不开图样，因而图样被喻为“工程界的技术语言”。

随着20世纪50年代末计算机的出现，工程制图与计算机技术结合，促使工程制图的理论和技术发生了根本性的变化。图样在形体构思、工程设计、解决空间几何问题及分析研究自然界客观规律方面得到广泛的应用，已成为解决科学技术问题的重要载体，并逐步发展成为工程图学学科。

工程图学学科的研究对象包括：(1) 将空间几何元素(点、线、面)与物体表示在平面上的方法和原理；(2) 在平面上通过作图解决空间几何问题的方法和原理；(3) 根据有关标准及技术绘制和识读工程图样的方法。

本课程所讲授的内容是工程图学学科的主要组成部分。

1.2 本学科的发展简史

任何学科的产生都来源于人类的社会实践，并随着生产和科学实验的发展以及其他科学技术因素的互相影响而发展。工程图学学科的产生和发展也不例外。从世界各国的历史来看，工程制图最初源于图画，自古代人类学会制造简单工具和构造各种建筑物起，就已经使用图画来表达意图了。但是，人类在很长一段时间里都是按照写真的方法画图的。随着生产的发展，生产工具与建筑物的复杂程度和技术要求越来越高，这种直观的写真图画已无法担起正确表达形体的任务，因而对图样提出了更高的要求，即一方面要把形体表达得正确、清晰，且绘制方便，另一方面要能够准确度量，便于按图样制造和施工。根据生产的需要，这种绘图法就在众多工匠、建筑师的生产实践活动中逐步积累和发展起来。17世纪中期，法国建筑师兼数学家吉拉德·笛沙格(G. Desargues，1591—1661)首先总结了用中心投影法绘制透视图的规律，写了《透视法》一书。到18世纪末，法国几何学家加斯帕德·蒙日

(G. Monge，1746—1818)全面总结了前人的经验，用几何学原理系统地归纳了将空间几何形体正确地绘制在平面图纸上的原理和方法，创建了画法几何学。在此后的200多年时间里，以画法几何为基本原理形成的工程图学随着人类社会的工业化进程，逐步成为工业设计领域的重要学科，它为工业技术方面解决机械结构的运动分析、空间几何度量、构形设计等问题提供了可靠的理论依据和有效手段。

我国是世界上文明发达最早的国家之一，劳动人民在长期的生产实践中，在图示理论和制图方法等领域，有着丰富的经验和辉煌的成就。

在三皇五帝时代，人们已开始应用绘图工具。如山东省嘉祥县武翟山武氏祠中有伏羲氏执矩和女娲氏执规的汉代石刻像，说明我国在上古时期就有了画直角的矩(直角尺)和画圆的规(圆规)。再如在两千多年前的《周礼·考工记》《孟子》等古书中，就有用规、矩、绳墨(木工所用的弹直线的墨绳)、悬(或称作垂，即在绳下端系重物，以在壁上作铅垂线)、水(定水平和作水平线的器具)等工具进行作图和生产劳动的记述。

据文字记载，我国在战国时期已经有应用于建筑工程的图样。如《史记》的《秦始皇本纪》中记载："秦每破诸侯，写放其宫室，作之咸阳北阪上。"其意思是秦始皇每征服一国后，就派人绘出该国宫室的图样，在咸阳北阪上照样建造一座。1977年冬，从我国河北省平山县战国时期中山王墓中出土的、用青铜板镶嵌金银丝条和文字制成的建筑平面图是世界上罕见的早期工程图样，见图1-1。此图样按正投影法用1∶500的比例绘制而成，并注有尺寸，完成于公元前323—前309年。与世界上现存早期图样相比较，它是最完善的一幅。

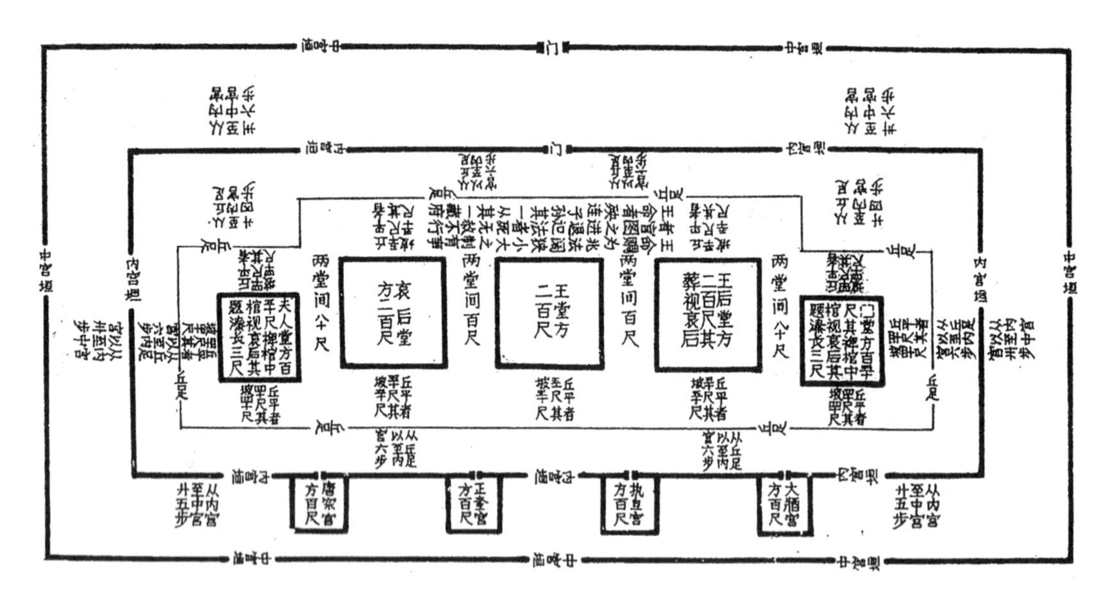

图1-1　战国时期的建筑平面图

在我国历史上遗留下来的图样中，最著名的是宋朝李诫编写的建筑工程巨著《营造法式》(刊印于公元1103年)。该书总结了我国当时的建筑技术和艺术的成就，堪称宋朝时期关于建筑的一部国家标准和施工规范。整部书籍共36卷，其中6卷全部是图样，与现在使用的工程图样的形式相比，几乎没有差别。图1-2为该书所载的几幅图样，其中有正投影图、轴侧投影图和透视图多种形式。在宋朝之后许多工程技术书籍，如元朝薛景石的《梓人遗制》和王祯的《王祯农书》，明朝宋应星的《天工开物》和徐光启的《农政全书》等，都附有许多农具及各种器械的插图，也与现代工程图样的形式相类似。可见当时我国在图示方法应用上已很完善，这个时期比笛沙格和蒙日所处的时代都要早几百年，可惜这方面的专著没有留传下来。

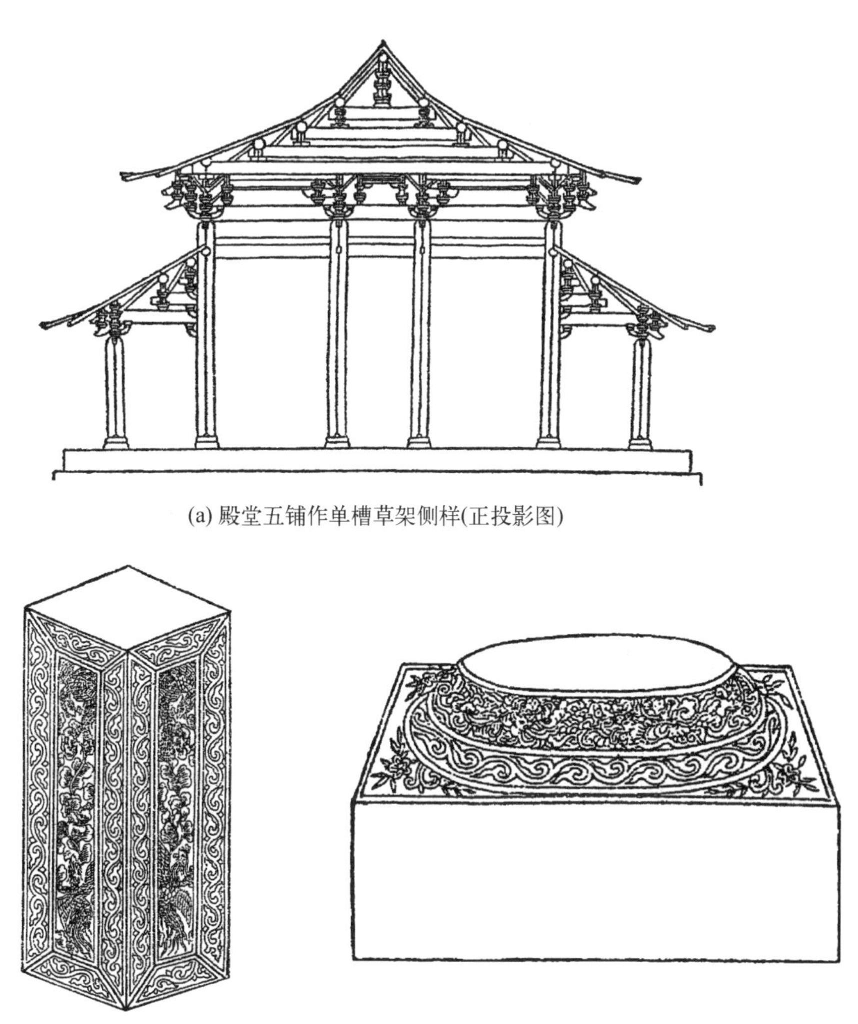

(a) 殿堂五铺作单槽草架侧样(正投影图)

(b) 剔地起突云龙角柱(轴侧投影图)　　(c) 宝装莲华柱础(透视图)

图 1-2　宋朝《营造法式》中附图举例

进入20世纪后，随着现代科学技术的发展，计算机技术与工程科学相互结合和渗透。20世纪50年代，世界上第一台自动绘图机诞生；20世纪60年代初，美国麻省理工学院开发完成了Sketchpad程序系统——一种人机对话系统；20世纪80年代末，美国兰德公司开发出首个图形语言Grailgraphics Input Language。1973年第一次国际计算机绘图学术会议在匈牙利召开，20世纪80年代初美国Autodesk公司推出计算机辅助设计绘图软件AutoCAD，自此一门工程制图和计算机结合的学科——计算机图形学在世界上主要工业国家兴起。近年来，由于软硬件的不断完善和创新，计算机图形学得到飞速发展，工程图学已不再仅仅是限于投影和工程知识的传统工程学科，而是数学、物理学、工程学、计算机学、智能和思维科学等多学科交叉形成的、具有崭新内容的学科。工程图样作为工程信息的载体和传递媒介,正从仅能表示静态产品信息的图样,发展为有质感的、能反映产品物理性能和加工性能的、能交互的动感图形信息。这种图形信息也是计算机辅助设计(CAD)、计算机辅助制造(CAM)和计算机集成制造系统(CIMS)的主要载体。随着计算机绘图技术的普及,传统的尺、规手工绘图作业模式逐步退出历史舞台。值得注意的是,当今各种计算机绘图软件已经有了质的飞跃。因此,计算机绘图并不是简单地代替手工绘图,而是提高设计质量、设计能力、设计效率的重大技术进步,这是在学习计算机绘图和后续相关课程时始终要考虑的问题。

1.3 课程学习的目的和任务

工程制图课程是高等学校工科类专业既有理论又有实践的一门重要技术基础课。学习本课程的主要目的是掌握工程图样的图示理论和方法,培养绘图、读图能力和空间想象能力。其主要任务包括:

(1) 学习正投影的基本理论和方法;

(2) 培养图示空间形体的能力;

(3) 学习绘制和识读工程图样的方法;

(4) 了解和掌握有关制图的国家标准;

(5) 学会使用常用的计算机绘图软件。

1.4 课程学习的方法

工程制图是一门实践性很强的课程,与学生在中学阶段学习数、理、化等课程有所不同,学习工程制图,除了需要逻辑思维能力,还需要很强的形象思维能力。因此,在学习本课程时必须掌握必要的学习方法,养成良好的学习习惯:

(1) 对课程涉及的画法几何理论部分,要把基本概念和基本原理理解透彻,做到融会贯通,这样才能灵活地运用这些概念、原理和方法来解题作图。

(2) 为了提高空间形体的图示表达能力,必须对所要表达的物体进行几何分析和形体分析,掌握它们处在各种相对位置时的图示特点,不断深化对空间形体与其投影图形之间关系的认识。

(3) 绘图和读图能力的培养主要依赖于实践,因此要十分重视这方面的训练。古人说,熟能生巧,只有通过反复的实践,才能逐步掌握绘图和读图的方法,熟悉国家制图标准和其他有关技术标准,特别是机械、化工、电子、建筑等专业图样的一些特殊表达习惯和方法。

(4) 在学习计算机绘图时,特别要注意加强上机实践,通过不断熟悉软件的各种使用和操作技能来提高应用计算机绘图的熟练程度。

(5) 要注意培养自学能力。根据教学日历安排,课前做好每个章节预习,总结和归纳要点、重点;课后做好复习,巩固和消化所学的知识。

(6) 鉴于图样在工程中的重要性,常常失之毫厘,差之千里,工程技术人员不能看错和画错图纸,否则会造成重大损失。因此,在学习中要养成耐心、细致的习惯,无论是绘图还是读图,都要十分认真,反复检查,确保准确无误。

2 制图的基本规定、技能

本章提要

本章摘录国家标准中有关图纸幅面、格式、比例、字体、图线和尺寸标注等基本规定，较详细地介绍常见绘图工具的使用和常见几何作图问题，通过实例介绍绘制平面图形的步骤和方法。

2.1 机械制图国家标准的基本规定

工程图样是设计和制造机器、设备等的重要技术文件，为了便于生产和技术交流，对图样内容、格式、画法、尺寸标注等都必须做统一规定。"ISO"是国际上统一制定的制图标准。我国也制定了与国际标准相统一的机械制图国家标准，代号"GB"。本节介绍国家标准中有关图纸幅面、格式、比例、字体、图线、尺寸标注等内容。

2.1.1 图纸图幅(GB/T 14689—2008)

在绘制图样时，图纸幅面和图框尺寸应优先采用表 2-1 所规定的基本图幅尺寸。其中，A0～A4 幅面尺寸间的关系如图 2-1 所示。必要时图幅可以沿长边加长。对于 A0、A2、A4 幅面，应按 A0 幅面长边的 1/8(即 148)的倍数增加；对于 A1、A3 幅面，应按 A0 幅面短边的 1/4(即 210)的倍数增加；A0、A1 幅面也可同时加长两边。

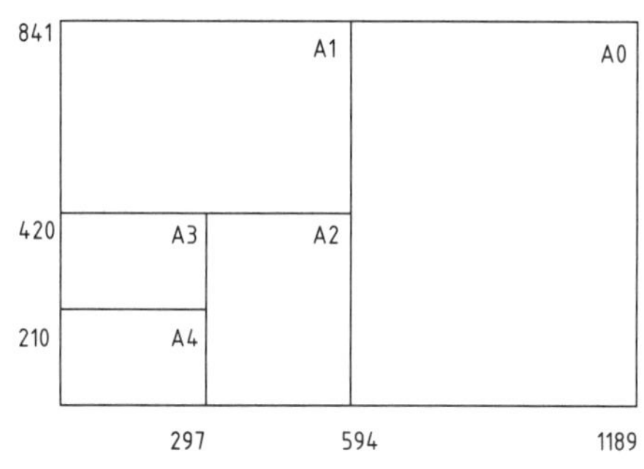

图 2-1　幅面尺寸间的关系

表 2-1　图纸基本图幅和图框代号

幅面代号	A0	A1	A2	A3	A4
$B \times L$	841×1189	594×841	420×594	297×420	210×297
e	20		10		
c	10			5	
a	25				

图样中的图框由内、外两框组成，外框用细实线绘制，大小为幅面尺寸，内框用粗实线绘制，两种格式图框周边尺寸如表 2-1 所示。图框格式分为留装订边和不留装订边两种，如

图 2-2 所示。一般应优先采用不留装订边的形式。同一产品的图样只能采用一种格式。图样绘制完毕后应沿外框线裁边。

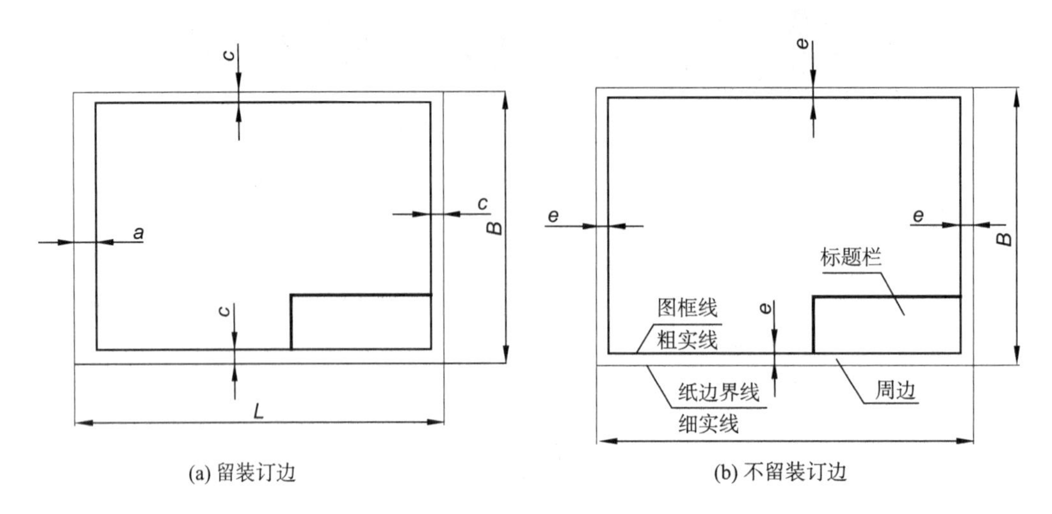

(a) 留装订边　(b) 不留装订边

图 2-2　图框格式

2.1.2　标题栏(GB/T 10609.1—2008)

每张图纸上都必须有标题栏,标题栏一般位于图纸的右下方。对于允许逆时针旋转的图幅,需要同时画出方向符号(在对中符号上的等边三角形)。看图方向分两种情况。图纸未旋转时按标题栏文字方向看图,图纸旋转后则按方向符号看图,即将对中符号上的等边三角形(即方向符号)位于图纸下边作为看图方向,如图 2-3 所示。

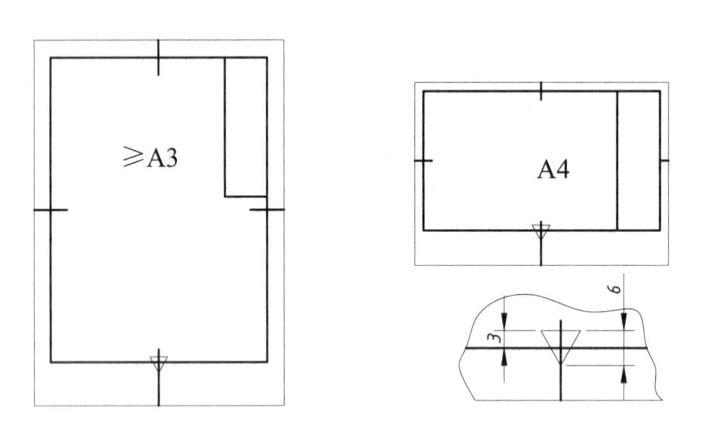

图 2-3　图纸旋转后的看图方向及方向符号

国家标准对标题栏的格式、内容和尺寸做了推荐,如图 2-4(a)所示,学生在做作业时也可采用如图 2-4(b)、图 2-4(c)所示的范例。

2.1.3　比例(GB/T 14690—1993)

比例是指图样中机件要素的线性尺寸与实际机件相应要素的线性尺寸之比。比值等于 1 的比例叫原值比例,比值大于 1 的比例叫放大比例,比值小于 1 的比例叫缩小比例。图样无论采用放大比例还是采用缩小比例,所注尺寸应是机件的实际尺寸,而不是所画图形的大

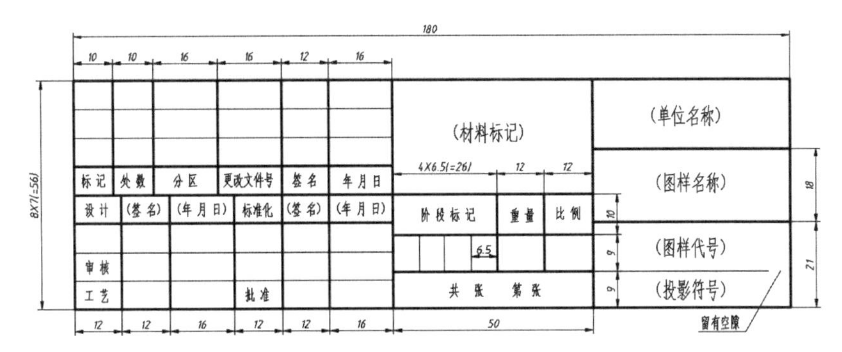

(a) 国家标准推荐标题栏格式、内容和尺寸

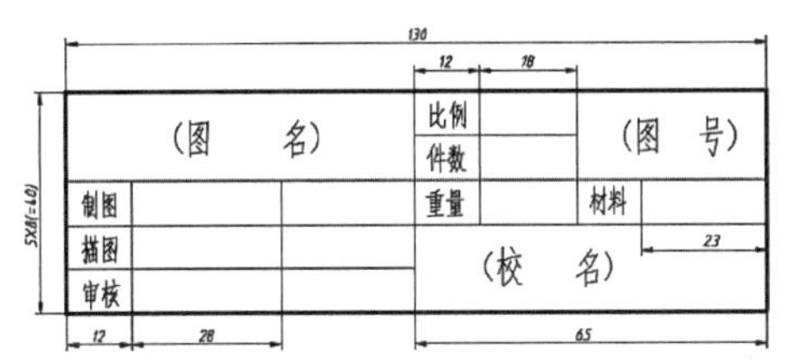

(b) 零件图用简化标题栏格式、内容和尺寸

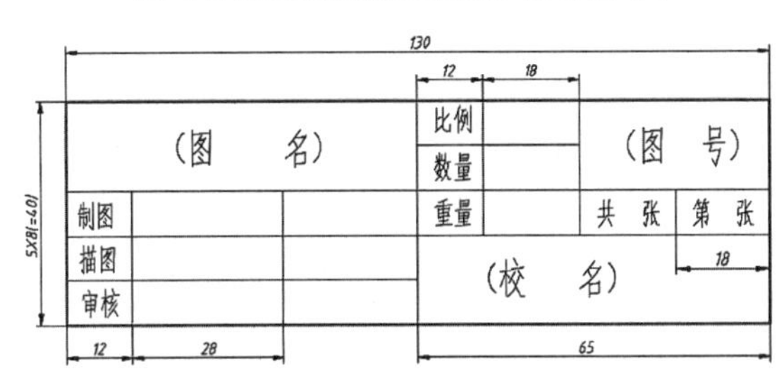

(c) 装配图用简化标题栏格式、内容和尺寸

图 2-4　标题栏格式、内容和尺寸

小。当绘制同一机件的各个视图时，应采用相同的比例，并在标题栏中填写。如某个视图需要采用不同的比例，必须另行标注。

国家标准规定可采用的比例系列见表 2-2。表中 n 为正整数。绘制图形时应首先考虑采用表中规定的优先比例系列。

表 2-2　标准比例系列

种类	优先选用比例	允许选用比例
原值比例	1∶1	
放大比例	5∶1　　2∶1 5×10^n∶1　2×10^n∶1　1×10^n∶1	4∶1　　2.5∶1 4×10^n∶1　2.5×10^n∶1
缩小比例	1∶2　　1∶5　　1∶10 1∶2×10^n　1∶5×10^n　1∶1×10^n	1∶1.5　　1∶2.5　　1∶3　　1∶4　　1∶6 1∶1.5×10^n　1∶2.5×10^n　1∶3×10^n　1∶4×10^n　1∶6×10^n

2.1.4　字体(GB/T 14691—1993)

国家标准规定在图样中书写字体必须做到字体工整、笔画清楚、间隔均匀、排列整齐。具体规定如下：

(1) 字体的号数，即字体的高度，单位为 mm，分为 20，14，10，7，5，3.5，2.5，1.8 八种。

(2) 汉字应写成长仿宋体，其高度不应小于 3.5 mm，字体的宽度约为字体高度的 $1/\sqrt{2}$。

(3) 字母与数字可写成正体和斜体两种。斜体字字头向右倾斜，与水平线约成 75°。

在同一张图纸上用作指数、极限偏差等的数字和字母应采用小一号字体。图 2-5 为汉字、字母和数字示例。

字体工整　笔画清楚　间隔均匀　排列整齐

图 2-5　字体示例

2.1.5　图线(GB/T 17450—1998、GB/T 4457.4—2002)

综合 GB/T 17450—1998《技术制图　图线》及 GB/T 4457.4—2002《机械制图　图样画法　图线》，国家标准对应用于各种图样的基本线型、线宽、画法及应用示例等做了如下规定：

(1) 在绘制图样时，可采用表 2-3 所示的 3 粗 6 细共 9 种基本线型。

表 2-3　图线的种类及应用

线型	名称	图线形式	宽度	主要用途
实线	粗实线	——————	d (优先采用 0.5 mm 或 0.7 mm)	可见轮廓线、相贯线、螺纹的牙顶线、螺纹长度终止线、齿轮的齿顶圆(线)、剖切符号用线
	细实线	——————	$d/2$	尺寸线、尺寸界线或引出线； 剖面线、重合断面的轮廓线； 螺纹的牙底线及齿轮的齿根圆(线)

续表

线型	名称	图线形式	宽度	主要用途
实线	波浪线		$d/2$	断裂处的边界线； 视图与剖视图的分界线
	双折线	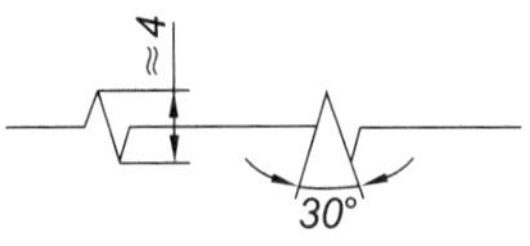 ≈4　30°		
虚线	细虚线	 12d　3d	$d/2$	不可见轮廓线、不可见棱边线
	粗虚线		d	允许表面处理的表示线
点画线	细点画线	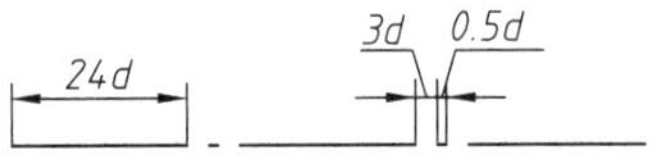 24d　3d　0.5d	$d/2$	轴线、对称中心线、分度圆（线）、孔系分布的中心线、剖切线
	粗点画线		d	限定范围表示线
双点画线	细双点画线	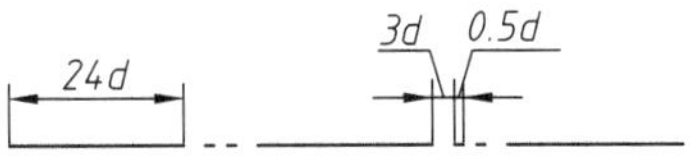 24d　3d　0.5d	$d/2$	相邻辅助零件的轮廓线、可动零件的极限位置的轮廓线、轨迹线、中断线和有特殊要求的表面的表示线

（2）图线分粗、细两种，其宽度比例为 2∶1。

（3）图线宽度 d 的推荐系列为 0.25 mm、0.35 mm、0.5 mm、0.7 mm、1 mm、1.4 mm、2 mm。图线宽度应根据图形的大小和复杂程度进行选择，一般常用 0.5 mm 或 0.7 mm。同一图样中的同类图线的宽度应基本保持一致。

（4）虚线、点画线及双点画线的线段长度和间隔应大概相等。

（5）点画线的首、末两端是长画，并超出图形轮廓 2～5 mm，但不能过长。

（6）当细点画线和双点画线较短，如小于 8 mm 时，可用细实线代替。

（7）当点画线或双点画线和粗实线相交或者与自身相交时，应以画相交。如在画圆的中心线时，两条细点画线在圆心处应是长画相交。

（8）当虚线与虚线、虚线与粗实线相交时，应以画相交；若虚线处于粗实线的延长线上，则粗实线应画到位，而虚线在相连处应留有空隙。

（9）当几种线型的图线重合时，应按粗实线、虚线、点画线的优先顺序画出。

图线具体画法规定见表 2-3，图线应用示例见图 2-6。

2.1.6　尺寸标注（GB/T 4458.4—2003）

机件的大小由标注的尺寸确定。标注尺寸时应严格遵照国家标准中有关尺寸注法的规定，做到正确、齐全、清晰、合理。

2.1.6.1　基本规则

（1）机件的真实大小应以图样上所注的尺寸数值为依据，与图形的大小、绘制的准确性无关。

（2）当图样中（包括技术要求和其他说明）的尺寸以毫米为单位时，不需要标注计量单

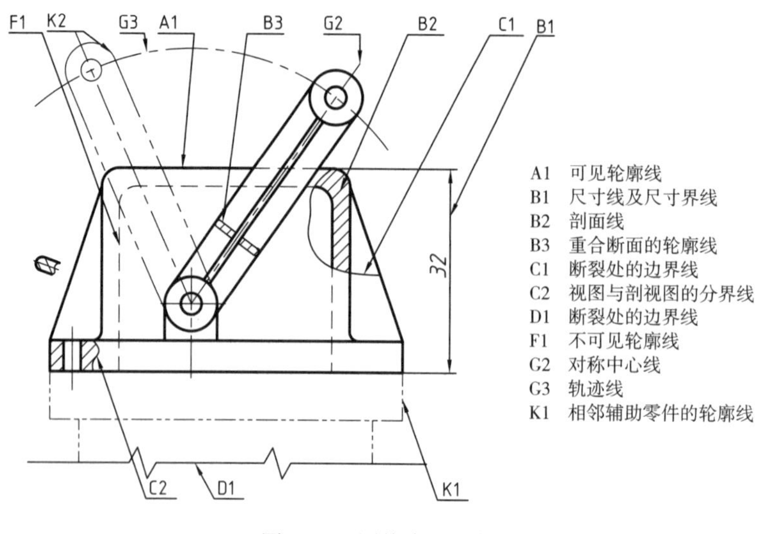

图 2-6 图线应用示例

位的代号或名称，若采用其他单位，则必须注明相应计量单位的代号或名称。

(3) 图样中所标注的尺寸为该图样所表示机件的最后完工尺寸，否则应另加说明。

(4) 机件的每个尺寸一般只标注一次，并应标注在反映其结构最清晰的图形上。

2.1.6.2 尺寸要素

完整的尺寸一般由尺寸界线、尺寸线和尺寸数字三个要素组成。

1. 尺寸界线

尺寸界线表示所注尺寸的界限，用细实线绘制，并应从图形的轮廓线、轴线或对称中心线处引出，也可以利用轮廓线、轴线或对称中心线作尺寸界线。尺寸界线必须超出尺寸线 2～3 mm，如图 2-7 所示。

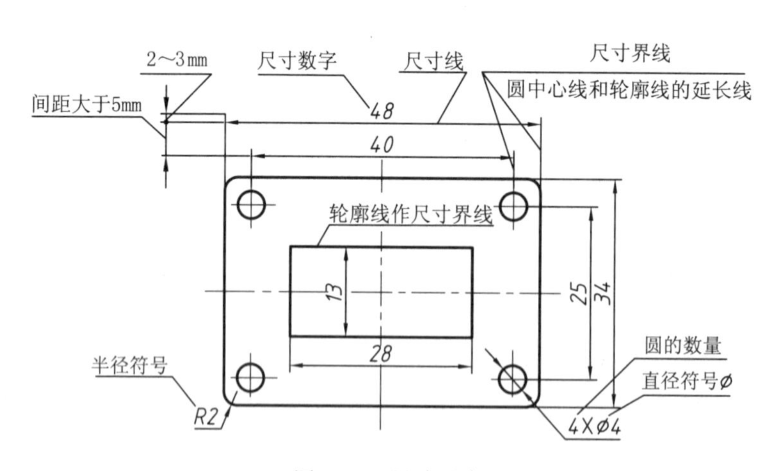

图 2-7 尺寸要素

2. 尺寸线

尺寸线表示所注尺寸的范围，用细实线绘制，不得用其他图线代替，也不得与其他图线重合或画在其延长线上。应尽量避免尺寸线与尺寸线或尺寸界线相交。尺寸线终端有两种形式：

(1) 箭头

箭头指向尺寸界线并与其接触,且不得超出尺寸界线或留空缺。箭头形式如图 2-8(a)所示,其中 d 为粗实线的宽度。在同一张图纸上,箭头的大小应基本一致。

(2) 45°斜线

斜线用细实线绘制,其方向和画法如图 2-8(b)所示,其中 h 为字体的宽度。当尺寸线终端采用45°斜线形式时,尺寸线与尺寸界线相互垂直。同一张图纸上的尺寸线终端一般采用一种形式。

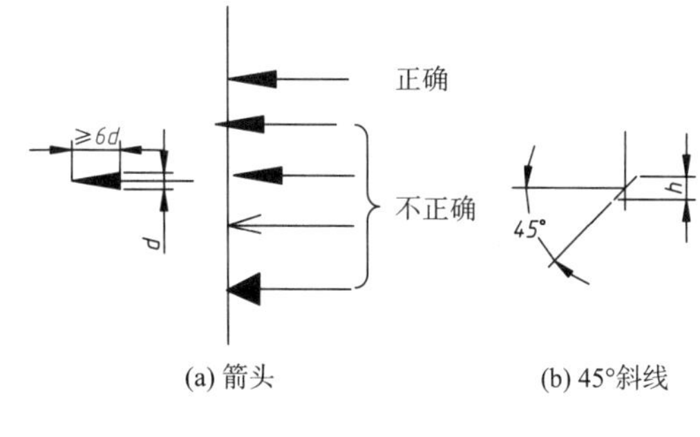

图 2-8　尺寸线终端形式

3. 尺寸数字

尺寸数字表示所注尺寸的数值,线性尺寸数字水平标注时应标注在尺寸线的上方,竖直标注时应标注在尺寸线的左方。也允许尺寸数字标注在尺寸线的中断处。尺寸数字不能被任何图线通过,否则必须将该图线断开,以使数字能清晰显示出来。如图 2-7 所示,将穿过尺寸数字 28 的中心线打断。

2.1.6.3　*尺寸注法*

1. 线性尺寸标注

线性尺寸数字一般应采用图 2-9(a)所示的方向标注。对非水平方向的数字尽可能避免在图 2-9(a)所示 30°范围内标注尺寸,无法避免时可按图 2-9(b)所示的形式标注或其数字水平地写在尺寸线的中断处。

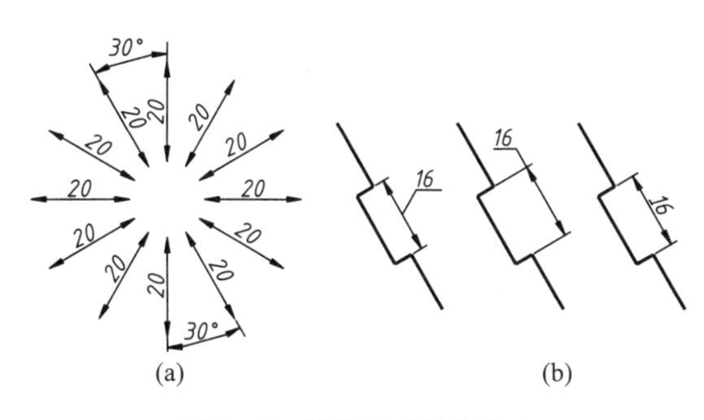

图 2-9　线性尺寸数字方向

在标注线性尺寸时,尺寸线必须与所标注的线段平行。当有几条平行的尺寸线时,大尺寸要注在小尺寸的外侧,以避免尺寸线与尺寸界线相交。

2. 圆及圆弧尺寸标注

圆或大于半圆的圆弧应标注其直径,并在数字前加注符号“ϕ”,其尺寸线必须通过圆心。当尺寸线一端无法画出箭头时,尺寸线要超出圆心一段,见图 2-10(a)。等于或小于半圆的圆弧应标注其半径,并在数字前加注符号“R”,其尺寸线从圆心开始,箭头指向轮廓,见图 2-10(b)。当圆弧半径过大,或在图纸范围内无法标出其圆心位置时,可按图 2-10(c)所示

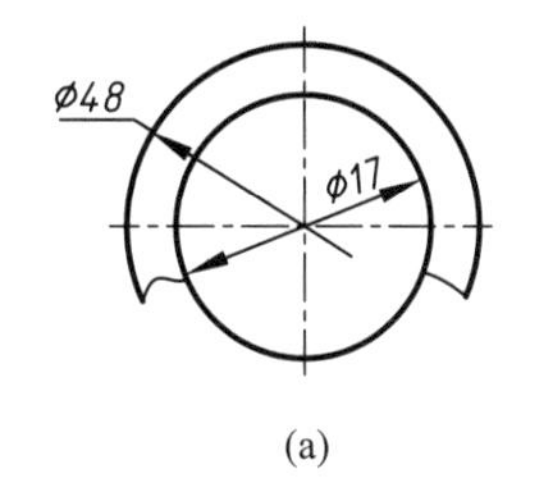

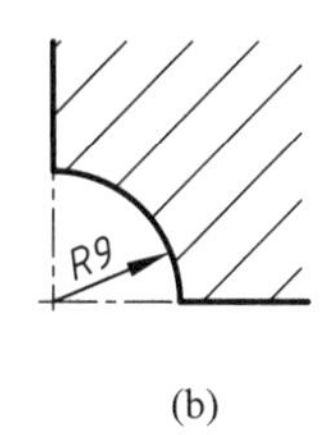

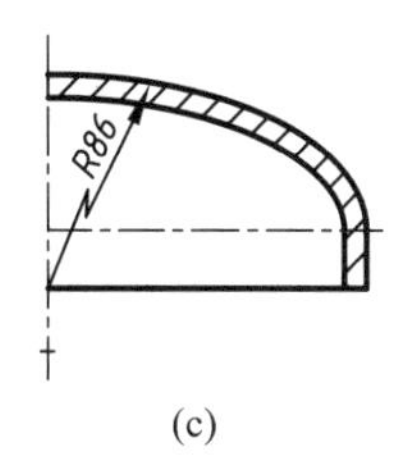

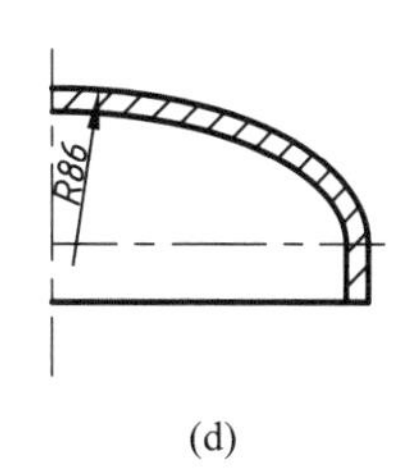

(a)　(b)　(c)　(d)

图 2-10　圆及圆弧尺寸的注法

的形式标注。当不需要标出圆心位置时，可按图 2－10(d)所示的形式标注。

3. 球面尺寸标注

标注球面直径或半径时应在符号“ϕ”“R”前加注符号“S”，如图 2－11(a)所示。在不至于引起误解的情况下可省略符号“S”，如图 2－11(b)所示的螺钉头部的球面尺寸。

4. 角度尺寸标注

标注角度的尺寸界线应沿径向引出，尺寸线应画成圆弧，圆心是角的顶点。标注角度的尺寸数字一律写成水平方向，一般注写在尺寸线的中断处，必要时可写在尺寸线的上方或外侧，也可引出标注，如图 2－12 所示。

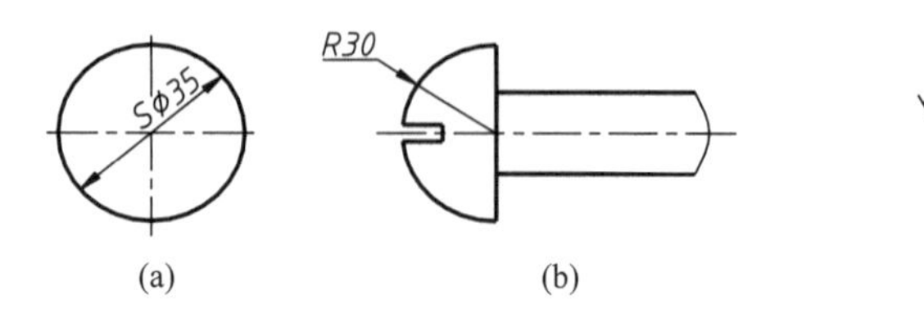

图 2－11 球面尺寸的注法

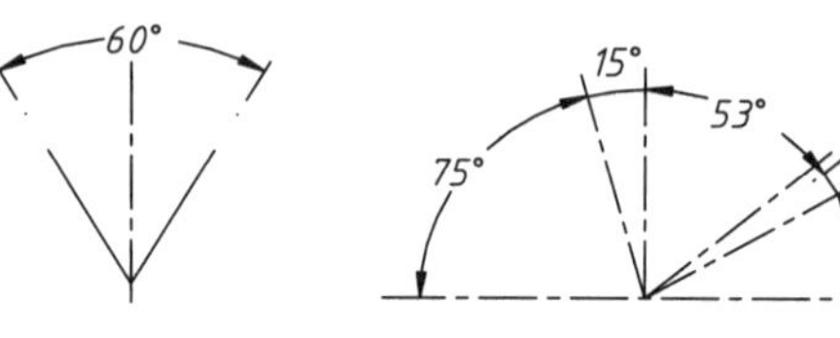

图 2－12 角度尺寸的注法

5. 弧长尺寸标注

标注弧长的尺寸界线应平行于该弧所对圆心角的角平分线，弧度较大时可沿径向引出。弧度符号写在尺寸数字的左侧。如图 2－13 所示。

6. 小尺寸标注

在没有足够的位置画箭头或写数字时，可将箭头或数字布置在外面。当几个小尺寸连续标注时，中间的箭头可用斜线或圆点代替，如图 2－14 所示。

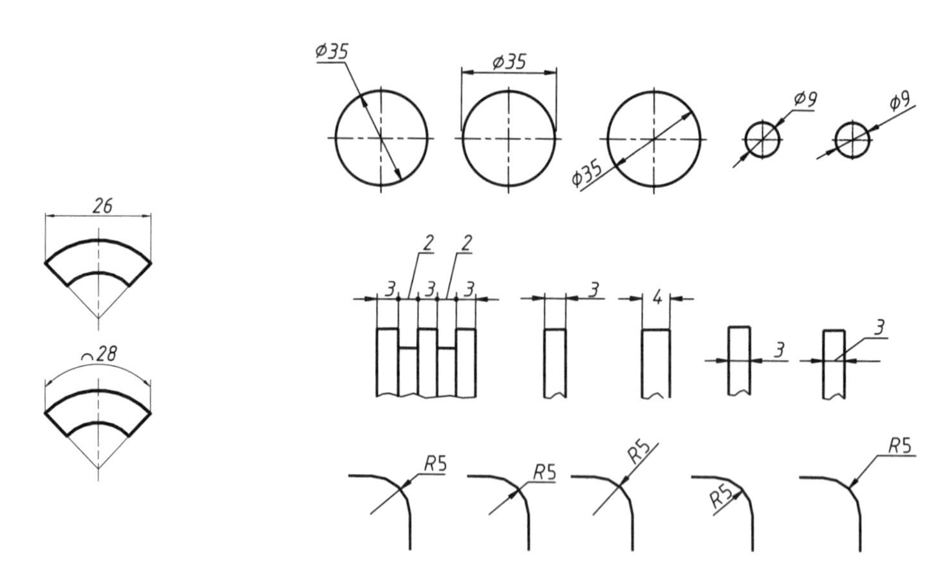

图 2－13 弧长尺寸的注法

图 2－14 小尺寸的注法

7. 尺寸数字前的符号

在标注某些具有特定形状形体的尺寸时，为了使标注既简单又清楚，常在尺寸数字前注出特定的符号或缩写词。常用的符号和缩写词见表 2－4，具体图例见图 2－15。

表 2-4 尺寸标注中常用的符号和缩写词

序号	符号和缩写词			序号	符号和缩写词		
	含 义	现 行	曾 用		含 义	现 行	曾 用
1	直径	ϕ	（未变）	9	深度	↧	深
2	半径	R	（未变）	10	沉孔或锪平	⌴	沉孔、锪平
3	球面直径	$S\phi$	球 ϕ	11	埋头孔	⌵	沉孔
4	球面半径	SR	球 R	12	弧长	⌒	（仅变注法）
5	厚度	t	厚，δ	13	斜度	∠	（未变）
6	均布	EQS	均布	14	锥度	◁	（仅变注法）
7	45°倒角	$C2$	2×45°	15	展开长	○→	（新增）
8	正方形	□	（未变）	16	型材截面形状	GB/T 4656.1—2000	GB/T 4656—1984

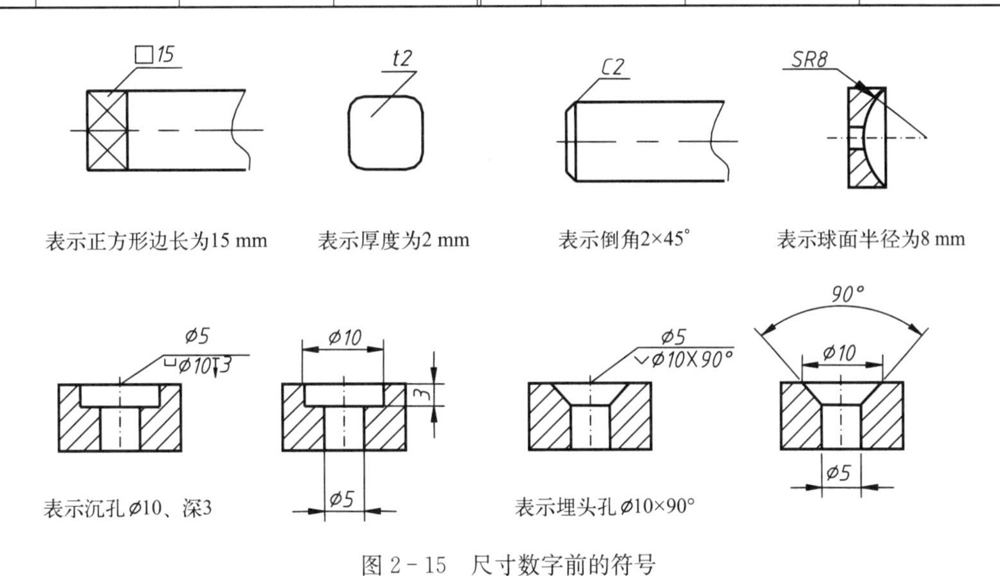

图 2-15 尺寸数字前的符号

2.2 制图基本技能

2.2.1 常用绘图工具及使用

要准确而迅速地绘制图样，必须正确、合理地使用绘图工具，常用的绘图工具主要有铅笔、图板、丁字尺、绘图仪（其中主要有圆规、分规等）、三角板、曲线板等，此外还有橡皮、胶带、纸等绘图用品。现将几种常用的绘图工具的使用方法列在表 2-5 中进行分别介绍。

表 2-5　常用的绘图工具及其使用方法

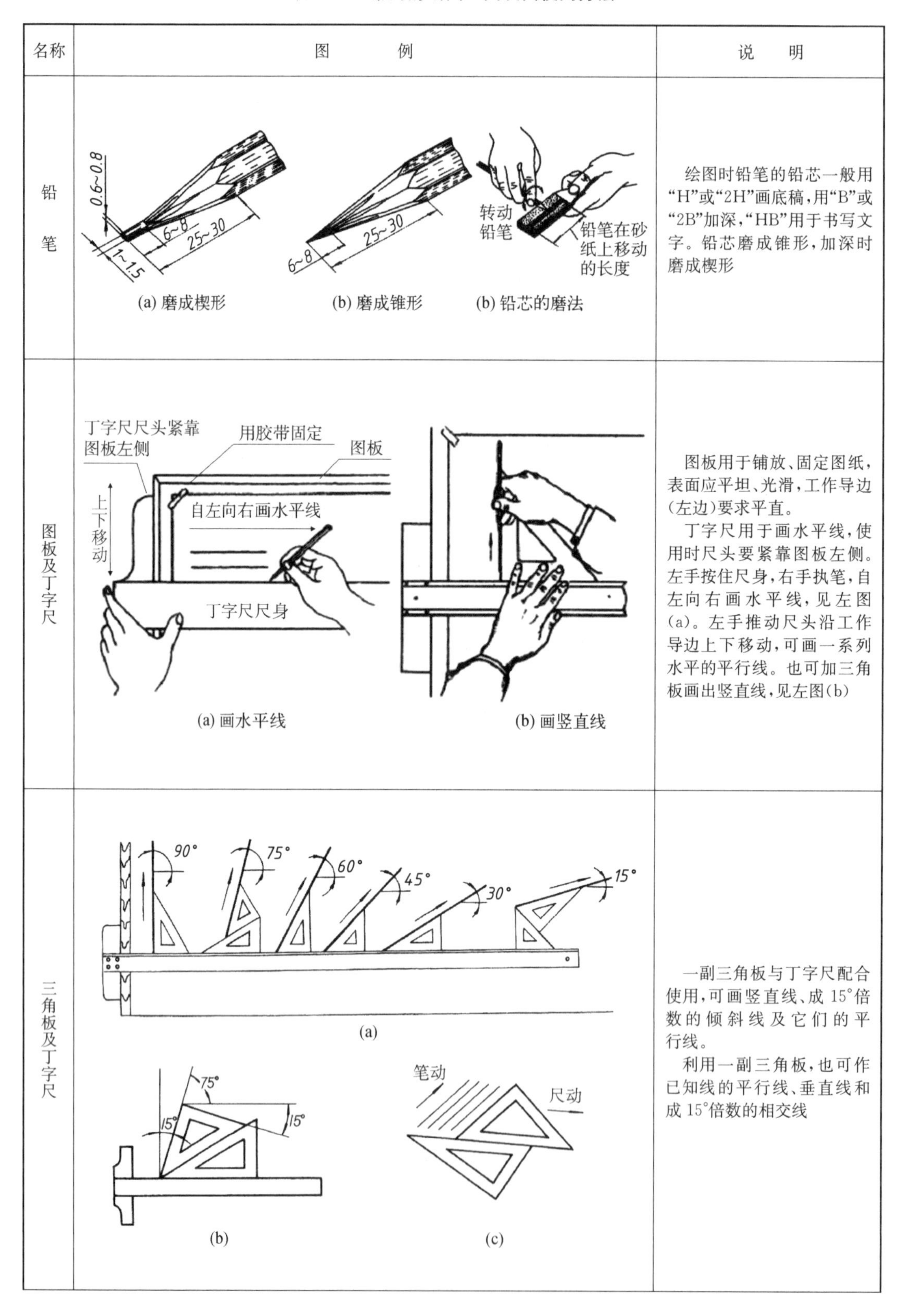

名称	图　　例	说　　明
铅笔	(a) 磨成楔形　(b) 磨成锥形　(b) 铅芯的磨法	绘图时铅笔的铅芯一般用“H”或“2H”画底稿,用“B”或“2B”加深,“HB”用于书写文字。铅芯磨成锥形,加深时磨成楔形
图板及丁字尺	(a) 画水平线　(b) 画竖直线	图板用于铺放、固定图纸,表面应平坦、光滑,工作导边(左边)要求平直。 丁字尺用于画水平线,使用时尺头要紧靠图板左侧。左手按住尺身,右手执笔,自左向右画水平线,见左图(a)。左手推动尺头沿工作导边上下移动,可画一系列水平的平行线。也可加三角板画出竖直线,见左图(b)
三角板及丁字尺	(a)　(b)　(c)	一副三角板与丁字尺配合使用,可画竖直线、成15°倍数的倾斜线及它们的平行线。 利用一副三角板,也可作已知线的平行线、垂直线和成15°倍数的相交线

续表

名称	图　　例	说　　明
圆规	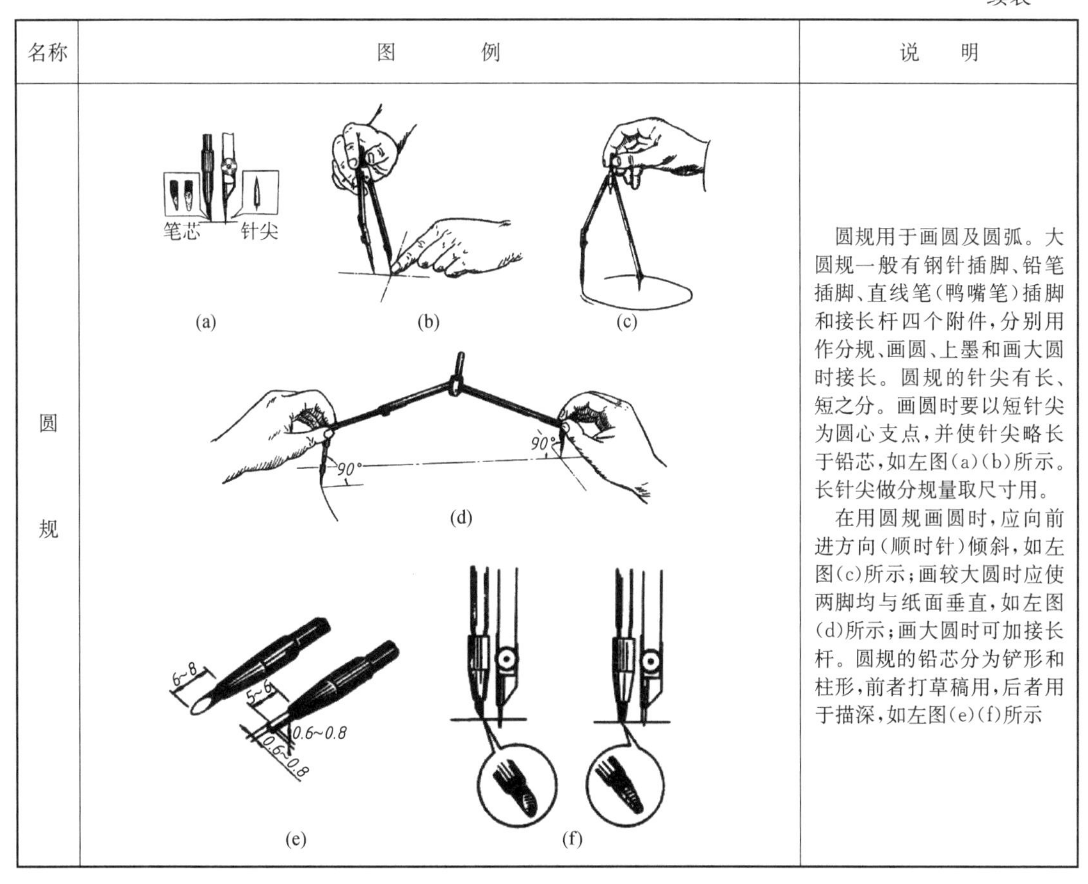 (a) (b) (c) (d) (e) (f)	圆规用于画圆及圆弧。大圆规一般有钢针插脚、铅笔插脚、直线笔(鸭嘴笔)插脚和接长杆四个附件,分别用作分规、画圆、上墨和画大圆时接长。圆规的针尖有长、短之分。画圆时要以短针尖为圆心支点,并使针尖略长于铅芯,如左图(a)(b)所示。长针尖做分规量取尺寸用。 在用圆规画圆时,应向前进方向(顺时针)倾斜,如左图(c)所示;画较大圆时应使两脚均与纸面垂直,如左图(d)所示;画大圆时可加接长杆。圆规的铅芯分为铲形和柱形,前者打草稿用,后者用于描深,如左图(e)(f)所示

2.2.2　几何作图

机件的轮廓形状是多种多样的,但在技术图样中,表达它们各部位结构形状的图形都是由直线、圆和其他一些曲线组成的平面几何图形。绘制图样时常会遇到等分线、等分圆、作正多边形、画斜度和锥度、绘制非圆曲线、圆弧连接等几何作图问题。本节用图示方法简要介绍常用几何作图的方法及步骤。

2.2.2.1　等分线段及角度

通常可用圆规、三角板等绘图工具等分已知线段及角度,其作图方法见图 2-16。

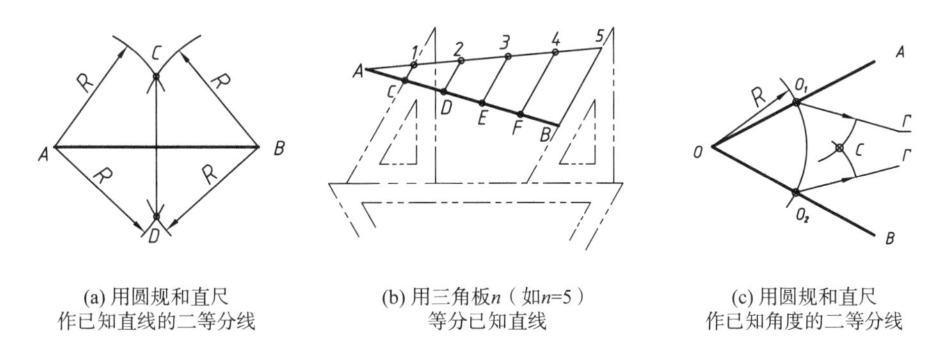

(a) 用圆规和直尺作已知直线的二等分线　(b) 用三角板n(如n=5)等分已知直线　(c) 用圆规和直尺作已知角度的二等分线

图 2-16　等分已知线段及角度

2.2.2.2　圆内接正六边形的画法

由已知外接圆画正六边形的步骤如图 2-17 所示。

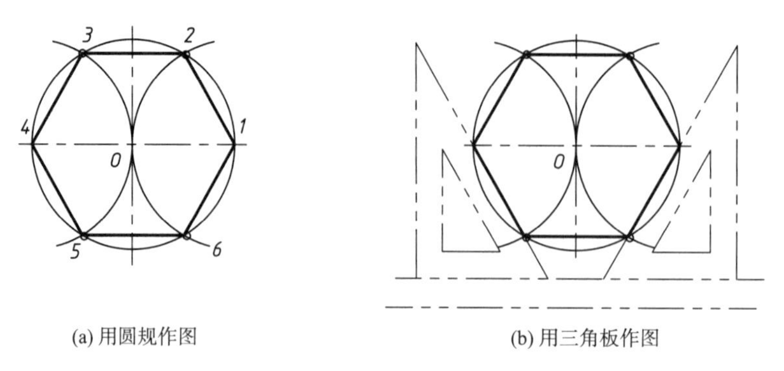

(a) 用圆规作图　　(b) 用三角板作图

图 2-17　圆内接正六边形的作图步骤

2.2.2.3　斜度与锥度的画法

斜度是指一直线(或平面)对另一直线(或平面)的倾斜程度,用该两直线(或平面)间的夹角的正切值来表示。一般用 1∶n 的形式标注,并在前面注斜度符号。

锥度是指正圆锥的底圆直径与锥高之比,或正圆锥台的两底圆直径之差与锥台高度之比。一般用 1∶n 的形式标注。

斜度与锥度的符号画法及标注方法如图 2-18 所示,其中 h 为字高。标注时应注意斜度、锥度的符号方向与斜度、锥度的实际倾斜方向分别一致。

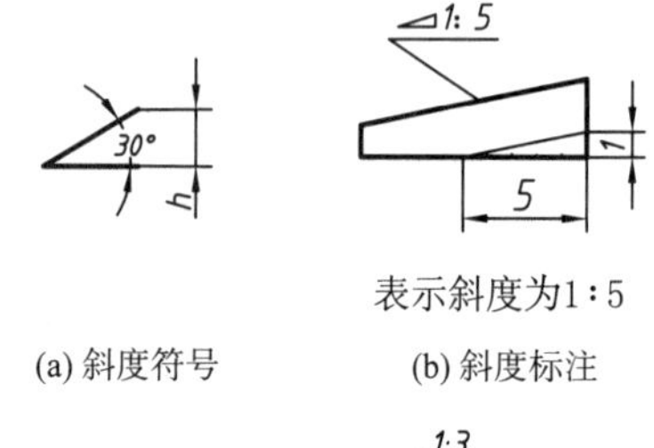

(a) 斜度符号　　(b) 斜度标注

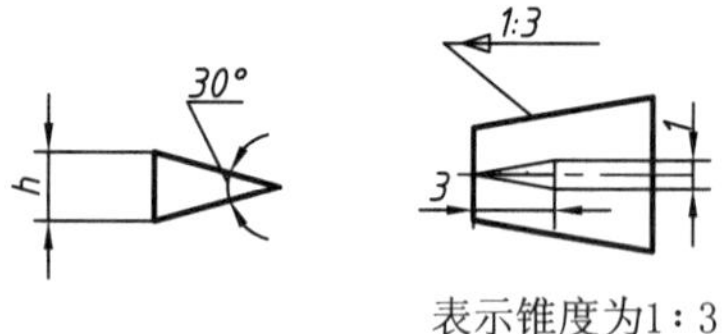

(c) 锥度符号　　(d) 锥度标注

图 2-18　斜度与锥度的符号画法及标注方法

2.2.2.4　椭圆的画法

在绘图时,除遇到直线和圆弧外,也会遇到一些非圆曲线,如椭圆。已知椭圆的长轴为 AB、短轴为 CD,作椭圆的常用方法是四心圆弧法(近似画法)。这种画法的作图步骤见图 2-19:

(1) 连 AC,取 $CE_1=CE=OA-OC$;

(2) 作 AE_1 的垂直平分线,分别交长、短轴于点 O_1、O_2;

(3) 作点 O_1、O_2 的对称点 O_3、O_4;

(4) 分别以点 O_1、O_2、O_3、O_4 为圆心,以 O_1C、O_2A、O_3D、O_4B 为半径作圆弧进行光滑连接,交点 K、K_1、N、N_1 就是四段圆弧的切点。这四段圆弧即构成近似椭圆。

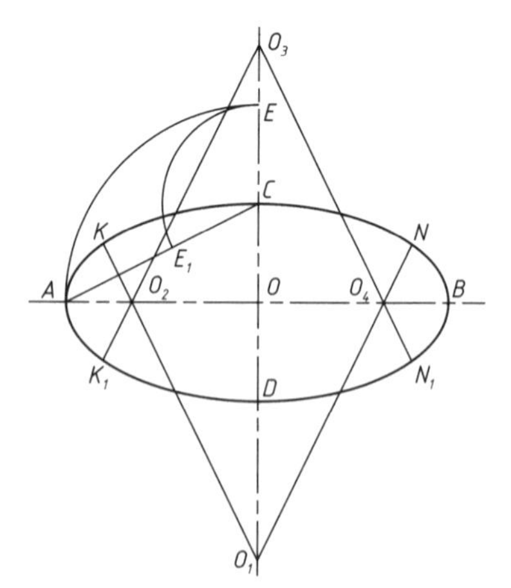

图 2-19　椭圆的近似画法

2.2.2.5　圆弧连接

圆弧连接是指用已知半径的圆弧光滑地连接两个已知线段(直线或圆弧),其中起连接作用的圆弧称为连接圆弧。为了正确地画出连接圆弧,必须确定:

(1) 连接圆弧的圆心位置；

(2) 连接圆弧与已知线段的切点。

表 2-6 列出了圆弧连接的几种常见情况。

表 2-6　圆弧连接的作图步骤

连接形式	画　法	作 图 步 骤
用圆弧连接两已知直线	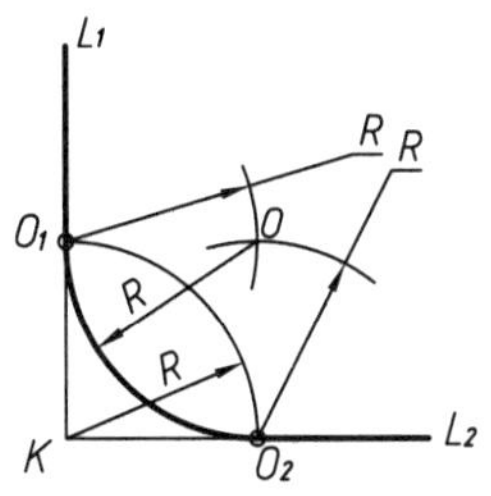 已知垂直两直线 L_1、L_2 和连接圆弧半径 R	1. 以 L_1、L_2 两直线交点 K 为圆心，R 为半径画圆弧，分别交 L_1、L_2 于点 O_1、O_2； 2. 分别以 O_1、O_2 为圆心，R 为半径画圆弧，交于点 O； 3. 以 O 为圆心、R 为半径画圆弧，弧 O_1O_2 即为与已知直线的切线
	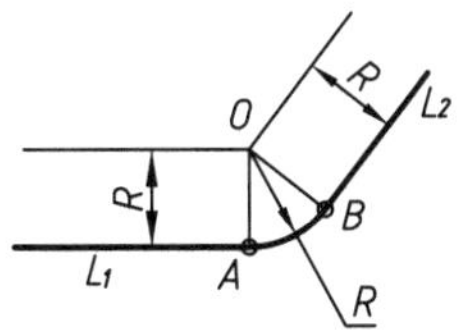 已知相交两直线 L_1、L_2 和连接圆弧半径 R	1. 分别作与直线 L_1、L_2 相距为 R 的平行线，交于点 O； 2. 由 O 分别向直线 L_1、L_2 作垂线，垂足 A、B 即为连接圆弧与已知直线的切点； 3. 以 O 为圆心、R 为半径在 A、B 间画圆弧
用圆弧连接已知直线和圆弧	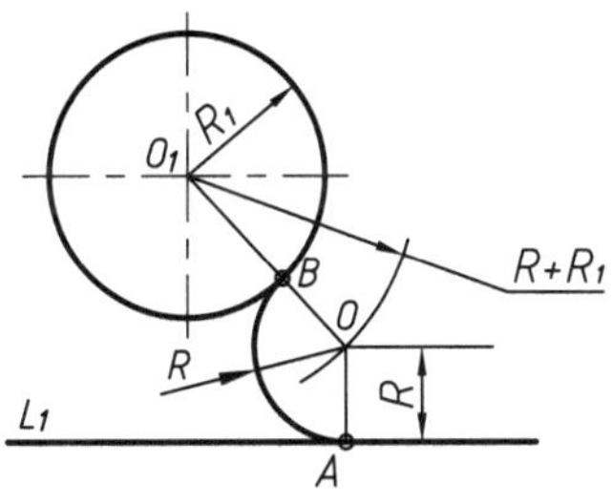 已知圆弧(半径 R_1、圆心 O_1)、直线 L 和连接圆弧半径 R	1. 作与直线 L 相距为 R 的平行线； 2. 以 O_1 为圆心、R_1+R 为半径画圆弧，交平行线于点 O； 3. 由 O 向直线 L 作垂线，得垂足 A，再连 OO_1，交已知圆弧于点 B，点 A、B 即为切点； 4. 以 O 为圆心、R 为半径在 A、B 间画圆弧
用圆弧连接两已知圆弧　与两已知圆弧外切	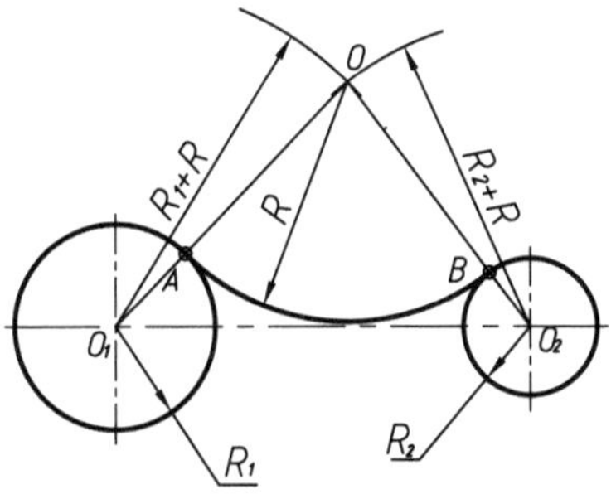 已知两圆弧半径分别为 R_1、R_2，圆心分别为 O_1、O_2，并已知连接圆弧半径 R	1. 分别以 O_1、O_2 为圆心，R_1+R、R_2+R 为半径画圆弧，交于点 O； 2. 连 OO_1、OO_2 与两已知圆弧相交，交点 A、B 即为切点； 3. 以 O 为圆心、R 为半径在 A、B 间画圆弧

续表

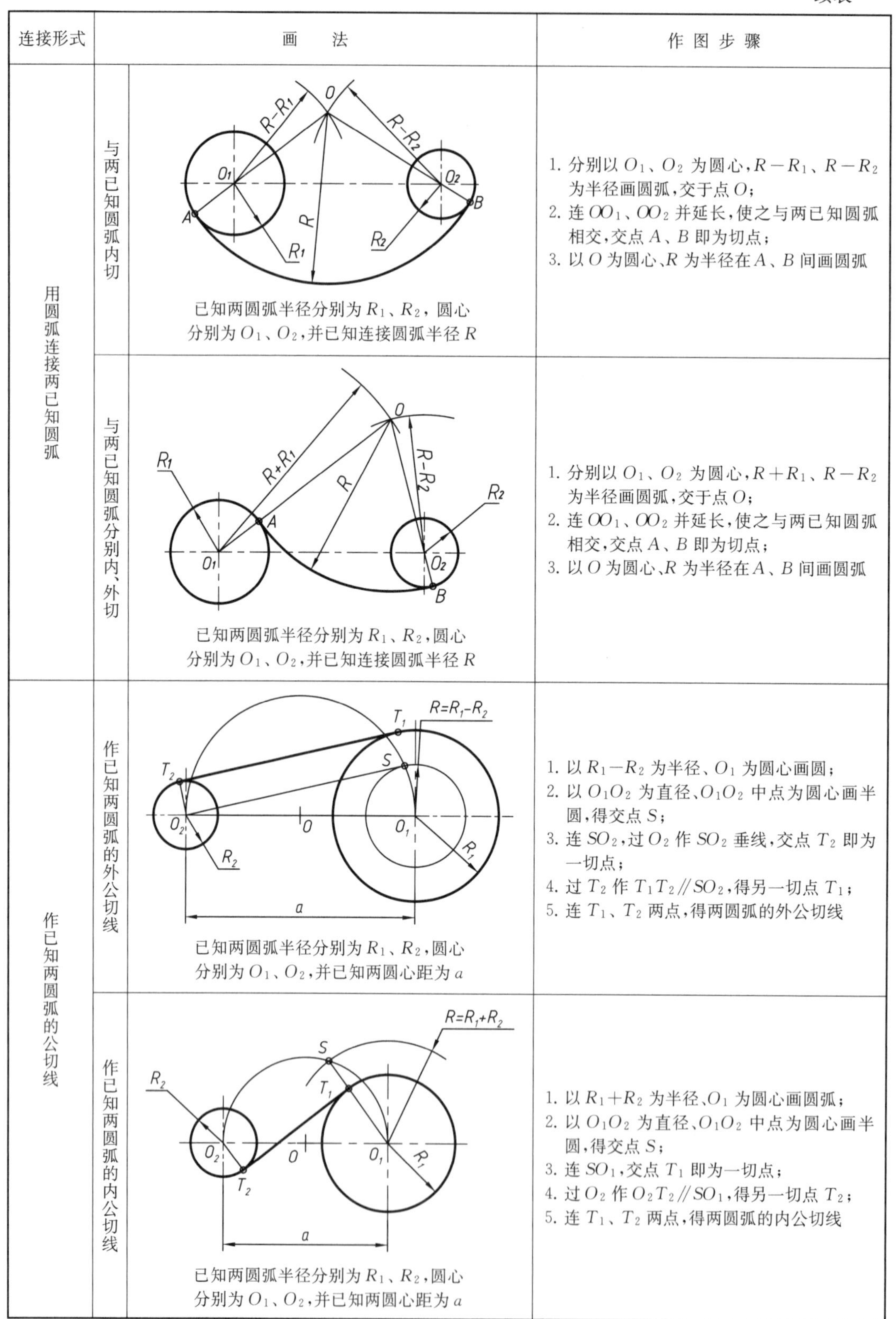

连接形式	画　法		作图步骤
用圆弧连接两已知圆弧	与两已知圆弧内切	已知两圆弧半径分别为 R_1、R_2，圆心分别为 O_1、O_2，并已知连接圆弧半径 R	1. 分别以 O_1、O_2 为圆心，$R-R_1$、$R-R_2$ 为半径画圆弧，交于点 O； 2. 连 OO_1、OO_2 并延长，使之与两已知圆弧相交，交点 A、B 即为切点； 3. 以 O 为圆心、R 为半径在 A、B 间画圆弧
	与两已知圆弧分别内、外切	已知两圆弧半径分别为 R_1、R_2，圆心分别为 O_1、O_2，并已知连接圆弧半径 R	1. 分别以 O_1、O_2 为圆心，$R+R_1$、$R-R_2$ 为半径画圆弧，交于点 O； 2. 连 OO_1、OO_2 并延长，使之与两已知圆弧相交，交点 A、B 即为切点； 3. 以 O 为圆心、R 为半径在 A、B 间画圆弧
作已知两圆弧的公切线	作已知两圆弧的外公切线	已知两圆弧半径分别为 R_1、R_2，圆心分别为 O_1、O_2，并已知两圆心距为 a	1. 以 R_1-R_2 为半径、O_1 为圆心画圆； 2. 以 O_1O_2 为直径、O_1O_2 中点为圆心画半圆，得交点 S； 3. 连 SO_2，过 O_2 作 SO_2 垂线，交点 T_2 即为一切点； 4. 过 T_2 作 $T_1T_2 /\!/ SO_2$，得另一切点 T_1； 5. 连 T_1、T_2 两点，得两圆弧的外公切线
	作已知两圆弧的内公切线	已知两圆弧半径分别为 R_1、R_2，圆心分别为 O_1、O_2，并已知两圆心距为 a	1. 以 R_1+R_2 为半径、O_1 为圆心画圆弧； 2. 以 O_1O_2 为直径、O_1O_2 中点为圆心画半圆，得交点 S； 3. 连 SO_1，交点 T_1 即为一切点； 4. 过 O_2 作 $O_2T_2 /\!/ SO_1$，得另一切点 T_2； 5. 连 T_1、T_2 两点，得两圆弧的内公切线

2.2.3 平面图形的画法及尺寸标注

平面图形中各种几何图形及图线的形状、大小和相对位置是根据所标注的尺寸确定的。要正确地绘制图形,必须通过对所标注的尺寸关系、几何图形与图线之间的位置及连接关系进行分析。

2.2.3.1 平面图形的尺寸分析

平面图形中所标注的尺寸按其作用可分为定形尺寸和定位尺寸两大类。

(1) 定形尺寸 用以确定平面图形中各线段形状和大小的尺寸称为定形尺寸。如确定圆及圆弧大小的直径尺寸或半径尺寸,确定线段长短的长度尺寸和确定线段方向的角度尺寸,等等。图 2-20 中不带"☆"的尺寸都是定形尺寸。

(2) 定位尺寸 用以确定平面图形中各线段相对位置的尺寸称为定位尺寸。对于平面图形,一般都应标注出高、宽两个方向的定位尺寸。图 2-20 中带"☆"的尺寸都是定位尺寸。

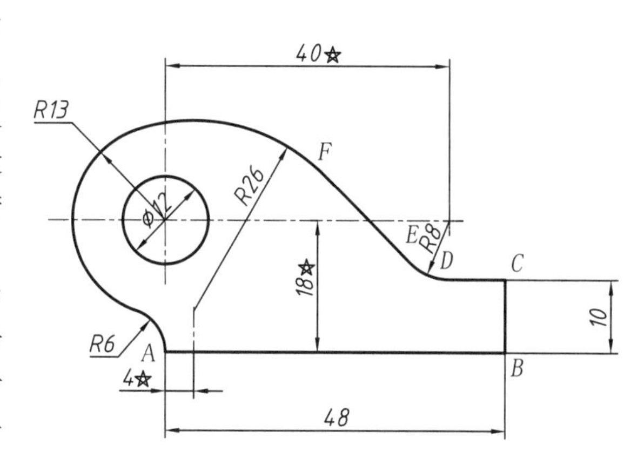

图 2-20 平面图形尺寸及线段分析

2.2.3.2 平面图形的线段分析

组成平面图形的线段根据给的尺寸可分为已知线段、中间线段、连接线段三种。

(1) 已知线段:根据图形中所标注的定形尺寸和定位尺寸,可以独立画出的圆弧或直线。例如:$\phi 12$,$R13$,直线 AB、BC、CD。

(2) 中间线段:图形中所标注的尺寸不齐全,还需根据一个连接关系才能画出的圆弧或直线。例如:圆弧 $R26$ 是根据半径尺寸及与圆弧 $R13$ 内切这个连接关系来确定的。

(3) 连接线段:只有定形尺寸,没有定位尺寸,必须根据两个连接关系才能画出的圆弧或直线。例如:圆弧 $R6$ 是由与相邻两段线相切的连接关系来确定的。

2.2.3.3 平面图形的绘制

绘图时除了必须熟悉制图国家标准、正确使用绘图工具、掌握几何作图方法,还必须遵循一定的绘图程序,有条不紊地进行工作,才能提高绘图效率,既快又好地画出图样。

1) 绘图前的准备工作

准备好所需的绘图工具和绘图用品,并用软布擦拭干净。按需要选用不同软硬度的绘图铅笔。圆规铅芯应比绘图铅笔芯软一号。

2) 固定图纸

按图形大小选择图纸幅面,确定图纸正、反面(光滑、不易起毛的为正面)。首先将图纸铺放在图板的左方偏上,并用丁字尺检查图纸水平边是否放正,然后用胶带固定四角。如图纸需要分栏,应用对角线法找出图纸中心,按分栏要求画好分栏线。

3) 画底稿

先画好图框和标题栏,再根据图形大小布置好图面,最后用 H 或 2H 的铅笔轻而细地画底图。

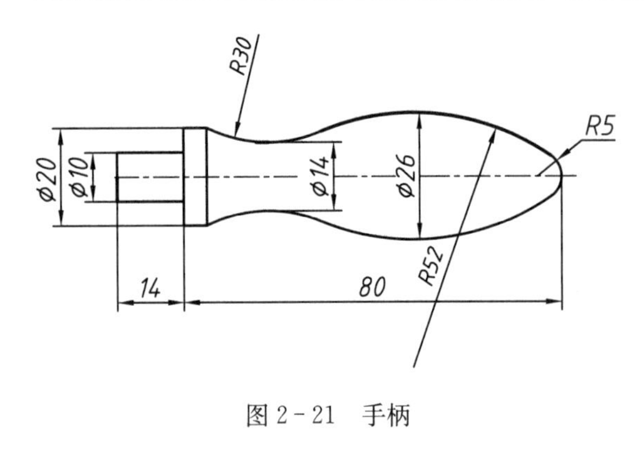

图 2-21 手柄

底稿具体绘图步骤：

(1) 阅读图形，根据所注尺寸找出图形中各线段的已知条件。确定已知线段的定形尺寸、定位尺寸，定出连接线段的连接条件。例如：确定图 2-21 中连接圆弧 $R52$，$R30$ 的圆心位置。

(2) 画出中心线、轴线。

(3) 画出已知线段。

(4) 利用各种连接方法画出连接线段。

(5) 标注尺寸。

表 2-7 以图 2-21 所示的手柄为例，具体说明了平面图形的绘制步骤。

表 2-7 手柄绘图步骤

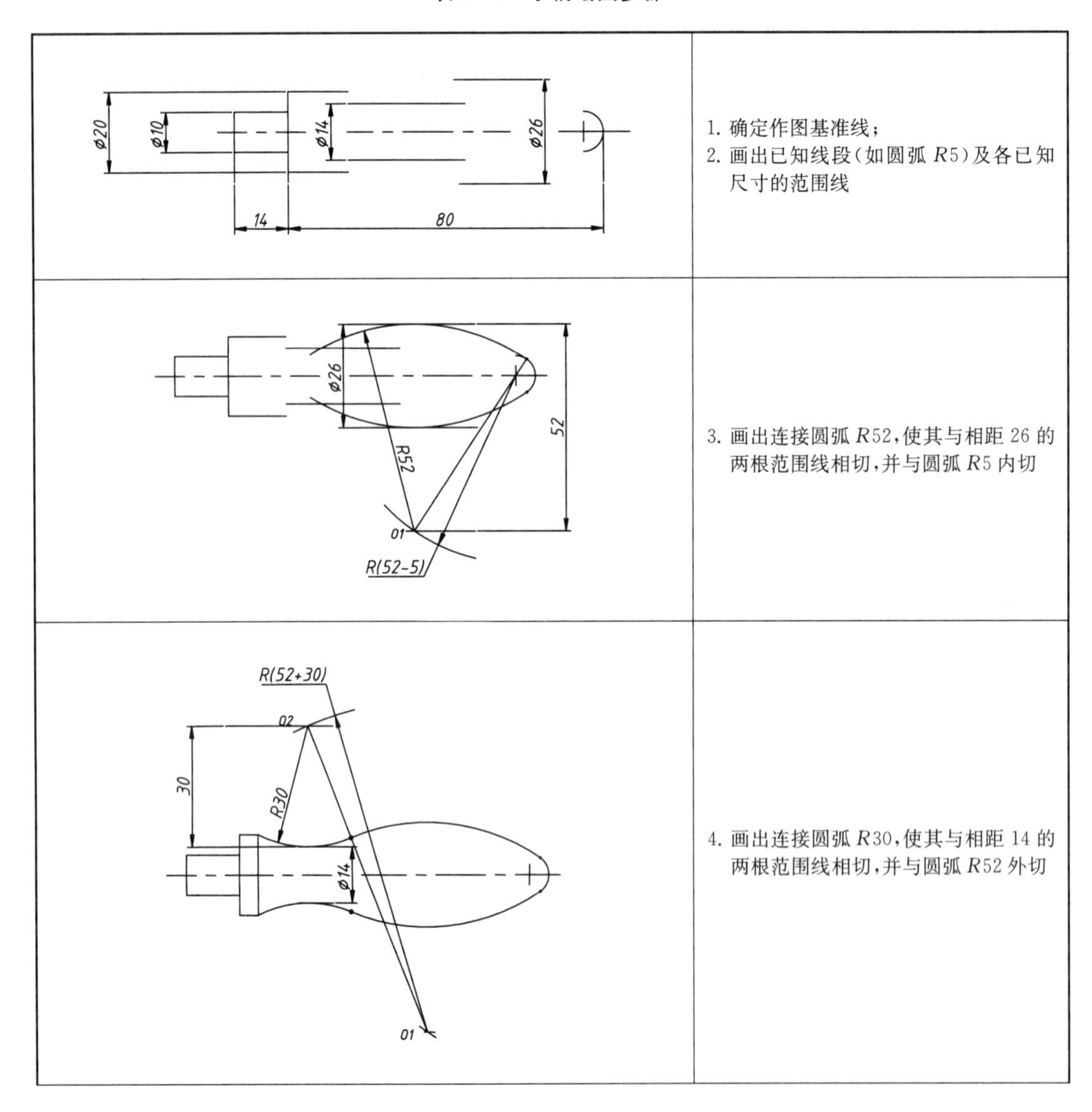

图示	步骤
ϕ20, ϕ10, ϕ14, ϕ26, 14, 80	1. 确定作图基准线； 2. 画出已知线段(如圆弧 $R5$)及各已知尺寸的范围线
ϕ26, 52, R52, 01, R(52-5)	3. 画出连接圆弧 $R52$，使其与相距 26 的两根范围线相切，并与圆弧 $R5$ 内切
R(52+30), 02, 30, R30, ϕ14, 01	4. 画出连接圆弧 $R30$，使其与相距 14 的两根范围线相切，并与圆弧 $R52$ 外切

续表

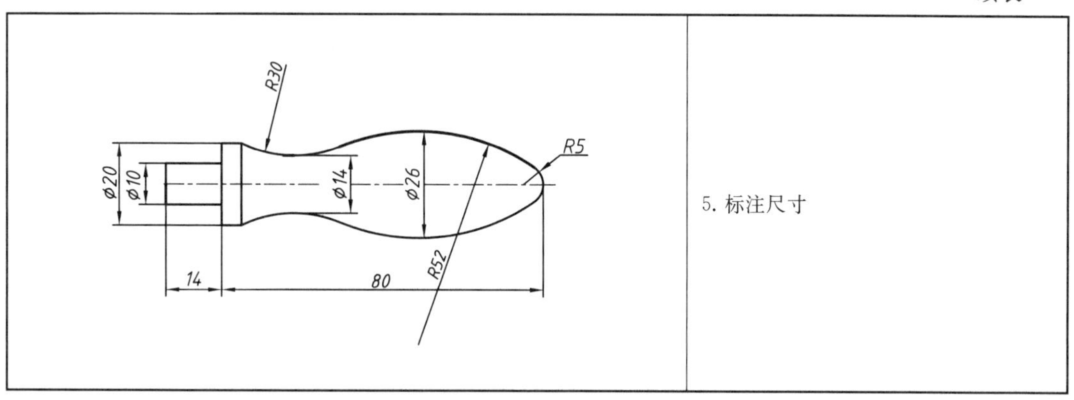	5. 标注尺寸

4）加深图线

底稿经校核无误后，按线型要求加深全部图线，擦去不必要的图线。加深时应用力均匀以使图线浓淡一致。图线修改时可用擦图片控制线条修改范围。加深图线一般按下列原则进行：

（1）先画实线再画虚线，先画粗线再画细线；

（2）先画圆及圆弧，再画直线，以保证连接光滑；

（3）同心圆应先画小圆再画大圆，由小到大顺次加深圆及圆弧；

（4）从图的左上方开始，先顺次向下加深水平线，再从左到右加深竖直线；

（5）最后画箭头、标注尺寸、写技术要求、填写标题栏等。

3 工程制图基础

本章提要

工程图样是用正投影法绘制的。本章介绍投影法的基本概念、工程上常用的投影图、正投影的投影特性、多面正投影体系的建立和投影规律等内容，为绘制工程图样提供理论基础。

3.1 投影法的基本概念

我们在日常生活中经常可以看到一些投影现象，如一块三角板在光源的照射下，地面上会出现该三角板的影子，如图 3-1 所示。投影法就是从自然现象中抽象出来并随着生产的发展而趋于成熟的。常用的投影法有中心投影法和平行投影法。

3.1.1 中心投影法

把图 3-1 所示的投影现象抽象为图 3-2 所示情况，光源用点 S 表示，称为投射中心，光线称为投射线(如线 SA，SB，SC)，地面称为投影面(如 H 面)。自点 S 过△ABC 的各顶点分别作线 SA，SB，SC，它们的延长线与 H 面分别交于 a，b，c 三点，这三点分别为空间点 A，B，C 在 H 面上的中心投影。而△ABC 在 H 面上的中心投影则为△abc。显然，中心投影△abc 的大小与投射中心、△ABC 及投影面三者之间的距离有关。由上述投影过程可见，自确定的点 S 进行投射，空间的一个点在 H 面上只存在唯一的投影。

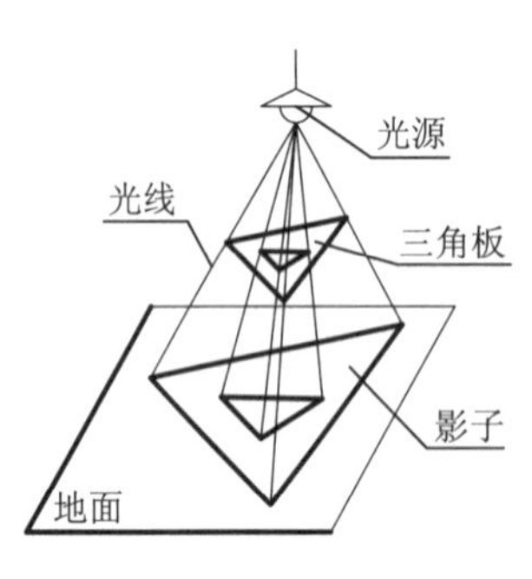

图 3-1　中心投影现象

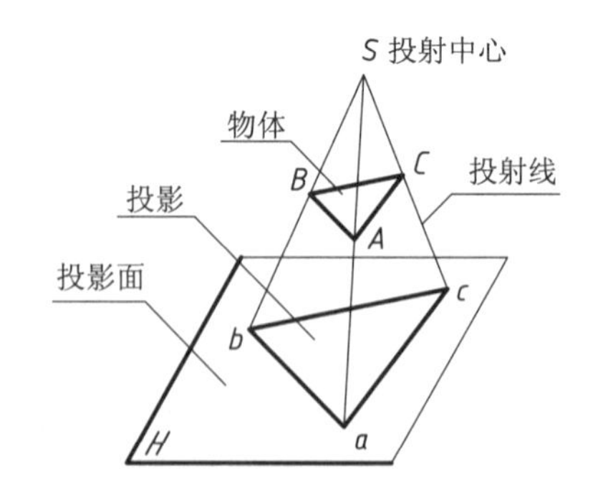

图 3-2　中心投影法

3.1.2 平行投影法

如果把中心投影的投射中心移至无穷远点，此时各投射线就成为互相平行的线，在这种特殊条件下,投射中心用投射方向 S 表示,这样的投影称为平行投影。只要自空间各点分别引与投射方向 S 平行的射线,在与投影面 H 的交点处即可得到空间各点在 H 面上的平行投影,平行投影的大小与物体到投影面的距离无关。

显然,在确定的投射方向下,空间的一个点在 H 面上的平行投影也是唯一确定的。根据投射方向 S 与投影面 H 的倾角不同,平行投影法可分成:

(1) 正投影法——投射方向 S 垂直于投影面 H,如图 3-3(a)所示;

(2) 斜投影法——投射方向 S 倾斜于投影面 H,如图 3-3(b)所示。

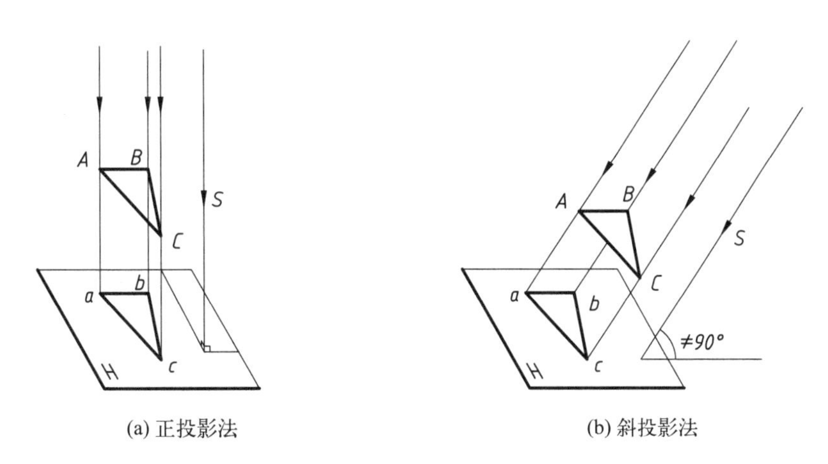

(a) 正投影法　　(b) 斜投影法

图 3-3　平行投影法

3.1.3　平行投影的基本特性

(1) 点的投影仍为点,如图 3-4 所示。直线的投影在一般情况下仍为直线,在特殊情况下为一点,如图 3-5 所示。

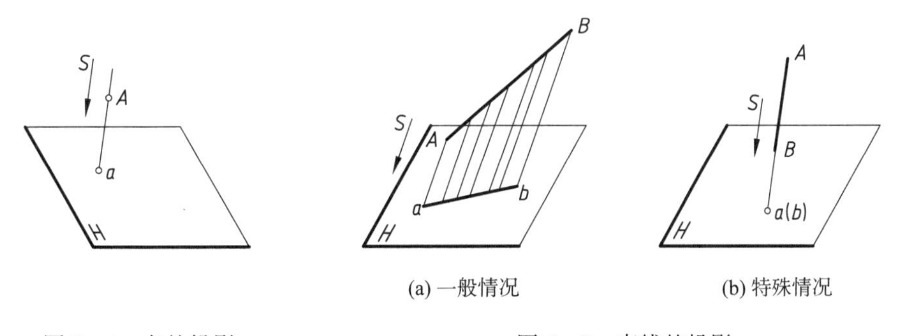

(a) 一般情况　　(b) 特殊情况

图 3-4　点的投影　　图 3-5　直线的投影

(2) 点在直线上,点的投影必落在该直线的投影上,如图 3-6 所示的点 K。点 K 分直线 AB 所成两段的长度之比等于其投影的长度之比,即 $AK:KB=ak:kb$。因为同一平面内的直线(AB 和 ab)与平行线 ($Aa/\!/Kk/\!/Bb$)相交,所以各线段对应成比例。

(3) 平行于投射方向的直线和平面,其投影为一点或一直线,这种性质称为积聚性,其投影称为积聚性投影。如图 3-7 所示,直线 AB、平面 $CDEF$ 均与投射方向 S 平行,直线 AB 投影积聚为一点 $a(b)$,平面 $CDEF$ 投影积聚为一直线 $cdfe$。

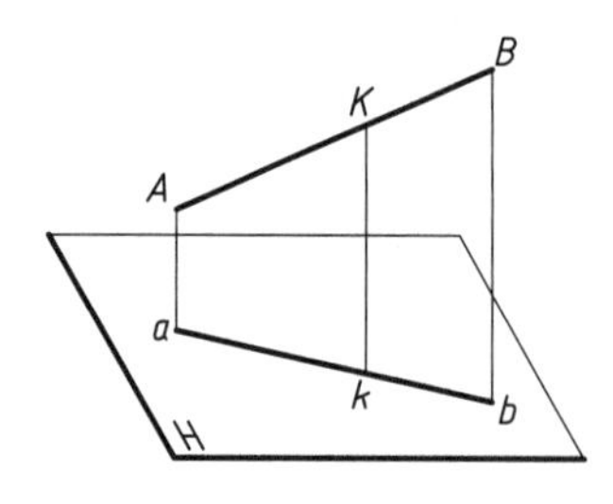

图 3-6　直线上点的投影

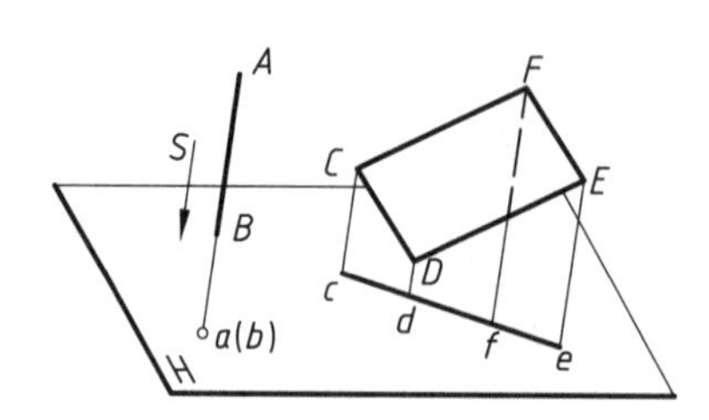

图 3-7　直线、平面的积聚性投影

(4) 平行于投影面的直线和平面，其投影反映真实长度和形状，这种性质称为实形性。如图 3-8 所示，直线 AB、平面 CDE 均与投影面 H 平行，则直线 AB 的投影 ab 反映 AB 的真实长度，平面 CDE 的投影 $\triangle cde$ 反映 $\triangle CDE$ 的真实形状。

(5) 平行两直线的投影仍相互平行，且其投影的长度之比等于该两条平行线的长度之比。如图 3-9 所示，$AB /\!/ CD$，其投影 $ab /\!/ cd$，且 $ab : cd = AB : CD$。因为通过 AB 和 CD 的投射线形成两个相互平行的平面 R、S，所以它们与同一投影面的交线必然平行。若过点 A 和点 C 分别作直线平行于 ab 和 cd，并分别与 Bb 交于点 F，与 Dd 交于点 G，则 $\triangle ABF /\!/ \triangle CDG$，故其对应边成比例。由于 $AF = ab$，$CG = cd$，因而 $ab : cd = AB : CD$。

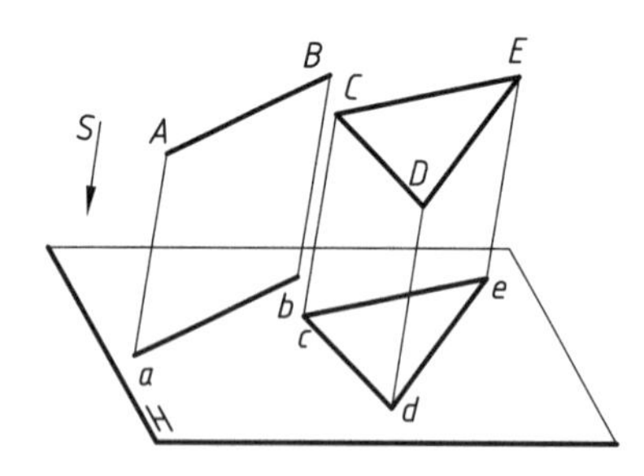

图 3-8　投影面平行线、平行面的投影

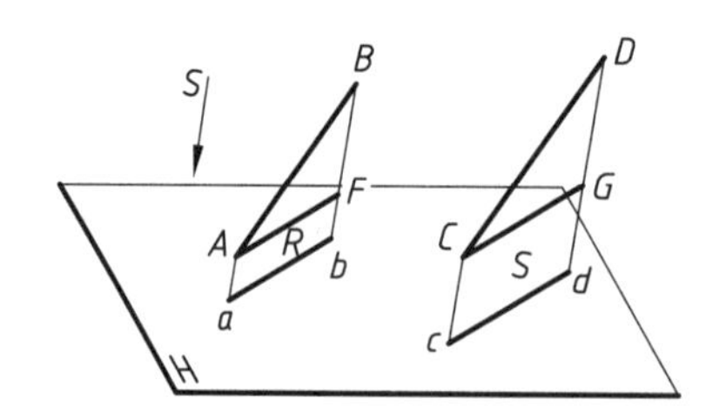

图 3-9　平行两直线的投影

3.2　工程上常用的投影图——正投影图

图样作为一种工具，对于解决工程及一些科学技术问题起着重要的作用，因此对图样的要求就很严格，一般来说这些要求包括：

(1) 根据图形应当能完全确定空间形体的真实形状和大小；

(2) 图形应当便于阅读；

(3) 绘制图形的方法和过程应当简便。

为满足上述要求，工程上一般利用正投影法，先把物体投射到两个或两个以上互相垂直的投影面上，如图 3-10(a)所示，再按一定规律把这些投影面展平在一个平面上，便得到正投影图，见图 3-10(b)。因为根据正投影图很容易确定物体的形状和大小，虽直观性较差，但经过一定学习和训练后就能绘制和识读，所以正投影法在工程上应用得最为广泛。

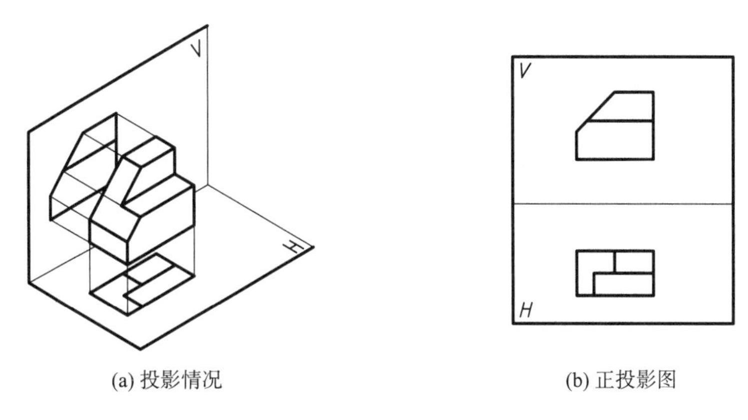

(a) 投影情况 (b) 正投影图

图 3-10 正投影图的形成

3.3 正投影的投影特性

利用正投影法绘图时，熟悉正投影的投影特性，将有利于准确地绘制正投影图。由图 3-11 可以看出，正投影的基本特性有：

(1) 实形性 当物体上的平面（或直线）与投影面平行时，投影反映实形，这种投影特性称为实形性，见图 3-11(a)。

(2) 积聚性 当物体上的平面（或直线）与投影面垂直时，投影积聚为一条线（或一个点），这种投影特性称为积聚性，见图 3-11(b)。

(3) 类似性 当物体上的平面（或直线）与投影面倾斜时，投影变小了（或变短了），但投影的形状仍与原来形状类似，这种投影特性称为类似性，见图 3-11(c)。

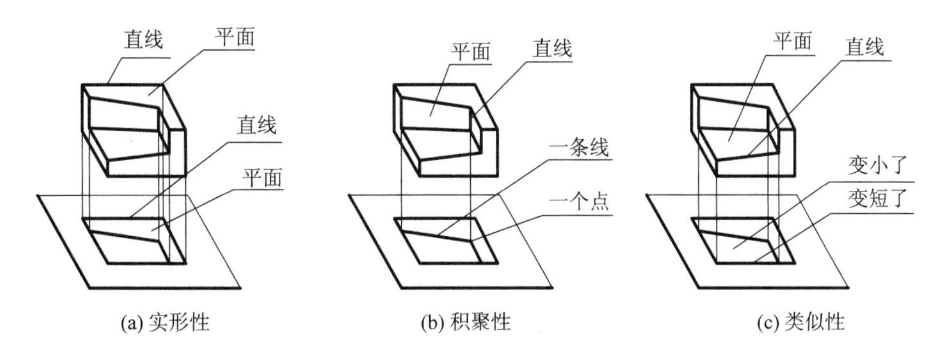

(a) 实形性 (b) 积聚性 (c) 类似性

图 3-11 正投影的基本特性

3.4 多面正投影体系的建立和投影规律

3.4.1 多面正投影体系的建立

在图 3-12 中，因为物体上 A、B 表面平行于投影面 V，所以其投影反映 A、B 表面的实形。D 表面垂直于该投影面，其投影积聚为一条直线段。而 C 表面倾斜于该投影面，其

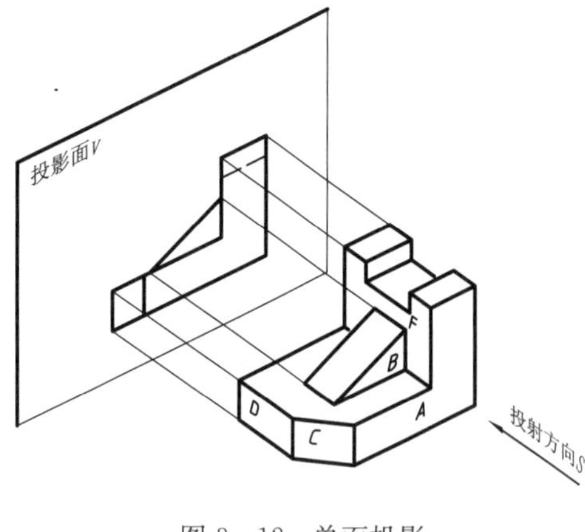

图 3-12　单面投影

投影边数不变但面积变小了。对物体上其他表面的投影可以进行类似的分析。

由观察可知 A、B 两平面相对于投影面的距离和 A、C 两平面之间的夹角,以及 D 平面沿投射方向 S 的尺度等信息在投影图上均未得到反映。由此可得到以下两点:

(1) 正投影中,当物体表面的法线方向不平行于投射方向 S 时,这些面的实形在对应的投影图上均未确定;

(2) 物体上各个面在投影面上的投影图形不反映其与该投影面的距离,这些信息可用在与投射方向 S 垂直的方向上对物体作正投影加以确定。

但与投射方向 S 垂直的方向有无数多个,应根据表达需要及作图方便进行选择。如增设投影面 H 垂直于投影面 V,然后从上向下对物体作正投影,在 H 面上就反映了 A、B 两平面相对于 V 面的距离,A、C 两平面之间的夹角及 D 平面沿投射方向 S_2 的尺度,如图 3-13 所示。

同样道理,为了表达 D、F 表面的实形,可增设投影面 W,与 V 面、H 面两两垂直,然后从左向右对物体作正投影,如图 3-14 所示。在 W 面上就反映出 D、F 表面的真实形状和大小。经仔细分析可知,V、H、W 各面投影互相补充了单面投影所缺的那一维信息。有的面如 C、E 两个矩形表面,虽然各个投影面上都不反映实形,但将三个投影联系起来看,矩形表面的边长在不同的投影中得到了反映,因此这两个面的实形也是确定的。作为同等地位,当然也可选用 V_1 面、H_1 面、W_1 面来获得物体在另外三个方向上的正投影,如图 3-15 所示。在投射过程中,若将投射线当作观察者的视线,把物体的正投影称为视图,则可知观察者、物体、视图三者之间的位置关系是物体处于观察者与视图之间。由图 3-15 可知,V 面、V_1 面,H 面、H_1 面,W 面、W_1 面是三对相互平行的投影面,对应的投射方向也相互平行但方向相反。按照制图国家标准规定,图样上可见轮廓线用粗实线表示,不可见轮廓线用虚线表示,因此每对投影面上的视图除图线有虚实区别外,图形完全一致,故把这样的两个投

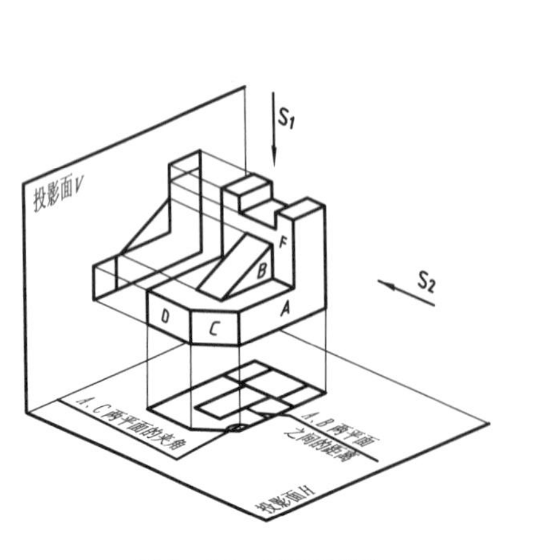

图 3-13　两面投影

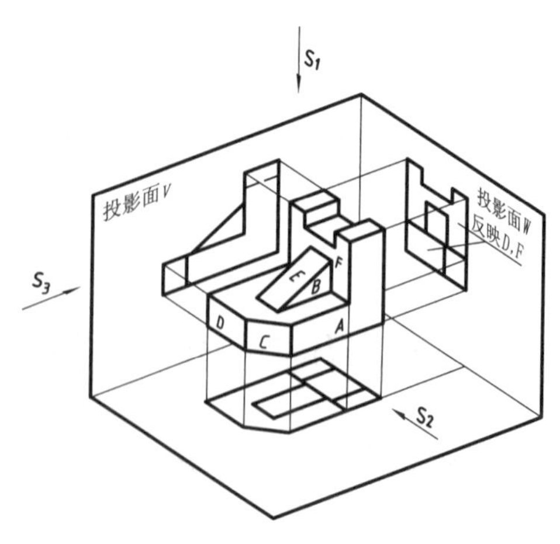

图 3-14　三面投影

影面称为同形投影面。在图 3－15 中，三对同形投影面构成一个六投影面体系，这六个投影面均为基本投影面，分别取名：V 面、V_1 面——正立投影面(正面直立位置)；H 面、H_1 面——水平投影面(水平位置)；W 面、W_1 面——侧立投影面(侧面直立位置)。

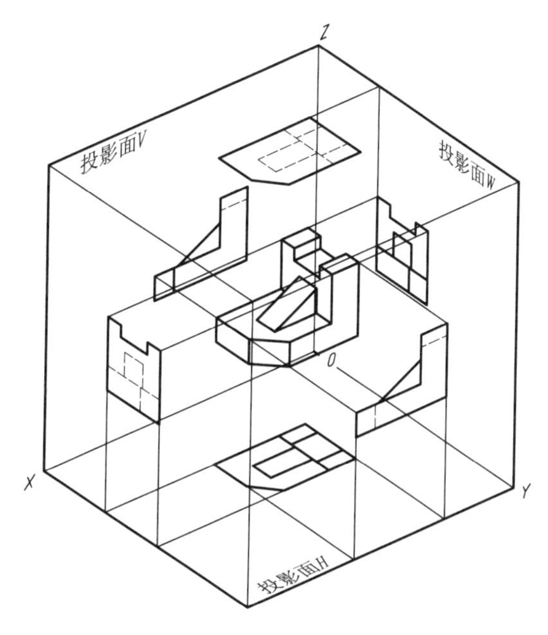

图 3－15　六投影面体系

把 V、H 两投影面的交线称为 X 投影轴，H、W 两投影面的交线称为 Y 投影轴，V、W 两投影面的交线称为 Z 投影轴。把 X、Y、Z 三投影轴的交点称为原点 O。将置于六投影面体系中的物体向各个投影面作正投影，可得六个基本视图：

(1) 主视图——从前向后投射在投影面 V 上所得的视图；

(2) 左视图——从左向右投射在投影面 W 上所得的视图；

(3) 俯视图——从上向下投射在投影面 H 上所得的视图；

(4) 后视图——从后向前投射在投影面 V_1 上所得的视图；

(5) 右视图——从右向左投射在投影面 W_1 上所得的视图；

(6) 仰视图——从下向上投射在投影面 H_1 上所得的视图。

为了能在同一平面的图纸上画出六面基本视图，规定投影面 V 不动，投影面 H 绕 X 投影轴向下旋转 90°，投影面 V_1 绕其与投影面 W 的交线向前旋转 90°，再与投影面 W 一起绕 Z 投影轴向右旋转 90°，投影面 H_1 绕其与投影面 V 的交线向上旋转 90°，投影面 W_1 绕其与投影面 V 的交线向左旋转 90°。图 3－16 表达了六面基本视图的形成。

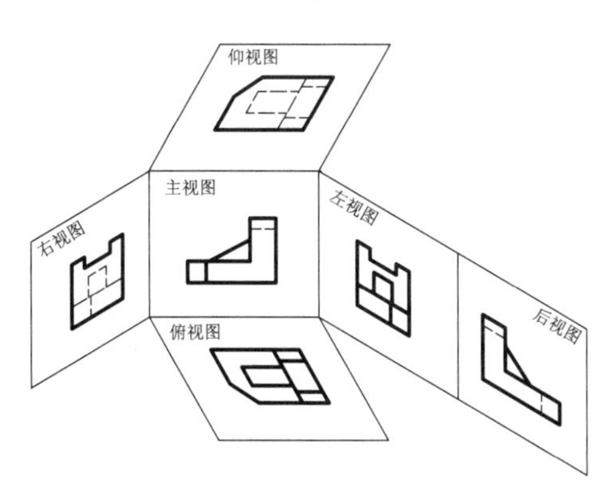

图 3－16　六面基本视图的形成

通过上述各投影面的旋转，即可在同一平面上获得六面基本视图，如图 3－17(a)所示。当六个基本视图按图 3－17(a)配置时，一律不标注视图名称，否则应在视图上方用字母标注出视图名称“X”，并在相应视图附近用带相同字母的箭头指明投射方向，如图 3－17(b)所示。因投影面可以无限扩大，故其边界均省略不画。为了使图形清晰，也不必画出投影图之间的连线。通常视图间的距离可根据图纸幅面、尺寸标注等因素来确定。

上述过程表明，在用视图表达物体时通常有六个基本视图可供选用。但选用几个及哪几个基本视图，应遵循清晰、完整、简练表达物体的原则而定。在六面基本视图中，由于平行两投影面上的视图图形重复，因此具有独立意义的投影面有 3 个，而由具有独立意义的投影

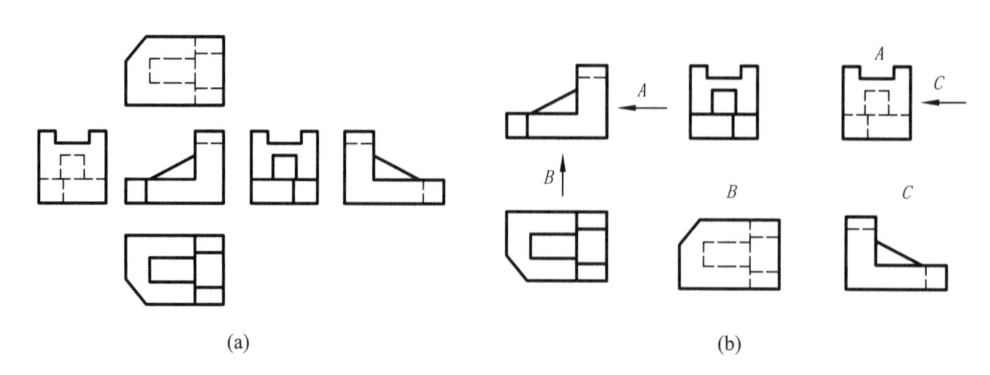

图 3-17　六面基本视图

面所组成的三投影面体系有 $C_6^3-3\times(6-2)=8$(个)。式中,C_6^3 是从 6 个基本投影面中每次取 3 个不同的投影面,不管其顺序合并成三投影面体系的组合数;$3\times(6-2)$是 C_6^3 组合数中有平行两投影面对的数量。剩下 8 个具有独立意义的三投影面体系为 VHW, VHW_1, VH_1W, VH_1W_1, V_1HW, V_1HW_1, V_1H_1W, $V_1H_1W_1$。在选择视图表达物体时,应以具有独立意义的三投影面体系为基础,再根据物体的形状配置其他视图。由于具有独立意义的三投影面体系有 8 个,为简便起见,习惯上采用 VHW 三投影面体系,所得的三个视图称为三视图。

3.4.2　六面基本视图的投影规律

由六面基本视图的形成过程和六个基本投影面的展开过程可知六面基本视图怎样反映物体的长、宽、高三个尺寸,从而明确六个基本视图之间的投影关系。现将前面所述 X、Y、Z 三个投影轴的方向依次规定为长度、宽度和高度方向。当置于六投影面体系中的物体,其长、宽、高尺寸方向与 X 轴、Y 轴、Z 轴方向分别一致时,从图 3-18 中可以看出:

(1) 主、后视图反映物体的长和高;

(2) 俯、仰视图反映物体的长和宽;

(3) 左、右视图反映物体的高和宽。

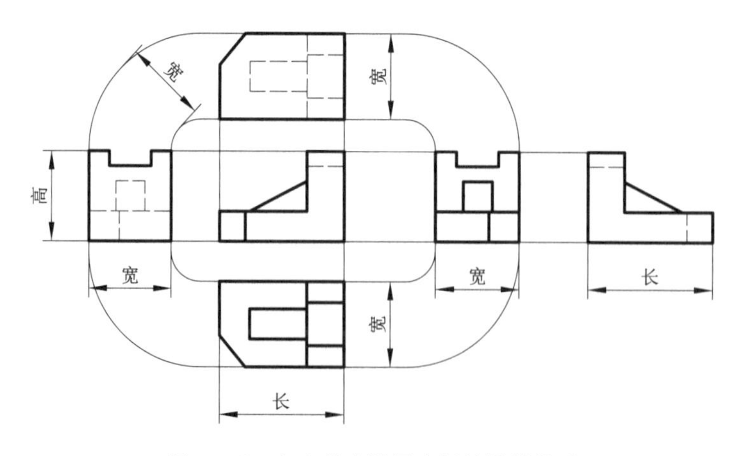

图 3-18　六个基本视图之间的投影关系

也就是六个基本视图中任意四个基本视图共同反映一个尺寸方向，结合图 3－18 可知：

(1) 主、后、俯、仰视图反映物体的长度；

(2) 主、后、左、右视图反映物体的高度；

(3) 俯、仰、左、右视图反映物体的宽度。

如图 3－18 所示，六个基本视图之间的投影关系可概括成：

(1) 主、俯、仰视图长对正，与后视图长相等；

(2) 主、后、左、右视图高平齐；

(3) 俯、仰、左、右视图宽相等。

这就是所谓的“三等规律”。当用视图表达物体时，从局部到整体都必须遵循这一规律。物体除有长、宽、高尺度外，还有同尺度紧密相关的上下、左右、前后方位。一般习惯上认为，高是物体上下方位的尺度，长是物体左右方位的尺度，宽是物体前后方位的尺度。

因此，对照上述六面基本视图的“三等规律”并参照图 3－19 可知：

(1) “等长”说明主、俯、仰视图共同反映物体的左右方位，而后视图远离主视图一侧是物体的左边，靠近主视图一侧是物体的右边；

(2) “等高”说明主、后、左、右视图共同反映物体的上下方位；

(3) “等宽” 说明俯、仰、左、右视图共同反映物体的前后方位，并且视图上远离主视图的一侧是物体的前边，靠近主视图的一侧是物体的后边。

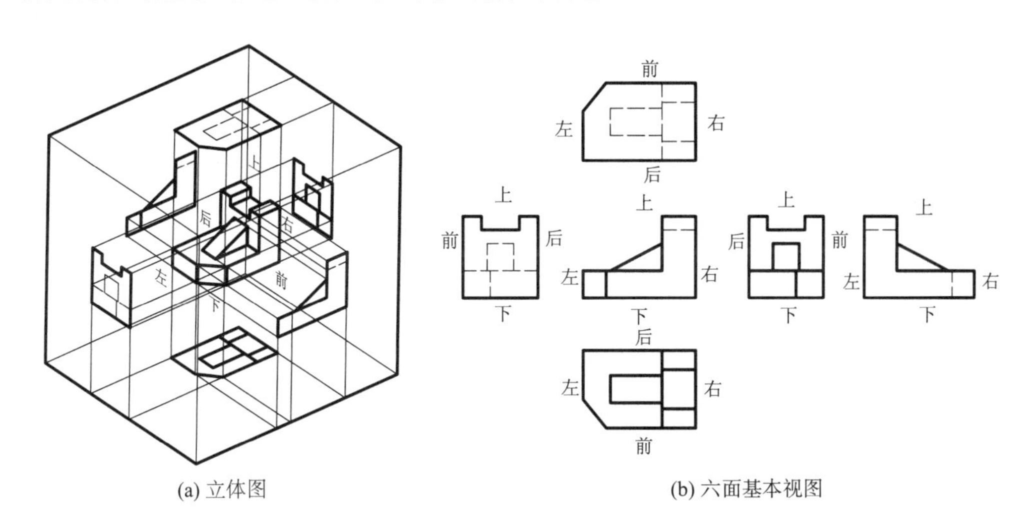

(a) 立体图　　(b) 六面基本视图

图 3－19　六个基本视图之间的方位关系

以上关于六面基本视图反映物体的方位关系可以看成是对“三等规律”的补充说明。“三等规律”中尤其要注意俯、仰、左、右视图宽相等及主、后视图长相等，因为这两条在视图上不像高平齐与长对正规律那样明显。而方位关系中应特别注意前后方位，因为这个方位在视图上不像上下、左右两个方位那样明显。

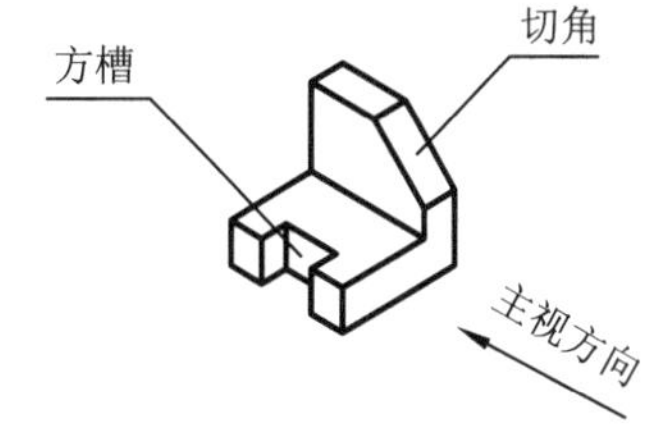

图 3－20　物体的直观图

例 3－1　画出图 3－20 所示物体的三视图。

解　1. 分析

这个物体是在 ⌋ 形板的左端中部开了一个方槽，右边切去一角后形成的。

2. 画图

根据分析得到画图步骤如下，参见图 3－21。

(1) 画┘形板的三视图，见图 3－21(a)。先画出反映┘形板形状特征的主视图，然后根据投影规律画出俯、左视图。

(2) 画左端方槽的三面投影，见图 3－21(b)。因为构成方槽的三个平面的水平投影都积聚成直线，反映方槽的形状特征，所以应先画出其水平投影。

(3) 画右边切角的三面投影，见图 3－21(c)。因为被切角后形成的平面垂直于侧面，所以应先画出其侧面投影，根据侧面投影画水平投影时注意量取尺寸的起点和方向。图 3－21(d)是加深后的三视图。

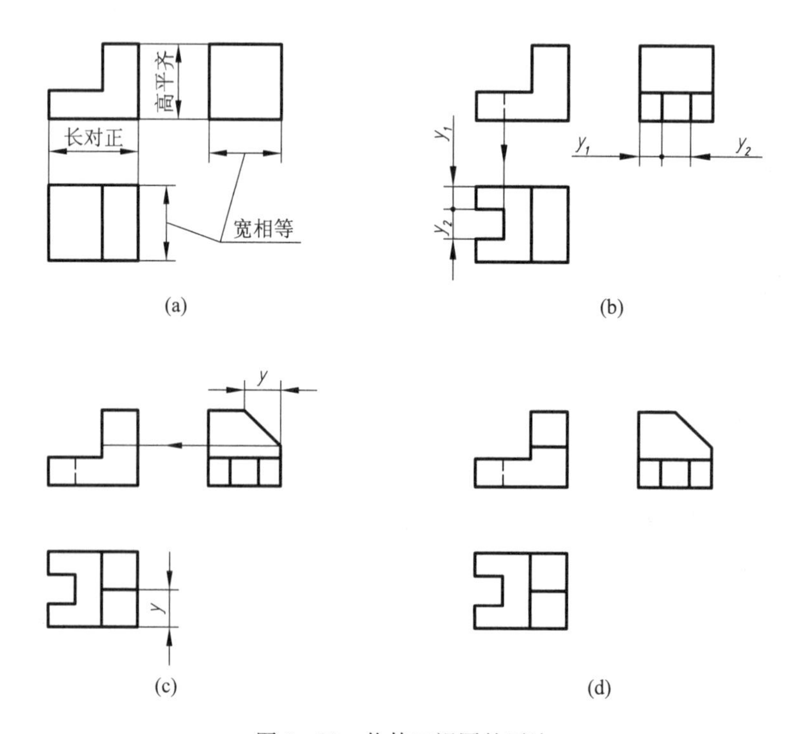

图 3－21　物体三视图的画法

上例仅仅说明了视图的画法，在实际制图时，应根据物体的形状和结构特点，在完整、清晰地表达物体特征的前提下使视图配置合理、绘制简便。

图 3－22 为一物体模型的三视图，可以看出如果用主、左两个视图，那么能将该模型的各部分形状完全表达，这里的俯视图显然是多余的，可以省略不画。但模型的右端上部竖槽与底部通槽宽窄不一，上、下交界处在左视图上的投影虚、实线重叠在一起，使图形不太清晰也不易于理解。如果再采用右视图，就能把模型右端的形状表达清楚，同时在左视图上，表示右端竖槽的虚线可省略不画，如图 3－23 所示。显然，采用主、左、右三个视图表达模型比图 3－22 更清晰。

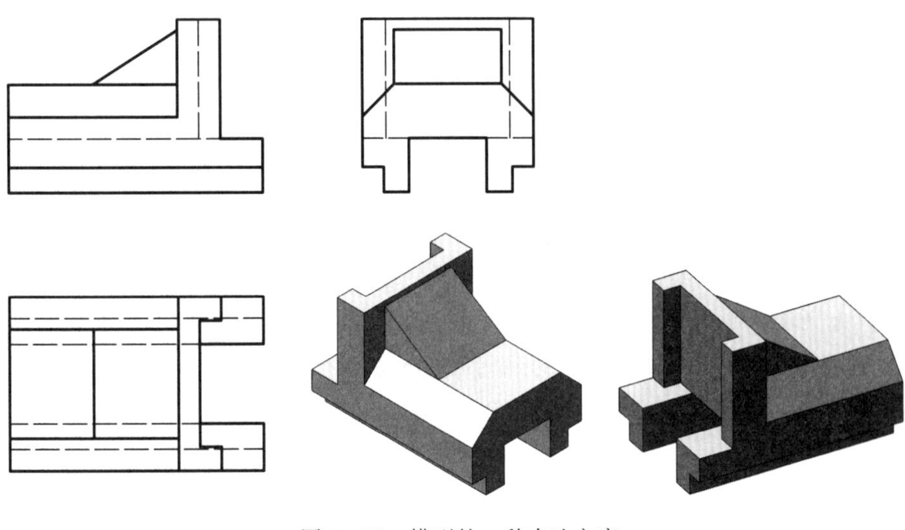

图 3-22　模型的一种表达方案

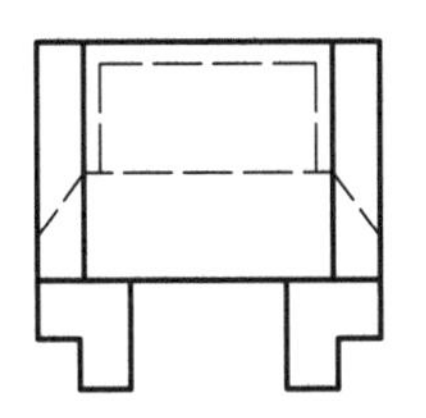
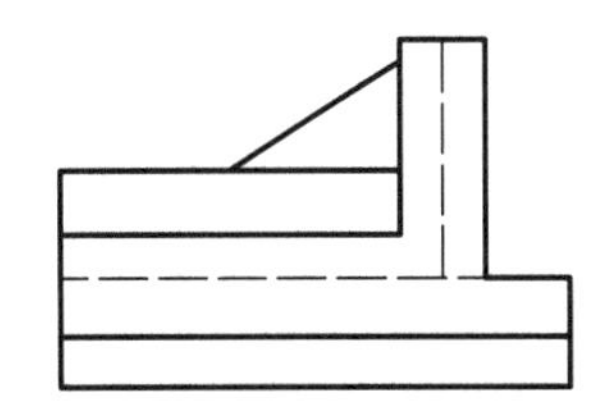
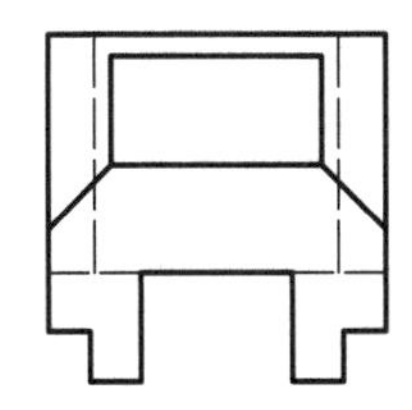

图 3-23　模型更好的表达方案

4 基本几何元素的投影

本章提要

本章阐述几何立体上点、直线、平面的投影特性和作图方法，以及直线与直线、直线与平面、平面与平面的相对位置的判断方法，介绍获得几何元素辅助投影的变换投影面法。

工程上的物体结构从几何角度进行分析，都可以看成由点、线(直线或曲线)、面(平面或曲面)组成。对点、线、面等几何元素的投影特性的分析和讨论有助于进一步掌握物体的投影规律。

4.1 点的投影

4.1.1 点的三面投影及其展开

点是构成空间物体最基本的几何元素，一般体现为物体上棱线和棱线的交点、棱面的顶点等，如图 4-1 所示物体上的 A、B、C 三点。将点 A 单独取出，置于由 V 面、H 面、W 面组成的三投影面体系中，分别向各投影面投影，就得到了它的三个投影。按规定，空间点用大写字母表示，其投影用小写字母表示，V 面上投影在字母右上角加一撇，W 面上投影在字母右上角加两撇，H 面上投影不加撇。由此，空间点 A 的三个投影分别表示为 a、a'、a''，如图 4-2(a)所示。

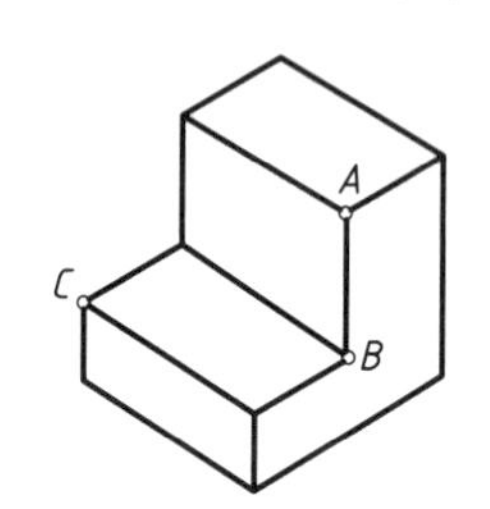

图 4-1 物体上的点

按第 3 章介绍的投影面展开方法，V 面保持不动，H 面绕 X 轴向下转 90°，W 面绕 Z 轴向右后方转 90°，将三个投影展开在同一平面上，见图 4-2(b)；去除投影面的框线和标记，保留 X 轴、Y 轴、Z 轴，就得到了点 A 的三面投影图，见图 4-2(c)。

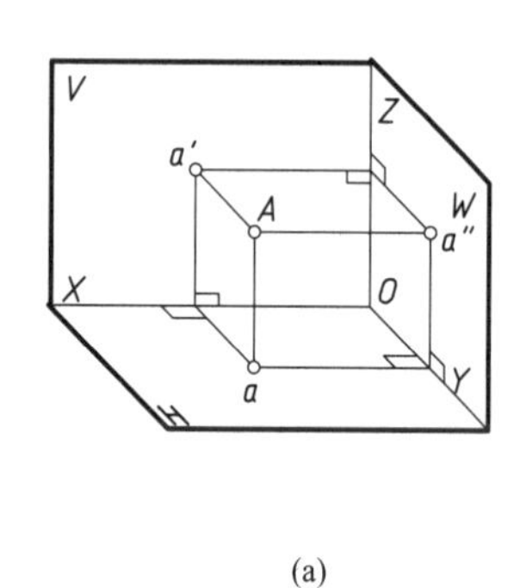

(a)

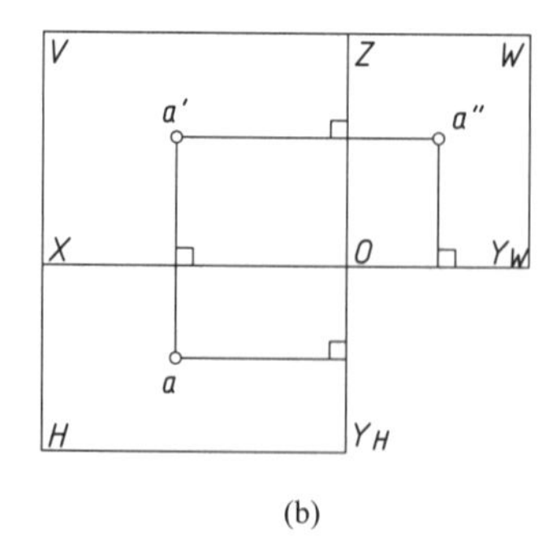

(b)

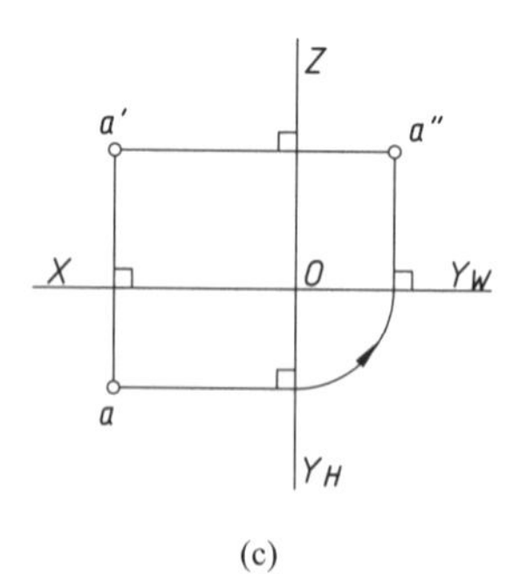

(c)

图 4-2 一点的三面投影

4.1.2 点的直角坐标和投影规律

若将互相垂直的三投影面体系看成是笛卡儿直角坐标系，则 V、H、W 三个投影面就成为坐标面，X、Y、Z 三条投影轴对应为坐标轴，三轴的交点 O 为坐标原点。如图 4－3 所示，对空间点 A 的坐标值在投影图上的增值正方向规定：X 坐标自原点 O 向左，Y 坐标自原点 O 向下（或自原点 O 向右），Z 坐标自原点 O 向上。由此，空间点 A 的位置亦可由 $A(x, y, z)$ 三个坐标来确定。

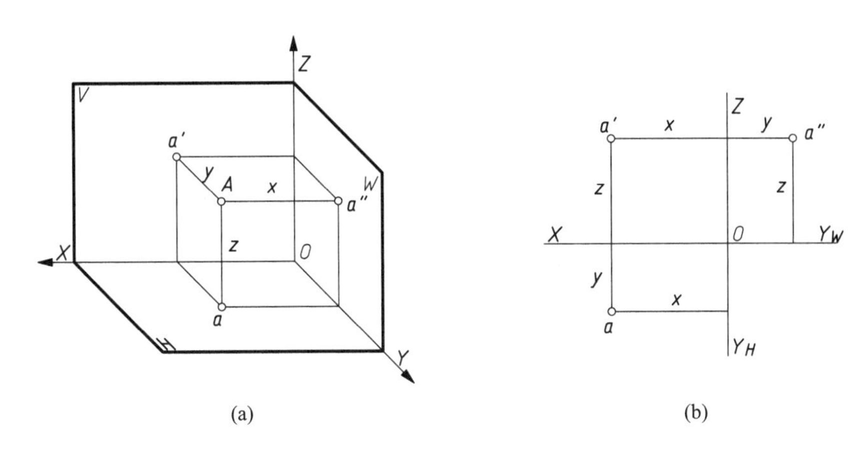

图 4－3 点的直角坐标

对点的三面投影图进行分析，可得出如下的投影规律：

(1) 点的两个投影的连线必垂直于相应投影轴（坐标轴），即

$aa' \perp X$ 轴；

$a'a'' \perp Z$ 轴；

$aa'' \perp Y$ 轴（因 Y 轴分成两侧，故分别垂直于 Y_H 轴和 Y_W 轴）。

(2) 点的投影到相应投影轴的距离反映空间中该点到相应投影面的距离，即

水平投影 a 到 X 轴的距离等于点 A 到 V 面的距离，到 Y_H 轴的距离等于点 A 到 W 面的距离；

正面投影 a' 到 X 轴的距离等于点 A 到 H 面的距离，到 Z 轴的距离等于点 A 到 W 面的距离；

侧面投影 a'' 到 Y_W 轴的距离等于点 A 到 H 面的距离，到 Z 轴的距离等于点 A 到 V 面的距离。

(3) 点的任一投影必能也只能反映该点的两个坐标（二维空间），即

点 A 的水平投影 a 反映 x 坐标和 y 坐标，因而能反映长度方向和宽度方向的距离；

点 A 的正面投影 a' 反映 x 坐标和 z 坐标，因而能反映长度方向和高度方向的距离；

点 A 的侧面投影 a'' 反映 y 坐标和 z 坐标，因而能反映宽度方向和高度方向的距离。

从这些投影规律中可以看出，只要已知空间点的任意两个投影，就可确定它在空间的位置和第三个投影；同样，当已知空间点的坐标 (x, y, z) 时，即可作出它的三面投影图，知道点的投影亦可测得它的坐标值。

例 4－1 已知点 B 的正面投影和水平投影，见图 4－4(a)，试求其侧面投影。

解　(1) 从 b' 作 Z 轴的垂线并延长,见图 4-4(b);

(2) 从 b 作 Y_H 轴的垂线得 b_{Y_H},用 45°分角线或圆弧将 b_{Y_H} 移至 b_{Y_W}(使 $Ob_{Y_H}=Ob_{Y_W}$),然后从 b_{Y_W} 作 Y_W 轴的垂线,同 b' 与 Z 轴的垂线相交得到 b'',见图 4-4(c)。

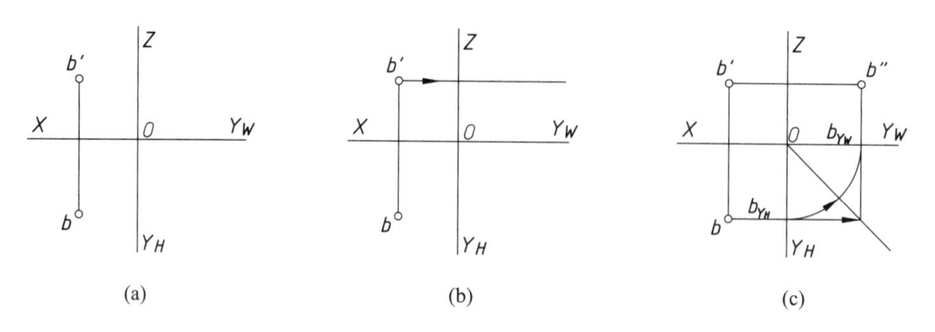

图 4-4　由点的两个投影求第三个投影

例 4-2　已知空间点 C 的坐标为(12, 10, 15),试作其三面投影图。

解　(1) 作 X 轴、Y 轴、Z 轴得原点 O,然后在 OX 轴上自原点 O 向左量取 $x=12$,再由该点沿 OY_H 轴向下量取 $y=10$,即得点 C 的水平投影 c,见图 4-5(a);

(2) 由原点 O 沿 OZ 轴向上量取 $z=15$,再沿 OX 轴向左量取 $x=12$,即得点 C 的正面投影 c',见图 4-5(b);

(3) 由原点 O 沿 OZ 轴向上量取 $z=15$,再沿 OY_W 轴向右量取 $y=10$,即得点 C 的侧面投影 c'',见图 4-5(c)。

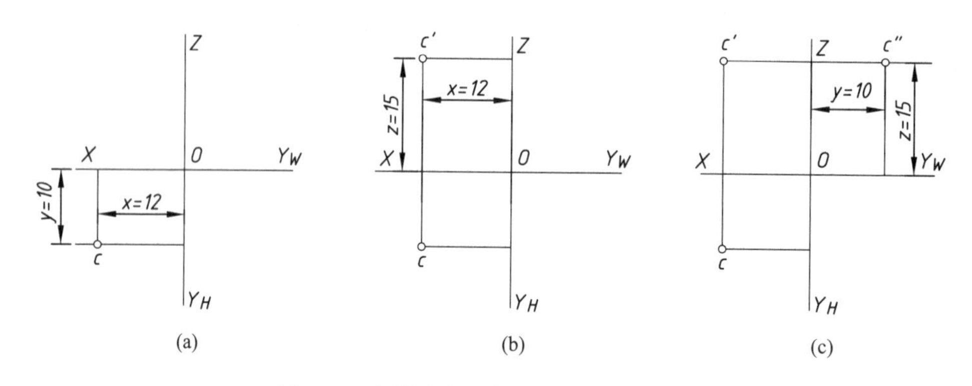

图 4-5　根据点的坐标作点的三面投影图

在作点的第三个投影时,亦可在已求得两个投影的基础上,利用点的投影规律作图求出,参见例 4-1。

4.1.3　两点的投影及重影点

1. 两点的相对位置

当空间两点处于同一个三投影面体系中时,其上下、左右和前后的位置关系可以由两点的同一方向坐标大小来判断。由图 4-6 中空间两点 C、A 可以看出,在 X 轴方向上 $x_C>x_A$,点 C 在点 A 左方,距离为 Δx;在 Y 轴方向上 $y_C<y_A$,点 C 在点 A 后方,距离为 Δy;在 Z 轴方向上 $z_C<z_A$,点 C 在点 A 下方,距离为 Δz。

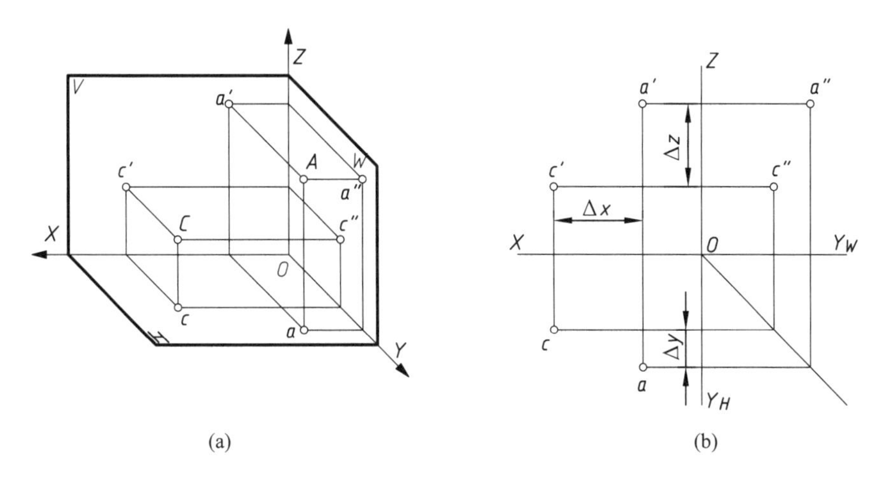

(a) (b)

图 4-6 两点的相对位置

2. 重影点

当空间两点有两个坐标相同时，它们的一个投影会重合为一点，该点称为重影点。如图 4-7(a)所示，A、B 两点的水平投影重合为一点，说明该两点的 x 坐标和 y 坐标对应相同，但 z 坐标不同。因此，可根据投影图上正面投影 z 坐标大小判别空间两点 A、B 的高低位置，从而确定重影点的可见性。投影图中点 A 的 z 坐标值大，它离观察者近，为可见点；而点 B 的 z 坐标值小，在点 A 之下，被遮住，为不可见点，其投影 b 加括号表示，如图 4-7(b)所示。

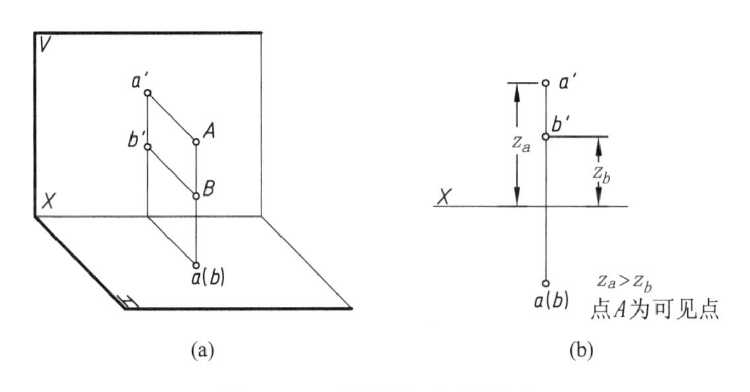

(a) (b)

图 4-7 重影点的可见性判别

同理，若空间两点的正面投影重合为一点，则 y 坐标值大的点为可见点，而若其侧面投影重合为一点，则 x 坐标值大的点为可见点。

4.2 直线的投影

空间物体上的直线一般体现为面与面的交线，如图 4-8 所示物体上的 AB 线。除特殊情况外，直线的投影仍然是直线。由初等几何可知，两点确定一条直线，因此在作一条直线的三面投影时，只需作出该直线上两点的三面投影，然后将同面投影相连，就唯一确定了直线的各个投影。

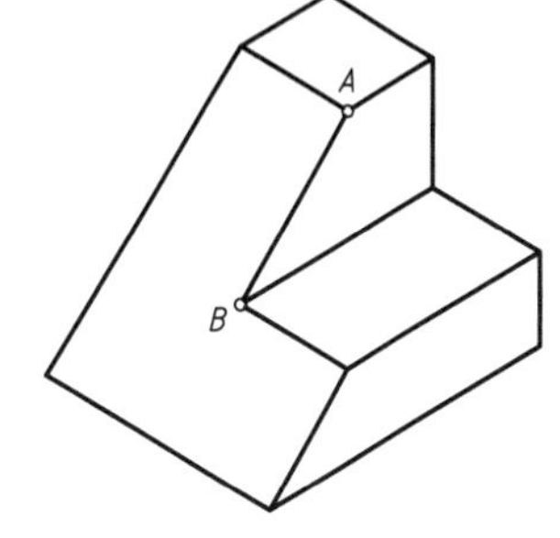

图 4-8 物体上的直线

4.2.1　各种不同位置直线的投影特性

在三投影面体系中，直线按其与投影面的相对位置不同可分为三类：投影面垂直线、投影面平行线和一般位置直线。下面分别讨论它们的投影特性。

4.2.1.1　投影面垂直线

凡垂直于某一投影面，同时平行于另两个投影面的直线，统称为投影面垂直线。其中，垂直于正立投影面(V 面)的称为正垂线，垂直于水平投影面(H 面)的称为铅垂线，垂直于侧立投影面(W 面)的称为侧垂线。

表 4－1 列出了各种投影面垂直线的投影特性，其共同点可归纳为两条：

(1) 直线在其所垂直的投影面上的投影积聚为一点；

(2) 直线的其余两个投影均垂直于相应的投影轴且反映该直线的实长。

表 4－1　投影面垂直线的投影特性

	正垂线	铅垂线	侧垂线
物体上垂直线举例	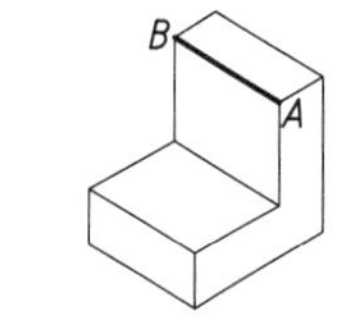	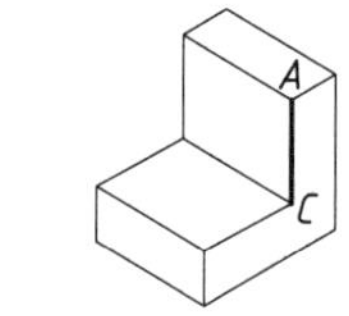	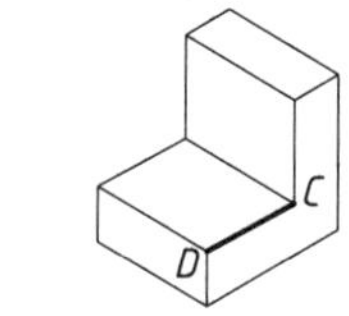
视图	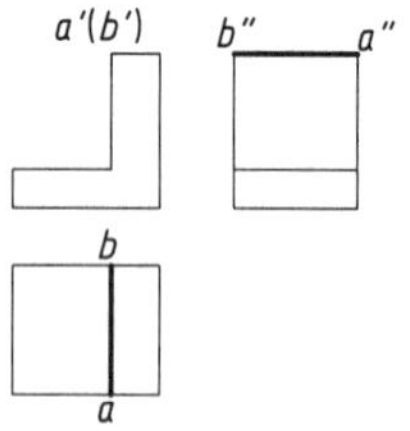	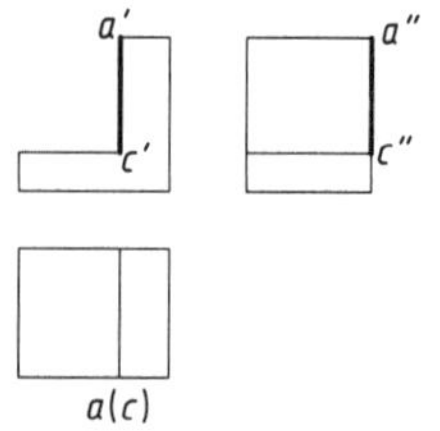	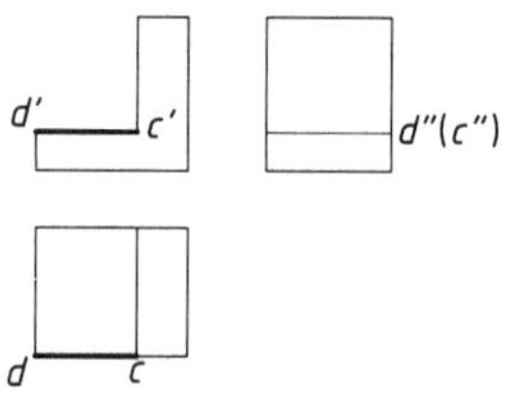
投影图	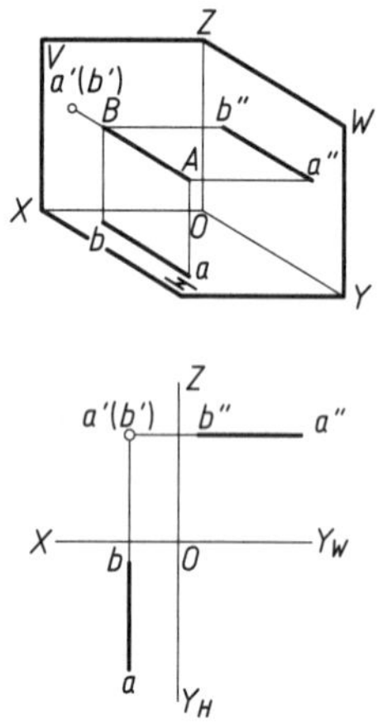	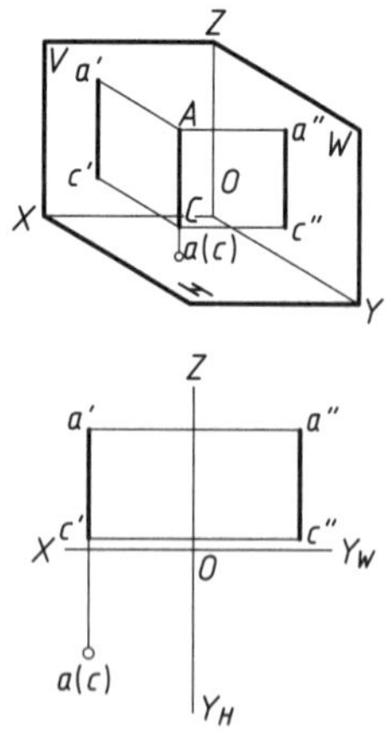	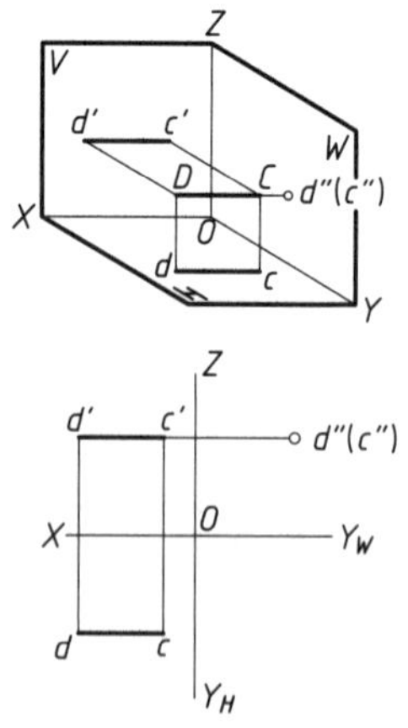
投影特性	1. 正面投影 $a'b'$ 积聚为一点； 2. 水平投影 $ab \perp OX$ 轴，侧面投影 $a''b'' \perp OZ$ 轴，并均反映实长	1. 水平投影 ac 积聚为一点； 2. 正面投影 $a'c' \perp OX$ 轴，侧面投影 $a''c'' \perp OY_W$ 轴，并均反映实长	1. 侧面投影 $d''c''$ 积聚为一点； 2. 正面投影 $d'c' \perp OZ$ 轴，水平投影 $dc \perp OY_H$ 轴，并均反映实长

4.2.1.2　投影面平行线

凡平行于某一投影面，同时倾斜于另两个投影面的直线，统称为投影面平行线。其中，平行于正立投影面（V 面）的称为正平线，平行于水平投影面（H 面）的称为水平线，平行于侧立投影面（W 面）的称为侧平线。

表 4－2 列出了各种投影面平行线的投影特性，其共同点可归纳为两条：

（1）直线在其所平行的投影面上的投影反映实长且反映与另两个投影面的真实夹角。

表 4－2　投影面平行线的投影特性

	正平线	水平线	侧平线
物体上平行线举例			
视图			
投影图			
投影特性	1. 正面投影 $a'b'$ 反映实长及其与 H 面的真实夹角 α、与 W 面的真实夹角 γ； 2. 水平投影 $ab \mathbin{/\!/} OX$ 轴，侧面投影 $a''b'' \mathbin{/\!/} OZ$ 轴	1. 水平投影 cb 反映实长及其与 V 面的真实夹角 β、与 W 面的真实夹角 γ； 2. 正面投影 $c'b' \mathbin{/\!/} OX$ 轴，侧面投影 $c''b'' \mathbin{/\!/} OY_W$ 轴	1. 侧面投影 $c''a''$ 反映实长及其与 H 面的真实夹角 α、与 V 面的真实夹角 β； 2. 正面投影 $c'a' \mathbin{/\!/} OZ$ 轴，水平投影 $ca \mathbin{/\!/} OY_H$ 轴

按规定,直线与水平投影面(H 面)的夹角用 α 表示,与正立投影面(V 面)的夹角用 β 表示,与侧立投影面(W 面)的夹角用 γ 表示。

(2) 直线的其余两个投影均为缩短的直线且平行于相应的投影轴。

4.2.1.3　一般位置直线

既不垂直也不平行于任一投影面的直线称为一般位置直线。如图 4-9 所示,其投影既不积聚为一点,也不反映实长,三个投影均为与投影轴倾斜的缩短的直线,且不反映其与任一投影面的真实夹角。

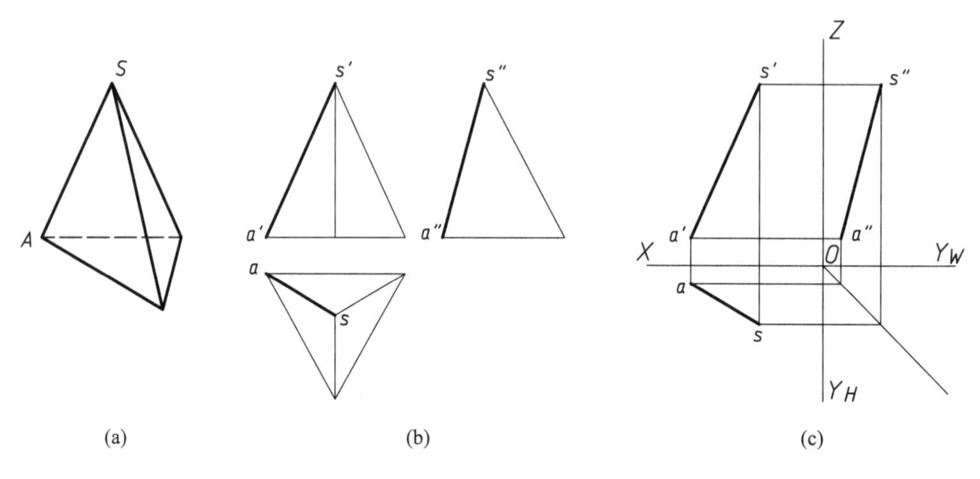

图 4-9　一般位置直线

4.2.2　直线上的点的投影

直线上的点有两个重要的投影特性:

(1) 从属性:直线上的点的各个投影必在该直线的同面投影上;反之,若某点的各个投影在直线的同面投影上,则该点一定在直线上。如图 4-10(a)所示,空间直线 AB 上有一点 K,则点 K 的三面投影 k、k'、k''必定分别在直线 AB 的同面投影 ab、$a'b'$、$a''b''$上,见图 4-10(b)。

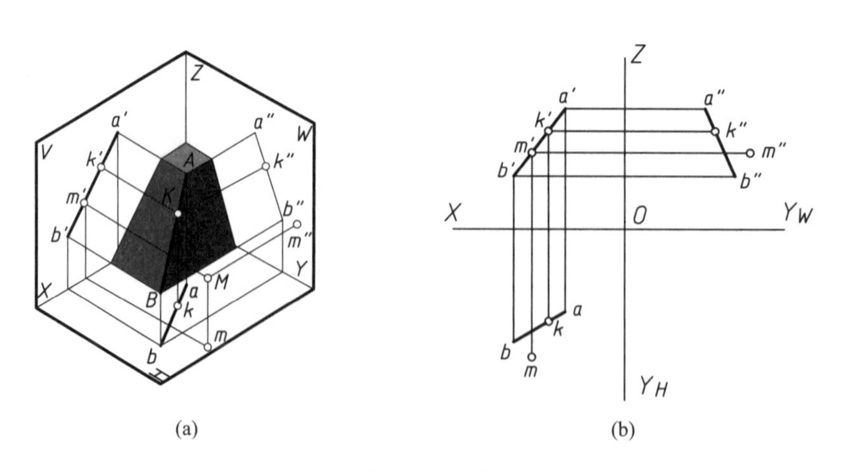

图 4-10　直线上的点的投影特性

(2) 定比性：直线上的点分割该线段成定比，即将线段及其各个投影分成相同的比例。如图 4-10 中直线 AB 上的点 K，将 AB 分为 AK 和 KB 两段，则有 $AK : KB = ak : kb = a'k' : k'b' = a''k'' : k''b''$。

反之，如果点的投影不满足上述两个投影特性，就可判定点不在直线上，如图 4-10 中的点 M。

例 4-3　已知侧平线 DE 的正面投影和水平投影及线上点 K 的正面投影 k'，试求点 K 的水平投影 k，见图 4-11(a)。

解　该已知线为侧平线，故求解时可先求出直线 DE 的侧面投影，然后根据直线上的点的投影特性求出侧面投影 k''，最后由点的投影规律求出水平投影 k，见图 4-11(b)。

此题亦可按点分割线段成定比的性质，用初等几何的方法求解。从水平投影 de 的任一端引一直线，图 4-11(c)中从点 e 引出，取 $ek_0 = e'k'$，$k_0d_0 = k'd'$，然后连 d_0d，从点 k_0 引 d_0d 的平行线，即可求得 de 上的点 k。

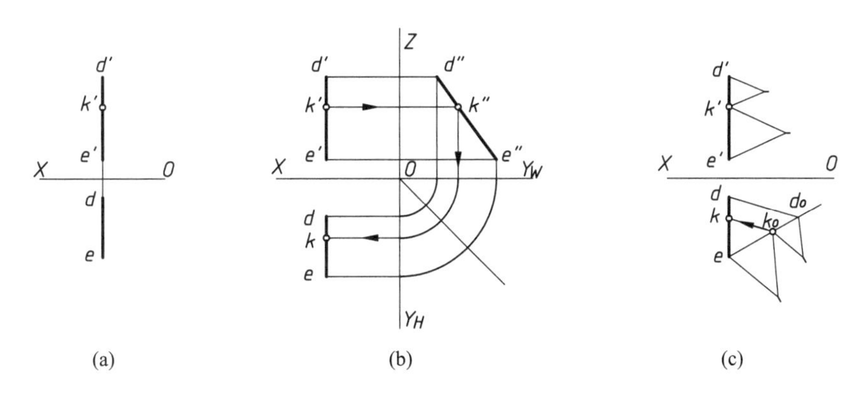

图 4-11　侧平线上求点的投影

4.2.3　线段的实长及对投影面的倾角

一般位置直线段的投影在投影图中不能直接反映线段的实长及对投影面的倾角。在实际工程中，常常要求在投影图中用作图的方法求解线段的实长及对投影面的倾角。

如图 4-12(a)所示，有一处于 V/H 投影面体系中的一般位置直线 AC。过点 A 作

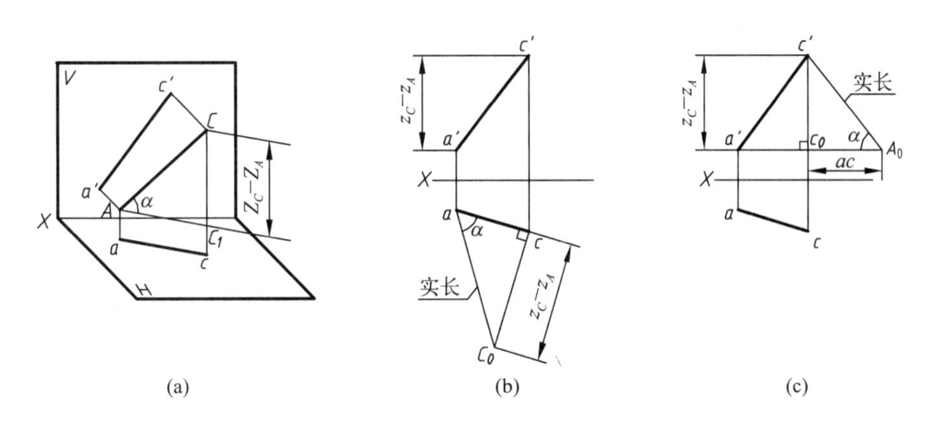

图 4-12　用直角三角形法求实长和倾角 α

$AC_1 /\!/ ac$,得到一个直角三角形 ACC_1。该直角三角形中斜边 AC 等于其实长,直角边 $AC_1=ac$,直角边 CC_1 等于两个端点 A、C 的 z 坐标差 z_C-z_A,AC 与 AC_1 的夹角即为 AC 对 H 面的倾角 α。由此可见,通过该直角三角形可以求出线段的实长及对投影面 H 面的倾角。

求线段 AC 的实长及对投影面 H 面的倾角 α,可以采用两种方式作图:

(1) 过点 c 作 ac 的垂线 cC_0,在此垂线上量取 $cC_0=z_C-z_A$,则 aC_0 即为所求线段 AC 的实长,$\angle C_0ac$ 即为 α 角,如图 4-12(b)所示。

(2) 过点 a' 作 X 轴的平行线,与 cc' 相交于点 c_0,$c'c_0=z_C-z_A$,量取 $c_0A_0=ac$,则 $c'A_0$ 即为所求线段 AC 的实长,$\angle c'A_0c_0$ 即为 α 角,如图 4-12(c)所示。

如图 4-13(a)所示,有一处于 V/H 投影面体系中的一般位置直线 AC。过点 A 作 $AC_2 /\!/ a'c'$,得到一个直角三角形 AC_2C。该直角三角形中斜边 AC 等于其实长,直角边 $AC_2=a'c'$,直角边 CC_2 等于两个端点 A、C 的 y 坐标差 y_C-y_A,AC 与 AC_2 的夹角即为 AC 对 V 面的倾角 β。由此可见,通过该直角三角形可以求出线段的实长及对投影面 V 面的倾角。

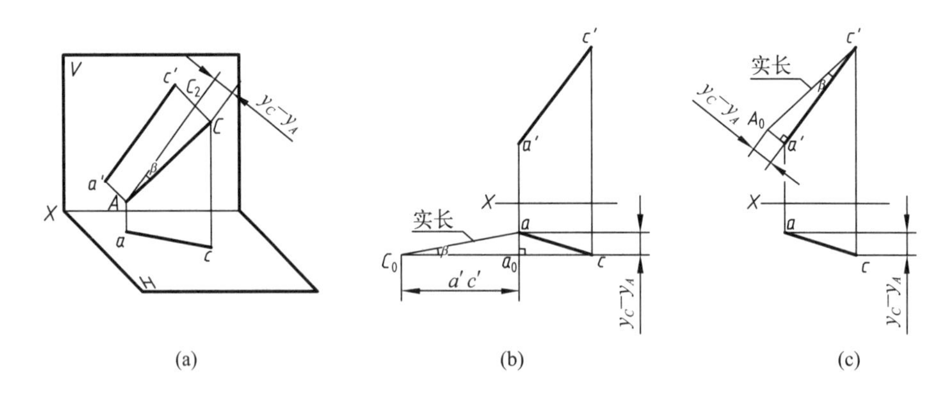

图 4-13 用直角三角形法求实长和倾角 β

求线段 AC 的实长及对投影面 V 面的倾角 β,可以采用两种方式作图:

(1) 过点 c 作 X 轴的平行线,与 aa' 相交于点 a_0,$aa_0=y_C-y_A$,量取 $a_0C_0=a'c'$,则 aC_0 即为所求线段 AC 的实长,$\angle aC_0a_0$ 即为 β 角,如图 4-13(b)所示。

(2) 过点 a' 作 $a'c'$ 的垂线 $a'A_0$,在此垂线上量取 $a'A_0=y_C-y_A$,则 $c'A_0$ 即为所求线段 AC 的实长,$\angle A_0c'a'$ 即为 β 角,如图 4-13(c)所示。

线段对投影面 W 面的倾角 γ 请读者自行分析和作图。

例 4-4 已知直线 RS 的实长 L 和水平投影 rs 及 r',见图 4-14(a),求直线 RS 的正面投影。

解 1. 分析

由已知直线 RS 的实长 L 和水平投影 rs 可以组成直角三角形,该直角三角形的斜边为其实长,一条直角边为 y_S-y_R,另一条直角边为 $r's'$。通过 $r's'$ 可以求出 s' 的位置,即可作出直线 RS 的正面投影。

2. 作图

步骤见图 4-14(b):

(1) 过点 s 作 rr' 的垂线,与 rr' 相交于点 r_0,并延长 sr_0;

(2) 以点 r 为圆心、实长 L 为半径作圆弧,交 sr_0 于点 s_0,构成直角三角形,$r_0s_0=r's'$;

(3) 以点 r' 为圆心、$r's'$ 为半径作圆弧，交过点 s 的 X 轴垂线于点 s_1' 和 s_2'，即可求出直线 RS 的正面投影 $r's_1'$ 和 $r's_2'$(两解)。

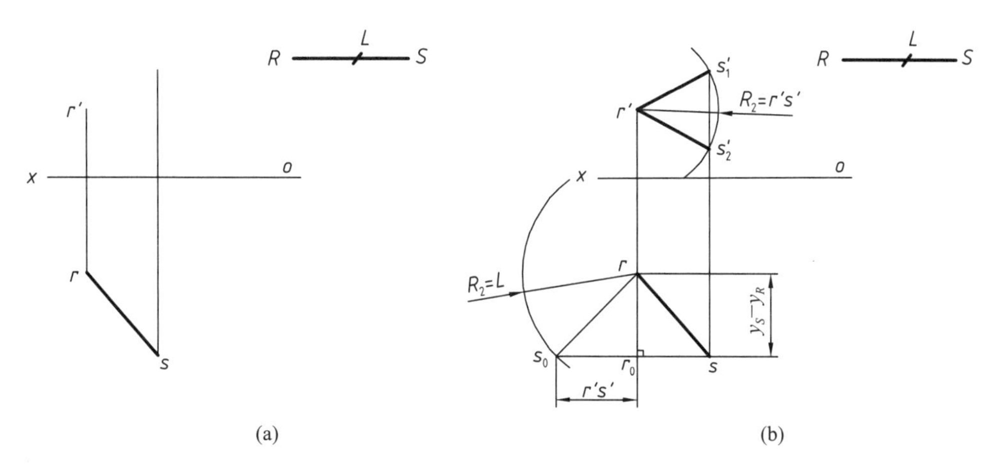

图 4－14　已知直线 RS 的实长 L 和水平投影 rs 及 r'，求直线 RS 的正面投影

4.2.4　两直线相对位置

空间两直线的相对位置有三种情况，即两直线平行、两直线相交和两直线交叉。平行或相交的两条直线位于同一平面内，交叉的两条直线位于不同平面内。

4.2.4.1　两直线平行

若空间直线 AC 和 BD 相互平行[图 4－15(a)]，则它们的同面投影必定相互平行且方向相同。如图 4－15(b)所示，因 $AC // BD$，故 $ac // bd$，$a'c' // b'd'$，$a''c'' // b''d''$。平行两线段的长度之比等于其投影的长度之比，即

$$\frac{AC}{BD}=\frac{ac}{bd}=\frac{a'c'}{b'd'}=\frac{a''c''}{b''d''}$$

反之，若两直线在投影图中的各组同面投影都相互平行，则该两直线必定相互平行。

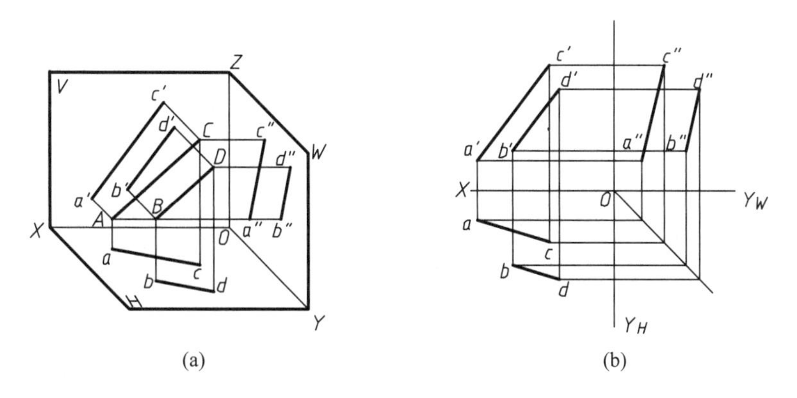

图 4－15　平行两直线的投影

4.2.4.2　两直线相交

若空间直线 AC 和 BD 相交[图 4－16(a)]，则它们的同面投影必定相交且交点符合点

的投影规律。如图 4－16(b)所示,直线 AC 和 BD 相交,交点为 K,则 ac 与 bd 必定相交于点 k,$a'c'$与$b'd'$必定相交于点k',$a''c''$与$b''d''$必定相交于点k''。

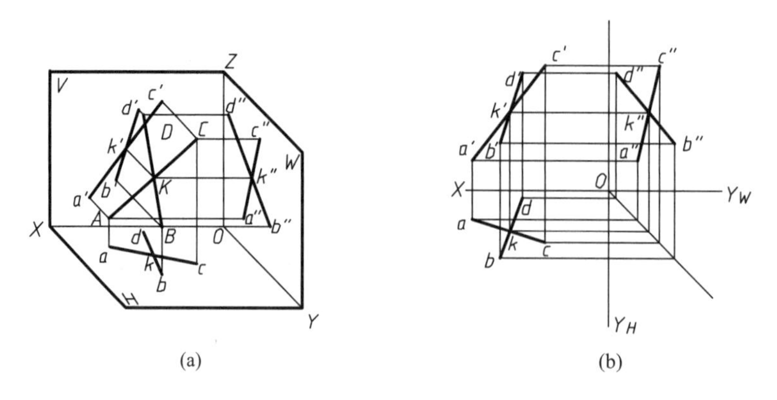

图 4－16　相交两直线的投影

反之,若两直线的各组同面投影都相交且交点都符合点的投影规律,则该两直线在空间必定相交。

4.2.4.3　两直线交叉

若两直线既不相交也不平行,则两直线交叉。交叉两直线可能有一组或两组同面投影相互平行,但是不可能有三组同面投影相互平行。如图 4－17 所示,直线 AC 和 BD 的水平投影相互平行,但是正面投影与侧面投影均不平行,因此两直线交叉。如图 4－18 所

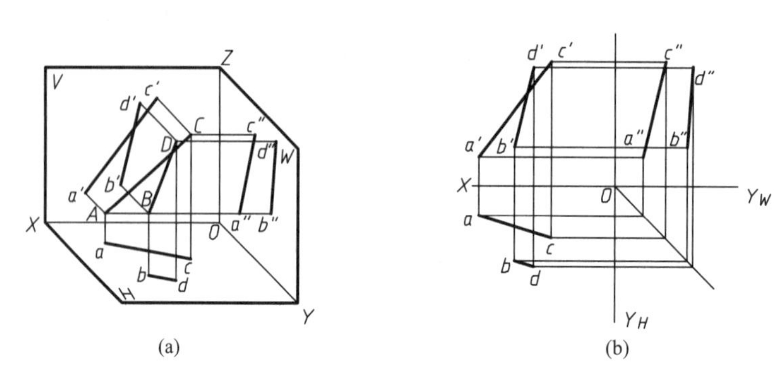

图 4－17　一面投影相互平行的交叉两直线

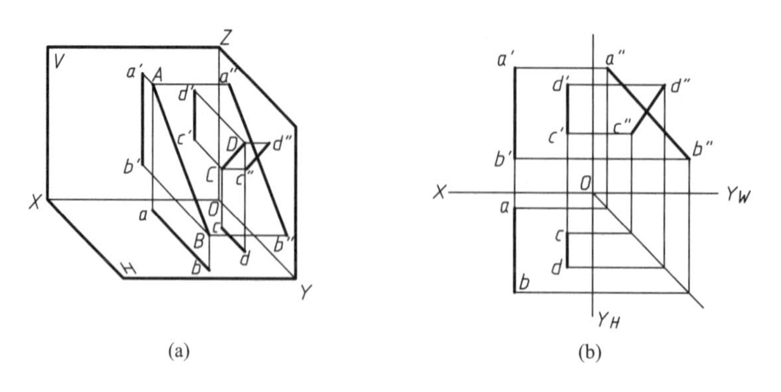

图 4－18　两面投影相互平行的交叉两直线

示，直线 AB 和 CD 的正面投影与水平投影均相互平行，但是侧面投影不平行，因此两直线交叉。

交叉两直线可能有三组同面投影相交，但其交点的投影不满足点的投影规律，这些点都是重影点。从图 4－19 中可以看出，直线 AC 和 BD 交叉，因为两直线的交点不符合同一点的投影规律，所以 ac 与 bd 的交点实际上是 AC 上的点Ⅰ和 BD 上的点Ⅱ对 H 面的重影点的投影 1(2)，由于点Ⅰ在点Ⅱ上方，因而点Ⅰ可见，点Ⅱ不可见。同理，$a'c'$ 与 $b'd'$ 的交点实际上是 BD 上的点Ⅲ和 AC 上的点Ⅳ对 V 面的重影点的投影 3′(4′)，由于点Ⅲ在点Ⅳ前方，因而点Ⅲ可见，点Ⅳ不可见。

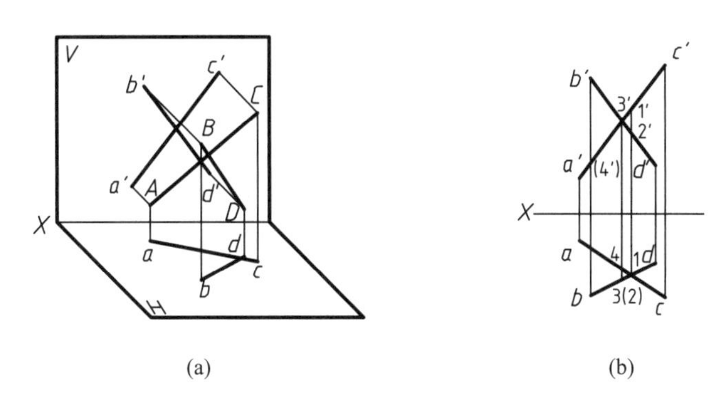

(a) (b)

图 4－19 交点投影不满足点投影规律的交叉两直线

如图 4－20(a)所示，直线 AB 和 CD 的正面投影与水平投影均相交，而且直线 AB 是侧平线，则一定要作出两直线的侧面投影，并检查两直线的交点是否符合点的投影规律。由图 4－20(b)可知，两直线的各个投影交点不符合点的投影规律，因此直线 AB 和 CD 交叉。

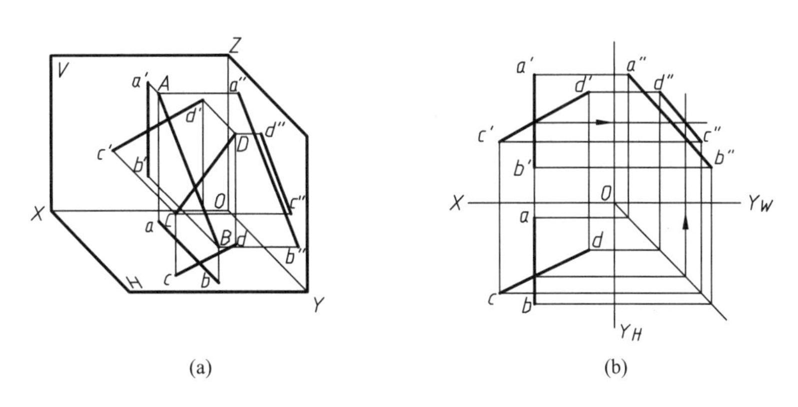

(a) (b)

图 4－20 其中一条直线为侧平线的交叉两直线

一般情况下，如果两直线在两个投影面上的投影均相交，并且其交点符合点的投影规律，那么两直线一定相交；如果两直线在两个投影面上的投影均相交，并且其交点不符合点的投影规律，那么两直线一定交叉；如果两直线中的一条直线为投影面平行线，那么一定要检查两直线在该投影面上的投影交点是否符合点的投影规律。

例 4－5 判断图 4－21 中各组直线的位置关系。

解 1. 分析

如果图 4-21(a)中的直线 AC 和 BD 都是水平线，那么两个平行线段的长度之比等于其投影的长度之比。反之，如果投影的长度之比等于线段的长度之比，那么不能说明两线段一定相互平行，因为与 V 面、W 面成相同倾角的水平线可以有两个方向，它们能得到同样比例的投影长度，因此必须检查两直线是否同方向，才能确定直线 AC 和 BD 是否相互平行。图 4-21(b)中的直线 AB 和 CD 分别是正平线和正垂线，两直线既不相交也不平行，可以直接判断出两直线的位置关系为交叉。图 4-21(c)中的两直线在两个投影面上的投影均相交，并且其交点不符合点的投影规律，则两直线一定交叉。

2. 作图

为了判断图 4-21(a)中的直线 AC 和 BD 的位置关系，先连接投影 cd 和 $c'd'$，再分别过点 b 和 b' 作直线 $bs // cd$，直线 $b's' // c'd'$，得交点 s 和 s'。从点 a 绘制任一直线，在其上取 $as_0 = a's'$，$s_0c_0 = s'c'$，由于 $as : sc = as_0 : s_0c_0$，因而 $as : sc = a's' : s'c'$。从图 4-22 中可以看出，两直线是同方向的，因此可以判断出两直线为平行两直线。

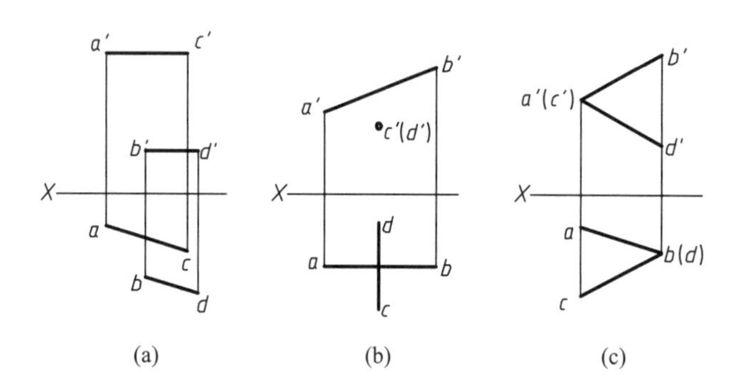

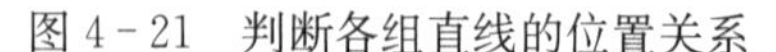

图 4-21 判断各组直线的位置关系

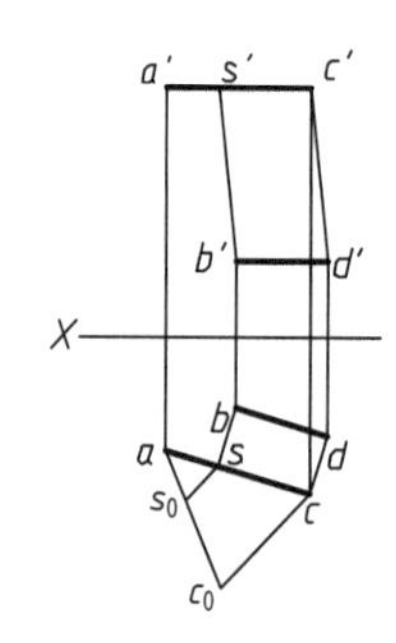

图 4-22 通过投影比例判断两直线的位置关系

4.2.5 垂直两直线的投影

若相交或交叉两直线相互垂直，并且其中一条直线为投影面平行线，则两直线在该投影面上的投影必定相互垂直，此投影特性称为直角投影定理。如图 4-23 所示，$BD \perp CD$，其中直线 BD 为水平线，直线 CD 倾斜于 H 面，因为 $BD \perp CD$，$BD \perp Dd$，所以 $BD \perp DCcd$ 平面，又因为 $bd // BD$，所以 $bd \perp DCcd$ 平面，因此 $bd \perp cd$，即 $\angle bdc = \angle BDC = 90°$。

反之，若两直线在某一投影面上的投影相互垂直，并且其中一条直线为该投影面的平行线，则两直线在空间必定相互垂直。

例 4-6 如图 4-24(a)所示，过点 K 作直线 KF，使其与直线 CD 垂直相交。

解 1. 分析

由于直线 KF 与直线 CD 垂直相交，而且直线 CD 为正平线，因而根据直角投影定理，两直线在 V 面上的投影必定相互垂直。

2. 作图

过点 K 的正面投影 k' 作 $k'f' \perp c'd'$，交点为 f'，根据点的投影规律，点 F 的水平投影 f 一定在 cd 上，连接 kf，如图 4-24(b)所示。

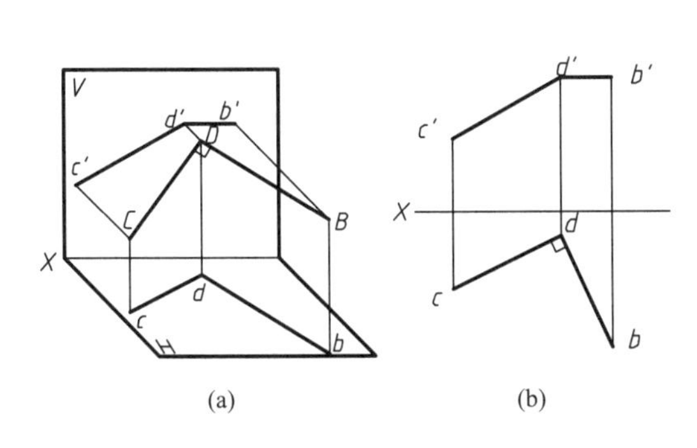

图 4-23 其中一条直线为投影面平行线的垂直相交两直线

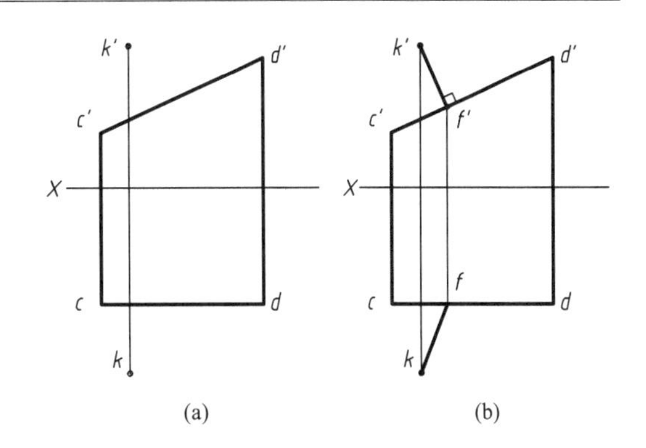

图 4-24 过点 K 作直线 KF，使其与直线 CD 垂直相交

4.3 平面的投影

空间物体上的平面在三投影面体系中的投影是由围成该平面的点、线等几何元素的同面投影确定的，因此在投影图中，可以用下面任一组几何元素的投影表示平面：

(1) 不在同一直线上的三点；

(2) 一直线和线外一点；

(3) 两平行直线；

(4) 两相交直线；

(5) 任意的平面图形(如三角形、圆等)。

从图 4-25 中可见，各种表示方法可以互相转化，而其中不在同一直线上的三点是决定平面位置的基本几何元素组。

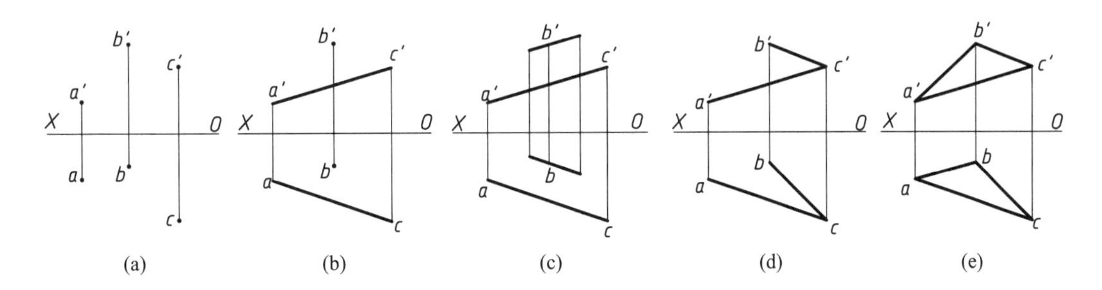

图 4-25 表示平面的各种几何元素组

4.3.1 各种不同位置平面的投影特性

在三投影面体系中，平面根据其相对于投影面的位置不同，同样可以分为三类：投影面垂直面、投影面平行面和投影面倾斜面。前两类平面称为特殊位置平面，后一类平面称为一般位置平面。下面分别讨论它们的投影特性。

4.3.1.1 投影面垂直面

凡垂直于一个投影面，而与另两个投影面倾斜的平面，统称为投影面垂直面。其中，垂直于正立投影面(V 面)的称为正垂面，垂直于水平投影面(H 面)的称为铅垂面，垂直于侧立投影面(*W* 面)的称为侧垂面。

表 4-3 列出了各种投影面垂直面的投影特性。

表 4-3 投影面垂直面的投影特性

	正垂面	铅垂面	侧垂面
物体上垂直面举例	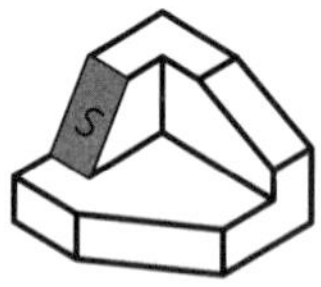	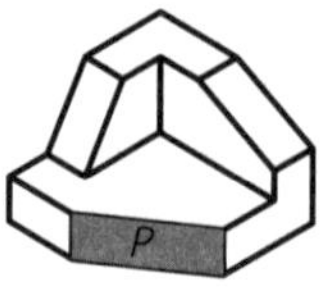	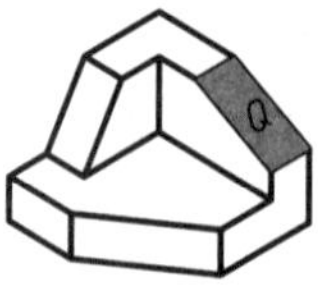
视图	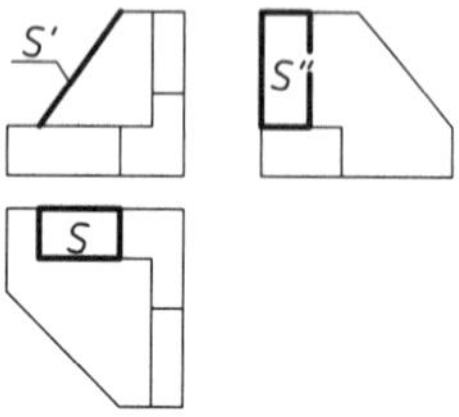	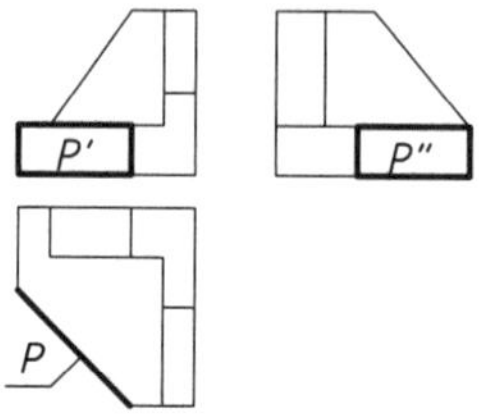	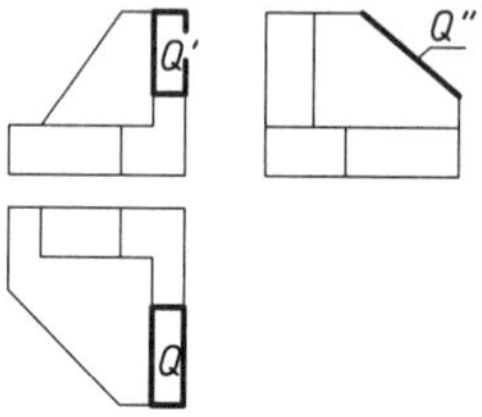
投影图	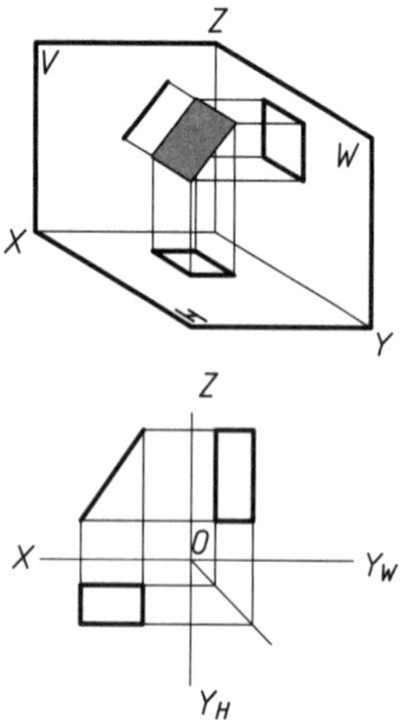	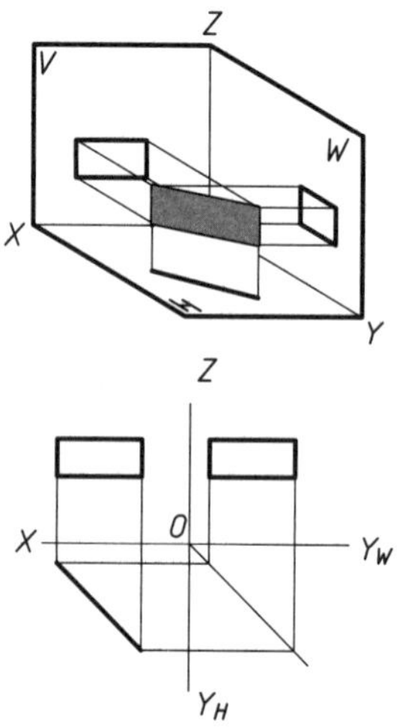	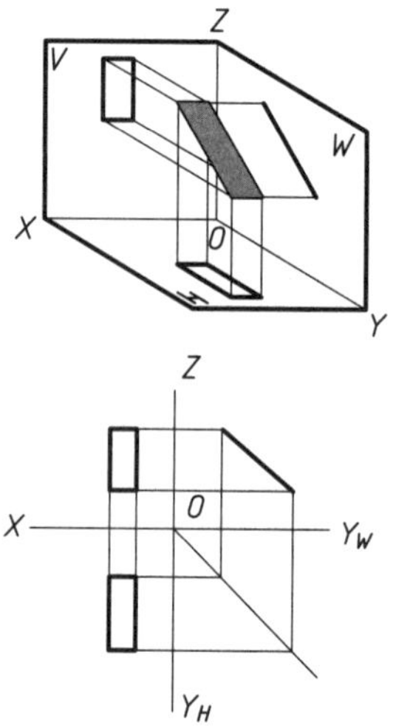
投影特性	1. 正面投影积聚为一条直线,并反映其与 *H* 面的真实夹角、与 *W* 面的真实夹角; 2. 水平投影和侧面投影均为缩小的类似形	1. 水平投影积聚为一条直线,并反映其与 *V* 面的真实夹角、与 *W* 面的真实夹角; 2. 正面投影和侧面投影均为缩小的类似形	1. 侧面投影积聚为一条直线,并反映其与 *H* 面的真实夹角、与 *V* 面的真实夹角; 2. 正面投影和水平投影均为缩小的类似形

它们的共同投影特性可归纳为两点:

(1) 平面在其所垂直的投影面上的投影积聚成一条直线,该直线与两投影轴的夹角分别反映该平面与相应投影面的真实夹角;

(2) 平面的另两个投影均为小于实形的类似形。

4.3.1.2 投影面平行面

凡平行于一个投影面,同时垂直于另两个投影面的平面,统称为投影面平行面。其中,平行于正立投影面(V 面)的称为正平面，平行于水平投影面(H 面)的称为水平面，平行于侧立投影面(W 面)的称为侧平面。

表 4-4 列出了各种投影面平行面的投影特性。

表 4-4 投影面平行面的投影特性

	正平面	水平面	侧平面
物体上平行面举例	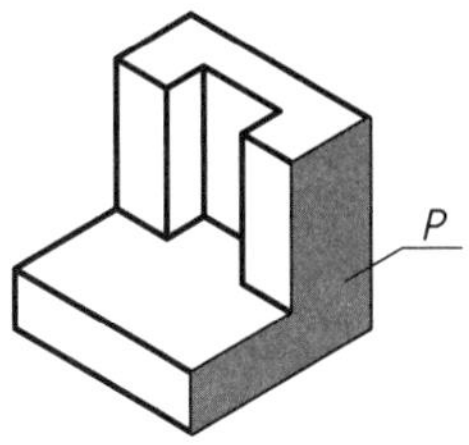 P	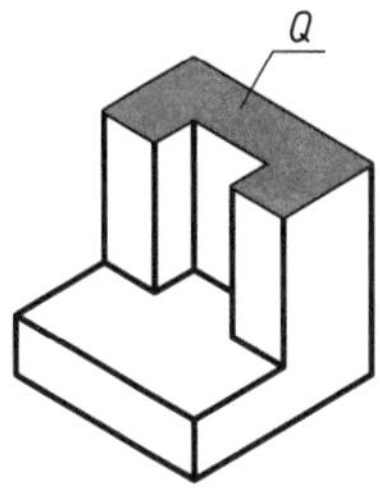 Q	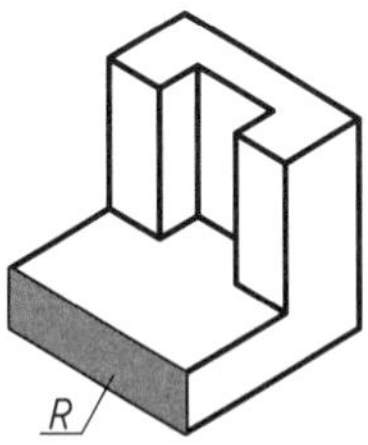 R
视图	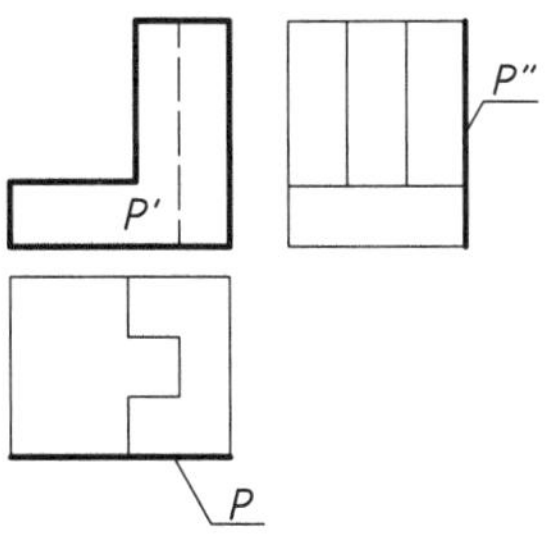 P′ P″ P	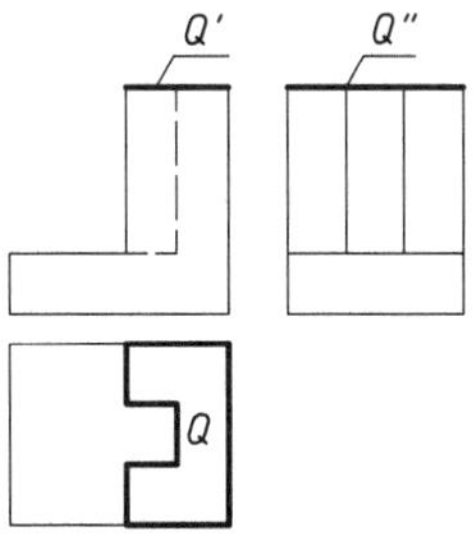 Q′ Q″ Q	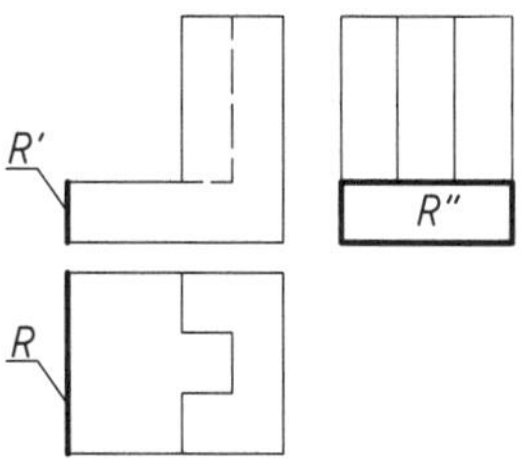 R′ R″ R
投影图	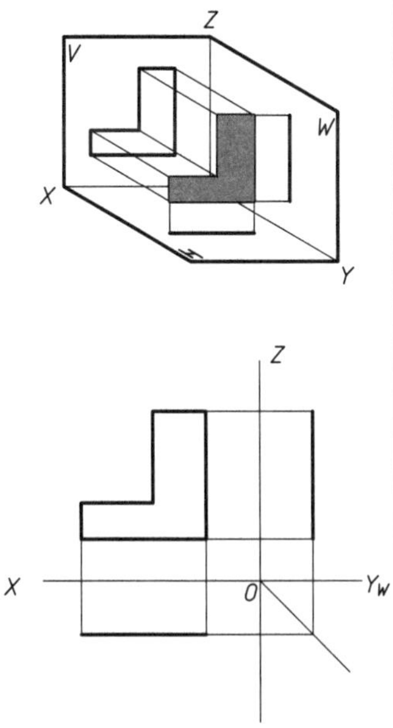 Z V W X H Y; Z X O Y_W	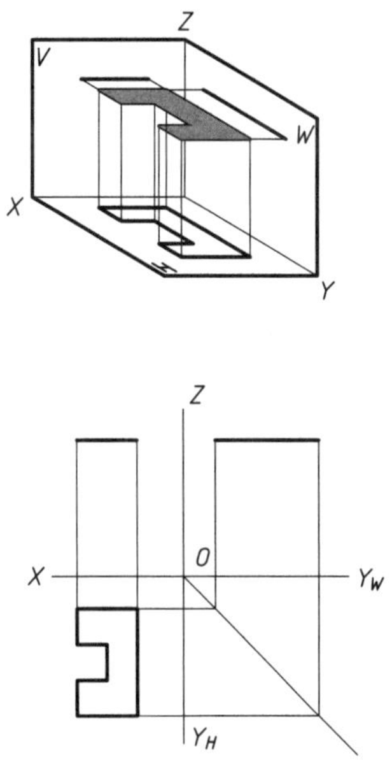 Z V W X H Y; Z O X Y_W Y_H	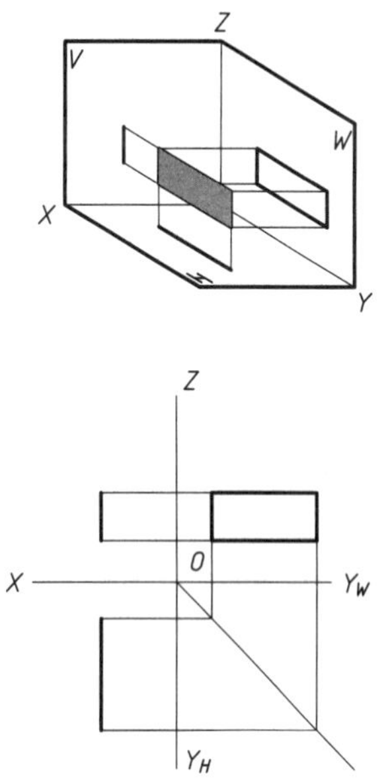 Z V W X H Y; Z X O Y_W Y_H
投影特性	1. 正面投影反映 P 面的真实形状； 2. 水平投影积聚成一条直线且平行于 OX 轴，侧面投影积聚成一条直线且平行于 OZ 轴	1. 水平投影反映 Q 面的真实形状； 2. 正面投影积聚成一条直线且平行于 OX 轴，侧面投影积聚成一条直线且平行于 OY_W 轴	1. 侧面投影反映 R 面的真实形状； 2. 正面投影积聚成一条直线且平行于 OZ 轴，水平投影积聚成一条直线且平行于 OY_H 轴

它们的共同投影特性可归纳为两点：

(1) 平面在其所平行的投影面上的投影反映该平面的实形；

(2) 平面的另两个投影均积聚成直线且分别平行于相应的投影轴。

4.3.1.3　一般位置平面

凡同时倾斜于三个投影面的平面称为一般位置平面。由图 4-26(c)的投影图,可归纳出其投影特性有三点：

(1) 三个投影均不反映平面实形；

(2) 三个投影均没有积聚性；

(3) 三个投影均为小于原图形的类似形。

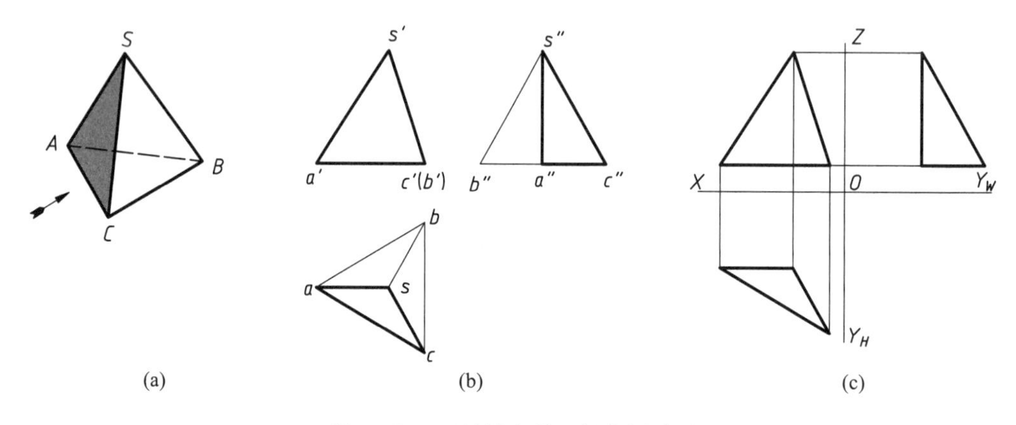

图 4-26　三棱锥上的一般位置平面

例 4-7　试分析图 4-27(a)所示物体上各表面的空间位置,并利用各种位置平面的投影特性补画出它的侧面投影。

解　物体上 P 面的正面投影积聚为一条斜线,水平投影为一封闭图形,故可判断它在空间为一正垂面,利用投影关系作出的它的侧面投影应为一与水平投影类似的封闭图形,见图 4-27(b)。

物体上 Q 面、R 面的正面投影均积聚为一条平行于 X 轴的直线,水平投影均为反映平面实形的封闭图形,故可判断它在空间为一水平面,利用投影关系作出的它的侧面投影应为一平行于 Y_W 轴的直线, 见图 4-27(c)。

物体上 S 面、T 面的正面投影均为反映平面实形的封闭图形,水平投影均积聚为一条平行于 X 轴的直线,故可判断它在空间为一正平面,利用投影关系作出的它的侧面投影应为一平行于 Z 轴的直线, 见图 4-27(d)。

物体上 U 面、V 面的正面投影均积聚为一条平行于 Z 轴的直线,水平投影均积聚为一条平行于 Y_H 轴的直线,故可判断它在空间为一侧平面,利用投影关系作出的它的侧面投影应为一反映平面实形的封闭图形,见图 4-27(e)。

4.3.2　平面上的直线和点的投影

在图示工程中的各类物体时,经常涉及在平面上取直线和点的问题,如图 4-28 所示为一经切割的三棱锥,其中点 K 是平面 SAB 上的点,LK 线和 MK 线则为该平面上的直线。

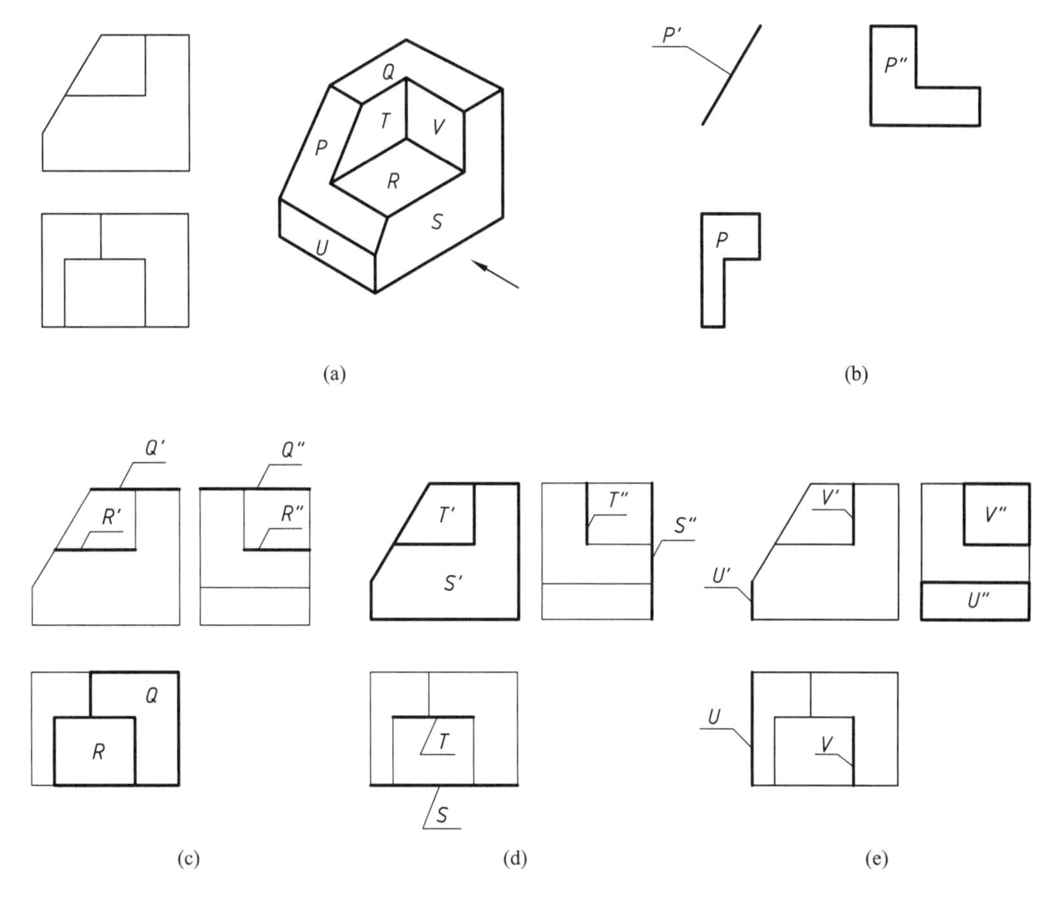

(a)　(b)

(c)　(d)　(e)

图 4-27　分析物体上各个平面所处的空间位置

下面分别加以讨论。

4.3.2.1　直线在平面上的条件及其作图

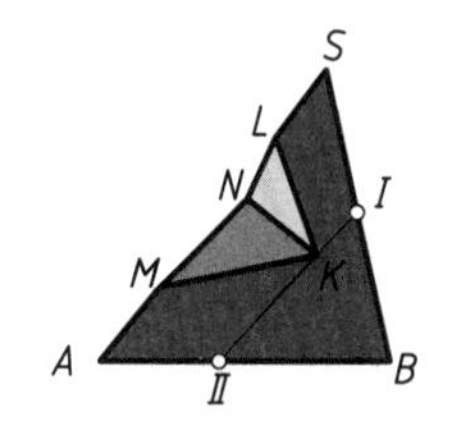

图 4-28　平面上的直线和点

由初等几何可知，直线在平面上必须具备下列条件之一：

(1) 过该平面上两个点；

(2) 过该平面上一个点，且平行于该平面上任一条直线。

因此，凡在平面上作直线，只要通过其上两个已知点或过其上一个已知点且平行于其上一条已知直线。

例 4-8　试在△ABC 上作一条直线。

解　由图 4-29(a)的立体图可知，过△ABC 平面上 AC 线上的点 L 和 AB 线上的点 K 的连线 LK 必在该平面上。在投影图中，LK 线的投影即为该两点同面投影的连线 lk 和 $l'k'$，见图 4-29(b)。

同样，过△ABC 上的点 M 且平行于 AB 线的直线 MN 亦必在该平面上。在投影图中，MN 线的投影即为分别过 m 和 m' 且分别平行于 ab 和 $a'b'$ 的直线 mn 和 $m'n'$，见图 4-29(c)。

4.3.2.2　平面上的投影面平行线的作图

根据直线在平面上的条件，在平面上可以作出无数条直线，其中有一种既具有平面上的

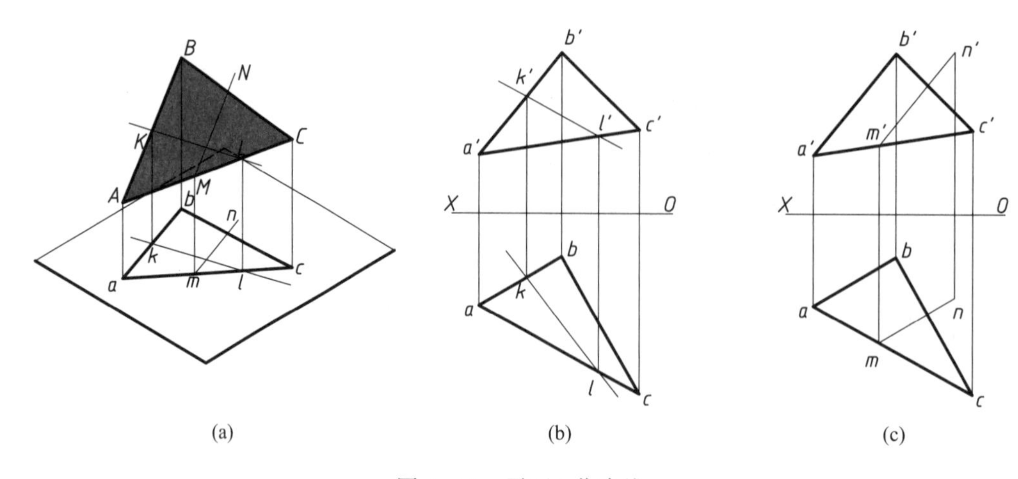

图 4-29 平面上作直线

直线的投影特性,又具有投影面平行线的投影特性的直线,称为平面上的投影面平行线。如图 4-30 所示,因为直线 AE 在平面 $ABCD$ 上且平行于水平面,所以它是平面上的水平线,在投影图中 $a'e' \parallel X$ 轴;AF 线为平面上的正平线,在投影图中 $af \parallel X$ 轴。这种直线由于作图方便,因而常被用作平面上的辅助线。

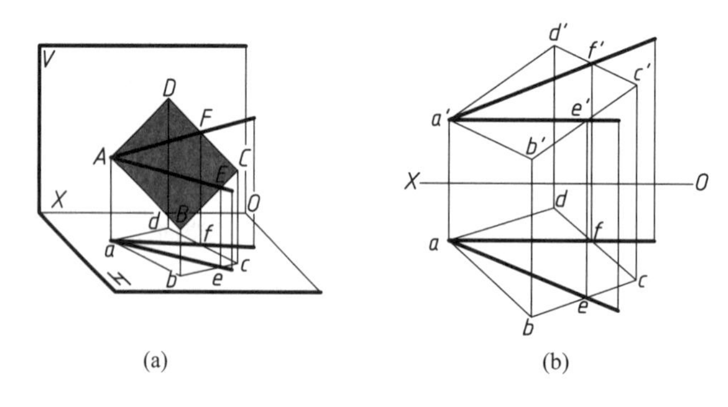

图 4-30 平面上的投影面平行线

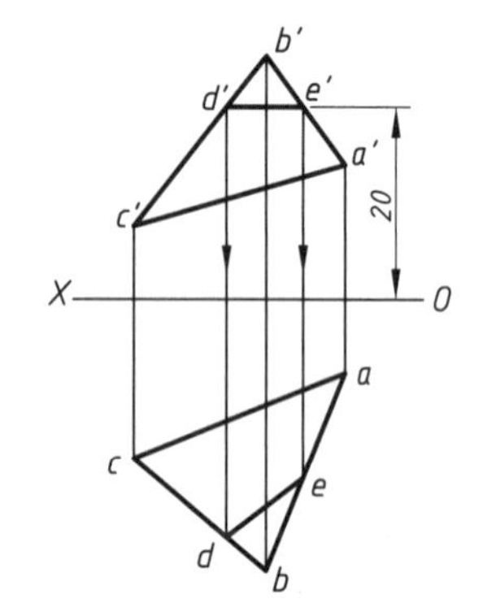

图 4-31 按已知条件作平面上的投影面平行线

例 4-9 如图 4-31 所示,已知$\triangle ABC$ 的正面投影$\triangle a'b'c'$和水平投影$\triangle abc$,试在该平面上作一条距离 H 面 20 mm 的水平线。

解 由水平线的投影特性可知,其正面投影为平行于 X 轴的直线,故作图必须从正面投影开始。先沿 X 轴往上度量 20 mm,作一条通过$\triangle a'b'c'$上 d'、e'两点且平行于 X 轴的直线,即为要求作的水平线的正面投影;再根据投影关系分别求出$\triangle abc$ 上的 d、e 两点,将其相连,就得到了要求作的水平线的水平投影。

4.3.2.3 点在平面上的条件及其作图

点在平面上的条件是必须经过该平面上任一条直线。因此,在平面上作点,只要通过其上一条已知直线。

例 4-10 已知一平面 $ABCD$ 的正面投影和水平投影,见图

4－32(a)。

(1) 试判别点 K 是否在该平面上；

(2) 根据该平面上一点 E 的正面投影 e'，作出其水平投影 e。

解　(1) 连接 $c'k'$ 并延长至与 $a'b'$ 交于点 f'，由 $c'f'$ 求出其水平投影 cf，则 CF 线是平面上的一条直线，若点 K 在 CF 线上，则 k、k' 应分别在 cf、$c'f'$ 上。从图 4－32(b)中可知，k 不在 cf 上，所以点 K 不在平面上。

(2) 连接 $a'e'$，$c'd'$ 交于点 g'，由 $a'g'$ 求出其水平投影 ag，则 AG 线是平面上的一条直线，若点 E 在平面上，则点 E 应在 AG 线上，故 e 应在 ag 上，因此过点 e' 作投影连线，与 ag 延长线的交点 e 即为所求的点 E 的水平投影。

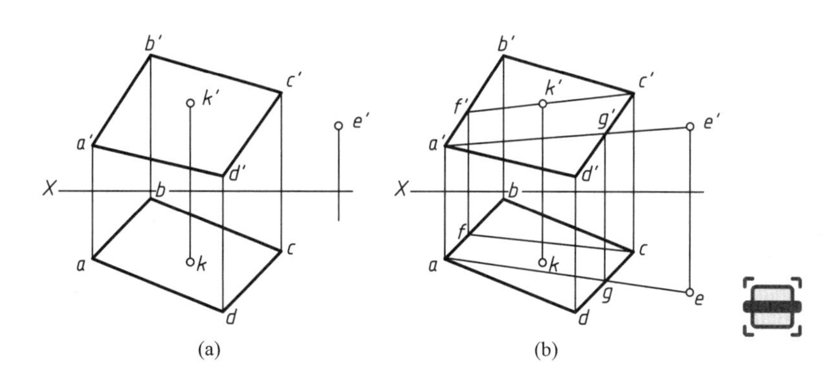

图 4－32　平面上点的求作与判别

从例 4－10 中可知，尽管点的两个投影均在平面图形的投影轮廓线范围内，该点也不一定在平面上；而点的两个投影均在平面图形的投影轮廓线范围外，该点不一定不在平面上。因此，判断点是否在平面上主要应根据点在平面上的几何条件及其投影特性来确定。

例 4－11　试完成图 4－33(a)所示的带缺口三棱锥的一个表面 SAB 的其余两个投影。

解　已知△SAB 面上缺口的正面投影，所以解题实质是求出组成缺口的三个点(K、L、M)的其余两个投影，其步骤如下：

(1) SA 棱线上的 L、M 两点，可按直线上的点的投影特性，在 SA 线的同面投影上求得点 l、m 和点 l''、m''，如图 4－33(b)所示；

(2) 点 K 的投影可通过在面上作辅助线求得，即过点 k' 任作一直线，与 $s'b'$ 和 $a'b'$ 分别交于 $1'$、$2'$ 两点，分别在 SB 线和 AB 线的其余投影上得点 1、2 和点 $1''$、$2''$，连接点 Ⅰ、Ⅱ 的同面投影，点 K 的各个投影(k、k'、k'')一定在辅助线 ⅠⅡ 的同面投影上，见图 4－33(c)；

(3) 把 KL 线和 KM 线的同面投影连接起来，即完成了 SAB 面上缺口的投影的作图。

用相同方法可以求得带缺口三棱锥的另一个表面 SAC 上缺口的三面投影(与表面 SAB 的对称)，从而完成带缺口三棱锥的三面投影图，如图 4－33(d)所示。

4.3.2.4　平面上对投影面的最大斜度线

平面上相对于投影面倾角最大的直线称为最大斜度线。它能够用来确定平面的空间位置。

平面上对某一投影面的最大斜度线是与平面上的该投影面的平行线相垂直的直线，它与该投影面的倾角就是平面对该投影面的倾角。

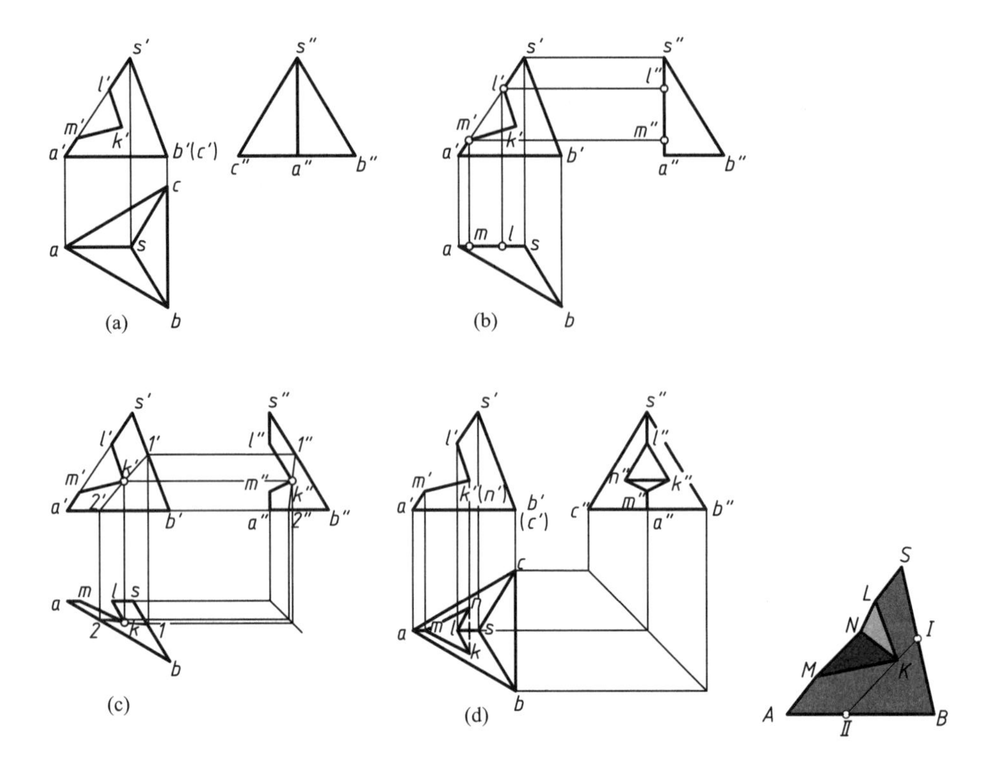

图 4-33 求三棱锥表面缺口的投影

如图 4-34 所示,平面 P 上有一条水平线 AB,过端点 A 在平面 P 上作直线 AB 的垂线 AC,在平面 P 的水平迹线 P_H 上与 H 面相交于点 C,AC 与 P_H 成直角。过点 A 作垂直于 H 面的投射线,与 H 面相交于点 a,点 C 在 H 面上,其水平投影 c 就在原处,连接点 a 与点 c,ac 即为 AC 的水平投影,AC 与 ac 的夹角即为 AC 对 H 面的倾角。在直线 P_H 上任取一点 D,点 D 的水平投影 d 也在原处,将点 A 与点 D、点 a 与点 d 分别相连,则 ad 是 AD 的水平投影,AD 与 ad 的夹角即为 AD 对 H 面的倾角。从图中可见,因为在直角三角形 ACD 中,AD 是斜边,所以 $AD>AC$,由此就推导出平面 P 上只有与水平线相垂直的直线与 H 面的倾角最大,该直线即为平面 P 上对 H 面的最大斜度线。

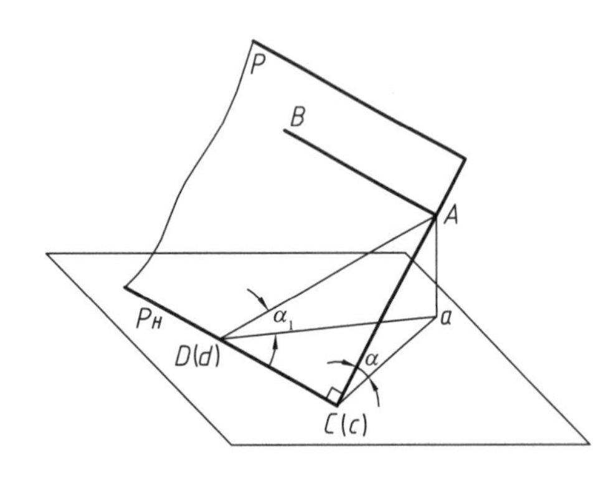

图 4-34 平面 P 上对 H 面的最大斜度线

平面 P 上对 H 面的最大斜度线 $AC\perp P_H$,根据直角投影定理,$ac\perp P_H$,由此可知平面 AaC 既垂直于平面 P 又垂直于 H 面,而 AC、ac 分别是平面 AaC 与平面 P、H 面的交线,AC 和 ac 所夹的平面角就是平面 P 与 H 面的两面角,也就是平面 P 对 H 面的倾角,而 AC 和 ac 的夹角是平面 P 上的一条对 H 面的最大倾斜线与 H 面的倾角。由此也证明平面上对 H 面的最大斜度线与 H 面的倾角即为这个平面对 H 面的倾角。

同理可证:平面上与正平线相垂直的直线是平面上对 V 面的最大斜度线,它与 V 面的

倾角即为该平面对 V 面的倾角；平面上与侧平线相垂直的直线是平面上对 W 面的最大斜度线，它与 W 面的倾角即为该平面对 W 面的倾角。

例 4-12　如图 4-35(a)所示，已知$\triangle ABC$，求作$\triangle ABC$平面对 V 面的倾角 β。

解　1. 分析

根据平面上对投影面的最大斜度线的投影特性，先在$\triangle ABC$ 平面上作正平线，再在$\triangle ABC$ 平面上作正平线的垂线，即得到$\triangle ABC$ 平面上对 V 面的最大斜度线与 V 面的倾角 β。

2. 作图

步骤见图 4-35(b)：

(1) 过点 c 作 OX 轴的平行线，与 ab 交于点 f；由点 f 引投影连线，与 $a'b'$ 交于点 f'，连接点 c' 与点 f'。cf、$c'f'$ 即为$\triangle ABC$ 平面上的正平线 CF 的两面投影。

(2) 过点 b' 作 $c'f'$ 的垂线，交于点 g'；由点 g' 引投影连线，与 cf 交于点 g。bg、$b'g'$ 即为$\triangle ABC$ 平面上对 V 面的最大斜度线 BG 的两面投影。

(3) 利用直角三角形法求出 BG 与 V 面的倾角。从点 g' 量取反映在 H 面投影中的点 G 与点 B 的 y 坐标差 Δy，得 e'，连接点 b' 与点 e'。在直角三角形 $b'g'e'$ 中，$b'e'$ 与 $b'g'$ 的夹角就是 BG 与 V 面的倾角，也就是所求的$\triangle ABC$ 平面对 V 面的倾角 β。

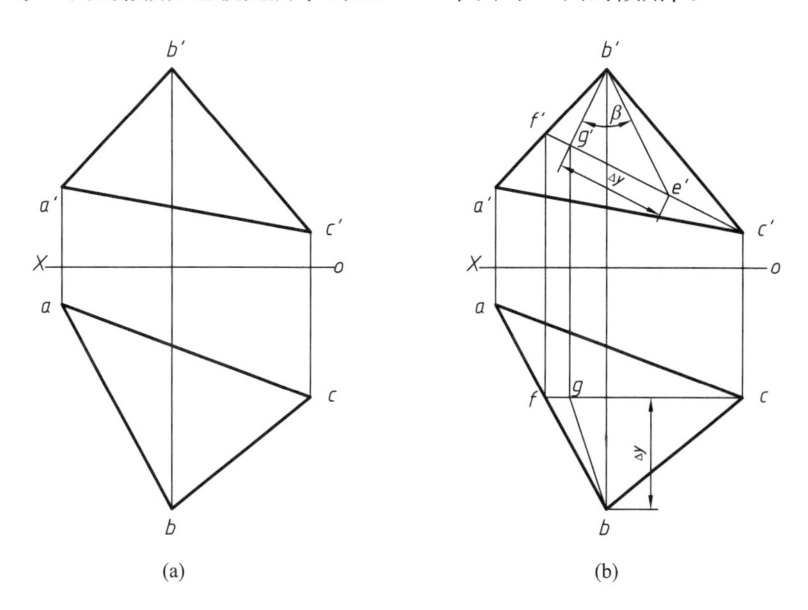

图 4-35　求$\triangle ABC$ 平面对 V 面的倾角

4.4　直线与平面、平面与平面的相对位置

直线与平面、平面与平面的相对位置分为平行、相交和垂直。

4.4.1　平行

4.4.1.1　直线与平面平行

当直线平行于平面内的任一直线时，直线与该平面平行。如图 4-36 所示，直线 AB 平行于平面 Q 内的直线 CD，则直线 AB 与平面 Q 平行。

例 4-13 过点 M 作直线 MN 平行于 V 面和△ABC 平面(图 4-37)。

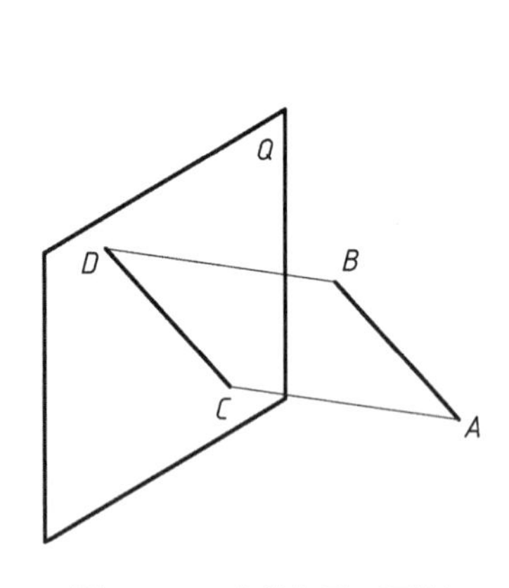

图 4-36 直线与平面平行

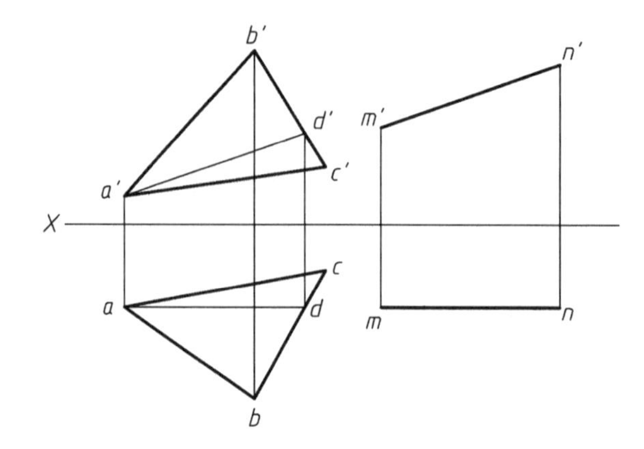

图 4-37 过点 M 作直线 MN 平行于 V 面和△ABC 平面

解 1. 分析

直线 MN 平行于 V 面表示直线 MN 为正平线，而直线 MN 又平行于△ABC 平面，则直线 MN 平行于△ABC 平面内的正平线。

2. 作图

在△ABC 平面内作一正平线 AD，再过点 M 作 $MN /\!/ AD$，即 $mn /\!/ ad$，$m'n' /\!/ a'd'$，则直线 MN 平行于 V 面和△ABC 平面。

4.4.1.2 平面与平面平行

当属于一平面的相交两直线对应平行于另一平面内的相交两直线时，该两平面相互平行。如图 4-38 所示，相交两直线 AB 和 CD 在平面 Q 内，相交两直线 EF 和 GH 在平面 R 内，若 $AB /\!/ EF$，$CD /\!/ GH$，则平面 Q 与平面 R 平行。

例 4-14 过点 M 作一平面平行于△ABC 平面(图 4-39)。

解 1. 分析

过点 M 作两条相交直线分别平行于△ABC 平面内的两条相交直线，则两平面相互平行。

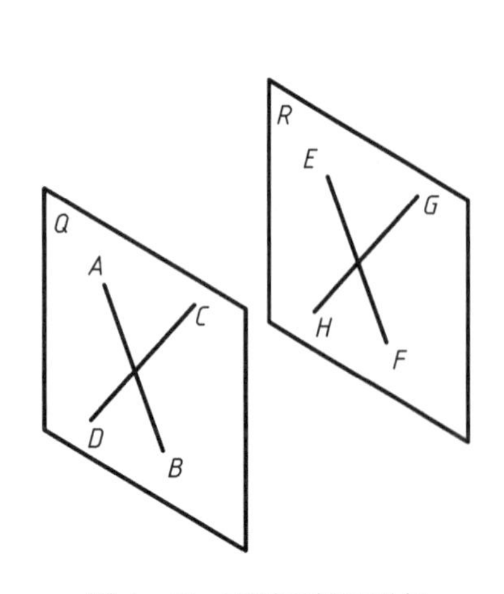

图 4-38 两平面相互平行

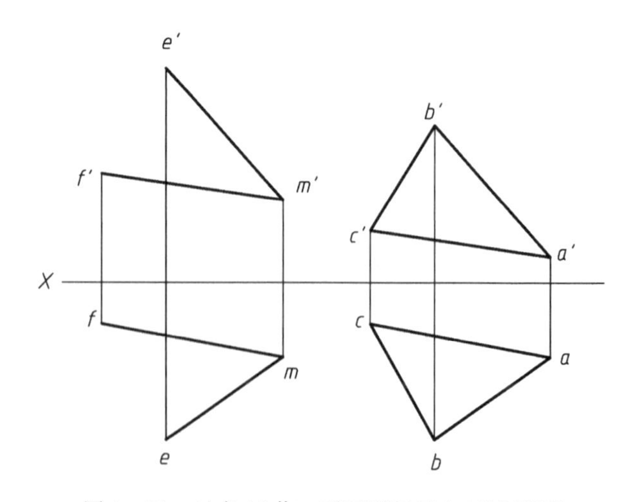

图 4-39 过点 M 作一平面平行于△ABC 平面

2. 作图

过点 M 作直线 $ME // AB$，再作直线 $MF // AC$，则由直线 ME 和直线 MF 组成的平面就平行于△ABC 平面。

4.4.2　相交

直线与平面相交只有一个交点，它是直线与平面的共有点。两平面的交线为直线，它是两平面的共有线。下面论述求交点和交线的方法。

4.4.2.1　重影性法

重影性法：由于特殊位置直线或平面的投影具有积聚性，这样交点或交线在该投影面上的投影即可直接求得，再利用在直线上取点或在平面内取点、取线的方法求出交点或交线的其他投影。

1. 平面与特殊位置直线相交

例 4－15　求铅垂线 MN 与△ABC 平面的交点 K，并判别可见性[图 4－40(a)]。

解　1. 分析

直线 MN 为铅垂线，其水平投影积聚成一个点，故交点 K 的水平投影 k 也在该点上，再

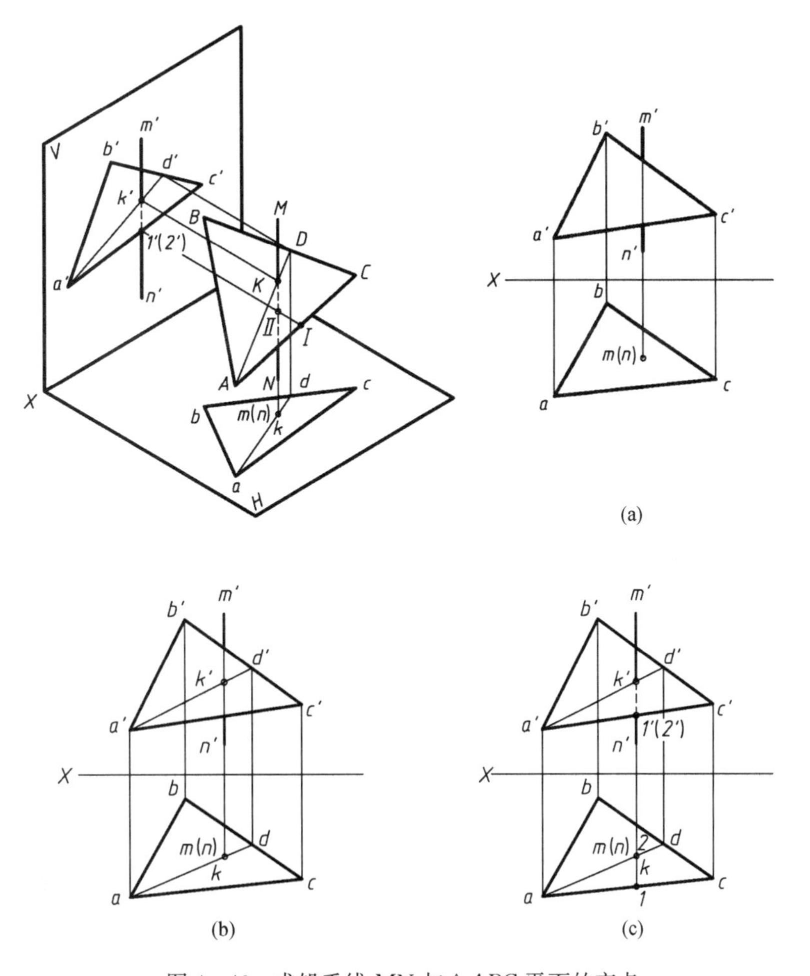

图 4－40　求铅垂线 MN 与△ABC 平面的交点

利用交点 K 在△ABC 平面内求其正面投影 k'。

2. 作图

利用直线 MN 的水平投影具有积聚性求得交点 K 的水平投影 k，在△ABC 平面内过交点 K 作直线 AD，即画出 akd，作出 $a'd'$ 交 $m'n'$ 得交点 K 的正面投影 k'，如图 4-40(b)所示。

最后利用重影点 I 和 II 判别可见性。交点 K 是直线 MN 可见与不可见的分界点，即交点 K 把直线 MN 分成两部分，一部分可见，另一被△ABC 平面挡住的部分不可见。具体的判别过程是，在正立投影面上取一对重影点 I 和 II，点 I 属于直线 AC，点 II 属于直线 MN，从水平投影上可以看出 $y_{I} > y_{II}$，即点 I 在点 II 之前，则点 I 可见、点 II 不可见，因此 MN 线上线段 MK 是可见的，故其正面投影 $m'k'$ 画成实线，而 $k'2'$ 画成虚线。水平投影上直线 MN 重影为一点，故不需要判别其可见性，如图 4-40(c)所示。

2. 直线与特殊位置平面相交

例 4-16 求直线 MN 与铅垂面△ABC 的交点 K，并判别可见性[图 4-41(a)]。

解 1. 分析

铅垂面△ABC 的水平投影 abc 具有积聚性，则交点 K 的水平投影 k 在 abc 上，交点 K 又在直线 MN 上，故 k 也一定在直线 MN 的水平投影 mn 上，因此交点 K 的水平投影 k 就是 abc 和 mn 的交点，最后利用交点 K 在直线 MN 上求出其正面投影 k'。

2. 作图

由水平投影 abc 和 mn 的交点得交点 K 的水平投影 k，从点 k 作 X 轴的垂线交 $m'n'$ 得

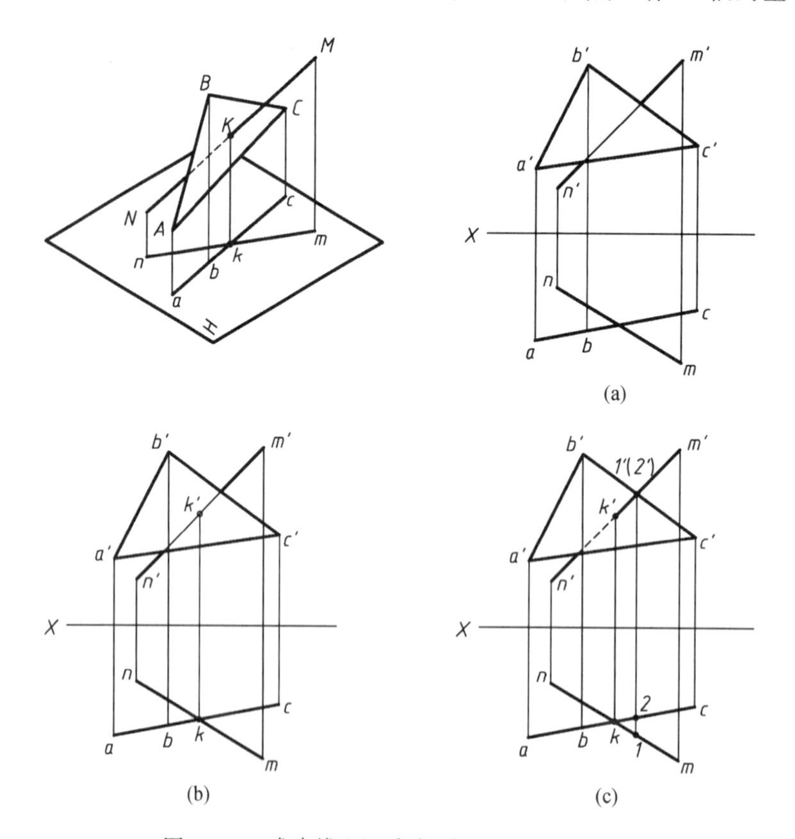

图 4-41 求直线 MN 与铅垂面△ABC 的交点

交点 K 的正面投影 k'，如图 4－41(b)所示。

可见性判别：在正立投影面上取一对重影点Ⅰ和Ⅱ，点Ⅰ属于直线 MN，点Ⅱ属于直线 BC，从水平投影上可以看出 $y_{Ⅰ} > y_{Ⅱ}$，即点Ⅰ在点Ⅱ之前，则点Ⅰ可见、点Ⅱ不可见，因此 MN 线上线段 MK 是可见的，故其正面投影 $m'k'$ 画成实线，过点 k' 而被△ABC 平面遮住的部分画成虚线。水平投影上铅垂面△ABC 重影为一直线，故不需要判别其可见性，如图 4－41(c)所示。

3. 平面与特殊位置平面相交

例 4－17　求△ABC 平面与铅垂面 $RNMS$ 的交线 KL，并判别可见性[图 4－42(a)]。

解　1. 分析

求交线实际上可以分解为求两个交点，任取△ABC 平面内直线 AC 和 AB，分别求其与铅垂面 $RNMS$ 的交点 K 和 L，两交点的连线 KL 即为所求的交线，注意所取的线一定要与平面相交。

2. 作图

利用例 4－16 分别求直线 AC 和 AB 与铅垂面 $RNMS$ 的交点 K 和 L，连接点 K 和点 L 即得交线 KL，因铅垂面 $RNMS$ 的水平投影 $rnms$ 具有积聚性，故交线 KL 的水平投影 kl

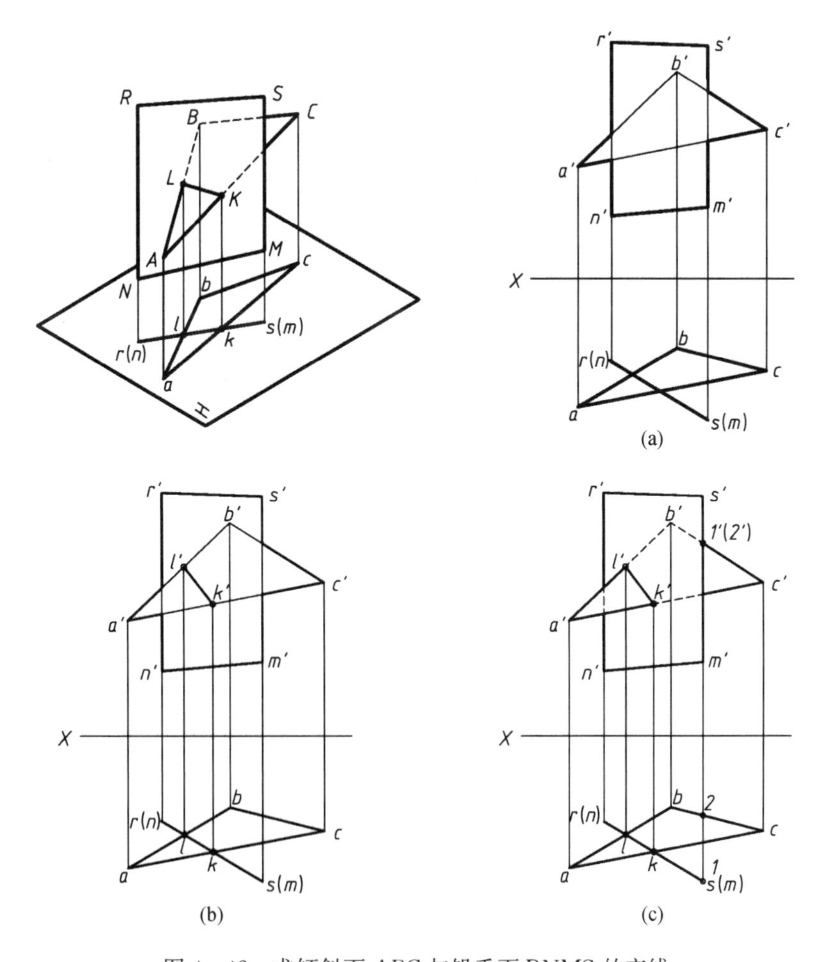

图 4－42　求倾斜面 ABC 与铅垂面 $RNMS$ 的交线

必定在 $rnms$ 上,如图 4-42(b)所示。

可见性判别:在正立投影面上取一对重影点 Ⅰ 和 Ⅱ,点 Ⅰ 属于直线 SM,点 Ⅱ 属于直线 BC,从水平投影上可以看出 $y_{I} > y_{II}$,即点 Ⅰ 在点 Ⅱ 之前,则点 Ⅰ 可见、点 Ⅱ 不可见,因此直线 SM 是可见的,故其正面投影 $s'm'$ 画成实线;交线 KL 是可见与不可见的分界线,铅垂面 $RNMS$ 的正面投影的右侧可见,那么左侧就不可见,故左侧的 $r'n'$ 被△ABC 平面遮住的部分画成虚线;平面重叠部分中如果一个可见,那么另外一个必定不可见,则△ABC 平面的正面投影在交线 KL 右侧不可见,故 $b'2'$、$b'l'$ 及 $k'c'$ 被铅垂面 $RNMS$ 遮住的部分画成虚线,在交线 KL 左侧的 $a'l'$、$a'k'$ 则画成实线。水平投影上铅垂面 $RNMS$ 重影为一直线,故不需要判别其可见性,如图 4-42(c)所示。

4.4.2.2 辅助平面法

如图 4-43(a)所示,要求投影面倾斜线 MN 与△ABC 平面的交点,而两者的投影都没有积聚性,所以只能用辅助平面法求解。过直线 MN 作一平面 P,为方便作图,平面 P 为垂直面,求平面 P 与△ABC 平面的交线 DE,如图 4-43(b)所示。再求直线 MN 与 DE 的交点 K,交点 K 属于直线 DE,直线 DE 属于△ABC 平面,因此交点 K 也属于△ABC 平面,即交点 K 为直线 MN 与△ABC 平面的共有点,即交点,如图 4-43(a)所示。

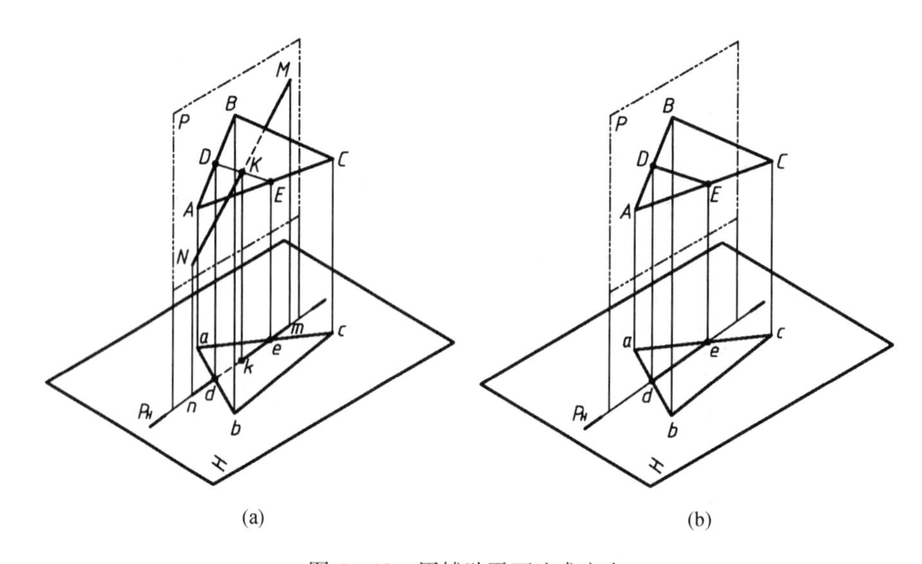

(a) (b)

图 4-43 用辅助平面法求交点

1. 求投影面倾斜线与投影面倾斜面的交点

例 4-18 求直线 MN 与△ABC 平面的交点 K,并判别可见性[图 4-44(a)]。

解 过直线 MN 作垂直面 P,先求平面 P 与△ABC 平面的交线 DE,再求直线 MN 与 DE 的交点 K,如图 4-44(b)所示。最后判别可见性,如图 4-44(c)所示,注意不同的投影面分别用相应的重影点进行判别。

2. 求两个投影面倾斜面之间的交线

求两个投影面倾斜面之间的交线,其实是求两平面两个交点的问题,重复求投影面倾斜线与投影面倾斜面的交点两次即可。两平面相交有两种情况,即全交[图 4-45(a)]和互交[图 4-45(b)],交线必须取其公共部分。

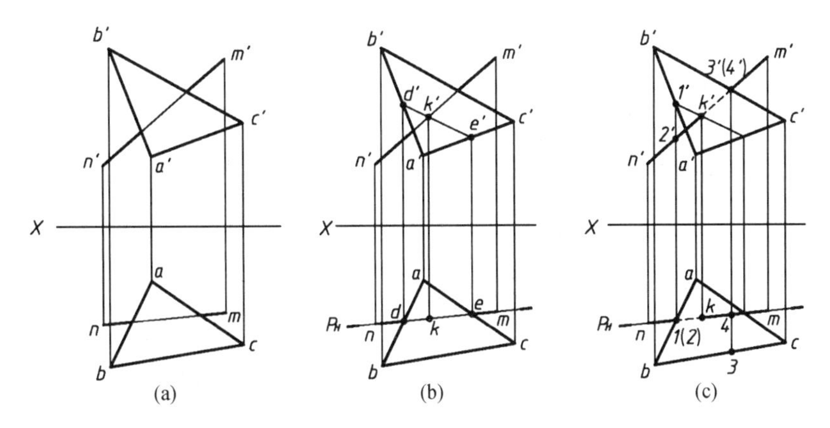

图 4-44 求直线 MN 与△ABC 平面的交点

例 4-19 求△ABC 平面与△DEF 平面的交线 KL（图 4-46）。

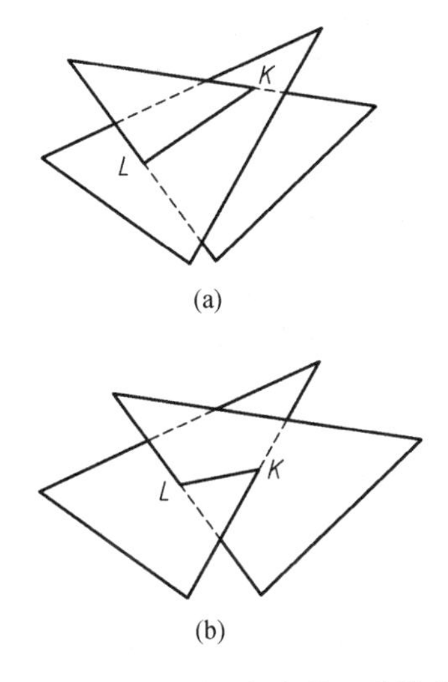

图 4-45 两平面相交的两种情况

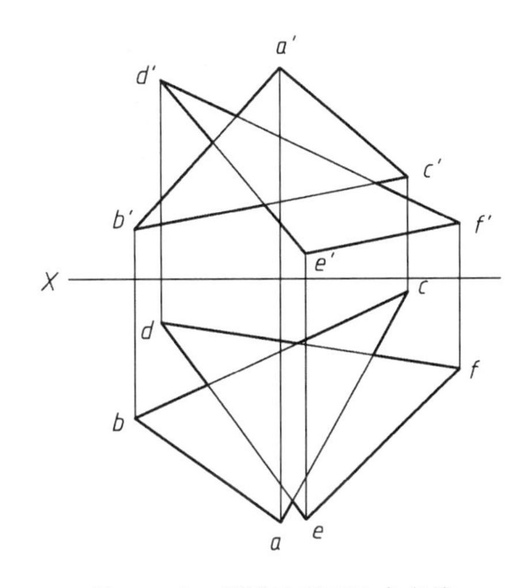

图 4-46 用辅助平面法求交线

解 利用辅助正垂面 P 和 R 分别求出直线 DE 和 DF 与△ABC 平面的交点 K[图 4-47(a)]和 L[图 4-47(b)]，连接 KL 即得两平面的交线。

可见性判别：利用重影点判别可见性[图 4-47(c)]，用重影点Ⅴ、Ⅵ判别水平投影的可见性，用重影点Ⅶ、Ⅷ判别正面投影的可见性，最后完成作图[图 4-47(d)]。

4.4.3 垂直

4.4.3.1 直线与平面垂直

若一条直线与一个平面垂直，则这条直线垂直于这个平面上的任意直线，这条直线与这个平面的交点叫作垂足。

若一条直线与一个平面内两条相交直线垂直，则这条直线与这个平面垂直。

如图 4-48 所示，直线 MN 垂直于△ABC 平面，其垂足为 N，过点 N 作一水平线 GD，则 $MN \perp GD$，根据直角投影定理，则 $mn \perp gd$；再过点 N 作一正平线 EF，则 $MN \perp EF$，同理得 $m'n' \perp e'f'$。

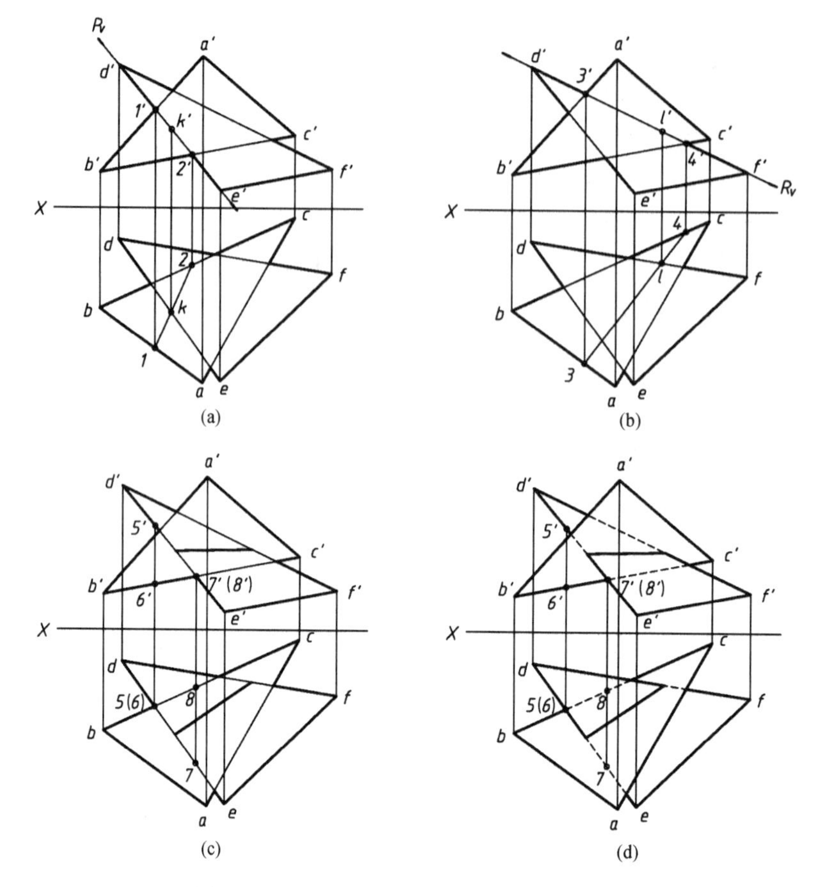

图 4 - 47　用辅助平面法求交线的具体步骤

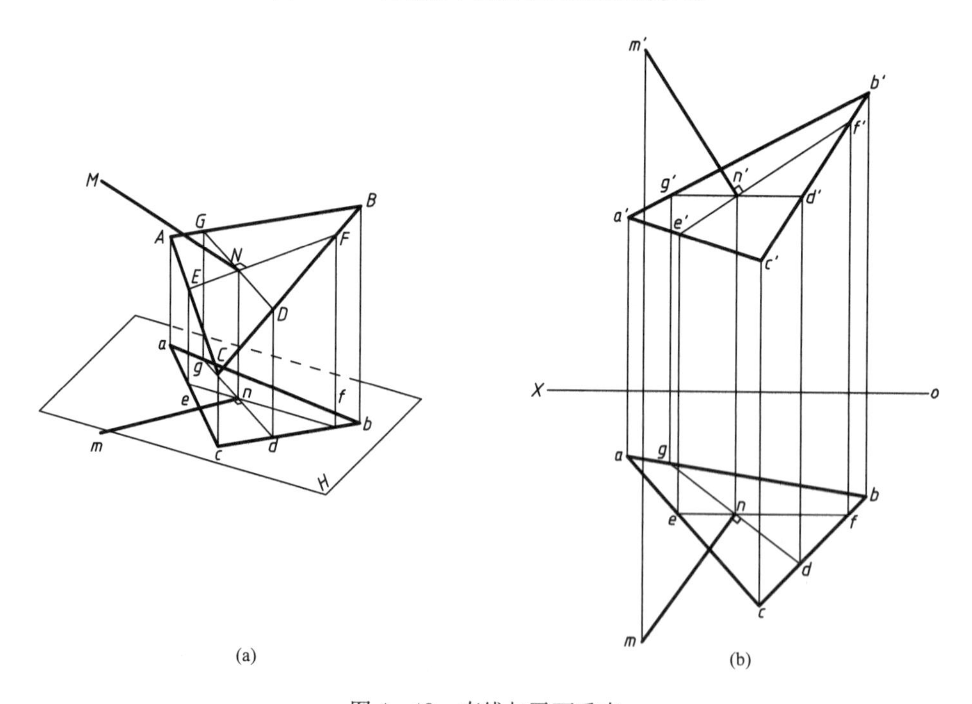

图 4 - 48　直线与平面垂直

由此可知：若一直线的水平投影垂直于属于平面的水平线的水平投影，正面投影垂直于属于平面的正平线的正面投影，则直线必垂直于该平面。

例 4-20 如图 4-49(a)所示，试过定点 A 作直线与已知直线 EF 正交。

解 1. 分析

过已知点 A 作平面垂直于已知直线 EF 并交于点 K，连接 AK，AK 即为所求。

2. 作图

过程如图 4-49(b)所示：

(1) 过点 A 作正平线使 $a'b' \perp e'f'$，作水平线使 $ac \perp ef$，则由 AB 和 AC 两直线组成的平面(即$\triangle ABC$ 平面)一定垂直于直线 EF；

(2) 求出直线 EF 和$\triangle ABC$ 平面的交点 $K(k, k')$；

(3) 连接 ak、$a'k'$，即为所求。

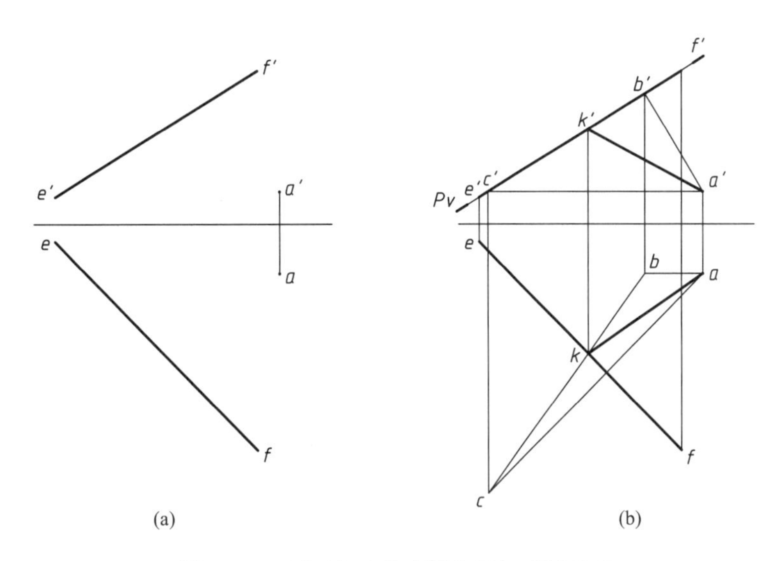

图 4-49 过已知点作直线与已知直线垂直

4.4.3.2 平面与平面垂直

若一直线垂直于一定平面，则包含这条直线的所有平面都垂直于该平面。反之，若两平面相互垂直，则从第一平面上的任意一点向第二平面所作的垂线必定在第一平面内。

如图 4-50 所示，直线 AD 垂直于平面 P，则包含直线 AD 的平面 Q、平面 R 都垂直于平面 P。如果在平面 Q 上取一点 E 向平面 P 作垂线 EF，那么直线 EF 一定在平面 Q 内。

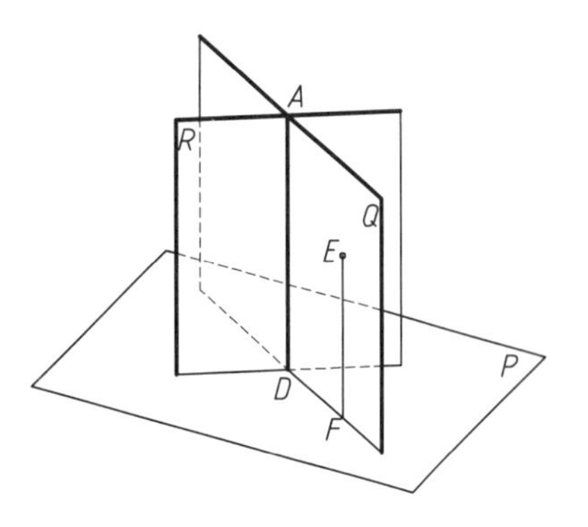

图 4-50 两平面相互垂直

例 4-21 已知正垂面$\triangle ABC$ 及点 E，试过点 E 作一平面垂直于$\triangle ABC$ 平面，如图 4-51(a)所示。

解 1. 分析

只要过点 E 作直线垂直于$\triangle ABC$ 平面，包含该直线的平面都垂直于$\triangle ABC$ 平面。

2. 作图

过程如图 4－51(b)所示：

(1) 过点 E 作直线垂直于△ABC 平面，直线 EF 必定为正平线，即使 $e'f' \perp a'b'c'$，$ef // OX$ 轴；

(2) 过点 E 任作一直线 EG，由 EF、EG 两相交直线确定的平面一定垂直于△ABC 平面。本题有无数解。

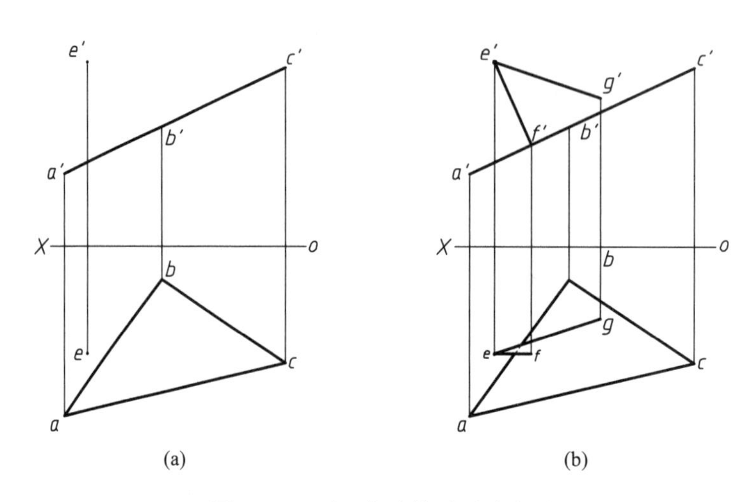

图 4－51　过已知点作平面垂直面

4.4.4　综合应用

在综合题中，应根据题意做空间分析和构思，运用所学的基本理论确定作图方法，有条理地逐步解决问题。

例 4－22　如图 4－52(a)所示，作图判别两平面是否垂直。

解　1. 分析

过 $EFGH$ 平面上任一点 E 向 $ABCD$ 所表示平面作垂线 EM，判别直线 EM 是否属于 $EFGH$ 平面，若直线 EM 属于 $EFGH$ 平面，则两平面垂直，否则不垂直。

2. 作图

过程如图 4－43(b)所示：

(1) 在 $ABCD$ 平面上分别作正平线和水平线，过 $EFGH$ 平面上任一点 E 向 $ABCD$ 所

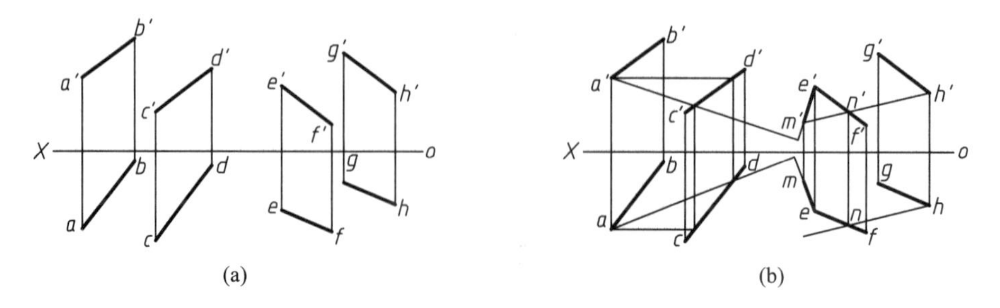

图 4－52　作图判别两平面是否垂直

表示平面作垂线 EM；

(2) 连接 $m'h'$ 与 $e'f'$ 相交于点 n'，连接 nh 得点 m 不在直线上，即已知两平面不垂直。

例 4-23　如图 4-53(a)所示，求点 D 到△ABC 平面的距离。

解　1. 分析

由点 D 向△ABC 平面作垂线，垂线的实长即是点到平面的距离。

2. 作图

过程如图 4-53(b)所示：

(1) 在△ABC 平面上分别作正平线和水平线，过点 D 向 ABC 所表示平面作垂线 DM；

(2) 用求一般位置直线与一般位置平面交点的方法求出垂足 $K(k, k')$；

(3) 用直角三角形法求出线段 DK 的实长。

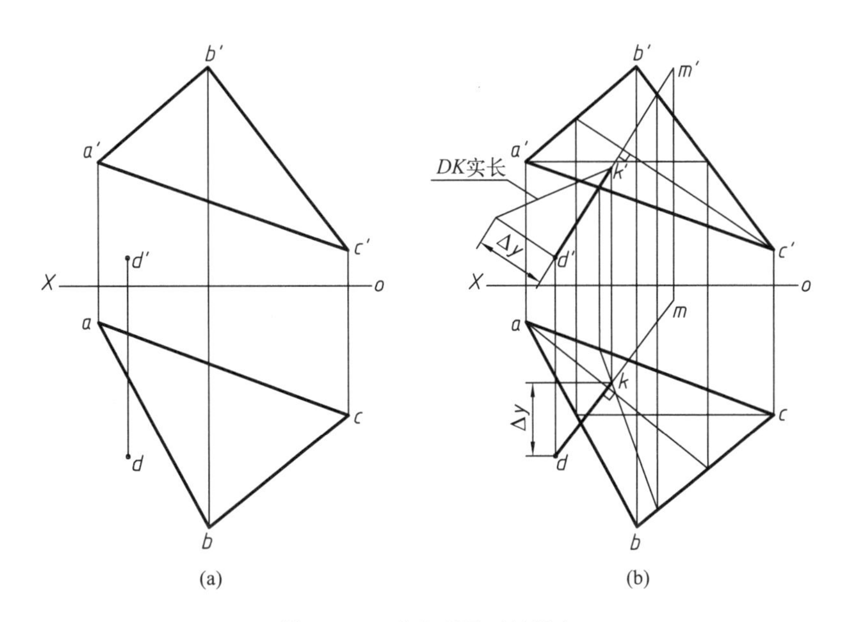

图 4-53　求点到平面的距离

4.5　点、线、面的辅助投影

4.5.1　辅助投影的概念

前面我们讨论了在三投影面体系中点、线、面的投影特性。在机械制图国家标准中，把三投影面体系中的各个投影面称为基本投影面，在这些投影面上得到的投影称为基本投影。但有时工程上经常会遇到诸如求实长、实形、距离、夹角等图示和图解问题，如要求表达图 4-54(a)所示物体上倾斜表面的真实形状，就需要另外设立有利于解题的新投影面，见图 4-54(b)。这种新设立的投影面称为辅助投影面，点、线、面等几何元素在辅助投影面上的投影称为辅助投影，我们把这种通过设立新投影面来获得几何元素的辅助投影的方法称为变换投影面法，简称换面法。

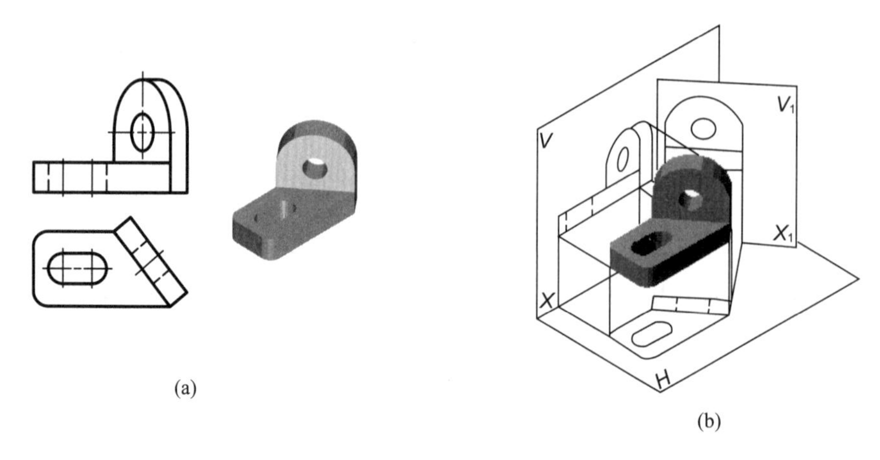

(a)
(b)

图 4-54 辅助投影的概念

4.5.2 变换投影面法的基本原理

4.5.2.1 建立新投影面体系的原则

由图 4-54(b)可见，为了清楚表达物体上倾斜表面的实形，新设立的 V_1 面除了必须平行于倾斜表面，还必须和原投影面体系中的一个基本投影面(这里为 H 面)保持垂直，使新的 V_1/H 体系也成为相互垂直的投影面体系，才能应用正投影原理作图。因此，在设立新投影面时，必须遵循下面两条基本原则：

(1) 新设立的投影面必须垂直于原投影体系中某一个基本投影面，以构成新的正投影体系，也就是每次只能变换一个投影面。

(2) 新设立的投影面必须使空间几何元素处于有利于解题的位置，它一般与几何元素平行或垂直。

4.5.2.2 换面法的基本作图方法

从点、线、面的互相转化关系中可知，点是最基本的几何元素，线、面的投影实际上可以看成是若干点的投影的组合。下面结合点的辅助投影的求作介绍换面法的基本作图方法。

1. 点的一次变换

先以求作点 A 的 V 面辅助投影为例，要获得点的 V 面辅助投影，必须变换正立投影面。

在图 4-55(a)所示两投影面体系 V/H 中设立一个垂直于 H 面的新投影面 V_1 以取代 V 面，从而组成一个新的两投影面体系 V_1/H，其中 V_1 面与 H 面的交线称为投影轴 X_1。分析空间点 A 在 V_1/H 体系中的投影 a_1'、a，可知它们仍符合正投影的基本投影规律，当 V_1 面绕 X_1 轴旋转到与 H 面重合时，a_1'和 a 的连线一定垂直于新投影轴 X_1。在新投影面 V_1 取代 V 面时，由于 H 面保持不变，空间点 A 的位置没有动，因而点 A 到 H 面的距离 Aa 在变换过程中也保持不变，即 $a_1'a_{x1}=Aa=a'a_{x1}$，见图 4-55(b)。

根据上述投影关系，点的辅助投影作图步骤可归纳如下：

(1) 按求解需要作新投影轴 X_1；

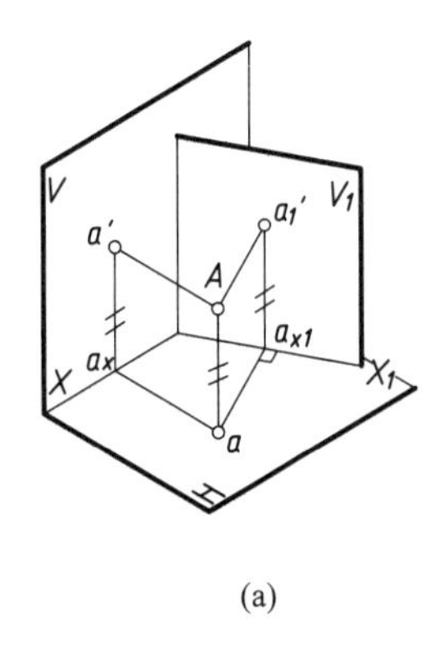

(a)

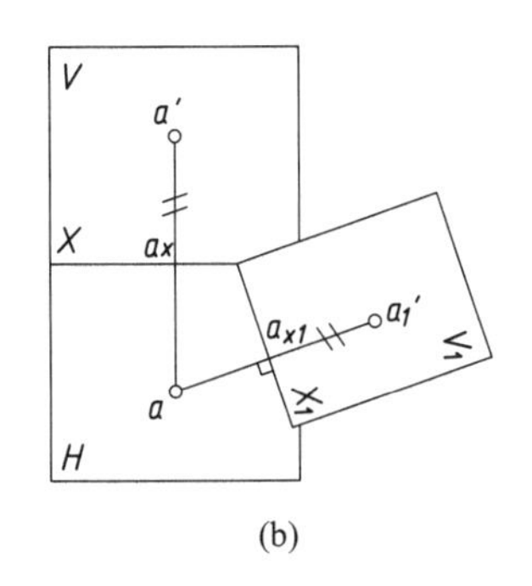

(b)

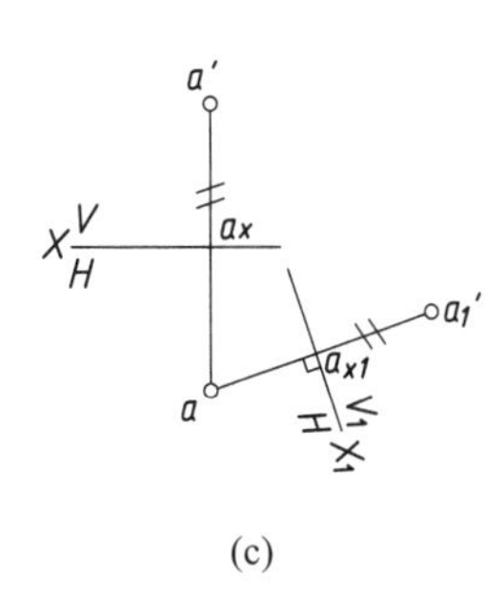

(c)

图 4－55　变换点的正面投影

(2) 过点 a 引 X_1 轴的垂线，与 X_1 轴交于 a_{x1}；

(3) 在所引垂线上确定一点 a_1'，使 $a_1'a_{x1}=a'a_{x1}$，a_1' 即为所求点的辅助投影。

因新投影面 V_1 距离点 A 的远近与所得结果无关，故在投影图上作新投影轴时离开保留投影的距离可以是任意的。实际作图时通常去掉投影面边框，而在投影轴两侧注上表示投影面的标记，见图 4－55(c)。

同样，要获得点 B 的 H 面辅助投影，则需要变换水平投影面。其作图方法与变换正立投影面类似。如图 4－56 所示，在两投影面体系 V/H 中设立一个垂直于 V 面的新投影面 H_1 以取代 H 面，从而组成一个新的两投影面体系 V/H_1，则空间点 B 在 V/H_1 体系中的投影同样符合正投影的投影关系，即 $b_1b'\perp X_1$ 轴，$b_1b_{x1}=Bb'=bb_x$。其具体作图步骤参见图 4－56(c)。

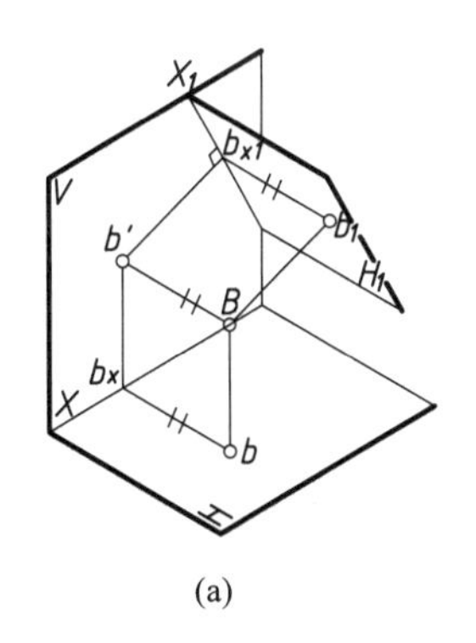

(a)

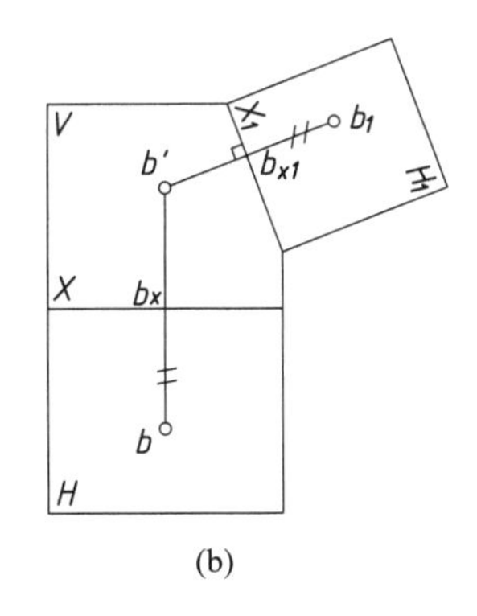

(b)

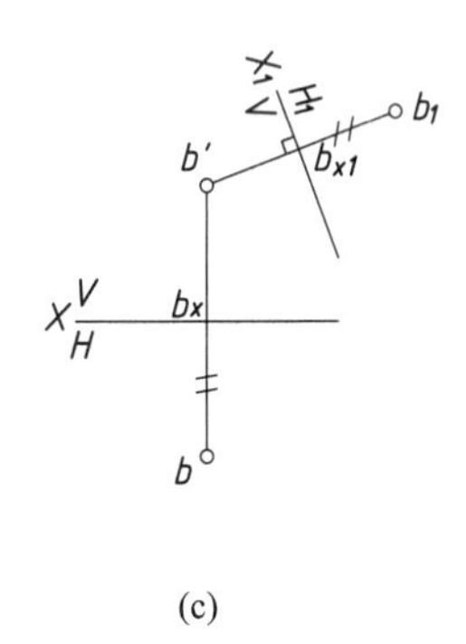

(c)

图 4－56　变换点的水平投影

由上述分析可知，无论是变换正立投影面(V 面)，还是变换水平投影面(H 面)，都可以得出以下两条投影变换规律：

(1) 点的新投影与保留投影的连线垂直于新投影轴；

(2) 点的新投影到新投影轴的距离等于被替代的投影到原投影轴的距离。

2. 点的两次变换和多次变换

在解决实际问题时，有时需要进行两次或多次变换。两次或多次变换是在一次变换的基础上以相同原理和步骤进行的,因此新投影面的设立必须始终遵循前述两条基本原则,即原来的投影面 V、H 必须交替地被新投影面替代。

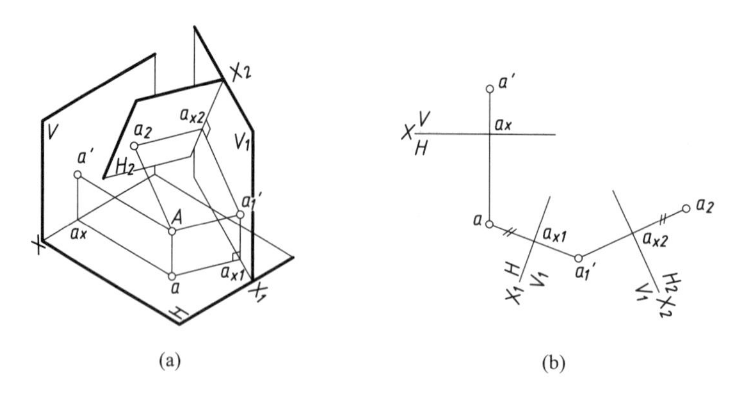

(a) (b)

图 4-57 点的两次变换

图 4-57(a)显示了点的两次变换的作图过程。其步骤大致如下:

(1) 进行第一次换面,用新投影面 V_1 取代 V 面,组成新投影面体系 V_1/H,求出新投影 a_1'(作图方法见图 4-55)。

(2) 在 V_1/H 体系的基础上进行第二次换面,用新投影面 H_2(必须垂直于 V_1 面)取代 H 面,组成又一个新投影面体系 V_1/H_2,求出新投影 a_2。其作图过程见图 4-57(b),即将 a_1'视为保留投影,作新投影轴 X_2,再由 a_1'作新投影轴 X_2 的垂线,它与 X_2 轴的交点为 a_{x2},在垂线上截取一点 a_2,使 $a_2a_{x2}=aa_{x1}$,a_2 就是经过两次换面后的辅助投影。

两次换面也可是先变换 H 面,后变换 V 面。根据需要还可以按相同的规律进行多次变换。但在作图过程中必须注意:两个投影面一定要轮流变换;每次变换时要分清哪个是要保留的投影,哪个是被替换的投影,以免出错。

4.5.3 求直线和平面辅助投影的基本问题

图 4-58 列出了一些几何元素处于不同空间位置的投影情况。从图中可以看出,当空间几何元素与投影面平行时,它们的投影能够反映真实大小;而与投影面垂直时,它们有积聚性的投影,由此有利于解决距离、夹角等度量问题。因此,从解决实际问题的需要出发,用换面法求直线和平面辅助投影可以归纳为六类基本问题,下面分别加以讨论。

4.5.3.1 将一般位置直线变换为投影面平行线(可用于求解直线的实长、直线与投影面的倾角等)

在图 4-59 中,AB 为一般位置直线,如变换 V 面,使新投影面 V_1 平行于 AB 且垂直于 H 面,则 AB 成为 V_1/H 体系中的正平线。由于 V_1 面平行于空间直线 AB,在 V_1/H 体系展平后,X_1 轴必平行于 AB 被保留的投影 ab,而直线 AB 的 V_1 面上投影必反映其实长和对 H 面的倾角 α。其投影图作图步骤如下:

(1) 作新投影轴 $X_1 /\!/ ab$;

(2) 过 a、b 两点分别作新投影轴 X_1 的垂线;

(3) 按投影变换规律作出点 A、B 在 V_1 面上的投影 a_1'、b_1',将其相连,即得到能反映直线 AB 实长及与水平面倾角 α 的辅助投影 $a_1'b_1'$。

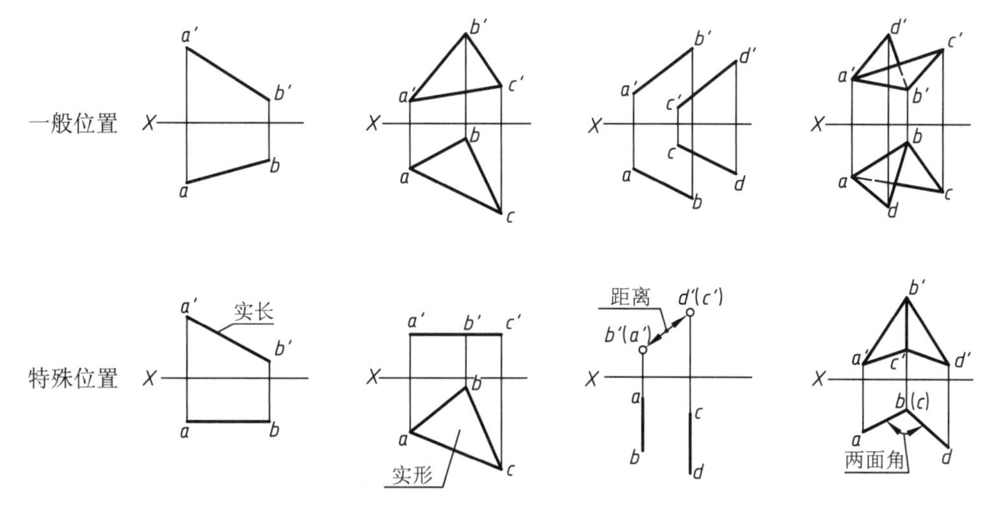

图 4-58　位置和度量问题与投影面的关系

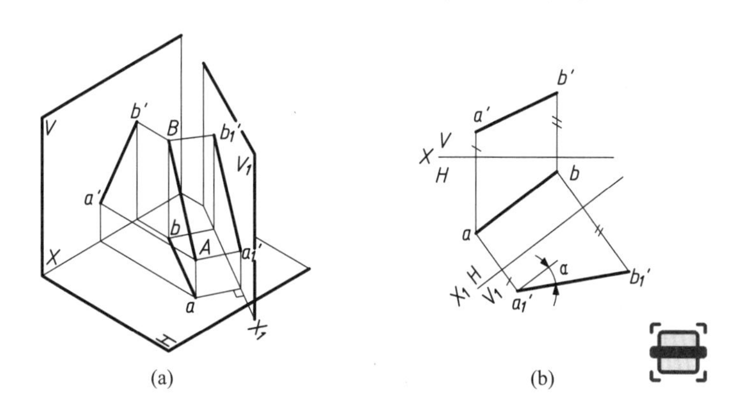

(a)　　　　(b)

图 4-59　一般位置直线变换成 V_1 面平行线

如果需要求直线 AB 对 V 面的倾角 β，就需要保留 V 面，而用与 AB 平行的 H_1 面取代 H 面，具体作图步骤见图 4-60。

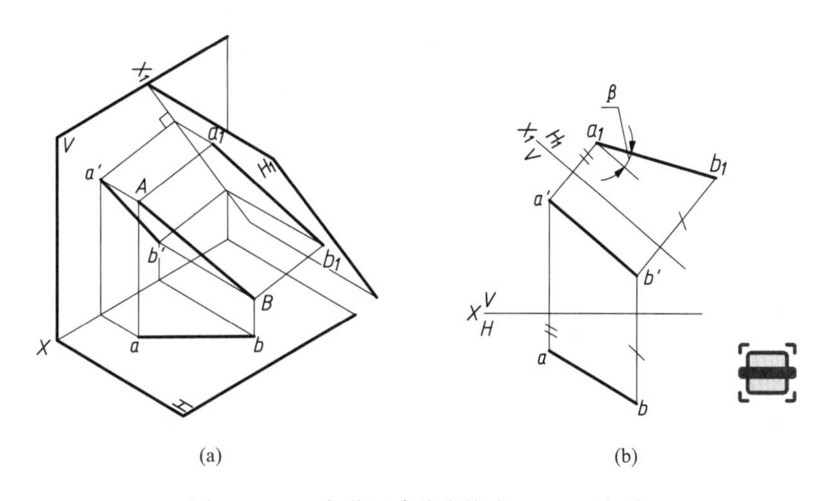

(a)　　　　(b)

图 4-60　一般位置直线变换成 H_1 面平行线

4.5.3.2　将投影面平行线变换为投影面垂直线(可用于求点与直线的距离、两直线间的距离等)

在此类问题中,应先选择一个与已知平行线垂直的新投影面,使该直线在新投影面体系中成为垂直线。图4-61显示了对已知正平线AB进行变换的情况。由于与正平线垂直的投影面必垂直于V面,因此根据建立新投影面的原则,这里应设立一新投影面H_1,使它既垂直于V面又垂直于AB线。这样AB线在V/H_1体系中就成了H_1面的垂直线。由于在V/H_1体系中H_1垂直于AB,故展平后X_1轴必垂直于反映AB实长的投影$a'b'$,而其在H_1面上的投影应积聚为一点。其具体作图步骤如下:

(1) 在垂直于$a'b'$的适当位置作一新投影轴X_1;

(2) 由a'、b'分别向X_1轴作垂线;

(3) 按投影变换规律作出点A、B在H_1面上的投影a_1、b_1。由于被替换的投影a、b与原投影轴等距,所以a_1、b_1必重合为一点,由此投影特性表明AB线已变换为H_1面的垂直线。

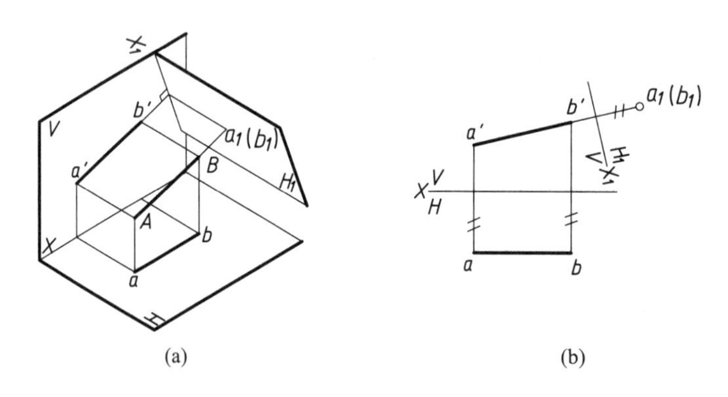

图4-61　投影面平行线变换为H_1面垂直线

如果已知直线为水平线,要将它变换为投影面垂直线,应如何设立新投影面,请读者自行分析。

4.5.3.3　将一般位置直线变换为投影面垂直线(求解问题同上)

若设立一新投影面与一般位置直线垂直,则此新投影面将既不与V面垂直也不与H面垂直,违背了前述建立新投影面的基本原则。因此将一般位置直线变换为投影面垂直线,必须进行两次变换,即将一般位置直线先变换为投影面平行线,然后再将投影面平行线变换为投影面垂直线。这个问题实际上是前面两个作图问题的组合。具体作图步骤可参见图4-62。

4.5.3.4　将一般位置平面变换为投影面垂直面(可用于求解平面对投影面的倾角、点到平面的距离、两平面间的距离等问题)

从初等几何可知,平面上如果有一条直线垂直于另一平面,则此两平面必相互垂直。因此要把已知的一般位置平面变换成某投影面的垂直面,只要使已知面上的任一条直线变换成该投影面的垂直线,就可以使已知面成为该投影面的垂直面。

由直线的变换可知,只有投影面的平行线可以通过一次换面变换成投影面垂直线。因此作图时,可在已知面上作一条投影面平行线作为辅助线。图4-63显示了将一般位置平面变换为正垂面过程的空间情况和投影图。

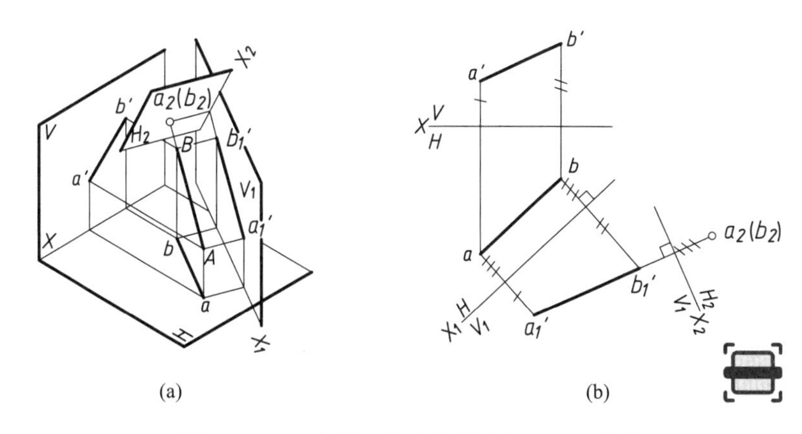

(a) (b)

图 4-62 一般位置直线变换为投影面垂直线

具体作图步骤如下：

(1) 在△ABC 上作水平线 AD，其水平投影和正面投影分别为 ad 和 $a'd'$；

(2) 作一新投影轴 X_1 使其垂直于 ad，也就是使新投影面 $V_1 \perp AD$，此时新投影面也必与△ABC 垂直；

(3) 按投影变换规律作出△ABC 在新投影面 V_1 上的投影 $a_1'b_1'c_1'$，它们必积聚为一条直线，且能反映该平面对 H 面的倾角 α 的真实大小。

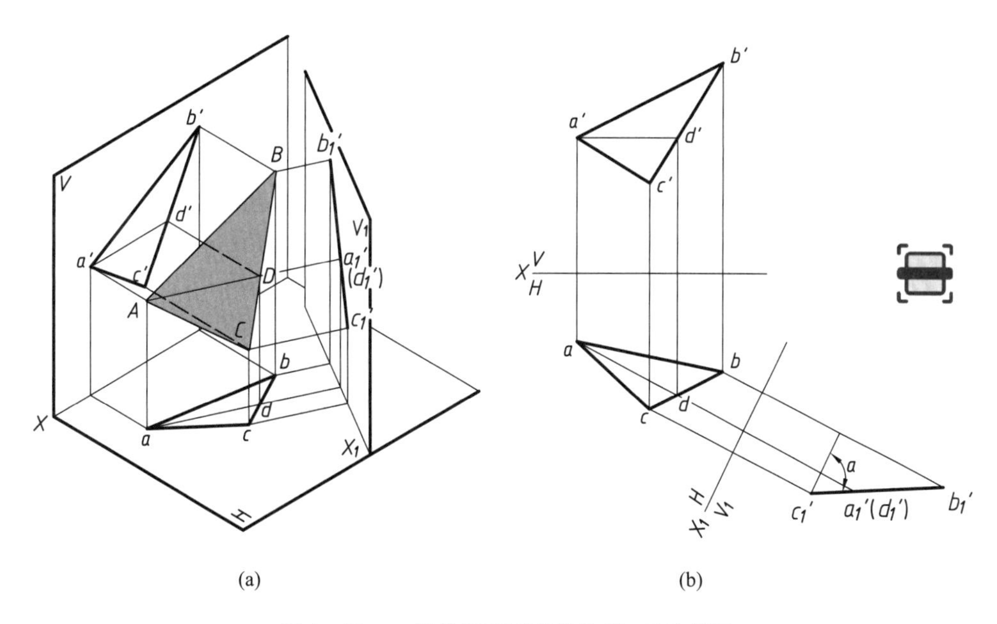

(a) (b)

图 4-63 一般位置平面变换为 V_1 正垂直面

同理，一般位置平面也可通过变换 H 面，使其成为铅垂面，而反映出与 V 面的倾角β，这主要通过在△ABC 面上作正平线来实现，具体步骤不再详述。

4.5.3.5 将投影面垂直面变换为投影平行面(可用于求解平面的实形、形心、两直线相交夹角等问题)

图 4-64 所示△ABC 为一铅垂面。分析空间情况可知，要将该面变换成投影面平行

面,所设新投影面 V_1 必须平行于△ABC,且垂直于 H 面。显然,新体系 V_1/H 展平后,X_1 投影轴应与已知面积聚为直线的投影平行,而在 V_1 面上得到的辅助投影必反映实形。具体作图步骤如下:

(1) 作一新投影轴 X_1,使其平行于已知面积聚为直线的投影 abc;

(2) 由 a、b、c 分别向 X_1 轴画垂线;

(3) 按投影变换规律作出各点在新投影面 V_1 上的投影 a_1'、b_1'、c_1',将其相连,即得到△ABC 在 V_1 面上的辅助投影(反映△ABC 的实形)。

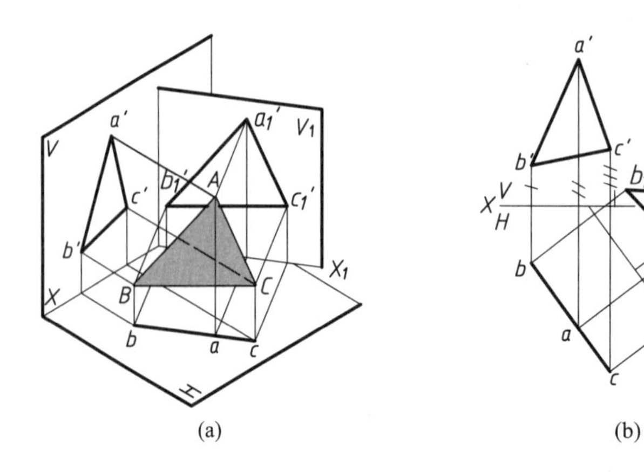

图 4-64 投影面垂直面变换为 V_1 面平行面

如果要将正垂面变换成平行面,则需变换 H 面,因作图方法类似,图例从略。

4.5.3.6 将一般位置平面变换为投影平行面(求解问题同上)

一般位置平面要变换为投影平行面,必须进行两次变换。这是因为要使设立的新投影面直接平行于一般位置平面,就不可能再与任一原投影面垂直,即不能同时满足新投影面设立的两个基本原则。因此在完成这种作图问题时,可以先将一般位置平面变换成投影面垂直面,再把投影面垂直面变换成投影平行面。由于此种作图问题实际上是前两种问题的组合,其作图步骤不再详述,请读者自己参看图 4-65。

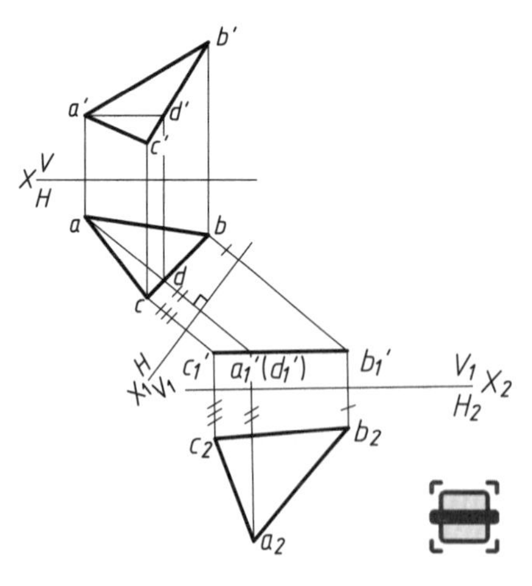

图 4-65 一般位置平面变换为投影平行面

例 4-24 已知管道 AB 的水平投影和 A 端的高度为 H(投影图中管道用单线表示),并知道管道自 A 到 B,向下与水平面倾斜 30°,如图 4-66(a)所示。试求管道的实长并完成其正面投影。

解 当直线平行 V 面时,其正面投影反映直线实长和对 H 面的倾角 α。因此,可先将管道变换成 V_1 平行线,按倾角 $\alpha=30°$作出 AB 在 V_1 面上的投影 $a_1'b_1'$,该投影必反映管道的实长;然后按投影规律将 AB 返回到原投影面体系中,即可作出其 V 面投影。其作图步骤如图 4-66(b)所示:

(1) 作 X_1 轴//ab,使管道成为新投影面体系 V_1/H 中的 V_1 面平行线;

(2) 按投影变换规律作出 A 在 V_1 面上的投影

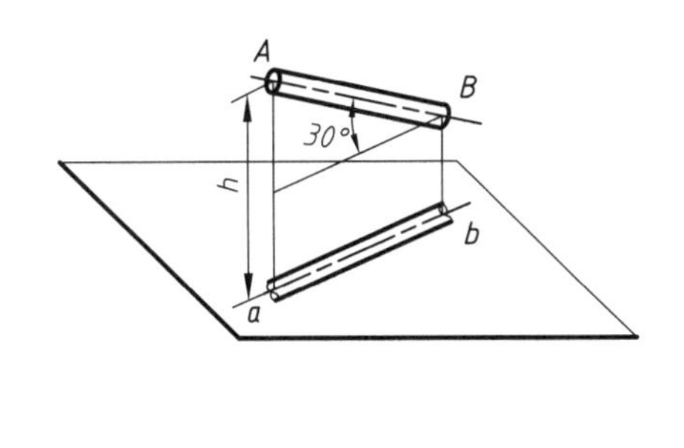

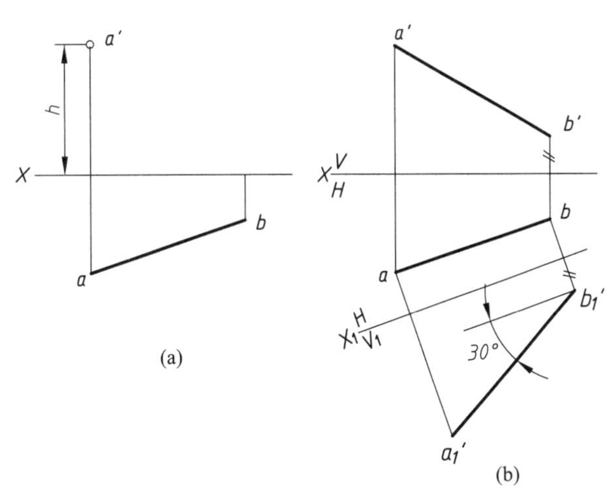

图 4-66　求管道 AB 的实长并完成其正面投影

a_1'，然后按 $\alpha=30°$ 及管道的走向定出 b_1' 而得 $a_1'b_1'$，$a_1'b_1'$，即反映管道的实长；

(3) 按投影变换规律，由 b_1' 和 b 作出 b'，连线 $a'b'$ 即为管道的正面投影。

例 4-25　求图 4-67 所示两条交叉管道 AB 和 CD 之间的距离。

解　将两管道抽象为 AB、CD 两直线，这样求两条交叉管道间的距离实质是求两条直

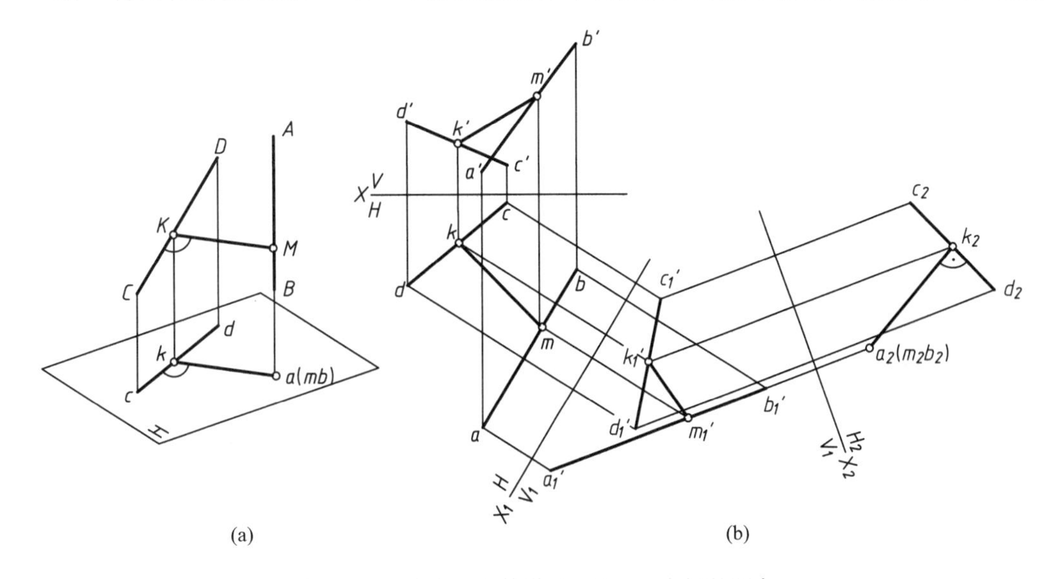

图 4-67　求交叉两管道 AB 和 CD 之间的距离

线之间公垂线的长度。由于两条管道都处于一般位置,直接求解比较困难。若给出的一条管道如图 4-67(a)中的 AB 那样处于垂直位置,那么问题就简单了,因为表示两者距离的公垂线是水平线,它的水平投影 km 反映实长,即为真实距离。所以此题的解题思路就是将其中的一条一般位置直线变换成投影面垂直线。作图过程如图 4-67(b)所示:

(1) 将 AB 经过两次变换成投影面垂直线,其在 H_2 面上的投影积聚为 $a_2(b_2)$,直线 CD 也随之变换,其在 H_2 面上的投影为 c_2d_2;

(2) 从 $a_2(b_2)$作 $m_2k_2 \perp c_2d_2$,m_2k_2 即为公垂线 KM 在 H_2 面上的投影,它反映了两条交叉管道 AB 和 CD 之间的真实距离。

例 4-26　试求图 4-68 所示的物体上倾斜表面的真实形状。

解　物体上的倾斜表面处于正垂面位置,所以求解此题的实质是要把正垂面变换成投影面平行面。其具体作图步骤如下:

(1) 作一新投影轴 X_1 平行于斜面有积聚性的投影,即使新设投影面 H_1 平行于斜面;

(2) 按投影变换规律,作出组成斜面轮廓各点在 H_1 面上的投影,相连后即为所求斜面实形。

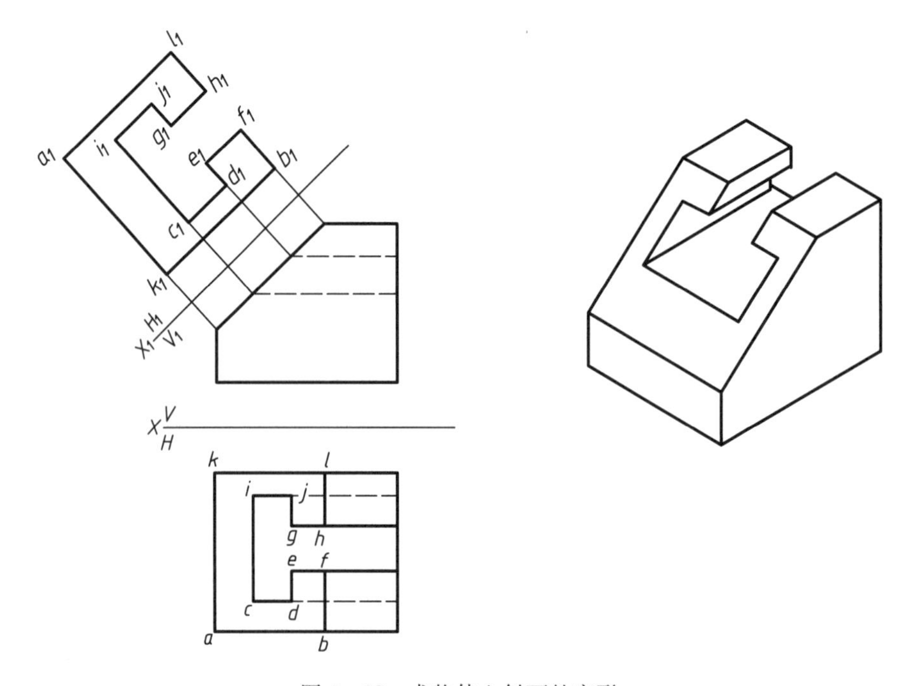

图 4-68　求物体上斜面的实形

例 4-27　求图 4-69(a)所示变形接头两侧面 $ABCD$ 和 $ABFE$ 之间的夹角。

解　由图 4-69 可知,当两平面的交线垂直于投影面时,则两平面在该投影面上的投影为相交两直线,它们之间的夹角即反映两平面间的夹角。其作图的具体步骤见图 4-69(b);

(1) 将平面 $ABCD$ 和 $ABFE$ 的交线 AB 经过两次变换成对 V_2 面的垂直线;

(2) 平面 $ABCD$ 和 $ABFE$ 在 V_2 面上的投影分别积聚为直线段$(a_2')b_2'd_2'c_2'$ 和$(a_2')b_2'f_2'e_2'$;

(3) $\angle e_2'a_2'c_2'$即反映变形接头两侧面 $ABCD$ 和 $ABFE$ 之间的夹角 θ。

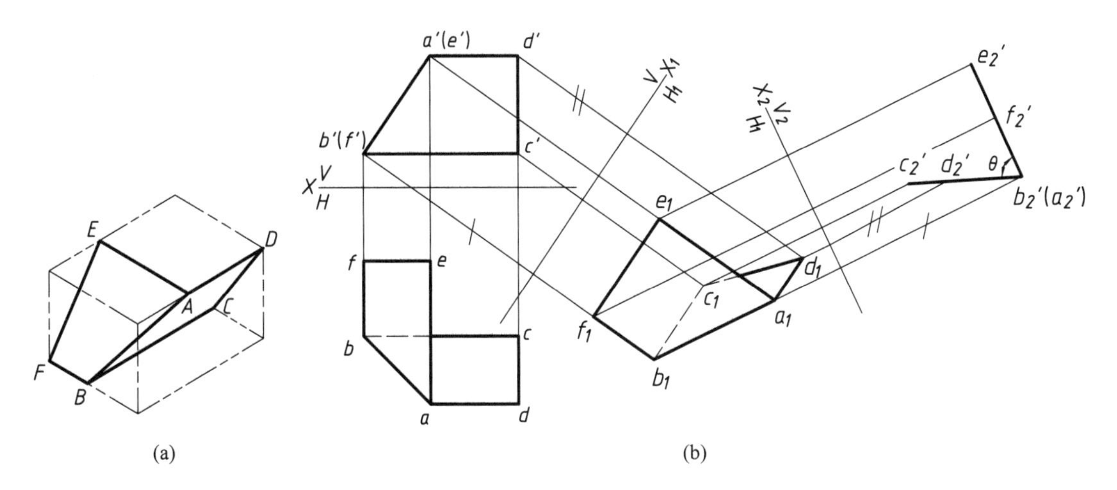

图 4-69　求变形接头两侧面之间的夹角

5 立体的投影

本章提要

本章阐述立体的投影以及平面与立体等几何元素在空间处于各种相对位置时的投影特性，介绍平面与立体、立体与立体相交时各种交线的作图方法。

5.1 基本立体的投影

任何复杂的零件都可以视为由若干基本几何体经过叠加、切割以及穿孔等方式组合而成。按照基本几何体构成面的性质可将其分为两大类：

(1) 平面立体：它是由若干个平面所围成的几何形体，如棱柱体、棱锥体等。

(2) 曲面立体：它是由曲面或曲面和平面所围成的几何形体，如圆柱体、圆锥体、圆球体等。

5.1.1 平面立体的投影

由于平面立体的构成面都是平面，因此平面立体的投影可以看作构成基本几何体的各个面按其相对位置投影的组合。简单来说，就是把组成立体的平面和棱线表示出来，然后判断其可见性即可。因此，绘出棱线的投影是绘制平面立体的关键。

国家标准规定，看得见的棱线投影画成粗实线，看不见的棱线的投影画成虚线。如果虚线与粗实线重合，则绘制粗实线。

下面以图 5-1(a)所示三棱锥为例，介绍平面立体投影图的绘制过程。

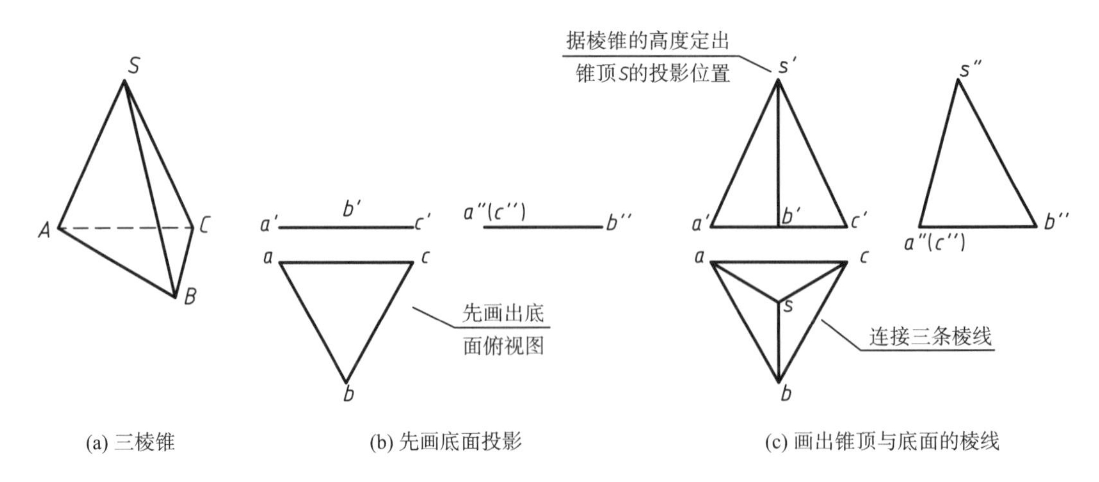

图 5-1 三棱锥及其投影

三棱锥由一个三角形底面 ABC 和三个三角形棱面围成。三棱锥的底面 ABC 为水平面，其水平投影反映真实形状；棱面 SAB 和 SBC 都是一般位置平面，它们的投影都不反映其真实形状和大小，但都是小于对应棱面的三角形线框，投影是类似形；棱面 SAC 是侧垂面，在侧面投影有积聚性。

作图过程如下：

(1) 先画出底面投影俯视图中的$\triangle abc$；利用“长对正”，画出主视图中底面的投影$a'b'c'$（积聚为一条水平线）；利用“高平齐、宽相等”，画出底面的左视图 $a''b''c''$，如图 5-1(b)所示。

(2) 根据棱锥的高度以及点 S 的投影关系，定出锥顶 S 点的投影位置；

(3) 在主、俯、左视图上分别用直线连接锥顶与底面三个顶点的投影，即得三条棱线 SA、SB、SC 的投影，如图 5-1(c)所示。

5.1.2 曲面立体的投影

曲面立体大部分是回转曲面，一般由母线（直线或曲线）绕一轴线回转一周形成。母线在运动中的任一位置称为素线，常见的回转曲面有圆柱面、圆锥面、球面等。其中，圆柱面和圆锥面的母线是直线，球面的母线为圆弧。图 5-2 为三种常见回转曲面的形成过程。

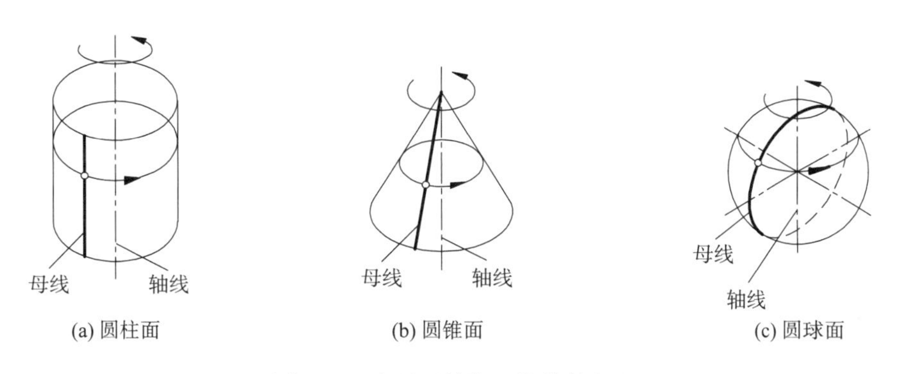

图 5-2 常见回转曲面的形成过程

与平面立体不同，回转曲面的表面是光滑无棱的，故在画回转曲面的投影图时，必须按不同的投影方向，把确定该曲面范围的轮廓素线画出。这种轮廓素线也是投影图上曲面的可见部分与不可见部分的分界线，又称为转向轮廓素线。

为了正确地表达这些包含曲面的形体，必须熟悉曲面的投影及其表面取点、线的方法。下面就以使用最广泛的回转曲面为例，讨论其投影特性和作图方法。

5.1.2.1 圆柱面的投影

如图 5-3(a)所示，将圆柱面置于三投影面体系中，向各投影面进行投影，三面投影展开后如图 5-3(b)所示。

因为圆柱面的轴线垂直于水平投影面，故圆柱面上所有平行于轴线的素线也垂直于水平投影面，此时圆柱面的水平投影为一圆周，即圆柱面上所有点、线的水平投影均积聚在该圆周上。

圆柱面的正面投影为一矩形，其中 $a'b'$ 和 $a_1'b_1'$ 分别为圆柱面顶圆和底圆的投影；AA_1 和 BB_1 分别为圆柱面最左侧和最右侧的两根素线，$a'a_1'$ 和 $b'b_1'$ 分别为这两根素线的正面投影，即圆柱面在正立投影面上的投影轮廓线；整个矩形表示前后半个圆柱面的投影，前半

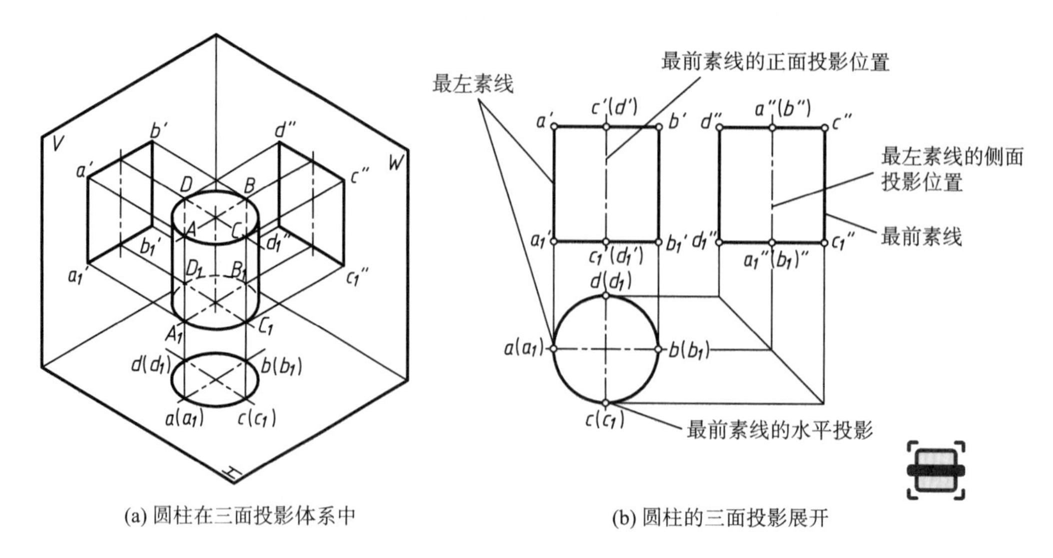

(a) 圆柱在三面投影体系中　　(b) 圆柱的三面投影展开

图 5-3　圆柱面的三面投影

个可见,后半个与之重合,不可见(不可见点的字母符号规定加括号表示),AA_1 和 BB_1 的侧面投影 $a''a_1''$ 和 $b''b_1''$ 与轴线侧面投影重合。

圆柱面的侧面投影亦为一矩形,它的投影轮廓线 $c''c_1''$ 和 $d''d_1''$ 分别为圆柱面最前面和最后面的两根素线。该矩形表示左右半个圆柱面的投影,左半个圆柱面可见,右半个圆柱面与之重合,不可见,最前面和最后面的两根素线的正面投影与轴线的正面投影重合。

在圆柱面顶部和底部各加上一圆平面所围成的形体,称为圆柱体,圆柱体是工程中常见的形体。

要注意的是,初学者容易将曲面的外形轮廓线与投影混淆,弄不清一个视图上的外形轮廓线在其他两个视图中的对应关系,以及它在曲面立体上的空间位置。要记住特殊位置素线具有分界、转向的作用,在与它平行的投影面上的投影反映实长或实形,因此又称为最大轮廓线,掌握其投影特性对绘制曲面立体的投影非常重要。

画圆柱的三视图时,应先在主、俯、左投影面上分别画出轴线、中心线,再画出投影为圆的视图(本例中为俯视图),然后根据圆柱的高度画出其他两个视图。

5.1.2.2　圆锥面的投影

图 5-4 所示为一轴线垂直于水平面的圆锥面的投影图。它的正面投影为一等腰三角形。$s'a'$ 和 $s'b'$ 是圆锥面最左侧和最右侧的两条素线,即圆锥面在正立投影面上的投影轮廓线;整个三角形表示前后半个圆锥面,其中后半个面与前半个面重合,且不可见。

最左侧和最右侧的两条素线的侧面投影 $s''a''$ 和 $s''b''$ 与轴线侧面投影重合,圆锥面的侧面投影亦为一等腰三角形,$s''c''$ 和 $s''d''$ 是圆锥面上最前面和最后面的两条素线,即圆锥面在侧立投影面上的投影轮廓线;整个三角形表示左右半个圆锥面,其中左半个面与右半个面重合,且不可见。

最前和最后两条素线的正面投影 $s'c'$ 和 $s'd'$ 与轴线的正面投影重合;水平投影为一个圆,但由于圆锥面无积聚性,此圆涵盖了整个圆锥面的投影。

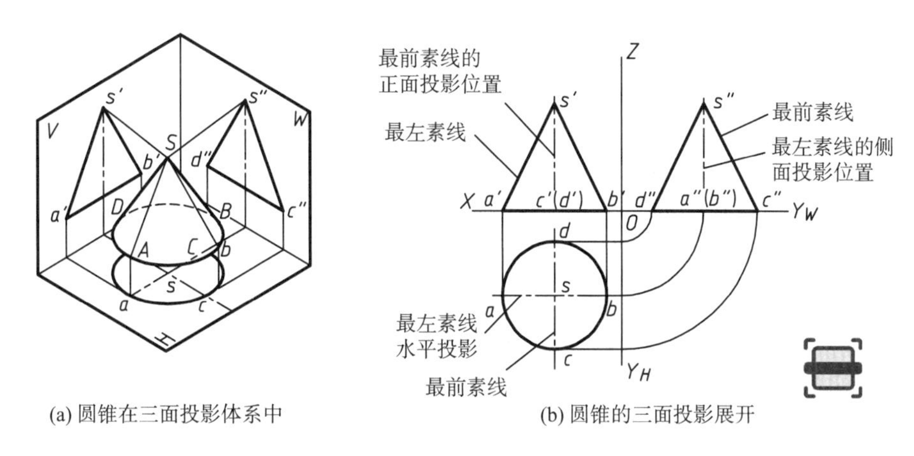

(a) 圆锥在三面投影体系中　　(b) 圆锥的三面投影展开

图 5－4　圆锥面的三面投影

5.1.2.3　圆球面的投影

圆球面在三投影面体系中的投影是三个直径相等的圆，如图 5－5 所示，它们分别代表了圆球面在三个不同投影方向上的最大轮廓素线的投影。如水平投影，它的投影轮廓圆 s 是空间上下两半球面的分界圆，它的正面投影和侧面投影分别为过球心的水平线 s'和 s''；正面投影的轮廓圆为空间前后两半球面的分界圆；侧面投影的轮廓圆为空间左右两半球面的分界圆。它们在其他投影面上对应的投影位置请读者自行分析。

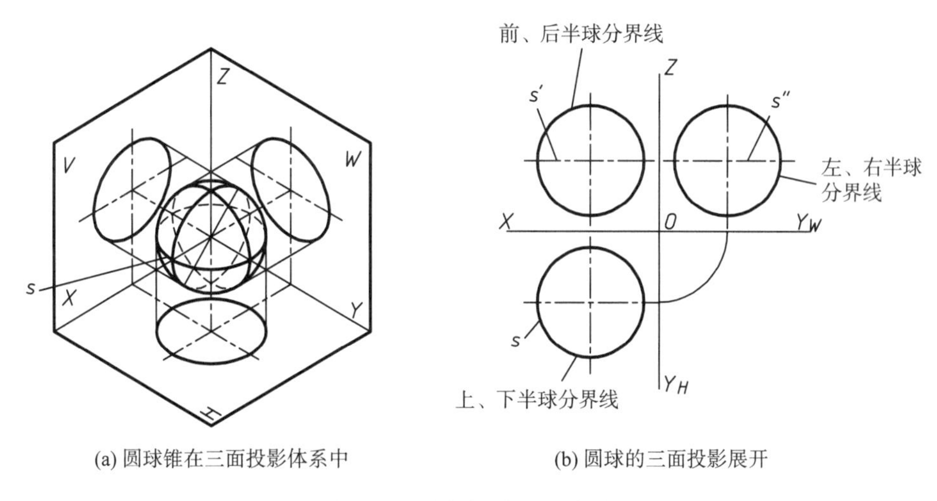

(a) 圆球锥在三面投影体系中　　(b) 圆球的三面投影展开

图 5－5　圆球面的三面投影

要注意的是，球在正面的投影圆，是圆球面上平行于正面的最大轮廓素线圆的投影，其水平投影与横向中心线重合，其侧面投影与竖向中心线重合。

5.1.3　立体表面上点的投影

平面立体上点的投影可以利用平面的积聚性进行求解，或者在平面上过点的已知投影作辅助线进行求解。

曲面立体上点的投影则视立体形状不同，求解方法有所不同。为了正确地表达曲面形

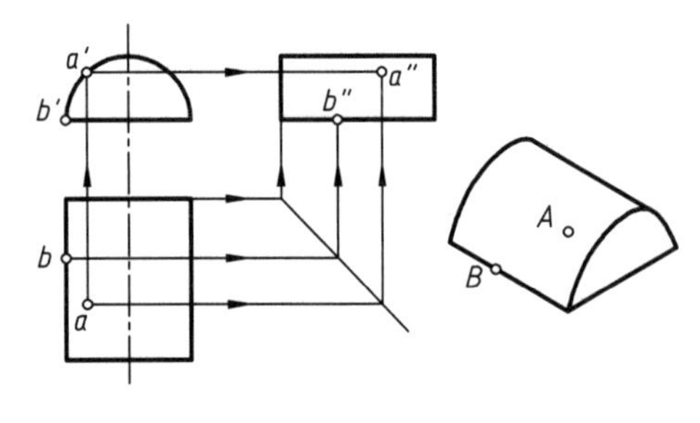

图 5-6　圆柱面上求作点的投影

体,以及进一步求作截切型、叠加型立体的投影,必须熟悉如何在曲面立体的表面上求作点的投影。

5.1.3.1　圆柱面上点的投影

圆柱表面上的点必经过其上的一条素线。当圆柱面的轴线垂直于某一投影面时,圆柱面在该投影面上的投影积聚为一个圆,利用此积聚性可以直接解决在圆柱面上取点的作图问题。

如图 5-6 所示,已知半圆柱表面上 A 点和 B 点的水平投影 a、b,可利用点的投影规律和圆柱面正面投影的积聚性先求出 a'、b',然后由水平投影和正面投影求得侧面投影 a''、b''。

5.1.3.2　圆锥面上点的投影

由于圆锥面的任一投影都没有积聚性,在其表面上作点的投影,要借助于辅助线,一般有素线法和纬圆法两种方法,如图 5-7(a)所示:

(1) 素线法　在圆锥面上过点 K 及锥顶 S 作辅助素线 SA,如图 5-7(a),然后求出辅助线 SA 的三面投影 sa、$s'a'$、$s''a''$,如图 5-7(b)所示,最后根据直线上点的从属性(空间点 K 在空间直线 SA 上,则其投影也必在 SA 的投影上)即可求出点 K 的各个投影。

(2) 纬圆法　在圆锥面上过点 K 作一辅助纬圆,如图 5-7(a),该纬圆必垂直于圆锥面的轴线。先求出纬圆的三面投影,它在正视图上积聚为一水平直线,在俯视图上的投影为纬圆实形,然后根据纬圆上点的投影规律即可求出点 K 的三面投影。如图 5-7(c)所示,如果已知点 K 的正面投影 k',则过 k' 作水平纬圆的正面投影,纬圆在水平面的投影具有实形性,点 K 水平投影 k 必定在纬圆的水平投影上,然后据 k' 和 k 可求出点 K 的侧面投影 k''。

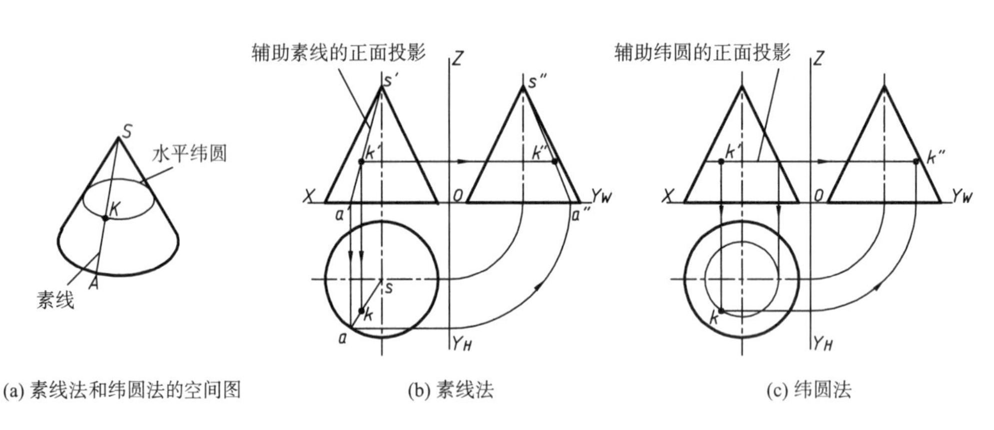

(a) 素线法和纬圆法的空间图　(b) 素线法　(c) 纬圆法

图 5-7　圆锥面上求作点的投影

5.1.3.3　圆球面上点的投影

圆球面的任何投影均没有积聚性,所以一般需要通过作平行于投影面的辅助纬圆来求球面上点的投影。如图 5-8 所示,已知正面投影 k' 求其侧面投影和水平投影。可过球面上正面投影点 k' 作一平行于侧面的辅助纬圆,该圆在主视图和俯视图上的投影均为一侧平线,左视图上投影为圆的实形。当求出辅助纬圆的各个投影后,就能根据辅助纬圆上点的投影规律求出点 K 的各个投影。

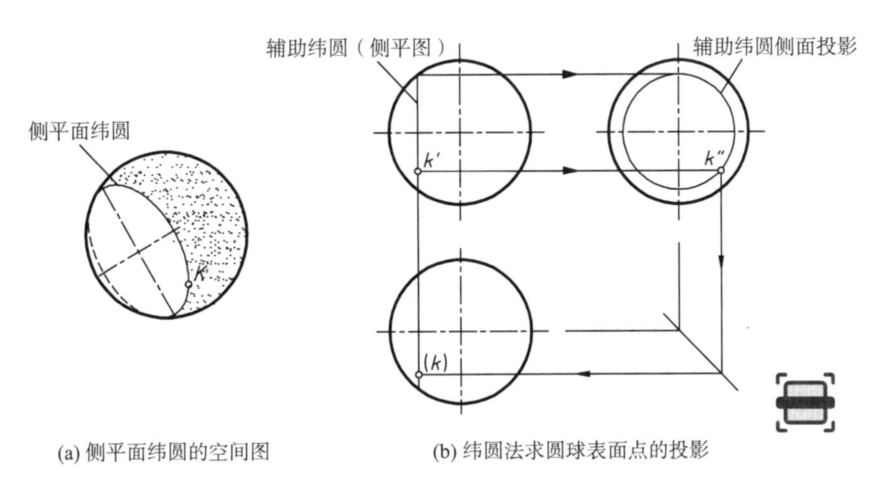

(a) 侧平面纬圆的空间图　　(b) 纬圆法求圆球表面点的投影

图 5－8　圆球面上求作点的投影

由于球的特殊性，也可以作平行于水平面的辅助纬圆来求点的投影，其结果完全一致，请读者自行分析和试做。

大部分物体都可以看作由若干基本几何形体组合而成，为了便于看懂图样，应该熟悉圆柱、圆锥、球等基本形体的投影特征，包括它们的不完整形体。图 5－9 给出了一些常见的不完整曲面形体及其投影。

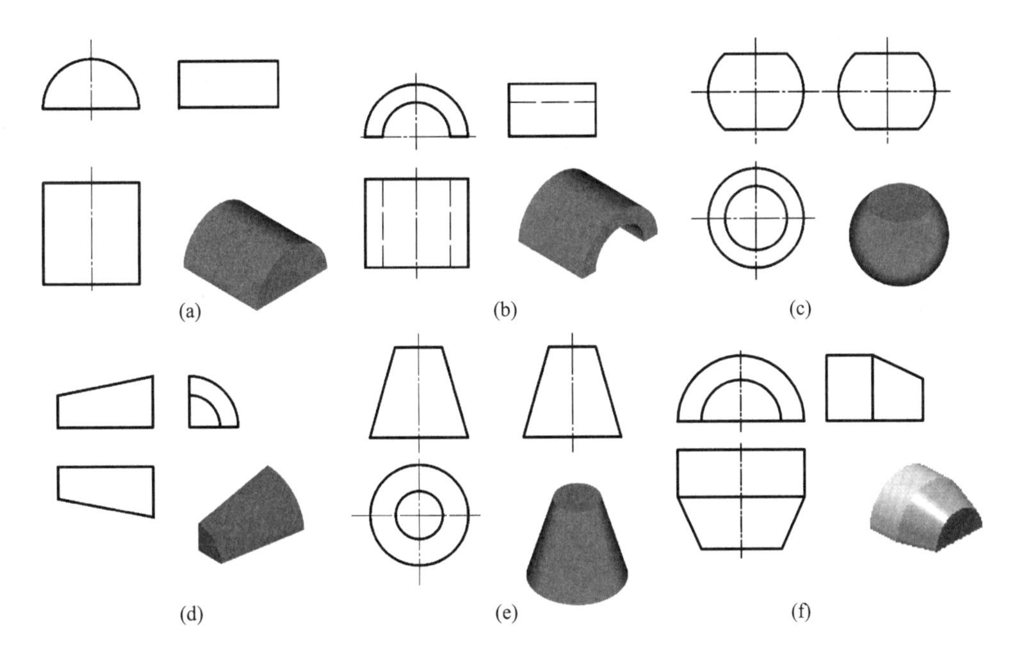

图 5－9　常见的几种不完整曲面体的投影

5.2　平面与立体相交

工程上的许多机器零件为了完成其一定的功能或满足加工工艺上的要求，常具有不完整的形体结构,如图 5－10 所示。这些带有缺角、斜面、沟槽等结构的形体,可以看作由完整的立体被一个或多个平面切割而成,这就产生了平面与立体相交的问题。

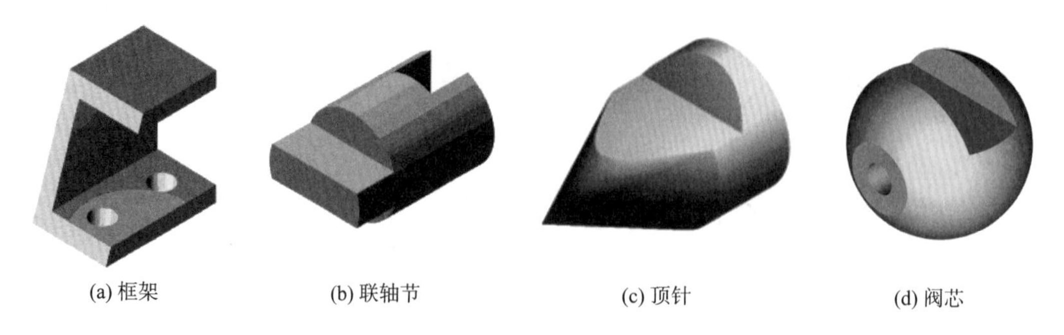

图 5－10　立体截切为机器零件的实例

立体被平面截切,切割平面称为截平面,截平面与立体表面产生的交线称为截交线。在工程图样中,为了清楚地表达零件的结构形状,要求正确地理解平面与立体之间的相对位置关系及投影特性,画出这些交线的投影。

5.2.1　截交线的性质

图 5－11 分别表示了平面立体与曲面立体被平面 P 所截,在其表面形成截交线的例子。由图可知,截交线具有以下基本性质:

(1) 共有性:因截交线是平面截切立体表面而形成的,所以截交线既是平面上的线,又是立体表面上的线,是截平面与立体表面上一系列共有点的连线。

(2) 封闭性:由于立体表面具有一定的范围,所以截交线必定为封闭的平面图形,如平面折线[图 5－11(a)]、平面曲线[图 5－11(b)],或是直线与曲线的组合[图 5－11(c)]。

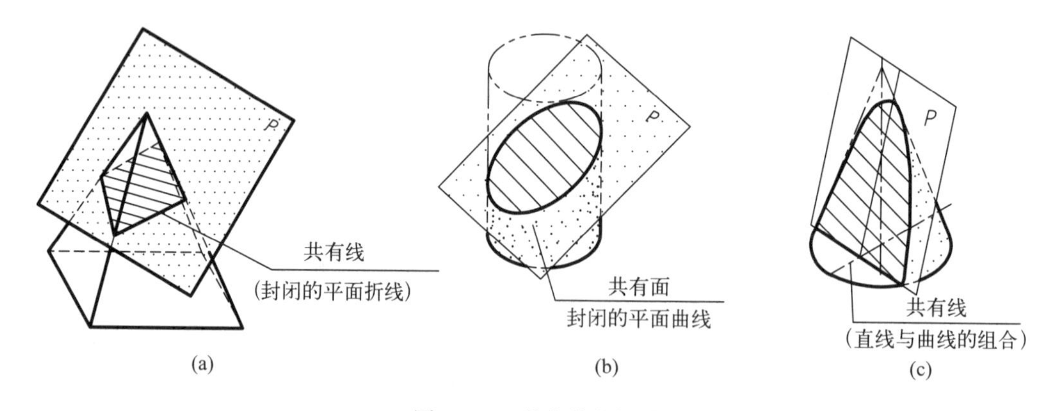

图 5－11　截交线的性质

由上述截交线的性质可知,我们只要设法使截平面有一个投影处于积聚性的位置,就能使得截交线的一个投影为已知。将已知投影分解为若干点,利用在平面或曲面上取点的方法,就可求出截交线的其他投影,这种求解截交线的方法称为表面取点法。下面结合实例介绍其应用。

5.2.2　平面立体的截交线

平面立体的截交线是封闭多边形,多边形的边数取决于平面立体的性质和截平面与立体的相对位置。多边形的顶点，就是截平面与平面立体上棱线的交点；多边形的边，就是截平面与平面立体表面的交线。因此求平面立体的截交线实质是求这些交点和交线的问题。

例 5－1　试补全图 5－12(a)所示缺口三棱锥的俯视图和左视图。

解　1. 分析

三棱锥上的缺口可看成是由一个水平面与一个正垂面切割三棱锥而形成的。其中水平截平面平行于底面，所以它与前棱面的交线 DE 必平行于底边 AB，与后棱面的交线 GF 必平行于底边 AC。正垂截平面分别与前、后棱面交于直线 GE、GF。由于这两个截平面均垂直于正面，所以它们的交线 EF 一定是正垂线。只要画出这些交线的投影，即完成了该缺口的投影。

2. 作图

(1) 因为两个截平面都垂直于正面，所以截交线的正面投影 $d'e'$、$d'f'$ 和 $g'e'$、$g'f'$ 都分别重合在它们有积聚性的正面投影上，$e'f'$ 则位于两截平面相交处，故主视图投影已知，在主视图中直接标上这些交线的投影。

(2) 根据直线上点的投影特性，由 d'、g' 求出水平投影 d、g 和侧面投影 d''、g''；根据空间两平行直线的投影特性，由 d 分别作 ab 和 ac 底边的平行线为辅助线，由 e'、f' 在辅助线上求出 e、f，再由 $d'e'$、de 作出 $d''e''$，由 $d'f'$、df 作出 $d''f''$；将处于同一棱面上的点 G、E 和 G、F 的水平投影和侧面投影相连，见图 5－12(b)。

(3) 将 E、F 两点的投影相连，得到两截平面的交线，其水平投影因被棱面遮住，画成虚线，侧面投影与 $d''e''$ 和 $d''f''$ 重合，整理加深轮廓线 AD、GS、SB、SC 的投影，见图 5－12(b)。

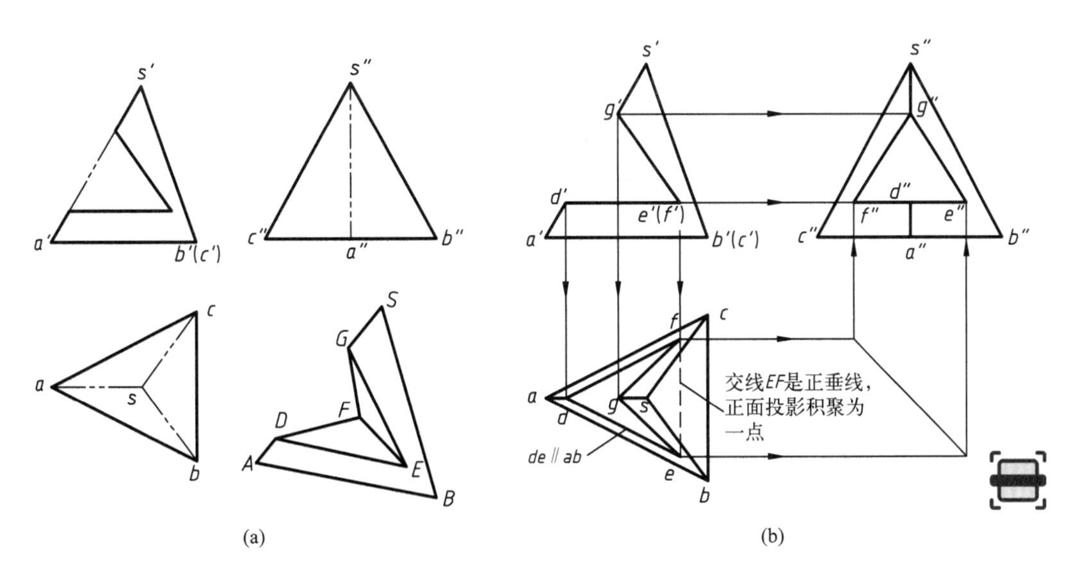

(a)　　(b)

图 5－12　完成缺口三棱锥的俯视图和左视图

例 5－2　试画出图 5－13(a)所示截切四棱柱的截交线，补全左视图。

解　1. 分析

这是一个四棱柱，四棱柱上的切口可看成由一个水平截平面、一个侧平截平面、一个正垂截平面切割而成。如图 5-13(b)所示。侧平截平面与四棱锥相交时，截交线为矩形，其正面投影积聚为一条线。正垂截平面切割四棱锥水平投影和侧面投影为类似形；水平截平面与四棱锥相交时，截交线为水平四边形，其水平投影反映实形，正面投影和侧面投影积聚为一条线。

2. 作图

(1) 按水平截平面的位置，画出它与四棱柱相交产生的截交线在主视图上具有积聚性的 $1'$、$2'$、$3'$点的投影(前后对称，此处仅标出前面的点)，根据投影关系画出 $1'$、$2'$、$3'$点俯视图 1、2、3 和左视图上的投影 $1''$、$2''$、$3''$。

(2) 按侧平截平面在主视图位置的 $3'$、$4'$点投影，画出它与四棱柱相交产生的截交线在俯视图上具有积聚性的投影，左视图上的投影是矩形。

(3) 按正垂截平面在主视图的位置 $4'$、$5'$、$6'$点，画出它与四棱柱相交产生的截交线在俯视图的投影 4、5、6 和左视图上具有类似性的投影 $4''$、$5''$、$6''$。

(4) 顺序连接各点，完善轮廓线，擦去多余线条，不要遗漏不可见虚线。

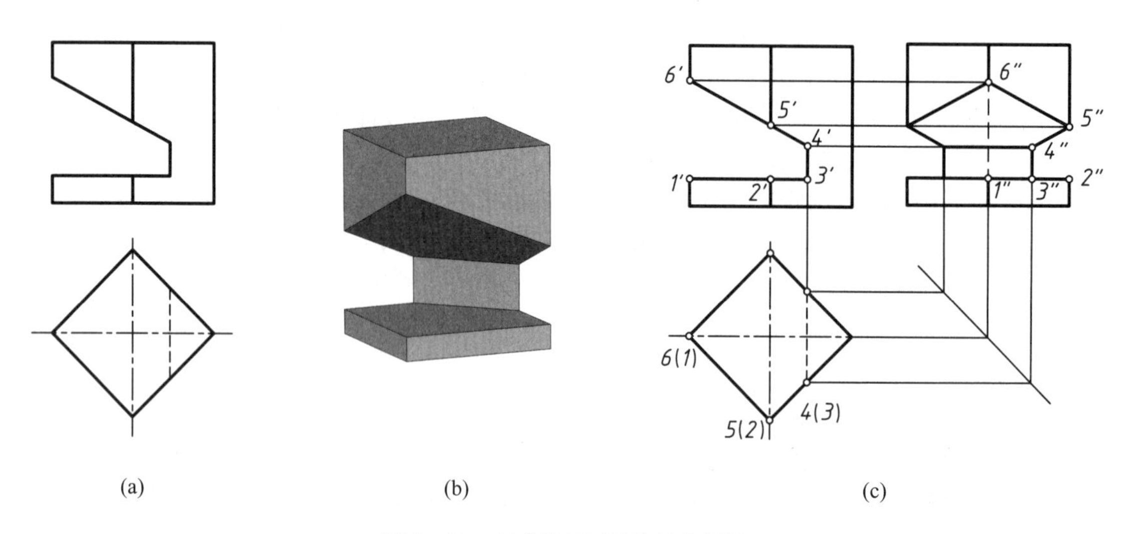

图 5-13　完成截切四棱柱的左视图

5.2.3　回转曲面立体表面的截交线

平面与回转曲面立体表面的截交线根据回转体自身的形状和截平面与回转体轴线的相对位置两个因素，可能是一条封闭的平面曲线，也可能是曲线和直线组合的平面图形或多边形。下面结合几种常见的回转体分别进行讨论。

5.2.3.1　圆柱表面的截交线

平面与圆柱表面的截交线，因平面对圆柱的相对位置不同，可归纳成三种形状，矩形、圆、椭圆，见表 5-1。

表 5-1 平面与圆柱相交

截平面位置	平行于轴线	垂直于轴线	倾斜于轴线
截交线形状	矩形	圆	椭圆
立体图	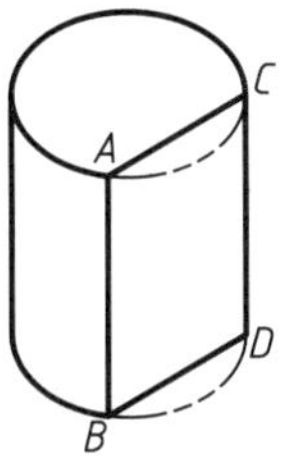 A C D B	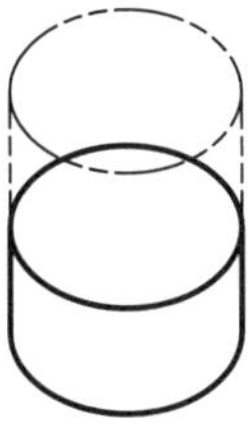	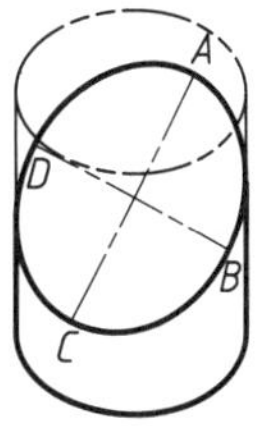 A D B C
投影图	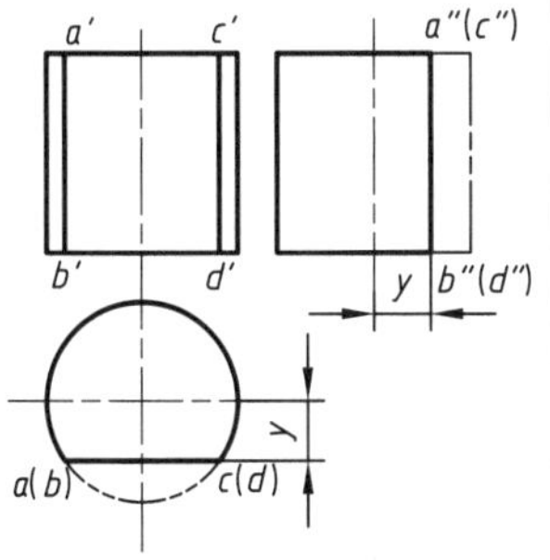 a′ c′ a″(c″) b′ d′ y b″(d″) y a(b) c(d)	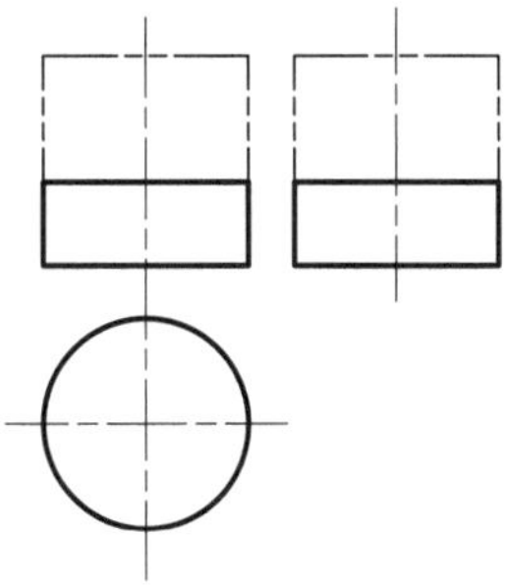	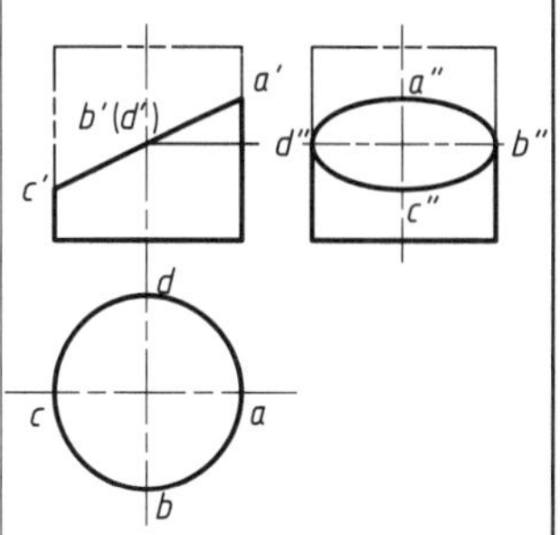 a′ b′(d′) c′ a″ d″ b″ c″ d c a b

例 5-3 试完成图 5-14 所示斜截圆柱的左视图。

解 1. 分析

由图 5-14 可知,图示截头圆柱可分析为由一平面斜截圆柱而形成。截平面倾斜于轴线,截交线为椭圆。由于截平面 P 为正垂面,正面投影积聚为一直线,因此该平面与圆柱表面截交线的正面投影与其重合;截交线的水平投影重合在圆上,所以截交线的正面投影和水平投影已知;侧面投影为椭圆,需要利用圆柱表面求点的方法求解,只需将截交线的已知正面投影分解为若干点,求得这些点的各面投影,然后光滑连接即可得到。

2. 作图

(1) 求特殊点的投影。如图 5-14(b)所示,从已知截交线的正面投影和水平投影入手,标出截交线上最低点Ⅰ、最高点Ⅱ、最前点Ⅲ、最后点Ⅳ,因为这些点在特殊位置上,可利用投影关系直接求出其侧面投影和水平投影。这些特殊点确定后即可保证所作截交线的主要形状特征。

(2) 求一般点的投影。一般点可保证所作截交线的准确性。从已知截交线的正面投影上标出一般点Ⅴ、Ⅵ、Ⅶ、Ⅷ四个点,通过圆柱表面求点的方法先求出其水平投影,再利用"高平齐、宽相等"求出侧面投影,见图 5-14(c)。

(3) 用曲线板顺次光滑连接各点的同面投影,即为所求的截交线,见图 5-14(d)。

(4) 判别可见性。可见部分用粗实线连接,不可见部分用虚线连接。在图示情况下,截交线的水平投影和侧面投影均为可见。

(5) 补全轮廓线。当回转体被平面切割后其转向轮廓线将发生变化,存在部分应予画

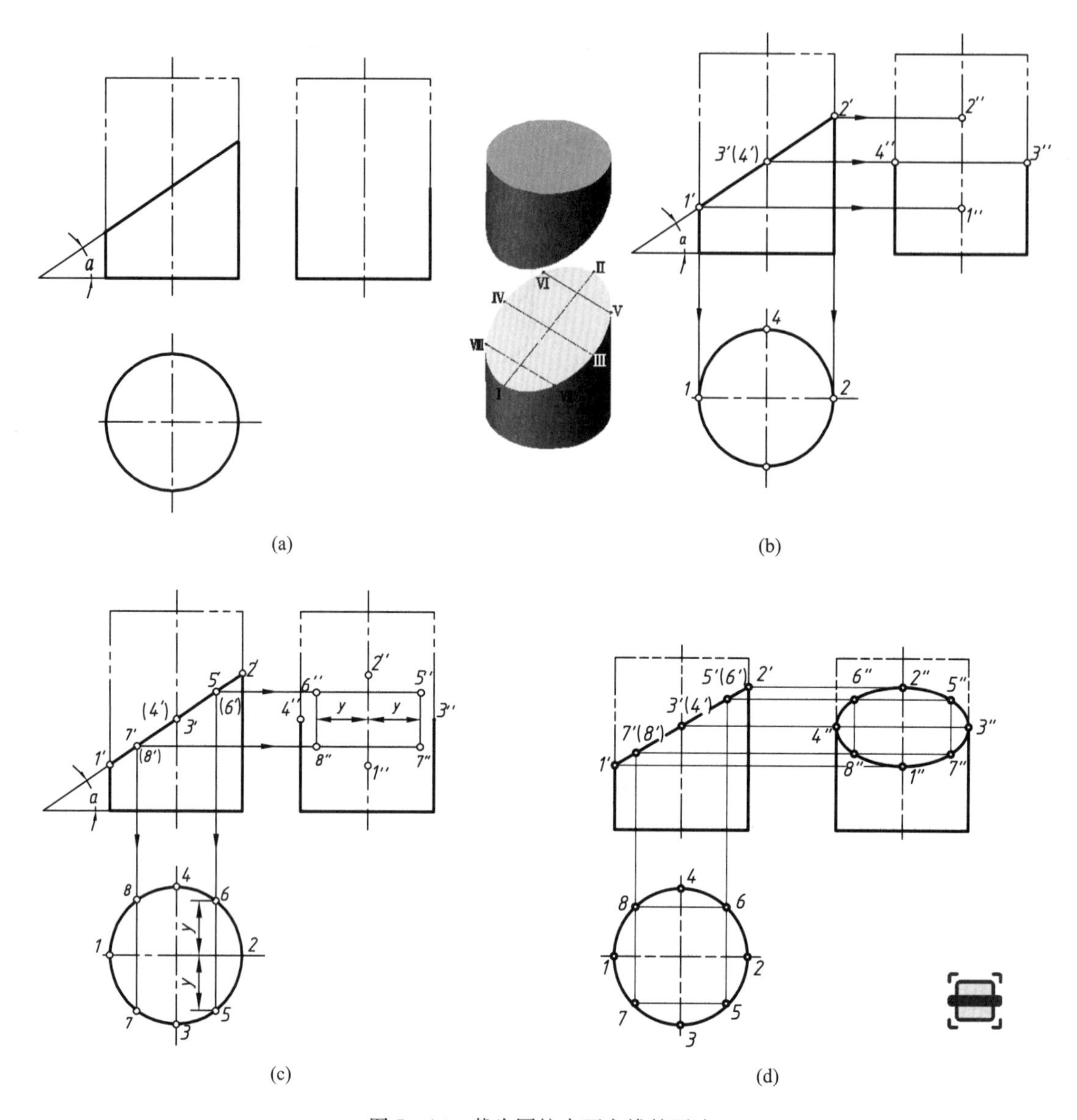

图 5-14　截头圆柱表面交线的画法

出,如左视图中圆柱的左、右两半圆柱面的转向轮廓线只剩下 3″、4″以下的部分。

以上的解题步骤也是求回转体截交线投影的一般步骤。当截交线所占范围较小或其上特殊点较多时,也可省略一般点。

例 5-4　求图 5-15(a)所示圆柱被正垂面和水平面截切后的投影。

解　1. 分析

水平截面截圆柱,截交线是两平行素线,另一正垂面与圆柱斜交,截交线是椭圆弧。两截平面的交线是正垂线。

2. 作图

(1) 在已知的正面投影上标出 *Ⅰ*、*Ⅱ*、*Ⅲ*、*Ⅳ*、*Ⅴ* 各点的正面投影,其中 *Ⅳ* 为椭圆弧上一般位置点，Ⅲ、Ⅴ为椭圆弧最前、最高点。如图 5－15(b)。

(2) 利用圆柱表面在侧面的集聚性求出Ⅰ、Ⅱ、Ⅲ、Ⅳ、Ⅴ点的侧面投影 1″、2″、3″、4″、5″。

(3) 利用长对正、宽相等求各点的水平投影 1、2、3、4、5。

(4) 依次连接成直线和光滑曲线。

(5) 由正面投影可知圆柱水平投影的转向轮廓线在Ⅰ至Ⅲ段被切掉，故这段转向线在水平投影上不应画出。

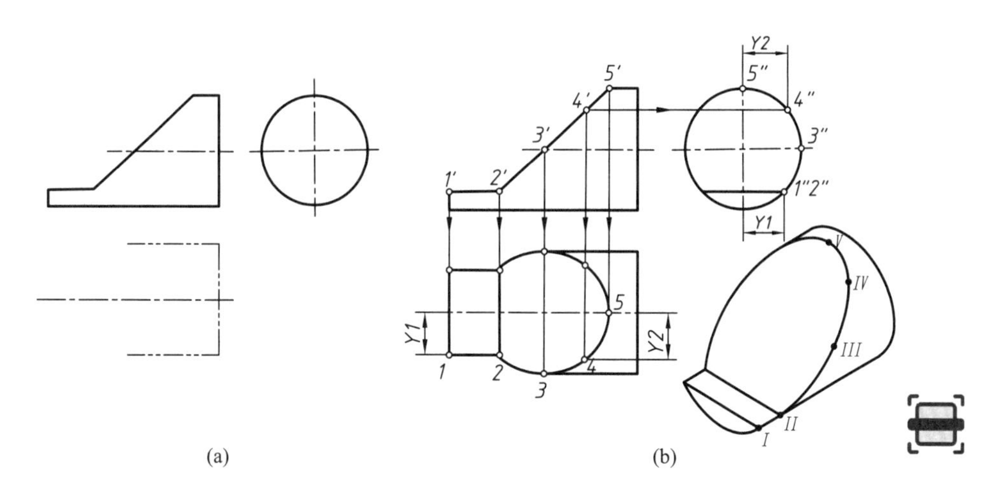

图 5－15　圆柱被正垂面和水平面截切的投影

例 5－5　试完成图 5－16(a)所示开槽圆柱的侧面投影。

解　1. 分析

该圆柱上方中部开方形槽，下部左右对称被切。截平面可分为侧平面和水平面两种。侧平面对称且平行于圆筒的轴线，它们与圆柱面的截交线均是直线。在正面投影和水平投影中，侧截平面积聚为直线，在侧面投影中，侧平面为矩形且反映实形。水平面截平面与圆柱面的截交线是与圆筒外径相同的部分圆周。在正面投影和侧面投影中积聚为直线(被圆柱面遮住的一段不可见，应画成虚线)。在水平投影中，水平面为带圆弧的平面图形，且反映实形。

2. 作图

(1) 图 5－16(b)所示，在已知的正面投影上找出截平面矩形上的四个角点Ⅰ、Ⅱ、Ⅲ、Ⅳ的投影 1′、2′、3′、4′。

(2) 从正面投影 1′、2′、3′、4′作 X 轴的垂线，根据“长对正”，该垂线与圆柱水平投影积聚圆相交于四个点，即Ⅰ、Ⅱ、Ⅲ、Ⅳ的水平投影 1、2、3、4。

(3) 由正面投影作 Z 轴的垂线，并由“宽相等”的 45°角平分线取得各点的 Y 坐标，根据“高平齐”可确定各点在侧面投影的投影 1″、2″、3″、4″。

(4) 根据截平面的性质连接各点，加粗轮廓线，被开槽切除的部分圆柱没有转向轮廓线。

(5) 圆柱下方截平面产生的截交线形状和作图过程，与上述步骤类似，请读者自行思考。

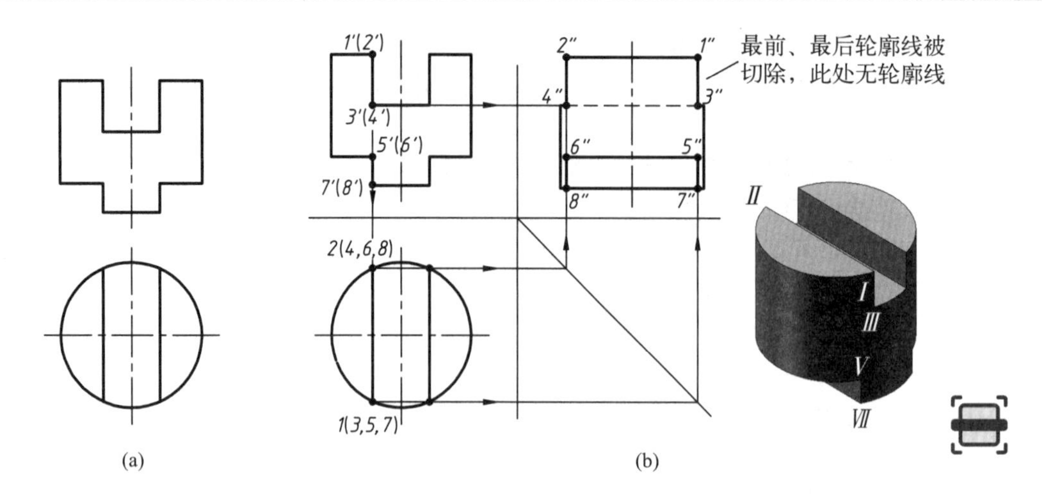

(a)　(b)

图 5-16　求作开槽圆柱的侧面投影

例 5-6　试完成图 5-17(a)所示开槽圆筒的侧面投影。

解　1. 分析

这是一个空心圆筒，上方所开方形槽可看成由两个侧平面 P_1、P_2与一个水平面 Q 切割圆筒而形成。其中，P_1和 P_2面对称且平行于圆筒的轴线，它们与圆筒内、外表面均有截交线，截交线均是直线。Q 面垂直于圆筒的轴线，它与圆筒的截交线是与圆筒内外径相同的部分圆周。

2. 作图

(1) 先作出完整圆筒的侧面投影。

(2) 作平面 P_2与圆筒外表面的交线。因截交线正面投影已知，根据“长对正”可以求出截交线水平投影，Y_1为外表面交线宽度，根据“高平齐”和“宽相等”的投影规律易于作出侧面投影，平面 P_2与圆筒外表面的交线是 ⅠA 和ⅡB，可在水平投影上直接确定其位置并量取宽度，求出其在侧面投影上的位置。

(3) 作平面 P_2与圆筒内表面的交线。由正面投影“长对正”可以求出截交线水平投影，

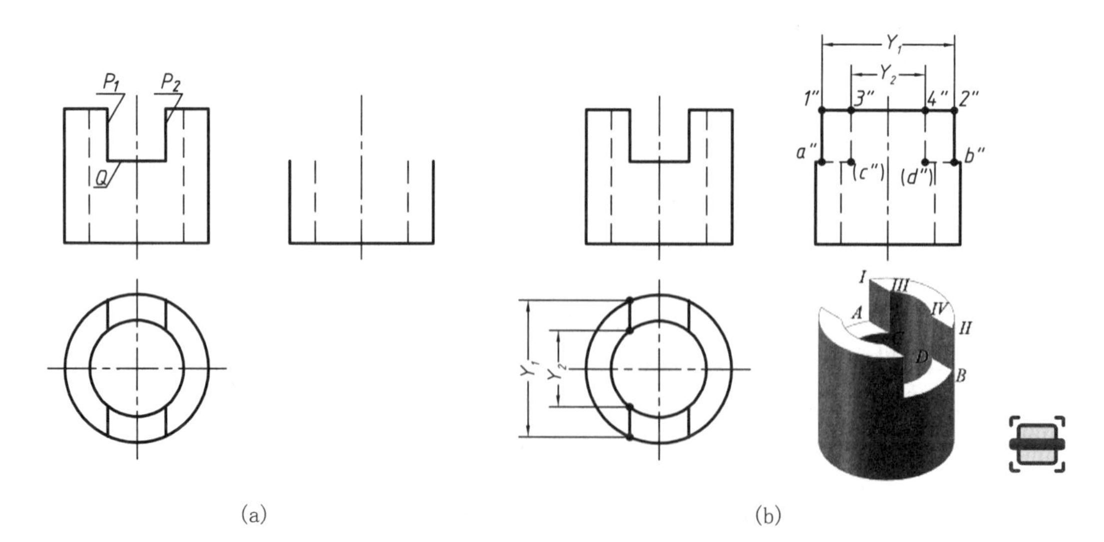

(a)　(b)

图 5-17　求开槽圆筒的左视图

Y_2为内表面交线宽度，同样可在水平投影上量取其宽度大小而在侧面投影上画出，P_2与圆筒内表面的交线是ⅢC 和ⅣD。

(4) 平面 P_1和 P_2对称，故在侧面投影中交线的投影重合。

(5) 作平面 Q 与圆筒的交线。平面 Q 为水平面，它与圆筒内外表面交线在水平投影中的投影为两段圆弧，在侧面投影中的积聚为直线，因被圆孔截成两部分，且有部分不可见，在图中表示为两段虚线 $a''c''$、$d''b''$。

需要注意的是，由于圆筒上部内外表面的最前和最后轮廓线被切掉，在侧面投影中应予擦去。完成后的图形如图 5-17(b)所示。

5.2.3.2　圆锥表面的截交线

平面截切圆锥时，平面与圆锥的相对位置可以有五种情况，它们的截交线形状见表 5-2。

表 5-2　平面与圆锥相交

截平面位置	过圆锥顶点	垂直于轴线($\theta=90°$)	倾斜于轴线($\theta>\alpha$)
截交线形状	三角形	圆	椭圆
立体图	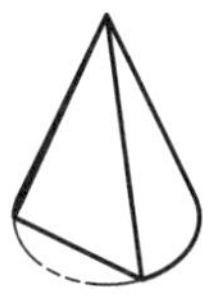	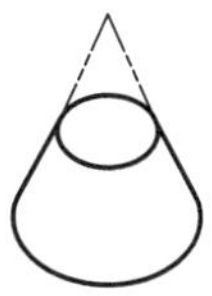	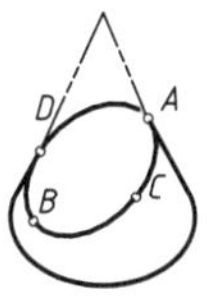
投影图	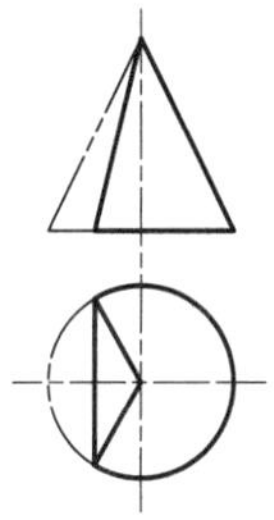	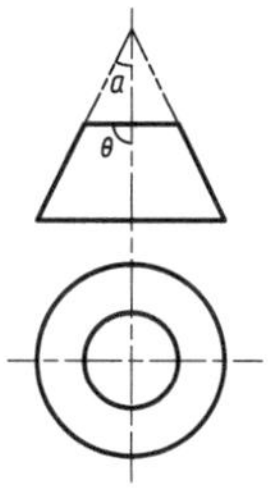	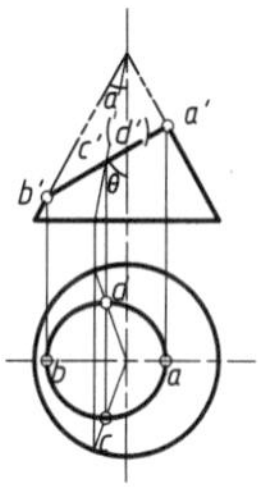

截平面位置	平行于一条素线($\theta=\alpha$)	平行于二条素线或轴线($\theta=0°$或$\theta<\alpha$)
截交线形状	抛物线	双曲线
立体图	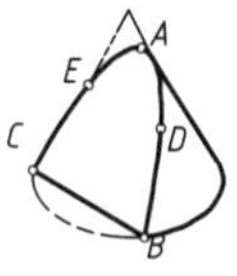	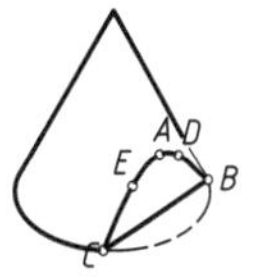
投影图	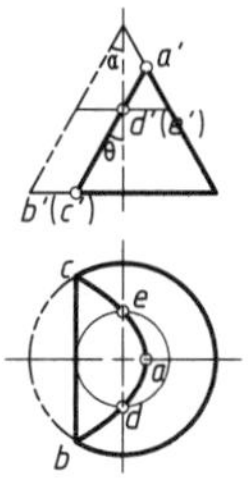	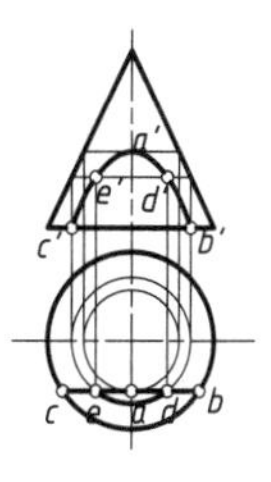

例 5-7　求图 5-18(a)所示圆锥被正平面截切后相贯线投影。

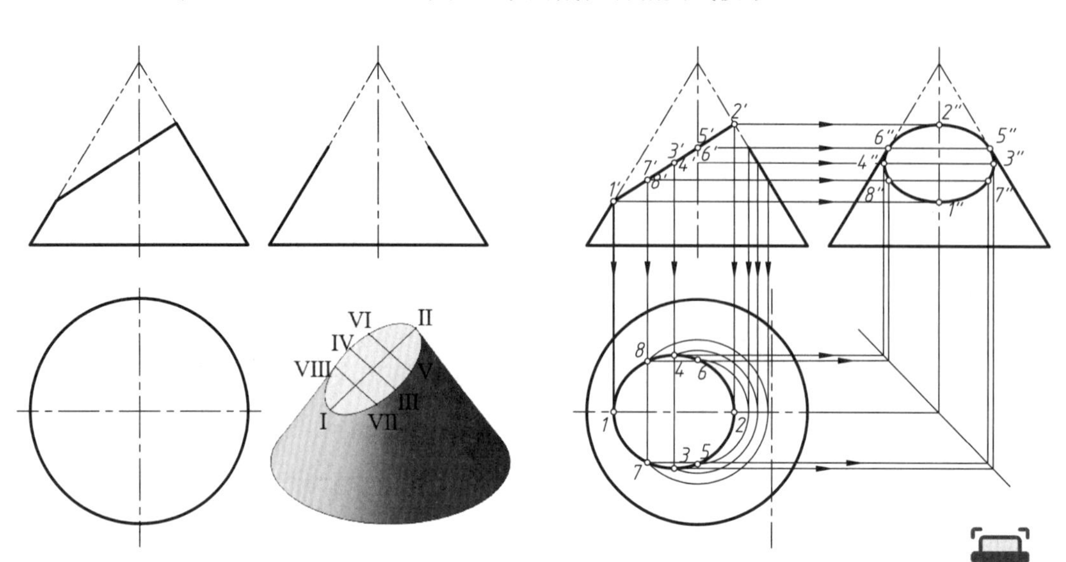

图 5-18　圆锥被正平面截切后相贯线

解　1. 分析

由图看出,截平面是一正平面,倾斜于圆锥的轴线,所以截交线是一个椭圆,其正面投影与截平面的正面积聚投影重合,需要求做的是水平投影和侧面投影。该椭圆的长轴为正平线,位于过圆锥轴线的前后对称面上,端点在最左最右轮廓线上。短轴与长轴垂直平分,为正垂线。这种情况下的截交线需要作辅助圆来求解。

2. 作图

(1) 求特殊点:先求椭圆的长、短轴端点的投影,如图 5-18(b)所示,长轴 *Ⅰ Ⅱ* 在前后对称面上,其正面投影 $1'$、$2'$已知,利用“长对正”可确定其水平投影 *1*、*2*,利用“高平齐”可确定侧面投影 $1''$、$2''$,同时 *Ⅰ*、*Ⅱ* 点还分别是椭圆的最高最低点,也是最左最右点。

(2) 求中点:短轴端点的正面投影在长轴 *Ⅰ Ⅱ* 的中点处,即 *Ⅲ*、*Ⅳ* 两点。在正面投影过 $1'2'$中点在圆锥面上作辅助圆,求出水平投影 *3*、*4*,利用宽相等作出它们的侧面投影 $3''$、$4''$,这两点也是最前点和最后点。

(3) 求转向轮廓线上的点:除了作长轴和短轴的端点投影外,还需求出截平面与圆锥最前、最后转向轮廓线上的交点,其正面投影在截平面与圆锥轴线正面投影的交点处 $5'6'$,其侧面投影的外形轮廓线与截平面的交点即 $5''$、$6''$两点,利用辅助圆求出两点的水平投影 *5*、*6*。

(4) 求一般点:在适当位置取 *Ⅶ*、*Ⅷ* 两点,先在截平面上确定其正面投影 $7'$、$8'$,再过这两点在圆锥面上作辅助水平圆,利用“长对正”求出水平投影 *7*、*8*,再根据“宽相等”作出它们的侧面投影 $7''$、$8''$。

(5) 判别可见性,并光滑连接:将所求各点按顺序在水平投影和侧面投影分别连成光滑曲线。因为截平面将圆锥的上部切去,所以椭圆的侧面投影和水平投影都可见,最后整理外形轮廓线。

例 5-8 试完成图 5-19(a)所示开槽圆锥台左视图上截交线的投影。

解 1. 分析

圆锥台上部的矩形槽可以分析为由三个平面截切圆锥台而形成，其中平面 P_1 与 P_2 对称且平行于圆锥轴线，故产生的截交线均为双曲线的一部分，水平面 Q 垂直于圆锥的轴线，生成的截交线是水平圆的一部分。

2. 作图

如图所示截平面 Q 与圆锥表面交线在主视图中投影为 $1'2'$ 线段，过它们作一辅助圆，求出其在俯视图中投影 12，左视图中投影由 $1'2'$ 和 12 求得，为 $1''(2'')$ 位置的水平直线段。

截平面 P_1 和 P_2 与锥台表面交线在主视图中的投影为 $1'3'$ 和 $2'4'$ 的直线段，其中Ⅲ、Ⅳ两点可在俯视图中直接量取宽，定出其在左视图中投影 $3''4''$。另在 $1'3'(2'4')$ 之间作一系列辅助圆，求出截交线上一系列点在俯视图和左视图中的投影，图中以辅助圆 T 为例求出 $5''(6'')$ 和 $7''(8'')$，然后用曲线板光滑连接相应各点，即得截交线(双曲线的一部分)在左视图中的投影。

在完成投影后，应注意物体表面截交线前后、左右是对称的，物体因开槽被切去的轮廓线不应画出，被遮住的轮廓要画成虚线。

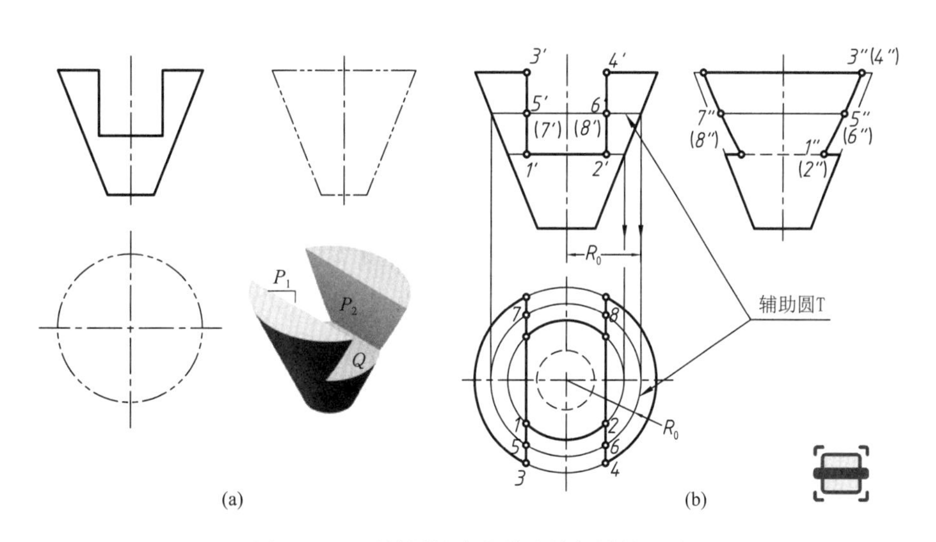

图 5-19 开槽圆锥台的截交线投影的画法

5.2.3.3 圆球表面的截交线

平面截切球时，不论截平面位置如何，截交线形状均为圆，见表 5-3。但由于截切平面对投影面的相对位置不同，所得截交线(圆)的投影不同。例如，当圆球被水平面截切时，所得截交线为水平圆，该圆的正面投影和侧面投影为一条直线，该直线的长度等于所截水平圆的直径，其水平投影反映该圆实形。截切平面距球心越近，截交圆的直径越大。如果截切平面为投影面的垂直面，则截交线的两个投影是椭圆。

表 5－3　平面与球相交

截平面位置	投影面平行面	投影面垂直面
截交线形状	圆	圆
立体图		
投影图		

例 5－9　如图 5－20 所示，已知球阀阀芯的主视图，试画全其俯视图和左视图。

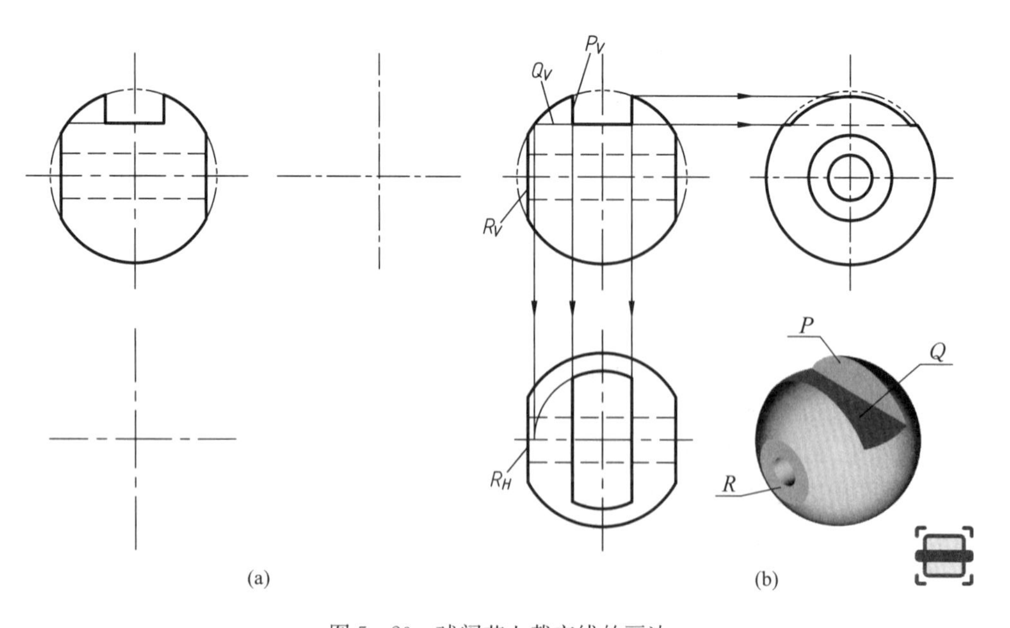

图 5－20　球阀芯上截交线的画法

解 1. 分析

球阀芯的主体为球，其中央有一圆孔，左右两端被侧平面 R 所截，截交线为平行侧面的圆。球体上部开一凹槽，凹槽可以看成由两侧平面 P 和一个水平面 Q 截切球体而成。P 面与球的截交线是平行于侧面的两段圆弧。Q 面与球的截交线为前后两段水平圆弧。

2. 作图

先画两侧平面 R 与球的截交线，它在左视图中的投影反映截交线圆的实形，圆的直径大小是主视图上 R 面与球轮廓线相交投影的长度，其在俯视图中投影积聚为直线。

再画凹槽两侧平面 P 与球的截交线，它在左视图中投影反映截交线圆弧实形，圆周弧的半径是以主视图上把 P 面的投影延长至与球体轮廓线相交的线段长度的一半，其俯视图上的投影同样积聚为直线。

最后画出凹槽底面 Q 与球的截交线，因 Q 面为水平面，其俯视图上投影反映两段圆弧的实形，该圆弧直径大小是以在主视图上把 Q 面投影延长至与球体轮廓线相交的线段的长度，其左视图上的投影积聚为直线。由截切形成的不可见部分必须用虚线表示清楚。

5.2.3.4 组合回转体表面的截交线

由几个回转体组成的立体称为组合回转体。在工程上，也经常会遇到平面与组合回转体相截所形成的物体，下面举例讨论组合回转体截交线的作图方法。

例 5－10 试画出图 5－21(a)所示顶针表面截交线的投影。

解 1. 分析

此顶针可以看作一个同轴的圆锥、圆柱组合成的回转体被两个平面 P、Q 相截而成。对于这类问题，可先将组合回转体分解为单个回转体，分别画出截平面与单个回转体相交的截交线，从而得到组合回转体的截交线。

由图 5－21(a)可知，圆锥和圆柱共轴线，且轴线垂直于侧立投影面，两截平面为水平面和正垂面，其中水平面 P 与圆锥的交线为双曲线，与圆柱的交线为矩形；正垂面仅与圆柱相交，交线为椭圆一部分。截交线的正面投影和侧面投影分别与截平面的投影重合，因此只需画出各段截交线的水平投影后组合而成。

2. 作图

(1) 先画出平面 P 与圆锥的截交线——双曲线。将它在主视图中的已知投影分解为 A、B、C、D、E 五点的投影 a'、b'、c'、d'、e'，其中 A 点是双曲线的顶点，也是圆锥面上前后面转向轮廓线上的点，故可利用投影关系直接求出水平投影；D、E 两点是双曲线的两个端点，也是平面 P 与圆锥底面交线上两个端点，它们的侧面投影在反映圆锥底面的圆上，可以直接求得，利用 D、E 两点的正面投影 d'、e' 和侧面投影 d''、e'' 再求出水平投影 d、e；B、C 两点是双曲线上的一般点，可通过已知投影 b'、c' 作一辅助纬圆或辅助素线求出侧面投影 b''、c''，再根据 b'、c' 和 b''、c'' 求出水平投影 b、c；顺序光滑连接 d、b、a、c、e 即得双曲线，见图 5－21(b)。

(2) 画出平面 P 与圆柱的截交线——矩形。矩形 $DEFG$ 中的 D、E 的各面投影已求出，F、G 的水平投影 f、g 可由正面投影 f'、g' 和侧面投影 f''、g'' 求得，用直线分别连接 d、f，f、g，g、e。其中 d、e 两点不连接，这是因为此矩形截交线和上面的双曲线截交线

为同一平面 P 所截形成的,应是一个组合的封闭图形。另外同轴的圆锥与圆柱的交线被平面 P 切割去上半部分,但下部分还存在,因此在 d、e 之间应画成虚线。

(3) 画出平面 Q 与圆柱的截交线——部分椭圆。椭圆上 F、G 两点的各面投影已求出,H、I、J 各点的水平投影 h、i、j 可由正面投影 h'、i'、j'和侧面投影 h''、i''、j''求出,顺序光滑连接 f、h、j、i、g,即得部分椭圆。由于此椭圆截交线和上面的组合截交线为两个不同平面所截形成的,应是一个单独的封闭图形,故 f、g 两点要用直线相连,此线同时也是两截平面的交线,见图 5-21(c)。

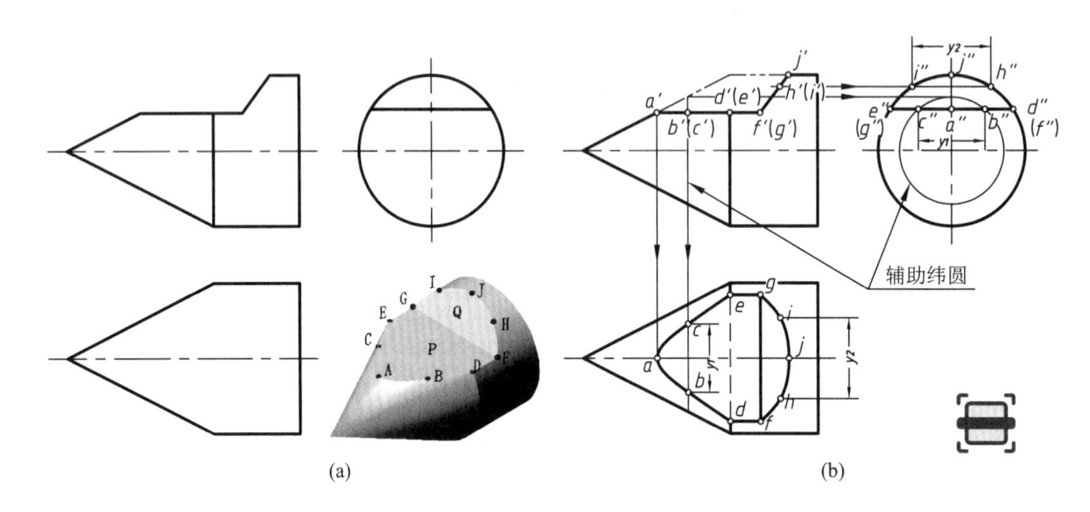

(a) (b)

图 5-21 组合回转体的截交线的画法

根据上述基本立体截交线的作图方法,画截切几何体的投影图时应注意:

(1) 画图顺序。先想象出物体原型的三面投影,分析截交线形状,再画出具有积聚性的截平面的投影,以体现切口、凹槽的形状;然后按点的投影规律求出特殊点、一般点的投影。

(2) 回转体截交线投影的关键是特殊点。特殊点常指最高、最低点,或最前、最后点,或最左、最右点,它们是立体表面的点,应用表面取点法求出,由特殊点可以确定截交线的大致轮廓。

(3) 连线顺序。位于同一棱面或同一曲面上点的投影才能连线,应逐个面依次连续进行,并使其首尾连接,形成一个封闭的多边形。

(4) 不要遗漏立体上原有的轮廓线、切割后存留轮廓线的投影;不要多画已被切去的轮廓线的投影。

5.3 立体与立体相交

在工程中,经常会遇到一些由两个或多个立体相交形成的机件,如图 5-22 所示。两个立体相交称为相贯,由立体相交而形成的表面交线称为相贯线。为了清晰地表示出这些机件的各部分形状和相对位置,在图上必须正确绘出相交部分的相贯线。如把机件抽象为几何体,则根据其几何性质可把立体相贯形式分为三种:

(1) 平面立体与平面立体相交，如图 5－22(a)所示；
(2) 平面立体与曲面立体相交，如图 5－22(b)所示；
(3) 曲面立体与曲面立体相交，如图 5－22(c)(d)(e)所示。

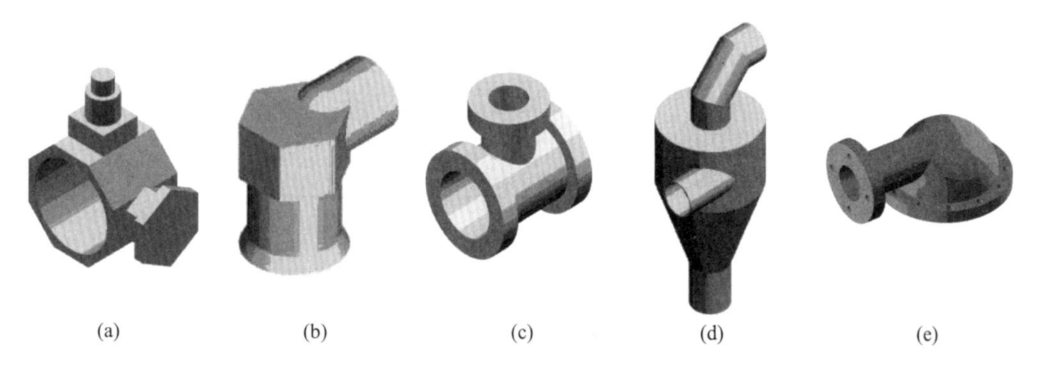

图 5－22　立体相贯的三种形式

由于平面立体可以看成是由若干个平面围成的实体，前两者相贯线的作图实质上可归结为平面与平面相交、平面与曲面立体相交的问题，这些均已在前两节中做了讨论，因此本节着重讨论两回转曲面立体相贯线的性质及作图方法，且参与相贯的回转体中，至少有一个轴线垂直于基本投影面的圆柱。

5.3.1　相贯线的基本性质

相贯线的形状尽管因相交的曲面立体的形状、大小和相对位置的不同而异，但它们都具有以下基本性质(图 5－23)：

(1) 由于相贯立体表面是封闭的并占有一定的空间范围，因此曲面立体的相贯线一般是封闭的空间曲线，特殊情况下，可以是平面曲线或直线。

(2) 相贯线是两相贯立体表面的共有线，是由两立体表面上一系列共有点所组成。

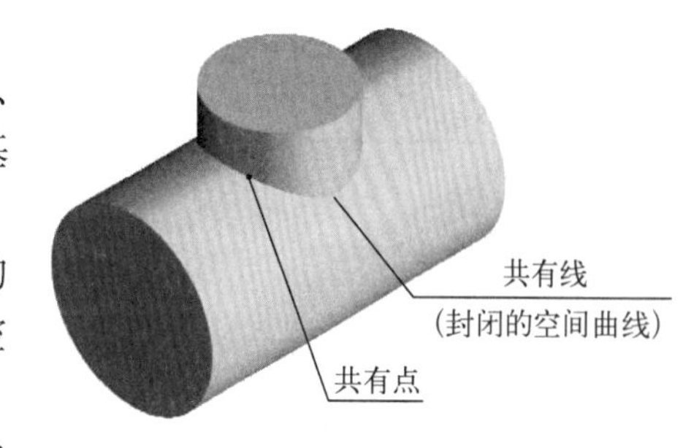

图 5－23　相贯线的基本性质

5.3.2　相贯线的作图方法

根据上述相贯线的性质，作相贯线投影的实质是：求出相交立体表面上的一系列共有点的投影，然后顺次光滑连接。下面介绍两种最常用的方法。

5.3.2.1　*表面取点法*

当相交的两立体中有一个是圆柱体，且其某个投影具有积聚性时，则相贯线的该面投影就重合在圆柱体的积聚性投影上，即相贯线的一个投影是已知投影，利用这个已知投影，在曲面上用定点的方法求作相贯线其他投影，即称为表面取点法。

例 5－11　试作图 5－24(a)所示两圆柱相贯线的投影。

解　1. 分析

由图可知，这是直径不同、轴线垂直相交的两圆柱相交，相贯线为一封闭的、前后左右对称的空间曲线，见图 5－23。小圆柱轴线垂直水平投影面，所以小圆柱表面的水平投影具有积聚性，相贯线的水平投影即在此圆周上。大圆柱的轴线垂直于侧立投影面，其表面在侧面上投影具有积聚性，相贯线的侧面投影也一定和大圆柱的侧面投影的圆周重合，但必定是与小圆柱共有的一段。因此只需求出相贯线的正面投影。

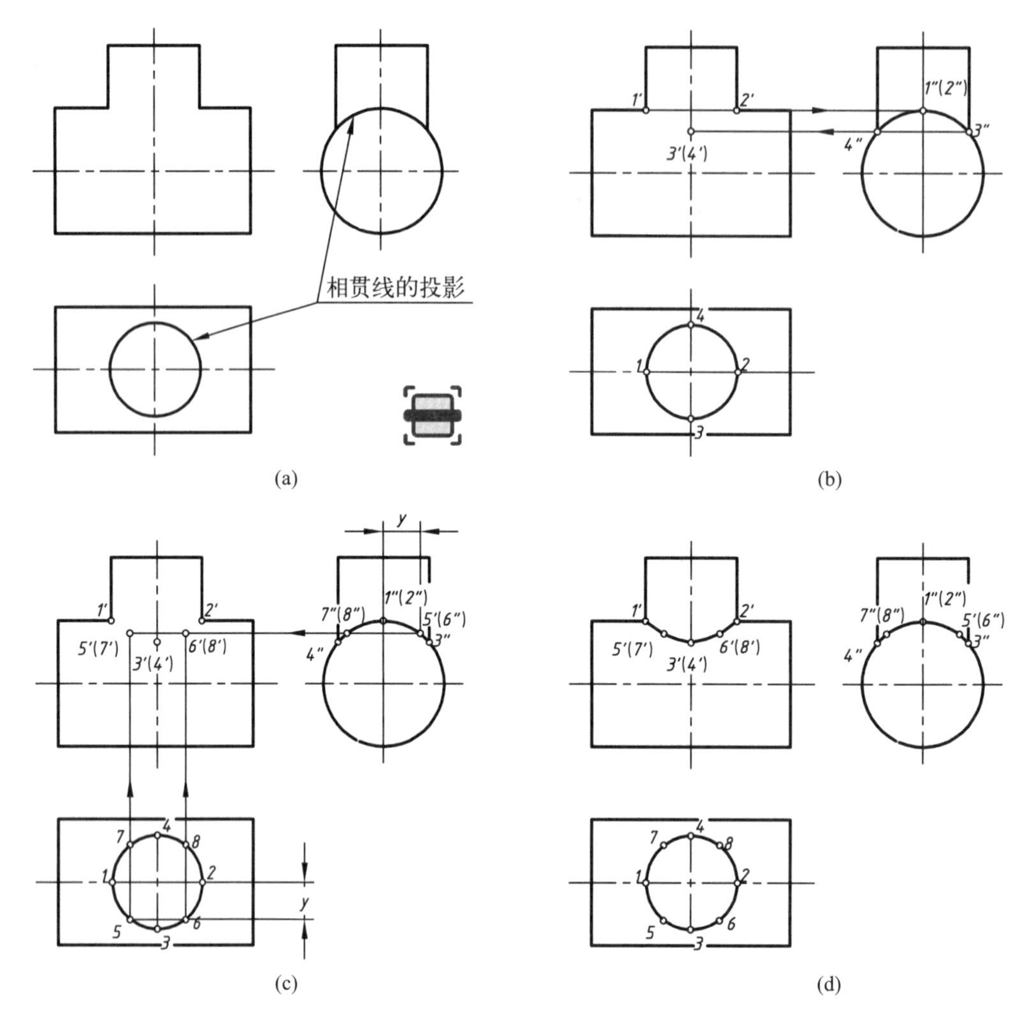

图 5-24　用表面取点法求作两相交圆柱的相贯线

2. 作图

(1) 求特殊点。如图 5-24(b)所示，先在相贯线的水平投影上，定出最左点Ⅰ、最右点Ⅱ、最前点Ⅲ、最后点Ⅳ的投影 1、2、3、4，再在相贯线的侧面投影上相应地作出 1″、2″、3″、4″。利用点的投影规律，由水平投影 1、2、3、4 和侧面投影 1″、2″、3″、4″即可作出正面投影 1′、2′、3′、4′。可以看出：Ⅰ、Ⅱ是相贯线上的最高点，Ⅲ、Ⅳ是相贯线上的最低点。

(2) 求一般点。如图 5-24(c)所示，在相贯线的侧面投影上，定出左右、前后对称的四个点Ⅴ、Ⅵ、Ⅶ、Ⅷ的投影 5″、6″、7″、8″，利用俯、左视图“宽相等”规律，5″、6″与 5、6 的 y 坐标相等，由此可在相贯线的水平投影上作出 5、6、7、8。由 5、6、7、8 和 5″、6″、7″、8″即可作出正面投影 5′、6′、7′、8′。

(3) 连接各点并判别可见性。按相贯线水平投影所显示的各点的顺序，在正面投影上光滑连接诸点，即得相贯线的正面投影。对正面投影而言，前半相贯线在两个圆柱的可见表面上,所以其正面投影($1'$-$5'$-$3'$-$6'$-$2'$)是可见的,画成实线;后半曲面上的相贯线($1'$-$7'$-$4'$-$8'$-$2'$)为不可见,但与前面一半重合。如图 5-24(d)所示。

5.3.2.2 辅助平面法

用辅助平面法求作相贯线投影的基本思路是(图 5-25):作一辅助平面 P 与两曲面立体相交。分别求出辅助平面 P 与两立体的截交线,在同一辅助平面内的两截交线的交点,即为两立体表面的共有点(相贯线上的点)。用若干个辅助面求得若干点的投影,便可连接成相贯线的投影。

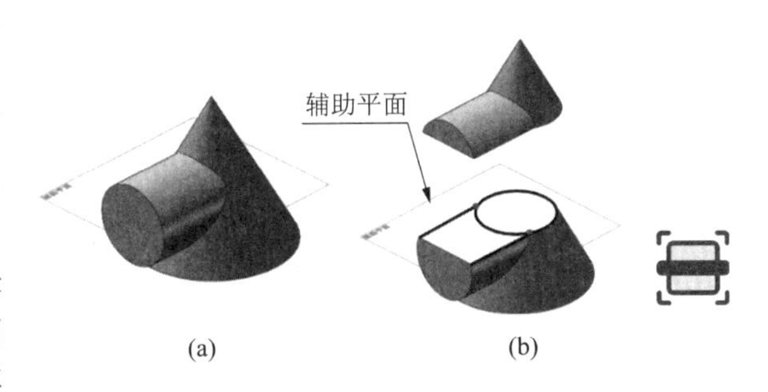

图 5-25 用辅助面法求作相贯线的思路

为使作图简便,所作的辅助平面常是特殊位置平面,且应注意选择恰当的截切位置,不仅要与两立体表面同时相交,且要使截切后的截交线形状简单易求,一般为直线或平行于投影面的圆。

例 5-12 试作图 5-26 所示圆柱与圆锥的相贯线。

解 1. 分析

如图所示,圆柱在左侧与圆锥相交,相交的圆柱和圆锥具有公共的前后对称面,所以相贯线前后对称。又由于圆柱的轴线垂直于侧平面,圆柱的侧面投影有积聚性,根据相贯线的性质该两曲面立体相贯线的侧面投影必积聚在圆柱侧面投影的圆周上。故需要求的是相贯线的正面投影和水平投影。

为使辅助平面与立体的截交线简单易求,可选用水平面作辅助面。它与圆柱表面的交线为矩形,与圆锥表面的交线为圆,见图 5-26(a)。

2. 作图

(1) 求特殊点。从相贯线已知的侧面投影看出,$1''$、$2''$是其最高、最低点 Ⅰ、Ⅱ 的投影,其正面投影 $1'$、$2'$和水平投影 1、2 可由点线从属关系直接求得;$3''$、$4''$是最前、最后点Ⅲ、Ⅳ的投影,过此两投影作一水平辅助面 $P(P_V$、$P_W)$,辅助面与圆柱交线的水平投影是圆柱水平投影的转向轮廓线,与圆锥的交线是圆,它们水平投影 3、4,也是相贯线水平投影可见和不可见的分界点,根据水平投影 3、4 和侧面投影 $3''$、$4''$可以再按投影关系求出正面投影 $3'$、$4'$,见图 5-26(b)。

(2) 求一般点。在相贯线投影范围内作水平辅助面 $Q(Q_V$、$Q_W)$和 $R(R_V$、$R_W)$,同样它们与圆柱交线的水平投影为矩形,与圆锥的交线的水平投影为圆,它们侧面投影为 $5''$、$6''$、$7''$、$8''$,水平投影的交点即为Ⅴ、Ⅵ、Ⅶ、Ⅷ点的水平投影 5、6、7、8,根据投影关系再求出正面投影 $5'$、$6'$、$7'$、$8'$,见图 5-26(c)。

(3) 连接各点并判别可见性。因相贯线前后对称,正面投影只需顺次连接 $1'$、$5'$、$3'$、$7'$、$2'$。水平投影 3、5、1、6、4 一段在圆柱转向轮廓线之上为可见,用粗实线光滑相连,3、7、2、8、4 一段被遮住用虚线相连,见图 5-26(d)。

(4) 补全轮廓线。圆柱水平投影的轮廓线画到 3、4 两点为止,圆锥底圆被遮住部分用虚线画出。

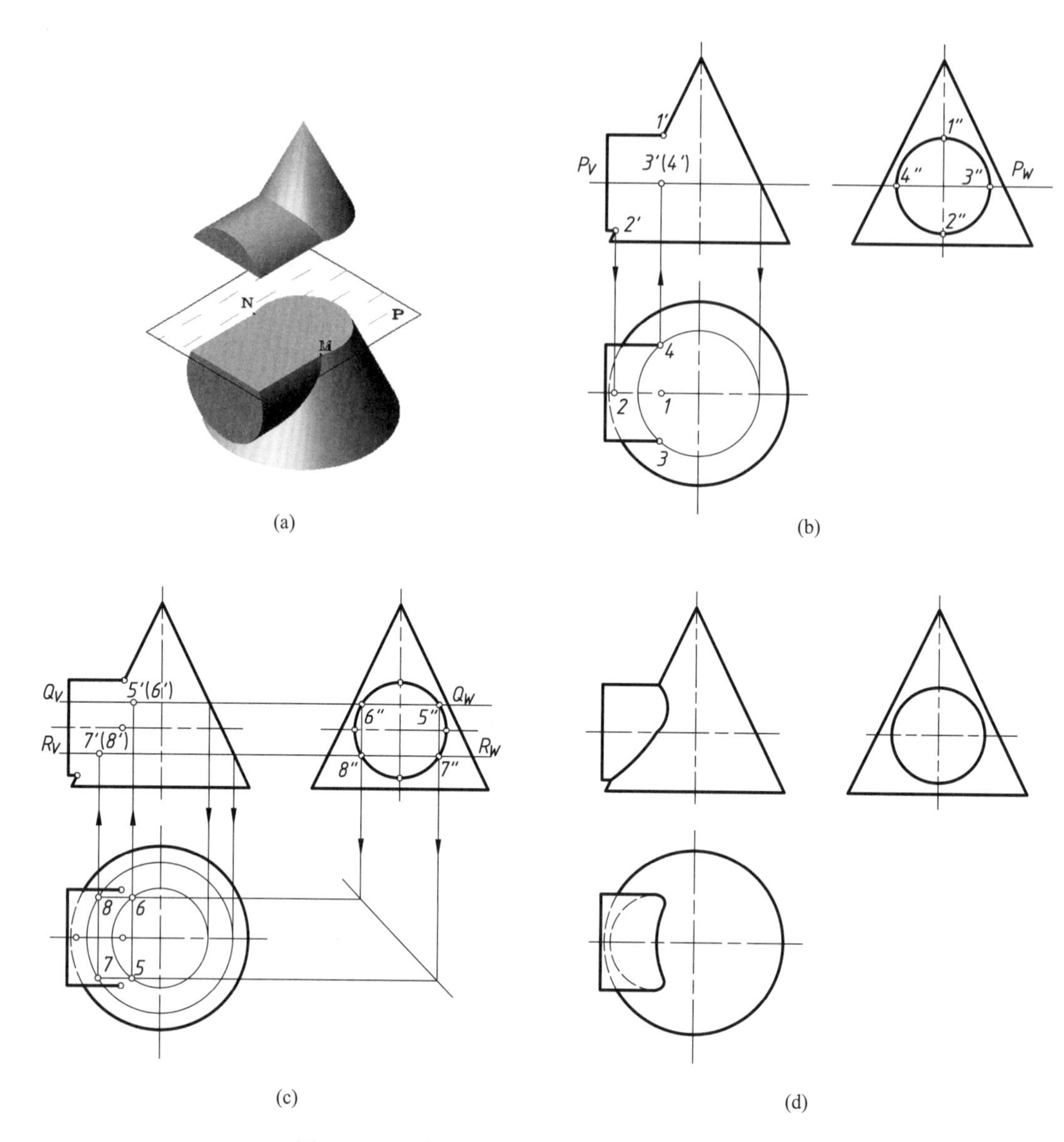

图 5-26 用辅助平面法求作圆柱与圆锥的相贯线

5.3.3 几种常见的曲面立体表面相贯线

5.3.3.1 圆柱与圆柱相交

1. 正交

两圆柱垂直相交在机件上是最常见的结构,就相贯的性质而言,可以有表 5-4 所示三种情况:

(1) 外表面与外表面相交(两实心圆柱相交);

(2) 外表面与内表面相交(实心圆柱与圆柱孔相交);

(3) 两个内表面相交(两圆柱孔相交)。

这三种圆柱相交,它们的相贯线形状和作图方法都是相同的。

表 5-4　圆柱与圆柱相交的三种情况

相交形式	两实心圆柱相交	圆柱孔与实心圆柱相交	两圆柱孔相交
立体图示	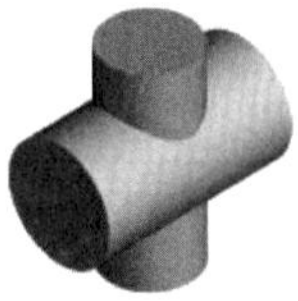		
相交情况	小的实心圆柱全部贯穿大的实心圆柱，相贯线是上下对称的两条封闭的空间曲线	圆柱孔全部贯穿实心圆柱，相贯线也是上下对称的两条封闭的空间曲线，即圆柱孔的上下孔口曲线	长方体内部两个孔的圆柱面的交线，同样是上下对称的两条封闭的空间曲线
投影图	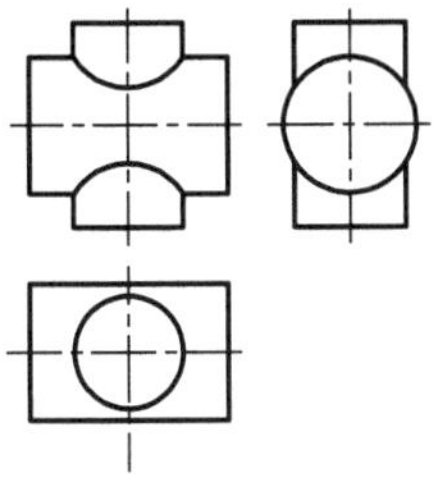	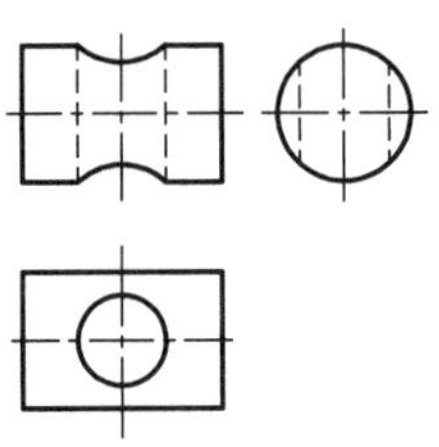	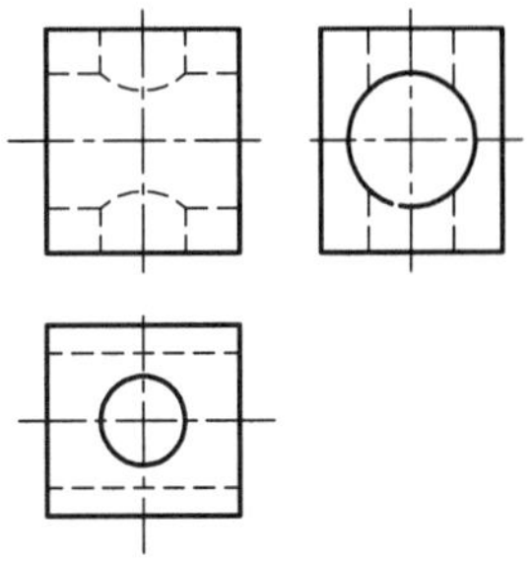

当两圆柱正交时，圆柱直径大小变化会使相贯线形状发生影响。表 5-5 显示了其变化趋势。从表中可以看出，圆柱相贯线的弯曲方向总是朝向直径大的圆柱的轴线。当相贯两圆柱直径相等时，即公切于一个球面时，相贯线为两条平面曲线（椭圆），且椭圆平面垂直于两圆柱轴线决定的平面。

表 5-5　轴线垂直相交的两实心圆柱直径相对变化时对相贯线弯曲方向的影响

		两圆柱直径的关系		
		水平圆柱较大	两圆柱直径相等	水平圆柱较小
实心圆柱相交	立体图示		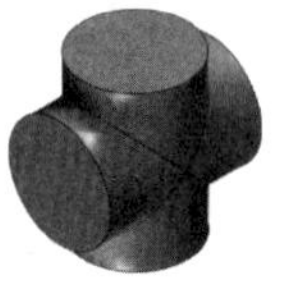	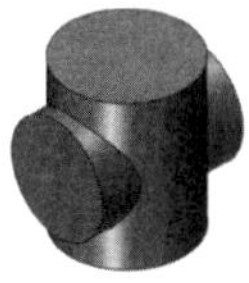
	相贯线特点	上、下两条空间曲线	两个相互垂直的椭圆	左、右两条空间曲线
	投影图	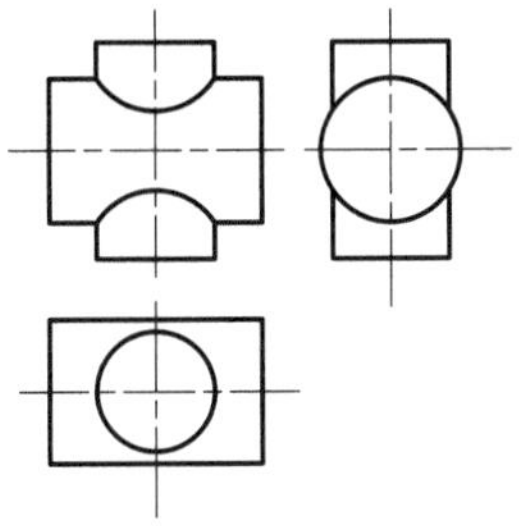	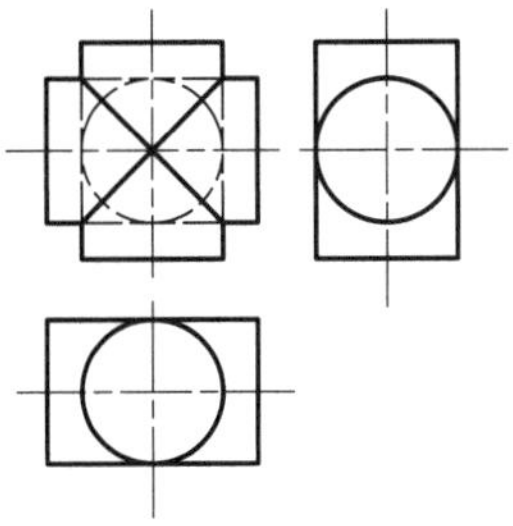	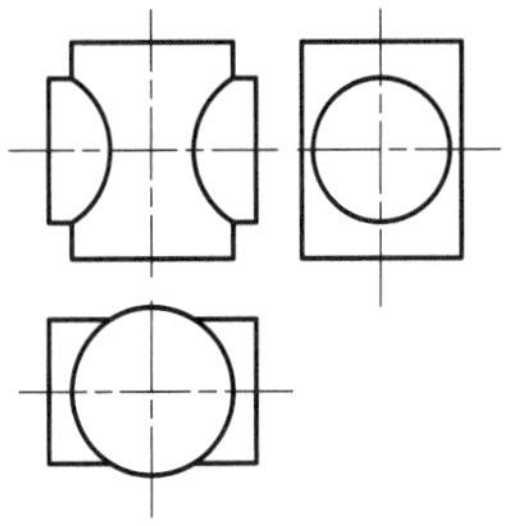

日常生活中常见的管路连接，存在比较多的两空心圆柱正交的情况，随着两空心圆柱直径大小变化，其相贯线如表 5－6 所示投影图。

表 5－6　空心圆柱相交

		两圆柱直径的关系		
		水平圆柱较大	两圆柱直径相等	水平圆柱较小
空心圆柱正交	立体图示	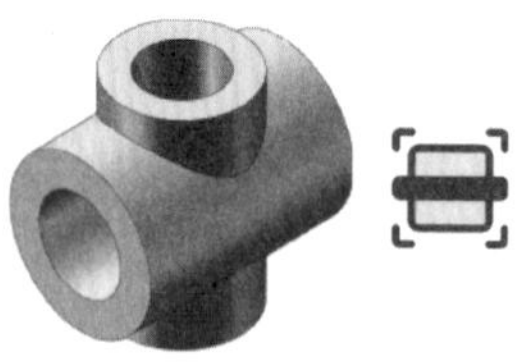		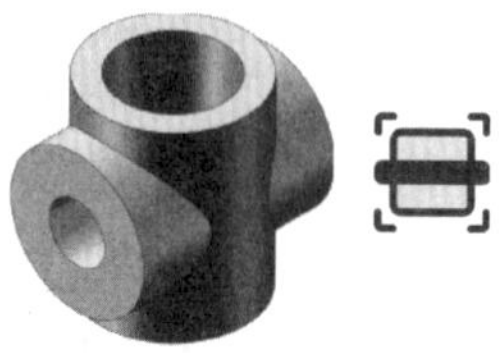
	相贯线特点	内、外均为上、下两条空间曲线	内、外均为两个相互垂直的椭圆	内、外均为左、右两条空间曲线
	投影图	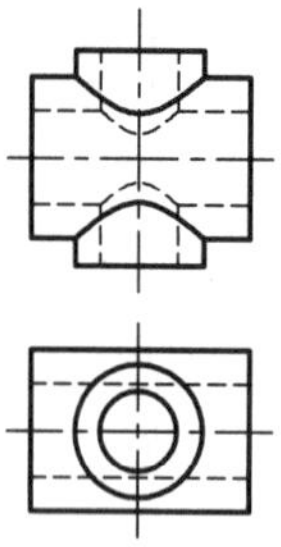	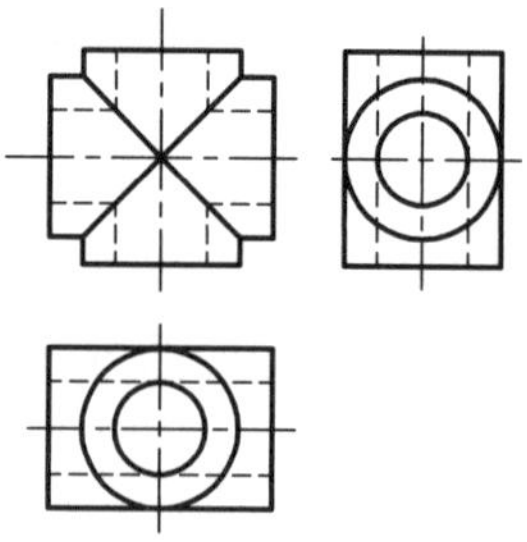	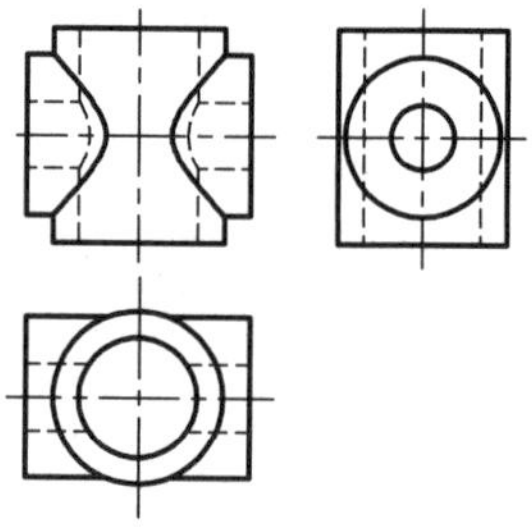

例 5－13　完成图 5－27(a)所示水平空心圆柱挖竖直孔的相贯线投影。

解　1. 分析

由图可知，这是水平圆柱挖切了一个直立内圆柱，相贯线是前后左右对称的空间曲线。本例要作两条相贯线：外圆柱面与挖切的直立孔内圆柱表面相贯线，以及两内圆柱孔表面的相贯线。

挖切的直立孔内圆柱表面的水平投影具有积聚性，相贯线的水平投影即在此圆周上。水平圆柱在侧面的投影具有积聚性，相贯线的侧面投影是水平圆柱与直立圆柱孔共有的一段圆弧。由此可知相贯线的水平和侧面的两个投影已确定，只需求出相贯线的正面投影。

2. 作图

(1) 求作水平圆柱外表面与挖切直立内圆柱面(外-内)相贯线，如图 5－27(b)所示。

① 求作特殊点：在相贯线已知的水平投影和侧面投影确定最高点(也是最左点、最右点)的投影 *1″*、*2″*和最前点的投影 *3″*，根据点的投影规律求出正面投影 *1′*、*2′*、*3′*。

② 求作一般点(中间点)：在相贯线已知的侧面投影上取点 *4″*、*5″*，利用“宽相等”对应找到水平投影 *4*、*5*，然后“长对正、高平齐”求出正面投影 *4′*、*5′*。

③ 按照水平投影的顺序依次光滑连接正面投影中,相贯线是可见的,画成实线;由于上下对称,下面一根相贯线为上方相贯线的对称图形。

(2) 求作水平内圆柱面与挖切直立内圆柱面(内-内)的相贯线,如图 5－27(c)所示。

由于水平圆筒内径与挖切直立内圆柱面孔径相同,相贯线在非积聚性投影(正面投影)变成相交两直线,因不可见,要画成虚线。

(3) 整理轮廓。

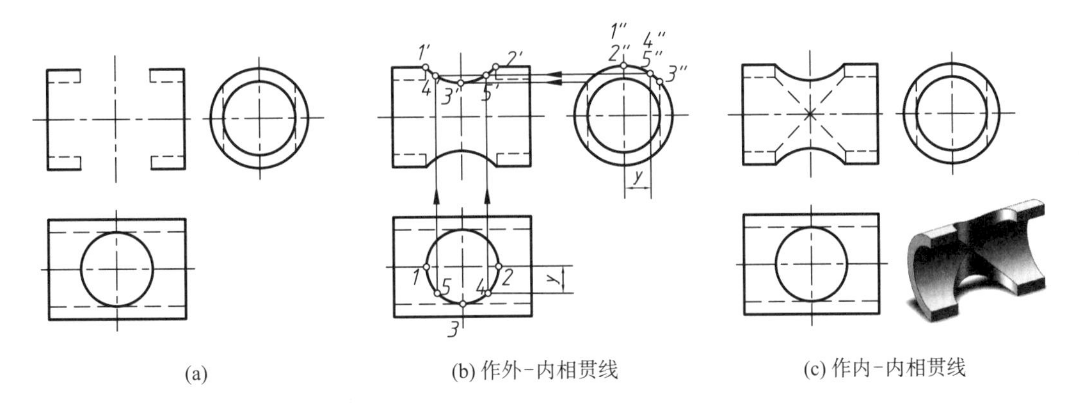

(a)　(b) 作外-内相贯线　(c) 作内-内相贯线

图 5－27　完成空心圆柱挖孔的相贯线投影

2. 偏交

例 5－14　试作图 5－28(a)所示旋风分离器筒身与进风管的相贯线的投影。

解　1. 分析

旋风分离器筒身与进风管的相交情况,可视为圆柱与圆柱偏交的实例。其投影图如图 5－28(b)所示。从图中可见,小圆柱面的侧面投影和大圆柱面的水平投影均具有积聚性,因此相贯线的侧面投影为已知,即为小圆柱面的积聚投影——圆;相贯线的水平投影是大圆柱面与小圆柱面轮廓范围内有积聚性的一段圆弧;故可用表面取点法求出相贯线的正面投影。与两圆柱正交所不同的是,由于偏交,相贯线正面投影前后不对称也不重合。

2. 作图

(1) 作特殊点:在已知的侧面投影和相应的水平投影上定出点Ⅰ、Ⅱ、Ⅲ、Ⅳ的投影 $1''$、$2''$、$3''$、$4''$和 1、2、3、4。其中Ⅰ、Ⅱ点分别为相贯线上的最右、最左点,同时也是最前、最后点;Ⅲ,Ⅳ点分别为相贯线上的最高、最低点,也是相贯线正面投影可见和不可见部分的分界点。根据投影规律作出这些点的正面投影。

(2) 作一般点:为作图准确,在已知的侧面投影和相应的水平投影上再定出Ⅴ、Ⅵ、Ⅶ、Ⅷ四个一般点的投影 $5''$、$6''$、$7''$、$8''$和 5、6、7、8。同样根据投影规律作出其正面投影。

(3) 判别可见性,连投影:参照侧面投影上各点的顺序,光滑连接各点的正面投影,其中 $3'$-$7'$-$2'$-$8'$-$4'$一段因在小圆柱的后半个曲面上,为不可见,画成虚线。

(4) 补齐轮廓线:直立大圆柱正面投影左端轮廓线被小圆柱遮住的一段应画虚线,而小圆柱正面投影上的轮廓线应画至 $3'$、$4'$点。

同样,相贯两圆柱轴线相对位置发生变化对相贯线形状也会产生影响,表 5－7 显示了其变化情况,请读者自行分析。

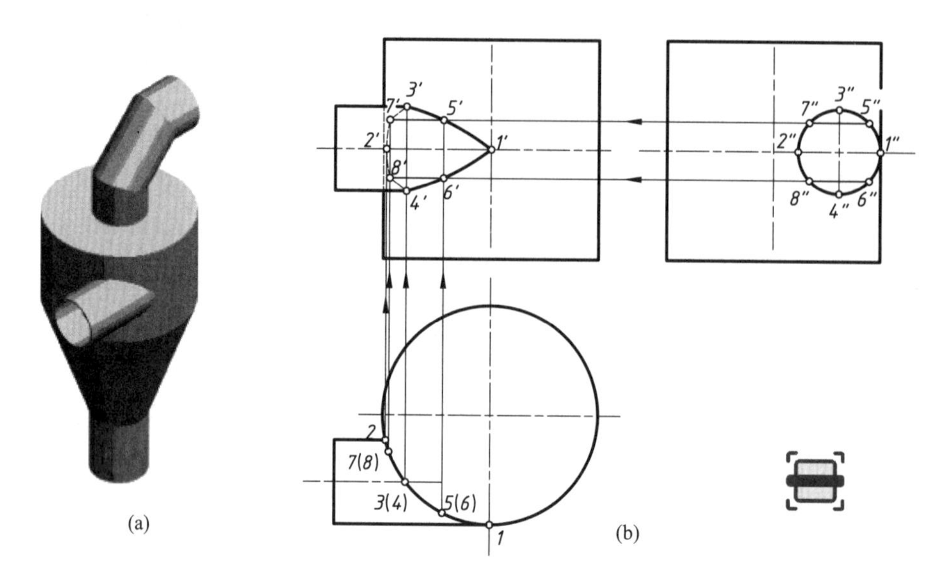

图 5-28　作两圆柱偏交的相贯线

表 5-7　相贯两圆柱轴线相对位置发生变化对相贯线形状的影响

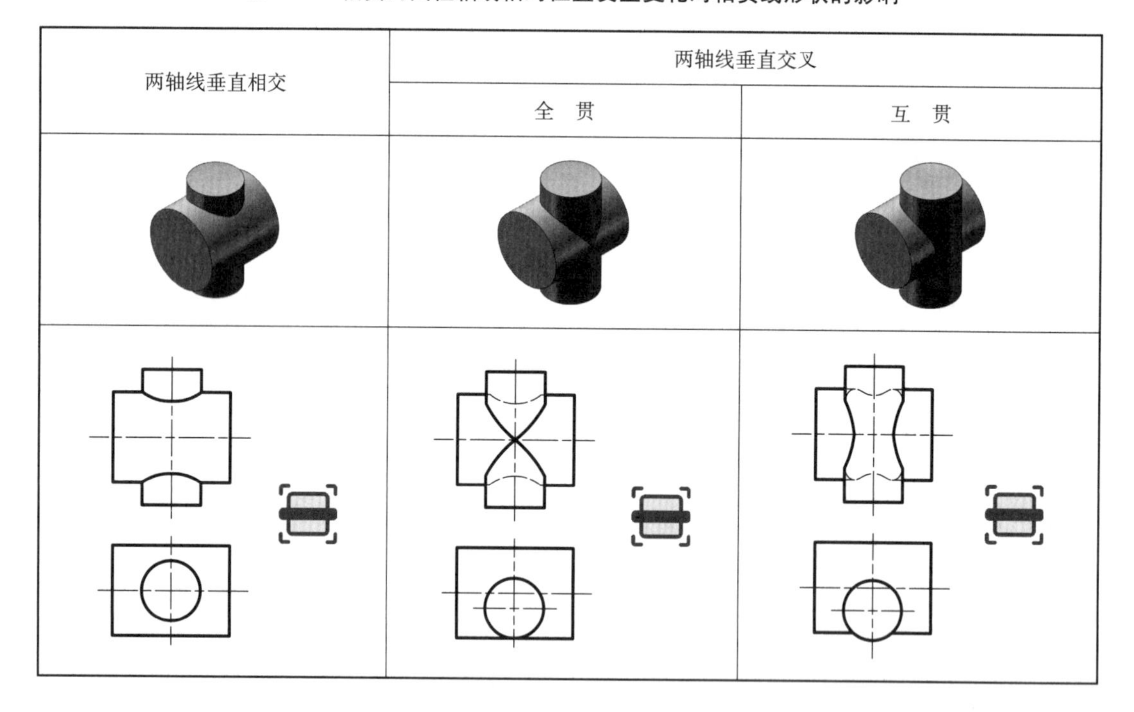

两轴线垂直相交	两轴线垂直交叉	
	全　贯	互　贯

3. 圆柱相交的特殊情况

两圆柱相交,在特殊情况下,相贯线可以是平面曲线或直线。

(1) 两等径圆柱轴线相交且共切于球时,相贯线为两个相同形状的椭圆。当该两圆柱轴线所决定的平面平行于某投影面时,则两椭圆在该投影面上的投影为相交的两直线段(且与相应轮廓线的交点连接),如图 5-29(a)(b)所示。

(2) 两轴线相互平行的圆柱相交时,其相贯线为平行于轴线的两直线段,如图 5-29(c)所示。

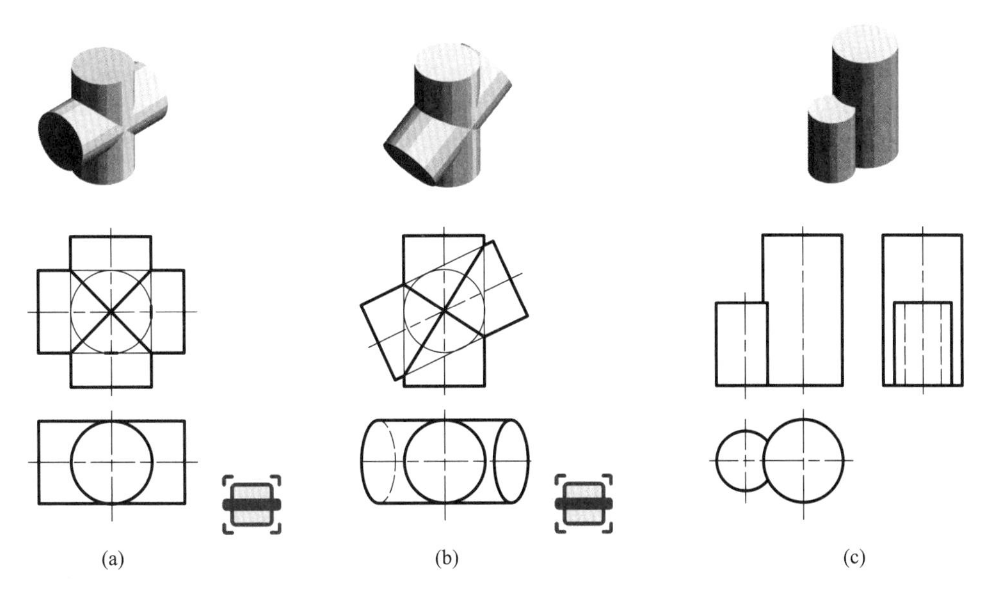

图 5-29 圆柱相交的特殊情况

5.3.3.2 圆柱与圆锥相交

1. 正交

圆柱与圆锥正交也是工程上常用的结构，其作图方法一般用辅助平面法，该方法已在例 5-12 做了介绍，不再赘述。

2. 偏交

例 5-15 作图 5-30(a)所示圆柱与圆锥偏交的相贯线。

解 1. 分析

由图 5-30(a)可看出，圆柱与圆锥在右边相交，两者的轴线交叉，其中圆锥的轴线垂直于水平面，圆柱的轴线垂直于正平面。根据相贯线的性质，两者交线的正面投影必重合在主视图中圆柱有积聚性的投影圆上，故只需求出其水平投影。由于该物体前后有一个对称面，所以相贯线的投影前后对称，投影重合。

2. 作图

(1) 先求特殊点：从主视图中已知投影上定出 *Ⅰ*、*Ⅱ*、*Ⅲ*、*Ⅳ*、*Ⅴ*、*Ⅵ* 等特殊点的正面投影 $1'$、$2'$、$3'$、$4'$、$5'$、$6'$，其中 *Ⅰ*、*Ⅱ* 两点为相贯线的最左、最右点，*Ⅰ* 点也是上下半个圆柱面转向轮廓线上的点；*Ⅲ*、*Ⅳ* 为相贯线的最高、最低点；*Ⅴ*、*Ⅵ* 点为左右半个圆锥面转向轮廓素线上的点。根据 *Ⅱ*、*Ⅲ* 点同时也是圆锥面前后转向轮廓线上点的特殊性，故其在水平面上的投影 *2*、*3* 可直接求出。*Ⅰ*、*Ⅳ*、*Ⅴ*、*Ⅵ* 等点的水平投影 *1*、*4*、*5*、*6* 则可以通过作辅助纬圆(水平圆)的方法来求取，见图 5-30(b)。

(2) 再求一般点：从主视图中已知投影上定出一般点 *Ⅶ*、*Ⅷ* 的正面投影 $7'$、$8'$，求其水平投影 *7*、*8* 的方法与 *Ⅰ*、*Ⅳ*、*Ⅴ*、*Ⅵ* 类似，见图 5-30(c)。

(3) 连投影，判别可见性：按主视图中各点的顺序，连接水平投影 *1*、*2*、*3*、*4*、*5*、*6*、*7*、*8*。因 *1*、*7*、*5*、*3* 段位于圆柱和圆锥的可见表面上，用粗实线，*1*、*8*、*6*、*4*、*2* 段位于圆柱和圆锥的不可见表面，用虚线，见图 5-30(d)。

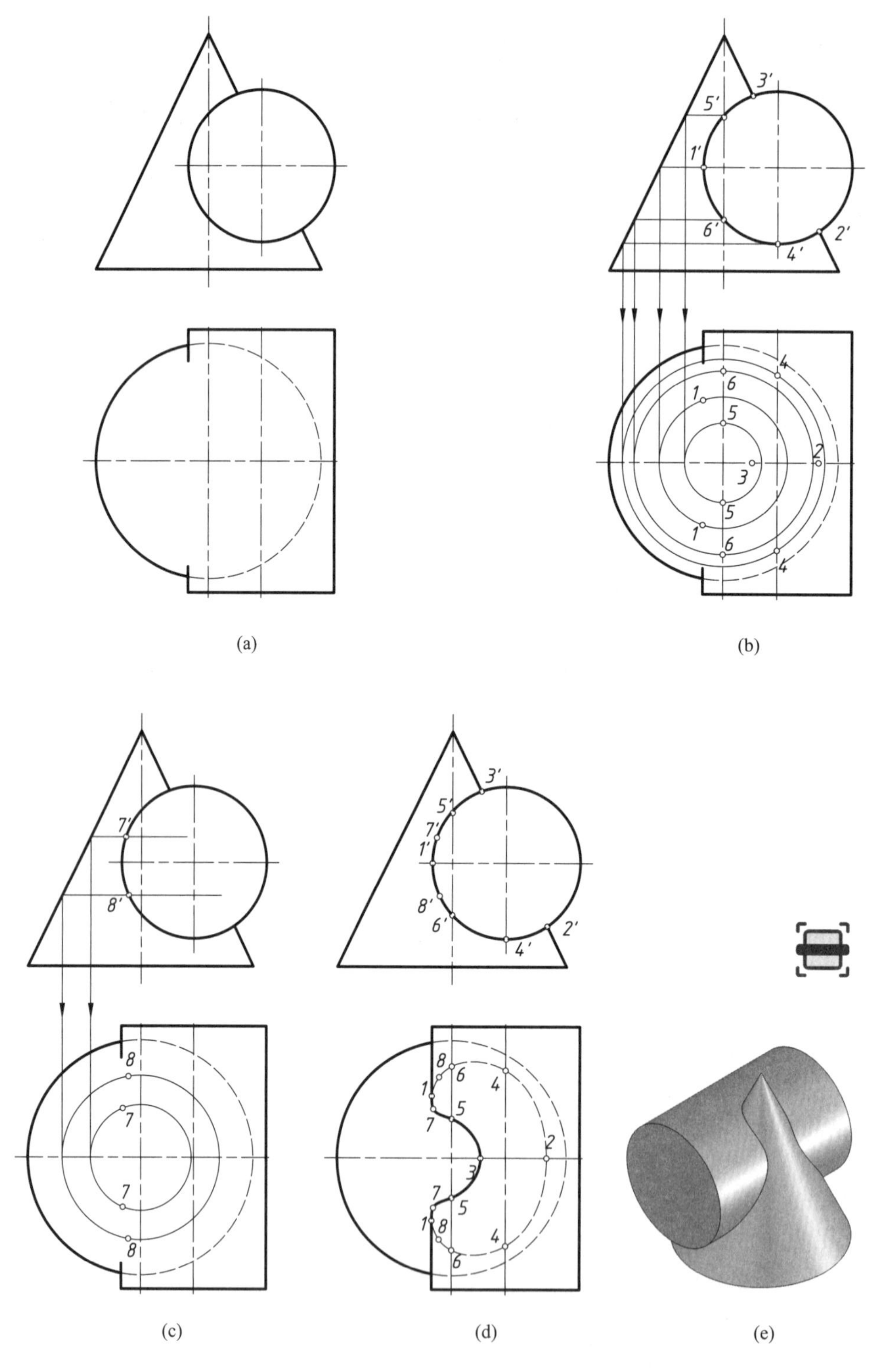

图5-30　求圆柱与圆锥偏交的相贯线的投影

(4) 补全轮廓线：圆柱面转向轮廓线画到1点为止。

3. 圆柱和圆锥相交的特殊情况

在圆柱和圆锥相交中，当两者大小发生变化时，其相贯线形状的变化趋势，如表5-8所示。从中可以看出，圆柱与圆锥相交，当出现共切于球的特殊情况时，相贯线也是两段平面曲线——椭圆。

表5-8 圆柱和圆锥相交时，两者大小变化对相贯线形状的影响

直径变化	圆柱贯穿圆锥	共切于圆球	圆锥贯穿圆柱
相贯线特点	左右两条空间曲线	两条平面曲线——椭圆	上下两条空间曲线
投影图	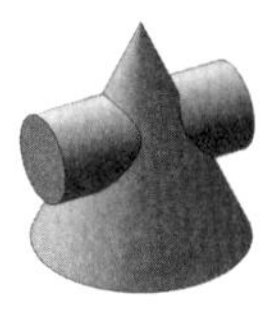		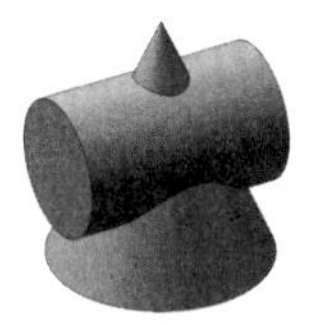
	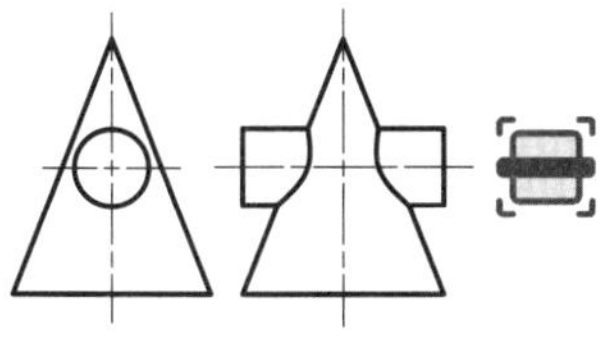	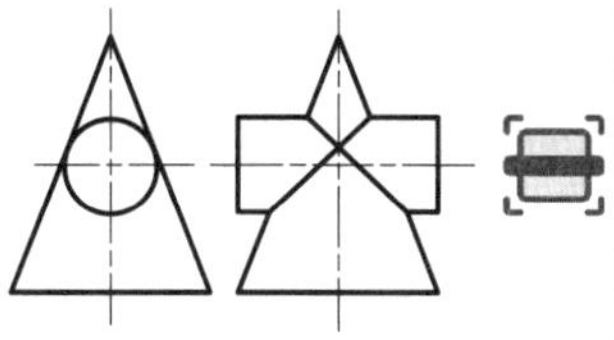	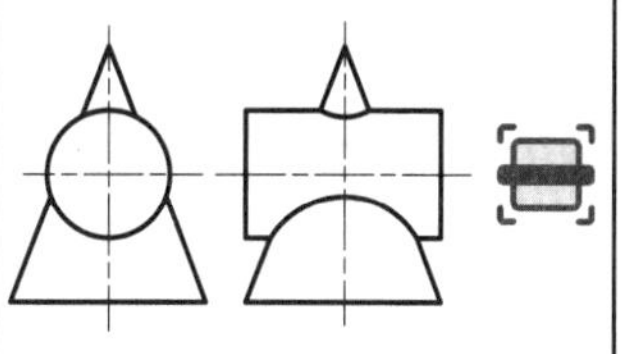

5.3.3.3 圆柱与球相交

圆柱与球相交同样可分为正交和偏交两种情况，因其相贯线投影作图方法与圆柱与圆锥相交相似，不再分述，仅举下例加以说明。

例5-16 试求图5-31(a)所示圆柱与球的相贯线的投影。

解 1. 分析

由图5-31(a)可知，该形体为圆柱与球的轴线垂直相交，相贯线为封闭的空间曲线，前后对称。由于圆柱轴线垂直于侧面，所以相贯线的侧面投影积聚在圆柱的侧面投影圆周上，故只需求它的正面投影和水平投影。根据辅助面选择原则，本例可选水平面、正平面、侧平面中的任意一种，下面以水平面作辅助面进行求解。

2. 作图

(1) 求特殊点：由侧面投影可确定 $1''$，$2''$两点，它们是相贯线上最高点和最低点，亦是最右、最左点，由于它们在圆柱和球的轴向轮廓线上，故可根据投影关系直接求出正面投影 $1'$和$2'$以及水平投影 1 和 2。

由侧面投影还可以确定相贯线上最前点 $3''$和最后点 $4''$，因为它们在圆柱的最前面和最后面的素线上。通过辅助平面 P_1 可求出水平投影 3、4 以及正面投影 $3'$、$4'$。

(2) 求一般点：选择水平面 P_2 作辅助平面，从而确定点 $5''$和$6''$，然后根据 P_2 与圆柱以及球的截交线求得水平投影 5 和 6 以及正面投影 $5'$和$6'$。依此可作一系列辅助平面，求得一系列相贯线上的点。

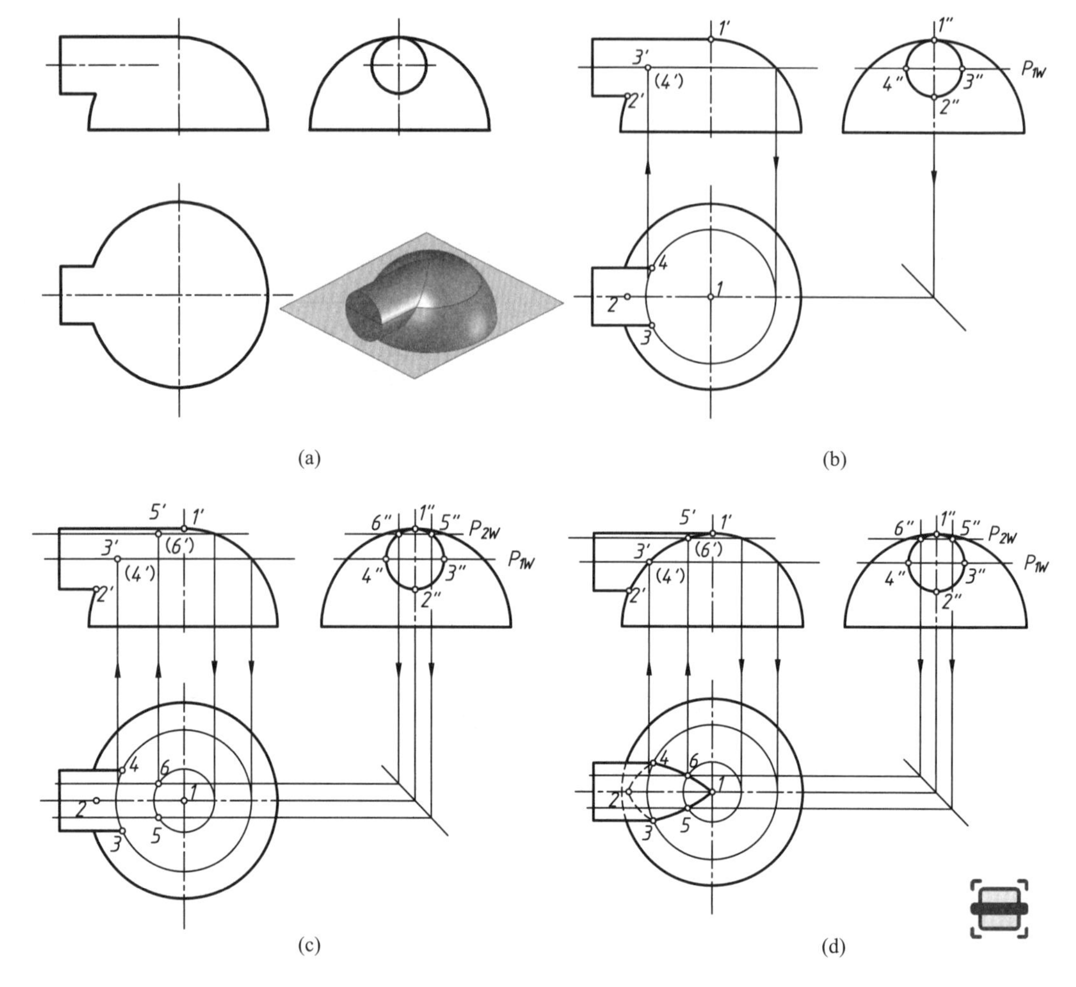

图 5-31　求圆柱与球相交的相贯线的投影

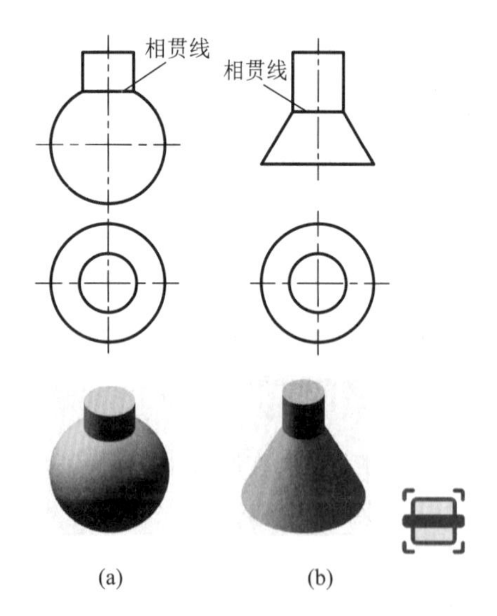

图 5-32　回转体同轴相交的相贯线

(3) 判别相贯线的可见性并光滑连接：相贯线的正面投影前后对称，由于前半个圆柱和前半个球的表面均为可见，故相贯线也可见。后半部分不可见的相贯线，与可见部分完全重合。

相贯线的水平投影由圆柱和上半个球相贯而成，只有上半个圆柱和球的表面交线在水平投影上为可见，故相贯线上 3-5-1-6-4 部分为可见，而下半个圆柱上的相贯线 3-2-4 为不可见，分界点为圆柱轮廓线上的 3 和 4。用粗实线和虚线光滑连接各点即完成作图。

圆柱与球相交，在特殊情况下，其相贯线也是平面曲线。如图 5-32(a)所示，圆柱与球相交且轴线通过球心时，相贯线为垂直于圆柱轴线的圆，当圆柱轴线平行或垂直投影面时，其投影积聚成一条直线或投影为圆。这种特性同样可推广到其他回转体的同轴相交,见图 5-32(b)。

5.3.3.4 曲面立体的组合相交

在工程实际中,常有一些机件的形状比较复杂,出现多个曲面立体相交的情况,我们把三个或三个以上曲面立体组合相交,其表面形成的交线称为组合相贯线。组合相贯线中的各段相贯线,分别是两个立体的表面交线,各段相贯线的连接点,则是相交物体上三个表面的共有点。因此求作此类相贯线时,先要分别求出两两曲面立体的相贯线,再求出其连接点。

例 5-17 求图 5-33(a)所示三曲面立体组合相交的相贯线。

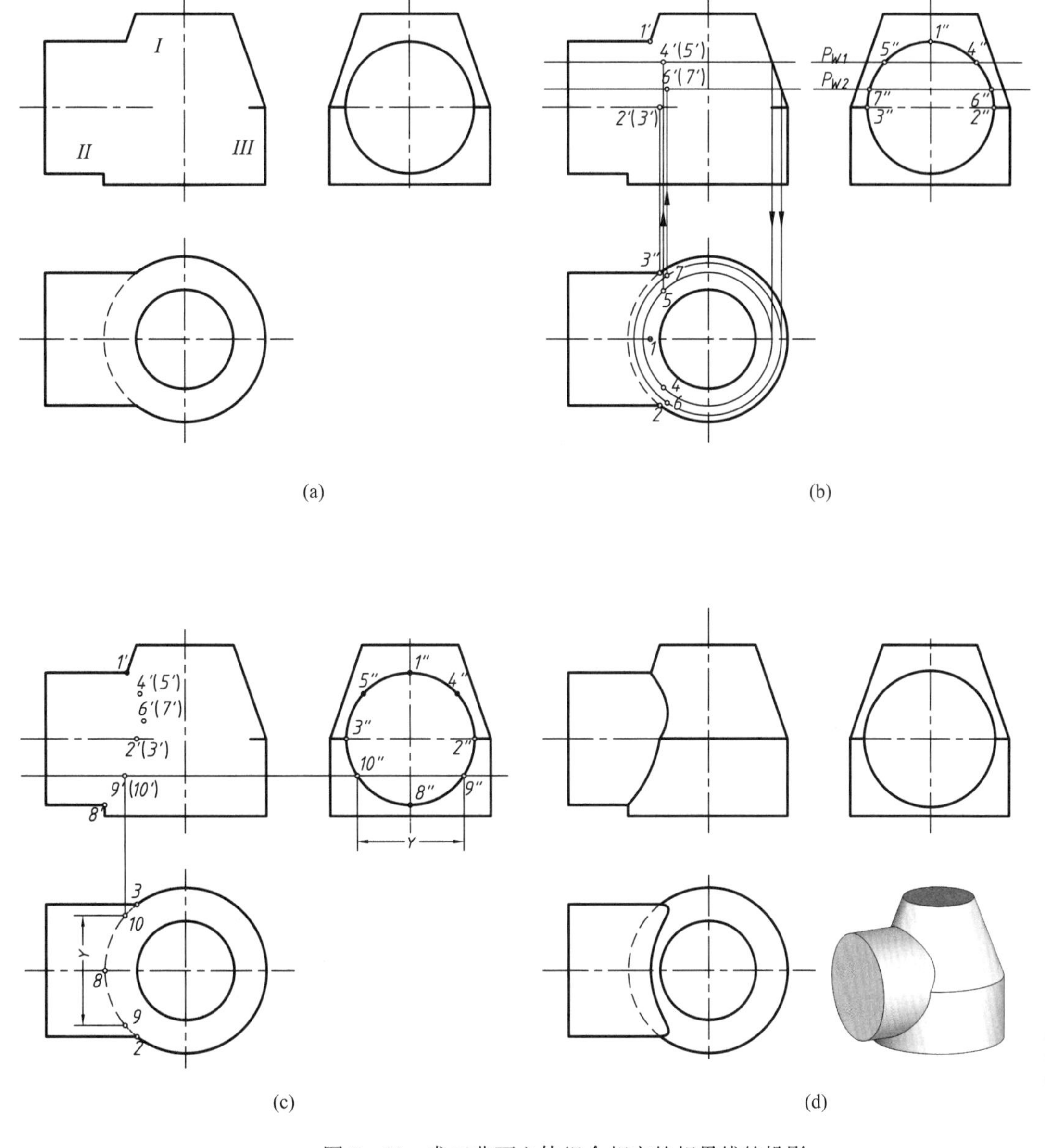

图 5-33 求三曲面立体组合相交的相贯线的投影

解 1. 分析

由图可知,该相贯体由 *Ⅰ*(截头圆锥)、*Ⅱ*(小圆柱)、*Ⅲ*(大圆柱)三部分组成,其中小圆柱 *Ⅱ* 分别与圆锥 *Ⅰ* 和大圆柱 *Ⅲ* 正交,圆锥 *Ⅰ* 和大圆柱 *Ⅲ* 同轴相交。因小圆柱 *Ⅱ* 的轴线垂直于侧面,故其侧面投影积聚为一个圆,它与圆锥 *Ⅰ* 和大圆柱 *Ⅲ* 的相贯线的投影皆重合在圆上,所以只须求相贯线的正面投影和水平投影;圆锥 *Ⅰ* 和大圆柱 *Ⅲ* 同轴相交其相贯线为特殊情况——圆,因大圆柱 *Ⅲ* 的轴线垂直于水平面,故相贯线的水平投影为已知,要求的是相贯线的正面投影。

2. 作图

(1) 先求小圆柱 *Ⅱ* 与圆锥 *Ⅰ* 的相贯线上各点的投影。在相贯线的已知侧面投影上确定特殊点 $1''$、$2''$、$3''$,根据投影关系分别求出它们的正面投影 $1'$、$2'$、$3'$和水平投影 1、2、3;再作两个水平辅助面求出一般点 $4''$、$5''$、$6''$、$7''$的正面投影 $4'$、$5'$、$6'$、$7'$和水平投影 4、5、6、7,见图 5-33(b)。

(2) 求小圆柱 *Ⅱ* 与大圆柱 *Ⅲ* 的相贯线上各点的投影。在相贯线的已知侧面投影上确定特殊点 $8''$、$2''$、$3''$,根据投影关系分别求出它们的正面投影 $8'$、$2'$、$3'$和水平投影 8、2、3,其中 *Ⅱ*、*Ⅲ* 两点的各面投影与小圆柱 *Ⅱ* 与圆锥 *Ⅰ* 的相贯线上点重合;在已知侧面投影上再确定两个一般点 $9''$、$10''$,用表面取点法求出的正面投影 $9'$、$10'$和水平投影 9、10,见图 5-33(c)。

(3) 求圆锥 *Ⅰ* 和大圆柱 *Ⅲ* 的相贯线的投影。因其为相贯的特殊情况,正面和侧面的未知投影可直接作出,为两水平直线段。

(4) 按已知侧面投影的顺序光滑连接各点,得相贯线的正面投影和水平投影,其中 *Ⅱ*、*Ⅲ* 两点为三面共有点,见图 5-33(d)。

例 5-18 补全图 5-34 所示投影图。

1. 分析

从图 5-34 可看出,图形由三个圆柱 *Ⅰ*、*Ⅱ*、*Ⅲ* 组成。其中 *Ⅰ* 与 *Ⅱ* 是大、小两圆柱同轴叠加;*Ⅲ* 与 *Ⅰ* 和 *Ⅲ* 与 *Ⅱ* 都是正交关系,应有交线。因为圆柱 *Ⅲ* 的直径较小,所以两条交线应该分别向圆柱 *Ⅰ* 及 *Ⅱ* 轴线方向凸起。

此外,圆柱 *Ⅱ* 的左端面 E 与圆柱 *Ⅲ* 也是相交关系,应该有交线(截交线)。因为平面 E 与圆柱 *Ⅲ* 的轴线平行,所以交线是两条直线。

2. 作图

(1) 画出圆柱 *Ⅰ* 与圆柱 *Ⅲ* 的交线水平投影 8、1、2、3、5,作出对应的正面投影,其侧面投影有积聚性。

(2) 画出圆柱 *Ⅲ* 与 *Ⅱ* 的交线 4、6、7,作出对应的侧面投影 $4''$、$6''$、$7''$。利用“长对正、高平齐”的投影关系作出正面投影。

(3) 画出平面 E 与圆柱 *Ⅲ* 的交线。平面 E 与圆柱 *Ⅲ* 的交线是两条垂直于水平面的直线,它们的水平投影积聚成点 $4(5)$和 $7(8)$。它们的侧面投影 $4''$、$5''$和 $7''$、$8''$可根据等宽关系得出。它们的正面投影是一铅直线段 $4'5'$和 $7'8'$(位于两段曲交线之间)。因为从左向右看时,直线 $4''5''$和 $7''8''$位于圆柱 *Ⅲ* 的不可见表面上,所以在左视图上应该是虚线。

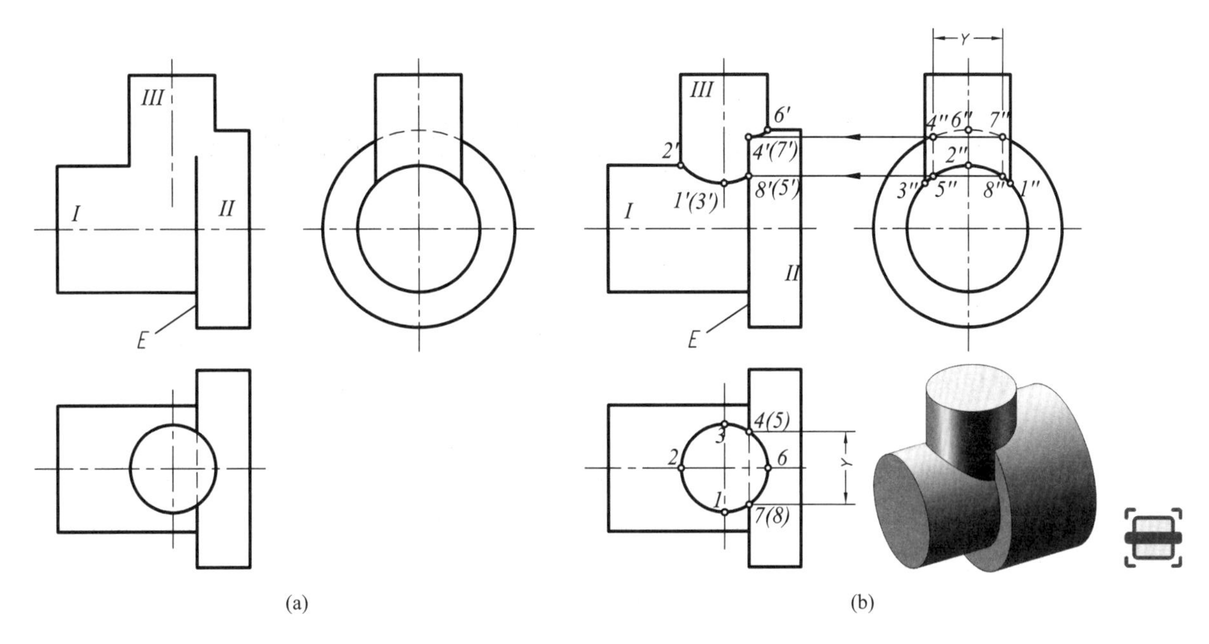

图 5-34 补全投影图

6 空间形体的生成与视图表达

本章提要

本章介绍空间形体的形成规律及视图表达、视图的绘制和阅读、形体的尺寸标注等。

工程上的各种机件因功能不同而形状各异，但一般都可以分析成是由一些几何形体组合而成的。如图 6-1 所示的球阀，它是由若干零件组成的，而这些零件则由棱柱、棱锥、圆柱、圆锥、球及圆环等几何形体或这些形体的组合构成。为了正确地表达这些空间形体，本章将着重介绍形体的形成规律，以及如何正确地绘图和读图。

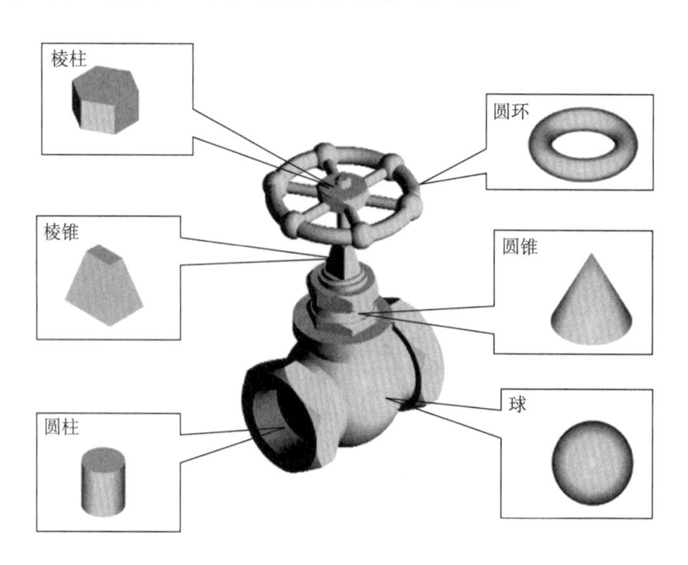

图 6-1　工程机件——球阀

6.1　形体的生成及视图表达

6.1.1　扫描体

由一个二维图形在空间做平移或旋转运动所产生的形体，称为扫描体。它的主要特征是具有相同的直截面或轴截面①。在几何构型中，扫描体包含两个分量。一个是被运动的二维图形，称为基面。由于它能反映物体的形状特征，因而也称为特征面。特征面可以是直线

① 直截面是指垂直于直棱柱侧棱的截面，轴截面是指包含回转体轴线的截面。

平面、曲线平面或两者的组合面等。另一个是基面运动的路径，可以是沿其法线方向的平移，亦可以是绕某轴的旋转。

6.1.1.1 拉伸体

具有一定边界形状的基面沿其法线方向平移一段距离，被其扫过的空间所构成的形体称为拉伸体。图 6－2 所示的物体均可视为拉伸体。

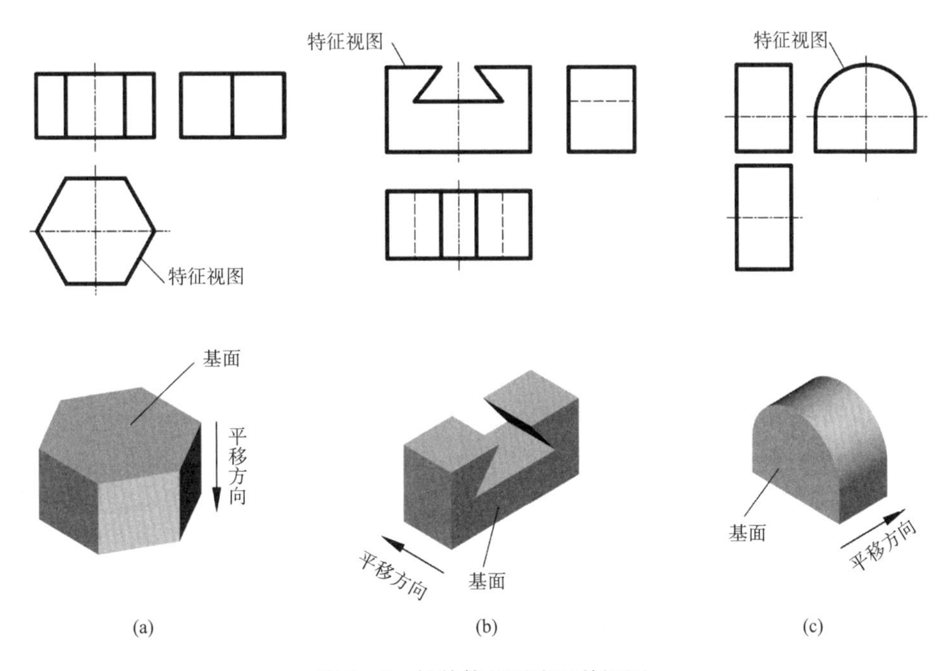

图 6－2 拉伸体的形成及其视图

由这些形体可概括出拉伸体的形体特征：为具有两个特征面形的等厚物体。其三视图的特点是一个视图反映拉伸体基面的主要特征，是特征视图，该视图为一任意多边形的封闭线框；其他两个视图为单个或多个相邻矩形的虚、实线框，是一般视图。

通过分析可知，拉伸体由基面形状和拉伸距离两方面确定，故只要采用包含特征视图的任意两个视图就能完全确定其形状。图 6－3(a)所示的三棱柱为一拉伸体，其主视图反映了基面实形——三角形，俯视图反映了拉伸方向及距离，亦可采用图 6－3(b)所示的主、左视图

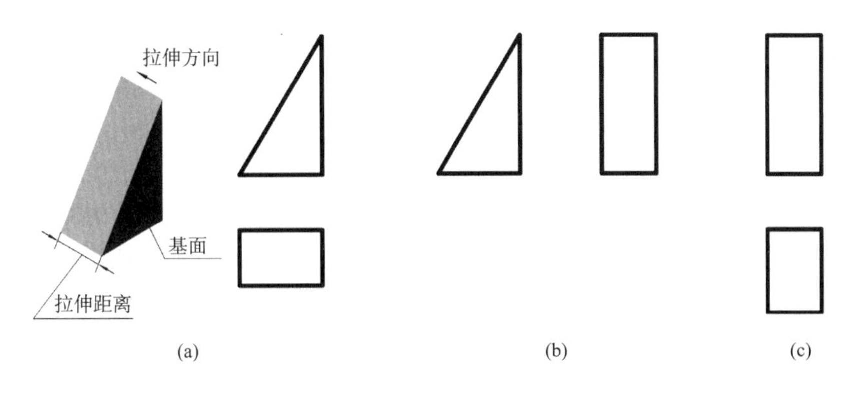

图 6－3 拉伸体的视图表达

来加以表达。但如果用图 6-3(c)所示方案，虽然也用了两个视图，但是主、俯视图均不反映基面实形，缺少特征视图，就不能确定三角形板块是其唯一形状，它也可以是图 6-4 所示的各种物体。

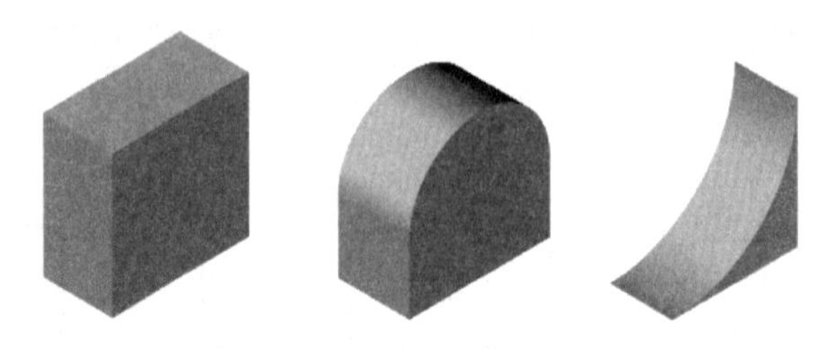

图 6-4　缺少特征视图时可想象的各种形体

6.1.1.2　回转体

回转体可认为是由一个基面绕该基面上的某一轴线旋转一周，被其扫过的空间所构成的形体。常见的回转体有圆柱体[①]、圆锥体和球体等。图 6-5(a)所示的圆柱体是以矩形边为轴，该矩形面绕轴旋转一周扫过的空间而构成的；图 6-5(b)所示的圆锥体是以直角三角形的直角边为轴，该直角三角形面绕轴旋转一周扫过的空间而构成的；图 6-5(c)所示的球体是以半圆的直径为轴，该半圆面绕轴旋转一周扫过的空间而构成的。

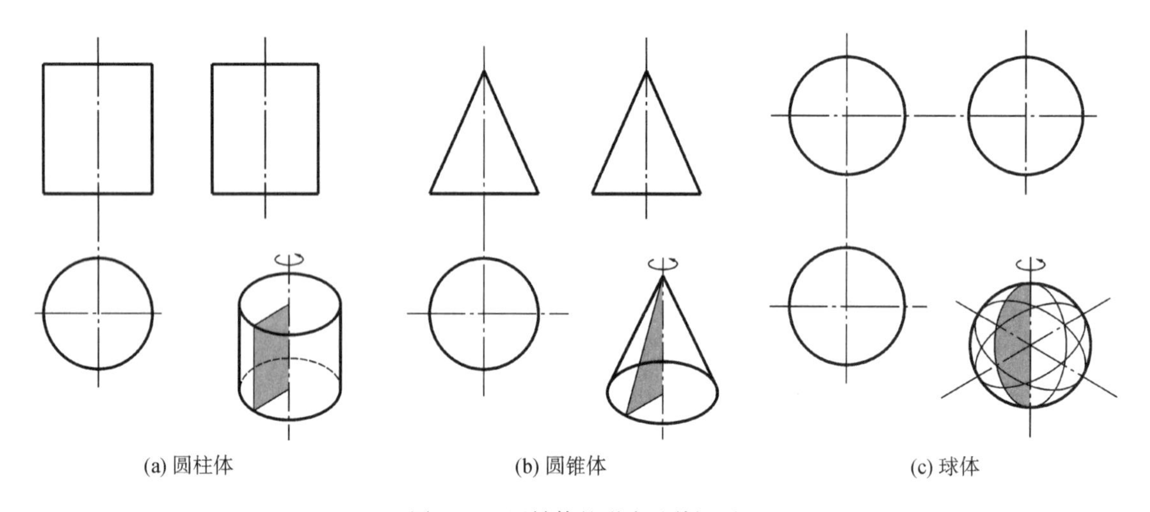

图 6-5　回转体的形成及其视图

回转体的形体特征：表面由光滑曲面形成，无明显棱线，垂直回转轴所作截面形状均为圆。其三视图的特点一般是，一个视图(在垂直于轴线的投影面上)为圆，其他两个视图(在平行于轴线的投影面上)是全等的对称图形。

由分析可知，回转体由基面形状和运动路径两方面确定，故在表达这类形体时，所用视图应以确定回转轴位置、基面形状及运动路径为前提。对圆柱体、圆锥体来说，由于回转轴和基面是唯一的，因此它们的最少视图数是两个，通常由主视图反映基面形状，由另一个视

① 作为特例，圆柱体亦可看成是一个圆平面基面沿其法线方向平移一段距离所形成的拉伸体。

图反映运动路径。而球体由于其回转轴和基面不是唯一的[图 6-5(c)],因此最少需由三个视图才能完全确定其形状。

6.1.2　非扫描体

非扫描体是一类异于扫描体的形体,它们无明显的形成规律。由于形体外形总可以看成由表面围成,对于非扫描体而言,可把重点放在表达形体的表面上,如果把形体各个表面表达清楚,由这些表面围成的空间形体就随之确定了。

6.1.2.1　类拉伸体

有互相平行的棱线,但无基面的棱柱称为类拉伸体。在沿棱线方向投影此类棱柱时,棱柱各个侧面在相应投影面上的投影都积聚为直线段,与拉伸体基面的视图有相同的性质,如图 6-6 所示。因此类形体实际上可以看成是拉伸体被切割的结果,故其最少视图数也是两个,但必须采用棱面有积聚性投影的视图。

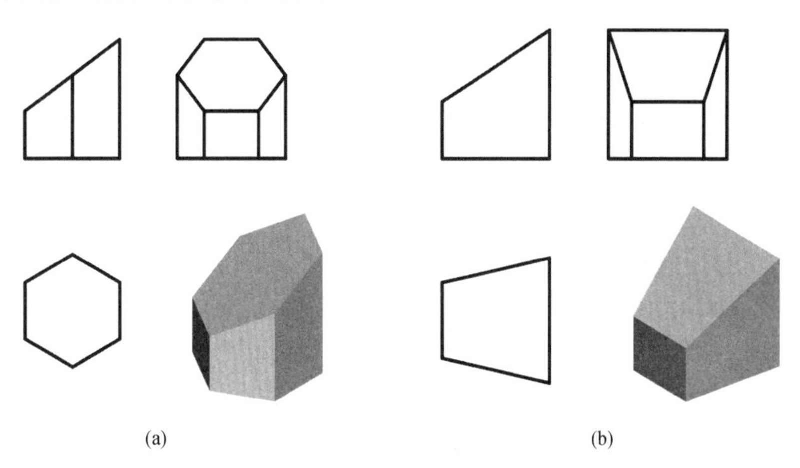

图 6-6　类拉伸体的立体图及三视图

6.1.2.2　棱锥体

棱锥体也是非扫描体。图 6-7 所示为三棱锥和四棱锥的立体图及三视图。

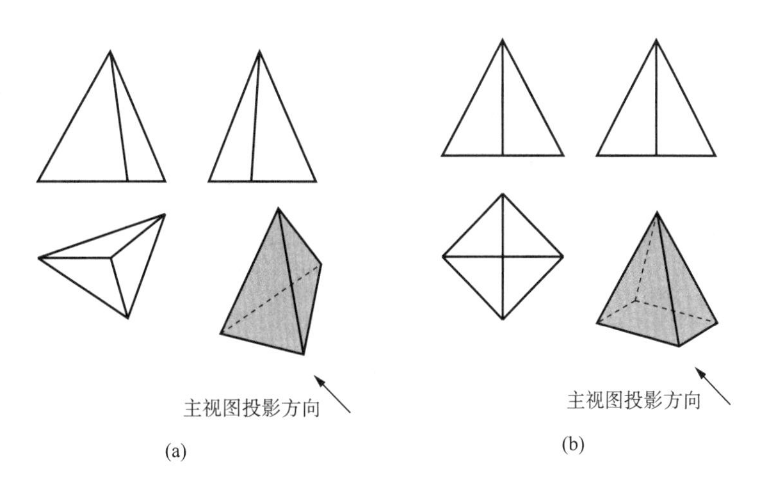

图 6-7　棱锥体的立体图及三视图

棱锥体的三视图特点：一个视图反映棱锥体底面的主要特征，是特征视图，该视图为一任意多边形的封闭线框，内含各条棱边及锥顶的投影；其他两个视图为单个或多个相邻三角形的虚、实线框，是一般视图。

通过分析可知，棱锥体由底面形状和高度两方面确定，故采用包含特征视图的任意两个视图就能确定其形状。通常由主视图反映棱锥体的高度，由另一个视图反映棱锥体的底面形状。

6.2 形体的组合及视图表达

工程上的物体经过分析，都可以想象为由若干个单一形体组合而成。如图 6-8 所示的物体，就可分析成由底板、竖板、肋板三部分组成，其中底板上开有两个圆柱孔，竖板上挖了一个半圆柱槽。

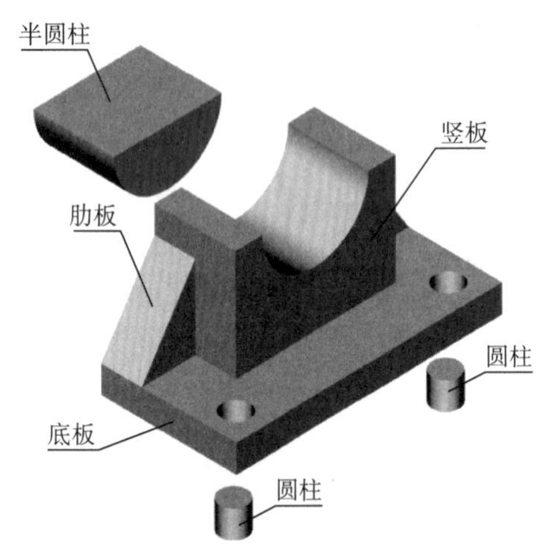

图 6-8 物体的形成

6.2.1 形体的组合方式

形体的组合方式可分为叠加式和切割式两类。

6.2.1.1 叠加式

此类形体由两个或两个以上的单一形体叠加形成。按参与叠加的单一形体表面之间的相互结合方式的不同，可分为堆积、相切、相交三种情况。

1. 堆积

由两个或两个以上的单一形体像搭积木一样直接堆积在一起，各形体的表面之间不发生相切或相交，如图 6-9 所示。但应注意，当两形体堆积在一起后某一方向的表面平齐时，两表面间无分界线，如图 6-9(a)所示；若两形体的表面不平齐，则两表面间有轮廓线分界，如图 6-9(b)所示。

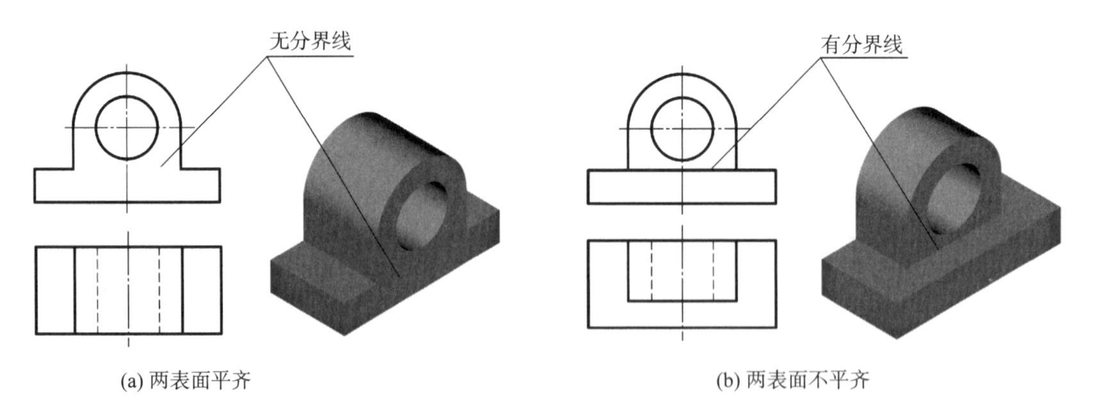

(a) 两表面平齐　　(b) 两表面不平齐

图 6-9 堆积式形体

2. 相切

当两个单一形体邻接时，因其表面相切且光滑过渡，故此时相切处不应画线，如图 6-10 所示。

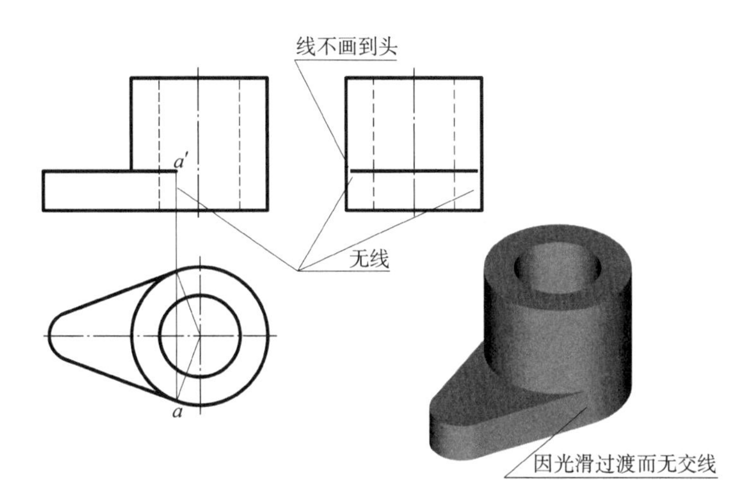

图 6 - 10 相切式形体

3. 相交

当两个单一形体邻接时，其表面产生相交，此时应画出其交线，不论是平面体与曲面体相交还是曲面体与曲面体相交均是如此，见图 6 - 11。

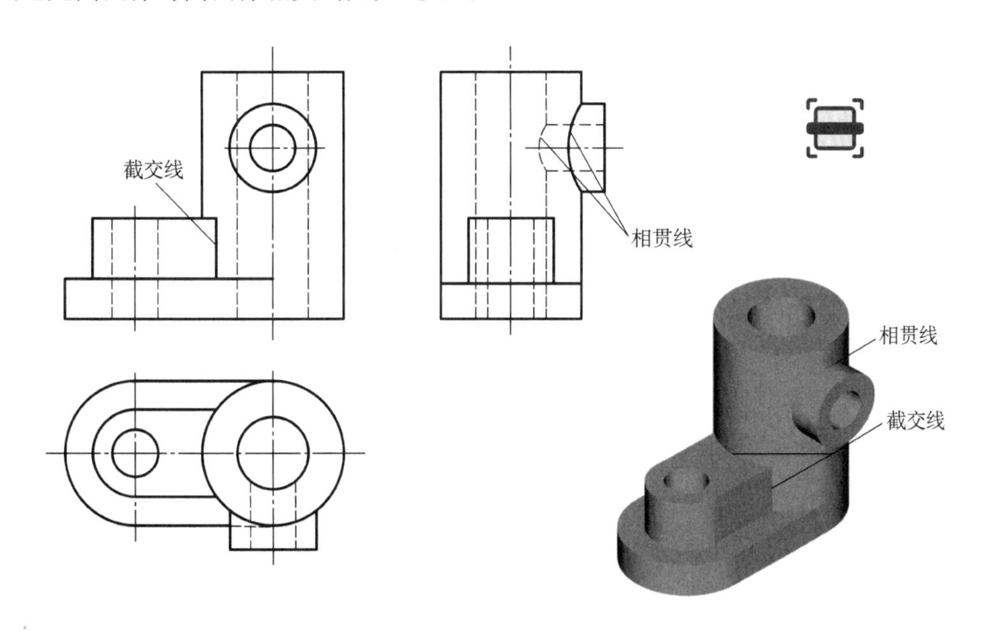

图 6 - 11 相交式形体

6.2.1.2 切割式

此类形体由一个或多个平面或曲面对某个单一形体进行切割而形成。图 6 - 12 所示的物体就可以看成是在圆柱体上切割掉Ⅰ、Ⅱ、Ⅲ、Ⅳ、Ⅴ、Ⅵ形体而形成的。

叠加和切割是形成物体的两种分析形式，在许多情况下，叠加和切割并无严格界限，同一物体的形成往往既有叠加式也有切割式，图 6 - 8 所示的物体就是如此。

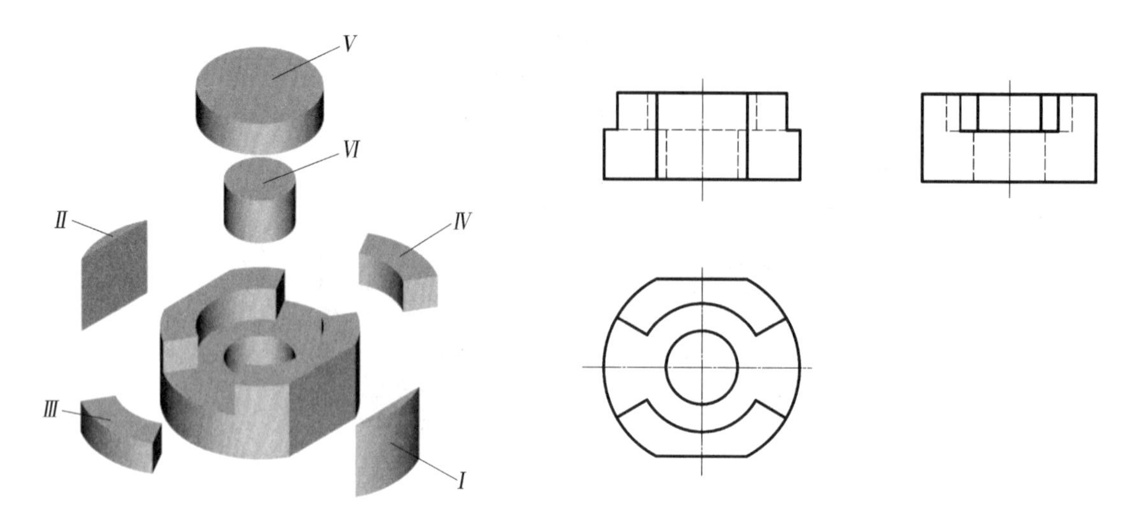

图 6-12　切割式形体

6.2.2　形体的视图表达及其画法

6.2.2.1　形体分析的概念

为了正确、清晰、合理地表达工程上的各类物体,通常在绘制图样前需要对所画对象进行认真分析,即将一个物体假想为由若干个单一形体组成,并了解它们各自的形状,各部分之间的相对位置、组合方式和表面连接关系等,这就是所谓的形体分析。

6.2.2.2　视图的选择

在表达空间形体时,应在形体分析的基础上注意选好物体的安放位置、主视图投影方向及视图数。

1. 安放位置的选择

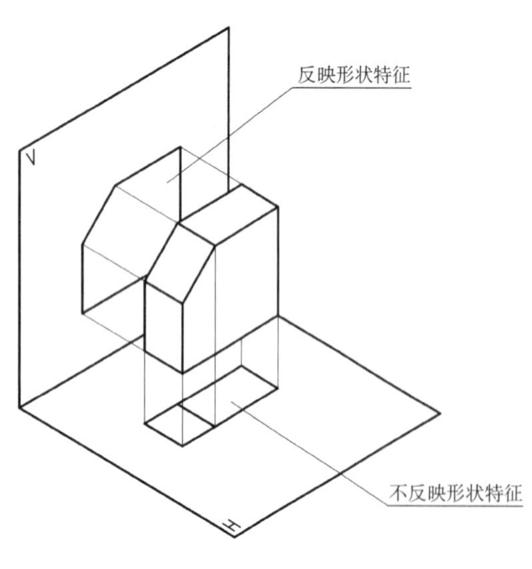

图 6-13　物体的视图

在画视图时,物体一般可按自然位置放平,同时尽量使物体的主要表面平行或垂直于投影面,以便在视图上能更多地反映表面实形或具有积聚性,从而使视图清晰、绘制方便。

2. 主视图投影方向的选择

在表达空间形体时,合理地选择视图非常重要,而主视图的选择是关键,它要求能够充分反映物体的形状特征。下面从定性、定量的角度分别讨论这个问题。

形状特征是指能反映物体形成的基本信息,例如拉伸体的基面、回转体的轴面等。因此,形状特征是相对于观察方向而言的。如图 6-13 所示的物体,从前向后观察反映了物体的形状特征,而从上向下观察就不反映其形状特征了。

为了便于进行定量分析，可把某方向具有形状特征的单一形体数与该组合形体含有单一形体总数之比称为物体在该方向的形状特征系数 S，这样就可通过比较不同方向下的形状特征系数值来选择最能反映该物体形状特征的观察方向。

例 6-1 根据形状特征系数 S 选择图 6-14(a)所示轴承座的主视图投影方向。

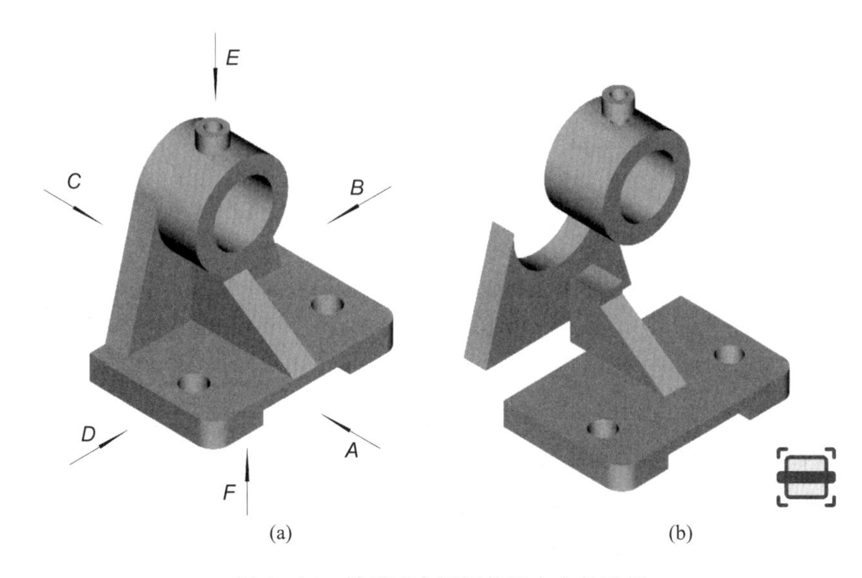

图 6-14 轴承座主视图投影方向的选择

解 由图 6-14(b)可知，轴承座可分析为由五个单一形体组合而成。在 A，B，C，D，E，F 六个观察方向中，含独立信息的观察方向只有三个。在 A、C，B、D，E、F 三对具有重复信息的方向中，选可见面多的那个方向作为计算 S 的方向，经分析选 A，B，E 三个方向进行计算。

从 A 向看，支承板、轴承为拉伸体，凸台为回转体，均具有形状特征，故得 $S_A=3/5$；从 B 向看，肋板为拉伸体，凸台、轴承为回转体，同样反映形状特征，故得 $S_B=3/5$；从 E 向看，轴承为回转体，凸台为拉伸体，故得 $S_E=2/5$。

经比较得 $S_A=S_B>S_E$，由此可知 A 向、B 向均可选作主视图投影方向，而 E 向不宜作主视图投影方向。

3. 视图数的确定

为使形体的表达简洁明了，所选的视图数应尽可能少。最少视图数是指在不考虑用标注尺寸的方法辅助表达形体的条件下，完整、唯一地表达形体所需的视图数。从形体生成的角度来看，在其形成规律确定以后，该形体的形状随之确定。因此，表达形体所需的最少视图数可以从确定形体形成规律所需的最少视图这个角度来考虑。下面就如何确定组合形体的最少视图数进行分析。

根据 6.1 节的叙述，组合形体的最少视图数取决于不同方向的特征面个数，即选定的各视图中能否包容所有单一形体的特征视图。图 6-15(a)所示形体由两个拉伸体组成，凹形块由凹形基面(即特征面)沿 A 向拉伸而成，三角形板由三角形基面沿 B 向拉伸而成，因此必须采用 A，B 两个方向对应的视图才可以确定其形状，故其最少视图数为两个，如图 6-15(b)所示。

而图 6-16 所示形体至少需要三个视图才能唯一确定其形状，因为组成该形体的三个单一形体在不同投影面上的特征面有三个，请读者自行分析。

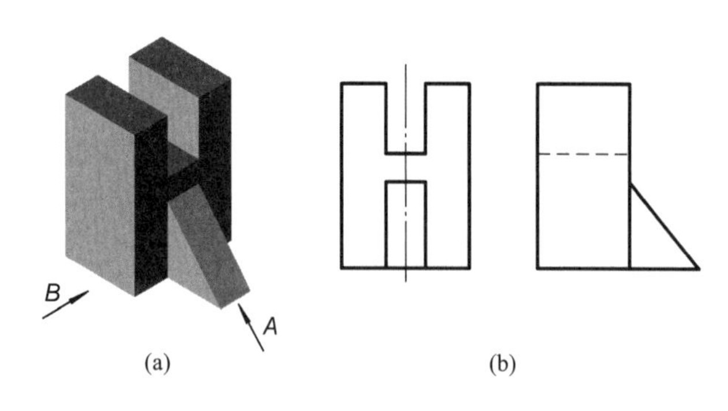

图 6-15　由两个拉伸体组成物体的最少视图

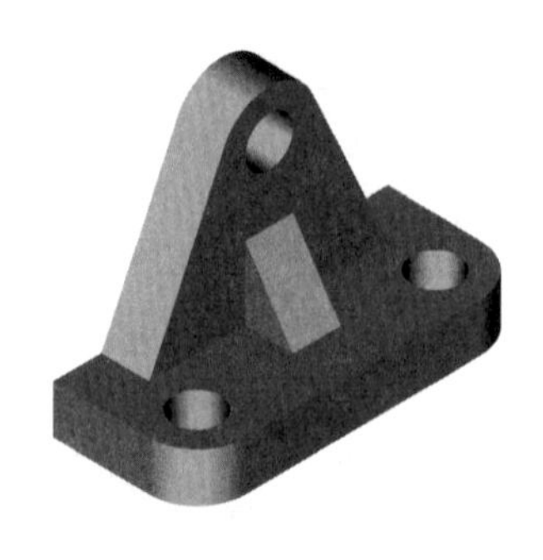

图 6-16　由特征面不在同一投影面上的拉伸体组成的物体

4. 视图方案的优化

在确定一个形体的表达方案时，除选择合适的主视图、尽可能少的视图数外，还应从画图和看图方便的角度，考虑使视图上不可见信息减少。为了使这三方面要求得到合理的统一，就要对整体表达方案进行优化，其中视图数与可见性的矛盾需经权衡比较后加以选择。

对图 6-17 所示形体采用的三种表达方案进行比较，可知第一种表达方案中主视图投影方向不能最好地反映物体的形状特征，且视图数多；第二种表达方案中主视图投影方向合理，视图数减少，但左视图上不可见信息较多；而第三种表达方案符合视图方案优化原则，即主视图较好地反映了物体的形状特征，视图数最少，且视图中不可见信息较少。

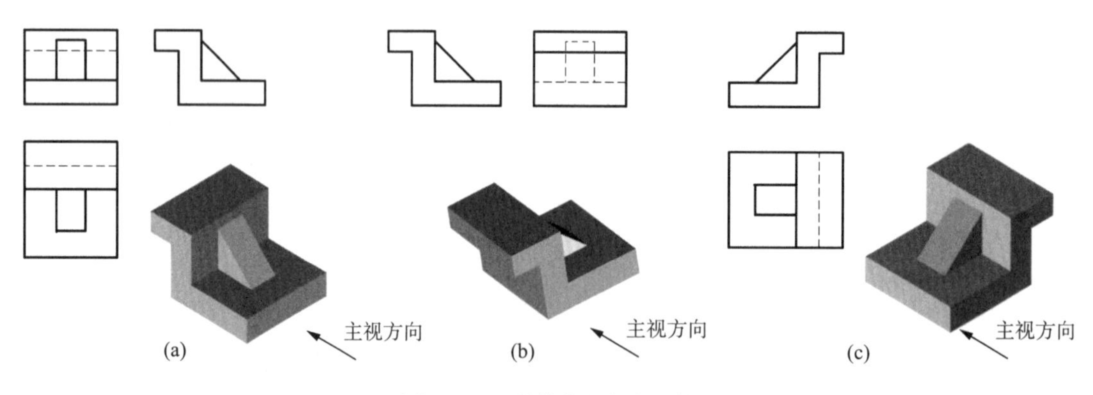

图 6-17　形体表达方案比较

6.2.2.3　视图绘制的步骤

下面以图 6-14 所示轴承座为例，说明画视图的一般步骤。

1）分析形体

轴承座可分析为由轴承、凸台、肋板、支承板和底板五个形体组成。其中，轴承和凸台均为回转体，肋板和支承板均为拉伸体。

2）选定视图

由例 6-1 分析可知，该形体可选择 A 向或 B 向作主视图投影方向，现选定 A 向投影作主视图，它反映了轴承、凸台、支承板三部分的基面真实形状。物体自然放平，使底板平行于水平面，肋板平行于侧平面，此时俯视图反映了底板的顶面实形，左视图反映了肋板的基面实形，由此确定清楚表达轴承座的形状必须用三个视图。

3）选定作图比例和图纸幅面

在画视图之前，应根据物体的大小选定合适的作图比例，然后根据该比例选定图纸幅面。应注意，所选幅面要留有足够的余地，以便标注尺寸和布置标题栏等。

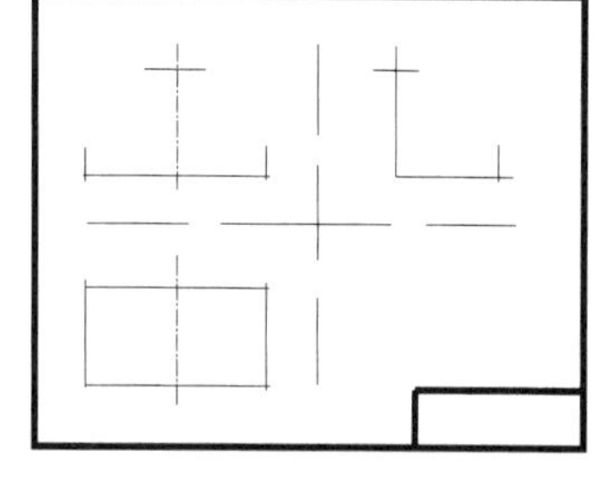

图 6-18　不好的视图布置

4）布置视图

按图纸幅面和三个视图的长、宽、高尺寸匀称地布置视图，不应笼统地将图纸幅面均分成四部分来布置，如图 6-18 为不好的视图布置。

5）画轴承座的一组视图，见图 6-19。

（1）画出中心线和底板的轮廓线，见图 6-19(a)。

（2）画出圆筒，注意从投影为圆的视图着手画，见图 6-19(b)。

（3）画出支承板和肋板，注意相交处交线的作图，见图 6-19(c)。

（4）画出凸台，注意凸台和圆筒相交处相贯线的作图，见图 6-19(d)。

（5）画出底板上小孔、圆角和下部开槽的投影，见图 6-19(e)。

（6）校核无误后，按制图标准中的线型要求加深轮廓线来完成作图，见图 6-19(f)。

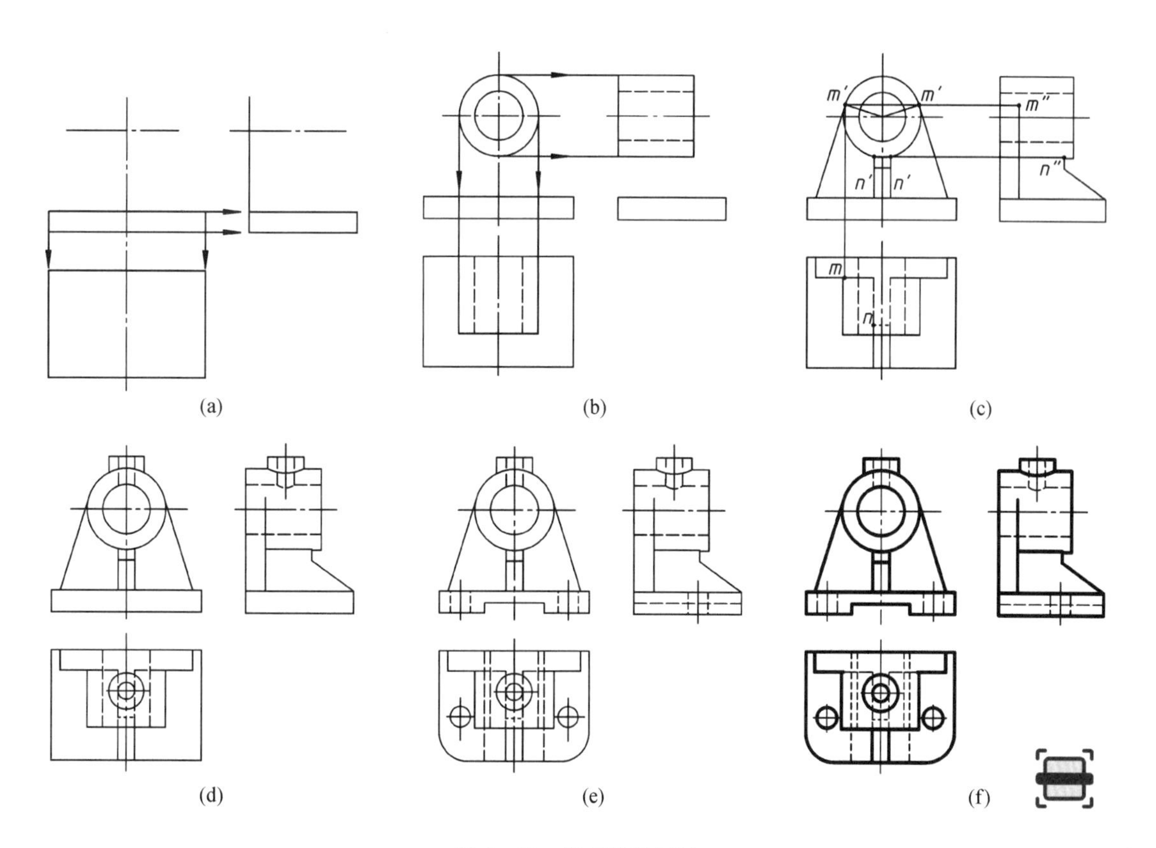

图 6-19　轴承座的画法

6.3 组合形体视图的阅读

绘图是应用投影的方法将空间形体表示在平面上的过程，读图则是根据投影规律由平面上的视图想象出空间形体的实际形状的过程，也可以说，读图是绘图的逆过程。要正确、迅速地读懂视图，应当通过不断的读图实践提高对空间形体的想象能力。此外，掌握读图的基本知识和读图的方法，对提高识图能力是必需的。

6.3.1 读图的基本知识

6.3.1.1 弄清各视图间的投影关系，几个视图应联系起来看

由一个视图一般是不能确定物体形状的，有时由两个视图也不能确定物体的形状。如图 6－20(a)所示的几个物体，虽然主视图是相同的，但由于俯、左视图不同，它们的形状差别很大；如图 6－20(b)所示的几个物体，虽然主、俯视图均相同，但由于左视图不同，它们的形状同样是不同的。

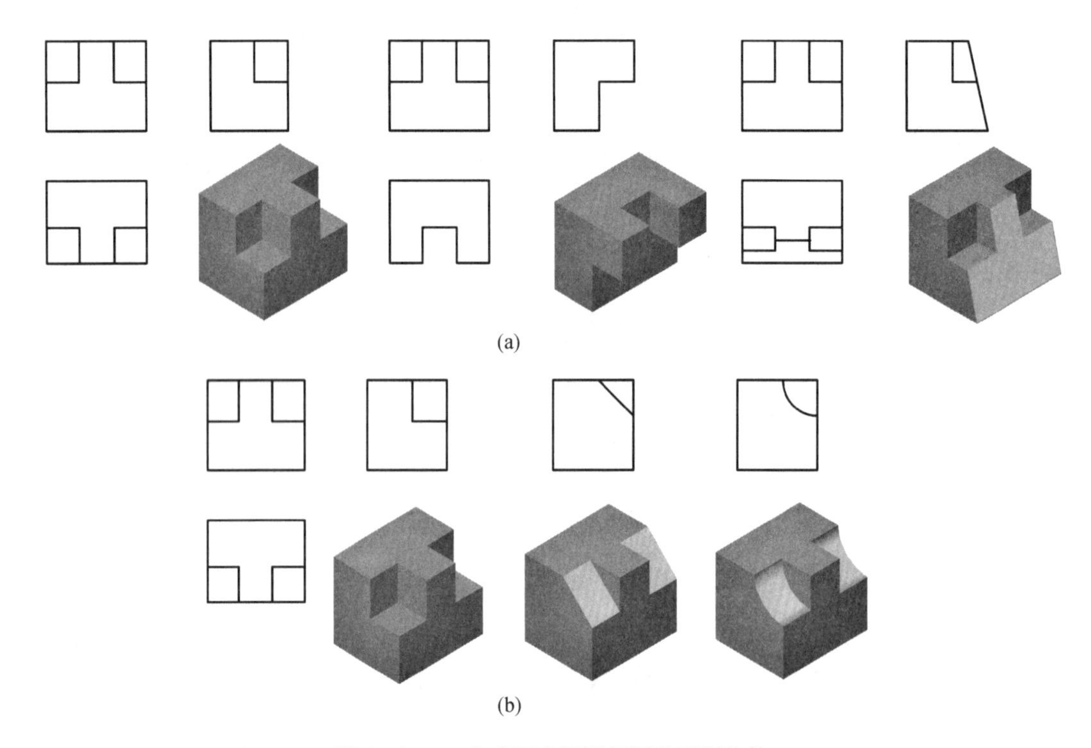

图 6－20 一个或两个视图相同的不同物体

因此，在读图时应把几个视图联系起来看，才能想象出物体的正确形状。当一个物体由若干个单一形体组成时，还应根据投影关系准确地确定各部分在每个视图中的对应位置，然后把几个投影联系想象，以得出与实际相符的形状，如图 6－21(a)所示，否则结果将与真实形状大相径庭，见图 6－21(b)。

6.3.1.2 熟悉几何形体的投影特征

任何物体都可以看成是由若干个几何形体组合而成的。为了便于看懂图样，应该对一

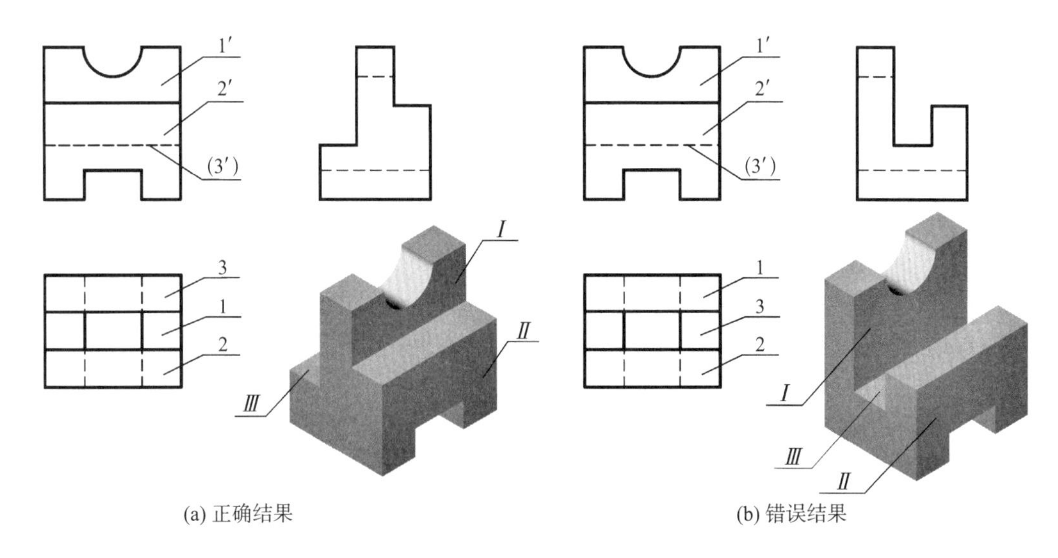

图 6-21　各视图间联系正、误的两种结果

些常见的几何形体(如棱柱、棱锥、圆柱、圆锥、球等)的投影特征非常熟悉,一看到视图,就能想象出它们的空间形状及安放位置。不仅对完整的几何形体应如此,对不完整的几何形体也应如此。图 6-22 示出了一些常见的基本形体及其视图。

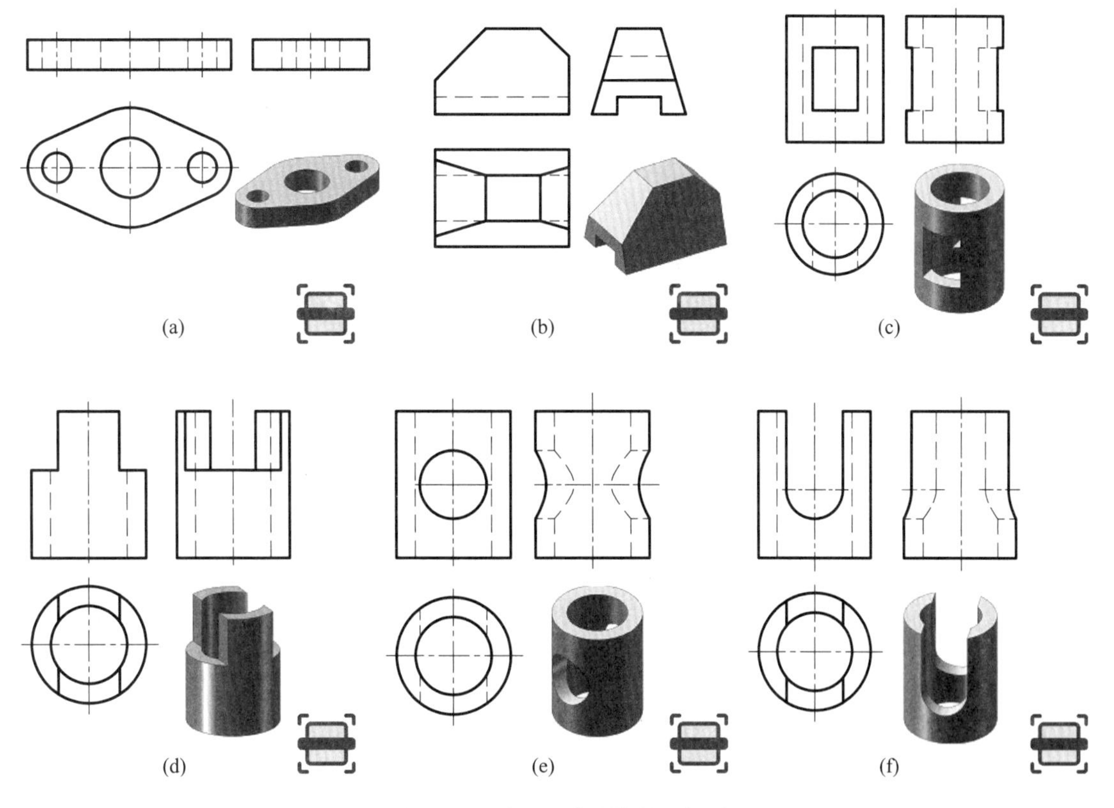

图 6-22　常见基本形体的三视图

6.3.1.3　认清视图中线条和线框的含义

视图是由线条组成的，线条又组成一个个封闭的“线框”。因此，识别视图中线条及线框的空间含义，也属于读图的基本知识。由基本几何元素的投影特征分析可知：

视图中的轮廓线(实线或虚线、直线或曲线)可以有三种含义(图 6－23)：

(1) 表示物体上具有积聚性的平面或曲面；

(2) 表示物体上两个表面的交线；

(3) 表示曲面的轮廓素线。

视图中的封闭线框可以有四种含义(图 6－24)：

(1) 表示一个平面；

(2) 表示一个曲面；

(3) 表示平面与曲面相切的组合面；

(4) 表示一个空腔。

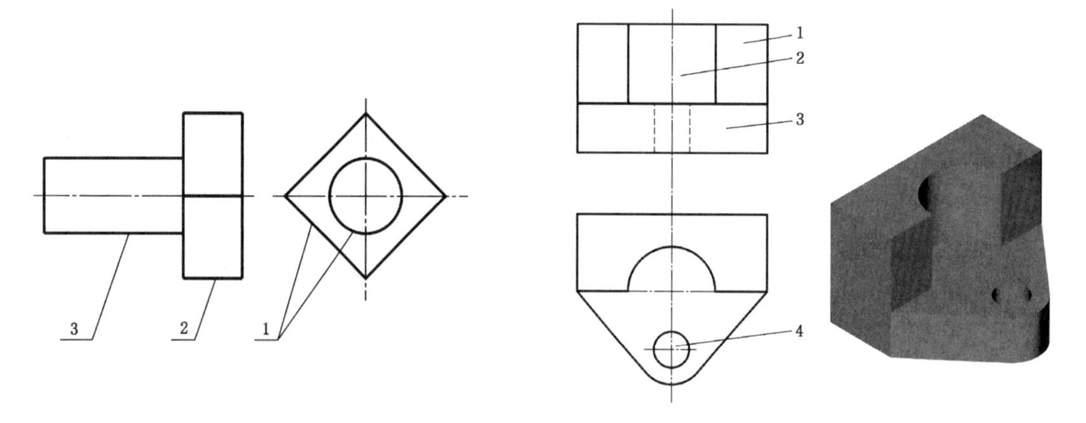

图 6－23　视图中线条的各种含义　　　　图 6－24　视图中线框的各种含义

视图中相邻的两个线框必定表示物体上相交的两个表面，如图 6－24 中的 1 平面和 2 平面，或者表示物体上同向错位的两个表面，如图 6－24 中的 3 平面和 1、2 平面。

6.3.2　读图的方法

6.3.2.1　归位拉伸法

归位拉伸法主要适用于拉伸体。对初学者来说，最感困难的是由多面投影的视图想象出空间形状。故在读图时，我们可根据原空间投影面体系展开的过程使其复位，即设想正面(主视图)不动，水平面或侧平面(俯视图或左视图)旋转恢复到原始位置，然后根据拉伸体的投影规律在已知视图中确定其基面实形所在视图，依照该视图中的特征形线框所表示的平面位置，沿着它的法线方向拉伸，想象特征形线框在空间的运动轨迹，物体形状就容易构思出来了。

例 6－2　由图 6－25(a)所示的视图想象物体的空间形状。

解　由已知主、俯视图间的投影关系分析可知，物体由两个拉伸体组成。其中，俯视图中的线框 1 和主视图中的线框 2′分别是两拉伸体的基面特征视图。在想象空间形体时，先设想把俯视图归位；然后以特征形线框 1 所在水平面为基础，向上拉伸 H 高度，形成带方槽的形体 I，如图 6－25(b)所示；最后把特征形线框 2′所示正平面位置贴在形体 I 上，并往前

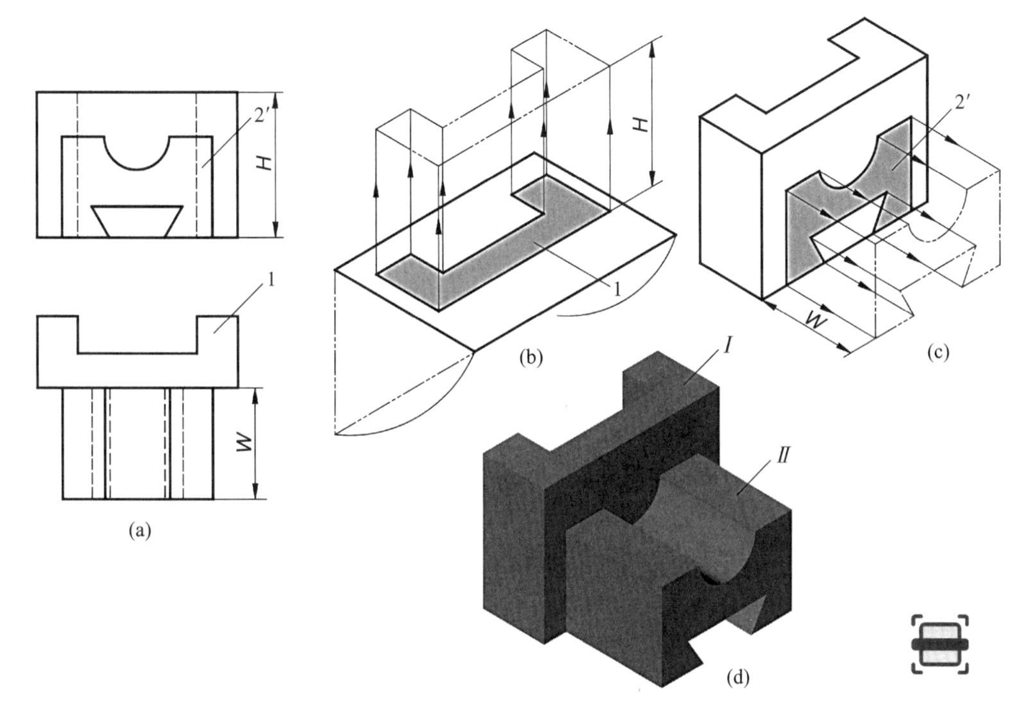

图 6-25 用归位拉伸法读图

拉伸 W 宽度，形成带半圆孔和燕尾槽的形体Ⅱ，如图 6-25(c)所示。通过这样的思维和想象，物体形状就可构思出来了，如图 6-25(d)所示。

6.3.2.2 形体分析法

物体的各视图是由物体上各部分的投影组成的，因此读图的基本方法是形体分析法。通常，从主视图着手，将主视图分解为若干部分，然后根据投影规律分别找出各部分在其他视图上的对应投影，逐个判别它们所表示的形状，最后综合起来，想象出物体的整体形状。

现以图 6-26 所示物体的三视图为例，介绍应用形体分析法读图的步骤。

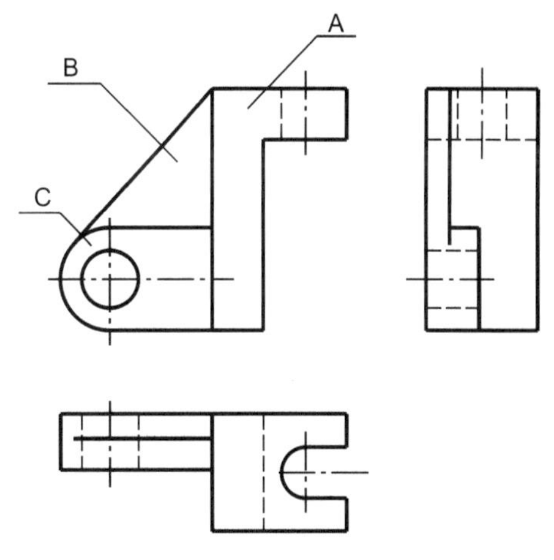

图 6-26 物体的三视图

(1) 分解视图。如图 6-26 所示，可将主视图分解成 A、B、C 三个线框。

(2) 根据投影规律分别找出线框在其他视图上的对应投影，逐个想象它们所表示的形状。分析过程见图 6-27(a)～(c)。

(3) 分析各形体的相对位置。从图 6-27 主视图中可知：形体 B 在形体 A 的左下方，它们的底面平齐，联系俯视图或左视图可确定形体 B 与形体 A 的后表面平齐；形体 C 在形体 A 的左方、形体 B 的上方，并与形体 B 相切。这样综合起来，就可想象出物体的整体形状，如图 6-27(d)所示。

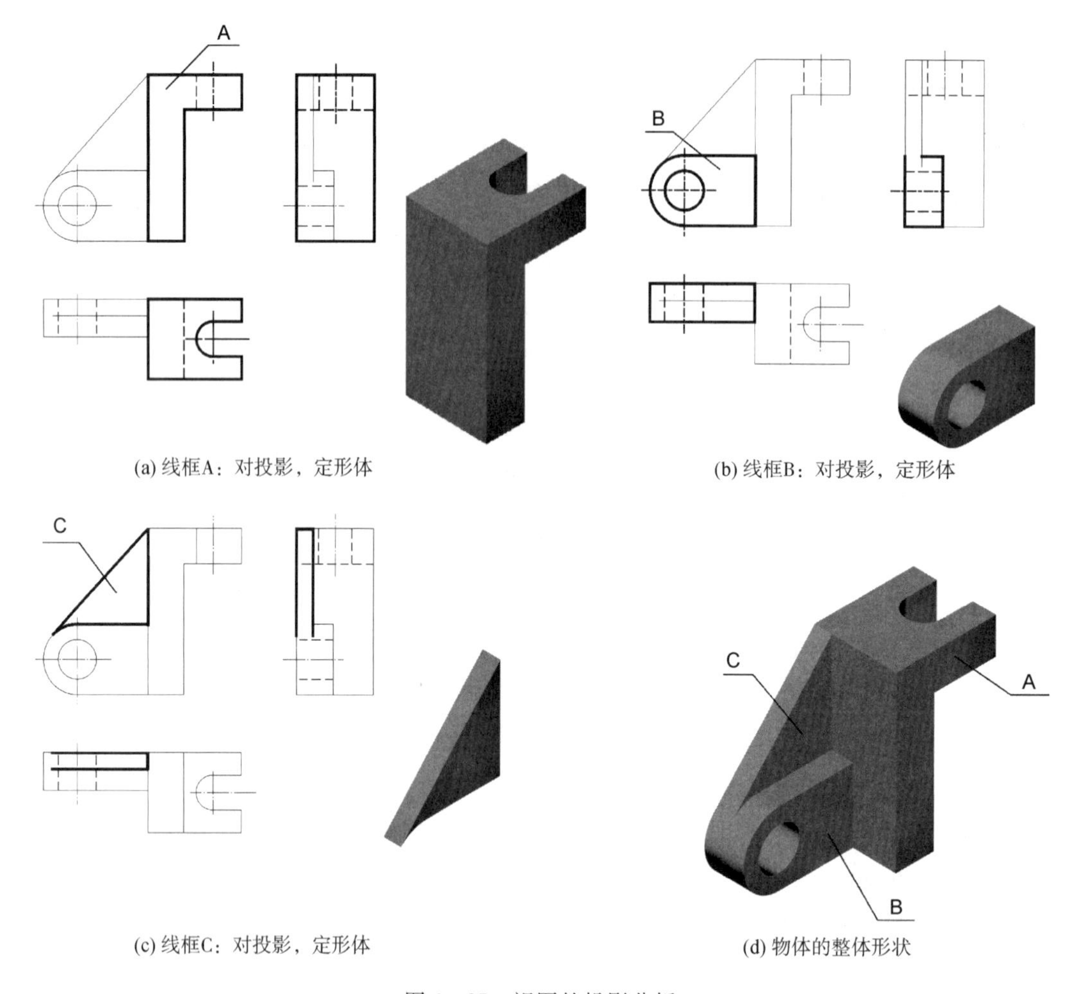

(a) 线框A：对投影，定形体

(b) 线框B：对投影，定形体

(c) 线框C：对投影，定形体

(d) 物体的整体形状

图 6－27　视图的投影分析

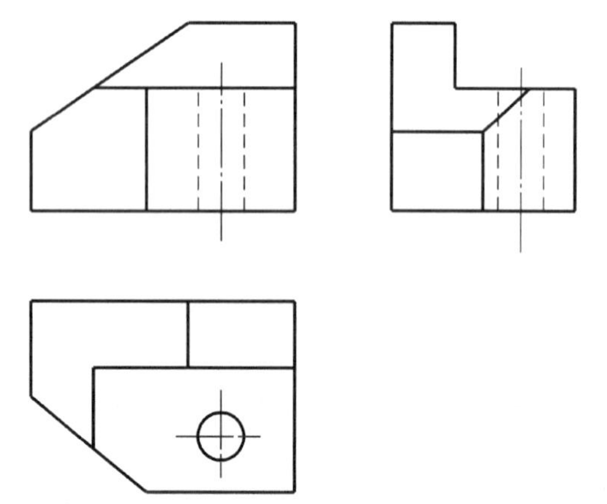

图 6－28　线面分析法读图图例

6.3.2.3　线面分析法

线面分析法是一种对应用形体分析法读图的补充方法。当阅读形体被切割、形体不规则或投影关系相重合的视图时，尤其需要这种辅助手段。由于物体都是由许多不同几何形状的线、面组成的，因而通过对各种线、面含义的分析来想象物体的形状和位置，就比较容易构思出物体的整体形状。

例 6－3　阅读并分析图 6－28 所示的物体的视图。

解　根据物体被切割后仍保持原有物体的投影特征，由已知三视图分析可知，该物体可以看成由一个长方体被切割而成。主视图表示长方体的左上方被切去一个角，由俯视图可看出长方体的左前方也被切去一个角，而从左视图中可看出物体的前上方被切去一个长方体。切割后，物体的三视图为何成这样，这就需要进一步进行线面分析。

先分析主视图的线框。如图 6－29(a)所示，主视图中线框 P' 在俯视图上只能对应一斜线 P，而在左视图上对应一类似形 P''，可知平面 P 是一铅垂面；又如图 6－29(b)所示，主视图中线框 R' 在俯视图上对应一水平线 R，在左视图上对应一垂直线 R''，可知平面 R 是一正平面，主视图另一线框也是一正平面。

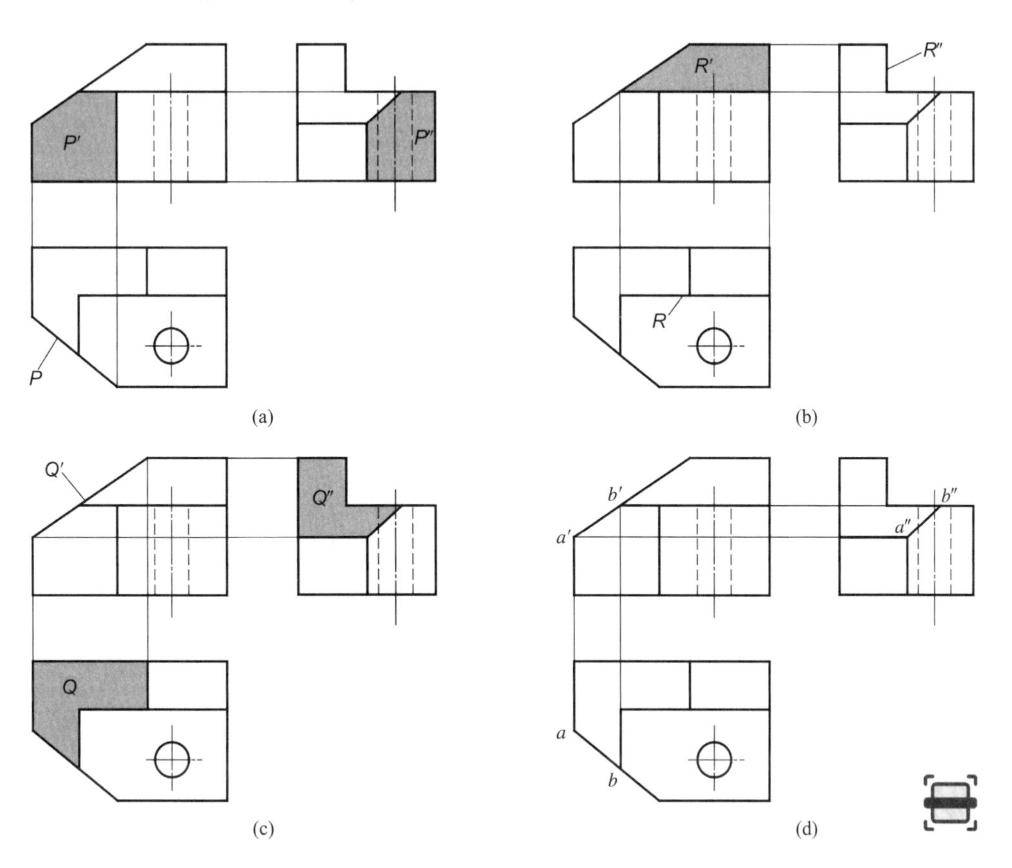

图 6－29　读图时的线面分析

再用同样的方法分析俯视图的线框。如图 6－29(c)所示，平面 Q 为一正垂面。

如图 6－29(d)所示，左视图中为什么有一斜线 $a''b''$？分别找出它的正面投影 $a'b'$ 和水平投影 ab，可知直线 AB 为一般位置直线，它是铅垂面 P 和正垂面 Q 的交线。

通过上述线面分析，可以弄清视图中每条线、每个面的含义，这就有利于想象出由这些线、面围成的物体的真实形状，如图 6－30 所示。

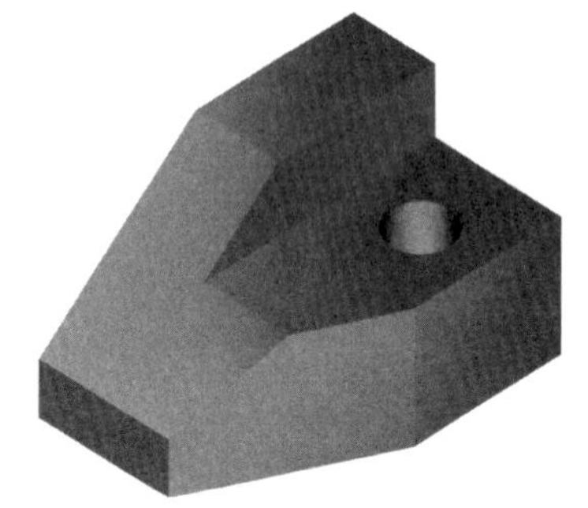

图 6－30　物体的立体图

工程上物体的形状是千变万化的，因此在读图时不能拘泥于某一种方法或步骤，而需要用几种方法综合分析，灵活使用，才能加快读图的速度。

6.3.3　由已知两个视图画第三视图

由两个视图补画第三视图是学习期间读图训练的一种方

法。根据已知的两个视图,分析想象出物体的形状,然后应用投影关系,正确画出第三个视图。

例 6-4 如图 6-31(a)所示,已知支座的主、俯视图,试补画出左视图。

解 具体作图步骤见图 6-31。

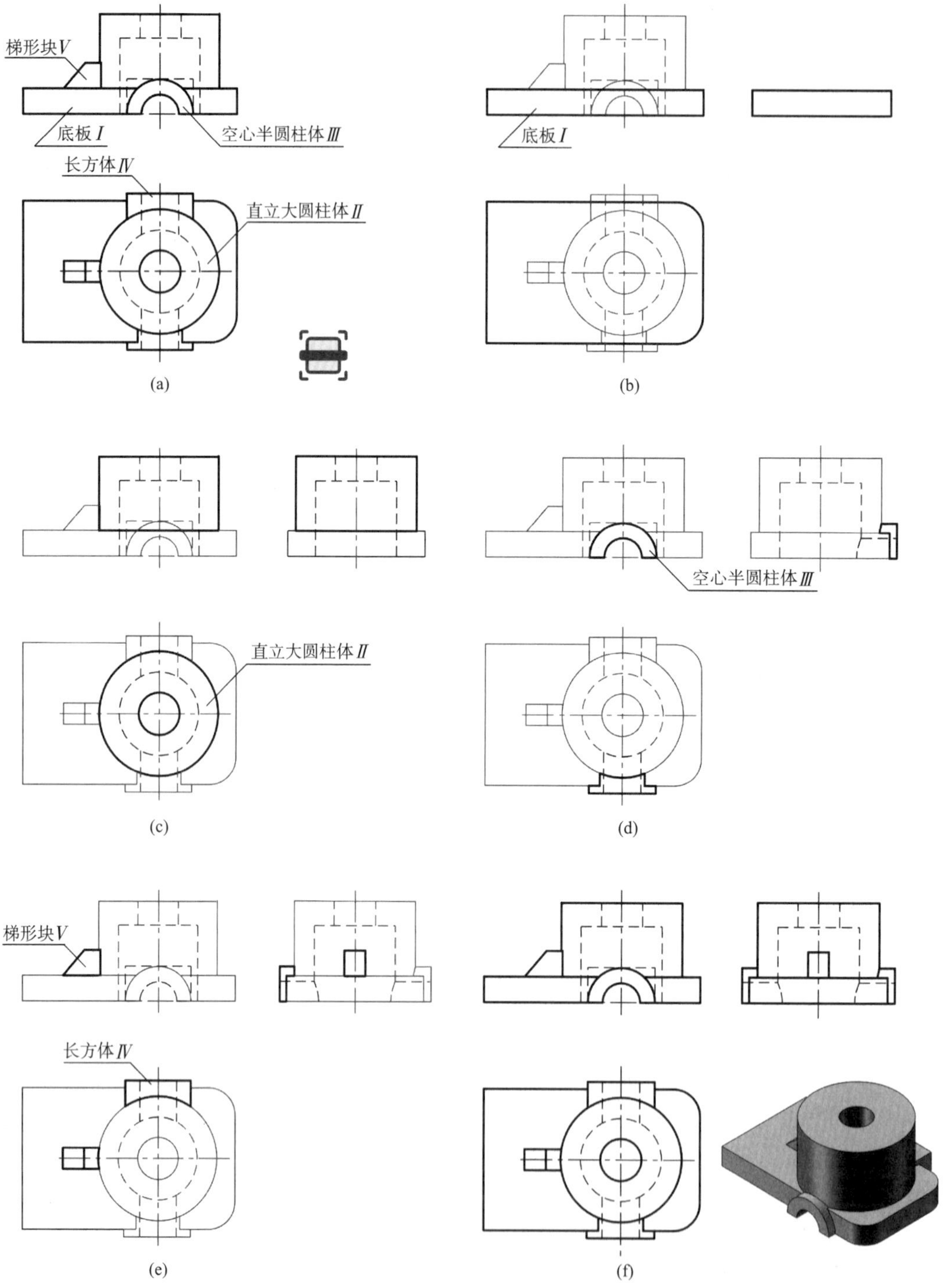

(a)

(b)

(c)

(d)

(e)

(f)

图 6-31 想象支座的形状和画左视图的步骤

作图步骤及方法说明如下：

(1) 根据该组合体的主、俯视图所反映出的形体特征，可以把它分解成五个组成部分，即底板Ⅰ、直立大圆柱体Ⅱ、处于正垂面位置的半圆柱体Ⅲ、长方体Ⅳ和梯形块Ⅴ，如图6-31(a)所示。

(2) 按照两面投影的对应关系，先找出底板Ⅰ的两个投影，如图6-31(b)所示。由水平投影可以看出，底板的右端带有圆角，再配合正面投影，即可想象出底板的整体形状，从而补画出其左视图。

(3) 直立大圆柱体Ⅱ的投影中虚线较多，经过对投影可知，该圆柱体是中空的，在顶盖的正中开一个小圆孔，顶盖的下面是一直到底的大圆孔，如图6-31(c)所示。

(4) 在大圆柱体前下方正中与底板的结合处，有一处于正垂面位置的半圆柱体Ⅲ与其相交，且被挖去一半圆柱体。此时，不仅在两圆柱体的内、外表面产生交线(相贯线)，在半圆柱体与底板的交接处也产生交线，这些交线的投影在俯、左视图中均可清楚地得到反映，如图6-31(d)所示。

(5) 在大圆柱体后下方正中与底板的结合处，有一长方体Ⅳ与其相交，且被挖去一半圆柱体。此时，在大圆柱体、长方体、底板三者相交接的位置都产生交线，其投影皆可在视图中被看到，如图6-31(e)所示。梯形块Ⅴ位于大圆柱体左边正中，其形状在主视图中已可看清，在梯形块与大圆柱体表面的连接处应画出交线，见图6-31(e)。

(6) 在看清楚各组成部分的形状后，对照整个组合体的投影进行整体分析，重点在各组成部分之间的相对位置及各形体之间的表面连接关系，然后综合想象出组合体的整体形状，如图6-31(f)所示。

6.4 组合形体的尺寸标注

前面介绍了工程上各类形体的形成规律及视图表达。但是，视图只能表示物体的形状，要确定物体上各部分的真实大小及相对位置，必须注上尺寸。在实际生产中，是根据视图上所注尺寸进行加工制造的。为此在标注尺寸时，应做到以下几点：

(1) 正确——不仅要求注写的尺寸数值正确，而且要求尺寸注写符合机械制图国家标准中有关尺寸标注的规定；

(2) 完整——尺寸必须注写齐全，包括物体上各部分三个方向形状的大小和相对位置尺寸，不允许有遗漏，一般不应重复；

(3) 清晰——尺寸布置要整齐，同一部分的各个方向的尺寸注写要相对集中，以便于看图；

(4) 合理——注写的尺寸必须考虑能满足设计和制造工艺上的要求。

其中，有关尺寸标注的规定在第2章中已有介绍，尺寸标注的合理性问题涉及机械设计及加工的有关知识，将在零件图一章(第11章)中做介绍。本节主要讨论尺寸标注的完整性和清晰性两个问题。

6.4.1 几何形体的尺寸标注

由于工程上各类物体都可以看成是由若干简单几何形体组成的，因而要掌握组合形体的尺寸标注,必须先熟悉和掌握单一形体的尺寸标注。图 6-32 显示了一些常见几何形体的尺寸注法。工程上经常会使用一些底板件,它们的尺寸注法如图 6-33 所示。

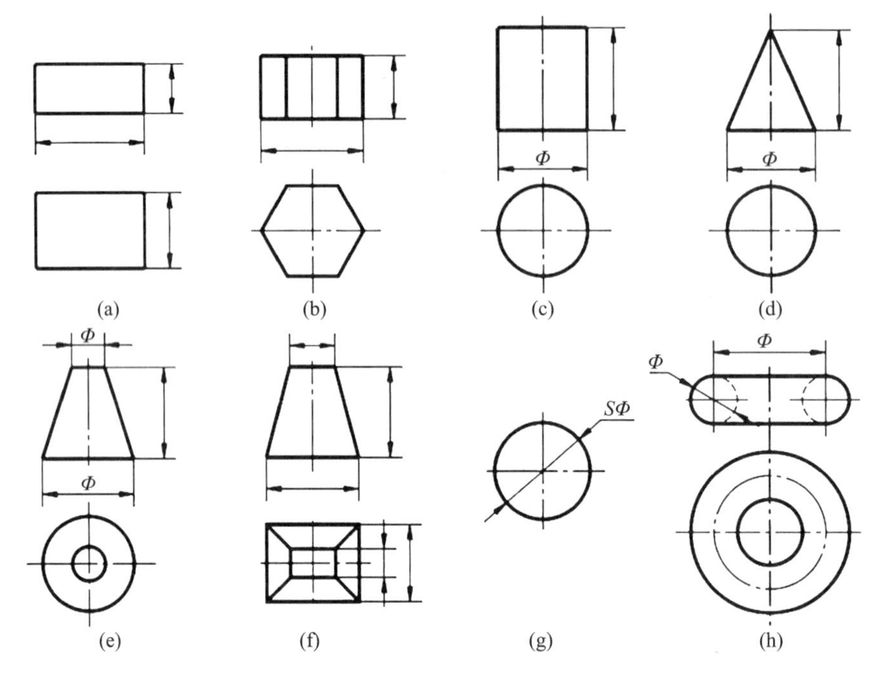

图 6-32 常见几何形体的尺寸注法

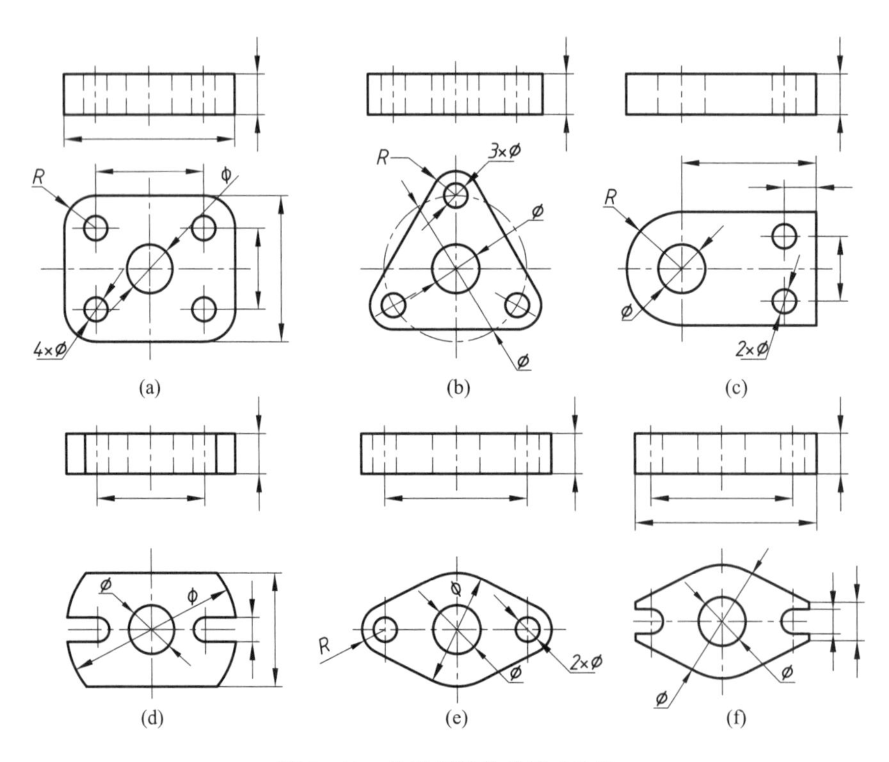

图 6-33 常见底板件的尺寸注法

6.4.2　截切和相贯形体的尺寸标注

几何形体被切割后，除要标注定形尺寸外，还要注出确定截平面位置的尺寸。由于形体与截平面的相对位置确定后，截交线也完全确定，因此不应在截交线上标注尺寸。同样两形体相交后，除要标注各自的定形尺寸外，还要注出相对位置尺寸，而相贯线是形体相交中自然形成的，因此也不应在相贯线上标注尺寸。图 6 - 34 显示了一些常见截切和相贯形体的尺寸注法。

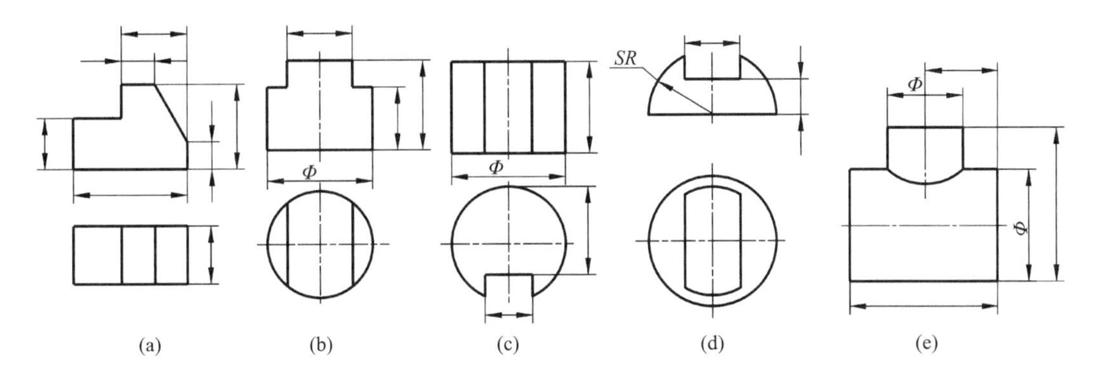

图 6 - 34　常见截切和相贯形体的尺寸注法

6.4.3　组合形体的尺寸标注

当标注组合形体的尺寸时，一般也采用形体分析法，即首先将组合形体分解为若干个单一形体，然后标注反映这些单一形体大小的定形尺寸，确定这些单一形体间相对位置的定位尺寸，以及表示该组合形体整体大小的总体尺寸。在标注定位尺寸时，有尺寸度量的起点，称为尺寸基准。形体在标注尺寸时一般需要三个方向（长度方向、宽度方向和高度方向）的尺寸基准。尺寸基准的确定既与物体的形状有关，也与该物体的作用、工作位置及加工制造要求有关，通常选用底平面、端面、对称平面及主要回转体的轴线等作为尺寸基准。这部分内容将在第 11 章中做进一步介绍。

下面以图 6 - 35 所示的轴承盖为例，具体说明组合形体尺寸标注的方法。

1）分析形体

将轴承盖分析成由图 6 - 35 所示的各个部分组成。

2）选定尺寸基准

轴承盖左右对称，以此对称平面作为长度方向的尺寸基准；以轴承盖中半圆柱的前端面作为宽度方向的尺寸基准；以轴承盖的底平面作为高度方向的尺寸基准。如图 6 - 36 所示。

3）逐个标注各基本形体的定形尺寸及它们的定位尺寸

（1）标注半圆柱的定形尺寸 $R24$、$R16$ 和长度尺寸 34；标注半圆柱上凹槽的宽度定形尺寸 20，长度尺寸不注，然后标注由加工自然形成凹槽的定位尺寸 4 和 21；标注凹槽中小圆孔的定形尺寸 $\phi 7$ 和它的定位尺寸 14。如图 6 - 37(a)所示。

（2）标注左右对称的两耳板的定形尺寸 $R12$（只需注一个）、2 - $\phi 12$ 和板厚尺寸 7，耳板形体中的尺寸 14 此时不应标注，因为在耳板位置确定后，这个长度是自然形成的。然后标注两耳板的定位尺寸 70 和 14，尺寸 14 和 $\phi 7$ 小圆孔同一方向的定位尺寸重合，不再另外标注。

（3）标注竖放耳板的定形尺寸 $\phi 12$、$R12$ 和板厚尺寸 6，原基本形体的尺寸 $R24$ 不再标注，因为这个半径和半圆柱的外圆半径是一致的。其定位尺寸 34 与半圆柱的长度尺寸一致。

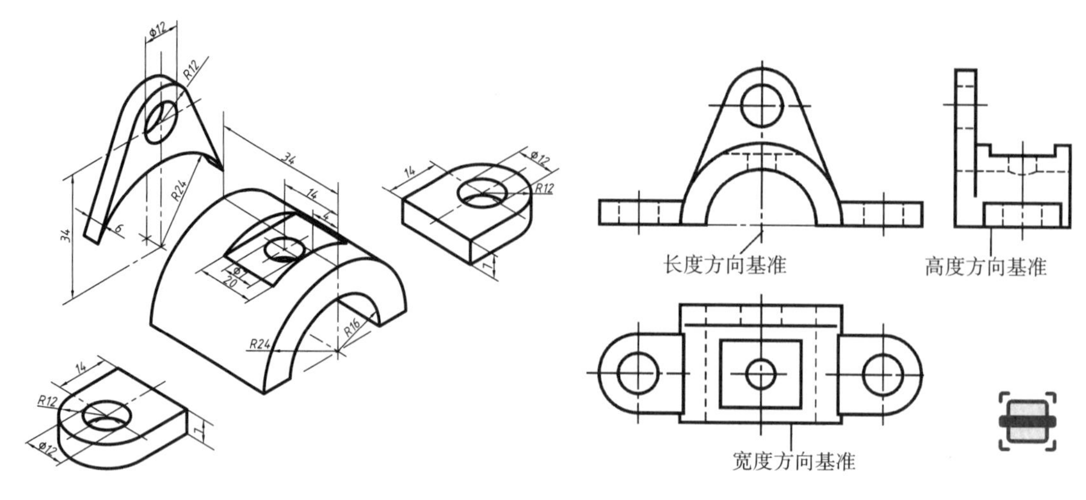

图 6－35　尺寸标注的形体分析　　图 6－36　尺寸标注的基准选择

4) 标注总体尺寸

对于长度方向的总尺寸,因为已注了两侧耳板的定形尺寸 *R*12 和定位尺寸 70,而且左、右两端都是半圆弧,此时再注总长尺寸就重复了,所以长度方向的总尺寸省略了;同理,高度方向的总尺寸也省略不注;总宽尺寸和半圆柱的长度尺寸 34 一致,不需要重复标注。

5) 校核

按正确、完整、清晰的要求对已标注的尺寸进行检查,如有重复尺寸或尺寸配置不便于读图的,则应做适当修改或调整,这样才最后完成了尺寸标注的工作。如图 6－37(b)所示。

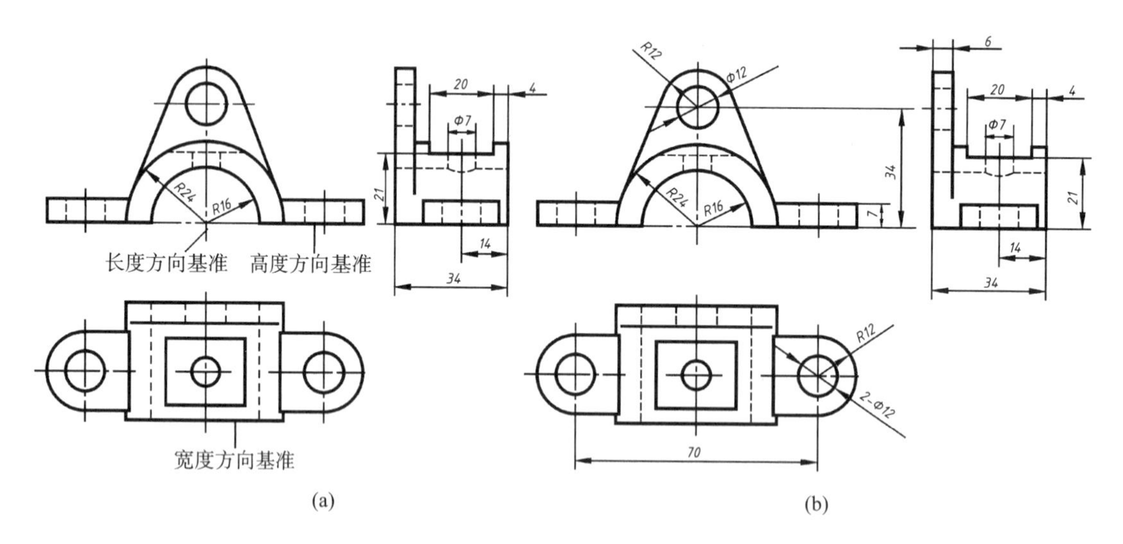

图 6－37　组合形体的尺寸标注

6.4.4　形体尺寸标注中的注意点

由上述形体尺寸标注实例可知,为保证尺寸标注的正确、完整、清晰等要求,应该注意以下几点:

(1) 标注尺寸必须在分析形体的基础上,按分解的各组成形体的定形尺寸和定位尺寸,切忌片面地按视图中的线框或线条标注尺寸，如图 6－38 所示的注法都是错误的。

(2) 尺寸应标注在表示形体特征最明显的视图上，并尽量避免在虚线上标注尺寸。为方便看图，同一形体的尺寸尽可能集中标注。

(3) 形体上的同一尺寸在各个视图中不得重复。如有特殊需要，重复尺寸的数字应加括号，作为参考尺寸。

(4) 形体上的对称性尺寸，应以对称中心线为尺寸基准标注全长。图 6－39(a)(b)显示了正、误注法的比较。

(5) 当形体的总体轮廓由曲面组成时，总体尺寸只能注到该曲面的中心轴线位置，同时加注该曲面的半径，如图 6－40(a)所示，而图 6－40(b)所示为错误注法。

(6) 同轴回转体的直径，应尽量标注在非圆视图上，见图 6－41。

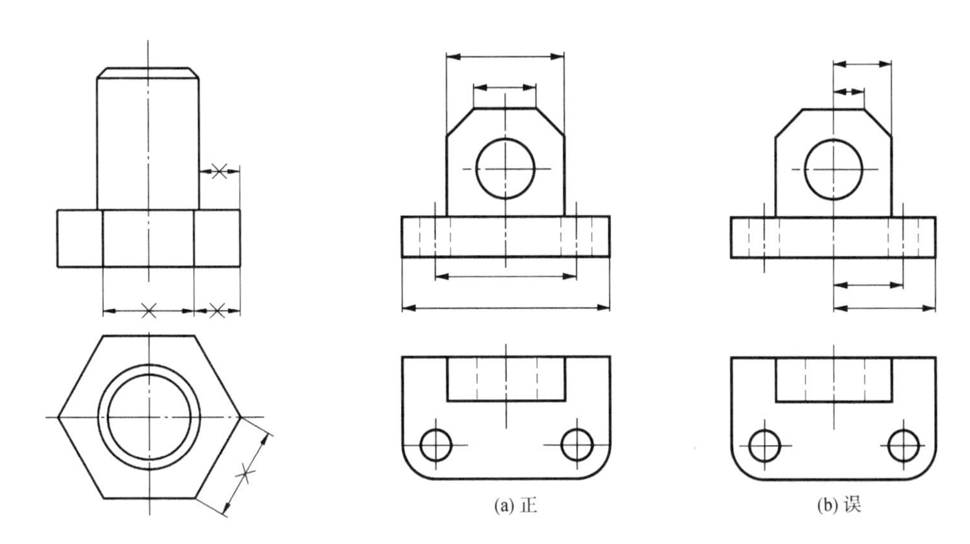
(a) 正　　(b) 误

图 6－38　错误的尺寸注法　　图 6－39　对称性尺寸的注法

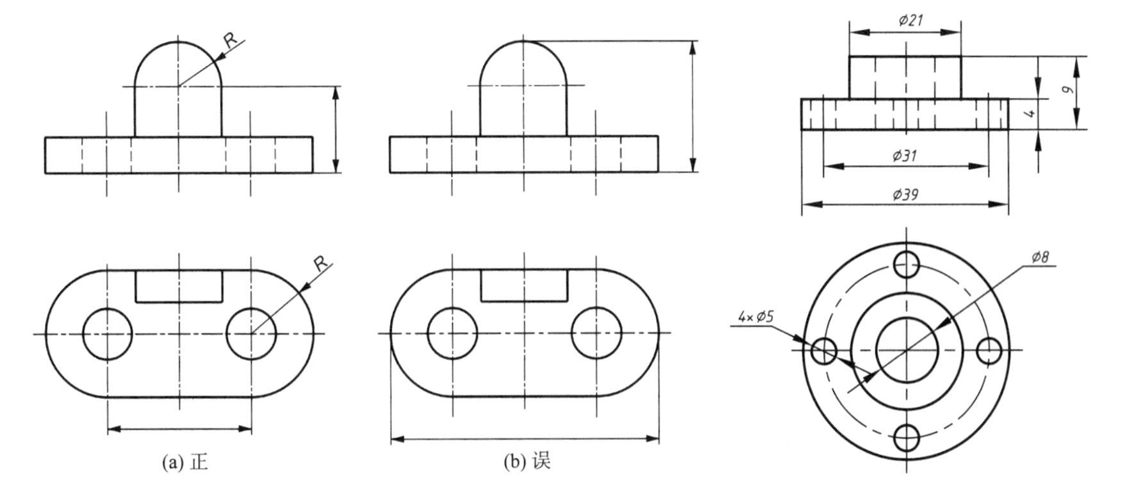

(a) 正　　(b) 误

图 6－40　轮廓为曲面的尺寸注法　　图 6－41　同轴回转体的直径注法

7 形体的构形设计

本章提要

形体构形可以提高形象思维和发散思维。本章介绍构形设计的基本方法，包括单向构形想象、双向构形想象、分向穿孔构形想象、组合构形想象，同时介绍构形设计制图的一般方法。

构形设计是指构筑一个形体的形状和结构以满足特定的功能要求，即将零件抽象简化，在结构上不考虑生产、加工等方面的要求，也不考虑尺寸的标注，仅对物体的形状和位置进行构思，使其在整体造型上反映某种功能特征，其相对位置及表面连接关系能合理确定，并用一组完整的视图加以正确表达。通过形体构形设计，可训练根据平面图形想象物体的立体形状，并将物体用平面图形表达出来，进一步提高发散思维和空间想象能力。

7.1 单向构形想象

单由一个视图一般是不能唯一确定物体的空间形状的，根据一个视图可以想象出很多个空间形体与之对应。如图 7－1 所示，只有一个视图(主视图)时，其左视图形状有多种可能性。

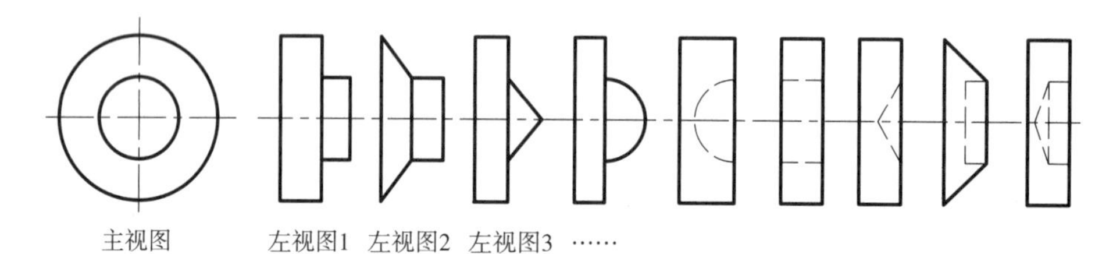

图 7－1　根据一个视图不能确定物体形状

再如图 7－2(a)所示的一个视图，可以与图 7－2(b)所示的诸多形体对应。读者在仔细分析图 7－2(b)所示各形体后，可以继续构思出许多与主视图 7－2(a)相符合的形体。这种对一个视图进行构形想象，再结合其他视图确定所构思的形体的方法称为单向构形想象。

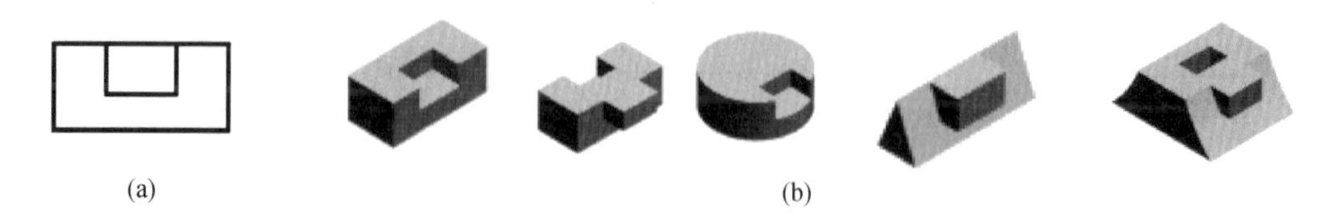

图 7－2　单向构形图

7.2　双向构形想象

根据图 7 - 3(a)所示主、俯两个视图也可双向构形想象出图 7 - 3(b)所示诸多形体。它们均符合图 7 - 3(a)中的两个视图的要求。在图 7 - 3(b)的基础上，读者还可以继续构形想象出许多符合图 7 - 3(a)的形体。但会发现，这一构形想象比单向构形想象要求更高一些，因为此时构思的形体形状受到两个视图的限制。由视图做构形想象，这些视图可在满足形体某些方向的实用功能或外观造型需要的基础上先加以确定，再做其他方面的构思。无论是单向构形想象还是双向构形想象，其构思过程都是丰富空间想象、提高形象思维能力的过程，并能起到构形选择的作用。

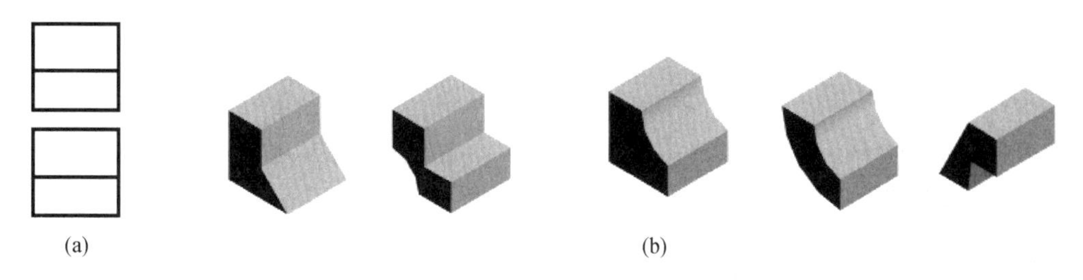

图 7 - 3　双向构形图

7.3　分向穿孔构形想象

分向穿孔构形要求一个物体能分别沿着三个不同方向不留间隙地通过平板上三个已知孔，它是一种给出物体三个方向的特征来构造塞块的构形方法，通过分析塞块穿孔成型的过程来得出其形体的特征，是一种限定性思维的训练。图 7 - 4(a)给出了三组平板，图 7 - 4(b)为对应平板分向穿孔后的塞块形状。

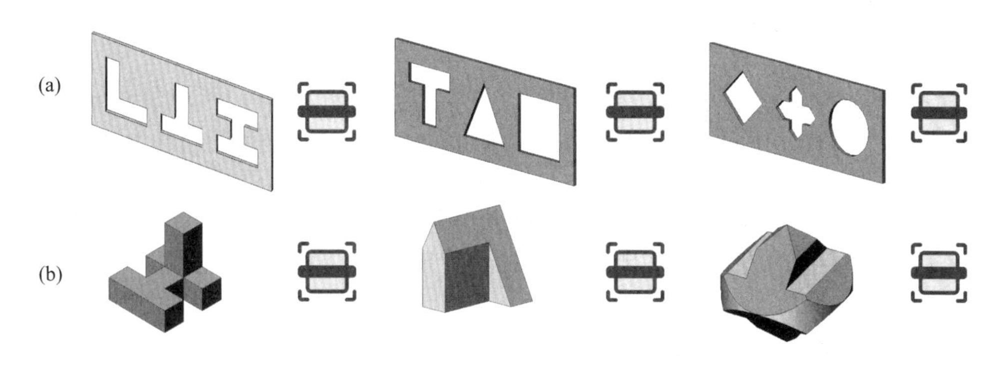

图 7 - 4　分向穿孔构形图

7.4　组合构形想象

以上介绍了单个形体的构形想象。进一步地，对组合体也可在确定单个形体的基础上，根据不同的组合方式构想单个形体之间结合处的形状。如图 7－5 为筒体、耳板的基本形状的视图。当耳板与筒体组合在一起时,应对耳板、筒体的组合方式做构形想象。图 7－6 和图 7－7 所示为两种不同组合方式。经仔细分析,还可由耳板与筒体的组合构思出多种形状,留给读者更丰富的想象空间。

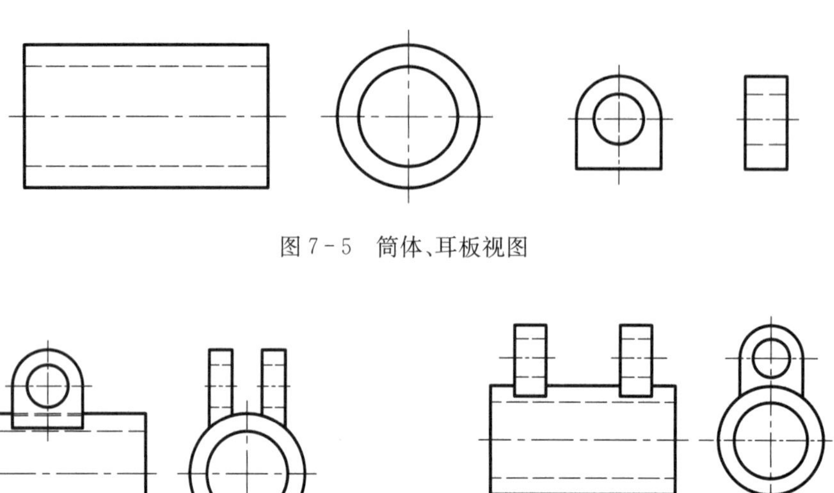

图 7－5　筒体、耳板视图

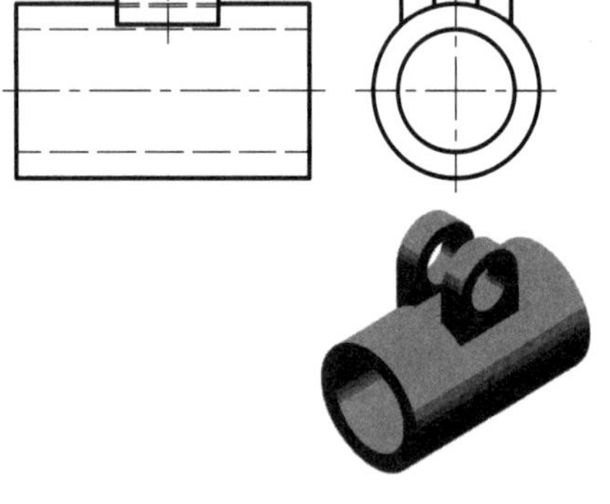

图 7－6　耳板与筒体的一种组合构形图

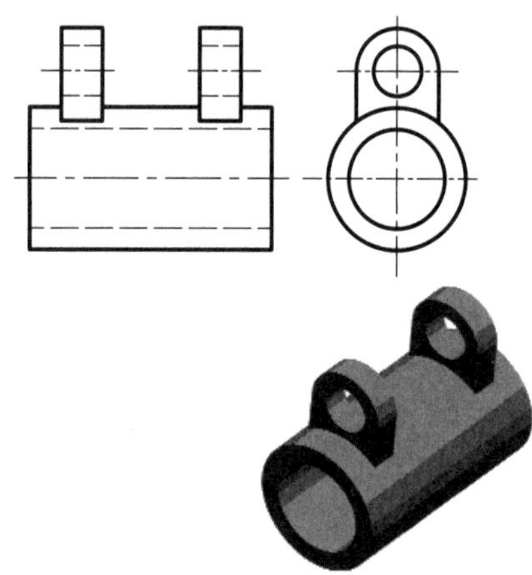

图 7－7　耳板与筒体的又一种组合构形图

7.5　构形设计制图

构形想象可以作为构形设计的初步思考。单向构形想象、双向构形想象和分向穿孔构形想象都属于限制性构形想象,这种限制可能来自形体功能、特征、工艺性等方面的要求,在一定的限制条件下仍可构思出无限个形体。可将所构思的形体以草图形式及时、迅速地加以构图,以便进行比较、选择。因此,能迅速地绘制草图,尤其是轴测草图,是捕捉灵感、进行联想、创造信息和互相交流的重要手段,可以简便、及时地记录和表达创意结果,并为再加工、再创造积累素材。

7.5.1　空间想象、构形方法

根据视图读懂物体形状是一个空间思维过程。在由二维单面视图想象三维形体的过程中,含有对形体的拉伸、旋转、分解、拼合等思考要求,并根据多面视图再进行多向思维。要使思维过程顺利并能及时检验思维结果正确与否,适时地将思考结果用构形的方式加以记载是一种行之有效的方法。所构图形可以作为再思维及与他人交流的载体。

例 7－1　根据图 7－8(a)所示视图想象物体的形状。

解 对图 7-8(a)所示视图进行形体分析,分解为四部分,如图 7-8(b)所示。应用构形方法,在读图过程中随时将读懂部分构画出立体图,图 7-8(c)~(f)就是分块构画想象,最终形成对整体[图 7-8(g)]的认识。构形设计方法灵活,随想随画,使认识、印证、修整想象这几个环节互为补充,起到用图形帮助思考的作用。

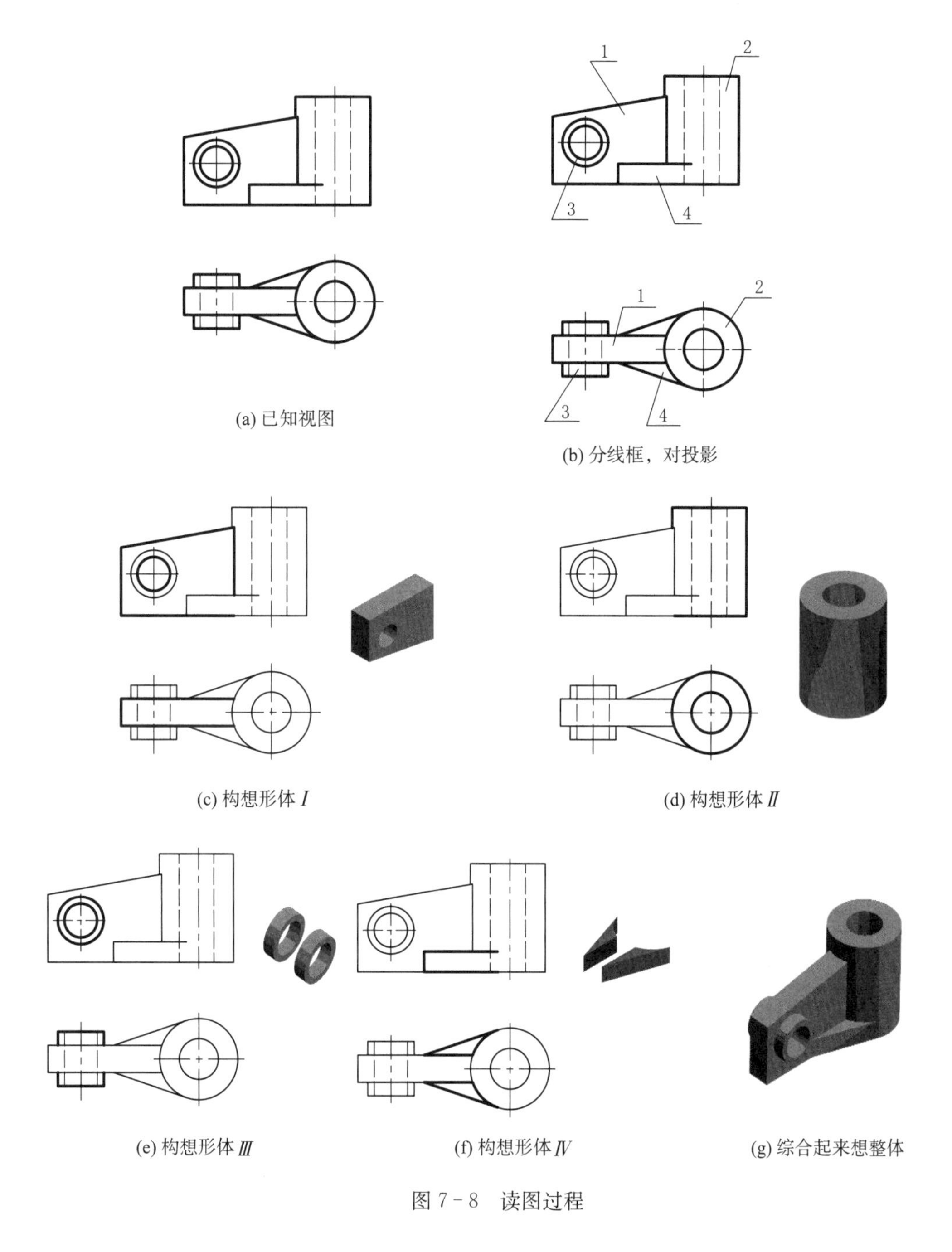

(a) 已知视图

(b) 分线框,对投影

(c) 构想形体 I

(d) 构想形体 II

(e) 构想形体 III

(f) 构想形体 IV

(g) 综合起来想整体

图 7-8 读图过程

7.5.2 组合体模型设计

设计要求:

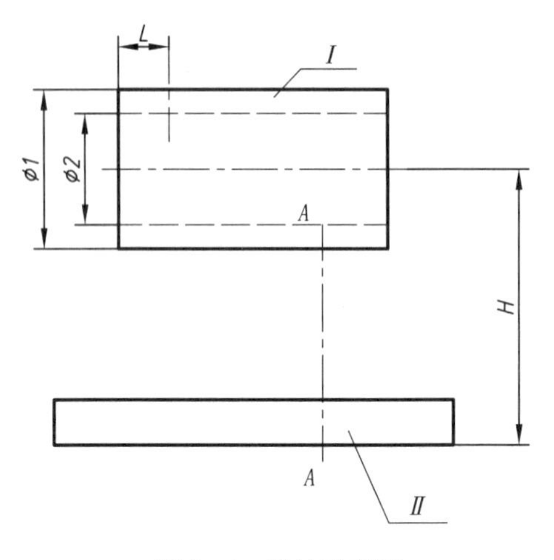

图7-9　设计示意图

(1) 设计底板II的形状。

要求：组合体能通过底板与其他机件连接。

(2) 设计主形体I与底板II之间的连接形体。

要求：连接I、II的形体能较好地支撑主形体I；在A-A轴线处设计一孔与形体I、II贯通。

(3) 沿主形体I的轴线方向设计两块耳板。

(4) 在主形体I的轴线方向、距左端面L处设计一接管与主形体贯通。图7-9为设计示意图。

根据设计示意图及设计要求可制定组合体模型设计过程：

(1) 分别设计底板、接管、耳板、连接体形状，图7-10(a)为底板构形方案；

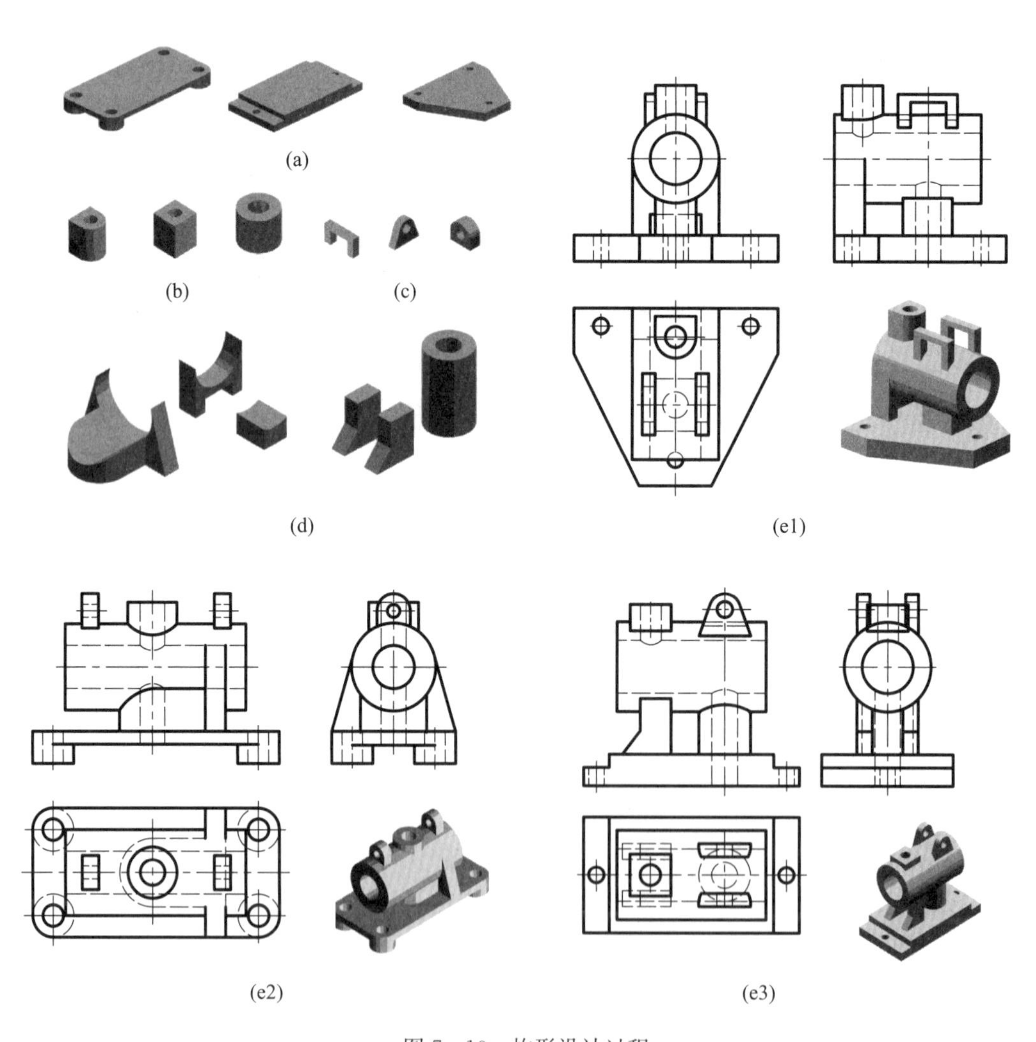

图7-10　构形设计过程

(2) 考虑各部分的组合，设计每部分的形状时应充分考虑功能及外形美观等因素，这一考虑过程体现在用图形将构思的各种形状表达出来，以便比较、选择较为理想的形体设计；

(3) 完成组合体设计。

图 7 - 10(b)为接管构形方案；

图 7 - 10(c)为耳板构形方案；

图 7 - 10(d)为连接体构形方案；

图 7 - 10(e1)～(e3)为几种组合构形方案。

实际上，读者可以体会到这种构思是一种创新，每种构思可以是独立的，但又可以引发新的构思，所以结果可以是无限的。这就给最终的组合选择提供了充分的条件。

8 轴测投影图

本章提要

本章介绍轴测图的基本概念、正等轴测图、斜二等轴测图、轴测剖视图的画法、轴测图的选择。

轴测投影图简称轴测图，如图 8-1 所示。它能在一个投影图上同时反映物体长、宽、高三个方向的形状，所以立体感强。在工程上，轴测图常用作辅助图样，以帮助说明产品的结构、工作原理、使用方法等。在化工、热力、给排水等工程的图纸中，常用管道轴测图表达管道的空间走向及管道上管件、阀门的配置情况，如图 8-2 所示。随着计算机绘图的普及，利用多种绘图软件可准确、快捷地绘制出轴测图。

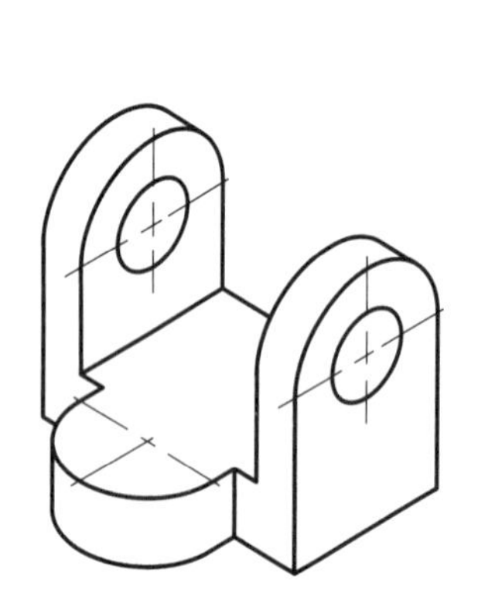

图 8-1　轴测投影图

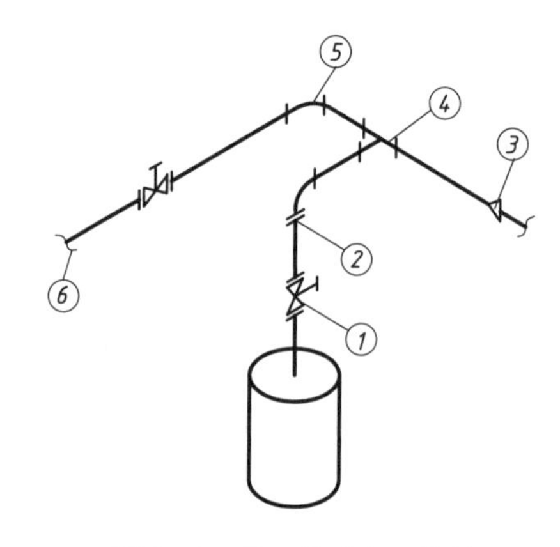

图 8-2　化工管路布置的轴测图

①—阀门；②—带法兰的管子；③—异径管；
④—正三通；⑤—直角弯头；⑥—断裂符号

8.1　轴测图的基本概念

8.1.1　轴测图的形成

图 8-3 中有一空间直角坐标系，一长方体上三条互相垂直的棱线分别与空间直角坐标系的 OX 轴、OY 轴、OZ 轴重合。在适当位置设立一投影面 P，将长方体连同空间直角坐标系沿投影方向 S 平行投射到投影面 P 上。显然，只要投影方向 S 与三个坐标面都不平行，就能在 P 面上得到长方体三个方向形状的单面投影图。沿这种不平行于任一坐标面的方向，用平行投影法将其投射到单一投影面上所得到的图形，称为轴测图。

通常把轴测图所在的投影面称为轴测投影面，把空间直角坐标系的三条坐标轴的轴测投影 O_1X_1、O_1Y_1、O_1Z_1 称为轴测轴，把相邻两轴测轴之间的夹角称为轴间角。

由图 8－3 可见：

(1) 空间直角坐标系中物体上平行于坐标轴的线段在投影到轴测投影面后，长度发生变化，这种变化规律可用轴向伸缩系数表示。其中，

X 轴的轴向伸缩系数 $p=O_1A_1/OA$；

Y 轴的轴向伸缩系数 $q=O_1B_1/OB$；

Z 轴的轴向伸缩系数 $r=O_1C_1/OC$。

(2) 同时轴间角不再均为 90°。

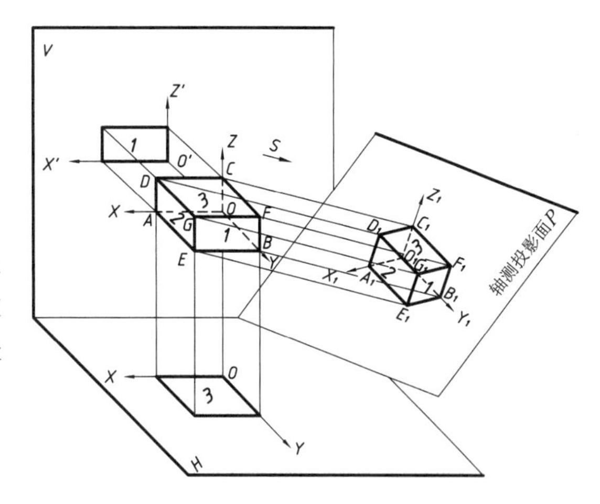

图 8－3　物体的斜二等轴测图

8.1.2　轴测图的投影特性

由于轴测图是由平行投影法得到的，因而它具有平行投影的投影特性：

(1) 平行性：物体上互相平行的直线在轴测图中仍保持平行。因此，物体上平行于坐标轴的线段在轴测图中应平行于相应的轴测轴。

(2) 定比性：平行线段的轴测投影，其伸缩系数相同。如图 8－3 所示，

$CD \parallel OX$，则 $C_1D_1=p \cdot CD$；

$FG \parallel OX$，则 $F_1G_1=p \cdot FG$；

$BE \parallel OX$，则 $B_1E_1=p \cdot BE$。

根据上述分析，必须先确定轴间角和轴向伸缩系数，然后沿物体各轴向测量其尺寸，并乘以相应的伸缩系数，就可画出轴测图，“轴测”两字即由此而来。

(3) 实形性：物体上平行于轴测投影面的直线和平面在轴测投影面上分别反映实长和实形。

8.1.3　轴测图的分类

轴测图可按投影方向与轴测投影面垂直或倾斜，分为正轴测图和斜轴测图两大类。根据作图简便和直观性强等原因，制图国家标准推荐下列三种轴测图：

(1) 正等轴测图，简称正等测，即投影方向垂直于轴测投影面，且 $p=q=r$；

(2) 正二等轴测图，简称正二测，即投影方向垂直于轴测投影面，且 $p=r=2q$；

(3) 斜二等轴测图，简称斜二测，即投影方向倾斜于轴测投影面，且 $p=r=2q$。

本章仅介绍常用的正等轴测图和斜二等轴测图的画法。

8.2　正等轴测图

8.2.1　轴向伸缩系数和轴间角

根据几何推导，正等测的轴向伸缩系数 $p=q=r=0.82$，轴间角 $\angle X_1O_1Y_1=\angle X_1O_1Z_1=\angle Z_1O_1Y_1=120°$。

作图时一般使 O_1Z_1 轴处于铅垂位置，三轴的位置如图 8-4(a)所示。为了简化作图，国家标准规定正等测的各轴向可采用简化的伸缩系数，取 $p=q=r=1$，如图 8-4(b)所示。这样画出的正等测比实际的轴向尺寸放大了 1/0.82≈1.22 倍，但所表达的物体形状是一样的。

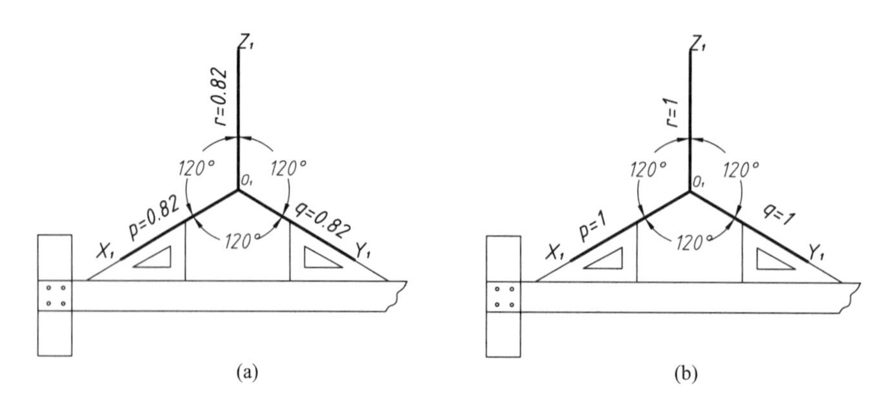

图 8-4　正等测的轴向伸缩系数和轴间角

8.2.2　平面立体的正等测

例 8-1　画出图 8-5(a)所示正六棱柱的正等测。

解　正六棱柱前后、左右对称，可选择顶面的中点作为坐标原点，从可见的顶面开始作图，具体步骤如图 8-5 所示。

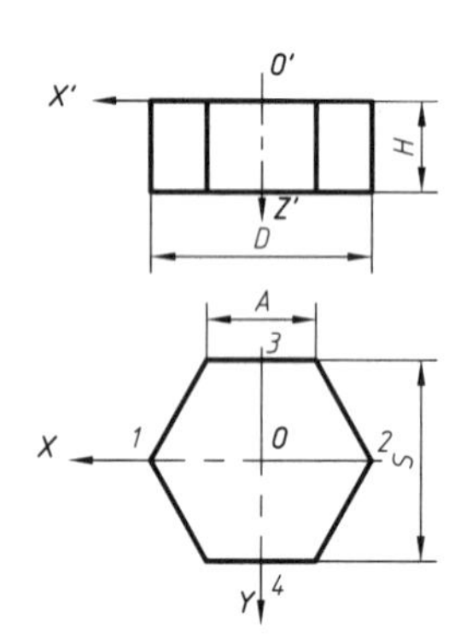

(a) 选择顶面的中点O为坐标原点

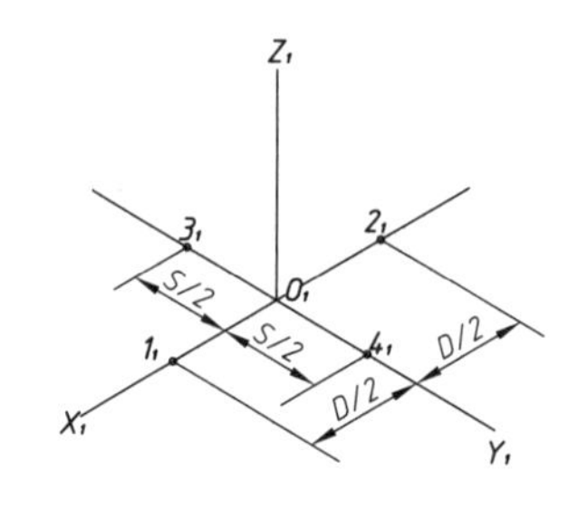

(b) 画轴测轴，根据尺寸在O_1X_1轴、O_1Y_1轴上分别直接定出1_1、2_1、3_1、4_1四点

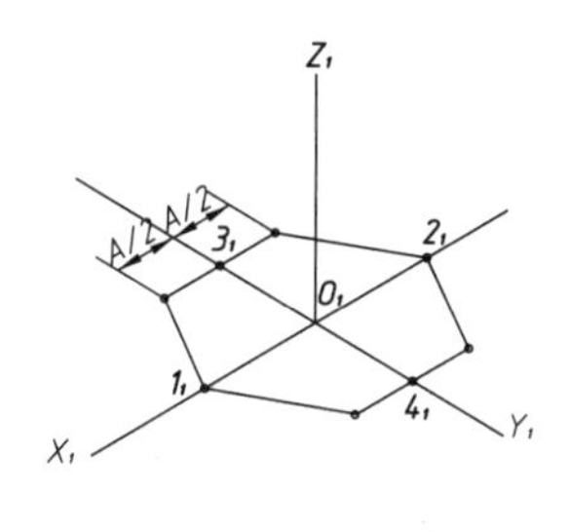

(c) 过3_1、4_1两点作O_1X_1轴的平行线，按尺寸A定出顶面上另外四个点，画出顶面

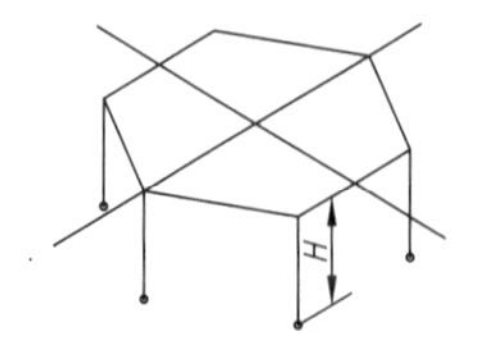

(d) 从顶面各顶点向下作各垂直棱线并量取高度H，得底面各顶点

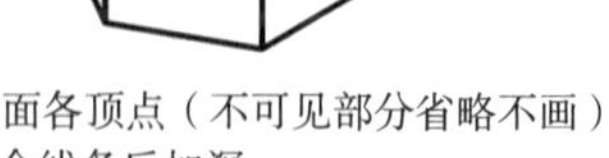

(e) 连接底面各顶点（不可见部分省略不画），擦去多余线条后加深

图 8-5　正六棱柱的正等测

例 8－2　画出图 8－6(a)所示物体的正等测。

解　图示物体可看成是一长方体被截去某些部分后所形成的。因此，在画轴测图时，可先画出完整的基本形体（长方体），然后依次切割，画出其不完整的部分。具体作图步骤见图 8－6。

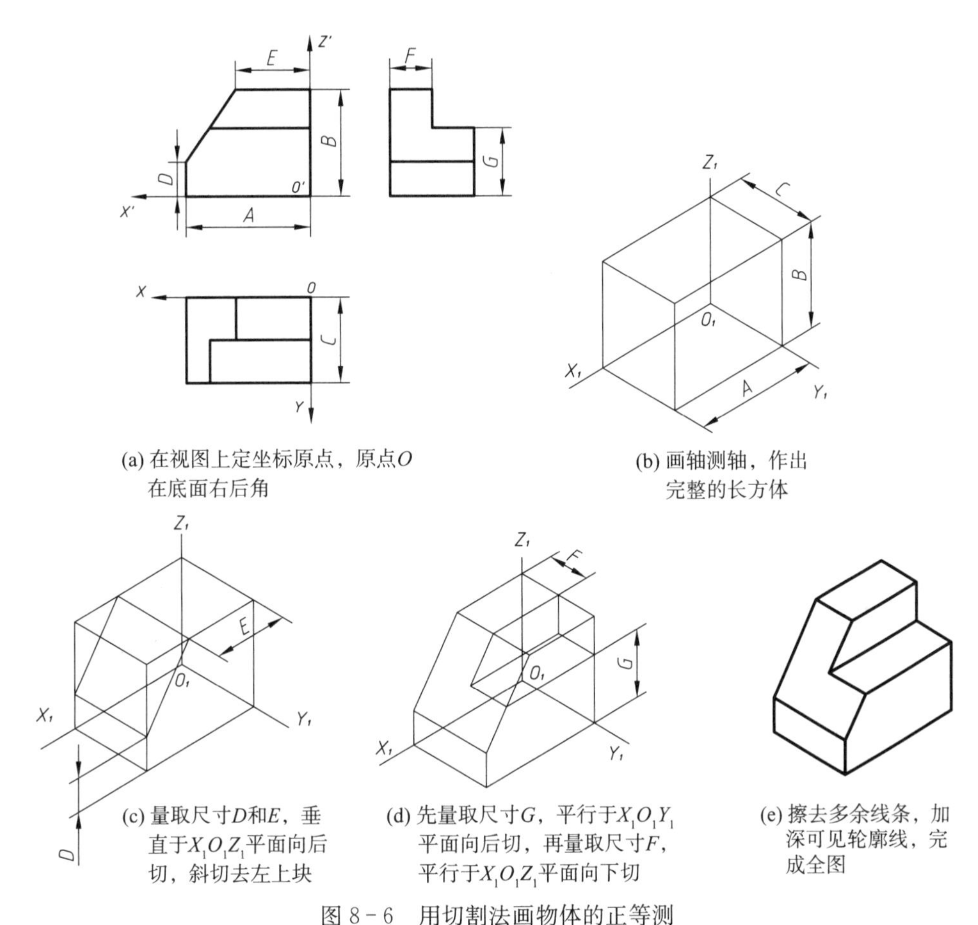

(a) 在视图上定坐标原点，原点O在底面右后角

(b) 画轴测轴，作出完整的长方体

(c) 量取尺寸D和E，垂直于$X_1O_1Z_1$平面向后切，斜切去左上块

(d) 先量取尺寸G，平行于$X_1O_1Y_1$平面向后切，再量取尺寸F，平行于$X_1O_1Z_1$平面向下切

(e) 擦去多余线条，加深可见轮廓线，完成全图

图 8－6　用切割法画物体的正等测

8.2.3　曲面立体的正等测

画曲面立体时经常要遇到圆或圆弧，圆的轴测投影变形为椭圆。其中与各坐标面平行的圆，由于其外切正方形在正轴测投影中变形为菱形，因而其轴测投影为内切于对应菱形的椭圆，如图 8－7 所示。

在实际作图中，可用由四段圆弧组成的近似椭圆代替圆。图 8－8 所示为与 XOY 坐标面平行的圆的轴测投影——椭圆的近似画法。

由图 8－7 和图 8－8 可见：

(1) 椭圆的长轴在菱形的长对角线上，而短轴在短对角线上。$X_1O_1Y_1$ 平行面上椭圆的四个圆心为点 1、2、3、4，$X_1O_1Z_1$ 平行面上椭圆的四个圆心为点 4、8、9、10，$Y_1O_1Z_1$ 平行面上椭圆的四个圆心为点 4、7、5、6。

(2) 椭圆的长轴分别与所在坐标面相垂直的轴测轴垂直，而短轴与该轴测轴平行。

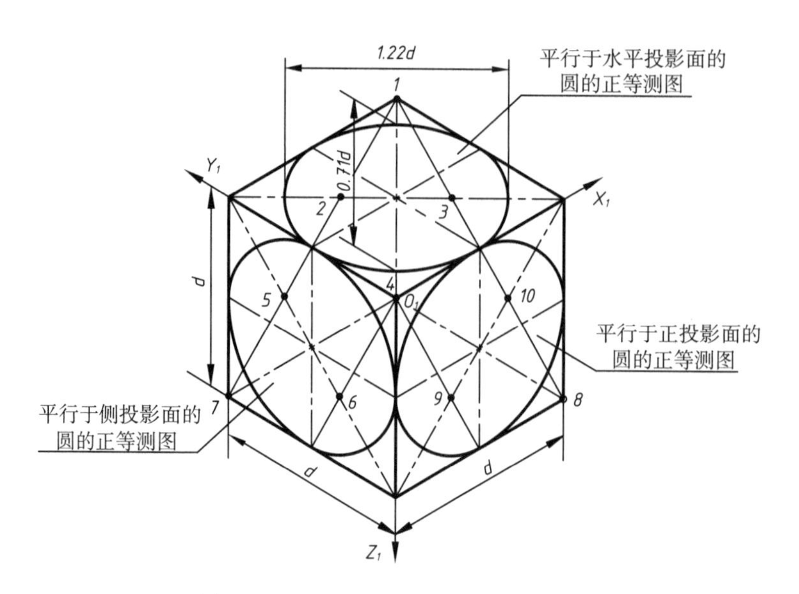

图 8-7　平行于坐标面的圆的正等测图

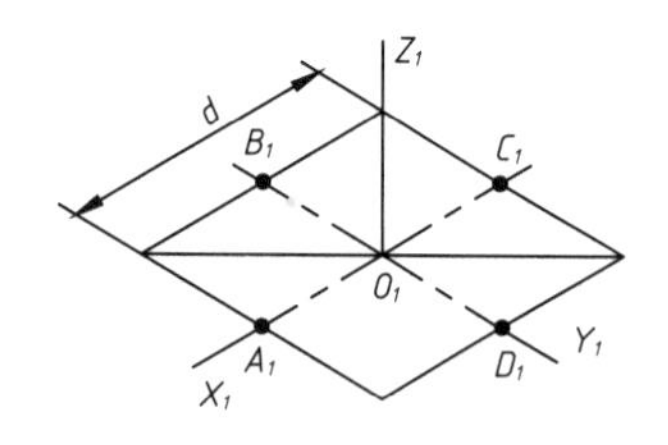

(a) 画轴测轴，按图中的直径d作圆外接正方形的正等测——菱形(两对边分别平行于O_1X_1轴和O_1Y_1轴)，得圆弧切点A_1、B_1、C_1、D_1

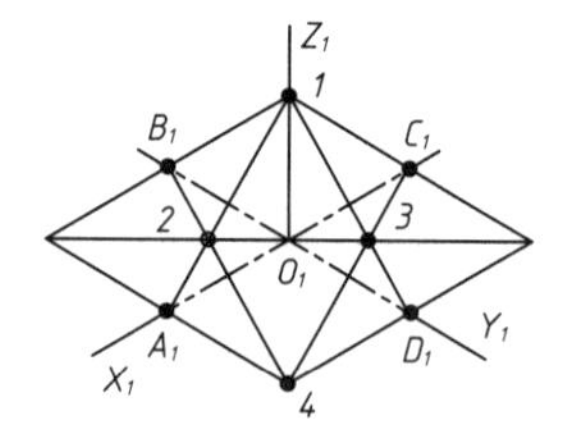

(b) 连$A_1 1$、$D_1 1$(或$B_1 4$、$C_1 4$)，与菱形长对角线分别交于点2、3

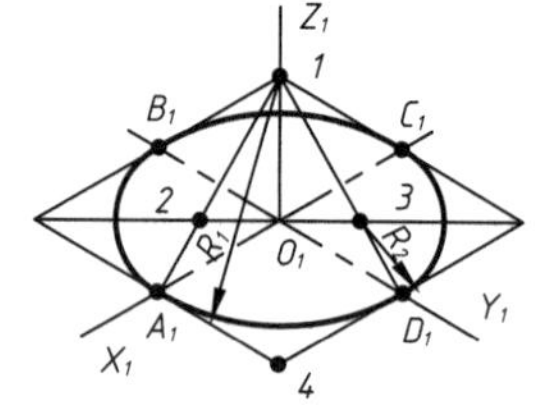

(c) 先分别以点1、4为圆心，以$A_1 1$或$D_1 1(R_1)$为半径作两个大圆弧，再分别以点2、3为圆心，以$A_1 2$或$D_1 3(R_2)$为半径作两个小圆弧，即得近似椭圆

图 8-8　正等测中椭圆的近似画法

(3) 椭圆的长轴长度为 $1.22d$，短轴长度为 $0.71d$。

例 8-3　试画出图 8-9(a)所示平板的正等测。

解　图示平板带有圆角，该圆角的正等测由四分之一圆的轴测投影构成。图 8-9(b)～(d)示出了平板顶面上圆角轴测投影的画法。其中，A_1、B_1、C_1、D_1 分别为椭圆与其外切菱形的切点；圆弧 A_1B_1 的圆心 O_1、圆弧 C_1D_1 的圆心 O_2 分别是过切点向各边所作垂线的交点；而点 O_1、O_2 到垂足的距离分别为圆弧的半径。平板底面上圆角轴测投影的画法如图 8-9(e)所示，其完成图如图 8-9(f)所示。

8.2.4　投影方向的选择

在画物体的正等测时，投影方向不同，正等测所表达的物体部位就各有侧重。图 8-10 所示为四种不同投影方向所得到的同一物体的正等测，同时还示出了相应的轴测轴位置以供读者参考。

因此，画正等测时应针对所画物体的结构形状特点来选择有利的投影方向。

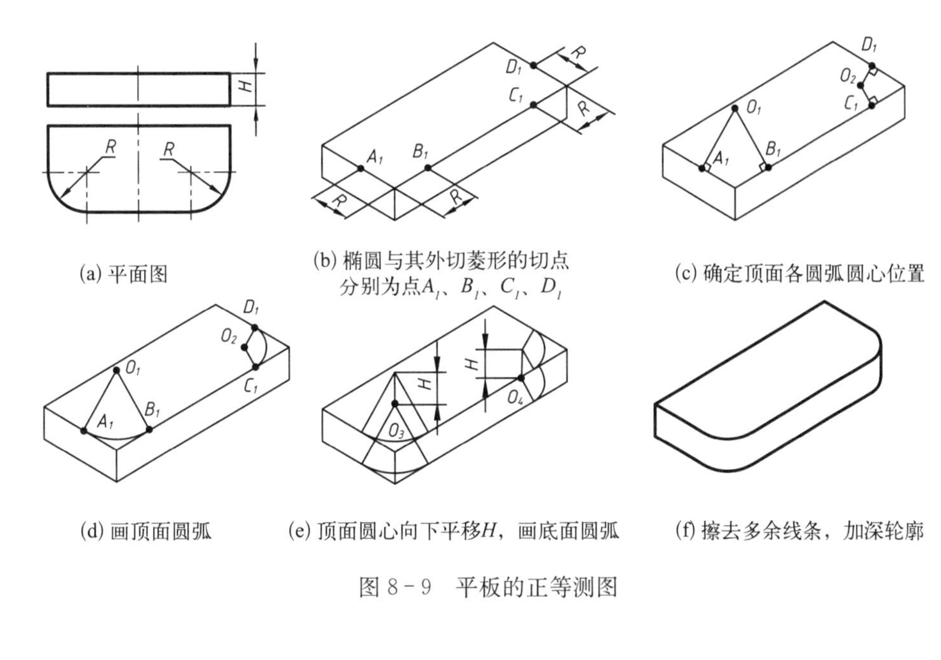

图 8-9　平板的正等测图

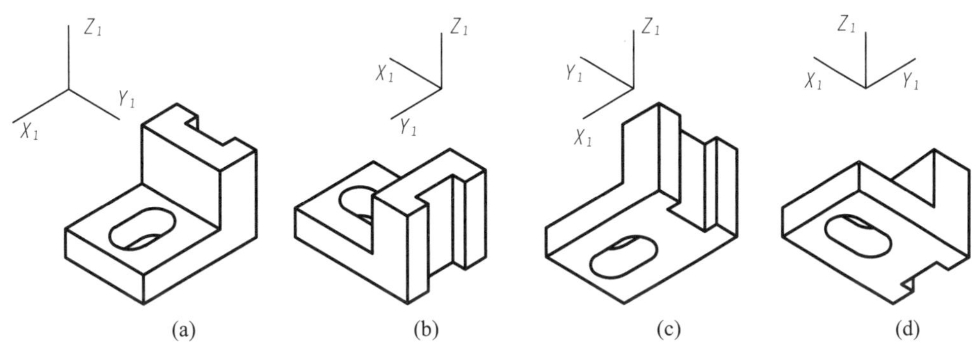

图 8-10　不同投影方向得到的正等测图

8.3　斜二等轴测图

8.3.1　轴向伸缩系数和轴间角

在斜轴测投影中，轴测投影面的位置可任意选定。只要投影方向与三个坐标面都不平行、不垂直，即投影方向与轴测投影面斜交成任意角度，所画出的轴测图就能同时反映物体三个方向的形状。因此，斜轴测投影的轴向伸缩系数[①]和轴间角可以独立变化，即都可以任意选定。

在图 8-11 中，轴测投影面 P 平行于 XOZ 坐标面，则不论投影方向与轴测投影面倾斜成任何角度，物体上平行于 XOZ 坐标面的表面，其轴测投影的形状和大小都不变，即 X 轴

① 在正轴测投影中，轴向伸缩系数总是小于 1；而在斜轴测投影中，轴向伸缩系数可以大于或等于 1。

的轴向伸缩系数 p、Z 轴的轴向伸缩系数 r 均为 1,轴间角 $\angle X_1O_1Z_1=90°$,但 Y 轴的轴向伸缩系数 q 将随投影方向的变化而变化,且可任意选定。图 8 - 11 即为正面的斜轴测投影图。

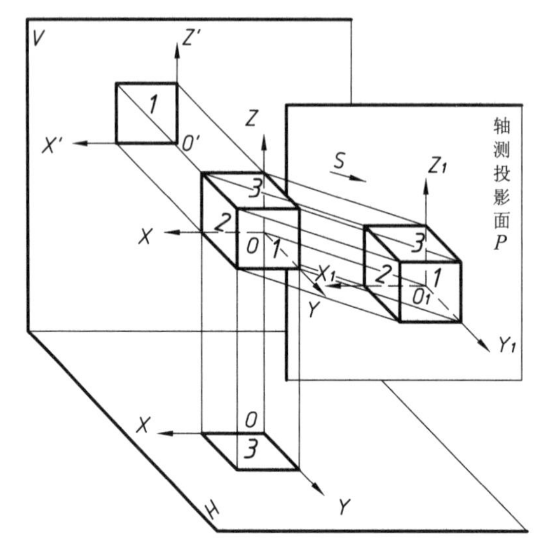

图 8 - 11　斜二测的形成

为了作图方便,并有较好的立体感,国家标准推荐的斜二测取 Y 轴的轴向伸缩系数 $q=0.5$,轴间角 $\angle X_1O_1Y_1=\angle Y_1O_1Z_1=135°$。作图时一般使 O_1Z_1 轴处于铅垂位置,如图 8 - 12 所示。

圆的斜二测如图 8 - 13 所示。其中平行于 XOZ 坐标面(即平行轴测投影面)的圆,其斜二测仍为圆的实形,而平行于 XOY、YOZ 两坐标面的圆的斜二测则为椭圆。因此,斜二测的最大优点是凡平行于轴测投影面的图形都能反映实形,它适合于对在某一方向形状比较复杂的圆和有曲线的物体的表达。

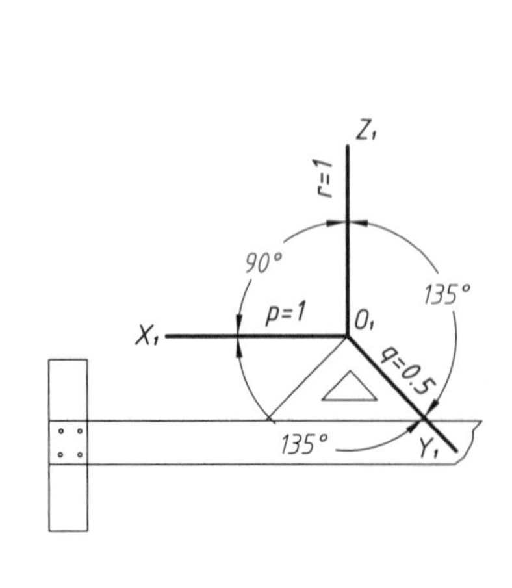

图 8 - 12　斜二测的轴向伸缩系数和轴间角

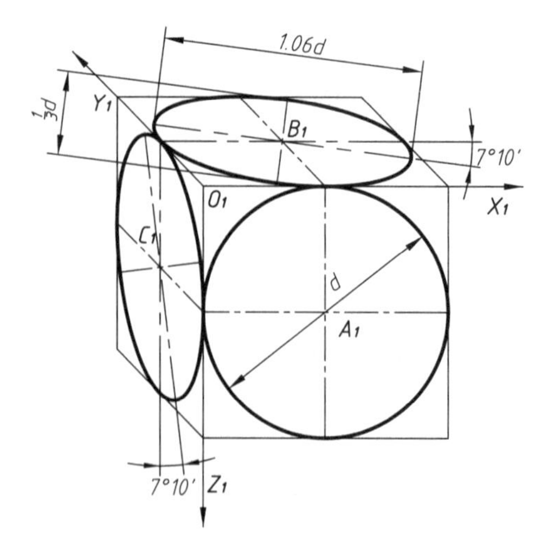

图 8 - 13　坐标面上三个方向圆的斜二测

8.3.2　斜二测的画法

斜二测的作图方法和步骤与正等测的相同。要注意的是，在确定轴测轴位置时，应使轴测投影面与物体上形状较复杂的表面平行，以便于作图。

例 8－4　画出图 8－14(a)所示支座的斜二测。

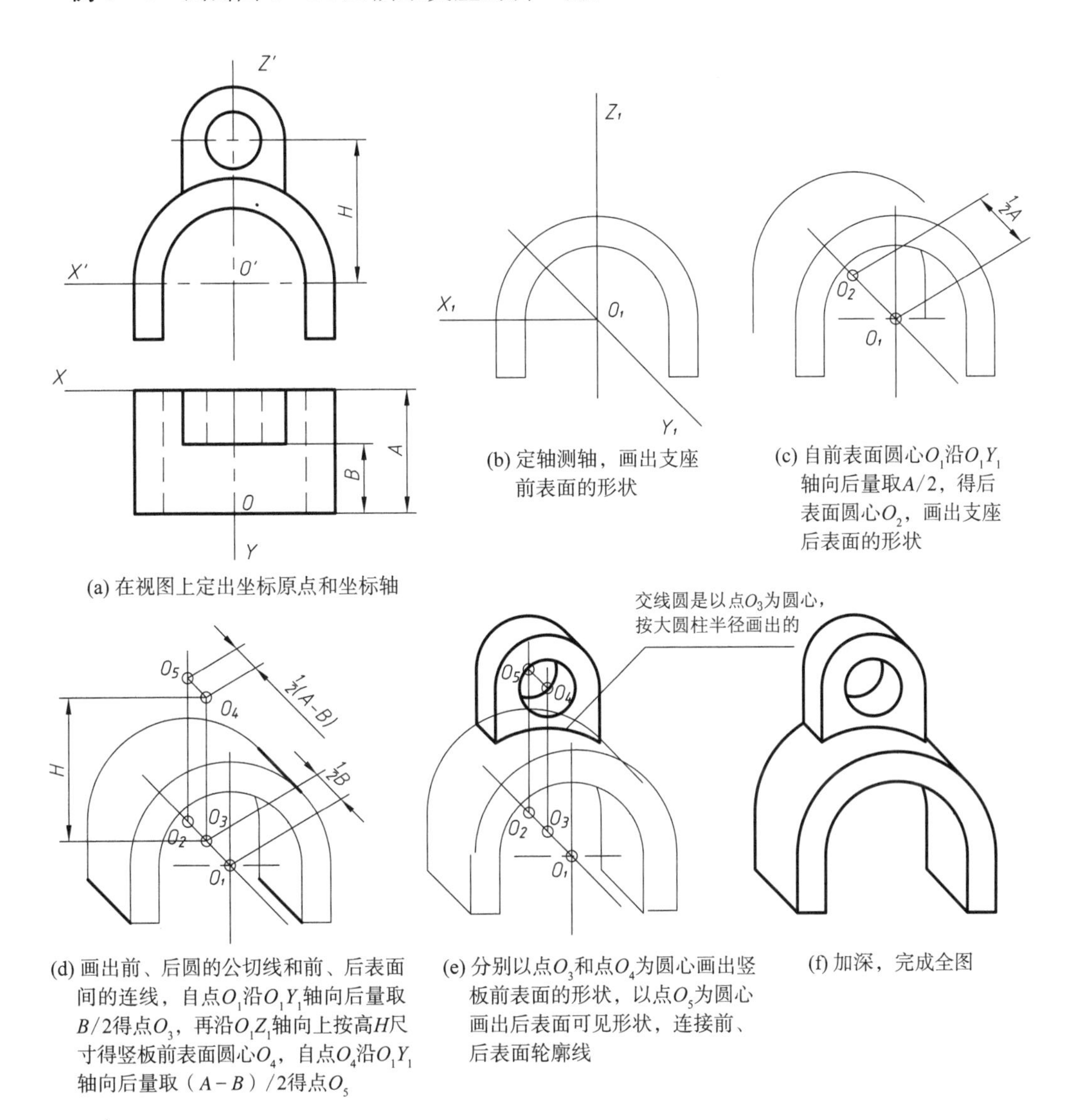

(a) 在视图上定出坐标原点和坐标轴

(b) 定轴测轴，画出支座前表面的形状

(c) 自前表面圆心O_1沿O_1Y_1轴向后量取$A/2$，得后表面圆心O_2，画出支座后表面的形状

(d) 画出前、后圆的公切线和前、后表面间的连线，自点O_1沿O_1Y_1轴向后量取$B/2$得点O_3，再沿O_1Z_1轴向上按高H尺寸得竖板前表面圆心O_4，自点O_4沿O_1Y_1轴向后量取（$A-B$）/2得点O_5

(e) 分别以点O_3和点O_4为圆心画出竖板前表面的形状，以点O_5为圆心画出后表面可见形状，连接前、后表面轮廓线

(f) 加深，完成全图

图 8－14　支座的斜二测

解　支座正面的形状比较复杂，应使它的正面在斜二测中反映实形，所以应使轴测投影面平行于 XOZ 坐标面，其作图步骤如图 8－14 所示。

例 8－5　画出图 8－15(a)所示压盖的斜二测。

解　物体上的圆和圆弧都平行于水平面。为了使水平方向的图形在斜二测中反映实形，可假定轴测投影面平行于 XOY 坐标面，则其轴间角如图 8－15(b)所示。图 8－15 示出了压盖的作图步骤。

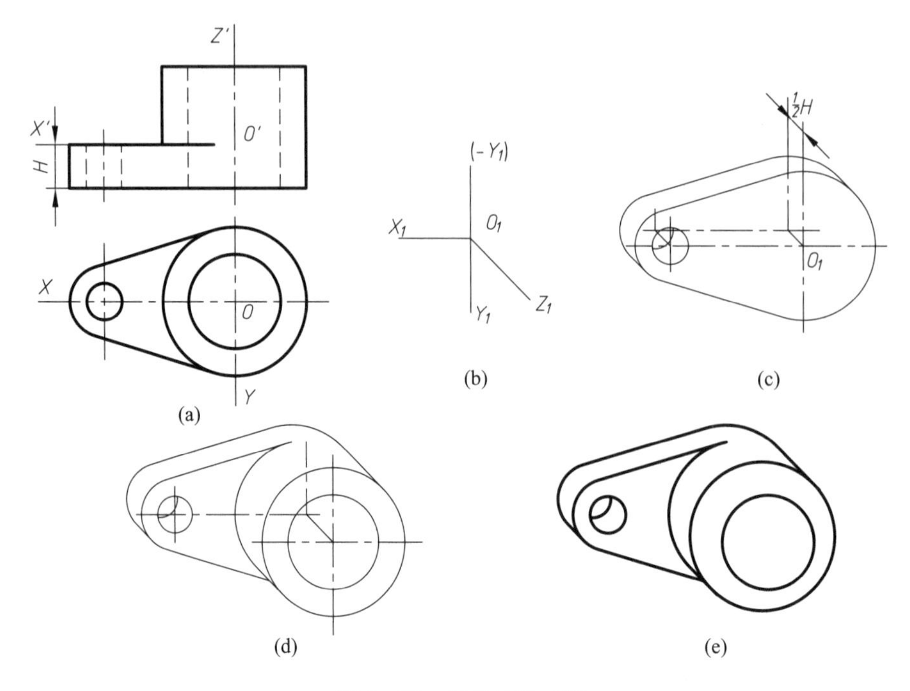

图 8-15　压盖的斜二测

8.4　轴测剖视图的画法

轴测图和视图一样，为了表达物体的内部形状，也可假想用剖切平面把所画的物体剖去一部分，画成轴测剖视图。

画轴测剖视图时应注意：

(1) 剖切平面的位置。为了使图形清楚和作图简便，应选取通过物体主要轴线或对称平面并平行于坐标面的平面作为剖切平面；又为了在轴测图上能同时表达出物体的内、外形状，通常把物体切去 1/4，如后文图 8-17 所示。

(2) 剖面线画法。剖切平面剖到物体的实体部分应画上剖面符号，一般用金属材料的剖面线表示。剖面线方向如图 8-16 所示。应注意平行于三个坐标面上的剖面线方向是不同的。

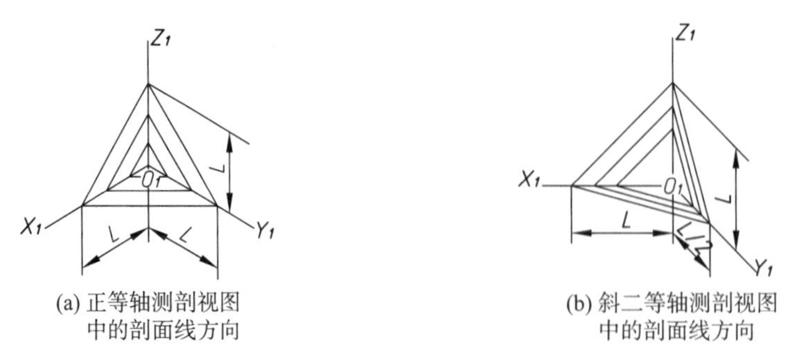

(a) 正等轴测剖视图中的剖面线方向　　(b) 斜二等轴测剖视图中的剖面线方向

图 8-16　轴测剖视图中的剖面线方向

例 8-6 画出图 8-17(a)所示物体的正等轴测剖视图。

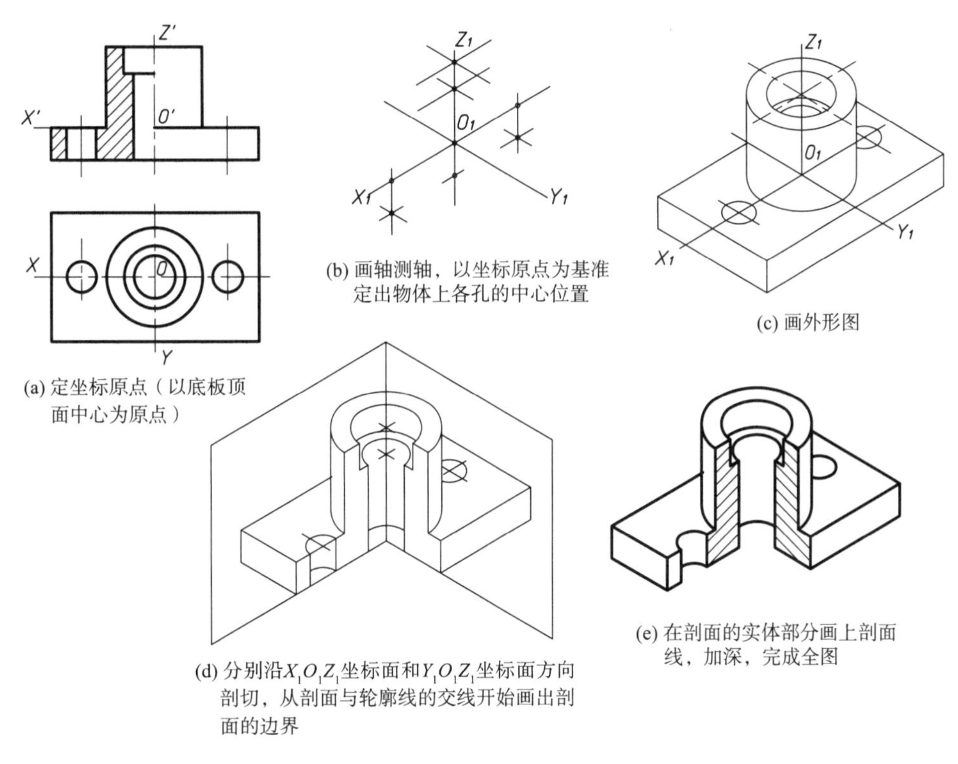

(a) 定坐标原点（以底板顶面中心为原点）

(b) 画轴测轴，以坐标原点为基准定出物体上各孔的中心位置

(c) 画外形图

(d) 分别沿$X_1O_1Z_1$坐标面和$Y_1O_1Z_1$坐标面方向剖切，从剖面与轮廓线的交线开始画出剖面的边界

(e) 在剖面的实体部分画上剖面线，加深，完成全图

图 8-17 正等轴测剖视图

8.5 轴测图的选择

前面介绍了两种轴测图，从立体表达的效果比较，正等测一般比斜二测好；从作图难易程度来看，正等测在三个轴测轴方向上都能直接度量，而斜二测只能在两个轴测轴方向上直接度量，而有一个方向的尺寸必须缩短。当零件在某一坐标面及其平行面上有较多的圆或圆弧时，采用斜二测最容易。因此，必须经过综合分析才能确定所选轴测图的种类，以获得较好的方案。

图 8-18(b)和图 8-18(c)分别为同一物体的正等测和斜二测。由于该物体在两个与坐

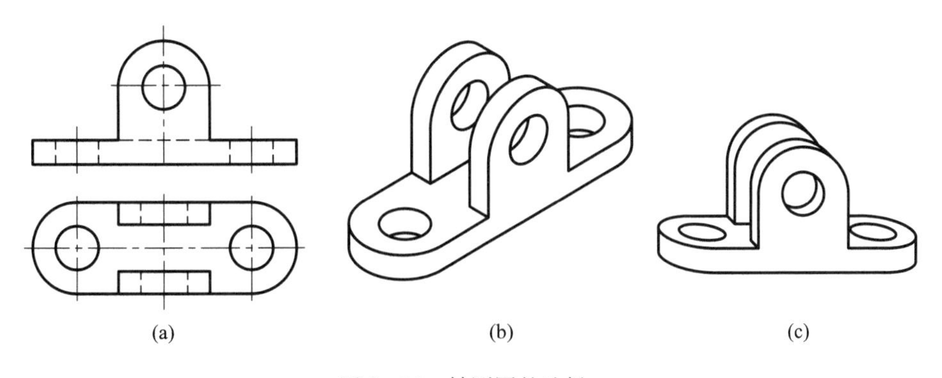

(a) (b) (c)

图 8-18 轴测图的选择一

标面平行的平面上都有圆和圆弧,前者的正等测中不同坐标面上的椭圆画法都一样,作图较简便,且立体感较斜二测强,因而选用正等测表达较为合适。

对于图 8-19(a)所示的物体,该物体只有一个与坐标面平行的平面上有圆和圆弧,此时斜二测[图 8-19(c)]要比正等测[图 8-19(b)]的作图方便,且立体感并不差。

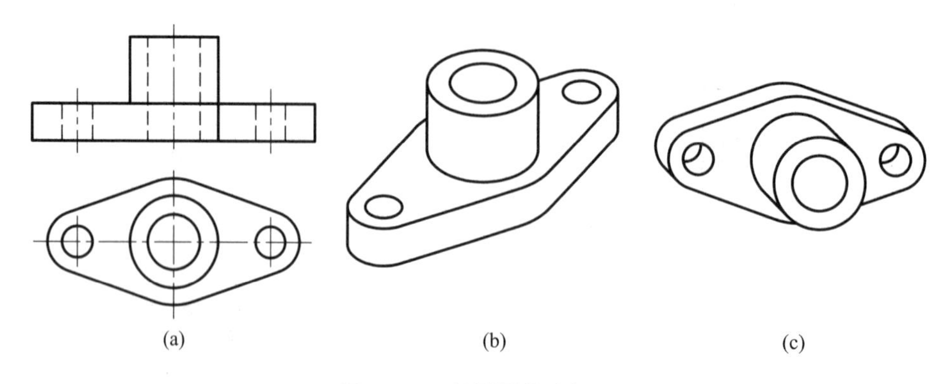

图 8-19　轴测图的选择二

9 机件常用的表达方法

本章提要

实际生产中的机件，当其结构和形状多种多样时，仅采用前述的视图来表达往往会出现虚线多、图线重叠、层次不清或投影失真，从而不能将机件的结构形状清晰地表达出来。为了把机件的结构形状表达得正确、完整、清晰和简练，技术制图国家标准中规定了各种表达方法。本章介绍机件常用的一些表达方法。

9.1 视图

根据国家标准规定，视图分为基本视图、向视图、局部视图和斜视图，其中基本视图和向视图已在第2章中做了详细叙述，在此不再介绍。

9.1.1 局部视图

当机件在平行于某一基本投影面的方向上仅有某局部结构形状需要表达，而又没有必要画出其完整的基本视图时，可将机件的局部结构形状向基本投影面投射，这样得到的视图称为局部视图。如图9-1(a)所示的机件，用主、俯两个基本视图已清楚地表达了主体结构形状，但为了表示左、右两个凸缘结构，再增加左、右视图显得烦琐和重复，这时就可以采用局部视图，只画出左、右两个凸缘形状，表达方案既简练又突出重点。

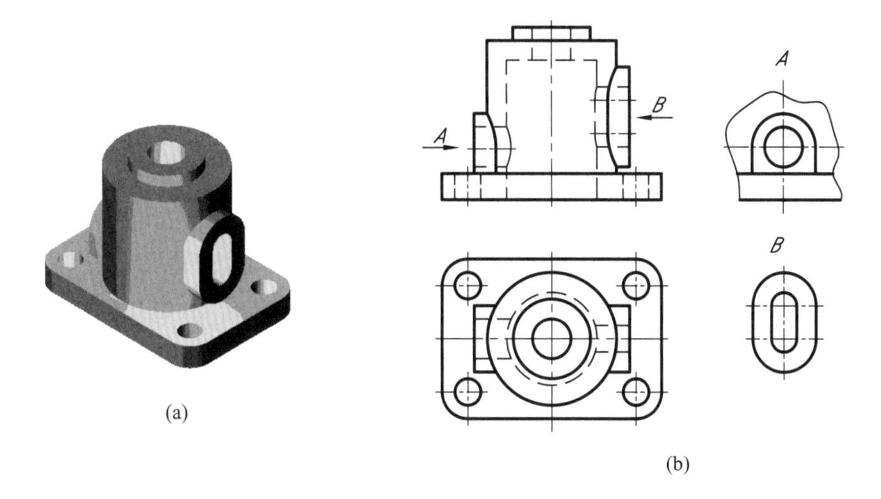

图9-1 局部视图

局部视图的画法和标注应符合如下规定：

(1) 局部视图的断裂边界一般用波浪线或双折线表示，如图 9-1(b)所示的 A 向局部视图。

(2) 当所表示的结构是完整的且外轮廓又成封闭时，不必画出其断裂边界线，如图 9-1(b)所示的 B 向局部视图。

(3) 局部视图可按基本视图的配置形式配置[如图 9-1(b)所示的 A 向局部视图]，也可参照向视图配置在其他适当位置[如图 9-1(b)所示的 B 向局部视图]。

(4) 局部视图一般需进行标注，在局部视图的上方标出视图名称，如“A”，在相应的视图附近用箭头指明投射方向，并注上同样的字母；当局部视图按投影关系配置，中间没有其他图形隔开时，可省略标注，如图 9-1(b)中 A 向局部视图上的箭头和字母“A”均可省略。

9.1.2 斜视图

图 9-2(a)所示机件具有倾斜的结构，其倾斜表面在俯、左视图上都不反映实形，如设立一个平行于倾斜表面的平面作为辅助投影面，然后将倾斜部分向此辅助投影面投射，就能得到反映该倾斜表面实形的视图。这种把机件向不平行于基本投影面的平面投射所得的图形，称为斜视图。

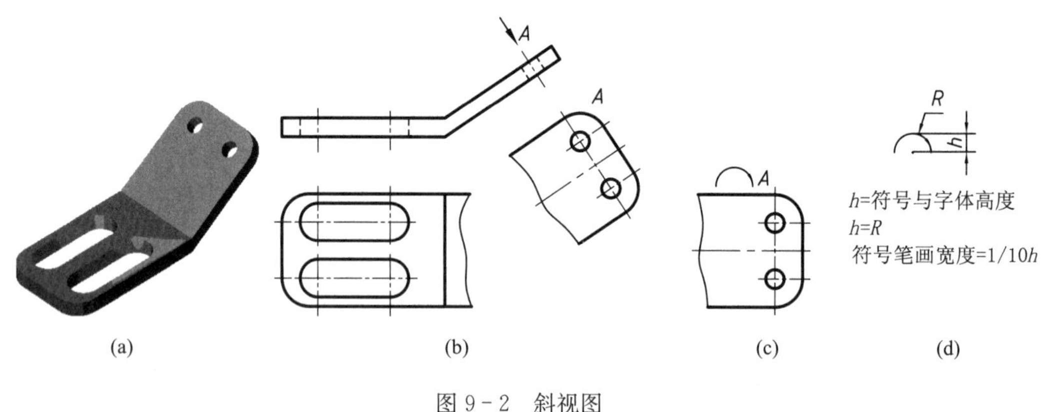

图 9-2 斜视图

斜视图的画法和标注应符合如下规定：

(1) 斜视图主要用于表示机件上倾斜部分的局部形状，因此机件的其余部分不必在斜视图上画出。斜视图的断裂边界可用波浪线或双折线绘制，见图 9-2(b)。

(2) 必须在斜视图的上方标出视图名称，用大写拉丁字母表示，如“A”，在相应的视图附近用箭头指明投射方向，并注上同样的字母，字母一律水平书写。

(3) 斜视图一般按投影关系配置，其标注形式如图 9-2(b)所示，必要时也可配置在其他适当的位置。在不致引起误解时，允许将图形旋转，标注形式如图 9-2(c)所示。旋转符号的箭头指向应与旋转方向一致，表示视图名称的字母靠近箭头端，也允许将旋转角度标注在字母后。旋转符号的画法如图 9-2(d)所示。

9.2 剖视图

在用视图表达机件时，机件的内部结构和被遮盖的外部结构是用虚线表示的，当其结构形状较复杂时，视图中会出现很多虚线，这些虚线和其他线条重叠在一起，影响视图的清晰，不便于读图和标注尺寸。为了清楚地表达机件的内部形状，常采用剖视的画法。

9.2.1　剖视的概念和基本画法

图 9-3(a)所示机件的内部结构在主视图[图 9-3(b)]上是用虚线表示的。现假想用一个过机件对称平面的正平面为剖切平面剖开机件，移去观察者和剖切平面之间的部分，将留下的部分向正立投影面投射，就得到图 9-4 中主视图位置上的剖视图。这种假想用一剖切平面沿机件的适当位置剖开机件，将处于观察者和剖切平面之间的部分移去，而将其余部分向投影面投射，并在剖切到的实体部分画上剖面符号所得到的图形，称为剖视图。

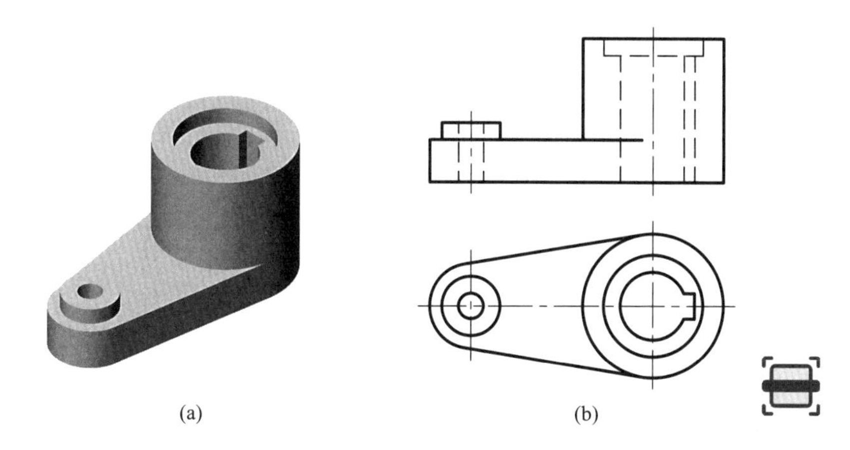

图 9-3　机件的视图

下面以图 9-4 所示的机件为例，介绍画剖视图的步骤：

(1) 确定剖切面的位置　剖切面一般应通过机件的对称平面或孔、槽等结构的轴线，且要平行(或垂直)于某一基本投影面(图中为平行于正立投影面)，这样就能反映机件内部结构的实形。

(2) 画剖视图　移去位于观察者和剖切面之间的部分，画出余下部分的视图，从而在主视图上得到剖视图。这时机件内部的孔、槽显露出来，原来看不见的虚线变成可见的，画成粗实线。

(3) 画剖面符号　在剖视图上，为区分剖切到的实体部分和未剖切到的结构，规定在剖切到的实体部分画上剖面符号。

(4) 标注剖视图的三要素

① 剖切线：表示剖切位置的线(用细点画线表示)，通常省略不画。

② 剖切符号：表示剖切面起、讫和转折位置(用粗实线表示)及投射方向(用箭头表示)的符号。

③ 字母：注写在剖视图的上方，用以表示剖视图的名称(用大写拉丁字母“×—×”表示)。为便于读图时查找，应在剖切符号附近标出同样的字母“×”，如图 9-4(b)所示。

注意下列情况可以省略标注：

① 当剖视图按投影关系配置，中间没有图形隔开时，可省略表示投射方向的箭头。

② 当单一剖切平面通过机件的对称平面或基本对称的平面，且剖视图按投影关系配

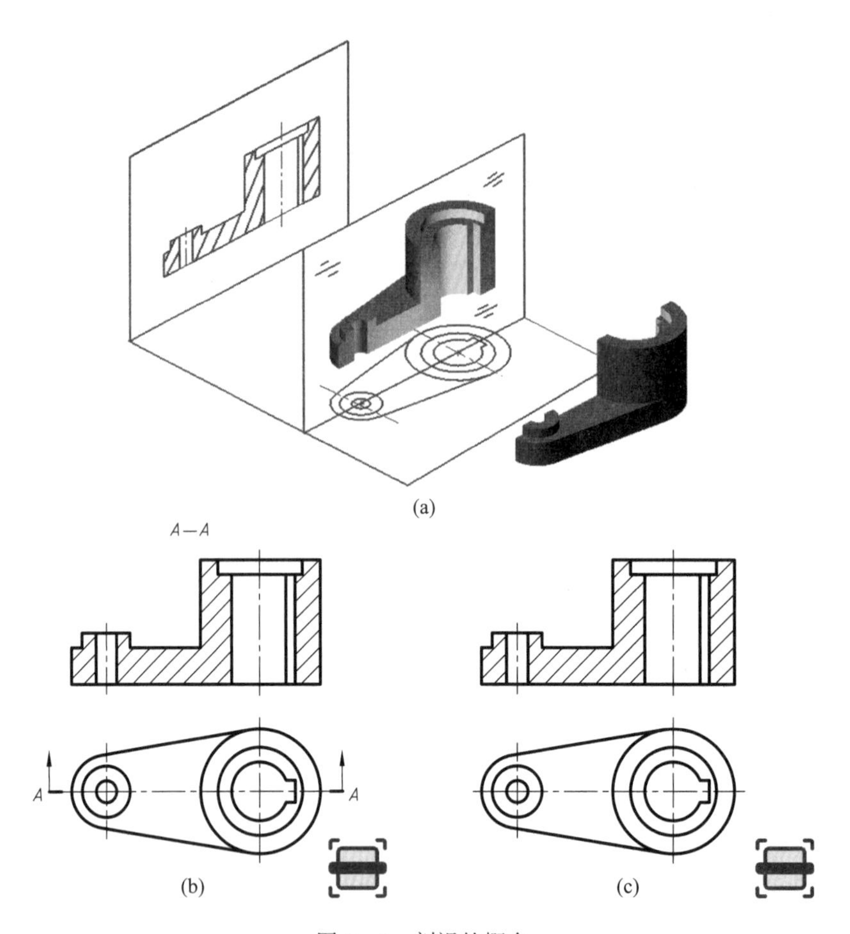

图 9-4　剖视的概念

置,中间没有图形隔开时,可省略标注。如图 9-4(b)中剖视图上的剖切位置,箭头和剖视图的名称均可省略,见图 9-4(c)。

画剖视图时要注意以下几点:

(1) 根据机件表达的实际需要,在一组视图中,几个视图可以同时采用剖视,例见图 9-5。

(2) 由于剖切是假想的,因此将一个视图画成剖视图后,其他视图仍应按完整的机件画出,见图 9-5(c)中的主视图。

(3) 在剖视图中,不可见轮廓线——虚线一般省略不画,如图 9-6(b)所示。只有对尚未表达清楚的结构形状,当不再另画视图表达时,才用虚线画出,但视图应不失清晰,如图 9-6(c)所示。

(4) 被投射部分的可见轮廓线都必须用粗实线画出。应注意不可将已假想被移去的部分画出。图 9-7 示出了常见的错误。

(5) 在剖视图中,在剖切到的断面上应画上剖面符号。根据国家标准规定,应采用表 9-1 所规定的剖面符号。其中,金属材料的剖面符号用与水平线成 45°、间隔均匀的细实线画出,向左上、右上倾斜均可,通常称为剖面线。在同一机件的各个剖视图中,剖面线方向和间隔均应一致。

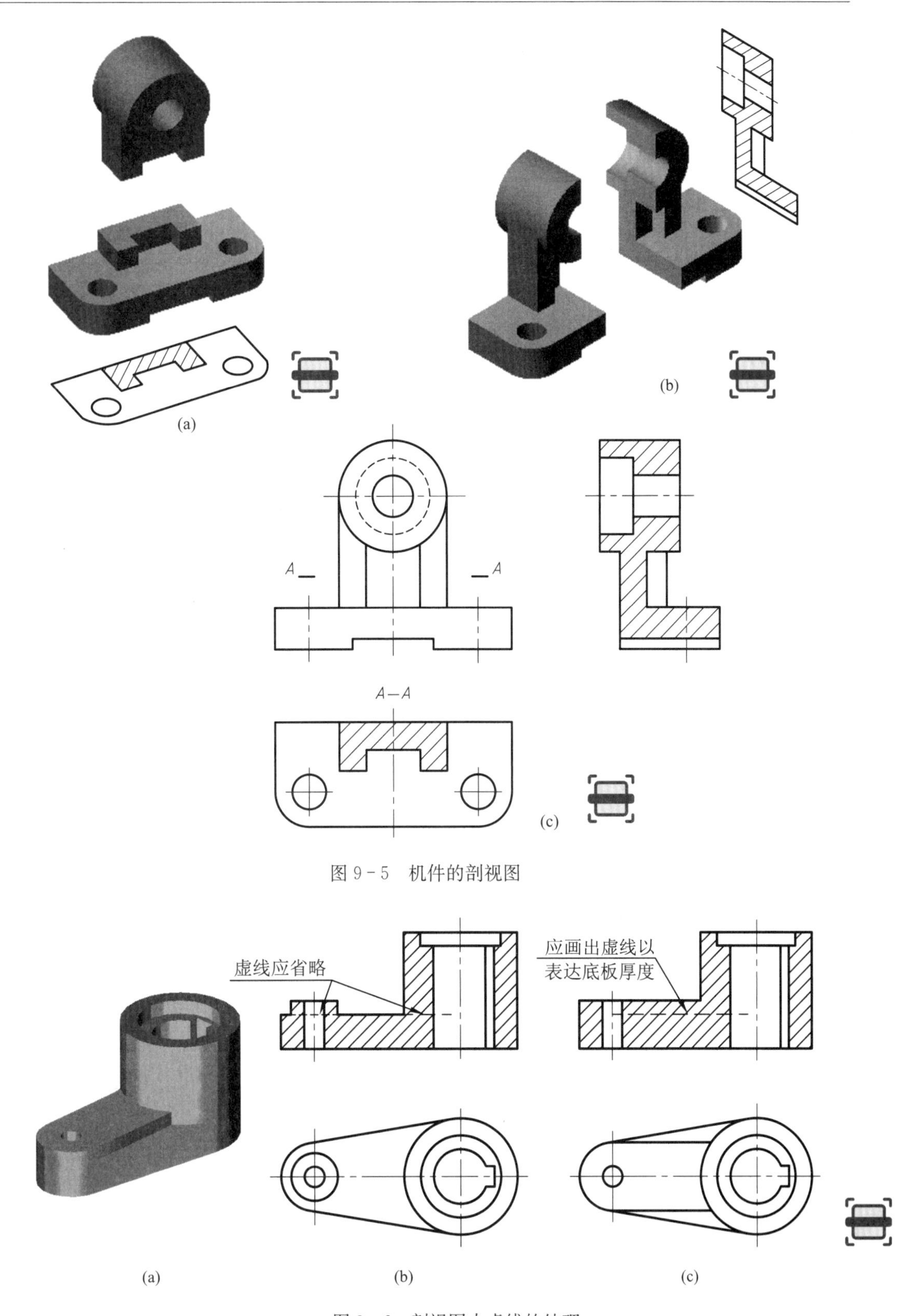

图 9-5　机件的剖视图

图 9-6　剖视图中虚线的处理

关于剖面线的规定，机械制图国家标准与技术制图国家标准中的论述不尽相同。GB/T 4457.5—2013《机械制图　剖面区域的表示法》规定剖面线应画成“与剖面区域的主要轮廓或对称线成45°的平行线”，GB/T 17453—2005《技术制图　图样画法　剖面区域的表示法》则规定剖面线“与剖面或断面外面轮廓成对称或相适宜的角度(参考角45°)”，见图9-8。对于同一问题，当标准有不同规定时，原则上应参照最新发布的技术制图国家标准。

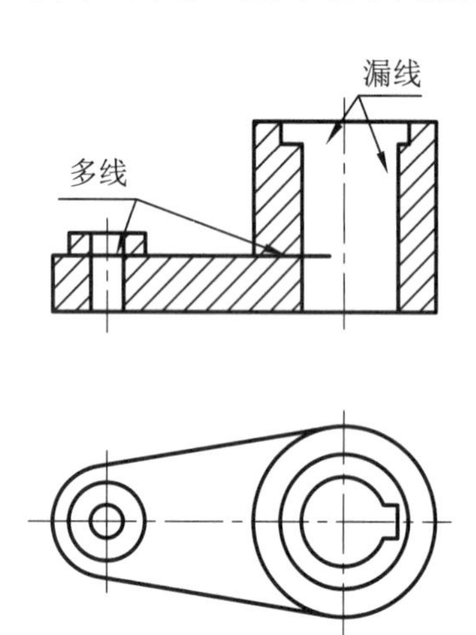

图9-7　剖视图上的错误

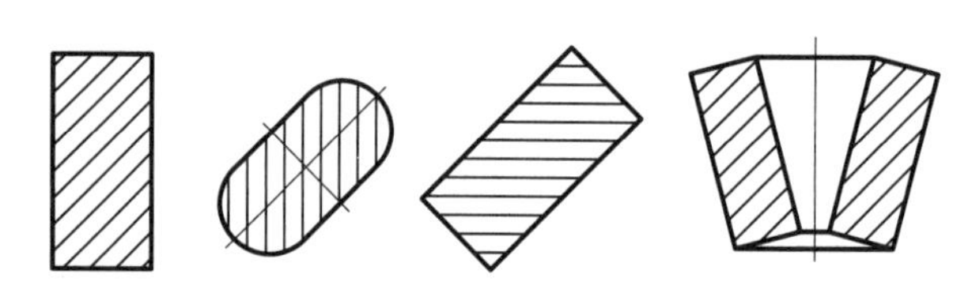

图9-8　剖面线的角度

表9-1　不同材料的剖面符号

材料类型	剖面符号	材料类型	剖面符号
金属材料 (已有规定剖面符号者除外)		混凝土	
非金属材料 (已有规定剖面符号者除外)		钢筋混凝土	
玻璃及观察用的其他透明材料		格网(筛网、过滤网等)	
型砂、填砂、粉末冶金、砂轮、陶瓷刀片、硬质合金刀片等		固体材料	
木材(纵剖面)		液体材料	
木材(横剖面)		气体材料	

9.2.2　剖视图种类

剖视图可分为全剖视图、半剖视图和局部剖视图。

9.2.2.1　全剖视图

用剖切平面完全地剖开机件所得的剖视图，称为全剖视图。

图 9-9(b)是泵盖的两视图。从图中可以看出，其外形比较简单，内形比较复杂，前后对称，上下、左右都不对称。假想用一个剖切平面[图 9-9(a)中泵盖的前后对称面]将它完全剖开，移去前半部分，将余下部分向正立投影面作面正投影，得到泵盖的全剖视图，见图 9-9(c)。

由于剖切平面与泵盖的对称平面重合，且视图按投影关系配置，中间没有其他图形隔开，因而在图 9-9(c)中省略标注剖切位置、投射方向和剖视图的名称。

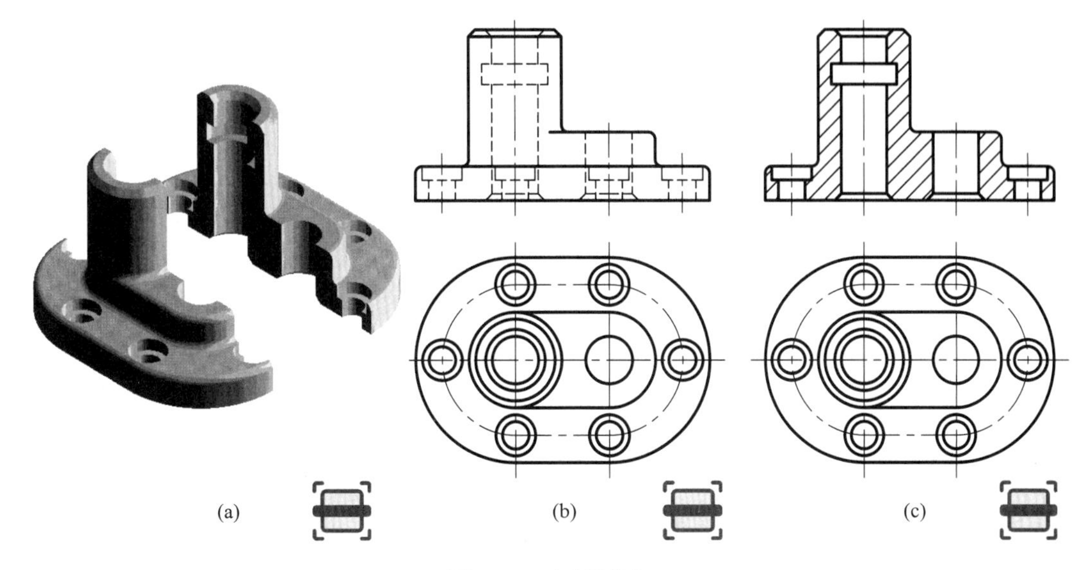

(a) (b) (c)

图 9-9 全剖视图

9.2.2.2 半剖视图

当机件具有对称平面时，在垂直于机件对称平面的投影面上投射所得的图形，可以以对称中心线为界，一半画成剖视图，另一半画成视图，这样画出的剖视图称为半剖视图。

如图 9-10(a)所示的机件，其内、外部结构均较复杂，但前后、左右都对称。如果主视图采用全剖视，顶板下的凸台就不能表达出来。如采用图 9-10(b)所示的剖切方法，分别将主、俯视图画成半剖视图，这样就能清楚地表示机件的内、外部结构。

画半剖视图时应注意下列几点：

(1) 同一机件的各个剖视图中的剖面线方向、间隔均必须一致，半个视图和半个剖视图的分界线必须是对称中心线(用细点画线画出)。

(2) 由于图形对称，机件的内形已在剖视图的一半中表示，因而在另一半外形视图中表示内部结构的虚线一般应省略不画。但是，如果机件的某些内部形状在半个剖视图中还没有表达清楚，那么在表达外部形状的半个视图中应用虚线画出。在图 9-10(c)中，在主视图上，顶板上的圆柱孔和底板上的圆柱孔都用虚线画出。

(3) 半剖视图的标注方法与全剖视图的标注方法相同。在图 9-10(c)中，按照标注省略条件，主视图中省略了标注；而用水平面剖切后得到的半剖视图，因为剖切平面不是机件的对称平面，所以必须在半剖视图的上方注出剖视图的名称“A—A”，并在另一个视图中用带字母“A”的剖切符号表示剖切位置，由于视图按投影关系配置，中间没有其他图形隔开，因而表示投射方向的箭头省略。另外，图中省略了左视图，请读者自行分析原因。

(4) 当机件的形状接近对称，且不对称部分已另有视图表达清楚时，也可画成半剖视

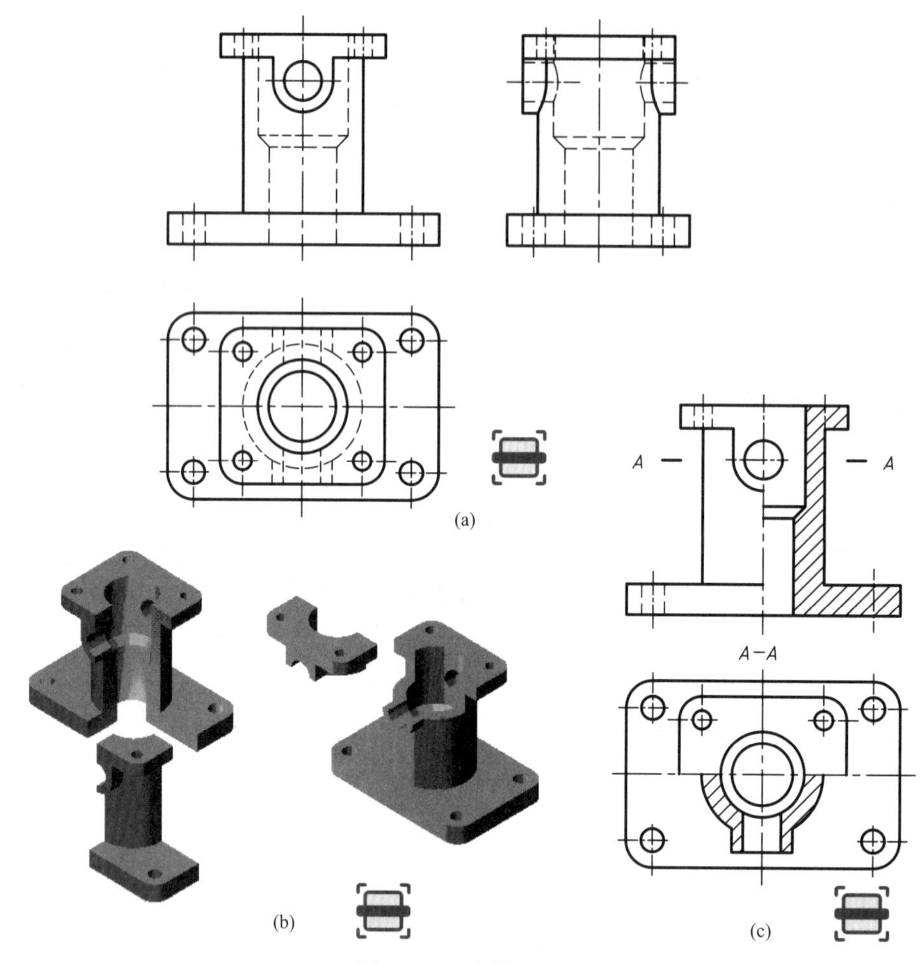

图 9-10　半剖视图

图,以便将物体的内、外部结构形状都表达出来,如图 9-11 所示。

(5) 如果机件的形状对称,但外形比较简单,那么通常不必采用半剖视,而用全剖视图来表达,如图 9-12 所示。

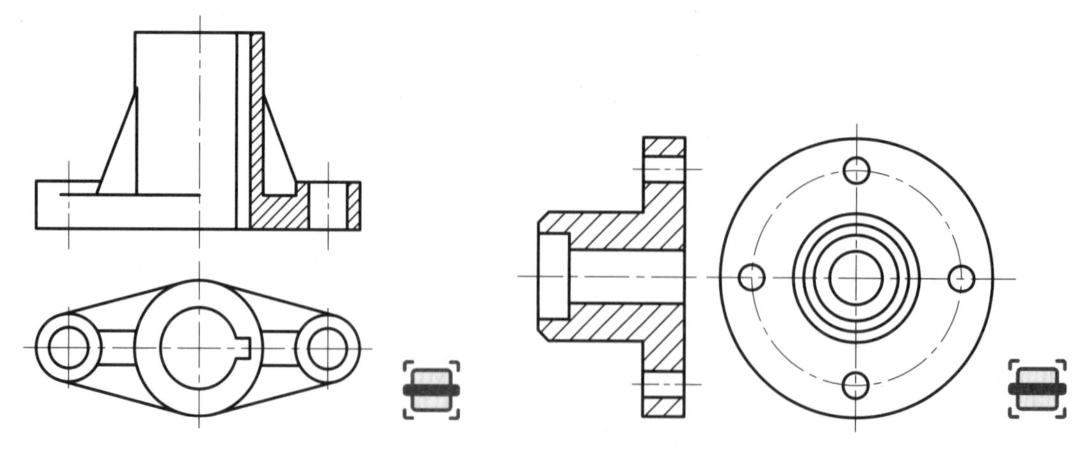

图 9-11　机件形状接近对称的半剖视图

图 9-12　机件形状对称的全剖视图

9.2.2.3　*局部剖视图*

用剖切平面局部地剖开机件所得的剖视图，称为局部剖视图。

如图 9 - 13(a)所示的机件，其上下、左右、前后都不对称。为了使机件的内、外部结构形状都能表达清楚，可将主视图画成局部剖视图；在俯视图上，为保留顶部外形，采用“A—A”剖切位置的局部剖视图。如图 9 - 13(b)所示。

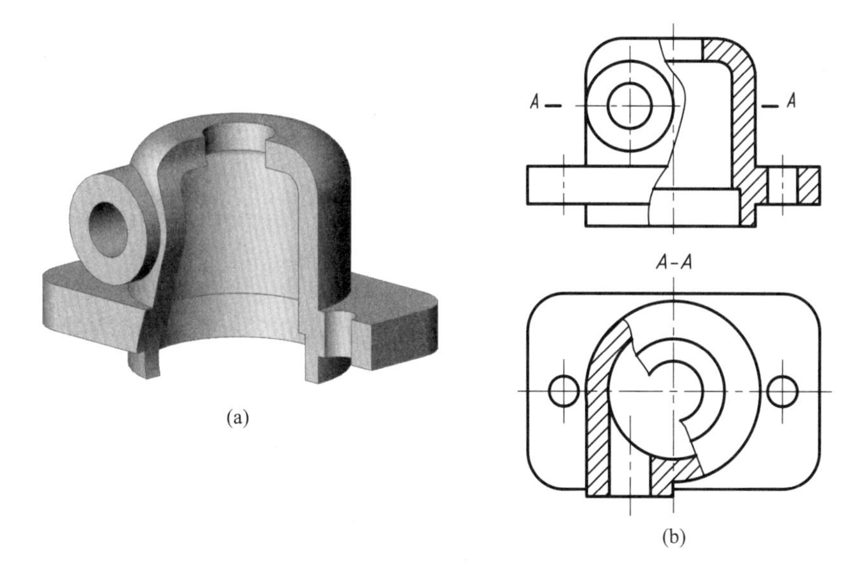

图 9 - 13　局部剖视图

画局部剖视图时应注意下列几点：

(1) 局部剖视图与视图用波浪线作为分界线，波浪线可看成是机件断裂痕迹的投影，因此它只能画在机件的实体部分，不能超出视图的轮廓线或画在穿通的孔、槽内，也不能和图样上的其他图线重合，或画在轮廓线的延长线上。图 9 - 14 示出了波浪线的一些错误画法。

(2) 局部剖视图的标注方法和全剖视图的标注方法相同，但对于剖切位置明显的局部剖视图，一般不必标注。

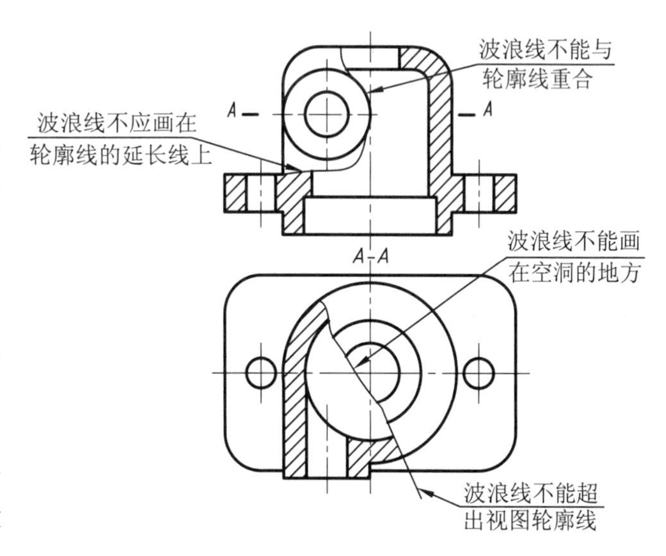

图 9 - 14　波浪线的错误画法

(3) 当被剖结构为回转体时，允许将该结构的中心线作为局部剖视图与视图的分界线，如图 9 - 15 所示。

(4) 当机件的轮廓线与对称中心线重合，不宜画半剖视图时，应画成局部剖视图，见图 9 - 16。

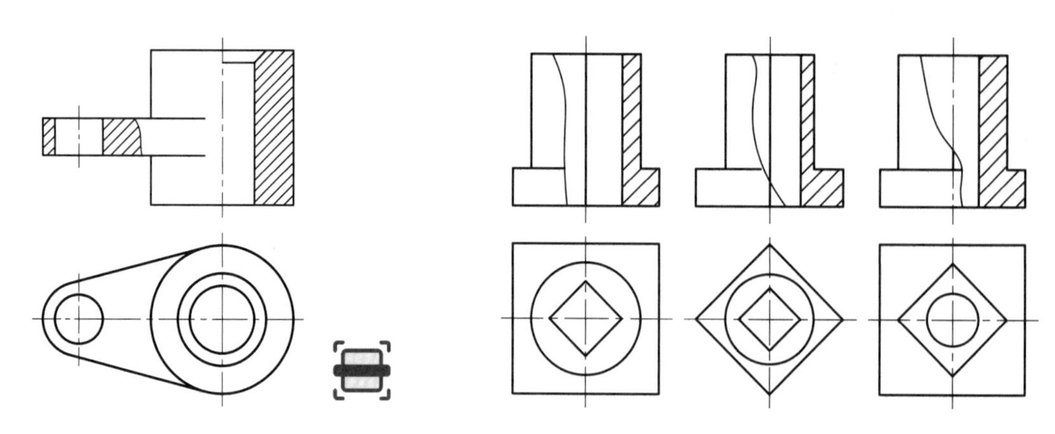

图 9-15　以中心线为界的局部剖视图

图 9-16　用局部剖视图代替半剖视图

(5) 局部剖视图是一种比较灵活的表达方法,当在剖视图中既不宜采用全剖视图,也不宜采用半剖视图时,则可采用局部剖视图。但在一个视图中,局部剖视的数量不宜过多,以免使图形过于破碎,不利于识图。

9.2.3　剖切面和剖切方法

在作剖视图时,应根据零件的结构特点,恰当选用不同的剖切面。常用的剖切面有单一剖切面、几个相交的剖切平面(交线垂直于某一基本投影面)、几个平行的剖切平面。

9.2.3.1　单一剖切面

单一剖切面包括单一剖切平面、单一斜剖切平面和单一剖切柱面(不详述)。

1. 单一剖切平面

如前面所述的全剖视图、半剖视图和局部剖视图,都是用平行于某一基本投影面的单一剖切平面剖开机件后得出的。

2. 单一斜剖切平面

如图 9-17(a)所示机件,采用不平行于任何基本投影面但垂直于基本投影面(图中为正立投影面)的剖切平面"A—A"剖开机件,再投射到与剖切平面平行的投影面上,得到该部分内部结构的实形。所得剖视图一般应按投影关系配置在与剖切符号相对应的位置,并予以标注,如图 9-17(b)所示。必要时,也可配置在其他适当的位置,如图 9-17(c)所示。当不会引起误解时,还允许将图形旋转,旋转后的标注形式如图 9-17(d)所示。

9.2.3.2　几个相交的剖切平面

如图 9-18(a)所示的机件,若采用全剖视,则机件右前方的凸台就不能表达清楚。现假想采用两个相交的剖切平面(交线垂直于某一基本投影面)剖开机件,同时为使倾斜结构在剖视图上反映实形,假想将倾斜剖切平面剖开的结构及其有关部分旋转到与基本投影面平行后再进行投射,这样就可以在同一剖视图上表示出两个相交剖切平面所剖切到的形状。

画用几个相交的剖切平面剖切得到剖视图时要注意下面几点:

(1) 必须进行标注。在剖视图的上方用字母标出剖视图的名称,如"A—A",在相应的

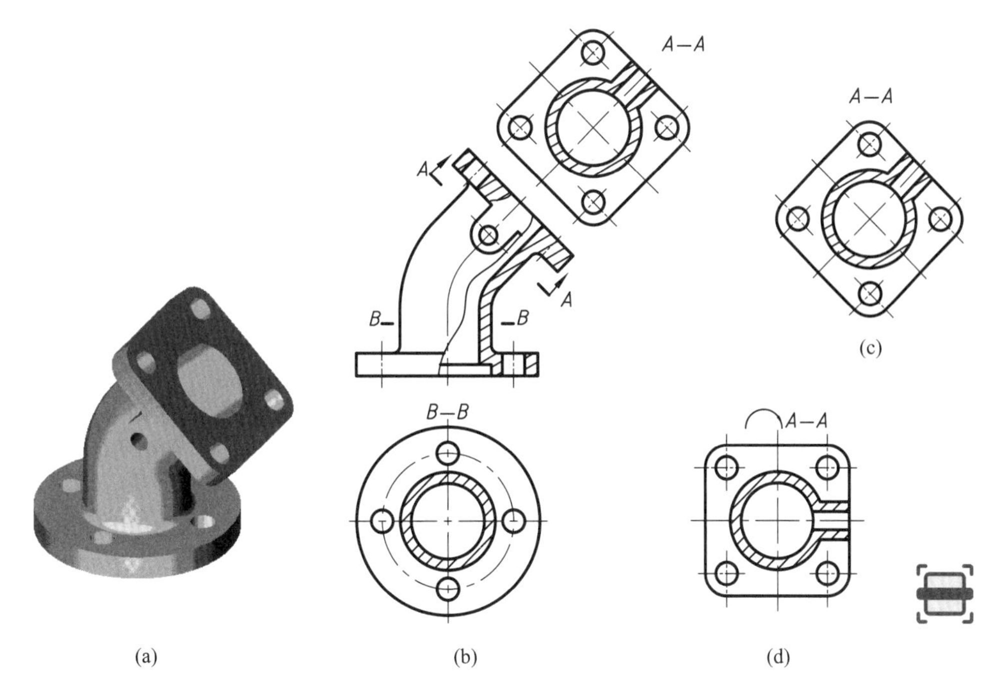

(a)　(b)　(c)　(d)

图 9-17　单一斜剖切平面剖得全剖视图

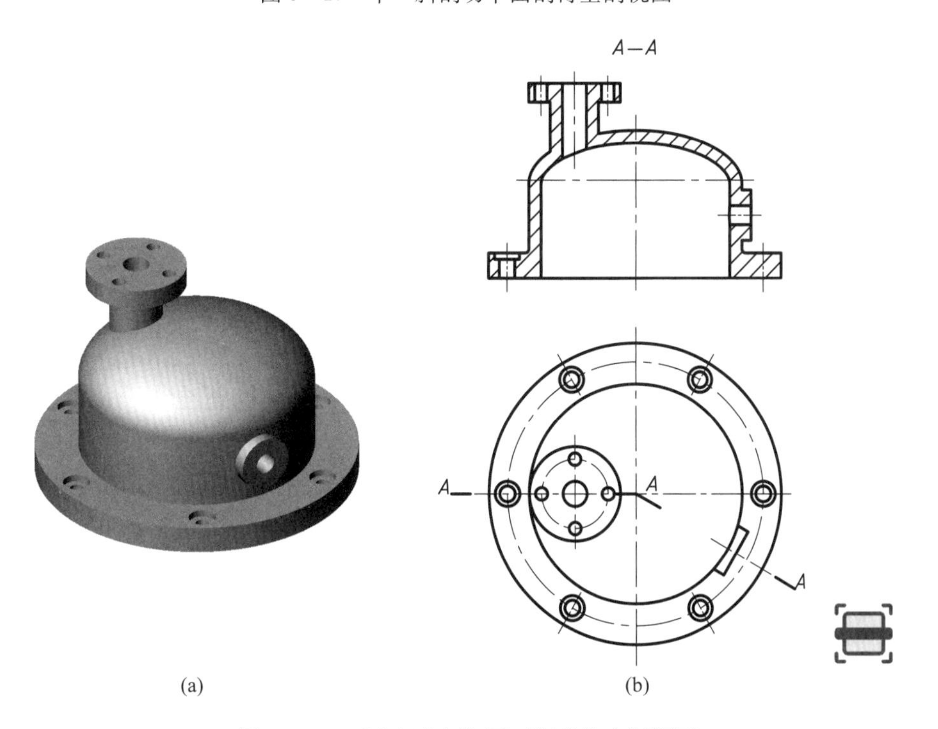

(a)　(b)

图 9-18　两个相交剖切平面剖得的全剖视图

视图上用剖切符号标明剖切平面起始、转折和终止的位置，并标注相同的字母，用箭头表示投射方向。若剖视图按投影关系配置，中间没有其他图形隔开，则可省略表示投射方向的箭头，如图 9-18 所示。

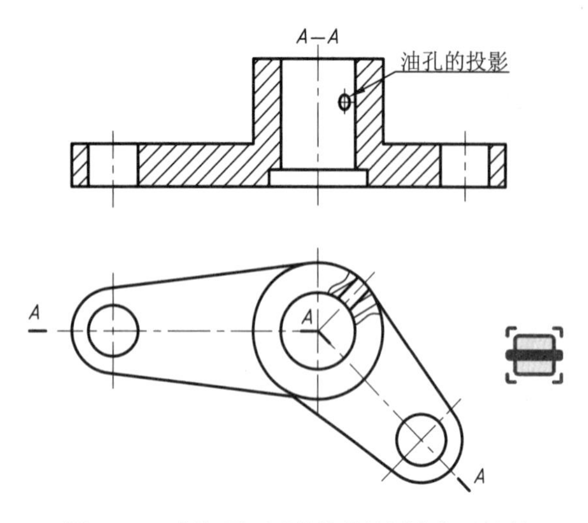

图 9-19　剖切平面后的结构按原来位置投射

(2) 位于剖切平面后且与所表达的结构关系不甚密切的结构，或一起旋转容易引起误解的结构，如图 9-19 主视图中的油孔，一般仍按原来位置投射。

9.2.3.3　几个平行的剖切平面

如图 9-20(a)所示机件，若采用一个与对称平面重合的剖切平面进行剖切，则上面板子的两个小孔将剖不到。现假想通过右边孔的轴线再作一个与上述剖切平面平行的剖切平面，这样可以在同一个剖视图上表达出两个平行剖切平面所剖切到的结构。

如图 9-20(b)所示，在剖视图的上方标出其名称，如"A—A"，在相应的视图(图中为主视图)上用剖切符号标明剖切平面起始、转折和终止的位置，并标注相同的字母。

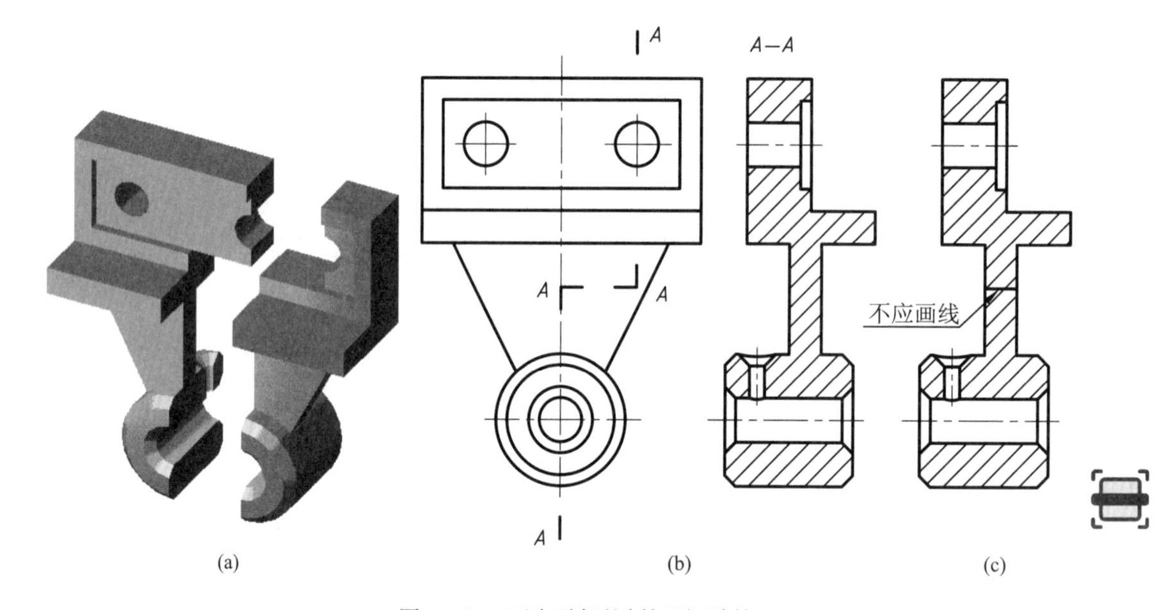

图 9-20　两个平行的剖切平面剖切

画一组互相平行的剖切平面剖切的剖视图时应注意下列几点：

(1) 剖视图中不应画出不同剖切位置的转折线，如图 9-20(c)所示的画法是错误的。

(2) 剖切符号的转折处不应与视图中的轮廓线重合，而且剖切平面转折处的剖切符号应对齐不能叉开，如图 9-21(a)所示的剖切位置的标注是错误的。

(3) 剖视图内不应出现不完整的结构要素，如图 9-21(b)所示通孔的表示方法是错误的。只有当两个结构在图形上具有公共对称中心线或轴线时，可以各画一半，此时应以对称中心线或轴线为界。若要表示得更清楚，可沿分界线将两剖切图的剖面线错开，例见图 9-22 中的"A—A"剖视图。

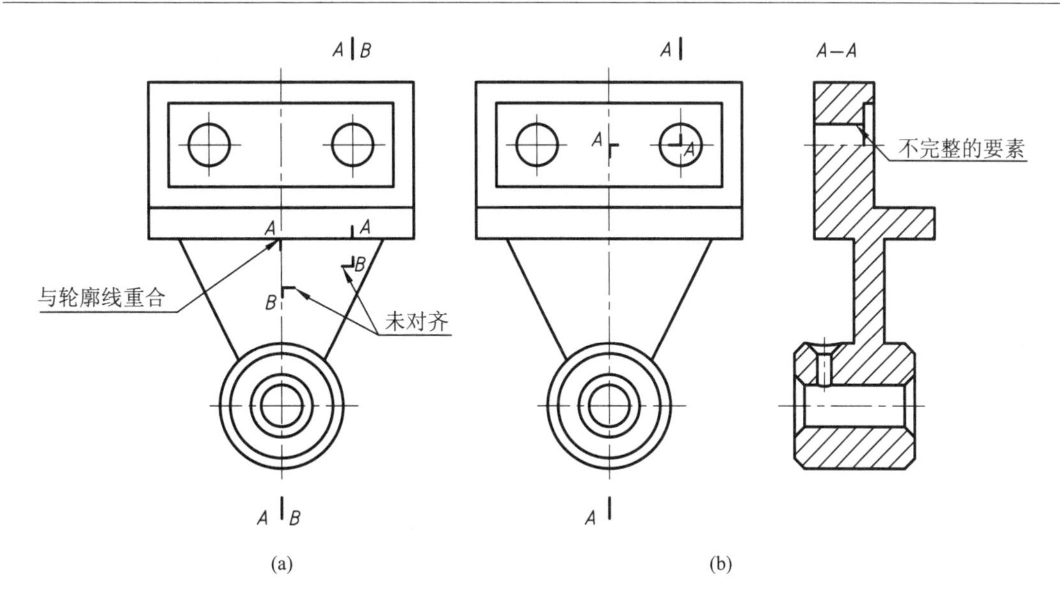

(a) (b)

图 9-21 剖视图中容易出现的错误画法

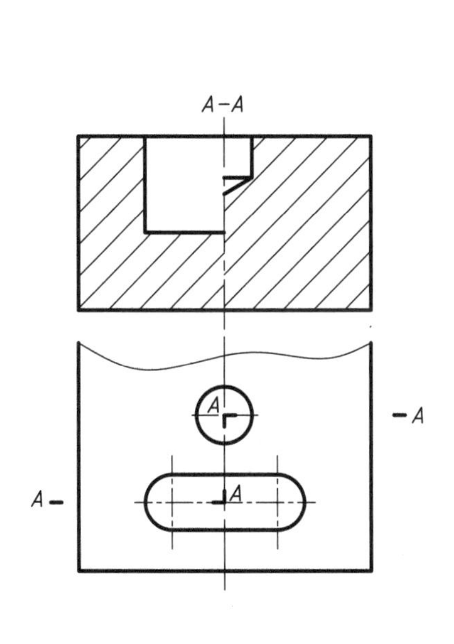

图 9-22 具有公共对称中心线或轴线的画法

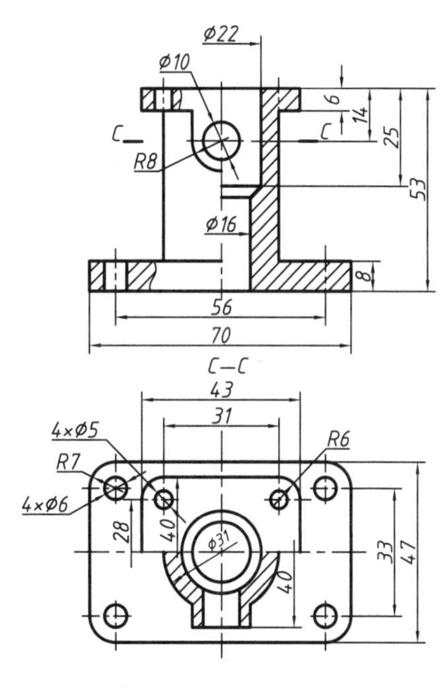

图 9-23 剖视图上的尺寸标注

9.2.4 剖视图上的尺寸标注

在剖视图上标注尺寸时，应注意下列几点，例见图 9-23。

(1) 尽量把外形尺寸集中在视图的一侧，而将内形尺寸集中在剖视的一侧，以便看图。

(2) 在剖视图中当形状轮廓只画出一半或一部分，而必须标注完整的尺寸时，可使尺寸线的一端用箭头指向轮廓，另一端超过中心线，但不画箭头，数值应按完整的尺寸标出。如图中 $\Phi22$、$\Phi16$、28、40 等。

(3) 如必须在剖面线中注写尺寸数值时,应将剖面线断开,以保证数值的清晰。

9.3 断面图

如图 9-24(a)所示的小轴上有一键槽,在主视图[图 9-24(b)]上能表达它的形状和位置,但不能表达其深度。此时,可假想用一个垂直于轴线的剖切平面,在键槽处将轴剖开,然后仅画出剖切处断面的图形,并加上剖面符号,就能清楚地表达键槽的断面形状和深度。这种用假想剖切平面将机件的某部分切断后,仅画出切断面的图形,称为断面图。断面图常用来表示机件上某一局部断面的形状,例如机件上的肋、轮辐、轴上的键槽和孔等。

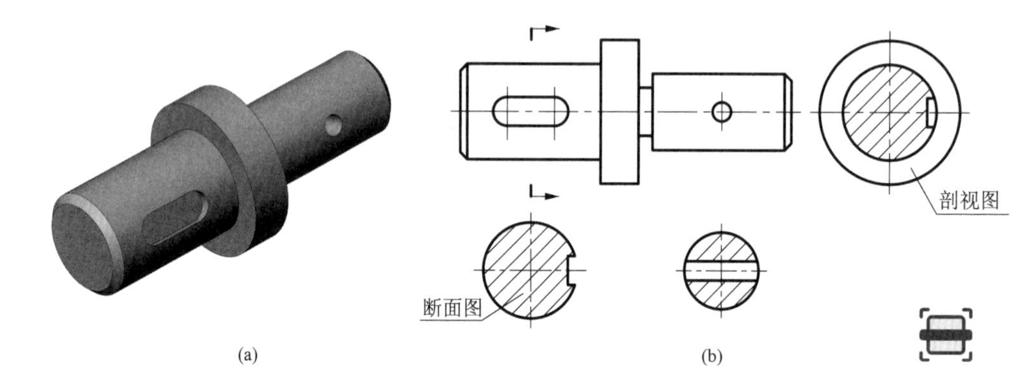

图 9-24　用断面图表达轴上的结构,断面图和剖视图的区别

比较图 9-24 可知,断面图和剖视图的区别是:断面图只画出机件的断面形状,而剖视图则是将机件的断面及剖切平面右面的结构一起投射所得的图形。

根据断面图在绘制时所配置的位置不同,断面可分为移出断面和重合断面。

9.3.1 移出断面

画在视图外的断面,称为移出断面。移出断面的轮廓线用粗实线绘制。

移出断面共有四种配置情况,其标注规定随图形配置形式的变化而改变,见表 9-2。

表 9-2　移出断面图的配置和标注

配置、断面图、断面形状	对称的移出断面	不对称的移出断面
配置在剖切线或剖切符号的延长线上	剖切线	
	不必标出字母和剖切符号	不必标出字母

续表

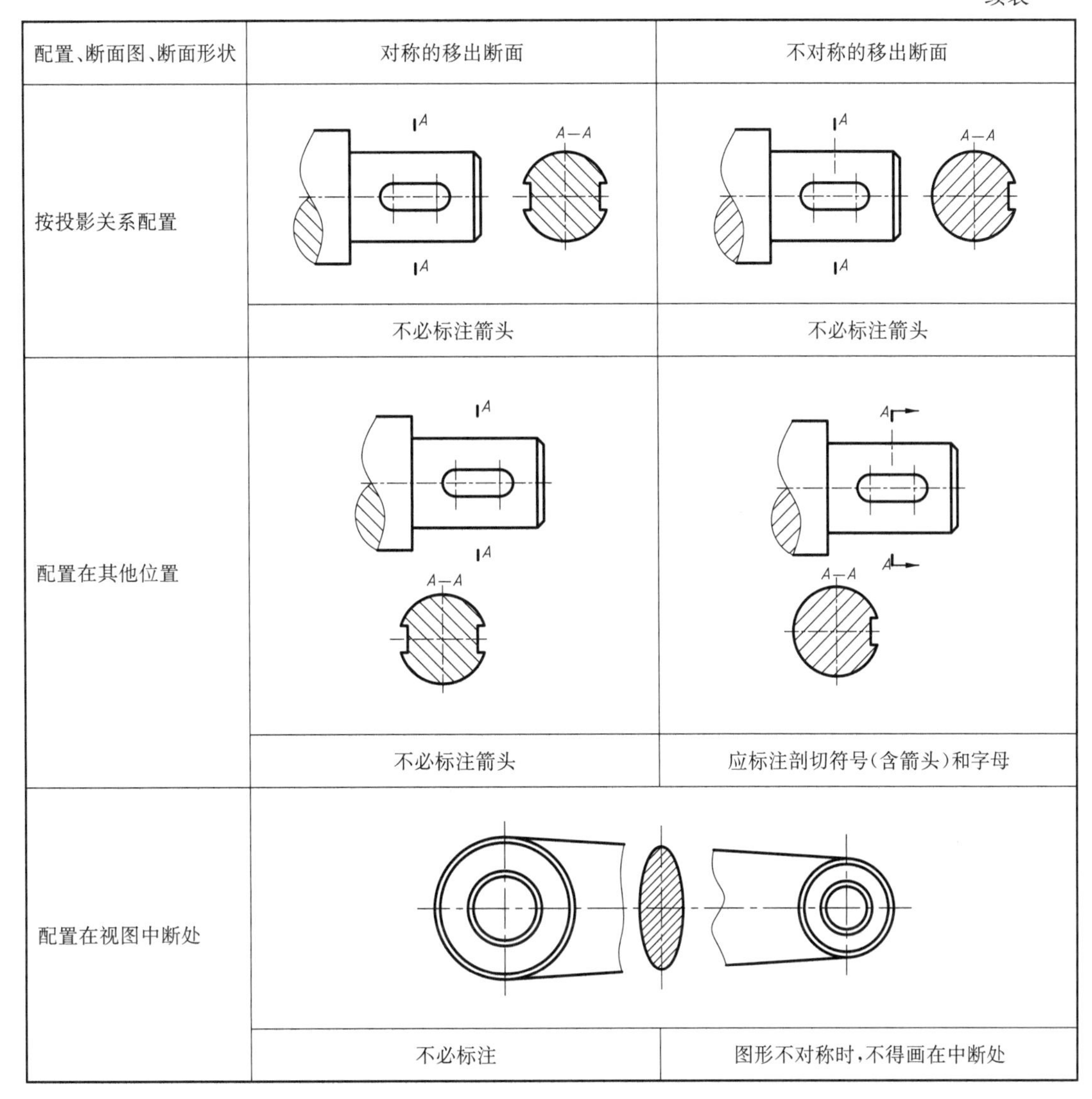

配置、断面图、断面形状	对称的移出断面	不对称的移出断面
按投影关系配置	不必标注箭头	不必标注箭头
配置在其他位置	不必标注箭头	应标注剖切符号(含箭头)和字母
配置在视图中断处	不必标注	图形不对称时，不得画在中断处

画移出断面图时要注意：

(1) 一般情况下，断面图仅画出剖切后断面的形状，但当剖切平面通过回转面形成的孔或凹坑的轴线时，则这部分结构的断面应按剖视的方法画出，如图 9－25 所示。

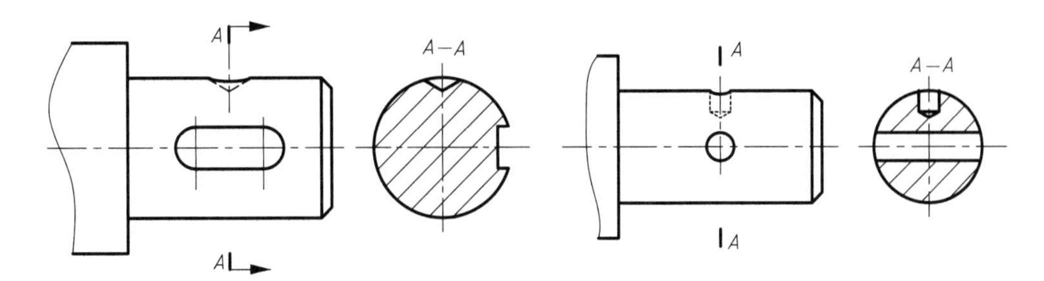

图 9－25　移出断面按剖视画

(2) 当剖切平面通过非圆孔,导致出现完全分离的两个图形时,这些结构应按剖视绘制,如图9-26所示。

(3) 为了使断面能反映机件上被剖切部位的实形,剖切平面应与被剖部位的主要轮廓线垂直。由两个或多个相交的剖切平面剖切得到的移出断面,中间一般应断开,如图9-27所示。

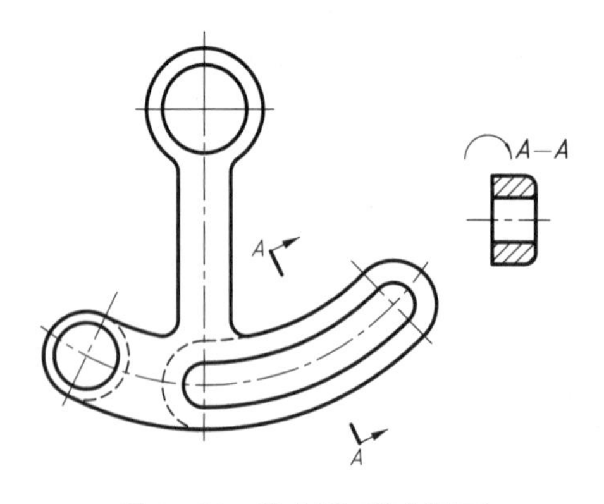

图9-26　移出断面按剖视画

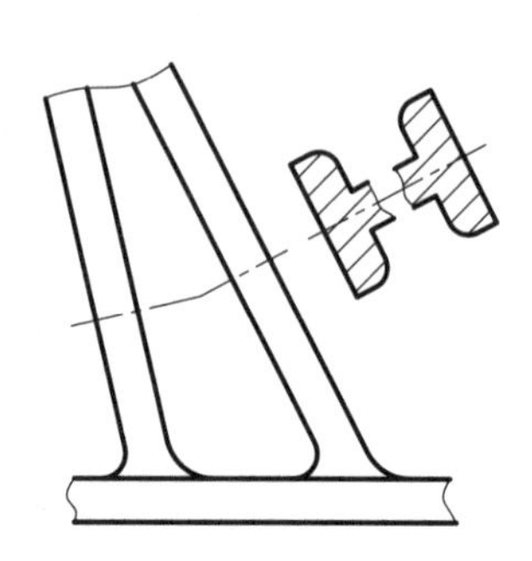

图9-27　相交平面切出的移出断面

9.3.2　重合断面图

画在视图内的断面称为重合断面。只有当断面形状简单,且不影响图形清晰的情况下,才采用重合断面。重合断面的轮廓线用细实线画出,以便与原视图的轮廓线相区别,如图9-28(a)所示。当视图中的轮廓线与重合断面的轮廓线重叠时,视图中的轮廓线仍应连续画出,不可间断,如图9-28(b)所示。

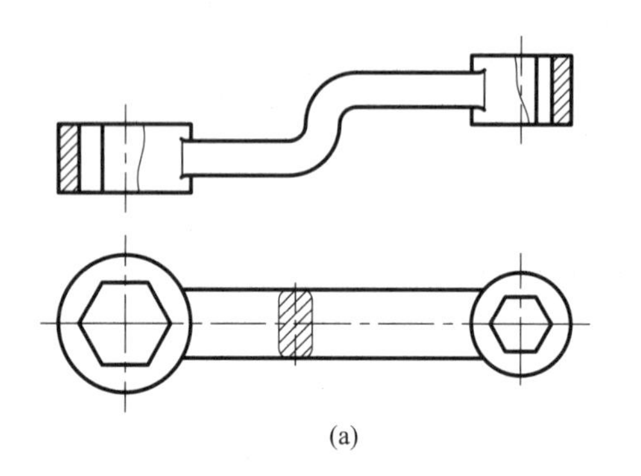

(a)

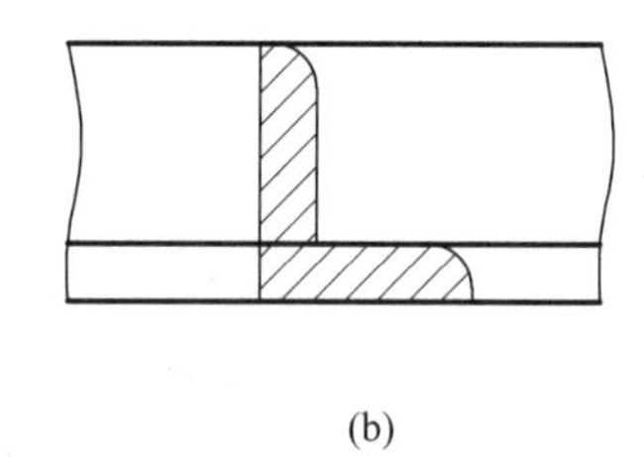

(b)

图9-28　重合断面

由于重合剖断面是把断面图形直接画在剖切位置处,因此,对称的断面图形不必标注,如图9-28(a)所示。不对称的重合断面也可省略标注,如图9-28(b)所示。

9.4　局部放大图

当机件上的某些细部结构,在视图上由于图形过小而表达不清或标注尺寸有困难时,可用大于原图形的作图比例,单独画出这部分结构,这样的图形称为局部放大图。

局部放大图可画成视图、剖视图、断面图，它与被放大部位的表达方式无关，如图 9 - 29 中的“I”部原来是外形视图，局部放大图画成了剖视图。

局部放大图应尽量配置在被放大部位的附近。画局部放大图时，应用细实线圆圈出被放大的部位，并用罗马数字顺序标记。在局部放大图的上方标出相应的罗马数字和采用的比例，如图 9 - 29(a)所示。当机件上仅有一个需要放大的部位时，在局部放大图上只需标注采用的比例即可。同一机件上不同部位的局部放大图，当图形相同或对称时，只需画出一个局部放大图，其标注形式如图 9 - 29(b)所示。

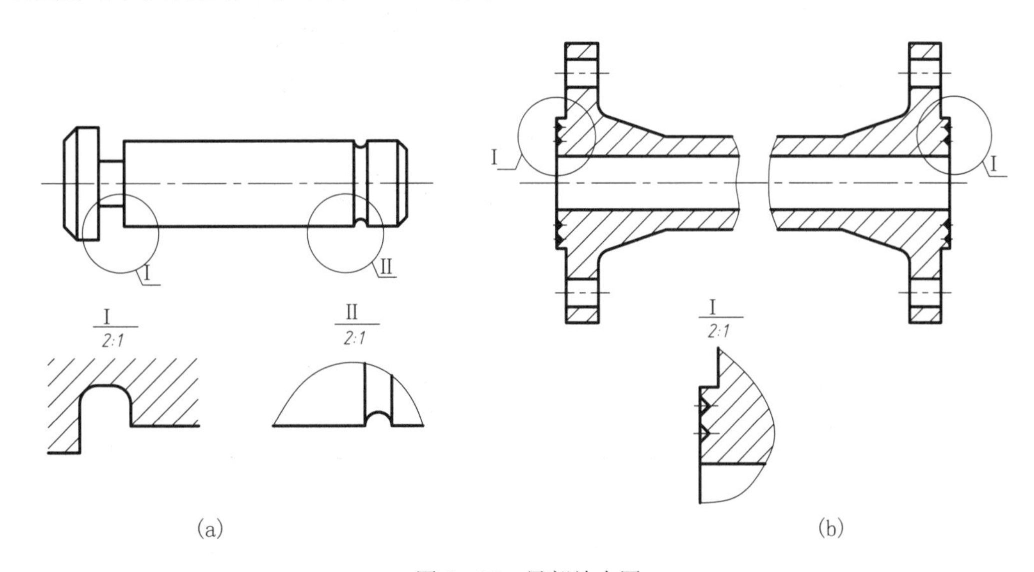

图 9 - 29　局部放大图

9.5　规定画法和简化画法

9.5.1　规定画法

(1) 对于机件上肋、轮辐及薄壁等，如按纵向剖切，这些结构在剖视图中都不画剖面符号，而用粗实线将它与邻接部分分开。当这些结构不按纵向剖切时，仍应画上剖面符号，如图 9 - 30 所示的俯视图。

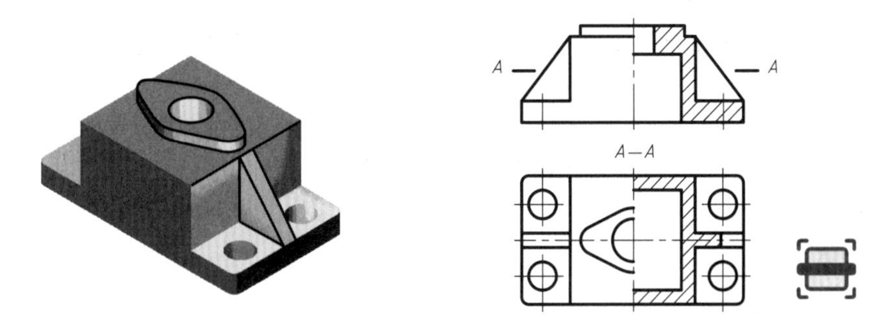

图 9 - 30　肋的剖视画法

(2) 当回转形机件上均匀分布的肋、轮辐、孔等结构不处于剖切平面上时，可假想将这些结构旋转到剖切平面的位置画出，即在剖视图上，应将这些均匀分布的结构画成对称的，如图 9-31 和图 9-32 所示。

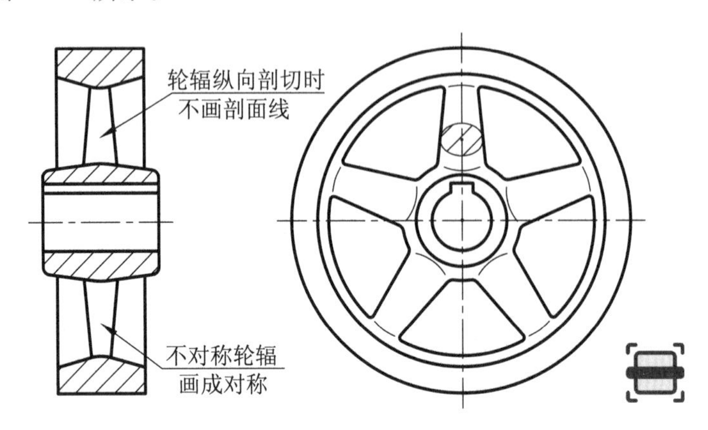

图 9-31　均匀分布的轮辐画法

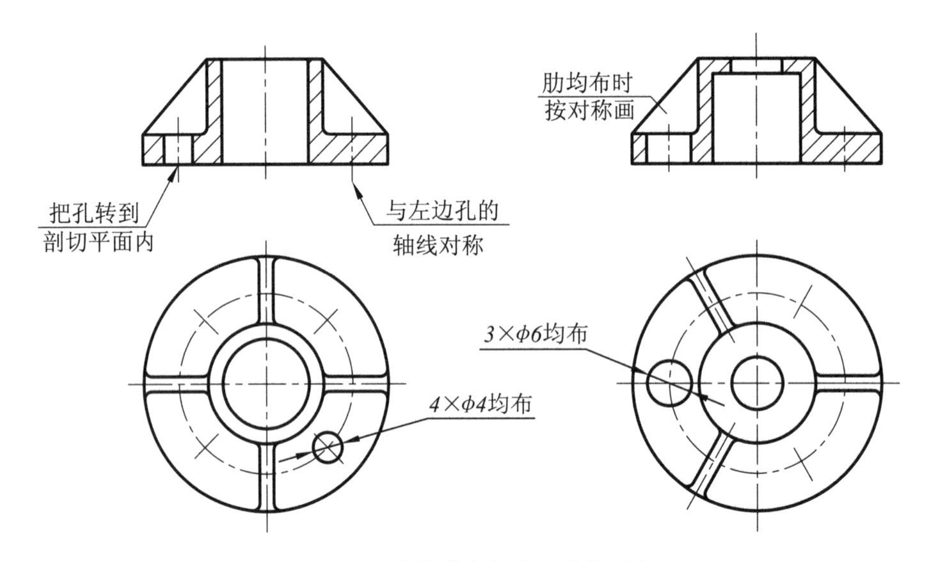

图 9-32　均匀分布的孔和肋的画法

(3) 对若干直径相同且均匀分布的孔，允许画出其中一个或几个，其余只表示出其中心位置，但在图中应注明孔的总数，如图 9-32 所示。

(4) 在需要表达位于剖切平面前的结构时，这些结构按假想投影的轮廓线(双点画线)绘制，例见图 9-33。

(5) 当需要在剖视图的断面中再作一次局部剖时，可采用图 9-34 所示的方法表示，两个断面的剖面线应同方向，但要互相错开，并用引出线标注其名称(见图中$A—A$)。当剖切位置明显时，也可省略标注。

9.5.2　简化画法

(1) 机件具有若干相同结构(如齿、槽等)，并按一定规律分布时，只需画出几个完整的结构，其余用细实线连接，但在视图中必须注明该结构的总数，如图 9-35 所示。

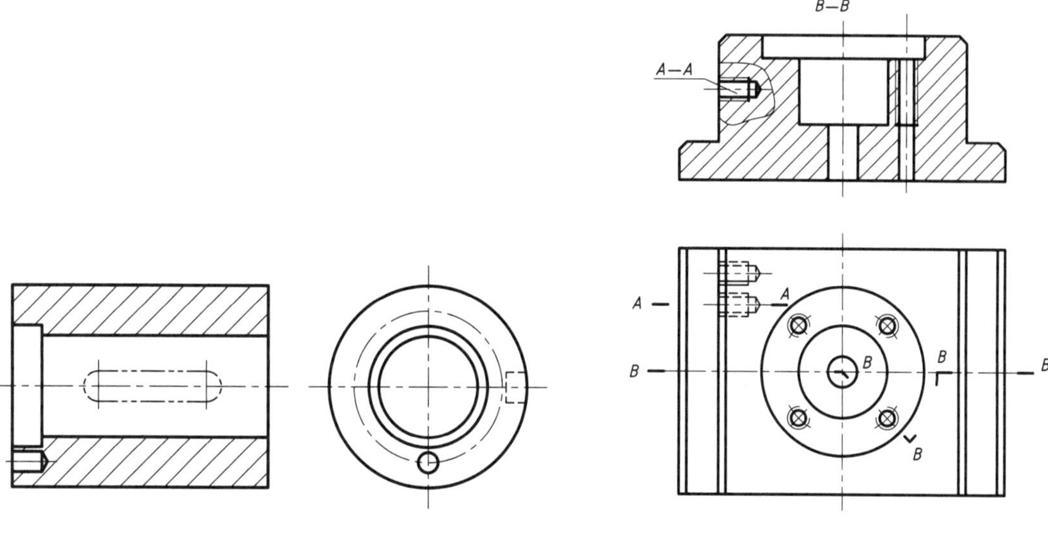

图 9-33　剖切平面前结构的规定画法

图 9-34　断面中再作局部剖的画法

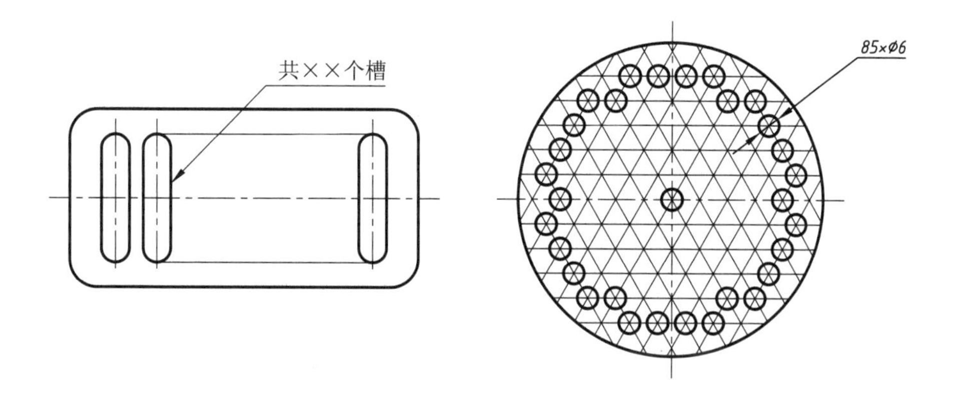

图 9-35　相同结构的简化画法

(2) 圆形法兰和类似机件上均匀分布的孔，可按图 9-36 所示画法绘制。

(3) 图形中的相贯线、截交线等，在不致引起误解时，允许简化，如图 9-36 和图 9-37 所示。

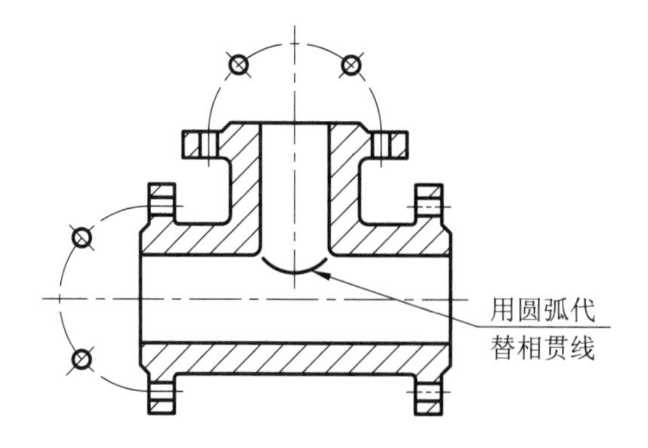

图 9-36　均匀分布孔的简化画法及相贯线的简化画法

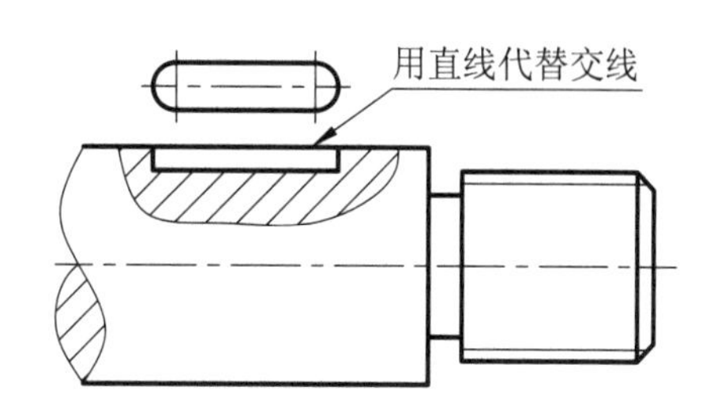

图 9-37　交线的简化画法

(4) 当图形不能充分表达平面时,可用平面符号(相交的两细实线)表示,如图 9-38 所示。

(5) 当不会引起误解时,对于对称机件的视图,可只画一半或 1/4,并在对称中心线的两端画出两条与其垂直的平行细实线,如图 9-39 所示。

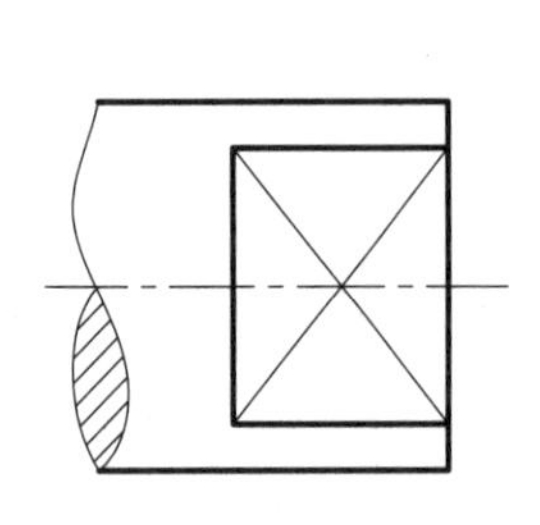

图 9-38 用平面符号表示小平面

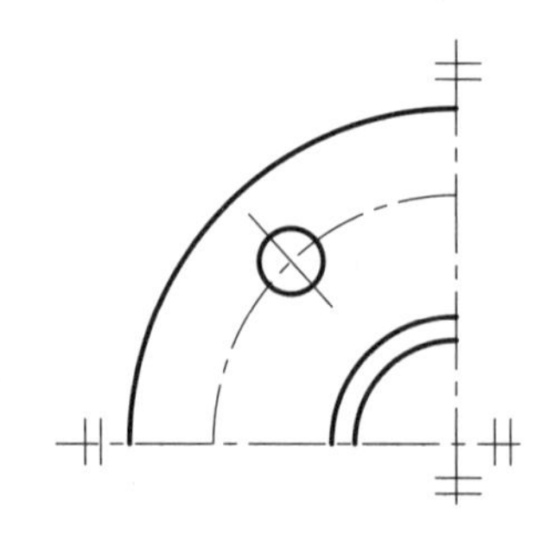

图 9-39 图形对称时的简化画法

(6) 当机件较长,且沿长度方向的形状一致或按一定规律变化时,可将其断开后缩短绘制,如图 9-40 所示。

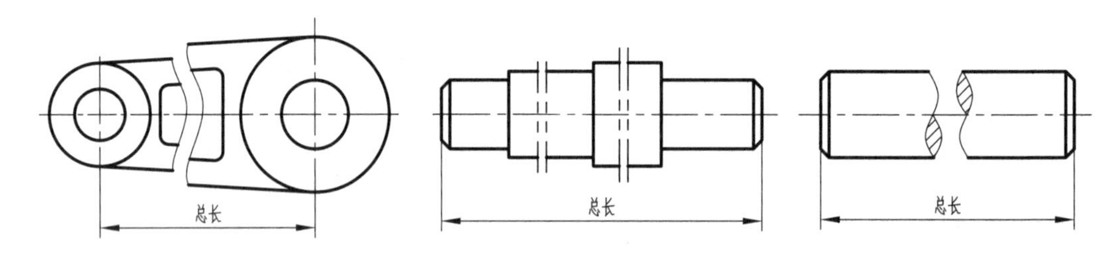

图 9-40 机件的断裂画法

(7) 机件上较小的结构,如在一个图形中已表达清楚,则在其他图形中可以简化或省略,即不必按投影画出所有的线条,例见图 9-41。

(8) 在不致引起误解时,零件图中的小圆角、锐边的 45°小倒角,允许省略不画,但必须注明尺寸或在技术要求中加以说明,例见图 9-42。

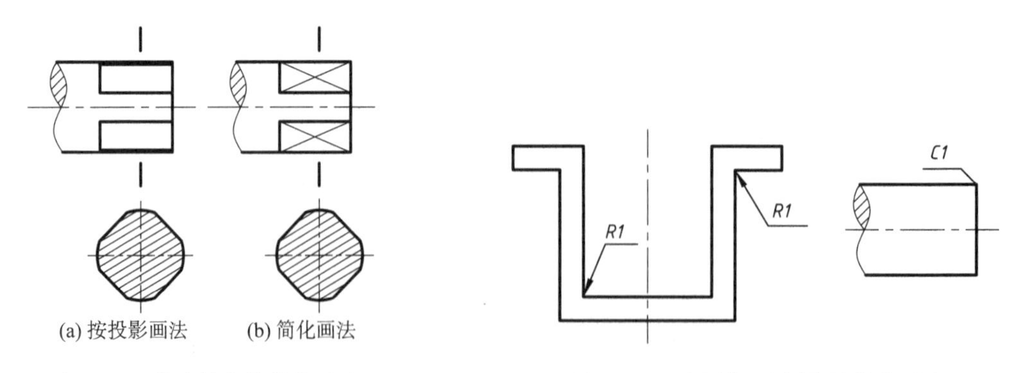

图 9-41 较小结构的简化画法

图 9-42 小圆角、小倒角的简化画法

(9) 机件上斜度不大的结构,若在一个图形中已表达清楚,其他图形可按小端画出,例见图 9-43。

(10) 与投影面倾斜角度小于或等于 30°的圆或圆弧，其投影可用圆或圆弧代替，例见图 9-44。

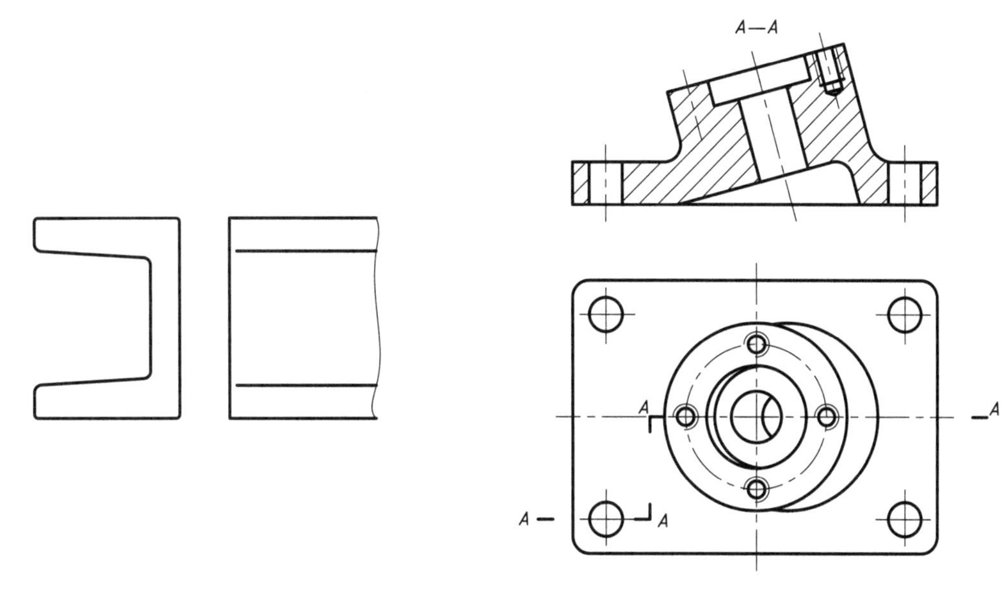

图 9-43　较小斜度的简化画法　　图 9-44　倾斜圆投影的简化画法

9.6　剖视图阅读

剖视图和视图相比，直观性强，投影层次分明，图形较清晰，主要用来表达机件的内部结构形状，是机械工程图的重要表达方法。

读剖视图的方法与读组合体视图的方法基本相同，但读剖视图时，要利用剖视图的特点，分清外部形体和内腔形体的图线，联系其他视图，想象出机件的外部形状和内腔形体的形状。

如何区分外部形体和内部形体的轮廓线？一般情况下，可以根据剖视图中断面图形的外侧边为剖切处的外形轮廓线，此图线及其往外的可见轮廓线均为外部形体的图线；断面图形内侧边为剖切处内腔形体轮廓线，此图线及其往里的可见轮廓线均为内腔形体的图线。在读剖视图时，也采用形体分析和线面分析的方法。

具体步骤可归纳为：

(1) 分析视图，找出视图间的联系，分清外部形体及内腔形体的图线。

(2) 按组合体读图方法，先读外部形体，后读内腔形体；先读整体结构，后读局部结构；先读主要结构，后读次要结构；先读易读懂的形体，后读难点。下面举例说明：

例 9-1　想象图 9-45 所示机件的形状。

解　1. 根据所给视图，找出视图间联系

由图 9-45 可知，机件用三个基本视图表示，主视图采用半剖视，说明机件左右对称，剖切位置是 A—A；左视图采用全剖视，它是通过对称平面切开的，故不用标注；俯视图为外形图。

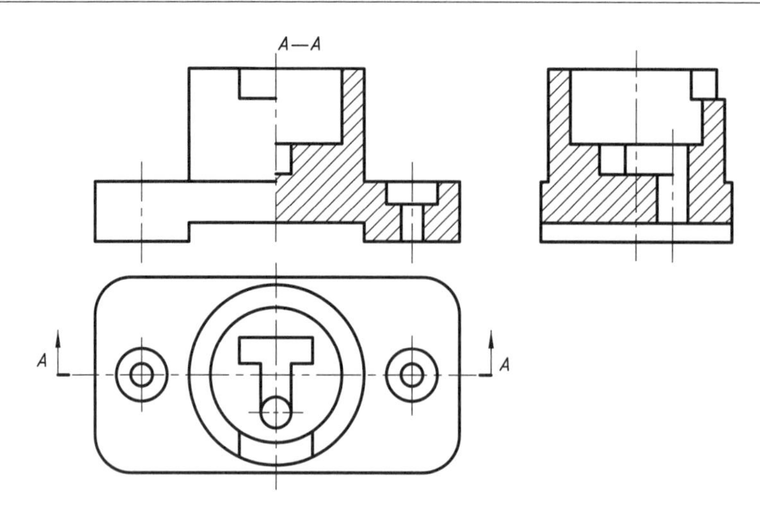

图 9-45 已知机件的视图

2. 分析机件的外形

从三视图看,反映外形特征较明显的视图是主视图。主视图采用半剖视,右半部分剖开,由图的视图部分,想象出被剖的右半部分外形图线,如图 9-46(a)所示。然后完成以下步骤为:

(1) 划分线框 其外形可划分成 Ⅰ、Ⅱ 两大部分;

(2) 对投影、想形状 画出线框 Ⅰ、Ⅱ 所对应的水平投影,想象其各自的空间形状,如图 9-46(b)所示。

3. 分析内腔及槽口

(1) 首先阅读易识别的内腔。如图 9-45 所示,俯视图上的两个大圆其相对应的主视图上的投影为平行于轴线的轮廓线,则其内腔为圆柱孔,此圆柱孔的高度由主视图确定。大圆柱的前上方被切去一个方槽口,底板的左右两侧钻有台阶孔,如图 9-46(c)所示。

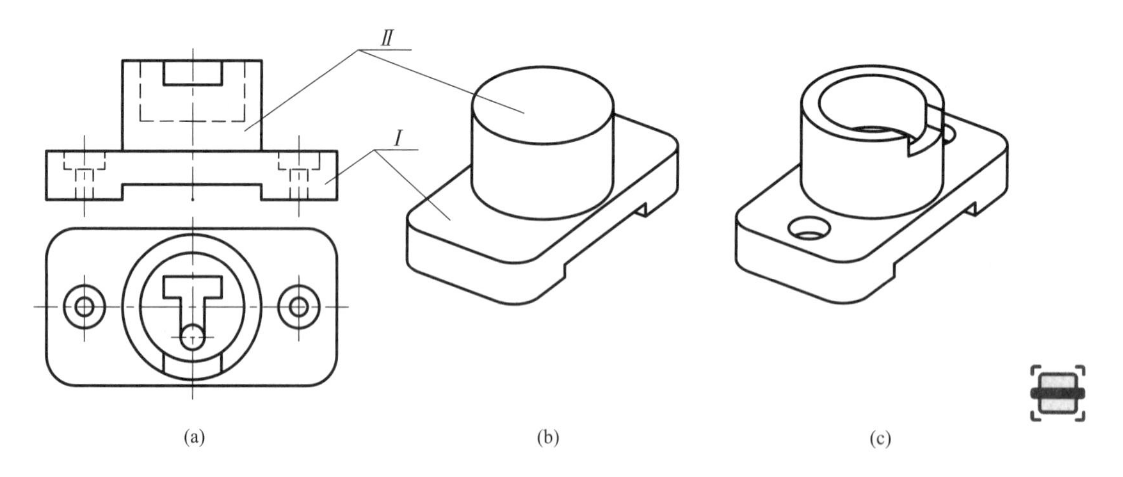

图 9-46 分析机件外形及易懂的内腔

(2) 分析其余内腔。主视图采用半剖视,则左半部分内腔形状与右半部分相同,可以想象出其左边剖开的结构,如图 9-47(a)所示。俯视图上线框 n 其相对应的正面投影和侧面投影分别为n'、n''，说明大圆柱底部被挖下去一个T字形的坑，其高度由主视图上确定。俯视图上线框n的前面有一个小圆，其相对应的侧面投影为两条与轴线平行的直线，说明是圆柱通孔。

由以上分析可想象出如图9-47(b)所示的形体。

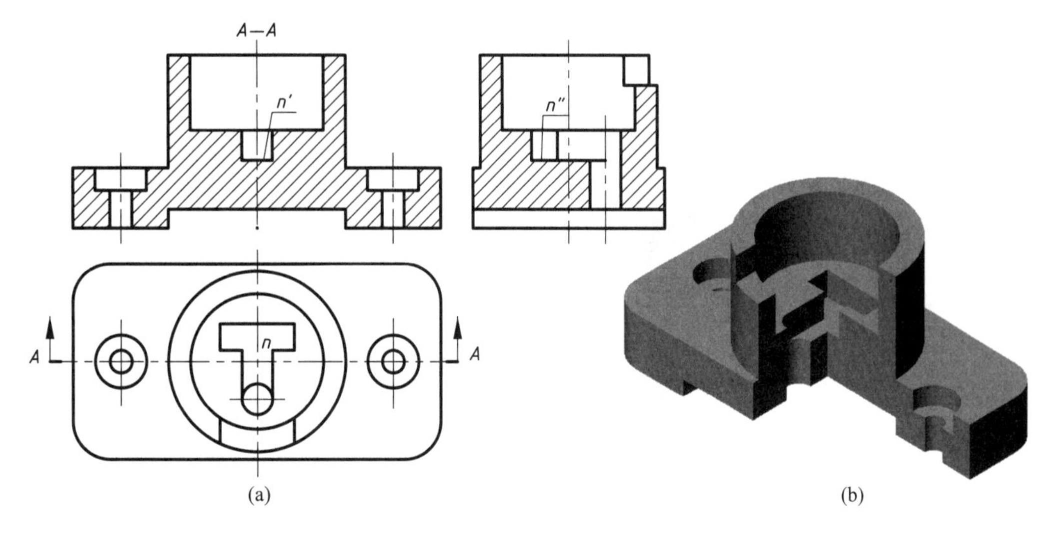

图9-47 分析其余内腔

9.7 视图表达方案的探讨

前面介绍了视图、剖视、断面、规定画法及简化画法。每种表达方法都有一定的适用场合，因此，在选择机件的表达方案时，要根据机件的结构特点选用适当的表达方法，各视图间能相互配合和补充，在完整、清晰地表达机件各部分结构形状的前提下，力求简练(即视图少)，看图方便，制图简单。

下面以图9-48(a)所示的机件(阀体)为例，对视图表达方案做探讨。

图9-48所示阀体如按E向投影，能较好地反映机件上各组成部分及其相对位置，所以选用E向作为主视图的投射方向。

为了在主视图上表达主体及左侧接管的内部结构，主视图采用了以机件前后对称面为剖切平面的全剖视，如图9-48(b)所示。

主视图采用全剖视后，尚有顶部凸缘、底板和左侧接管凸缘的形状需要表达。由于阀体前后对称，因而在俯视图上采用了“A—A”半剖视，既保留了顶部凸缘，又表达了接管内部结构和底板形状；在左视图中也采用了半剖视，以兼顾左侧接管凸缘和主体内部结构形状的表达。但底板上的小孔还未表达清楚，因此在左视图的外形视图部分再加一个局部剖。

在图9-48(b)所选方案中，每个视图都有一定的表达重点，它们之间相互补充，把阀体的内外结构形状表达清楚。但表达方案能否更为简练？这是值得进一步探讨的问题。

在图9-48(b)中，左视图主要用来表达左侧接管凸缘形状和底板上的小孔。如果将主视图改画成两个局部剖(或用旁注尺寸表示底板上的小孔是通孔)，并采用一个局部视图表示左侧接管凸缘的形状,如图 9-48(c)所示,就可省略左视图,使表达方案更加清晰、简练。

对图 9-48(c)的表达方案可做进一步分析。在简化画法中,对于圆形法兰和类似机件上均匀分布的孔,采用图 9-36 所示的画法绘制,为此可以在主视图上对阀体上部圆形法兰采用图 9-48(d)的表达方法,省略俯视图,而用 B 向局部视图表示底板的形状。

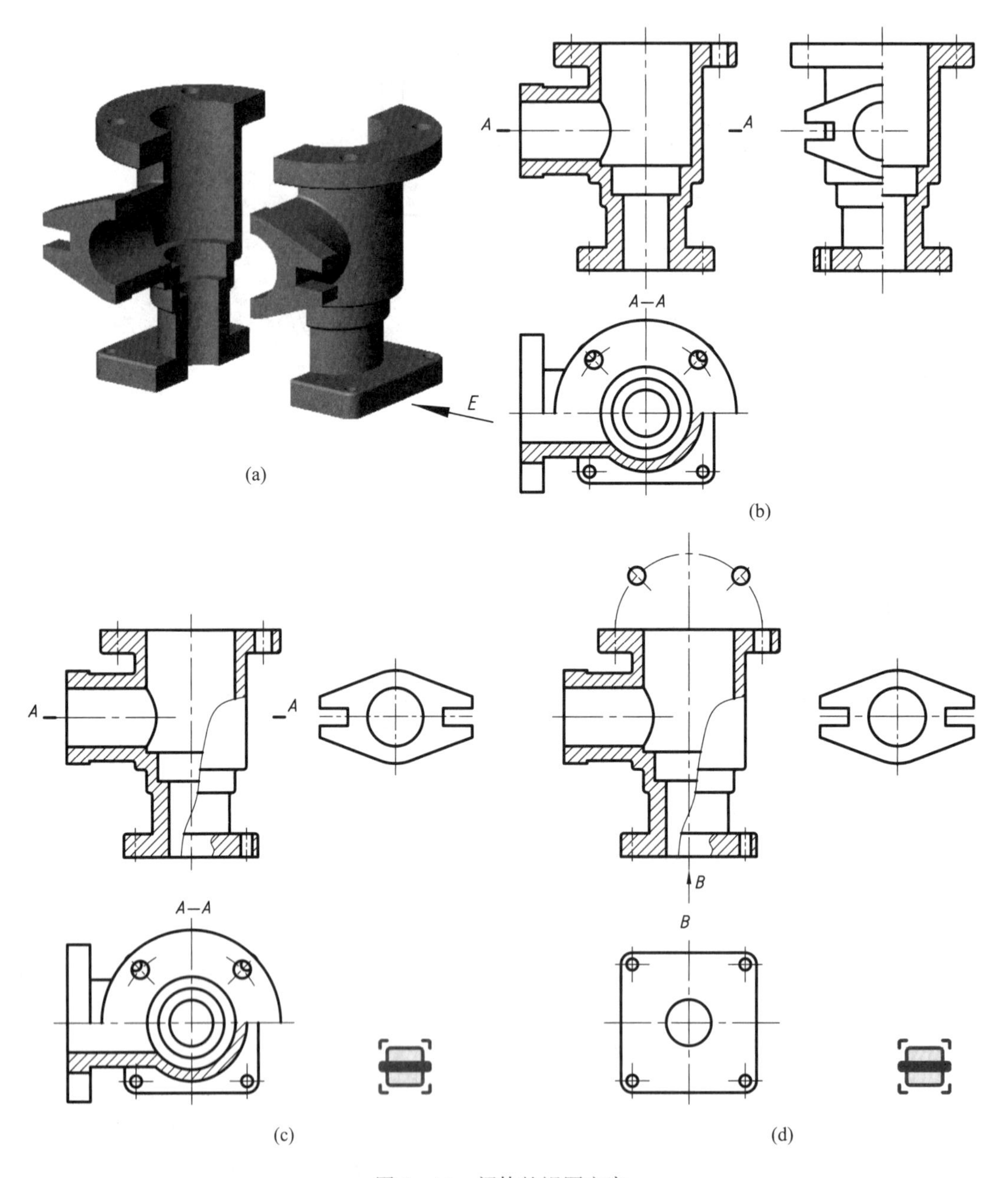

图 9-48 阀体的视图方案

综上所述,表达清楚一个机件往往可以有几种视图方案,需经比较后选定。

又如图 9-49 所示支架,由形体分析可知,该机件由上部圆筒、下部倾斜底板和中间连接部分十字形支承板所组成。该支架采用四个图形表达:主视图采用了两个局部剖视,既表达圆柱、肋和倾斜底板的外部结构形状，又表达了侧垂圆柱孔的内部结构和倾斜底板上的通孔；左视图采用局部视图，表示圆柱和十字形支承板的连接关系；移出断面表示了十字形支承板的断面形状；A 向斜视图用来表示倾斜底板的实形。采用这种方案，使支架表达完整、清晰，而且画图简单。其他表达方案，读者可自己分析。

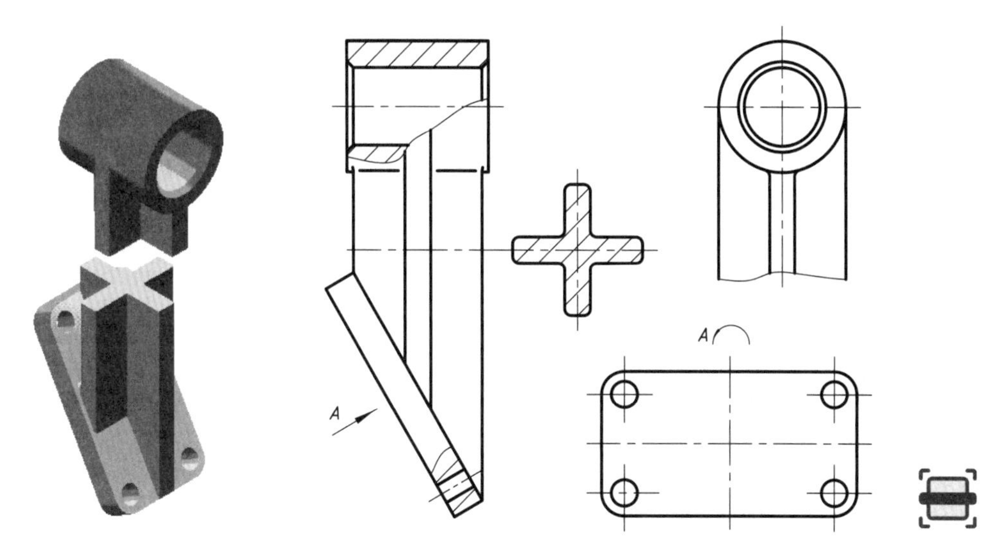

图 9-49　支架

10 标准件与常用件

本章提要

本章介绍螺纹及螺纹紧固件、键连接及销连接、齿轮、滚动轴承、弹簧等规定画法、标记方法，以及查表方法。

在各种机械设备中，常会遇到一些通用零部件，如螺栓、螺钉、螺母、垫圈、键、销、滚动轴承等。由于这些零件的应用量大面广且种类繁多，为了降低成本、保证互换性，在多数情况下会组织专业的规模化生产。为了便于生产和选用，它们的结构形式和尺寸都已标准化，这类零件称为标准件。还有一些被广泛使用的零件，它们的部分结构形式和尺寸也已标准化，如齿轮的齿形，这类零件称为常用件。

机械设计时为了方便绘图、简化设计，国家标准规定了标准件的规定画法和标记方法，不需要按照真实投影绘制，也不必绘制其零件工作图。其详细的形状、结构形式、尺寸可查阅相关的国家标准。

10.1 螺纹及螺纹紧固件

10.1.1 螺纹

10.1.1.1 螺纹的形成

螺纹是零件上常见的结构，是螺栓、螺杆等零件上用来进行连接或传递动力的牙型部分。例如，法兰连接中的螺栓上的螺纹就起到连接作用，车床上的丝杠则用螺纹传递动力。

螺纹按螺旋线形成原理进行加工。如在机床上车削螺纹时，零件做回转运动，刀具则以一定的深度径向切入零件并沿轴向移动，由此在零件表面车制出螺纹，如图 10－1(a)所示；

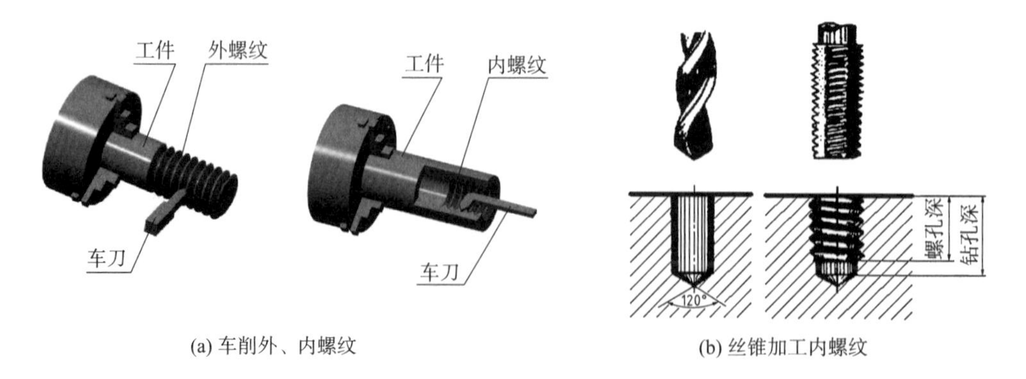

(a) 车削外、内螺纹　　(b) 丝锥加工内螺纹

图 10－1　螺纹的形成和加工

或者先钻光孔，再用丝锥加工螺纹，如图 10-1(b)所示。

10.1.1.2　螺纹的要素

螺纹有内、外之分，在外表面加工的螺纹称为外螺纹，在孔内表面加工的螺纹则称为内螺纹。螺纹由直径、牙型、线数、螺距和导程、旋向五个要素组成。

(1) 直径：螺纹上的最大直径称为螺纹大径，即螺纹的公称直径，螺纹上的最小直径称为螺纹小径，如图 10-2 所示。

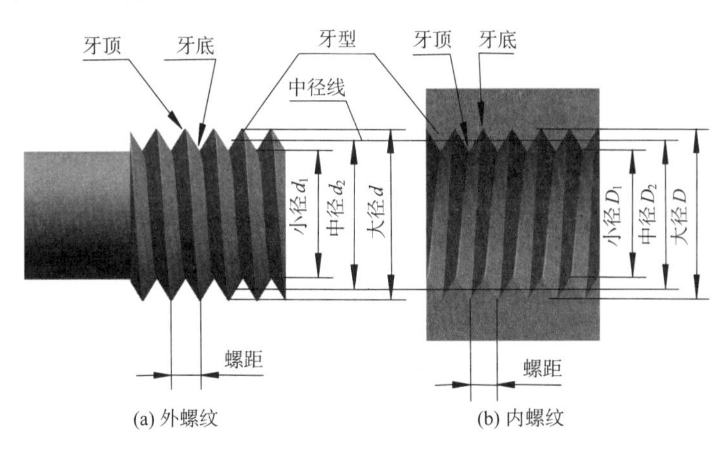

图 10-2　螺纹的大径和小径

(2) 牙型：螺纹轴向剖面形状称为牙型，常见的螺纹牙型有三角形、梯形和锯齿形等，见图 10-3。

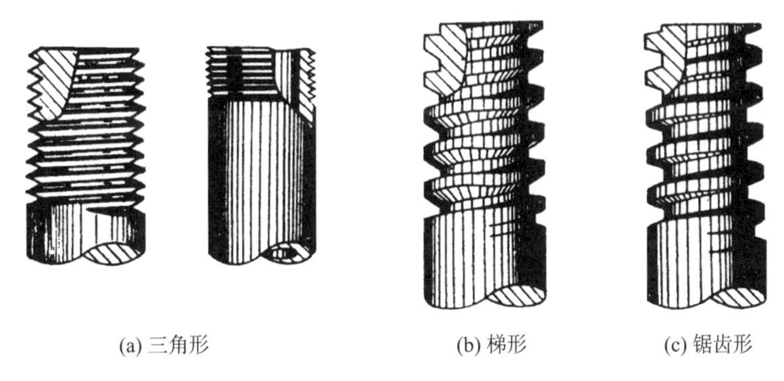

图 10-3　螺纹的牙型种类

(3) 线数：沿一条螺旋线所形成的螺纹称为单线螺纹。沿两条或两条以上、在轴向等距分布的螺旋线所形成的螺纹称为多线螺纹。最常用的是单线螺纹，见图 10-4。

(4) 螺距和导程：相邻两牙型轴向对应点间的距离称为螺距，用 P 表示。螺纹旋转一周，沿轴向移动的距离称导程，用 T 表示。单线螺纹的螺距等于导程，多线螺纹的导程为螺距乘以线数，即导程＝螺距×线数。

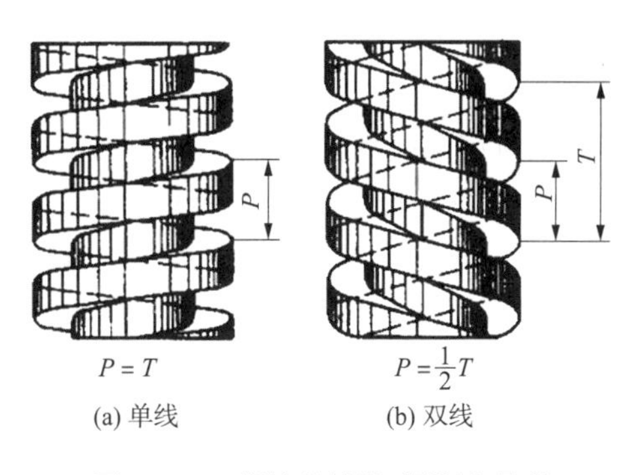

图 10-4　螺纹的线数、螺距和导程

(5) 旋向：顺时针旋转时旋入的螺纹称为右旋螺纹，简称右螺纹，如图 10－5(a)所示；逆时针旋转时旋入的螺纹称为左旋螺纹，简称左螺纹，如图 10－5(b)所示。

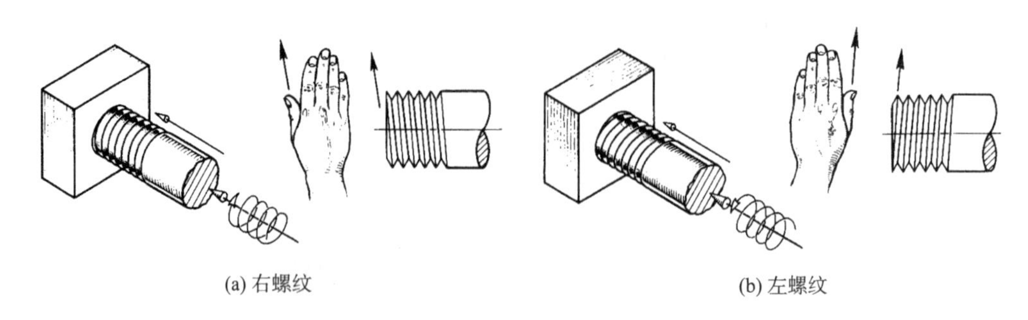

(a) 右螺纹　　(b) 左螺纹

图 10－5　螺纹的旋向

牙型、大径和螺距是表示螺纹结构形式和尺寸的三个基本要素，称为"螺纹三要素"。旋向、导程、线数也是表达螺纹的要素。

当内、外螺纹旋合时，它们的要素都必须一致。"螺纹三要素"均符合国家标准的，称为标准螺纹。牙型符合国家标准，但大径或螺距不符合国家标准的，称为特殊螺纹。牙型不符合国家标准的，称为非标准螺纹。

10.1.1.3　螺纹的规定画法

绘制螺纹的真实投影十分烦琐，并且在实际生产中没有必要性。为了便于绘图，国家标准《机械制图　螺纹及螺纹紧固件表示法》(GB/T 4459.1—1995)对螺纹的画法做了规定，见表 10－1。按螺纹的规定画法作图时要注意其真实结构和图样表达的差异，要点如下：

(1) 可见螺纹的牙顶(即外螺纹大径、内螺纹小径)用粗实线表示，可见螺纹的牙底(即外螺纹小径、内螺纹大径)用细实线表示，螺杆的倒角或倒圆部分应画出。在投影为圆的视图中，表示牙底圆的细实线只画出约 3/4 圈(空出的约 1/4 圈的位置不做规定)，此时螺杆或螺孔上的倒角圆投影不应画出。在投影为圆的视图中，当需要表示部分螺纹时，表示牙底圆的细实线也应适当空出一段。

(2) 有效螺纹的终止界线(即螺纹终止线)用粗实线表示。当外螺纹剖开时，其终止线只画出表示牙型高度的一小段；内螺纹的终止线画法如表 10－1 所示。

(3) 无论是外螺纹还是内螺纹，在剖视图或断面图中的剖面线都必须画到粗实线为止。

(4) 在绘制不穿通的螺孔时，一般应将钻孔深度与螺纹深度分别画出。钻孔深度 H 一般应比螺纹深度 b 大 $0.5D$，其中 D 为螺纹大径。

(5) 因钻头端部有一圆锥，锥顶角为 118°，故钻孔时在不通孔(称为盲孔)底部形成一锥面，画图时钻孔底部锥面的顶角可简化为 120°。

(6) 不可见螺纹的所有图线用虚线绘制。

(7) 当螺纹孔相交时，只画出钻孔的交线，用粗实线表示。

(8) 螺纹连接的画法：当以剖视图表示内、外螺纹连接时，其旋合部分应按外螺纹绘制，其余部分仍按各自的画法绘制。需要注意：当内、外螺纹连接时，由于牙型、大径、小径、螺距、旋向、线数必须一致，因而图中表示螺纹大、小径的粗实线和细实线应分别对齐。

表 10-1　螺纹的规定画法

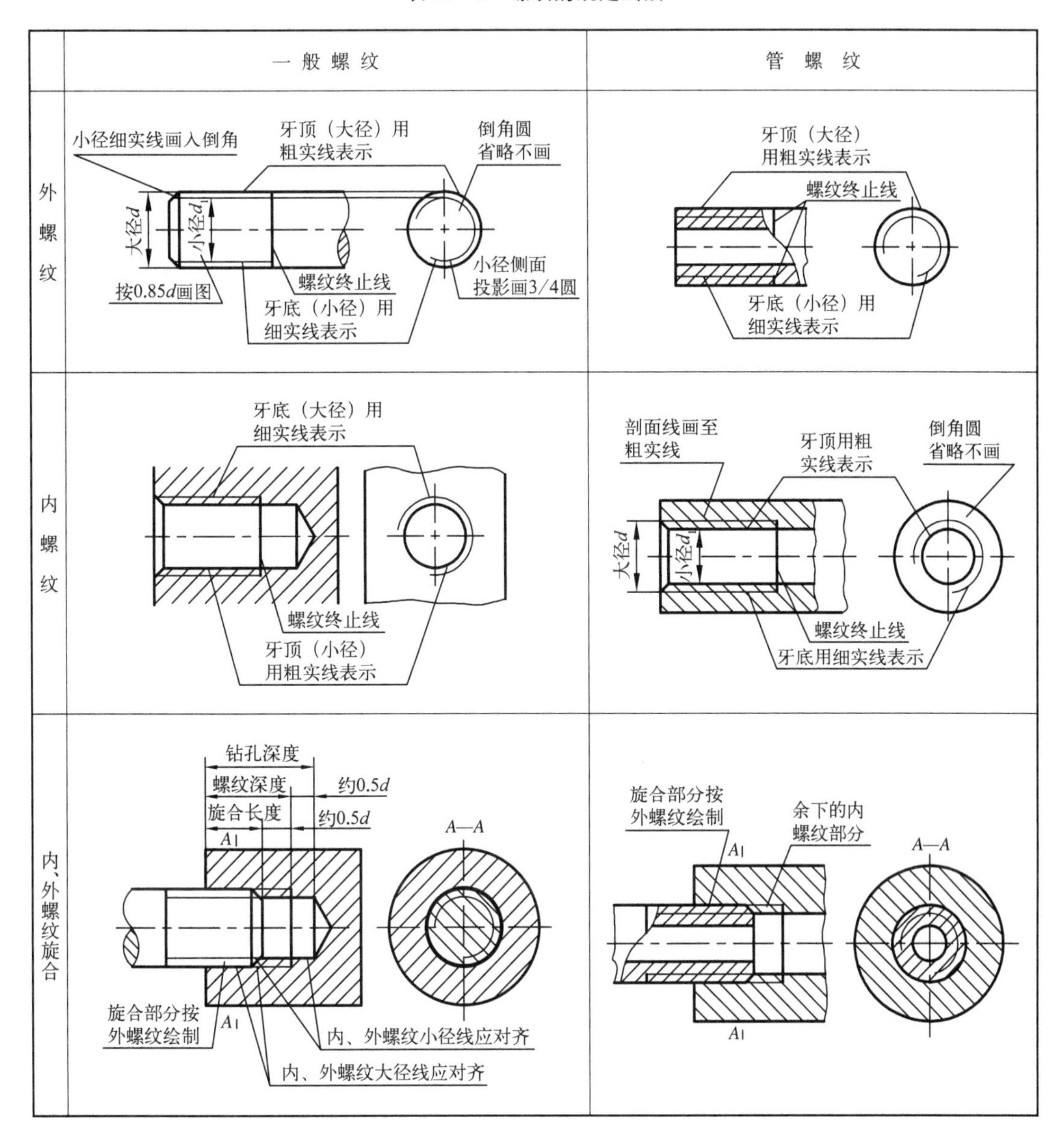

10.1.1.4　螺纹的种类和标注

1. 螺纹的种类

螺纹按用途可分为连接螺纹和传动螺纹两大类，具体的分类情况如图 10-6 所示。每种螺纹有相应的特征代号，用字母表示。标准螺纹的各参数（如大径、螺距等）均已有规定，设计选用时应查阅相应标准。

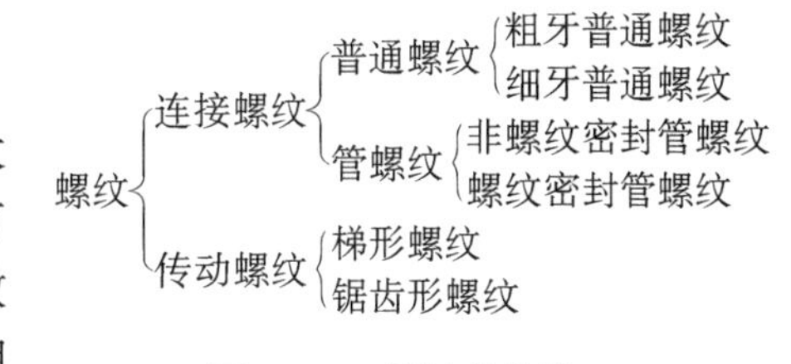

图 10-6　螺纹的分类

(1) 连接螺纹

连接螺纹用于连接两个或两个以上零件。常见的连接螺纹有三种：粗牙普通螺纹、细牙普通螺纹和管螺纹。

连接螺纹的共同特点是牙型均为三角形，其中普通螺纹的牙型角为 60°，管螺纹的牙型角为 55°。

同一种大径的普通螺纹一般有几种螺距，螺距最大的称为粗牙普通螺纹，其余的称为细牙普通螺纹。细牙普通螺纹多用于细小的精密零件或薄壁零件的连接，管螺纹多用于水管、油管、煤气管等管道的连接。

(2) 传动螺纹

传动螺纹用于传递动力和运动。常用的传动螺纹是梯形螺纹，有时也用锯齿形螺纹和矩形螺纹。

矩形螺纹属于非标准螺纹，无特征代号，其各部分尺寸根据要求而定。

除矩形螺纹外，梯形螺纹和锯齿形螺纹均已标准化，其直径和螺距系列可查阅有关标准。表 10-2 列出了普通螺纹、非螺纹密封管螺纹的直径和螺距系列、基本尺寸。

表 10-2　普通螺纹、非螺纹密封管螺纹的直径和螺距系列、基本尺寸

普通螺纹的基本尺寸(摘自 GB/T 193—2003、GB/T 196—2003)

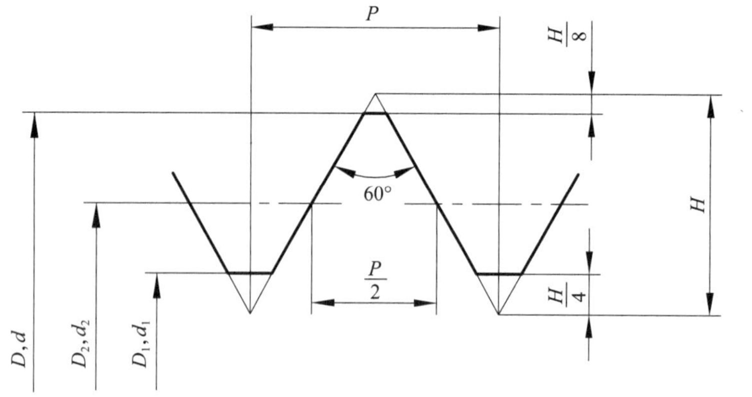

公称直径 D, d		螺距 P		粗牙小径 D_1, d_1
第一系列	第二系列	粗牙	细　牙	
3		0.5	0.35	2.459
	3.5	(0.6)		2.850
4		0.7	0.5	3.242
	4.5	(0.75)		3.688
5		0.8		4.134
6		1	0.75, (0.5)	4.917
8		1.25	1, 0.75, (0.5)	6.647

续表

公称直径 D, d		螺距 P		粗牙小径 D_1, d_1
第一系列	第二系列	粗牙	细 牙	
10		1.5	1.25, 1, 0.75, (0.5)	8.376
12		1.75	1.5, 1.25, 1, (0.75), (0.5)	10.106
	14	2	1.5, (1.25), 1, (0.75), (0.5)	11.835
16		2	1.5, 1, (0.75), (0.5)	13.835
	18	2.5	2, 1.5, 1, (0.75), (0.5)	15.294
20		2.5		17.294
	22	2.5	2, 1.5, 1, (0.75), (0.5)	19.294
24		3	2, 1.5, 1, (0.75)	20.752
	27	3	3, 2, 1.5, 1, (0.75)	23.752
30		3.5	(3), 2, 1.5, 1, (0.75)	26.211
	33	3.5	(3), 2, 1.5, 1, (0.75)	29.211
36		4	3, 2, 1.5, (1)	31.670

非螺纹密封管螺纹的基本尺寸(摘自 GB/T 7307—2001)

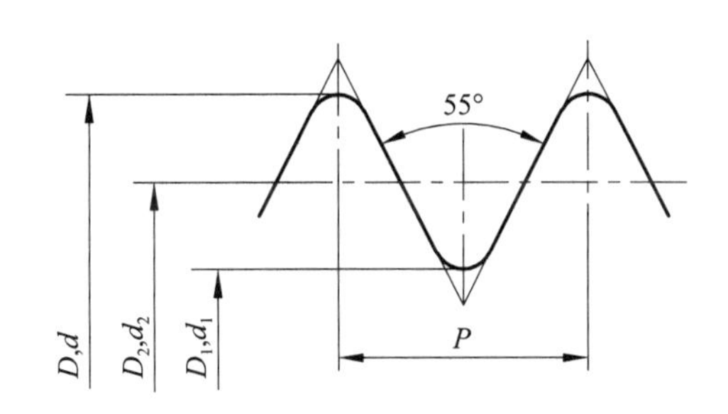

尺寸代号	每 25.4 mm 中的牙数 n	螺距 P	螺纹直径	
			大径 D, d	小径 D_1, d_1
1/8	28	0.907	9.728	8.566
1/4	19	1.337	13.157	11.445
3/8	19	1.337	16.662	14.950
1/2	14	1.814	20.955	18.631
5/8	14	1.814	22.911	20.587
3/4	14	1.814	26.441	24.117
7/8	14	1.814	30.201	27.877

续表

尺寸代号	每 25.4 mm 中的牙数 n	螺距 P	螺纹直径	
			大径 D，d	小径 D_1，d_1
1	11	2.309	33.249	30.291
$1\frac{1}{3}$	11	2.309	37.897	34.939
$1\frac{1}{4}$	11	2.309	41.910	38.952
$1\frac{1}{2}$	11	2.309	47.803	44.845
$1\frac{3}{4}$	11	2.309	53.746	50.788
2	11	2.309	59.614	56.656
$1\frac{1}{4}$	11	2.309	65.710	62.752
$2\frac{1}{2}$	11	2.309	75.184	72.226
$2\frac{3}{4}$	11	2.309	81.534	78.576
3	11	2.309	87.884	84.926

常见螺纹的种类如表 10－3 所示。

表 10－3　常用标准螺纹的种类和标注

螺纹种类		外形图	特征代号	标注示例	说明
连接螺纹	粗牙普通螺纹	60°	M	M60-6g　M10-6H	M60－6g： 粗牙普通螺纹，公称直径为 60 mm，右旋，中径、顶径公差带代号均为 6g，旋合长度属于中等的一组
	细牙普通螺纹			M16×1.5	细牙普通螺纹，公称直径为 16 mm，螺距为 1.5 mm，右旋

续表

螺纹种类		外 形 图	特征代号	标 注 示 例	说 明
连接螺纹	非螺纹密封管螺纹	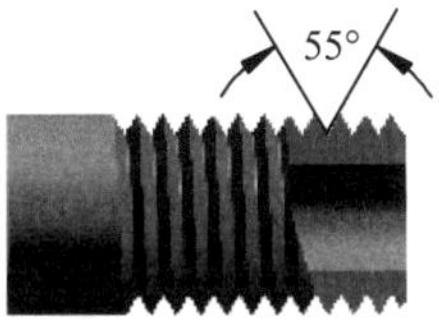 55°	G	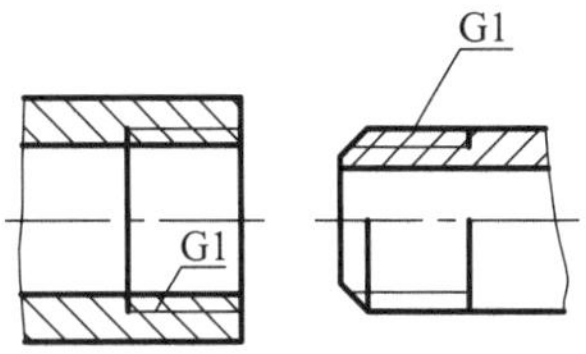 G1 G1	一般用于低压管路连接。 非螺纹密封管螺纹，尺寸代号 1 表示 1 in，右旋，引出标注。此时尺寸代号并不表示管螺纹的大径，画图时需查表得螺纹的大、小径
	螺纹密封管螺纹	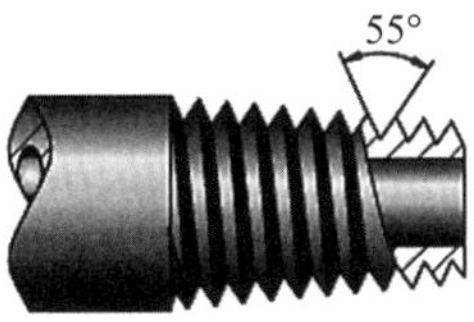 55°	R_1 R_2 R_c R_p	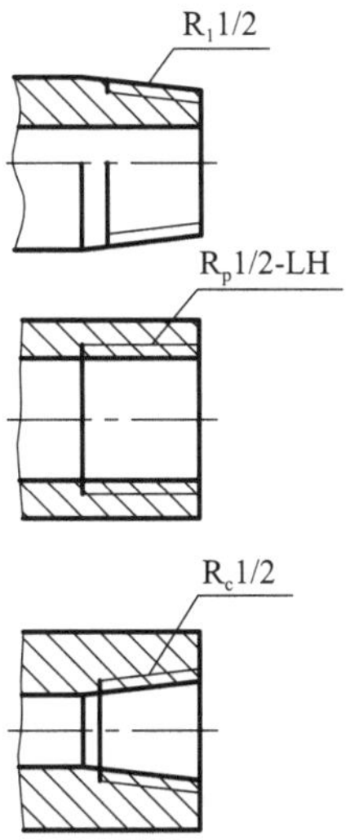 $R_1$1/2 R_p1/2-LH R_c1/2	一般用于对密封要求较高的水管、油管的管路连接。 有圆柱内螺纹 R_p 与圆锥外螺纹 R_1、圆锥内螺纹 R_c 与圆锥外螺纹 R_2 两种连接形式。 尺寸代号 1/2 不是螺纹大径的大小，而是管子的通径（寸制）大小。标记中未注明旋向的均为右旋
传动螺纹	梯形螺纹	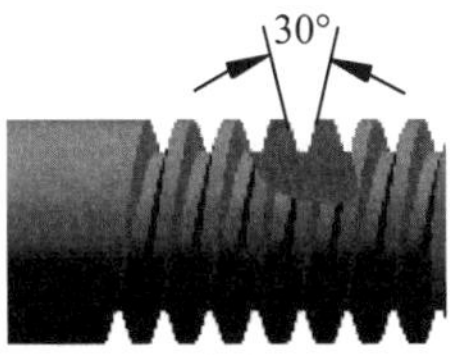 30°	Tr	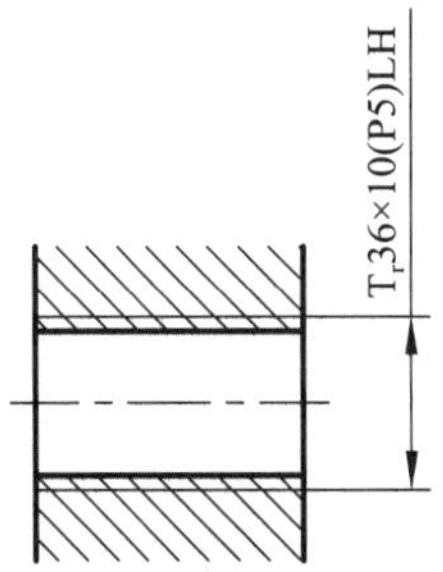 T_r36×10(P5)LH	梯形螺纹，公称直径为 36 mm，双线，导程为 10 mm，螺距为 5 mm，左旋
	锯齿形螺纹	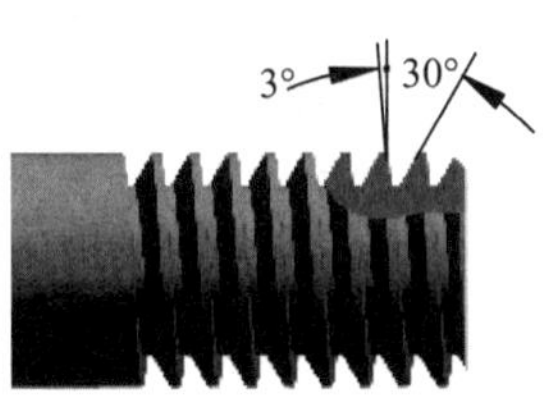 3° 30°	B	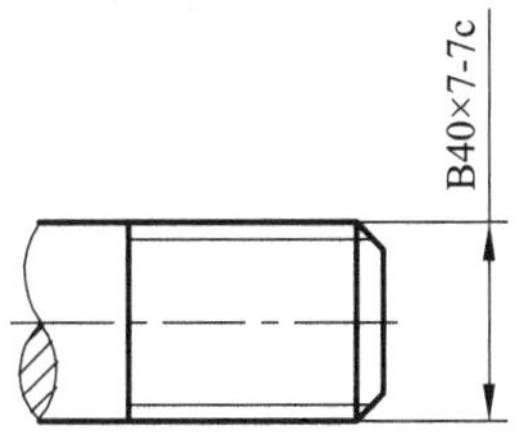 B40×7-7c	锯齿形螺纹，公称直径为 40 mm，单线，螺距为 7 mm，中径公差带代号为 7c，右旋

2. 螺纹的标注

各种螺纹的画法基本相同，为了便于区别，必须在图样上对螺纹进行标注。

(1) 螺纹标注格式

螺纹的完整标注格式如下：

螺纹特征代号 尺寸代号 - 公差带代号 - 旋合长度代号 - 旋向代号

各项说明如下：

① 螺纹特征代号：如表 10-3 所列，粗牙普通螺纹和细牙普通螺纹的特征代号均为 M。

② 尺寸代号：单线螺纹的尺寸代号为“公称直径×螺距”，螺纹为多线时尺寸代号为“公称直径×Ph 导程 P 螺距”。粗牙普通螺纹不标注螺距。

③ 公差带代号：由表示公差等级的数字和表示基本偏差的字母组成，如 7H、6g 等，其中小写字母指外螺纹，大写字母指内螺纹。内、外螺纹的公差等级和基本偏差都已有规定。螺纹公差带代号标注时应按顺序标出中径公差带代号与顶径公差带代号，当两个公差带代号完全相同时，可只标出一个公差带代号。

④ 旋合长度代号：分别用 S、N、L 表示短、中等、长三种不同的旋合长度，其中 N 省略不注。

⑤ 旋向代号：当螺纹为左旋时，要标注“LH”两个大写字母；右旋时则不标注。

例如：M30×1.5-5H6H-L-LH。其表示公称直径为 30 mm，螺距为 1.5 mm，细牙，中径公差带代号为 5H，顶径公差带代号为 6H，长旋合长度，左旋的普通内螺纹。

(2) 螺纹标注示例

表 10-3 介绍了常用标准螺纹的标注示例。

(3) 特殊螺纹标注

对特殊螺纹，应在特征代号前加注“特”字，并标出大径和螺距。

(4) 非标准螺纹标注

对非标准螺纹，必须用局部剖视图或局部放大图画出螺纹牙型，并标注所需要的尺寸及有关要求，以便于加工。

10.1.1.5 螺纹的工艺结构

为防止螺纹端部被损坏且便于安装，通常在螺纹的起始处做出圆锥形的倒角或球面形的倒圆，如图 10-7 所示。

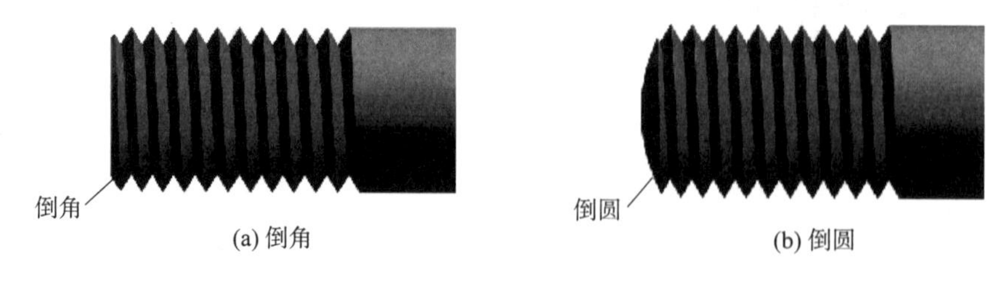

(a) 倒角　　(b) 倒圆

图 10-7 倒角和倒圆

当车削螺纹的刀具快要到达螺纹的终止处时，由于要逐渐离开零件，因而螺纹终止处附近的牙型逐渐变浅，形成不完整的螺纹牙型，这段螺纹称为螺尾，如图 10-8(a)所示。具有完整牙型的螺纹部分才是有效螺纹。

为了避免出现螺尾，可以在螺纹的终止处预先车出一个槽，以便于刀具退出，这个槽称为螺纹退刀槽，分为外退刀槽和内退刀槽，如图 10-8(b)所示。

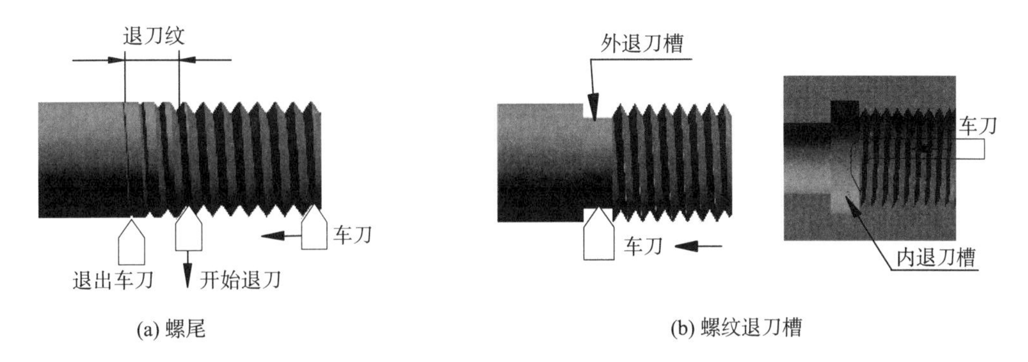

(a) 螺尾　　(b) 螺纹退刀槽

图 10-8 螺尾和螺纹退刀槽

10.1.2 螺纹紧固件

10.1.2.1 螺纹紧固件的种类和标记

工程上常用螺纹紧固件将两个零件连接在一起，是应用最广泛的可拆连接。常用的螺纹紧固件有螺栓、螺柱、螺钉、螺母和垫圈等，它们都是标准化的零件。国家标准规定了常用螺纹紧固件的标记方法，参见表 10-4。

表 10-4 常用螺纹紧固件的规定标记

名　　称	图　　例	规 定 标 记
六角螺栓(C 级)	M12 80	螺栓 GB/T 5780 M12×80
双头螺柱(B 型)	M10 50	螺柱 GB/T 897 M10×50
开槽盘头螺钉	M10 45	螺钉 GB/T 65 M10×45

续表

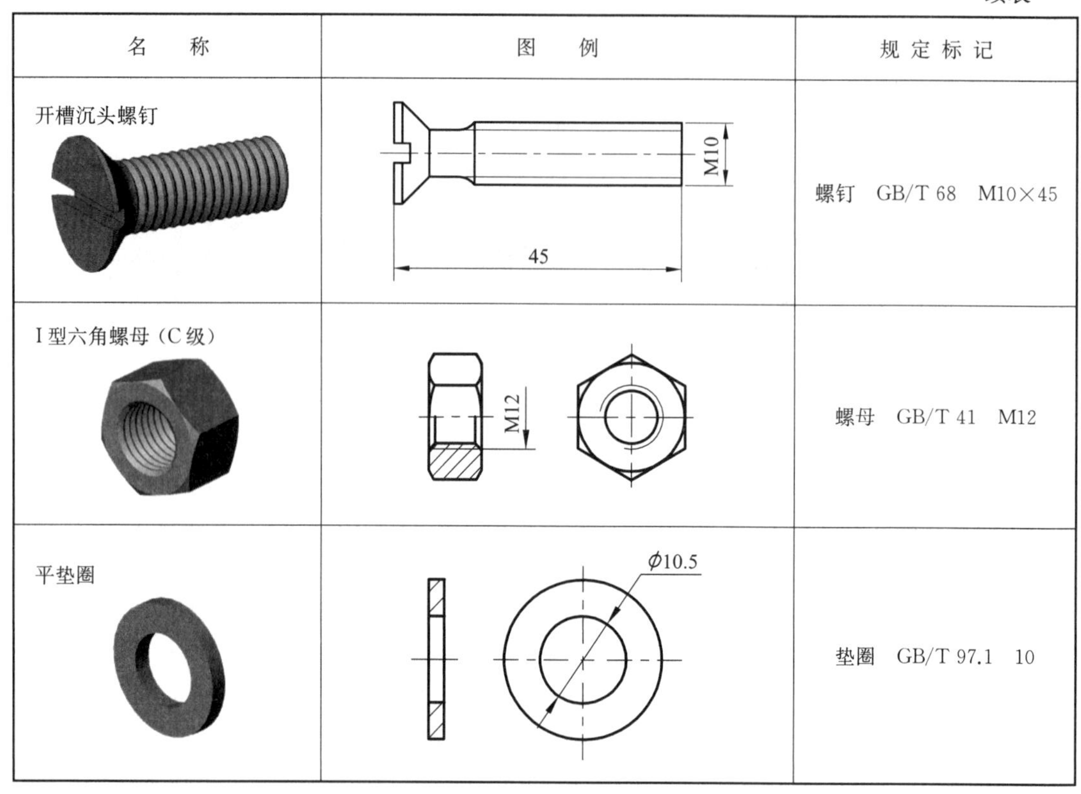

名　　称	图　　例	规 定 标 记
开槽沉头螺钉	M10 45	螺钉　GB/T 68　M10×45
I 型六角螺母（C 级）	M12	螺母　GB/T 41　M12
平垫圈	ϕ10.5	垫圈　GB/T 97.1　10

按照规定标记，从有关标准中可查得它们的结构形式和尺寸。表 10－5～表 10－11 分别示出了部分常用的六角头螺栓、双头螺柱、螺钉、六角螺母、垫圈的结构形式和尺寸。

表 10－5　常用六角头螺栓的结构形式和尺寸　　　　单位：mm

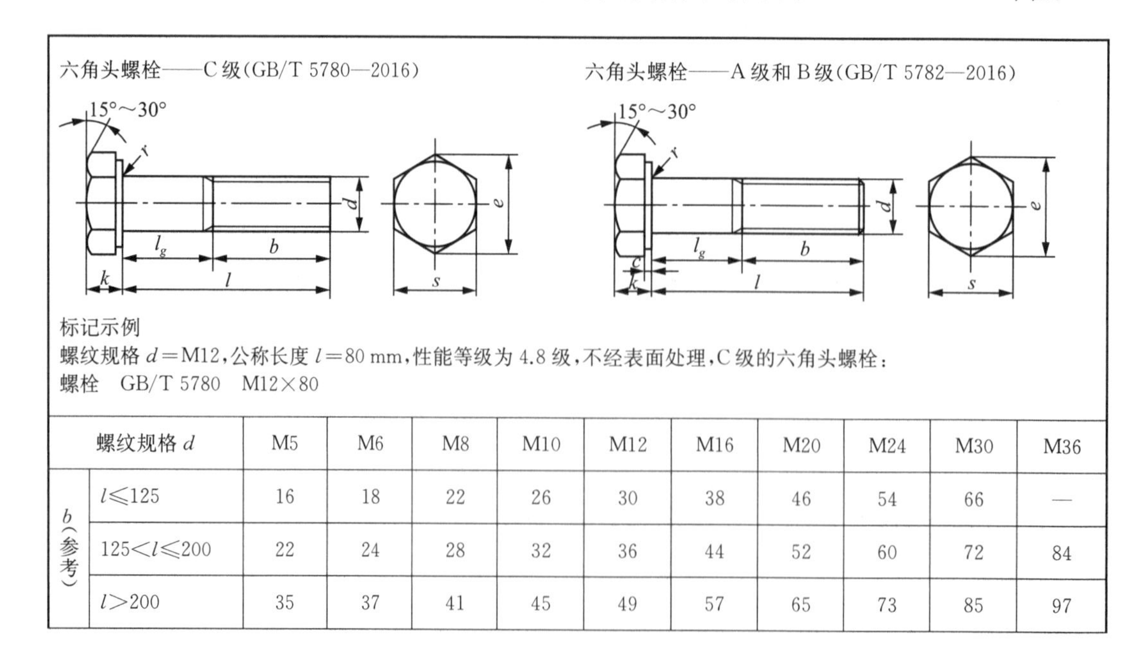

标记示例

螺纹规格 d=M12，公称长度 l=80 mm，性能等级为 4.8 级，不经表面处理，C 级的六角头螺栓：

螺栓　GB/T 5780　M12×80

螺纹规格 d		M5	M6	M8	M10	M12	M16	M20	M24	M30	M36
b（参考）	$l \leqslant 125$	16	18	22	26	30	38	46	54	66	—
	$125 < l \leqslant 200$	22	24	28	32	36	44	52	60	72	84
	$l > 200$	35	37	41	45	49	57	65	73	85	97

续表

c			0.5	0.5	0.6	0.6	0.6	0.8	0.8	0.8	0.8	0.8
d_w	产品等级	A	6.88	8.88	11.63	14.63	16.63	22.49	28.19	33.61	—	—
		B、C	6.74	8.74	11.47	14.47	16.47	22	27.7	33.25	42.75	51.11
e	产品等级	A	8.79	11.05	14.38	17.77	20.03	26.75	33.53	39.98	—	—
		B、C	8.63	10.89	14.20	17.59	19.85	26.17	32.95	39.55	50.85	60.79
k(公称)			3.5	4	5.3	6.4	7.5	10	12.5	15	18.7	22.5
r			0.2	0.25	0.4	0.4	0.6	0.6	0.8	0.8	1	1
s(公称)			8	10	13	16	18	24	30	36	46	55
l(商品规格范围)			25～50	30～60	40～80	45～100	50～120	65～160	80～200	90～240	110～300	140～360
l 系列			25,30,35,40,45,50,55,60,65,70,80,90,100,110,120,130,140,150,160,180,200,220,240,260,280,300,320,340,360									

注：(1) A 级用于 $d \leqslant 24$ mm 和 $l \leqslant 10d$ 或 $l \leqslant 150$ mm 的螺栓；
B 级用于 $d > 24$ mm 和 $l > 10d$ 或 $l > 150$ mm 的螺栓。
(2) 螺纹规格 d 范围：GB/T 5780—2016 中为 M5～M64；GB/T 5782—2016 中为 M1.6～M64。
(3) 公称长度 l 范围：GB/T 5780—2016 中为 25～500 mm；GB/T 5782—2016 中为 12～500 mm。

表 10-6 常用双头螺柱的结构形式和尺寸 单位：mm

双头螺柱——$b_m=1d$(GB/T 897—1988)
双头螺柱——$b_m=1.5d$(GB/T 899—1988)
A 型

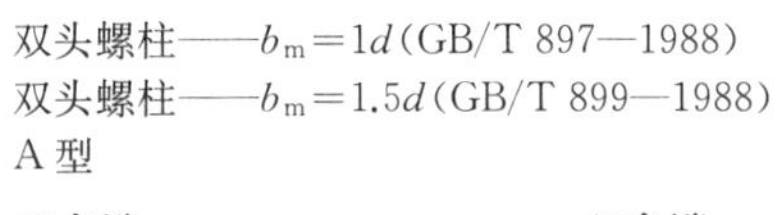

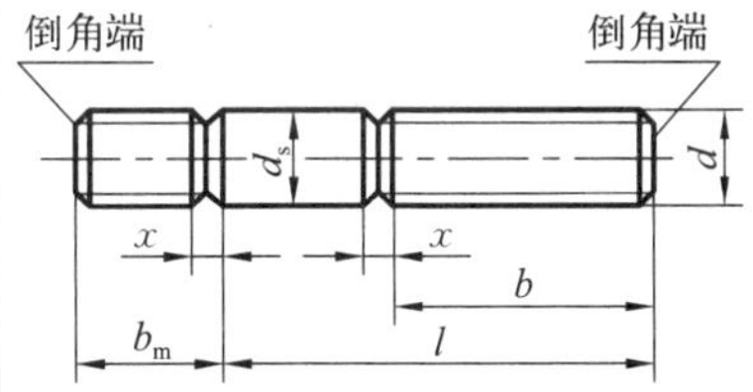

双头螺柱——$b_m=1.25d$(GB/T 898—1988)
双头螺柱——$b_m=2d$(GB/T 900—1988)
B 型

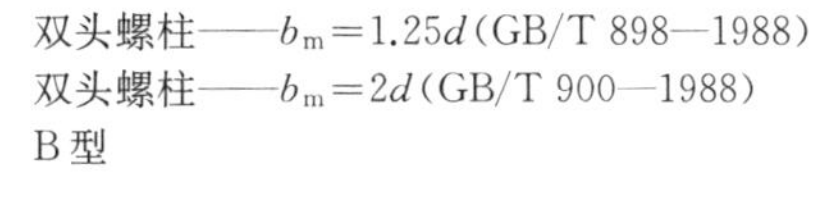

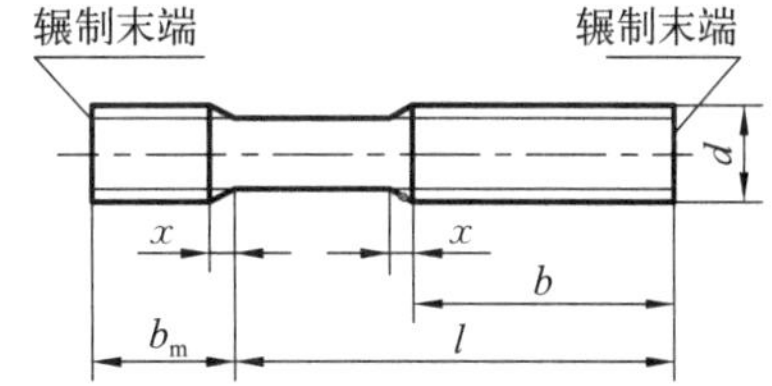

标记示例
两端均为粗牙普通螺纹，$d=10$ mm，$l=50$ mm，性能等级为 4.8 级，B 型，$b_m=1d$：
螺柱 GB/T 897 M10×50
旋入机体一端为粗牙普通螺纹，旋入螺母一端为螺距是 1 mm 的细牙普通螺纹，$d=10$ mm，$l=50$ mm，性能等级为 4.8 级，A 型，$b_m=1d$：
螺柱 GB/T 897 AM10×1×50

螺纹规格		M5	M6	M8	M10	M12	M16	M20	M24	M30	M36
b_m(公称)	GB/T 897—1988	5	6	8	10	12	16	20	24	30	36
	GB/T 898—1988	6	8	10	12	15	20	25	30	38	45
	GB/T 899—1988	8	10	12	15	18	24	30	36	45	54
	GB/T 900—1988	10	12	16	20	24	32	40	48	60	72

续表

d_s(max)	5	6	8	10	12	16	20	24	30	36
x(max)	2.5P									
$\frac{l}{b}$	16～22/10 25～50/16	20～22/10 25～30/14 32～75/18	20～22/12 25～30/16 32～90/22	25～28/14 30～38/16 40～120/26 130/32	25～30/16 32～40/20 45～120/30 130～180/36	30～38/20 40～55/30 60～120/38 130～200/44	35～40/25 45～65/35 70～120/46 130～200/52	45～50/30 55～75/45 80～120/54 130～200/60	60～65/40 70～90/50 95～120/60 130～200/72 210～250/85	65～75/45 80～110/60 120/78 130～200/84 210～300/91
l 系列	16，(18)，20，(22)，25，(28)，30，(32)，35，(38)，40，45，50，(55)，60，(65)，70，(75)，80，(85)，90，(95)，100，110，120，130，140，150，160，170，180，190，200，210，220，230，240，250，260，280，300									

注：P 是粗牙螺纹的螺距。

表 10－7　常用开槽螺钉的结构形式和尺寸　　单位：mm

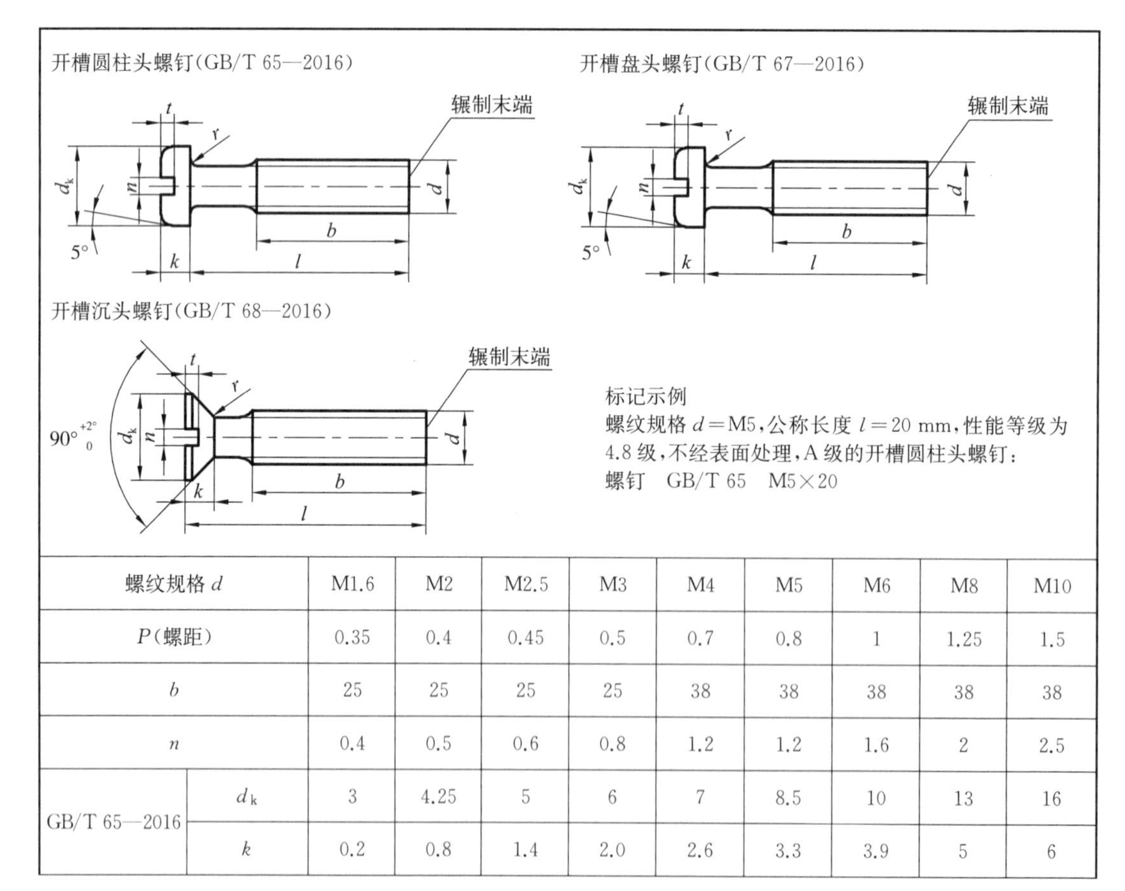

螺纹规格 d		M1.6	M2	M2.5	M3	M4	M5	M6	M8	M10
P(螺距)		0.35	0.4	0.45	0.5	0.7	0.8	1	1.25	1.5
b		25	25	25	25	38	38	38	38	38
n		0.4	0.5	0.6	0.8	1.2	1.2	1.6	2	2.5
GB/T 65—2016	d_k	3	4.25	5	6	7	8.5	10	13	16
	k	0.2	0.8	1.4	2.0	2.6	3.3	3.9	5	6

续表

GB/T 65—2016	r	0.1	0.1	0.1	0.1	0.2	0.2	0.25	0.4	0.4
	t	0.8	0.85	0.9	1.0	1.1	1.3	1.6	2	2.4
	公称长度 l	2～16	2.5～20	3～25	4～30	5～40	6～50	8～60	10～80	12～80
GB/T 67—2016	d_k	3.2	4	5	5.6	8	9.5	12	16	20
	k	1	1.3	1.5	1.8	2.4	3	3.6	4.8	6
	r	0.1	0.1	0.1	0.1	0.2	0.2	0.25	0.4	0.4
	t	0.35	0.5	0.6	0.7	1	1.2	1.4	1.9	2.4
	公称长度 l	2～16	2.5～20	3～25	4～30	5～40	6～50	8～60	10～80	12～80
GB/T 68—2016	d_k	3.6	4.4	5.5	6.3	9.4	10.4	12.6	17.3	20
	k	1	1.2	1.5	1.65	2.7	2.7	3.3	4.66	5
	r	0.4	0.5	0.6	0.8	1	1.3	1.5	2	2.5
	t	0.5	0.6	0.75	0.85	1.3	1.4	1.6	2.3	2.6
	公称长度 l	2.5～16	3～20	4～25	5～30	6～40	8～50	8～60	10～80	12～80
l 系列		2，2.5，3，4，5，6，8，10，12，(14)，16，20，25，30，35，40，45，50，(55)，60，(65)，70，(75)，80								

表 10-8　常用内六角圆柱头螺钉的结构形式和尺寸　　单位：mm

内六角圆柱头螺钉(GB/T 70.1—2008)

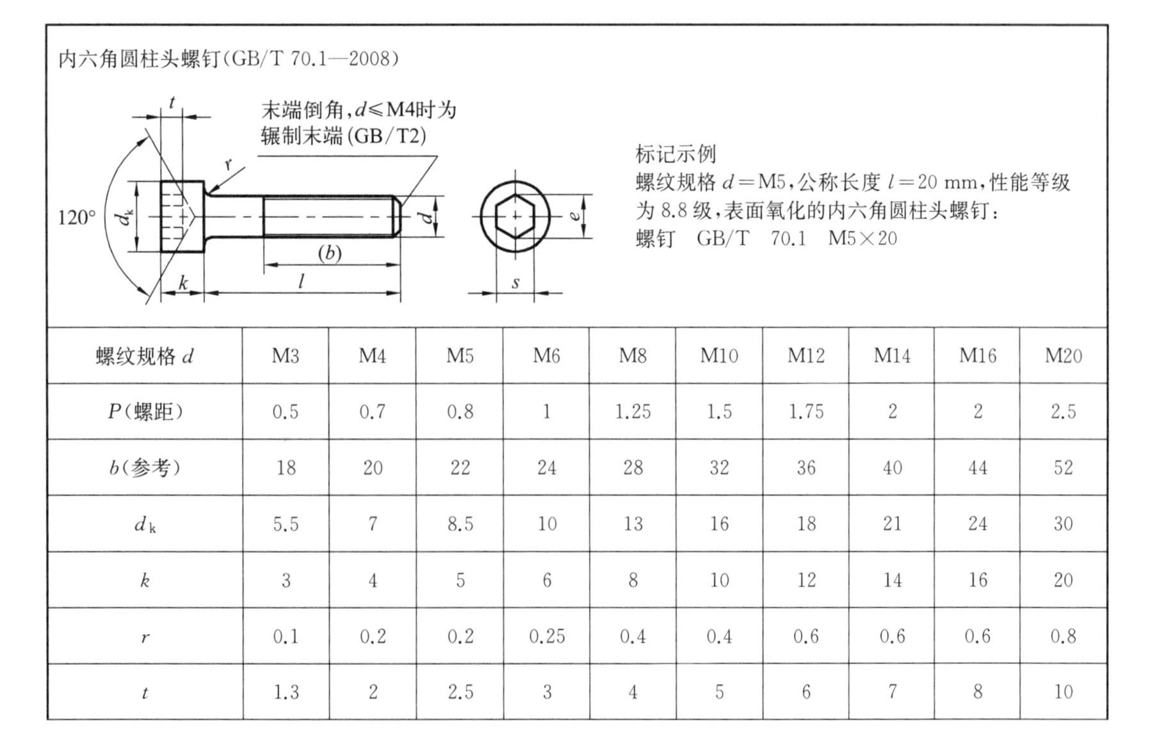

标记示例

螺纹规格 d＝M5，公称长度 l＝20 mm，性能等级为 8.8 级，表面氧化的内六角圆柱头螺钉：

螺钉　GB/T　70.1　M5×20

螺纹规格 d	M3	M4	M5	M6	M8	M10	M12	M14	M16	M20
P(螺距)	0.5	0.7	0.8	1	1.25	1.5	1.75	2	2	2.5
b(参考)	18	20	22	24	28	32	36	40	44	52
d_k	5.5	7	8.5	10	13	16	18	21	24	30
k	3	4	5	6	8	10	12	14	16	20
r	0.1	0.2	0.2	0.25	0.4	0.4	0.6	0.6	0.6	0.8
t	1.3	2	2.5	3	4	5	6	7	8	10

续表

s	2.5	3	4	5	6	8	10	12	14	17
e	2.87	3.44	4.58	5.72	6.86	9.15	11.43	13.72	16.00	19.44
公称长度 l	5～30	6～40	8～50	10～60	12～80	16～100	20～120	25～140	25～160	30～200
当 l 不大于表中数值时，制出全螺纹	20	25	25	30	35	40	45	55	55	65
l 系列	2.5，3，4，5，6，8，10，12，16，20，25，30，35，40，45，50，55，60，65，70，80，90，100，110，120，130，140，150，160，180，200									

表 10-9　常用开槽紧定螺钉的结构形式和尺寸　　单位：mm

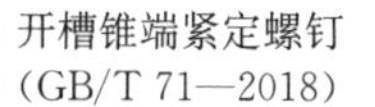
开槽锥端紧定螺钉
(GB/T 71—2018)

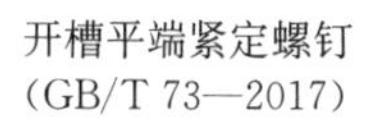
开槽平端紧定螺钉
(GB/T 73—2017)

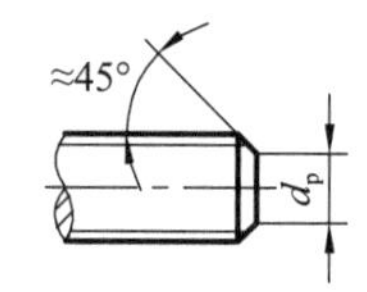

开槽长圆柱端紧定螺钉
(GB/T 75—2018)

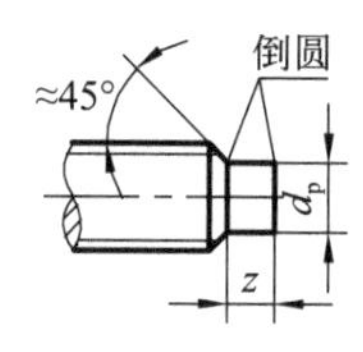

标记示例

螺纹规格 d=M5，公称长度 l=12 mm，性能等级为 14H 级，表面氧化的开槽长圆柱端紧定螺钉：

螺钉　GB/T 75　M5×12

螺纹规格 d		M1.6	M2	M2.5	M3	M4	M5	M6	M8	M10	M12
P(螺距)		0.35	0.4	0.45	0.5	0.7	0.8	1	1.25	1.5	1.75
n		0.25	0.25	0.4	0.4	0.6	0.8	1	1.2	1.6	2
t		0.74	0.84	0.95	1.05	1.42	1.63	2	2.5	3	3.6
d_t		0.16	0.2	0.25	0.3	0.4	0.5	1.5	2	2.5	3
d_p		0.8	1	1.5	2	2.5	3.5	4	5.5	7	8.5
z		1.05	1.25	1.25	1.75	2.25	2.75	3.25	4.3	5.3	6.3
l	GB/T71—2018	2～8	3～10	3～12	4～16	6～20	8～25	8～30	10～40	12～50	14～60
	GB/T73—2017	2～8	2～10	2.5～12	3～16	4～20	5～25	5～30	8～40	10～50	12～60
	GB/T75—2018	2.5～8	3～10	4～12	5～16	6～20	8～25	8～30	10～40	12～50	14～60
l 系列		2，2.5，3，4，5，6，8，10，12，(14)，16，20，25，30，35，40，45，50，(55)，60									

表 10-10 常用六角螺母的结构形式和尺寸 单位：mm

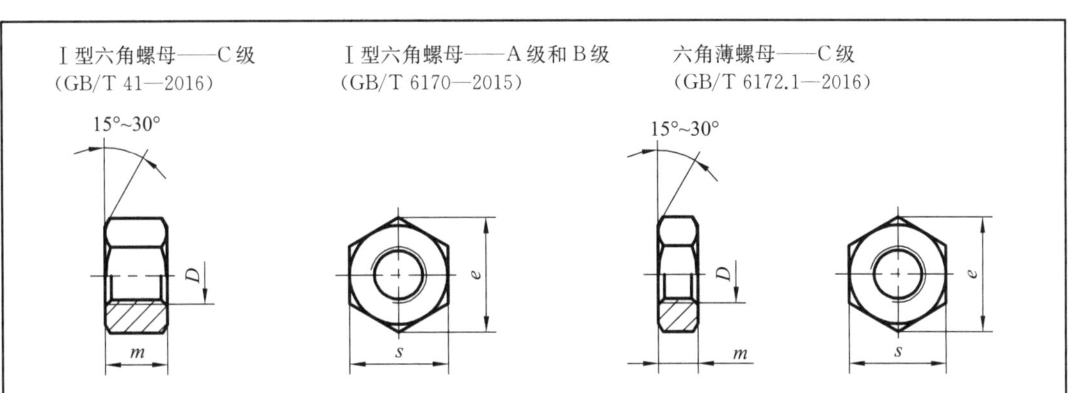

标记示例

螺纹规格 D=M12，性能等级为5级，不经表面处理，C级的Ⅰ型六角螺母：

螺母 GB/T 41 M12

螺纹规格 D=M12，性能等级为8级，不经表面处理，A级的Ⅰ型六角螺母：

螺母 GB/T 6170 M12

螺纹规格 D		M3	M4	M5	M6	M8	M10	M12	M16	M20	M24	M30	M36
e	GB/T 41—2016			8.63	10.89	14.20	17.59	19.85	26.17	32.95	39.55	50.85	60.79
	GB/T 6170—2015 GB/T 6172.1—2016	6.01	7.66	8.79	11.05	14.38	17.77	20.03	26.75	32.95	39.55	50.85	60.79
s	GB/T 41—2016			8	10	13	16	18	24	30	36	46	55
	GB/T 6170—2015 GB/T 6172.1—2016	5.5	7	8	10	13	16	18	24	30	36	46	55
m	GB/T 41—2016			5.6	6.1	7.9	9.5	12.2	15.9	18.7	22.3	26.4	31.5
	GB/T 6170—2015	2.4	3.2	4.7	5.2	6.8	8.4	10.8	14.8	18	21.5	25.6	31
	GB/T 6172.1—2016	1.8	2.2	2.7	3.2	4	5	6	8	10	12	15	18

注：A级用于 $D \leqslant 16$ mm 的螺母；B级用于 $D > 16$ mm 的螺母。

表 10-11 常用垫圈的结构形式和尺寸 单位：mm

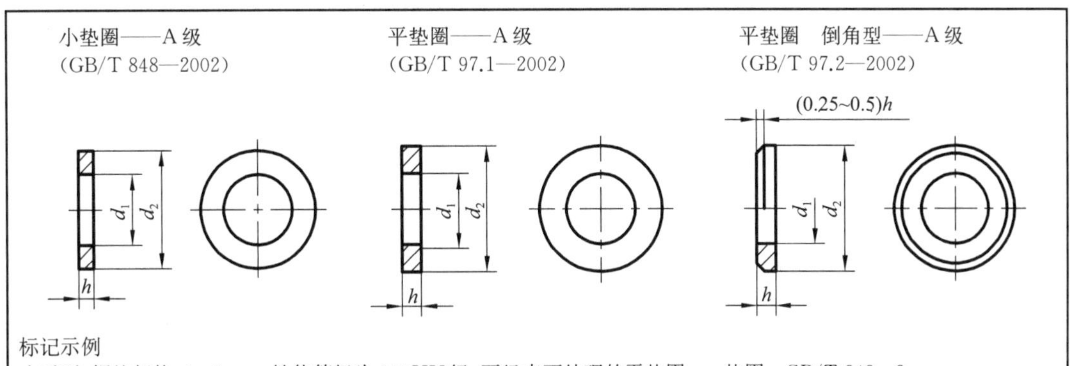

标记示例

小系列，螺纹规格 d=8 mm，性能等级为140HV级，不经表面处理的平垫圈： 垫圈 GB/T 848 8

标准系列，螺纹规格 d=8 mm，性能等级为140HV级，不经表面处理的平垫圈： 垫圈 GB/T 97.1 8

标准系列，螺纹规格 d=8 mm，性能等级为140HV级，不经表面处理的倒角型平垫圈： 垫圈 GB/T 97.2 8

续表

公称尺寸（螺纹规格 d）		1.6	2	2.5	3	4	5	6	8	10	12	14	16	20	24	30	36
d_1	GB/T 848—2002	1.7	2.2	2.7	3.2	4.3	5.3	6.4	8.4	10.5	13	15	17	21	25	31	37
	GB/T 97.1—2002	1.7	2.2	2.7	3.2	4.3	5.3	6.4	8.4	10.5	13	15	17	21	25	31	37
	GB/T 97.2—2002						5.3	6.4	8.4	10.5	13	15	17	21	25	31	37
d_2	GB/T 848—2002	3.5	4.5	5	6	8	9	11	15	18	20	24	28	34	39	50	60
	GB/T 97.1—2002	4	5	6	7	9	10	12	16	20	24	28	30	37	44	56	66
	GB/T 97.2—2002						10	12	16	20	24	28	30	37	44	56	66
h	GB/T 848—2002	0.3	0.3	0.5	0.5	0.5	1	1.6	1.6	1.6	2	2.5	2.5	3	4	4	5
	GB/T 97.1—2002	0.3	0.3	0.5	0.5	0.8	1	1.6	1.6	2	2.5	2.5	3	3	4	4	5
	GB/T 97.2—2002						1	1.6	1.6	2	2.5	2.5	3	3	4	4	5

10.1.2.2　螺纹紧固件的画法

在绘制螺纹紧固件时，除螺纹部分按规定画法绘制外，其余部分应根据螺纹的公称直径 d 从螺纹紧固件的标准中查得其形状和尺寸后绘图。但为了简便绘图和提高效率，通常采用比例画法。

比例画法是在螺纹公称直径 d 选定后，紧固件的其他各部分尺寸都取与紧固件的螺纹公称直径 d 成一定比例的数值来作图的方法，如图 10－9 所示。

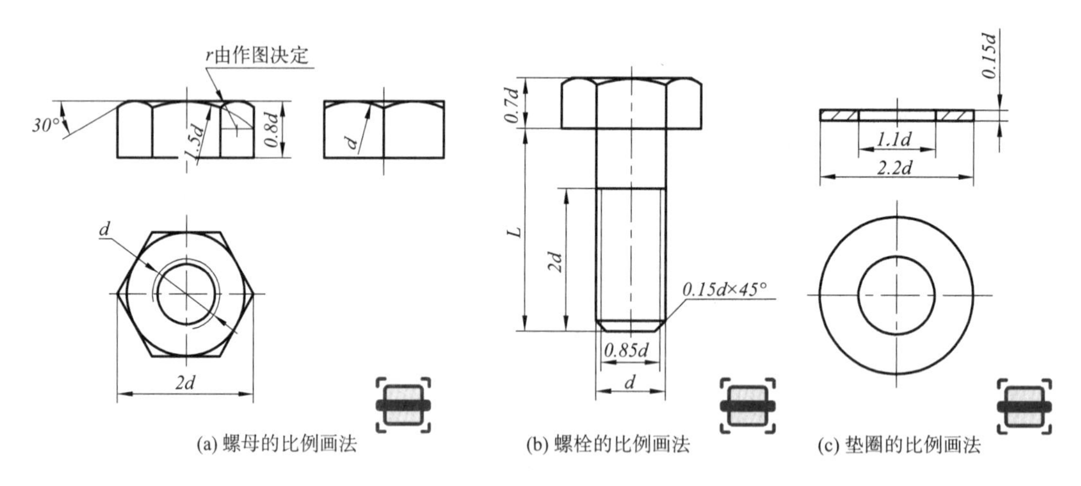

(a) 螺母的比例画法　(b) 螺栓的比例画法　(c) 垫圈的比例画法

图 10－9　螺母、螺栓、垫圈的比例画法

10.1.2.3　螺纹紧固件的连接画法

螺纹紧固件的连接形式有螺栓连接、螺柱连接、螺钉连接。螺纹紧固件的连接画法属于装配画法。

1. 螺栓连接

螺栓连接由螺栓、螺母和垫圈组成，常用于零件的被连接部分不太厚、能钻出通孔、可以在被连接零件两边同时装配的场合，如图 10－10 所示。

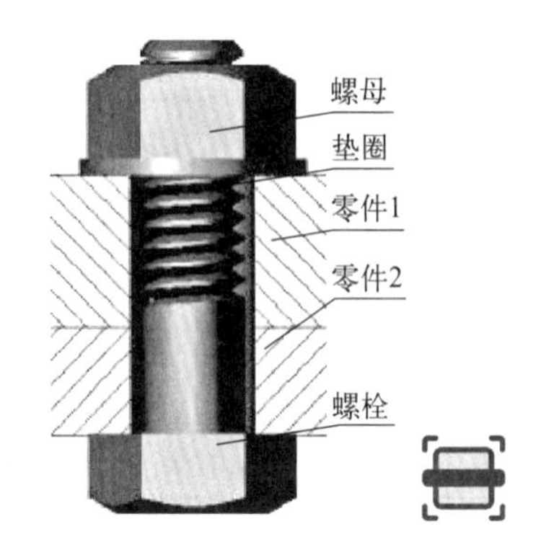

图 10－10　螺栓连接立体图

螺栓连接装配图一般根据公称直径 d，采用比例画法绘制，见图 10－11。绘制时除应遵守装配画法的基本规定外，还应注意以下几点：

(1) 为便于装配，被连接零件上的孔径应略大于螺纹大径，一般按 $1.1d$ 绘制，螺栓上的螺纹终止线应低于通孔的顶面。

(2) 螺栓的有效长度 L 可以按下式估算：

$$L = t_1\text{(零件 1 厚)} + t_2\text{(零件 2 厚)} + 0.15d\text{(垫圈厚)} + 0.8d\text{(螺母厚)} + 0.2d\text{(螺栓伸出长度)}$$

然后根据估算值查表，在螺栓长度系列中选取与估算值最接近且大于估算值的标准值。

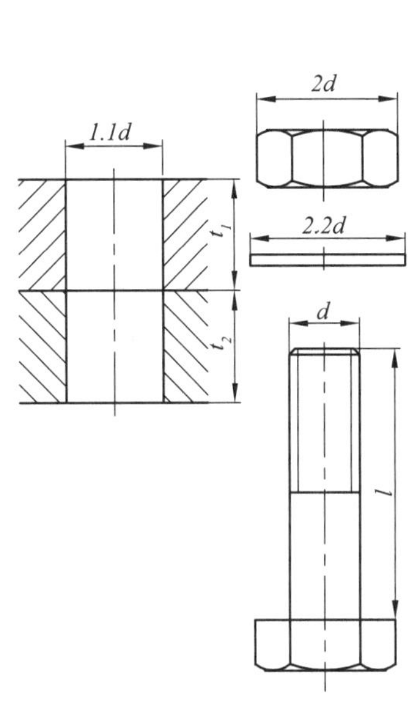

(a) 螺栓连接前各零件

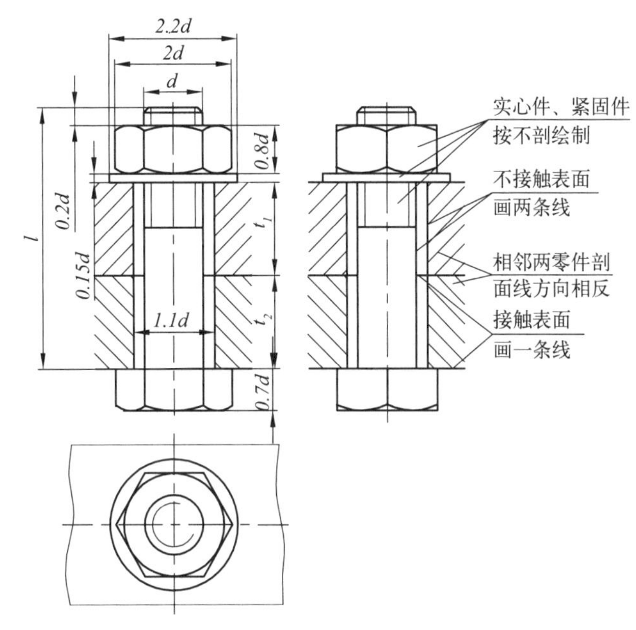

(b) 螺栓连接后各零件

图 10－11　螺栓连接的画法

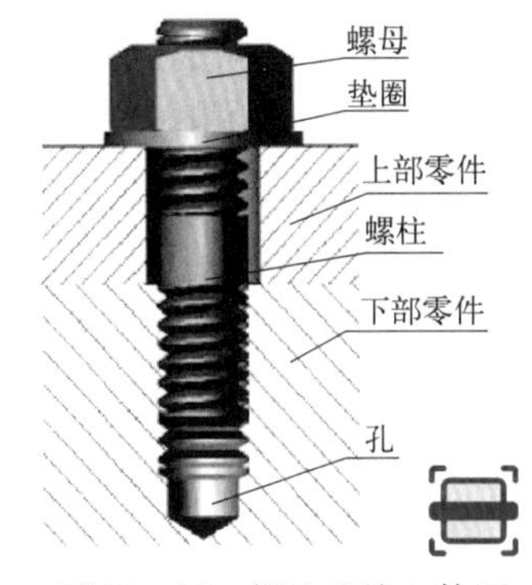

图 10－12　螺柱连接立体图

2. 螺柱连接

螺柱连接由双头螺柱、螺母和垫圈组成。在被连接的一个零件较厚，不宜钻成通孔，或因结构上的原因而不能用螺栓连接的情况下，可采用螺柱连接，如图 10－12 所示。

双头螺柱的两端均加工有螺纹，一端全部旋入被连接零件的螺孔中，称为旋入端，另一端用螺母旋紧，称为紧固端。旋入端长度 b_m 根据螺纹大径和带螺孔零件的材料而定，国家标准规定了不同材料对应的旋入端长度，见表 10－12。

表 10-12 旋入端长度

被旋入零件的材料	旋入端长度	国家标准编号
钢、青铜	$b_m=d$	GB/T 897—1988
铸铁	$b_m=1.25d$	GB/T 898—1988
	$b_m=1.5d$	GB/T 899—1988
铝	$b_m=2d$	GB/T 900—1988

当采用双头螺柱连接两个零件时,下部零件上加工出不通的螺孔,上部零件上钻出略大于螺柱直径的通孔(约 $1.1d$)。在装配时,先将双头螺柱的旋入端拧入下部零件的螺孔中,旋紧为止;然后在紧固端套上垫圈,拧紧螺母。

螺柱连接装配图一般也采用比例画法,如图 10-13 所示。绘制时应注意:

(1) 旋入端应全部旋入下部零件的螺孔中。因此,旋入端的螺纹终止线与下部零件的端面应平齐。

(2) 下部零件的螺孔的螺纹深度应大于旋入端长度 b_m。在绘制时,螺孔的螺纹深度可按 $b_m+0.5d$ 画出,钻孔深度可按 b_m+d 画出。

(3) 双头螺柱的有效长度 L 可按下式估算:

$$L=t_1(\text{上部零件厚})+0.15d(\text{垫圈厚})+0.8d(\text{螺母厚})+0.2d(\text{螺柱伸出长度})$$

然后根据估算值查表,在双头螺柱长度系列中选取与估算值最接近且大于估算值的标准值。

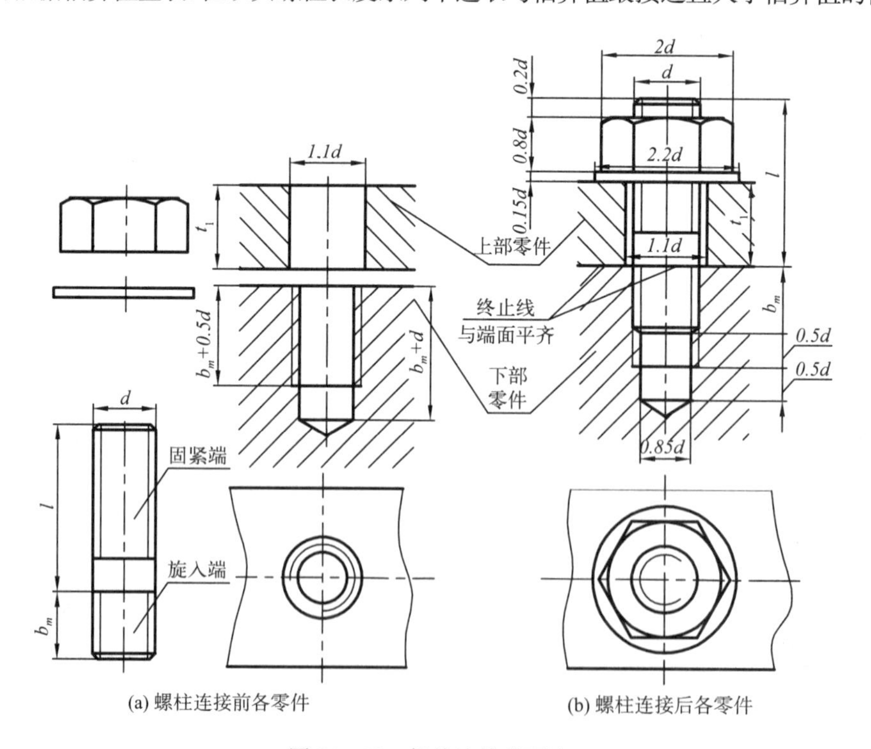

(a) 螺柱连接前各零件

(b) 螺柱连接后各零件

图 10-13 螺柱连接的画法

3. 螺钉连接

螺钉连接不用螺母、垫圈，而把螺钉直接旋入下部零件的螺孔中，通常用于受力不大和不需要经常拆卸的场合，如图10－14所示。

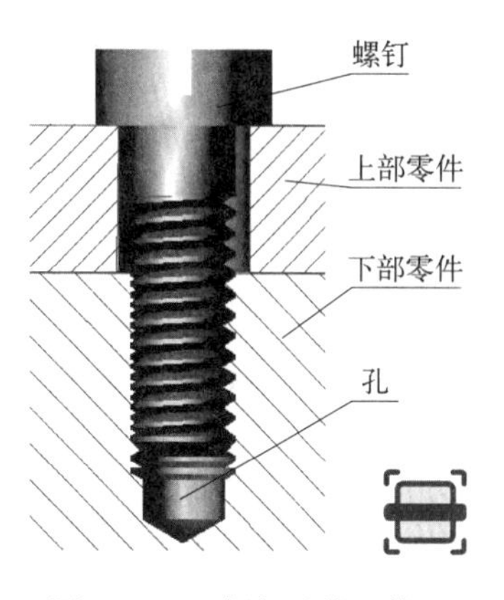

图10－14　螺钉连接立体图

在采用螺钉连接的被连接零件中，下部零件上加工出螺孔，上部零件上开通孔，其直径略大于螺钉直径(约1.1d)。螺钉头部有各种不同形状，图10－15为开槽圆柱头螺钉采用比例画法的连接装配图。绘制时应注意：

(1) 为了使螺钉头部能压紧被连接零件，螺钉的螺纹终止线应高出螺孔的端面，或在全长加工螺纹。

(2) 螺钉头部的开槽在投影图上可以涂黑表示。在俯视图中，按国家标准规定，将开槽画成45°倾斜。

(3) 螺钉的有效长度L可按下式估算：

$$L=t_1(\text{上部零件厚})+b_m(\text{螺纹旋入长度})$$

b_m由被连接零件的材料确定(同双头螺柱)。得到估算值后查表，在相应的螺钉长度系列中选取与估算值最接近的标准值。

10.1.2.4　螺纹紧固件的装配简化画法

为了方便作图，各种形式的螺纹紧固件的装配画法可按国家标准规定，采用图10－16所示的简化画法。螺母及螺栓的倒角、倒圆可省略不画。对于不通的螺孔，可以不画出钻孔深度，而仅按螺纹深度画出。

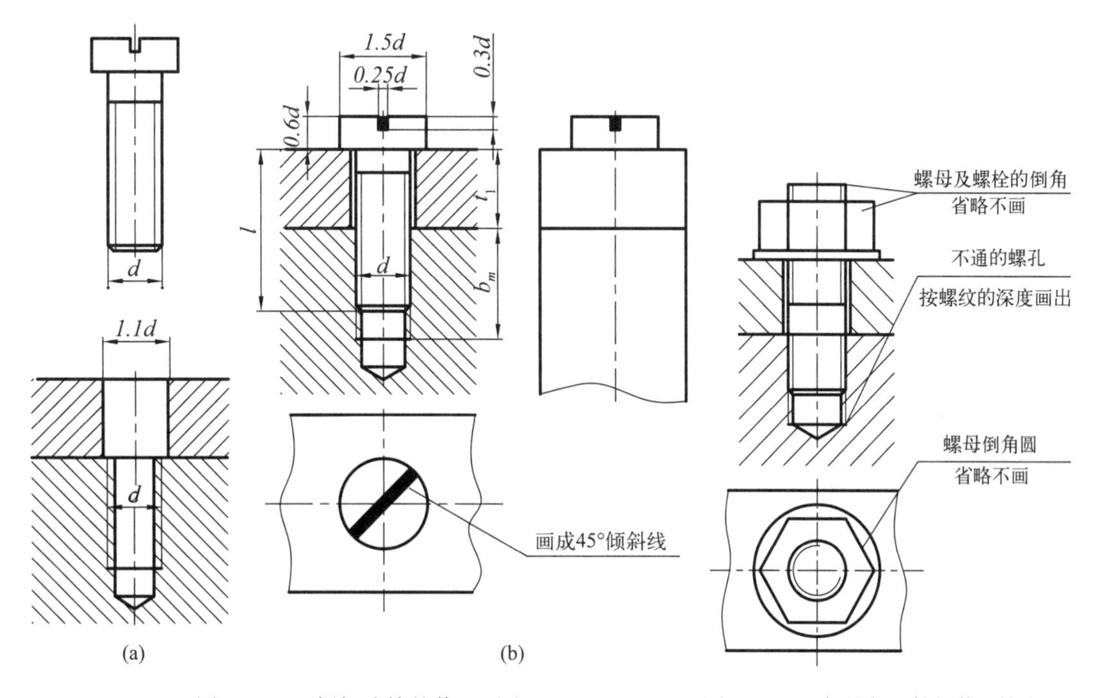

图10－15　螺钉连接的装配画法　　图10－16　螺纹紧固件的装配简化画法

表 10－13 列举了螺纹紧固件装配图中常见错误与正确画法的比较。

表 10－13　螺纹连接正确与错误画法的比较

名称	正确画法	错误画法	错误处的说明
螺栓连接	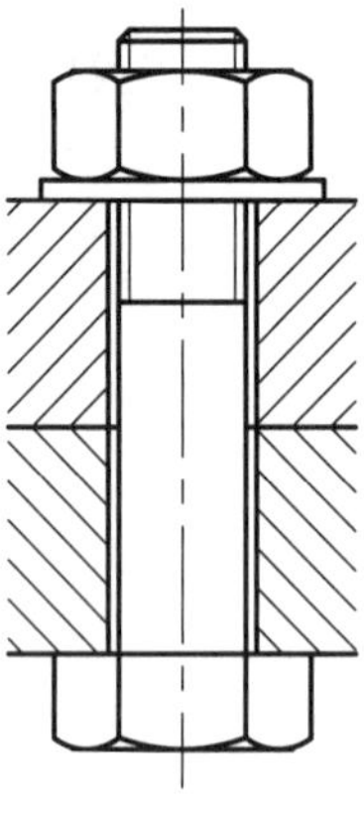	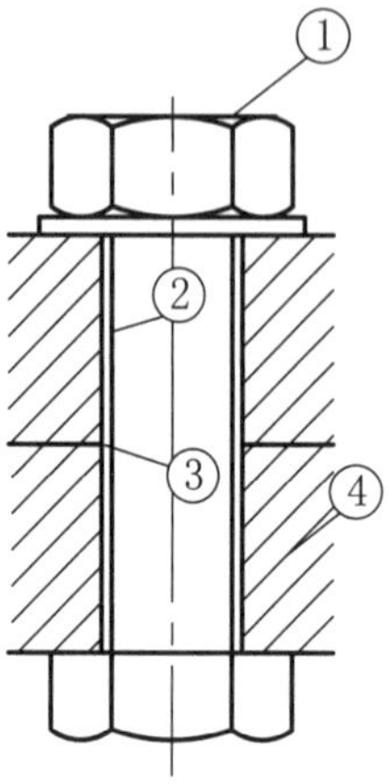	① 螺栓长度选择不当，螺栓末端应伸出螺母(0.2～0.3d)； ② 螺纹小径(细实线)与螺纹终止线漏画； ③ 被连接零件螺栓孔接触面之间的轮廓线漏画； ④ 相邻两零件剖面线的方向应相反
双头螺柱连接	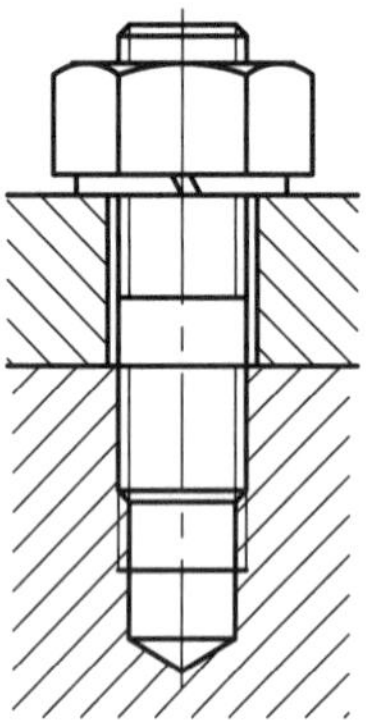	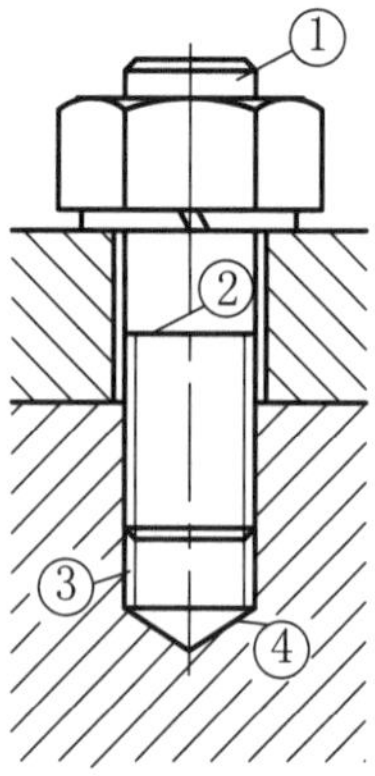	① 螺柱紧固端表示螺纹小径的细实线与螺纹终止线漏画； ② 必须将旋入端的螺纹全部拧入螺孔，螺纹终止线与螺孔的顶面应在同一直线上； ③ 螺孔的螺纹大、小径画错；剖面线应画到螺孔的螺纹小径； ④ 120°锥角应画在钻孔直径处
螺钉连接	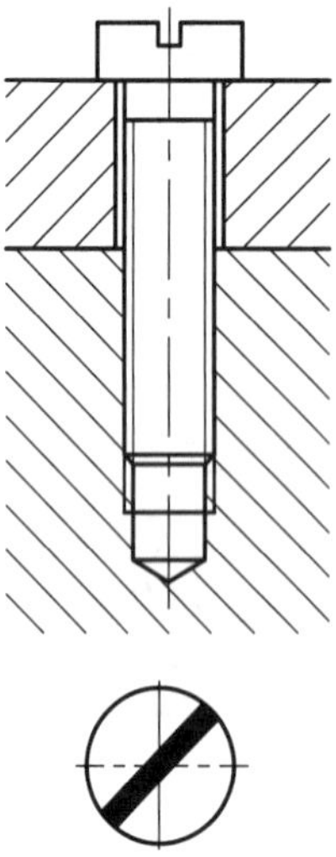	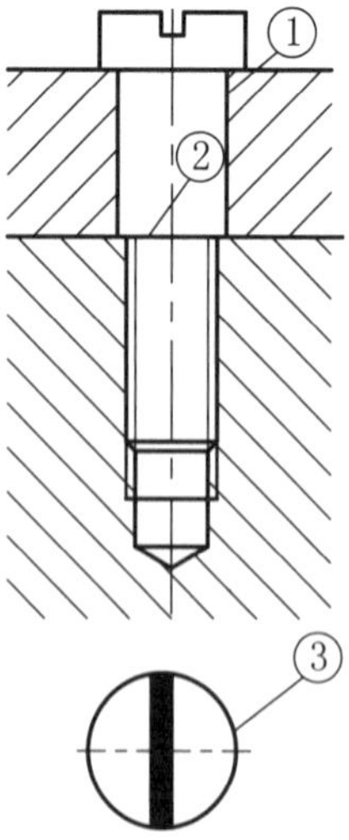	① 漏画上件通孔的投影，其直径近似为 1.1d； ② 螺钉的螺纹长度必须大于旋入深度； ③ 螺钉头部槽在俯视图上的投影应画成与水平线倾斜 45°

10.2　键、销及其连接

在化工设备(如反应罐)中,装在轴上的一些零件(如皮带轮、联轴器、搅拌器等)都需和轴一起转动,轴与这些零件之间常采用键、销连接。

10.2.1　键连接

在键连接中,键的一部分嵌入轴的键槽中,另一部分嵌入轮类零件(如联轴器)的轮的键槽中,这样转动轴时,通过键就可以带动轮类零件同步转动,如图 10－17 所示。

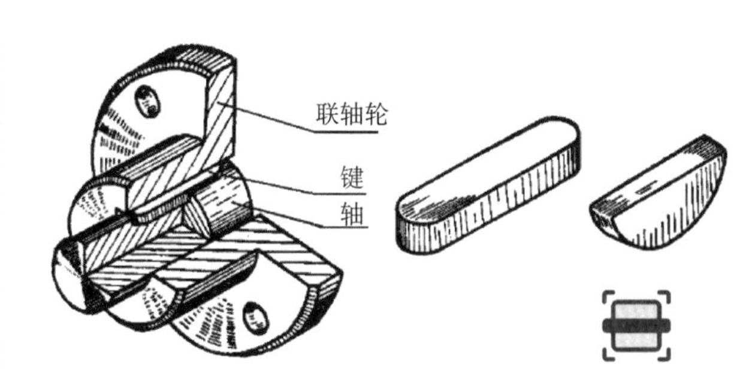

图 10－17　键连接

键和螺钉、螺栓等一样,是一种可拆的连接用标准件。键有多种,常用的有普通平键、半圆键等,见图 10－18。其结构形式和规定标记见表 10－14。

(a) 普通平键

(b) 半圆键

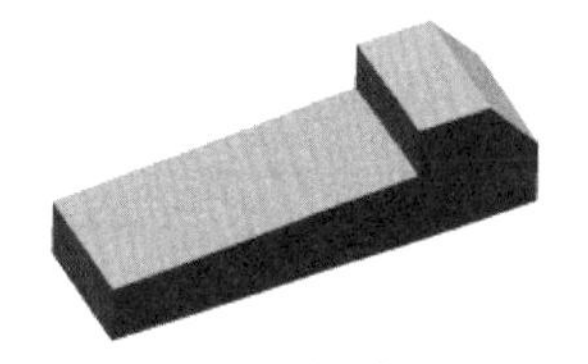

(c) 勾头楔键

图 10－18　常用的键

表 10－14　常用键的规定标记

名称	普 通 平 键	半 圆 键
图例		
规定标记	b=18 mm, h=11 mm, L=100 mm 的 A 型普通平键: GB/T 1096　键　18×11×100 (A 型可不标出"A",B 型和 C 型则在规格尺寸前标出)	b = 6 mm, h = 10 mm, d = 25 mm, L = 24.5 mm 的半圆键: GB/T 1099.1　键　6×10×25

键和键槽的尺寸可根据轴的直径，从相应的键的标准中查得。表 10 - 15、表 10 - 16 分别摘录了普通平键和键槽的有关尺寸。

表 10 - 15　普通平键有关尺寸(摘自 GB/T 1096—2003)　　单位：mm

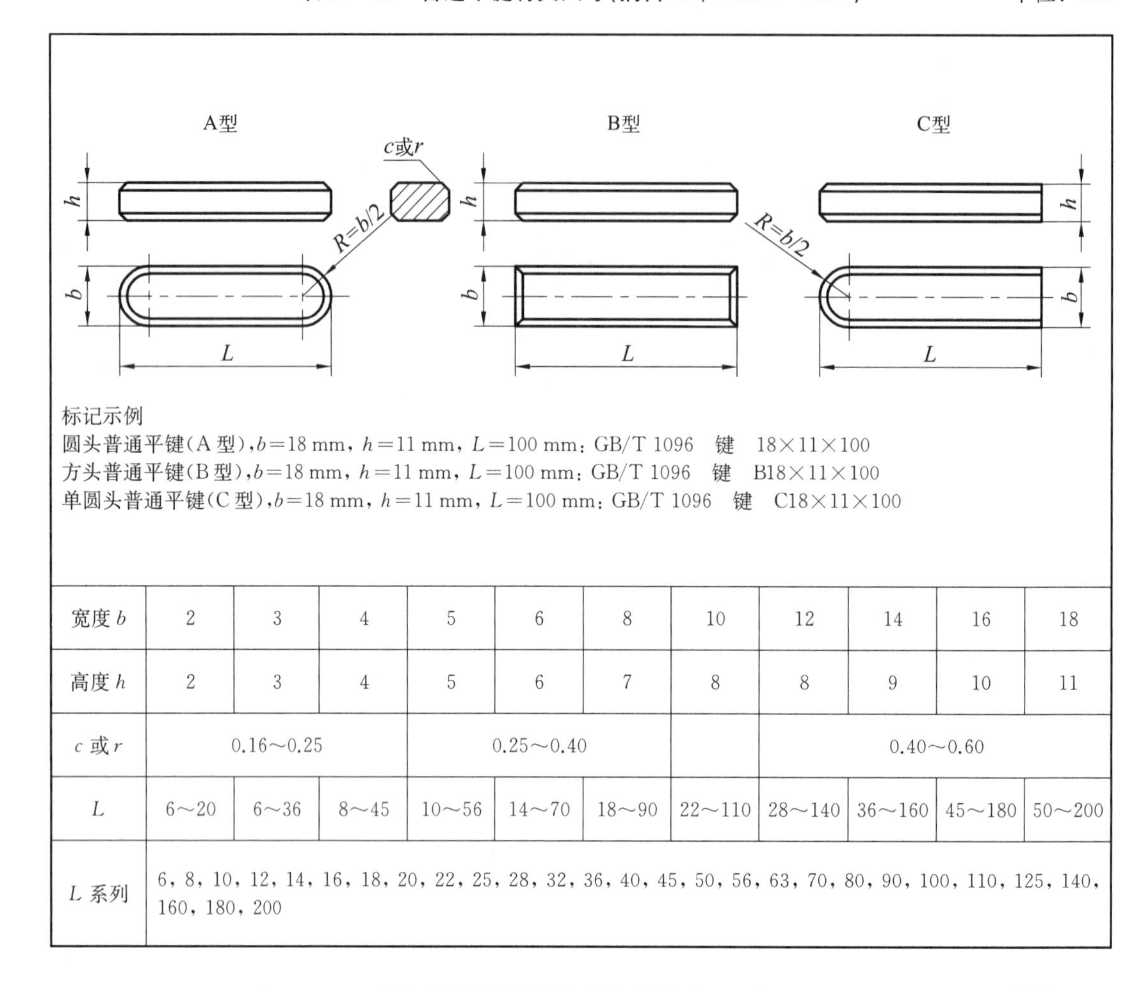

标记示例

圆头普通平键(A 型)，$b=18$ mm，$h=11$ mm，$L=100$ mm：GB/T 1096　键　18×11×100

方头普通平键(B 型)，$b=18$ mm，$h=11$ mm，$L=100$ mm：GB/T 1096　键　B18×11×100

单圆头普通平键(C 型)，$b=18$ mm，$h=11$ mm，$L=100$ mm：GB/T 1096　键　C18×11×100

宽度 b	2	3	4	5	6	8	10	12	14	16	18
高度 h	2	3	4	5	6	7	8	8	9	10	11
c 或 r	0.16～0.25			0.25～0.40				0.40～0.60			
L	6～20	6～36	8～45	10～56	14～70	18～90	22～110	28～140	36～160	45～180	50～200
L 系列	6，8，10，12，14，16，18，20，22，25，28，32，36，40，45，50，56，63，70，80，90，100，110，125，140，160，180，200										

表 10 - 16　平键的剖面及键槽有关尺寸(摘自 GB/T 1095—2003)　　单位：mm

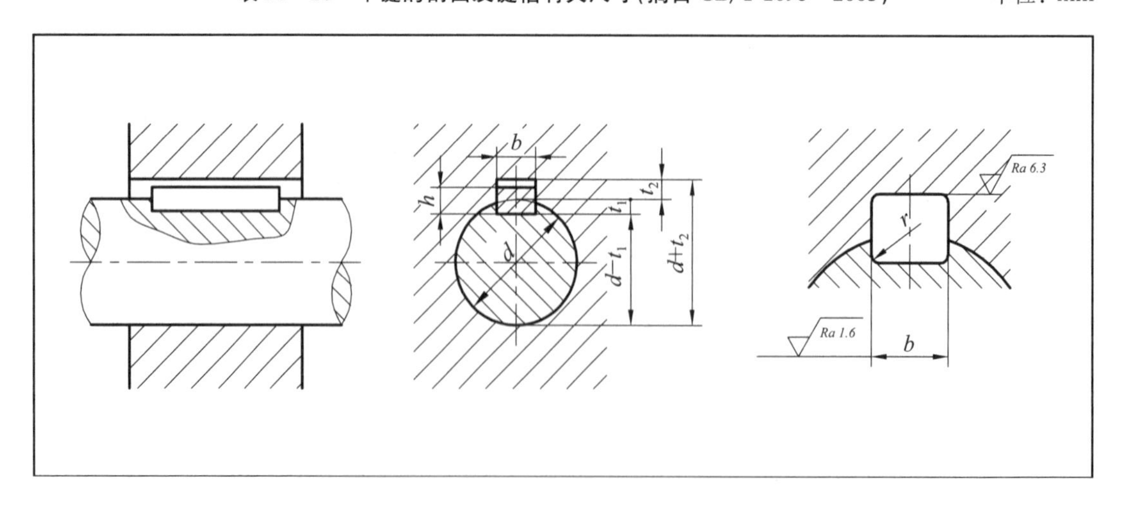

续表

轴	键	键槽											
公称直径 d	公称尺寸 $b\times h$	宽度 b						深度				半径 r	
		公称尺寸 b	偏差					轴 t_1		轮毂 t_2			
			较松键连接		一般键连接		较紧键连接						
			轴 H9	毂 D10	轴 N9	毂 JS9	轴和毂 $P9$	公称	偏差	公称	偏差	最小	最大
自 6～8	2×2	2	+0.025 0	+0.060 +0.020	−0.004 −0.029	±0.0125	−0.006 −0.031	1.2	+0.1 0	1	+0.1 0	0.08	0.16
>8～10	3×3	3						1.8		1.4			
>10～12	4×4	4	+0.030 0	+0.078 +0.030	0 −0.030	±0.015	−0.012 −0.042	2.5		1.8			
>12～17	5×5	5						3.0		2.3		0.16	0.25
>17～22	6×6	6						3.5		2.8			
>22～30	8×7	8	+0.036 0	+0.098 +0.040	0 −0.036	±0.018	−0.015 −0.051	4.0	+0.2 0	3.3	+0.2 0		
>30～38	10×8	10						5.0		3.3		0.25	0.40
>38～44	12×8	12	+0.043 0	+0.120 +0.050	0 −0.043	±0.0215	−0.018 −0.061	5.0		3.3			
>44～50	14×9	14						5.5		3.8			
>50～58	16×10	16						6.0		4.3			
>58～65	18×11	18						7.0		4.4			
>65～75	20×12	20	+0.052 0	+0.149 +0.065	0 −0.052	±0.026	−0.022 −0.074	7.5		4.9		0.40	0.60
>75～85	22×14	22						9.0		5.4			
>85～95	25×14	25						9.0		5.4			
>95～110	28×16	28						10.0		6.4			

注：(1) 在工作图中，轴键槽深用($d-t_1$)标注，轮毂键槽深用($d+t_2$)标注。平键键槽的长度公差带用 H14。
(2) ($d-t_1$)和($d+t_2$)两组组合尺寸的极限偏差按相应的 t_1 和 t_2 的极限偏差选取，但($d-t_1$)极限偏差值应取负号(−)。

轴上键槽和轮孔内键槽的画法及尺寸标注如图 10－19 所示。轴上键槽采用轴的主视图(局部视图)和键槽处的移出断面表示，轮孔内键槽采用全剖视图及局部视图表示。

键连接按其结构特点和工作原理的不同，分为松连接(普通平键、半圆键)和紧连接(楔键、切向键)。绘制键连接的装配关系时应注意：

(1) 当沿键的长度方向剖切时，规定键按不剖绘制；当沿键的横向剖切时，在键上应画出剖面线。

(2) 为了表示键和轴的连接关系，通常在轴上采取局部剖视。

当采用普通平键连接或半圆键连接时，键的两个侧面为其工作面，依靠键与键槽的相互挤压来传递扭矩，装配后它与轴及轮毂的键槽侧面接触，应画成一条线；键的顶部与轮毂底

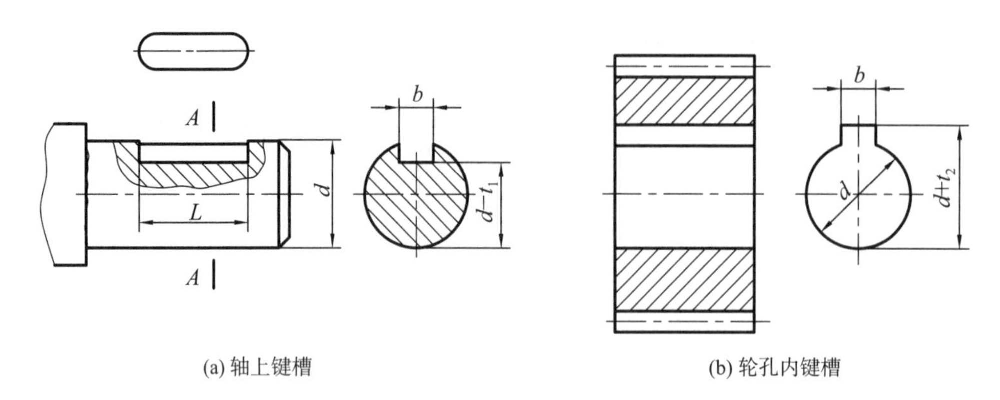

图 10－19 轴上键槽和轮孔内键槽的画法及尺寸标注

之间留有间隙,为非工作面,应画成两条线。图 10－20、图 10－21 分别示出了普通平键连接、半圆键连接的装配画法。

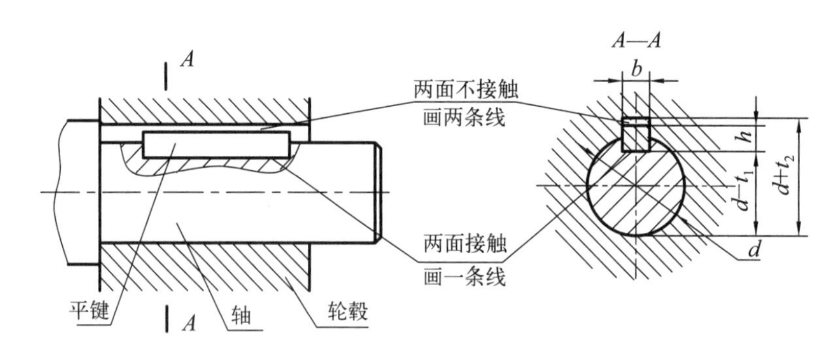

图 10－20 普通平键连接的装配画法

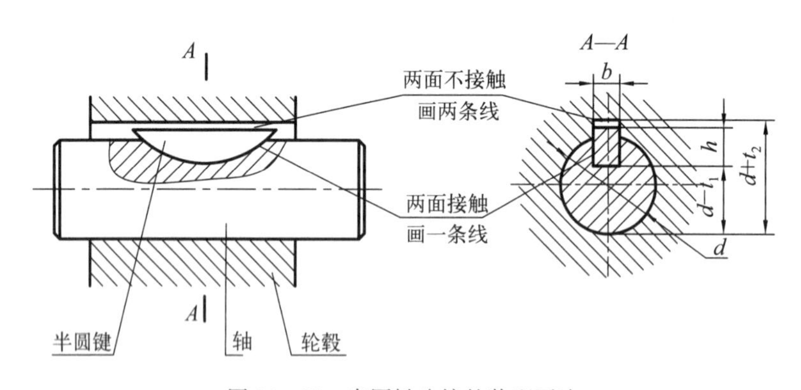

图 10－21 半圆键连接的装配画法

楔形键的上表面和轮毂键槽的底部都有 1∶100 的斜度,楔形键的上、下两个面为工作面,工作时依靠摩擦力来传递扭矩,在装配图中画成一条线。键的两个侧面与轴及轮毂间有间隙,为非工作面,在装配图中画成两条线。勾头楔键的装配画法如图 10－22 所示。

10.2.2 销连接

销是一种用于连接或定位的零件。常用的销有圆柱销、圆锥销、开口销三种。销也是标

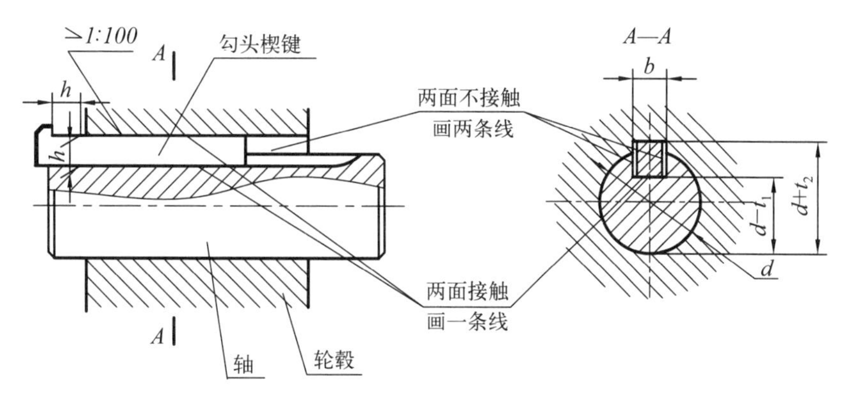

图 10-22 勾头楔键的装配画法

准件，使用时应按有关标准选取。其结构形式和规定标记见表 10-17。表 10-18 和表 10-19 分别摘录了圆柱销、圆锥销的有关尺寸。

表 10-17 销的规定标记

名称	圆 柱 销	圆 锥 销	开 口 销
图例	d l	d l	l d
规定标记	公称直径 $d=6$ mm，公差为 m6，公称长度 $l=30$ mm，材料为钢，不经淬火，不经表面处理的圆柱销： 销 GB/T 119.1 6m6×30	公称直径 $d=10$ mm，公称长度 $l=60$ mm，材料为 35 钢，热处理硬度为 28～38HRC，表面氧化的 A 型圆锥销： 销 GB/T 117 10×60	公称直径 $d=5$ mm，公称长度 $l=50$ mm 的开口销： 销 GB/T 91 5×50

表 10-18 圆柱销有关尺寸(摘自 GB/T 119.1—2000) 单位：mm

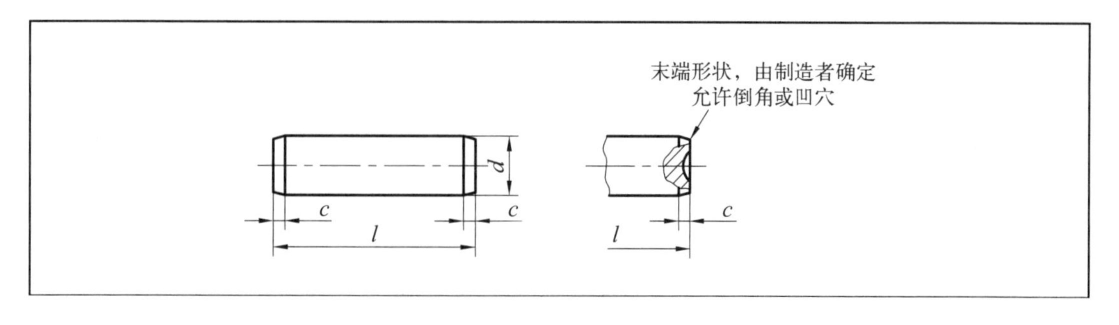

续表

公称直径 d（m6/h8）	0.6	0.8	1	1.2	1.5	2	2.5	3	4	5
$c\approx$	0.12	0.16	0.20	0.25	0.30	0.35	0.40	0.50	0.63	0.80
l（商品规格范围公称长度）	2～6	2～8	4～10	4～12	4～16	6～20	6～24	8～30	8～40	10～50
公称直径 d（m6/h8）	6	8	10	12	16	20	25	30	40	50
$c\approx$	1.2	1.6	2.0	2.5	3.0	3.5	4.0	5.0	6.3	8.0
l（商品规格范围公称长度）	12～60	14～80	18～95	22～140	26～180	35～200	50～200	60～200	80～200	95～200
l 系列	2，3，4，5，6，8，10，12，14，16，18，20，22，24，26，28，30，32，35，40，45，50，55，60，65，70，75，80，85，90，95，100，120，140，160，180，200									

表 10－19　圆锥销有关尺寸(摘自 GB/T 117—2000)　　单位：mm

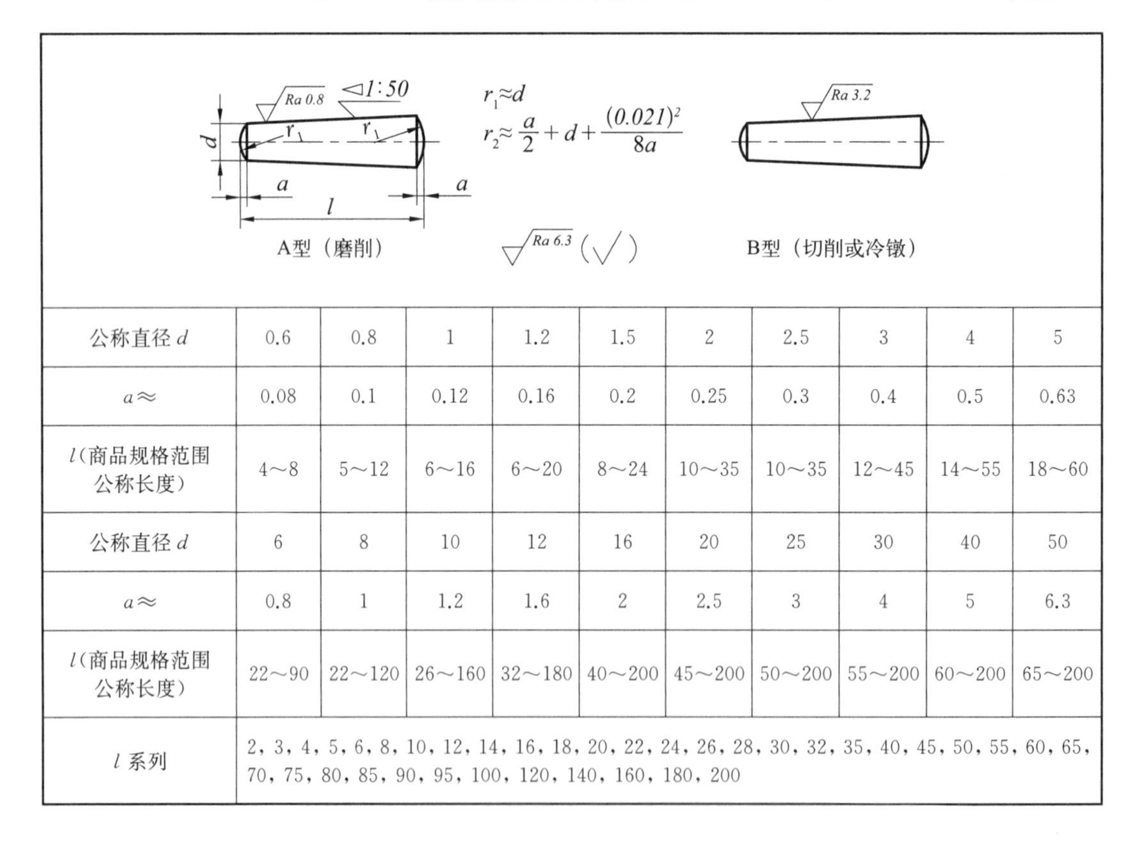

公称直径 d	0.6	0.8	1	1.2	1.5	2	2.5	3	4	5
$a\approx$	0.08	0.1	0.12	0.16	0.2	0.25	0.3	0.4	0.5	0.63
l（商品规格范围公称长度）	4～8	5～12	6～16	6～20	8～24	10～35	10～35	12～45	14～55	18～60
公称直径 d	6	8	10	12	16	20	25	30	40	50
$a\approx$	0.8	1	1.2	1.6	2	2.5	3	4	5	6.3
l（商品规格范围公称长度）	22～90	22～120	26～160	32～180	40～200	45～200	50～200	55～200	60～200	65～200
l 系列	2，3，4，5，6，8，10，12，14，16，18，20，22，24，26，28，30，32，35，40，45，50，55，60，65，70，75，80，85，90，95，100，120，140，160，180，200									

圆柱销可以用于定位，也可以用于连接，传递的动力不能太大。圆锥销主要起定位作用。开口销常要与六角开槽螺母配合使用，将它穿过杆上的孔后两脚分开，用来防止杆松脱。销的装配画法比较简单。图 10－23 为常用圆柱销、圆锥销、开口销的连接装配画法。绘制时应注意：在剖视图中，当剖切平面通过销的轴线时，销按不剖画出。

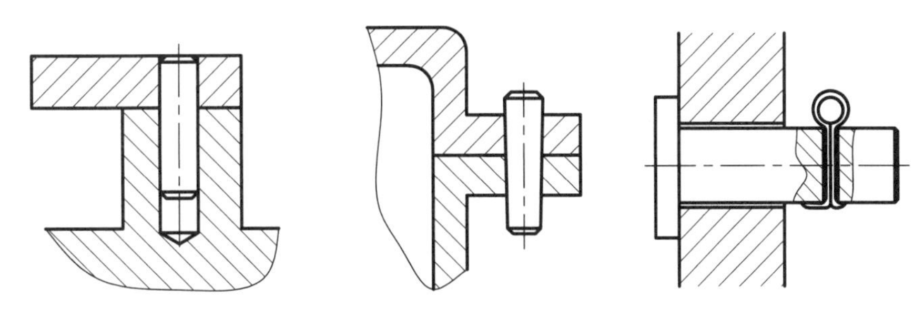

图 10-23　销连接的装配画法

10.3　齿轮

齿轮属于常用件，是化工设备和机器中应用很广的传动件，它不仅用来传递动力，还能改变转速及旋转方向。常用的齿轮有圆柱齿轮、圆锥齿轮和蜗轮蜗杆等。圆柱齿轮常用于平行轴间的传动，圆锥齿轮常用于两相交轴间的传动，蜗轮蜗杆则用于交叉的两轴间的传动，如图 10-24 所示。

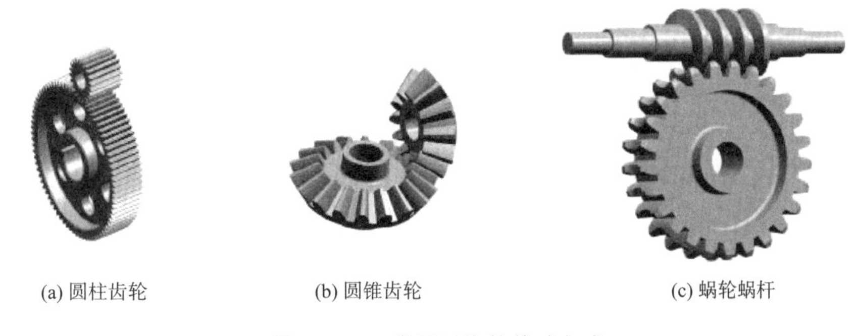

(a) 圆柱齿轮　　(b) 圆锥齿轮　　(c) 蜗轮蜗杆

图 10-24　常用的齿轮传动方式

为了使齿轮传动的速比恒定和工作平稳，齿轮必须有正确的齿形。常见的齿形曲线有渐开线和摆线，其中渐开线齿形因制造容易、安装误差影响小等优点而被广泛应用。

10.3.1　圆柱齿轮

圆柱齿轮的轮齿有直齿、斜齿、人字齿三种，其中直齿圆柱齿轮应用最广，它又有标准直齿轮和变位直齿轮之分，现以标准直齿圆柱齿轮为例介绍各部分名称和尺寸关系。

图 10-25 为一对相互啮合的直齿圆柱齿轮。其各部分名称如下：

(1) 齿顶圆　通过轮齿顶部的圆称为齿顶圆，其直径用 d_a 表示。

(2) 齿根圆　与齿根相切的圆称为齿根圆，其直径用 d_f 表示。

(3) 齿厚、槽宽　通过齿轮轮齿部分任作一个圆，该圆在相邻齿廓间的弧长称为齿厚，用 s 表示，在齿槽间的弧长称为槽宽，用 e 表示。

(4) 分度圆　在齿轮上存在一个齿厚弧长和槽宽弧长相等的假想圆，称为分度圆，其直径用 d 表示。它是设计、制造齿轮时进行计算和分齿的基准圆。相互啮合的一对齿轮，它们的分度圆应相切。

(5) 齿顶高、齿根高　齿顶圆与分度圆之间的径向距离称为齿顶高，用 h_a 表示。分度圆与齿根圆之间的径向距离称为齿根高,用 h_f 表示。

(6) 齿高　齿顶圆与齿根圆之间的径向距离称为齿高,用 h 表示,$h=h_a+h_f$。

(7) 齿距　分度圆上相邻两齿对应点之间的弧长称为齿距,用 p 表示,$p=s+e$ 且 $s=e=p/2$。

(8) 模数　如已知齿轮齿数 z 和齿距 p(或齿厚 s),分度圆周长等于 πd,也等于 $z\cdot p$,故

$$\pi d=z\cdot p,\text{即 } d=\frac{p}{\pi}\cdot z$$

令 $\frac{p}{\pi}=m$,则 $d=mz$

m 即为齿轮的模数。显然,模数 m 越大,齿距 p 和齿厚 s 就越大,因而轮齿所能承受的力也越大。模数是计算齿轮尺寸的重要参数。相互啮合的一对齿轮,它们的齿距必须相等,所以它们的模数也必须相等。

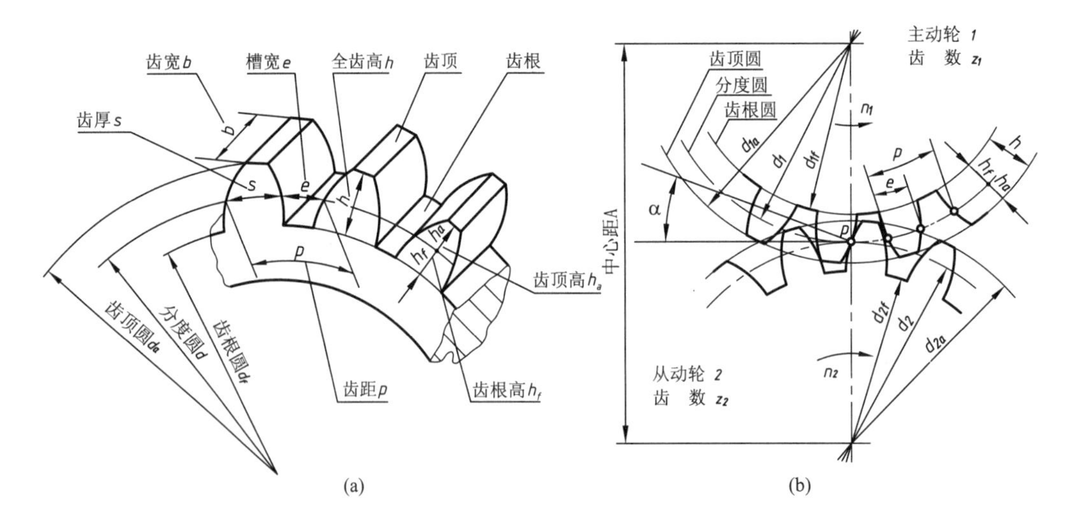

图 10-25　直齿圆柱齿轮的各部分名称及其代号

为设计和制造方便,已将模数标准化,其数值可参见表 10-20。

在齿轮的齿数 z、模数 m 确定后,标准直齿圆柱齿轮其余各部分的大小可通过计算求得。计算公式归纳于表 10-21 中。

表 10-20　圆柱齿轮模数的标准系列(摘自 GB/T 1357—2008)

第一系列	0.1	0.12	0.15	0.2	0.25	0.3	0.4	0.5	0.6	0.8	1
	1.25	1.5	2	2.5	3	4	5	6	8	10	12
	16	20	25	32	40	50					
第二系列	0.35	0.7	0.9	1.75	2.25	2.75	(3.25)	3.5	(3.75)	4.5	5.5
	(6.5)	7	9	(11)	14	18	22	28	(30)	36	45

注:(1) 对斜齿轮,是指法向模数。

(2) 在选取模数时,应优先选用第一系列,其次选用第二系列,括号内的模数尽可能不用。

表 10 - 21　标准直齿圆柱齿轮的计算公式

名　　称	计 算 公 式	名　　称	计 算 公 式
分度圆直径 d	$d = mz$	齿顶圆直径 d_a	$d_a = d + 2h_a = m(z+2)$
齿顶高 h_a	$h_a = m$	齿根圆直径 d_f	$d_f = d - 2h_f = m(z-2.5)$
齿根高 h_f	$h_f = 1.25m$	中心距 A	$A = \frac{1}{2}(d_1 + d_2) = \frac{1}{2}m(z_1 + z_2)$
齿高 h	$h = h_a + h_f = 2.25m$	压力角 α	$\alpha = 20°$

10.3.2　单个圆柱齿轮的规定画法

单个圆柱齿轮的规定画法如图 10 - 26 所示：

(1) 齿顶圆和齿顶线用粗实线绘制。

(2) 分度圆和分度线用点画线绘制。

(3) 在外形视图和圆形视图中，齿根圆和齿根线用细实线绘制，也可省略不画。

(4) 在剖视图中，当剖切平面通过齿轮的轴线时，轮齿一律按不剖处理。

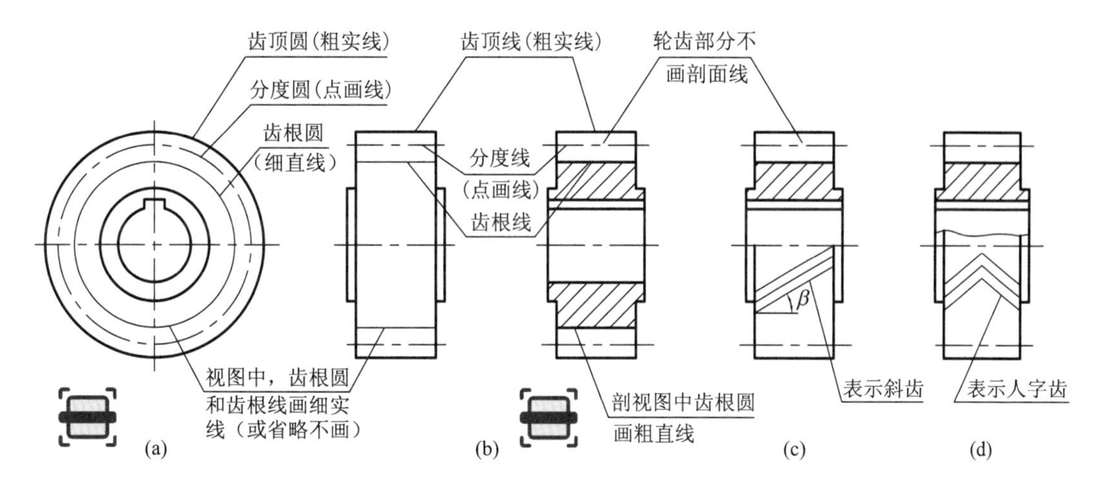

图 10 - 26　单个圆柱齿轮的规定画法

10.3.3　两圆柱齿轮啮合的规定画法

两圆柱齿轮啮合的规定画法如图 10 - 27 所示：

(1) 在非圆的剖视图中，两齿轮啮合部分的分度线重合，用点画线绘制，各自的齿根线用粗实线绘制；齿顶线部分则将一个齿轮的轮齿视为可见，用粗实线绘制，将另一个齿轮的轮齿视为被遮住，用虚线绘制(也可省略不画)。

(2) 在投影为圆的视图中，两齿轮啮合部分的分度圆相切，用点画线绘制；啮合区内的齿顶圆均用粗实线绘制，也可省略不画。

(3) 在非圆的外形视图中，啮合区内的齿顶线不需要绘制，分度线用粗实线绘制。

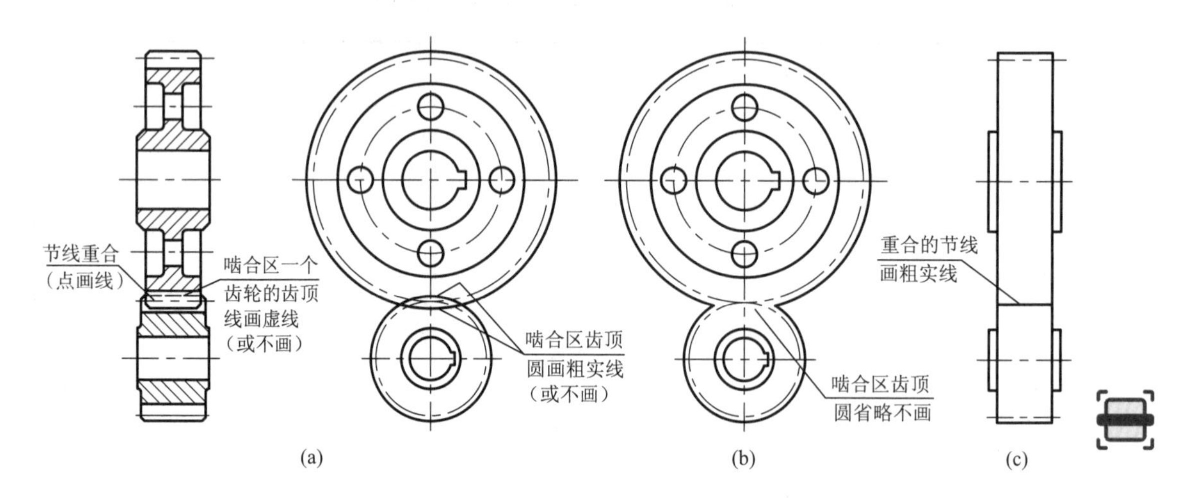

图 10-27　两圆柱齿轮啮合的规定画法

图 10-28 是直齿圆柱齿轮的零件图。图中除按规定画法绘出齿轮的图形外，还标注了该齿轮的尺寸和技术要求。对于不便在图形中注写的参数(如模数、齿数、压力角、精度等)，在图样的右上角列表给出。

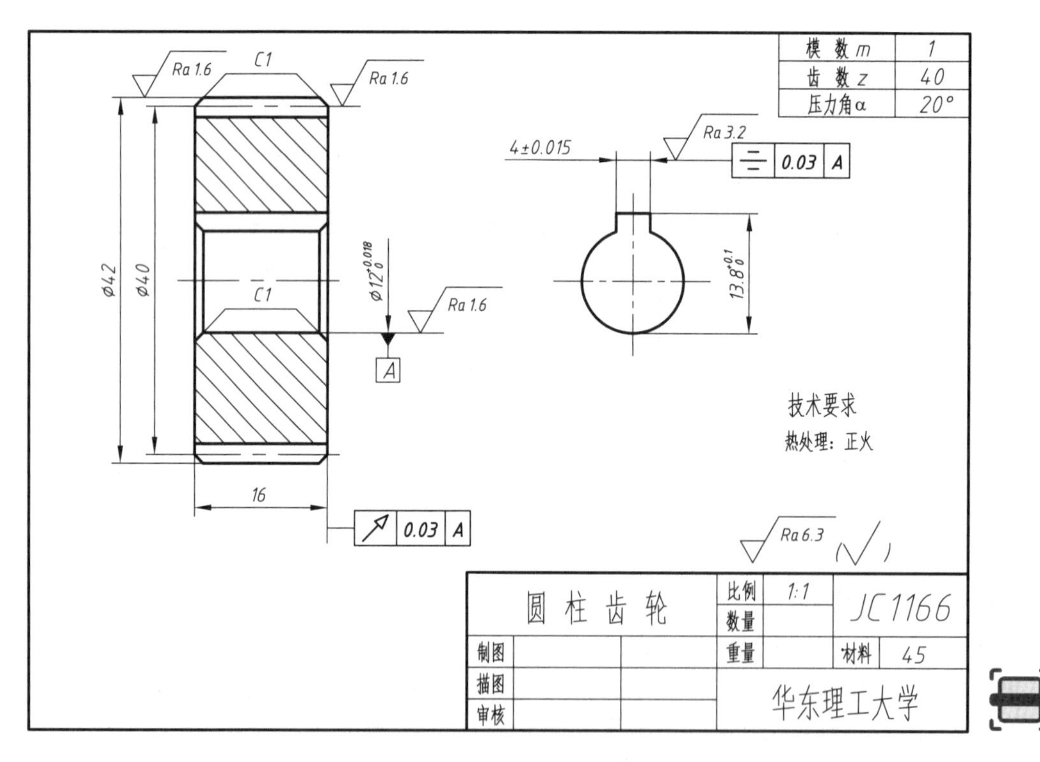

图 10-28　直齿圆柱齿轮的零件图

10.4　滚动轴承

轴承分为滑动轴承和滚动轴承，它们的作用是支承轴旋转及承受轴上载荷。滚动轴承是标准件，由于它的摩擦阻力小、结构紧凑、维护方便，因而在生产中被广泛应用。

滚动轴承按其受力方向，可分为三大类：

(1) 向心轴承：主要承受径向力；

(2) 推力轴承：主要承受轴向力；

(3) 向心推力轴承：同时承受径向力和轴向力。

滚动轴承一般由内圈、外圈、滚动体和保持架四个部分组成，如图10-29所示。通常是外圈装在机座的孔内，内圈装在轴上并随轴一起旋转。因此，轴承的内圈与轴的配合应为过盈配合，它们之间没有相对运动。滚动体排列在内、外圈之间的滚道中，其形状有圆球、圆柱、圆锥等。

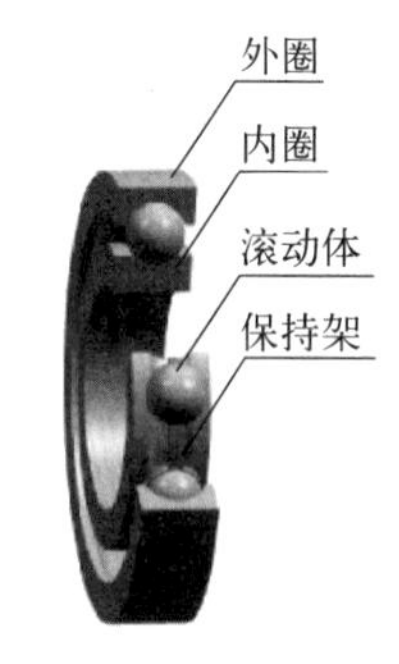

图10-29　滚动轴承的结构

10.4.1　滚动轴承的代号

滚动轴承的代号是表示其结构、尺寸、公差等级和技术性能等特征的产品符号，由字母和数字组成。按GB/T 272—2017的规定，滚动轴承的代号由基本代号、前置代号和后置代号构成，其排列见表10-22。

轴承代号中的基本代号是基础，前置代号、后置代号是在轴承的结构、尺寸和技术性能等有改变时，在基本代号前、后添加的补充代号。基本代号一般由5位数字组成，它们的含义如下：右数第一、第二位数字表示轴承内径(当此两位数小于04时，00、01、02、03表示轴承内径分别为10 mm、12 mm、15 mm、17 mm；当此两位数大于或等于04时，用此数乘以5即为轴承内径)；第三、第四位数字是轴承尺寸系列代号，其中第三位数字表示直径系列，第四位数字表示宽度系列，即当内径相同时，有各种不同的外径和宽度；第五位数字表示轴承类型，其含义见表10-23。

滚动轴承基本代号标记示例：

轴承32308　　3——类型代号，表示圆锥滚子轴承；
　　　　　　23——尺寸系列代号，表示直径系列代号是3、宽度系列代号是2；
　　　　　　08——内径代号，表示公称内径为40 mm。

轴承6207　　6——类型代号，表示深沟球轴承；
　　　　　　2——尺寸系列代号，表示02系列(0省略)；
　　　　　　07——内径代号，表示公称内径为35 mm。

表10-22　滚动轴承的代号

前置代号	基本代号				后置代号
	类型代号	尺寸系列代号		内径代号	
		宽(高)度系列代号	直径系列代号		

表 10－23　滚动轴承的类型代号

代　号	轴　承　类　型
0	双列角接触球轴承
1	调心球轴承
2	调心滚子轴承和推力调心滚子轴承
3	圆锥滚子轴承
4	双列深沟球轴承
5	推力球轴承
6	深沟球轴承
7	角接触球轴承
8	推力圆柱滚子轴承
N	圆柱滚子轴承 (双列或多列时用字母 NN 表示)
U	外球面球轴承
QJ	四点接触球轴承

10.4.2　滚动轴承的画法

滚动轴承不必画零件图,因为是标准组件,已专业化生产,所以需要时可根据要求确定型号来选购。在设计机器时,只要在装配图中按规定画出即可。在装配图中,滚动轴承可以用通用画法、特征画法和规定画法绘制,见表 10－24。前两种属于简化画法,同一图样中一般可采用这两种简化画法中的一种。具体作图时可遵循下列原则:

(1) 滚动轴承剖视图轮廓应按外径 D、内径 d、宽度 B 等实际尺寸绘制,轮廓内可用规定画法或简化画法绘制。

(2) 在剖视图中,当不需要确切地表示滚动轴承外形、载荷特性、结构特征时,可用表中所示的通用画法画出。

(3) 在装配图中,当需要较详细地表达滚动轴承的主要结构时,可采用规定画法;当只需要简单表达滚动轴承的主要结构时,可采用特征画法。

(4) 一般情况下,用规定画法绘制轴的一侧,另一侧用通用画法绘制。

表 10－24 常用滚动轴承的形式和画法

名称、标准号、结构和代号	由标准中查出数据	规定画法	特征画法	通用画法
深沟球轴承 GB/T 276—1994   60000 型	D d B	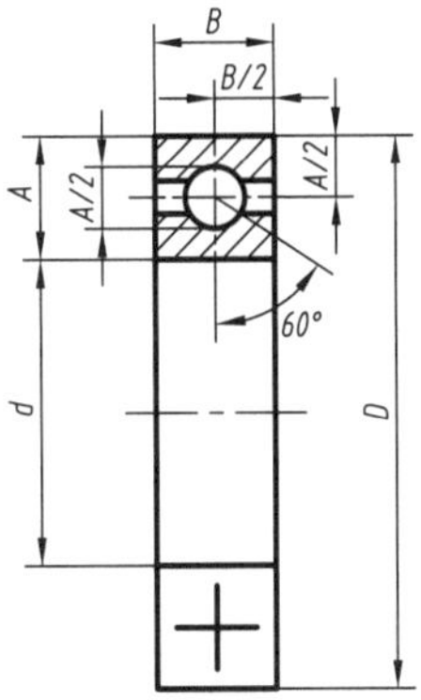 B, B/2, A, A/2, A/2, 60°, d, D 	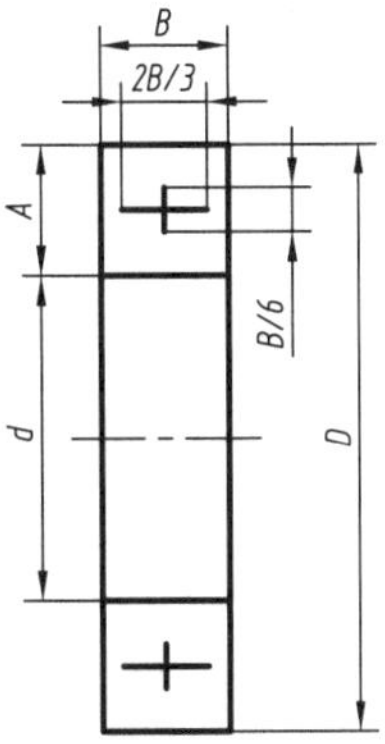 B, 2B/3, A, B/6, d, D 	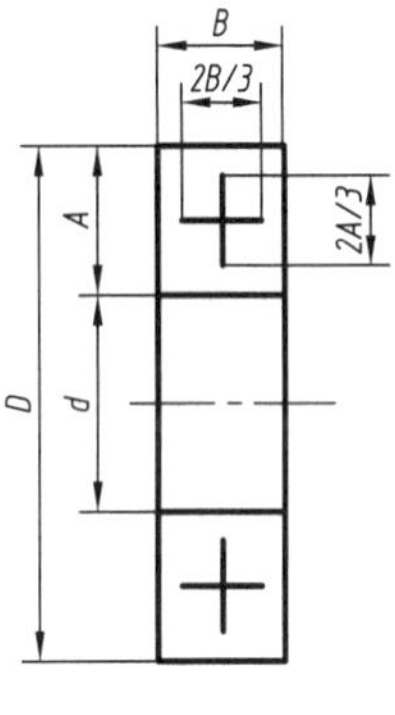 B, 2B/3, A, 2A/3, D, d
圆锥滚子轴承 GB/T 297—1994  30000 型	D d T B C	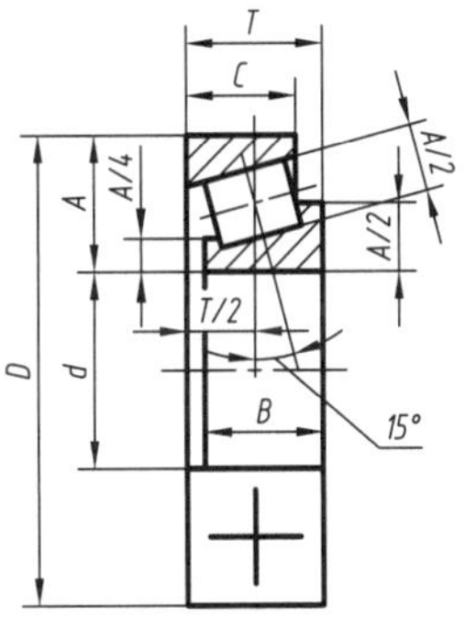 T, C, A, A/4, A/2, A/2, T/2, 15°, B, D, d	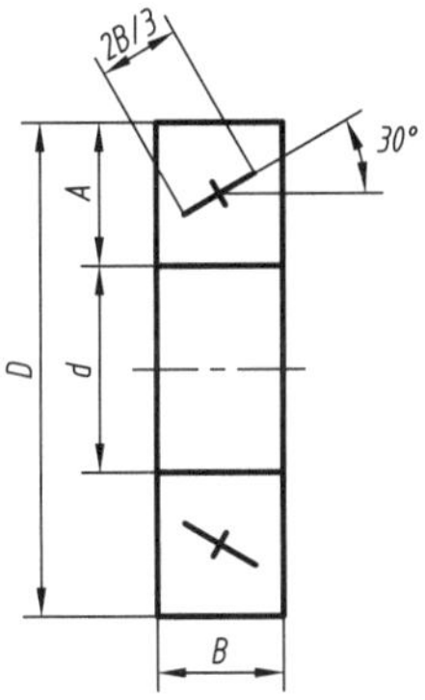 2B/3, 30°, A, D, d, B	
推力球轴承 GB/T 301—1995  51000 型	D d T	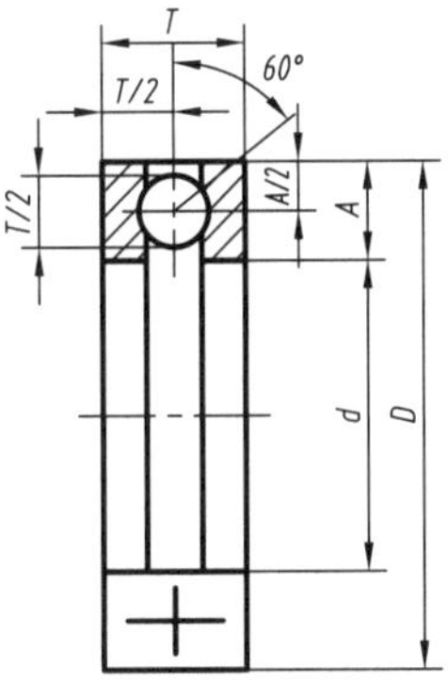 T, T/2, 60°, T/2, A/2, A, d, D	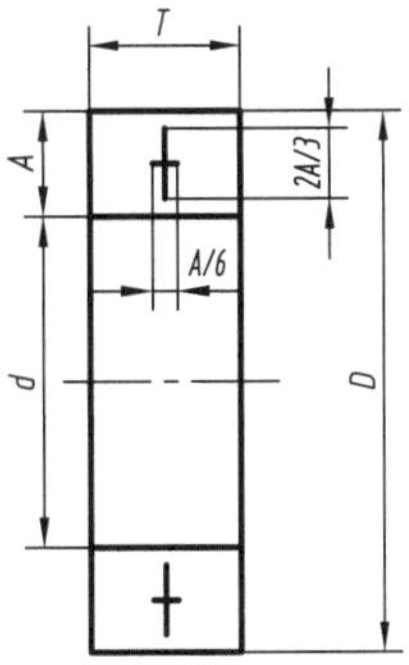 T, A, 2A/3, A/6, d, D	

10.5 弹簧

弹簧是一种标准零件,可用来减震、储能、夹紧和测力等。其特点是受力后能产生较大的弹性形变,在外力去掉后能立即恢复原状。

常用的圆柱螺旋弹簧按其用途,可分为压缩弹簧、拉力弹簧和扭力弹簧三种,见图 10-30。这里仅介绍圆柱螺旋压缩弹簧的有关尺寸计算和画法,其他种类的弹簧可参阅国家标准有关规定。

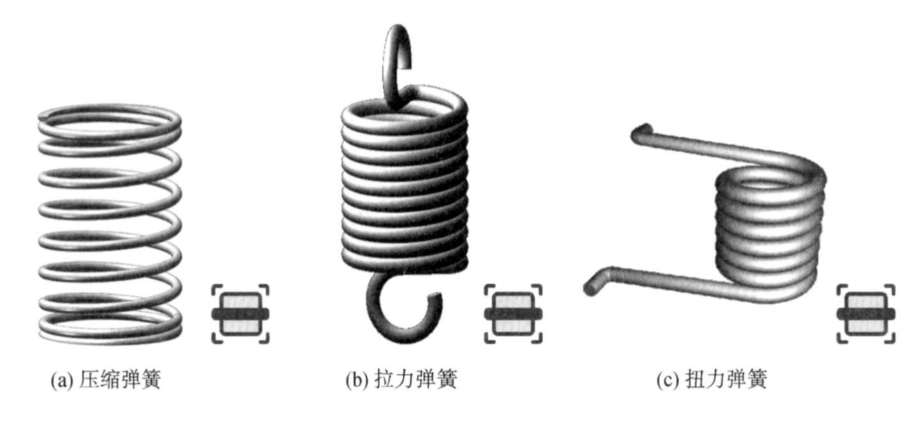

图 10-30 常用的圆柱螺旋弹簧

10.5.1 圆柱螺旋压缩弹簧的各部分名称和尺寸关系

圆柱螺旋压缩弹簧的形状和尺寸由下列参数确定(图 10-31):

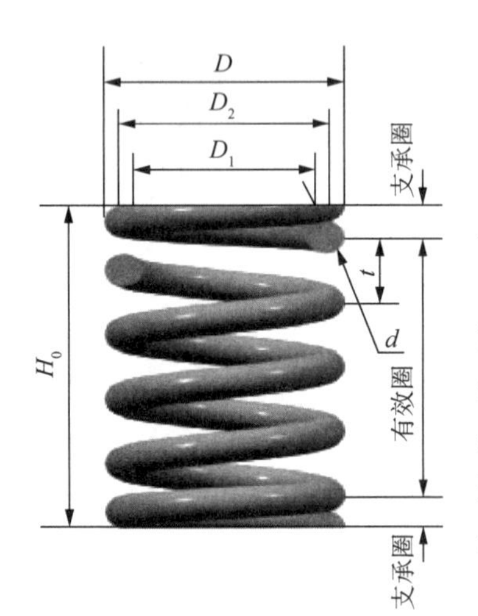

图 10-31 圆柱螺旋压缩弹簧

簧丝直径 d——制造弹簧的金属丝直径,按标准选取;

弹簧外径 D——弹簧的最大直径;

弹簧内径 D_1——弹簧的最小直径,$D_1=D-2d$;

弹簧中径 D_2——弹簧的平均直径,$D_2=(D+D_1)/2=D-d$;

有效圈数 n、支承圈数 n_2 和总圈数 n_1——为使压缩弹簧的端面与轴线垂直,在工作时受力均匀,制造时将两端圈并紧、磨平,起支承或固定作用的圈称为支承圈。除支承圈外,中间那些保持相等节距、产生弹力的圈称为有效圈。有效圈数与支承圈数之和称为总圈数,$n_1=n+n_2$,其中 n_2 一般为 1.5、2、2.5;

节距 t——相邻两有效圈上对应点之间的轴向距离;

自由高度 H_0——未受负荷时的弹簧高度,$H_0=nt+(n_2-0.5)d$,计算后取标准中相近值;

展开长度 L——制造时所需金属丝的长度,$L\approx n_1\sqrt{(\pi D)^2+t^2}$;

旋向——螺旋弹簧分左旋和右旋。

国家标准 GB/T 2089—2009 中对圆柱螺旋压缩弹簧的 d、D_2、t、H_0、n、L 等尺寸和

机械性能及标记做了规定。

10.5.2　圆柱螺旋压缩弹簧的规定画法

圆柱螺旋压缩弹簧可以看成是一个圆形平面(弹簧丝截面)的圆心沿一条螺旋线运动而形成的，故其投影轮廓线和螺旋线投影一样，作图较烦琐，国家标准规定用近似的简化画法来代替。

1. 圆柱螺旋压缩弹簧的规定画法(图 10-32)

圆柱螺旋压缩弹簧在平行其轴线的投影面上的图形，其各圈轮廓线应画成直线。

(1) 圆柱螺旋压缩弹簧在图上均可画成右旋。但左旋圆柱螺旋弹簧不论画成右旋或左旋，一律要加注“左”字。

(2) 有效圈数在 4 圈以上的圆柱螺旋压缩弹簧，可以在每端只画出 1～2 圈(支承圈除外)，中间各圈可省略不画，图形的长度可适当缩短。

(3) 当圆柱螺旋压缩弹簧要求两端并紧且磨平时，不论支承圈数为多少，均可按支承圈为 2.5 圈的形式绘制。

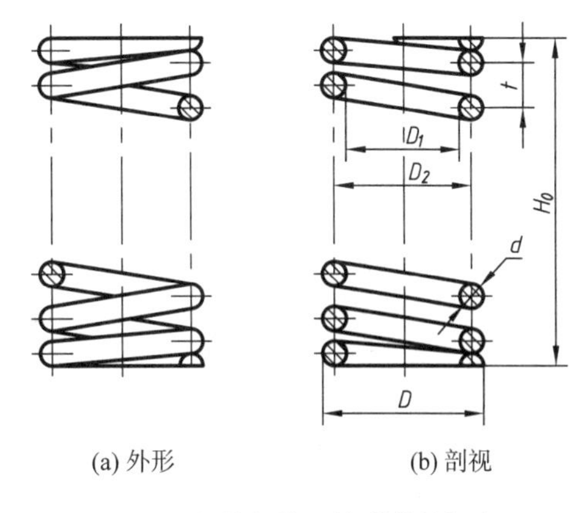

(a) 外形　　(b) 剖视

图 10-32　圆柱螺旋压缩弹簧的规定画法

2. 圆柱螺旋压缩弹簧的作图步骤

已知圆柱螺旋压缩弹簧的簧丝直径 $d=6$ mm，弹簧外径 $D=41$ mm，节距 $t=11$ mm，有效圈数 $n=6.5$，支承圈数 $n=2.5$，右旋，其作图步骤如图 10-33 所示。

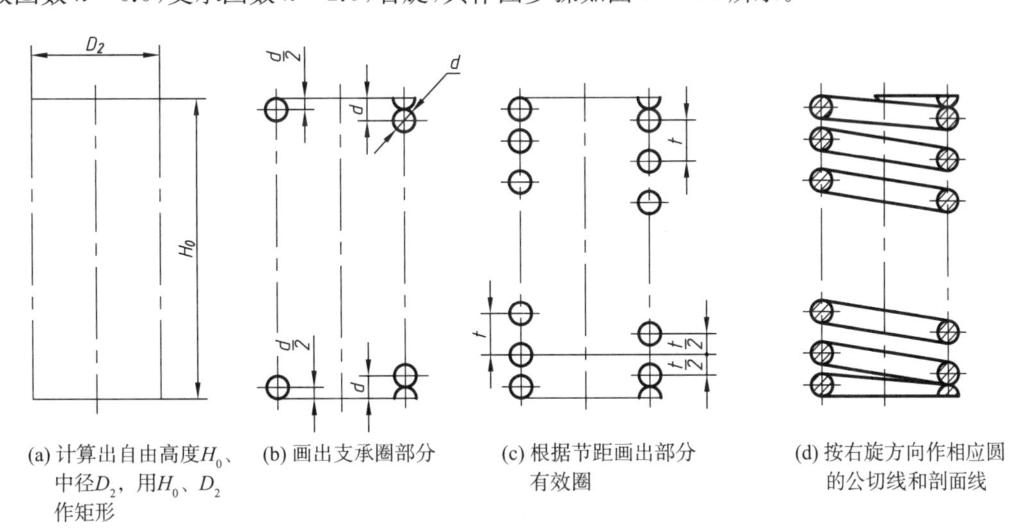

(a) 计算出自由高度H_0、中径D_2，用H_0、D_2作矩形　(b) 画出支承圈部分　(c) 根据节距画出部分有效圈　(d) 按右旋方向作相应圆的公切线和剖面线

图 10-33　圆柱螺旋压缩弹簧的作图步骤

10.5.3　弹簧在装配图中的画法

弹簧在装配图中的画法如图 10-34 所示，绘制时应注意：

(1) 在装配图中，弹簧应画成自由放松的位置状态，即不能处于压紧状态。

(2) 被弹簧挡住的结构一般不画出，可见部分应从弹簧的外轮廓线或弹簧钢丝剖面的中心线画起,如图 10-34(a)所示。

(3) 当弹簧钢丝直径在图形上等于或小于 2 mm 时,允许用示意图画出,如图 10-34(b)所示。

(4) 当弹簧被剖切,剖面直径在图形上等于或小于 2 mm 时,可涂黑表示,如图 10-34(c)所示。

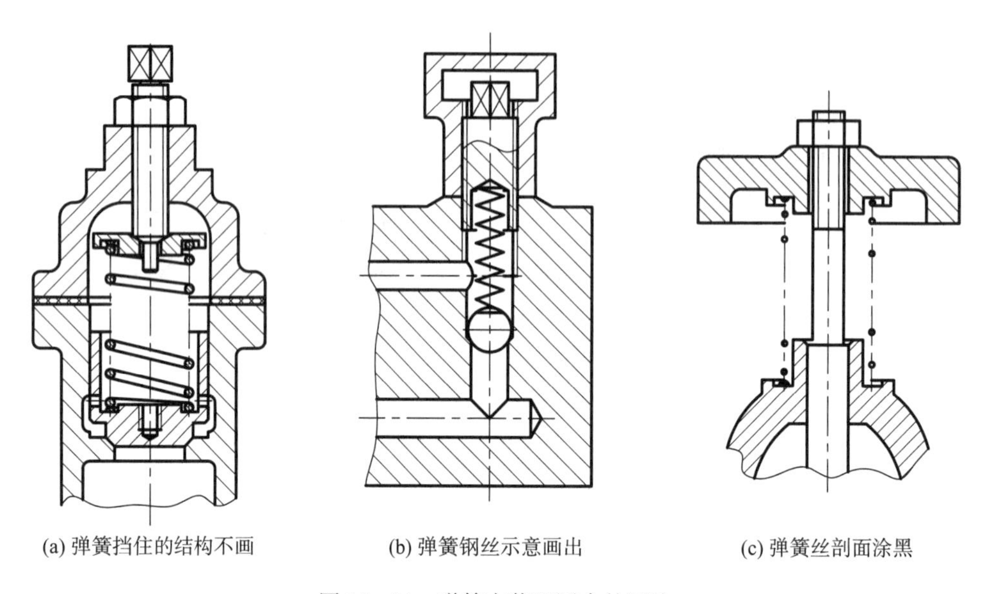

(a) 弹簧挡住的结构不画　(b) 弹簧钢丝示意画出　(c) 弹簧丝剖面涂黑

图 10-34　弹簧在装配图中的画法

11 零件图

本章提要

本章主要介绍零件的视图表达、尺寸标注、技术要求、零件图阅读的原则和方法，以及零件常见结构和标准件、常用件的种类、标记、规定画法等。

任何机器或部件都是由若干零件按一定的技术要求装配组合而成的。零件是组成机器的不可分拆的最小单元，零件的结构形状和加工要求由零件在机器中的功用确定。如图 11－1 所示的球阀就是由 17 种不同零件装配而成。

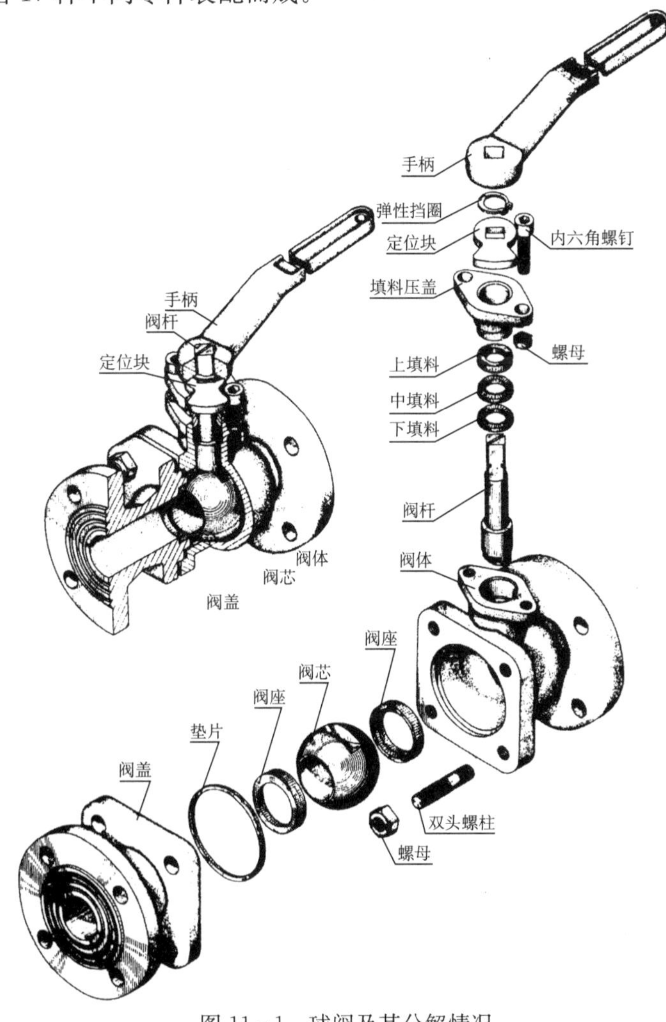

图 11－1　球阀及其分解情况

表达单个零件的形状、尺寸和技术要求的图样称为零件图。

零件分为标准件和非标准件两大类。标准件(如球阀中的垫、螺柱、螺母等)其结构和尺寸都由标准系列确定,通常由专业厂家生产,一般不需要画零件图;而非标准件(如球阀中的阀体、手柄等)其结构、形状、大小等需要根据它们在球阀中的作用进行设计确定,然后画出每个零件的零件图,以便加工制造。

11.1 零件图的内容

在零件的生产过程中,要根据图样中注明的材料和数量进行落料;根据图样表示的形状、大小和技术要求进行加工制造;最后还要根据图样进行检验。因此,零件图应具有制造和检验零件的全部技术信息。一张完整的零件图应包括如下内容(参见图 11-2):

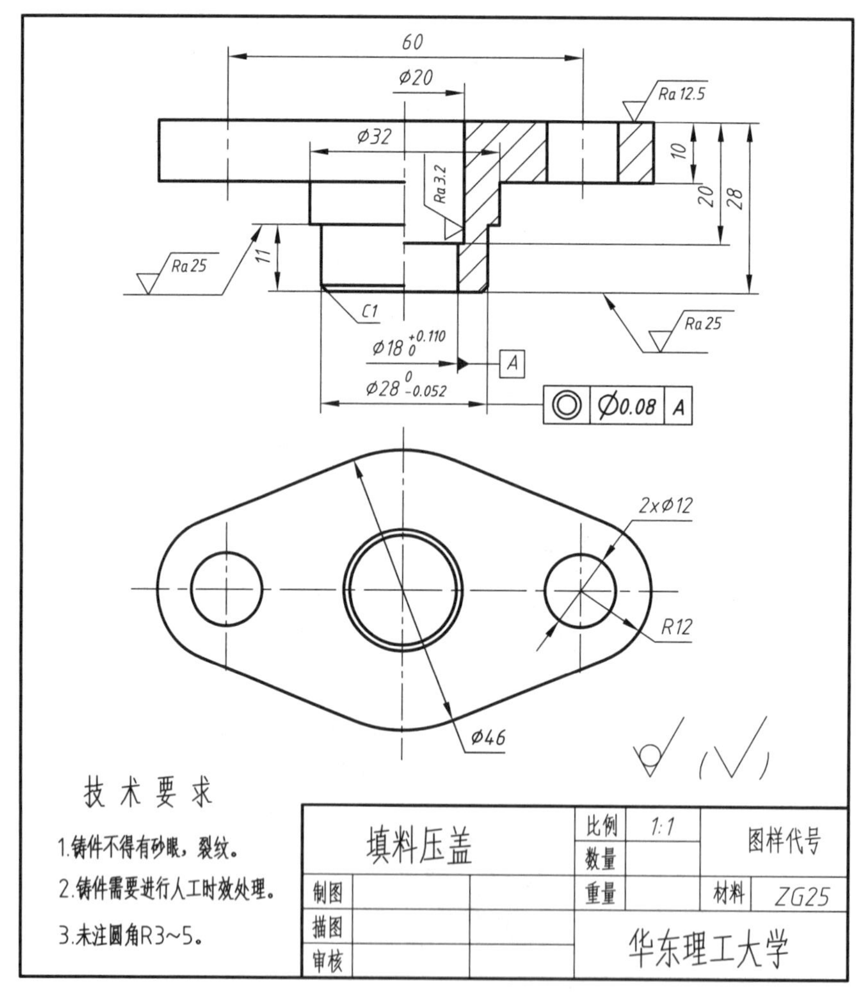

图 11-2 填料压盖

(1) 一组图形。选用一组适当的视图、剖视、断面等图形,完整清晰地表达零件各部分的结构和形状。

(2) 尺寸。正确、完整、清晰、合理地标注出确定零件各部分形状大小和相对位置所需要的全部尺寸。

(3) 技术要求。说明零件在制造、检验、材质处理等过程中应达到的一些质量要求。在图 11-2 中，尺寸 $\Phi 28^{0}_{-0.052}$ 表面该尺寸在加工时所允许的尺寸偏差；$\sqrt{Ra25}$ 表明零件加工的表面粗糙度要求；| ◎ | Ø0.08 | A | 表明 $\phi 28$ 轴的位置公差要求。

(4) 标题栏。位于图纸的右下角，其中列有零件的名称、材料、数量、比例、图号及出图单位等，以及对图纸具体负责的有关人员在标题栏中签署的姓名、日期。

11.2 零件的表达方案选择

零件的视图是零件图的重要内容之一，必须使零件上每一部分的结构形状和位置都表达完整、正确、清晰，并符合设计和制造要求，且便于画图和看图。

要达到上述要求，当画零件图的视图时，应灵活运用前面学过的视图、剖视、断面以及简化和规定画法等表达方法，选择一组恰当的图形来表达零件的形状和结构。

11.2.1 零件表达方案选择的一般原则

(1) 表示零件信息量最多的那个视图应作为主视图。

(2) 在表达完整的前提下，使视图(包括剖视图和断面图)的数量为最少。

(3) 尽量避免使用虚线表达零件的结构。

(4) 避免不必要的细节重复。

11.2.1.1 主视图的选择

主视图是零件图的核心，其选择得适当与否将直接影响到其他视图位置和数量的选择，关系到画图、看图是否方便。选择主视图的原则是：既要表达零件的加工位置或工作位置或安装位置，又要考虑在所选的主视图的投射方向下，尽可能多地表达零件信息量。

1. 表示零件的加工位置

一般按零件在机械加工中所处的位置作为主视图的位置。因为零件图是加工制造零件的技术文件，若主视图所表示的零件位置与零件在机床上加工时所处位置一致，则工人加工时看图方便。

2. 表示零件工作位置和安装位置

有些零件的加工面较多，具有多种加工位置。这时，主视图可与零件在机械或部件中的工作位置或安装位置相一致。这样看图时便于把零件和整个机器联系起来，想象其工作情况。在装配时，也便于直接对照图样进行装配。

3. 表示零件的结构形状特征

选择主视图的投射方向，应考虑形体特征原则，即在所选择的投射方向下，得到的主视图应最能反映零件的形状特征或相对位置特征。

上述各项原则如能兼顾则最好，若不能兼顾则按所列顺序来选择主视图的投射方向。

11.2.1.2 其他视图的选择

对于比较简单的轴、套、球类零件，一般只用一个视图，再加所注的尺寸，就能把其结构形状表达清楚。但是对于一些较复杂的零件，只靠一个主视图是很难把整个零件的结构形状表达完全的。因此,一般在选择好主视图后,还应选择适当数量的其他视图与之配合,才能将零件的结构形状完整清晰地表达出来。一般应优先考虑选用左、俯视图,然后再考虑选用其他视图。

一个零件需要多少视图才能表达清楚,只能根据零件的具体情况分析确定。考虑的一般原则是:在保证充分表达零件结构形状的前提下,尽可能使零件的视图数目为最少。应使每一个视图都有其表达的重点内容,具有独立存在的意义。

零件应选用哪些视图,完全是根据零件的具体结构形状来确定的。如果视图的数目不足,则不能将零件的结构形状完全表达清楚。这样不仅会使看图困难,而且在制造时容易造成错误,给生产造成损失。反之,如果零件的视图过多,则不仅会增加一些不必要的绘图工作量,而且还会使看图变得烦琐。

11.2.2 几类典型零件的表达方案

根据零件形状的特点和用途,大致可分为轴套类、盘盖类、支架类和箱体类四类典型零件。零件的结构形状各不相同,但结构上类似的零件在表达方法上具有共同之处。下面介绍四类典型零件的表达方案。

11.2.2.1 轴套类零件

1. 结构特点、表达方案

轴套类零件的主体部分大多是同轴回转体,它们一般起支承转动零件、传递动力的作用,因此,常带有键槽、轴肩、螺纹及退刀槽或砂轮越程槽等结构,如图 11-3 所示。

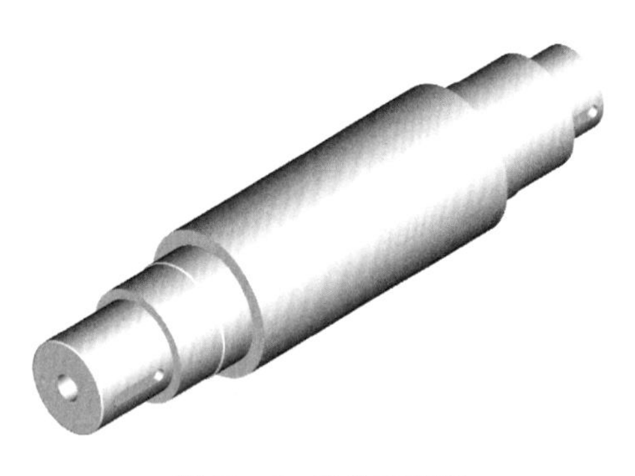

图 11-3 轴的直观图

轴套类零件一般在车床上加工,画图时要按形状和加工位置确定主视图,轴线水平放置,大端在左、小端在右,键槽和孔结构可以朝前,便于加工时读图和看尺寸。通常采用断面、局部剖视、局部放大等表达方法表示。

2. 视图选择

轴套类零件的主要结构形状是回转体,根据其结构特点,配合尺寸标注,一般只用一个基本视图表示。零件上的一些细部结构如键槽、孔等,可作出移出断面。砂轮越程槽、退刀槽、中心孔等可用局部放大图表达。

3. 轴零件图

图 11-4 所示为轴零件图,在主视图上采用局部剖视表达;螺纹退刀槽的细部结构形状,用局部放大图表达;两个移出断面表达了轴上键槽Ⅰ、键槽Ⅱ的深度。在表达轴(套)类零件时,对截面形状不变或有规律变化而又较长的部分,可断开后缩短绘制,如图中长为 194 的中间段即采用了断开画法。

11.2.2.2 盘盖类零件

1. 结构特点、表达方案

盘盖类零件包括端盖、阀盖、齿轮等,这类零件的基本形体一般为回转体或其他几何形状的扁平的盘状体,通常还带有各种形状的凸缘、均布的圆孔和肋等局部结构。图 11-5 所

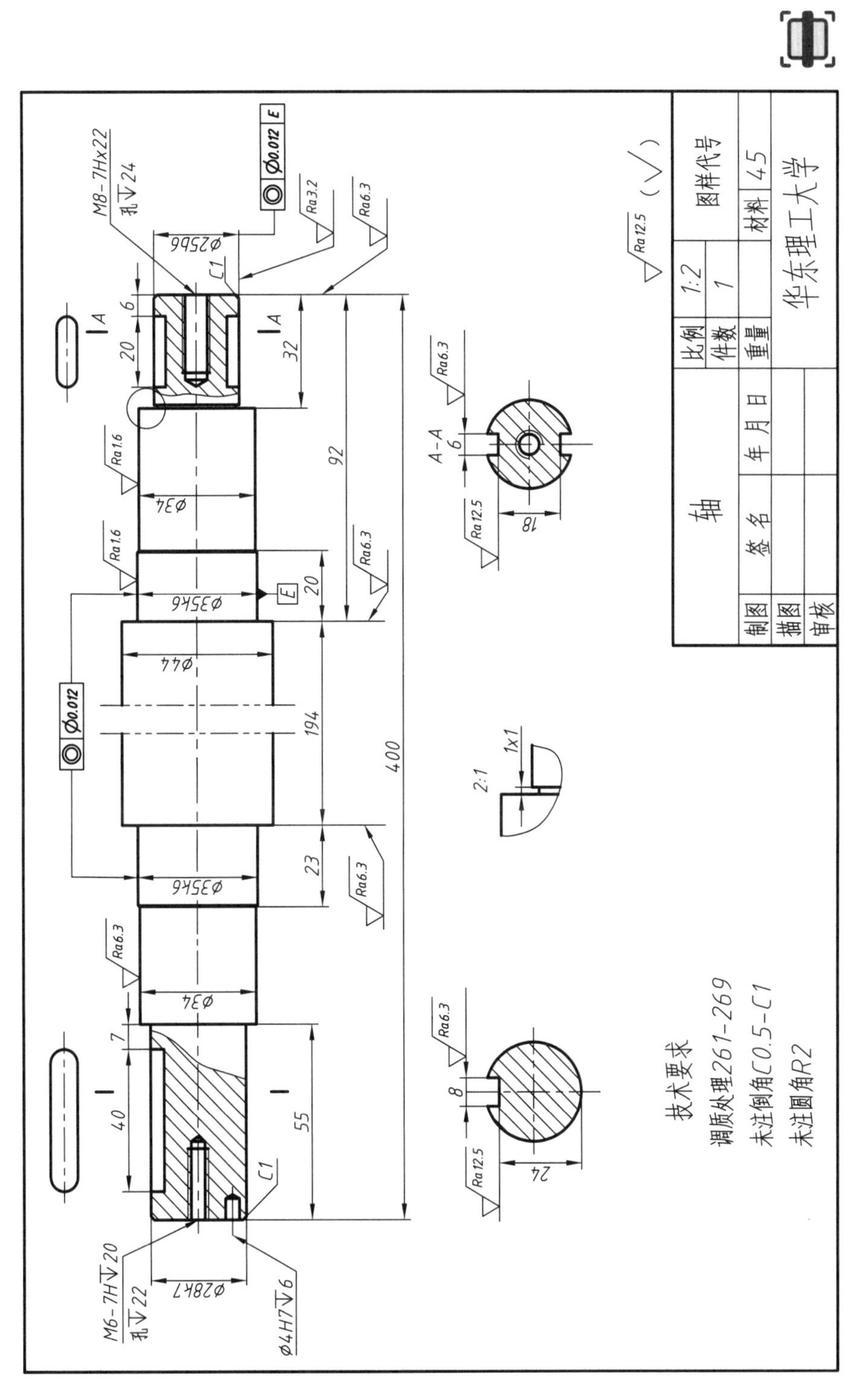
技术要求
调质处理261-269
未注倒角C0.5-C1
未注圆角R2
轴
比例 1:2
件数 1
重量
材料 45
图样代号
制图
描图
审核
签名
年月日
华东理工大学
A-A
M8-7H×22
孔↧24
M6-7H↧20
孔↧22
Ø4H7↧6
Ø25b6
Ø34
Ø35k6
Ø44
Ø28k7
Ø0.012 E
Ra12.5 (√)
400
194
92
55
2:1
1×1

图 11-4 轴零件图

示的法兰,以及皮带轮、手轮、端盖等都属盘盖类零件。

图 11-5　法兰直观图

2. 视图选择

盘盖类零件主要也在车床上加工,主视图按加工位置安放。主视图的投射方向可以如图 11-6 选取,也可以取其左视图的投射方向。比较这两种方案可见,前者既能反映形状特征,又能反映各部分的相对位置及倒角等结构,所以为首选的主视图投影方向。

此外,这类零件常有沿圆周分布的孔、槽、肋、凸缘及轮辐等结构,因而一般应选用两个基本视图,以表达这些结构的数量和分布以及盘(或盖)的外形,其中主视图常采用全剖视图,对于某些细部结构可用局部放大图等方法表示清楚。

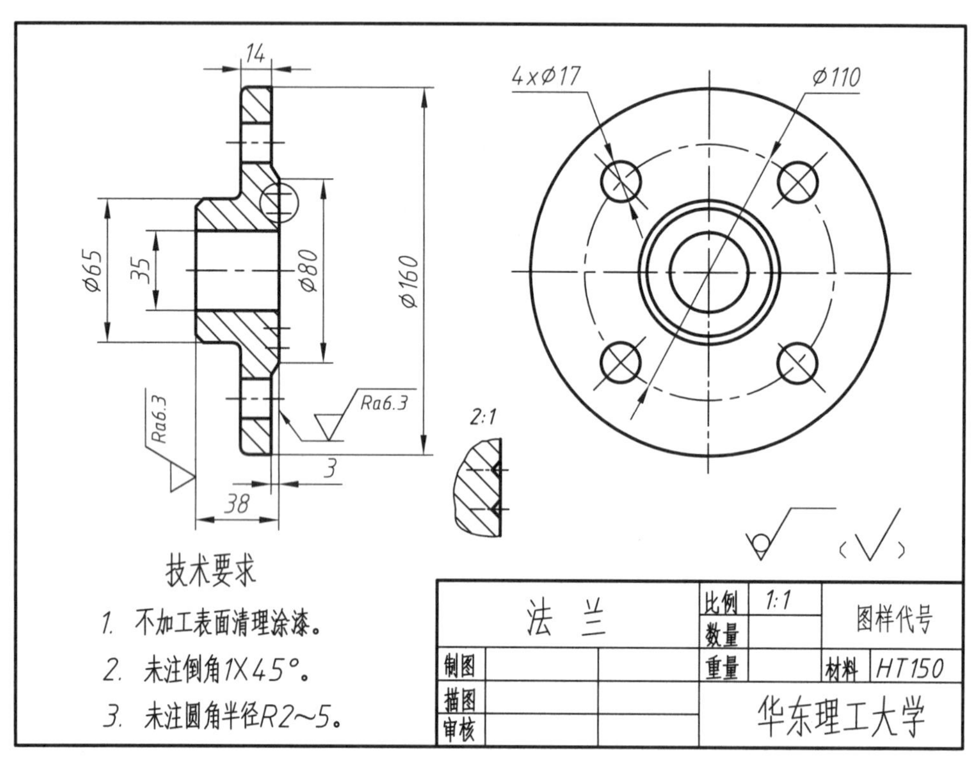

图 11-6　法兰零件图

3. 法兰零件图

图 11-6 为法兰零件图,其主视图按加工位置将轴线放成水平,并画成全剖视图,以表达其内部结构;左视图表达了螺栓孔的数量和分布情况;还用了局部放大图表达法兰端面上密封槽的结构形状。

11.2.2.3　支架类零件

1. 结构特点、表达方案

图 11-7 所示为支架直观图。这类零件的结构形状比较复杂,常有倾斜、弯曲的结构,一般在铸件毛坯上进行切削加工后形成。

这类零件的结构特点是：通常由承托(如圆柱孔)、支撑(如肋板)及底板等部分组成，主要起支撑、限位等作用。

2. 视图选择

支架类零件的加工位置较多，主视图一般按工作位置安放；选择最能反映其形状特征的观察方向作为主视图的投射方向。

再根据结构特点选择其他视图。这类零件通常需要两个或两个以上的基本视图，并常用局部视图、断面图等表达局部结构形状。

图 11 - 7 支架直观图

3. 支架零件图

图 11 - 8 为支架零件图，选用两个基本视图和一个移出断面，一个局部视图。其中主视图作局部剖，以表达上端连接孔和托架部分的安装孔，左视图采用全剖以表达支承孔及其与肋的连接关系，移出断面表达支承肋的截面形状，局部视图则表达了上端的端面形状。

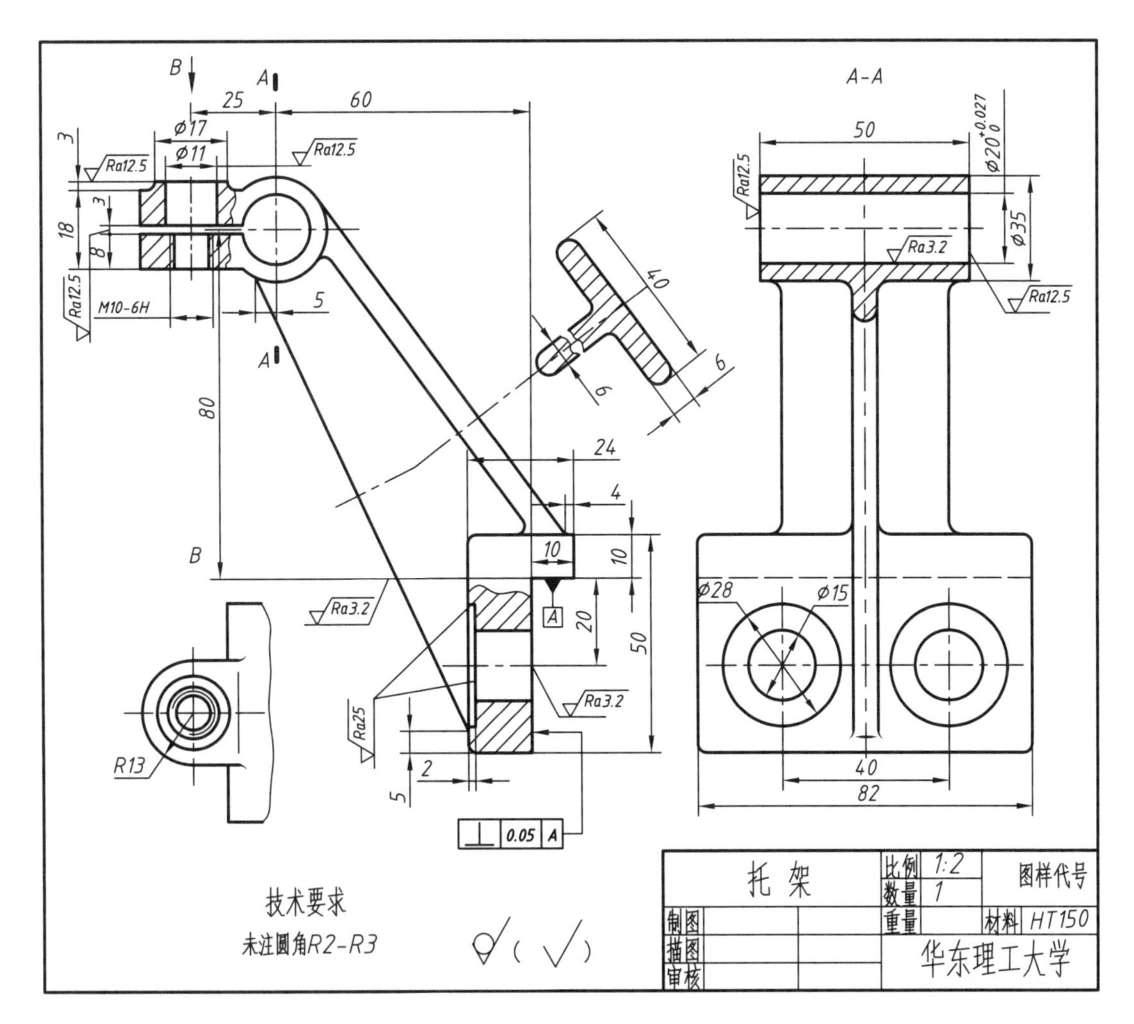

图 11 - 8 支架零件图

11.2.2.4 箱体类零件

1. 结构特点、表达方案

箱体类零件是用来支承、包容、保护运动零件或其他零件的。一般来说，其结构形状较前三类零件复杂，通常也在铸件毛坯上进行切削后形成。图 11－9 所示的传动箱体即属箱体类零件。

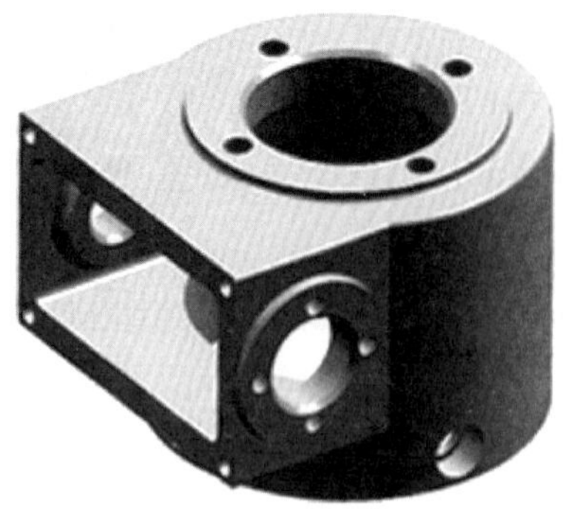

图 11－9 传动箱体直观图

2. 视图选择

箱体类零件的加工位置变化更多。主视图的选择主要考虑工作位置和形状特征。其他视图的选择应根据具体情况，可采用多种表达方法，以清晰、完整地表达零件的内、外结构形状。一般这类零件需三个或三个以上的基本视图。

3. 箱体零件图

图 11－10 为传动箱体零件图，选用了三个基本视图和一个局部视图。主视图用全剖表达其内部结构；俯视图为局部剖，表达箱体前、后壁上的开孔和凸台的结构形状；左视图不剖，表达了左端面的形状和螺纹孔的分布；C 向局部视图表达了前端面的形状、螺孔数量和分布。选用这四个图形，较完整、清晰地表达了该零件的内、外结构形状。

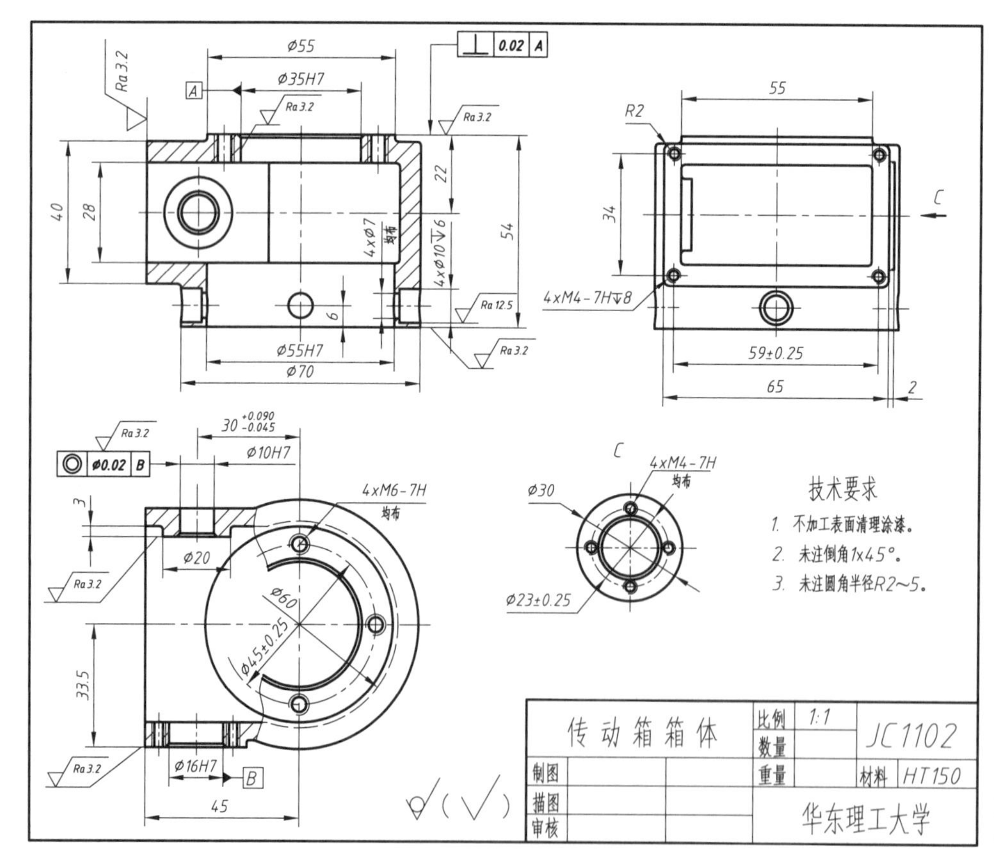

图 11－10 传动箱体零件图

11.3 零件图中的尺寸标注

零件上各部分的大小是按照图样上所标注的尺寸进行制造和检验的。零件图中的尺寸，不但要标注得正确、完整、清晰，而且必须标注得合理。所谓合理，是指所注的尺寸既符合零件的设计要求，又便于加工和检验（即满足工艺要求）。

11.3.1 尺寸基准的选择

所谓尺寸基准，是指零件装配到机器上或在加工测量时，用以确定其位置的一些面、线或点。它可以是零件上对称平面、底板安装平面、端面、零件的结合面、主要孔和轴的轴线等。

选择尺寸基准的目的，一是为了确定零件各部分几何形状的相对位置或零件在机器中的位置，以符合设计要求；二是为了在加工零件时，确定测量尺寸的起点位置，便于加工和测量，以符合工艺要求。因此，根据基准作用不同，一般将基准分为设计基准和工艺基准两类。

1. 设计基准

根据零件结构特点和设计要求而选定的基准，称为设计基准。零件有长、宽、高三个方向，一般每个方向都有一个设计基准，该基准也称主要基准。

2. 工艺基准

为便于对零件加工和测量所选定的基准，称为工艺基准。若同一方向上有几个尺寸基准，其中主要基准必为设计基准，其余辅助基准为工艺基准。并且，主要基准和辅助基准之间应有尺寸联系。

选择基准的原则是：尽可能使设计基准与工艺基准一致，以减少两个基准不重合而引起的尺寸误差。当设计基准与工艺基准不一致时，应以保证设计要求为主，将重要尺寸从设计基准注出，次要基准从工艺基准注出，以便加工和测量。

图 11－11 为轴承座。一根轴通常要有两个轴承座支承，两者的轴孔应在同一轴线上，所以在标注轴承孔高度方向的定位尺寸时，应以底面 A 为基准，以保证轴孔到安装底面的距离，见图中尺寸“40±0.02”。在标注底板上两个螺栓孔长度方向的定位尺寸时，应以对称面 B 为基准，以保证底板上两孔之间的距离对于轴孔的对称关系，见图中尺寸“65”。底面 A 和对称面 B 都是满足设计要求的基准。

图 11－11 轴承座直观图

轴承座顶部螺孔的深度尺寸，若以底面为基准标注，测量起来就不方便。应以顶部端面 D 为基准，标注出尺寸 6，这样测量起来也方便，这就是工艺基准。

图 11－12 中的轴承座，长度方向的主要基准是对称面 B，宽度方向的主要基准为端面 C，高度方向主要基准为底面 A。为了便于加工和测量，还选择 D 为辅助基准，它与主要基准 A 之间由尺寸“58”相联系。

选择尺寸标注基准的原则是：零件的主要尺寸应从设计基准标注；对其他尺寸，考虑到加工、检测的方便，一般应由工艺基准标注。

常用的基准有：基准面，包括底板的安装面、重要的端面、装配结合面、零件的对称面等；基准线即回转体的轴线。

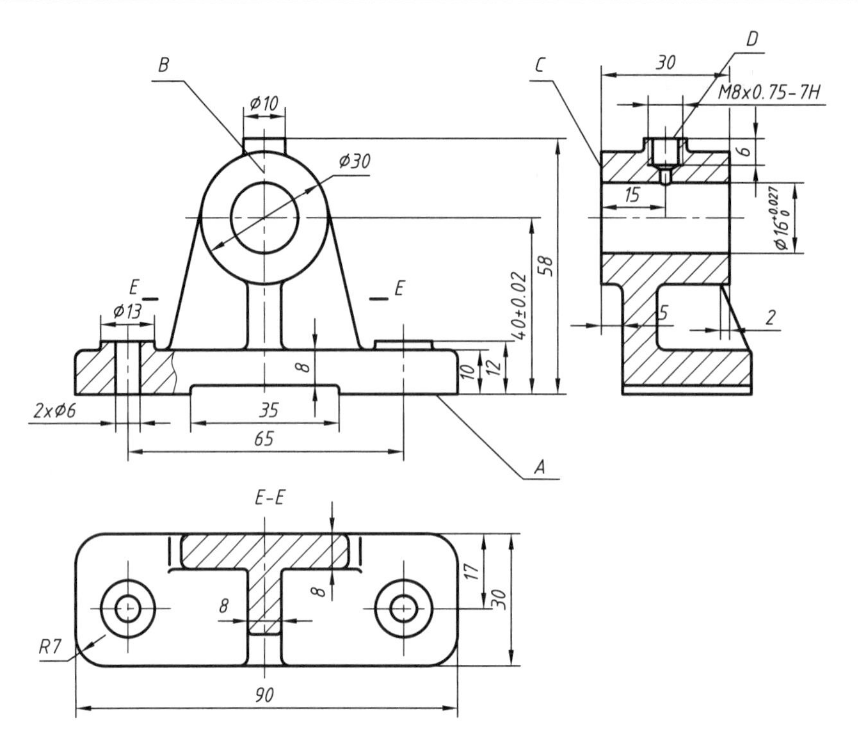

图 11－12　轴承座的尺寸基准

标注尺寸时还需注意：对零件间有配合关系的尺寸，如孔和轴的配合，应分别注出相同的定位尺寸。

11.3.2　尺寸标注的合理性

1. 功能尺寸应从设计基准出发直接注出

功能尺寸是指直接影响零件的装配精度和工作性能的尺寸。这些尺寸应从设计基准出发直接注出，而不应空出，靠其他尺寸推算出来。

标注出的尺寸是加工时要保证的尺寸。由于机床、量具精度等因素的影响，所注尺寸是保证控制一定的误差范围。而由其他尺寸计算得到的尺寸，其误差范围为各个尺寸误差的总和，显然精度大大低于直接注出的尺寸。所以，功能尺寸必须直接注出。

图 11－13(a)中，轴承座的轴心高不直接注出，而是靠 $b+c$ 确定；底板上两个 $\Phi6$ 孔的孔心距也未直接注出，欲靠 $d-2e$ 确定。这种注法都是不合理的，因为轴心高和孔心距是保证二轴承座同心的功能尺寸，必须直接注出。

2. 避免出现封闭的尺寸链

在图 11－13(b)中，高度方向既标注出了尺寸 a，又标注出了 b 和 c；长度方向既标注出了尺寸 d 和 l，又标注出了 e，这是错误的。

a、b、c 首尾相连，有 $a=b+c$ 的关系，形成了封闭尺寸链。a、b、c 全部都标注出来，则意味着都要控制误差范围。若 a 的误差允许为±0.02，由于 $a=b+c$，则 b 和 c 的误差就只能定得更小，这将给加工带来很大的困难。事实上，b 和 c 均为一般尺寸，精度要求不高。所以，这样标注是不合理的。若将 a、b、c 三者中最次要的 c 空出不注，只控制 a 的误差±0.02，而将积累误差放到未注出的 c 上，这毫不影响轴承座的功能。尺寸 d、l、e 的标注

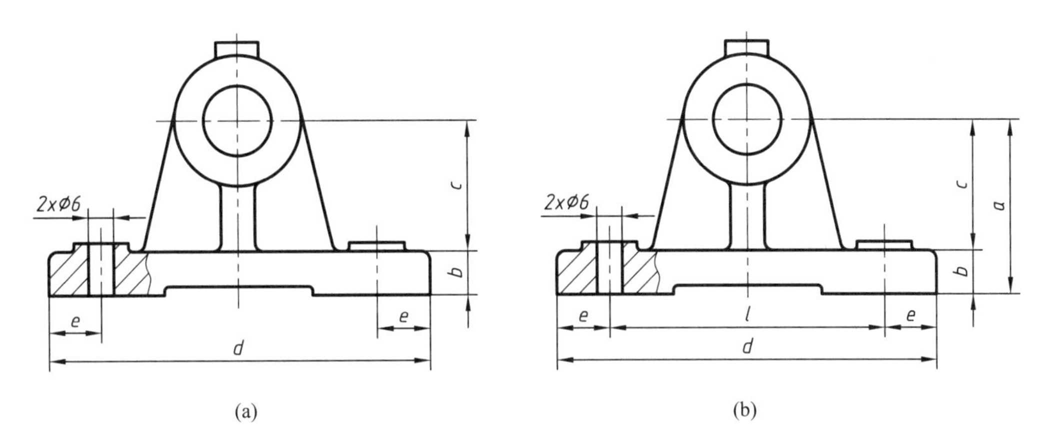

图 11 - 13　错误的尺寸标注

错误读者可自行分析。

因此，当几个尺寸构成封闭尺寸链时，应当挑出其中最不重要的一个尺寸空出不注。若因某种需要将其注出时，应当加(　)，作为参考尺寸。参考尺寸不是确定零件形状和相对位置所必须，加工后是不检验的。

3. 应尽量符合加工顺序

图 11 - 14 为一阶梯轴，(a)、(b)两种尺寸注法均能确定各轴段的长度和大小。但是分析阶梯轴的加工过程(见图 11 - 15)就可以看出，图 11 - 14(a)的注法符合加工顺序，故而合理；图 11 - 14(b)的注法不利于加工，既容易出错，也影响工时和零件的精度，所以不合理。

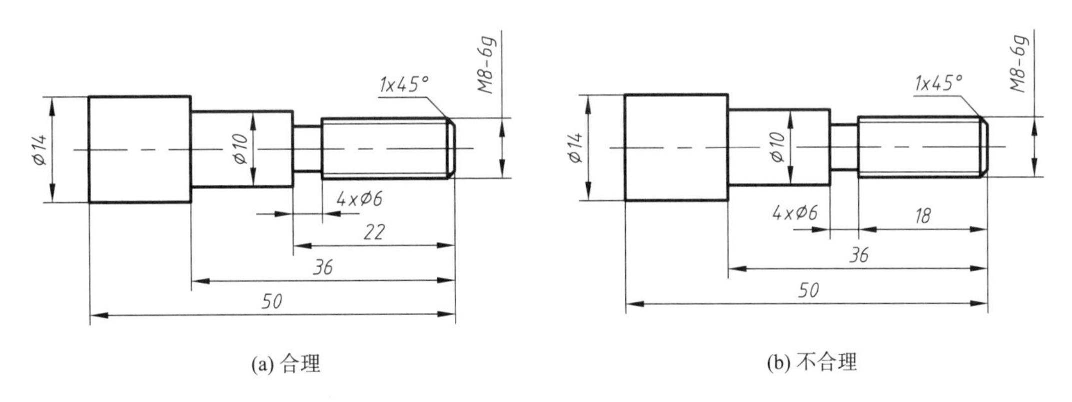

图 11 - 14　尺寸标注应符合加工顺序

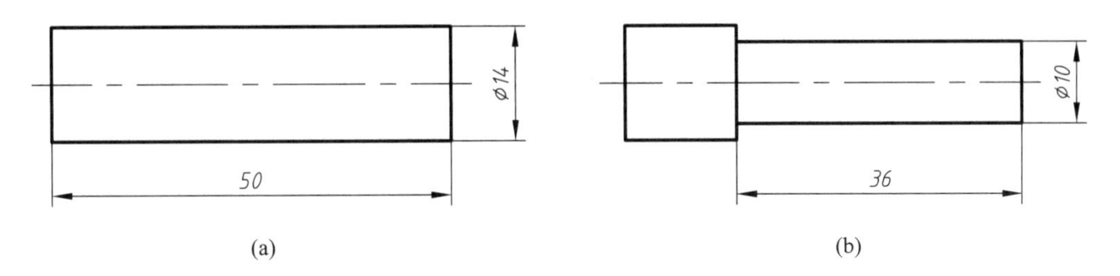

图 11 - 15　阶梯轴的加工顺序

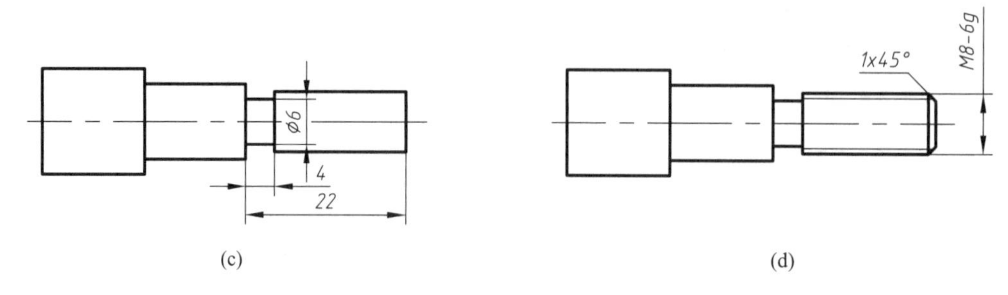

(c)　　(d)

图 11-15 续　阶梯轴的加工顺序

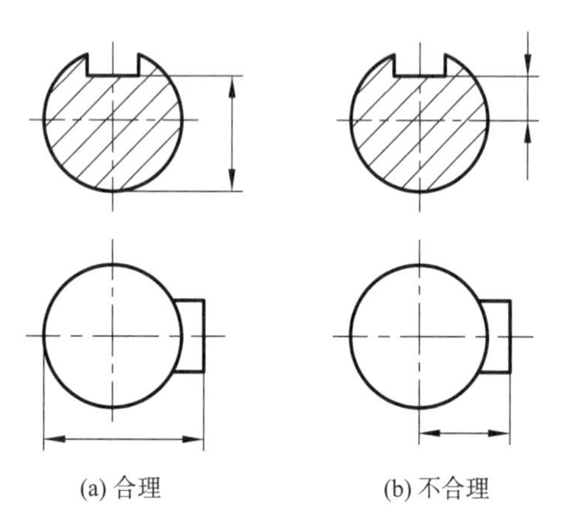

(a) 合理　　(b) 不合理

图 11-16　尺寸标注应考虑检测方便

4. 考虑检测方便

在图 11-16 所示的尺寸标注中,图(a)的注法测量和检验均较方便,为合理的注法;图(b)的注法在实际测量中难以进行,为不合理的注法。

11.3.3　轴的尺寸标注举例

轴的结构如图 11-17 所示。图 11-18 所示为轴的尺寸标注,联系轴的结构可知:轴颈(Φ36)在工作时与轴承配合,轴颈长度 56 必须保证。凸肩(Φ50)的左端面是轴向定位的主要端面,应作为轴向尺寸的主要基准,定出 56、70。车削时,以轴的左端面为基准(辅助基准Ⅰ),按尺寸 106 定出凸肩的左端面,即主要基准面,同时可定出轴的总长 196,倒角 $C2.5$ 以及键槽尺寸 8 和 35。选轴的右端面为辅助基准Ⅱ,由此定出尺寸 80、50,以及钻孔定位尺寸 10 和倒角 $C2.5$。选轴辅助基准Ⅲ定出右键槽的定位尺寸 3 和长度 25,以及螺纹退刀槽的宽度 8。这样选择基准标注的尺寸,既满足了轴的设计要求,又兼顾了加工工艺要求,因此是比较合理的。

图 11-17　轴的直观图

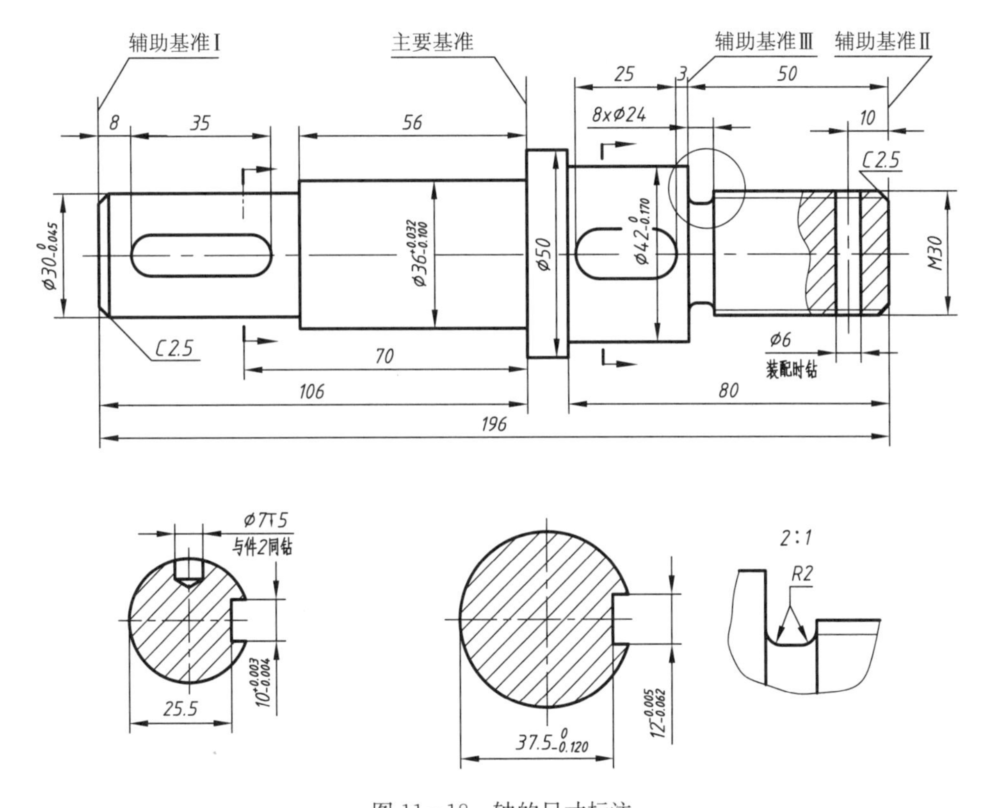

图 11-18 轴的尺寸标注

11.4 零件图中的技术要求

技术要求用来说明零件在制造时应达到的一些质量要求，以符号和文字方式注写在零件图中，用以保证零件加工制造精度，满足其使用性能。

零件图中的技术要求主要包括表面粗糙度、极限与配合、形状和位置公差、热处理和表面处理等内容。

11.4.1 表面粗糙度

11.4.1.1 表面粗糙度的概念

零件经过机械加工后，其表面因切削时的刀痕及表面金属的塑性变形等影响，会存在间距较小的轮廓峰谷。用显微镜观察，则会清楚地看见这些高低不平的峰谷，如图 11-19 所示。这种零件表面上具有的较小间距峰谷所组成的微观几何特征称为表面粗糙度。

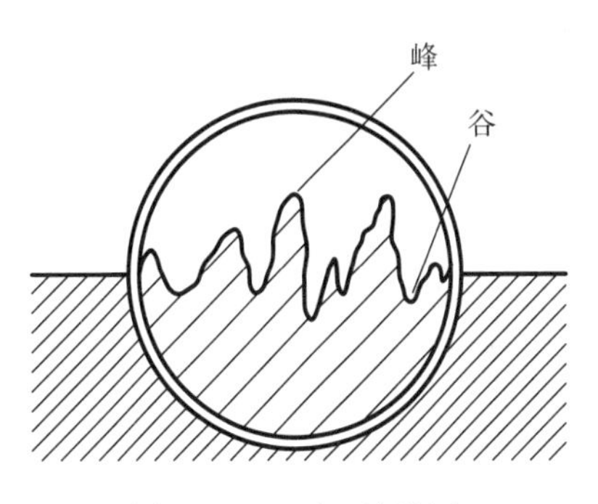

图 11-19 表面粗糙度

评定零件表面粗糙度的主要参数有轮廓算术平均偏差 Ra、轮廓最大高度 Rz。使用时应优先选用 Ra。Ra 是在取样长度 L 内，轮廓偏距 z（表面轮廓上的点到基准线的距离)的绝对值的算术平均值,如图 11-20 所示。

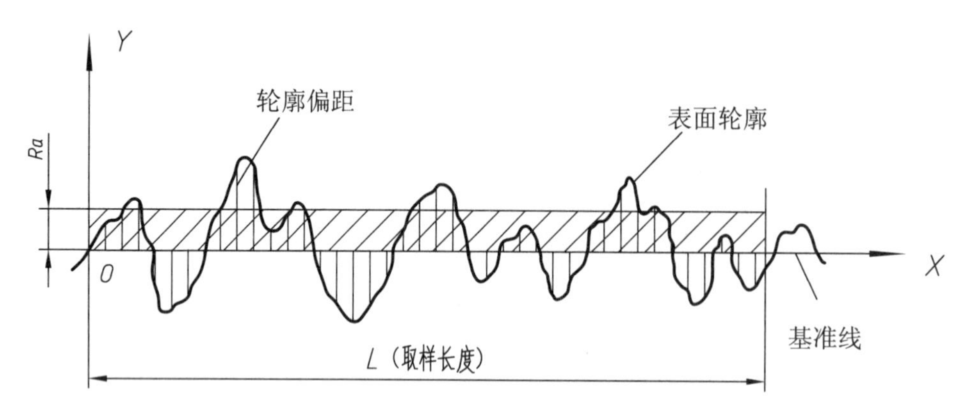

图 11-20 表面粗糙度评定参数

用公式表示为:

$$Ra=\frac{1}{l}\int_{0}^{l}|y(x)|\,\mathrm{d}x$$

或近似为:

$$Ra=\frac{1}{n}\sum_{i=1}^{n}|y_i|$$

表 11-1 给出了 Ra 的数值。

表 11-1 表面粗糙度 *Ra* 的数值 (μm)

第一系列	第二系列	第一系列	第二系列	第一系列	第二系列	第一系列	第二系列
	0.008						
	0.010						
0.012			0.125		1.25	12.5	
	0.016		0.160	1.60			16.0
	0.020	0.20			2.0		20
0.025			0.25		2.5	25	
	0.032		0.32	3.2			32
	0.040	0.40			4.0		40
0.050			0.50		5.0	50	
	0.063		0.63	6.3			63
	0.080	0.80			8.0		80
0.100			1.00		10.0	100	

表面粗糙度用代号标注在图样上。代号由符号、数字及说明文字组成。

国家标准 GB/T 131—2006《产品几何技术规范 技术产品文件中表面结构的表示法》规定了零件表面粗糙度的符号、代号及其在图样上的注法。图样上所标注的表面粗糙度的符号、代号是该表面完工后的要求。有关表面粗糙度的各项规定应按功能要求给定。若仅需要加工，但对表面粗糙度的参数及说明没有要求时，可以只注表面粗糙度符号。

图样上表示零件表面粗糙度的符号及其含义见表 11－2。

表 11－2　表面粗糙度的符号及意义

符　号	意义及说明
	基本图形符号，对表面结构有要求的图形符号，简称基本符号。没有补充说明时不能单独使用
	扩展图形符号，基本符号加一短画，表示指定表面是用去除材料的方法获得。如车、铣、钻、磨、剪切、抛光、腐蚀、电火花加工、气割等
	扩展图形符号，基本符号加一小圆，表示表面是用不去除材料的方法获得。如铸、锻、冲压变形、热轧、冷轧、粉末冶金等，或者是用于保持原供应状况的表面(包括保持上道工序的状况)
	完整图形符号，当要求标注表面结构特征的补充信息时，在允许任何工艺图形符号的长边上加一横线。在文本中用文字 APA 表示；在去除材料图形符号的长边上加一横线。在文本中用文字 MRR 表示；在不去除材料图形符号的长边上加一横线。在文本中用文字 NMR 表示

表面粗糙度符号的画法如图 11－21 所示，图中的尺寸 d'、H_1、H_2 见表 11－2(a)。

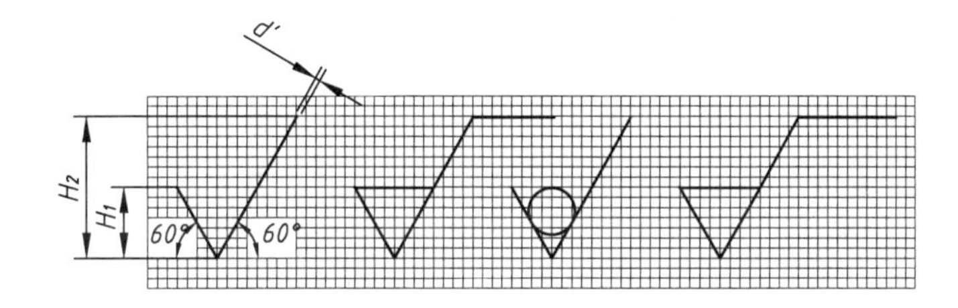

图 11－21　表面粗糙度符号的画法

表 11－2(a)　表面粗糙度符号的尺寸

数字与字母的高度 h	2.5	3.5	5	7	10	14	20
符号的线宽 d' 字母的线宽 d	0.25	0.35	0.5	0.7	1	1.4	2
高度 H_1	3.5	5	7	10	14	20	28
高度 H_2(最小值)	7.5	10.5	15	21	30	42	60

表面粗糙度数值及其有关规定在符号中注写位置，如图 11－22 所示，图中字母的意义如下：

a——注写表面结构的单一要求；

a 和 b——标注两个或多个表面结构要求；

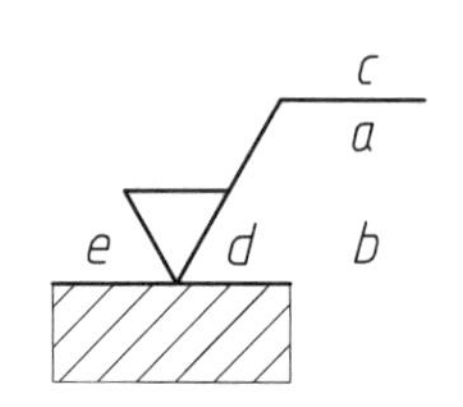

图 11-22 表面粗糙度参数注写形式

c——注写加工方法；

d——注写表面纹理和方向；

e——注写加工余量（单位为毫米）。

在表面粗糙度符号中，按功能要求加注一项或几项有关规定后，称表面粗糙度代号。国家标准规定，当在符号中标注一个参数值时，为该表面粗糙度的上限值；当标注两个参数值时，一个为上限值，另一个为下限值；当要表示最大允许值或最小允许值时，应在表面粗糙度符号后加注符号"max"或"min"，见表 11-3。

表 11-3 *Ra* 的代号及意义

代　　号	意　　　义
Ra 3.2	任何方法获得的表面粗糙度，Ra 的上限值为 3.2 μm，在文本中表示为 APA Ra3.2
Ra 3.2	用去除材料方法获得的表面粗糙度，Ra 的上限值为 3.2 μm，在文本中表示为 MRR Ra3.2
Ra 3.2	用不去除材料方法获得的表面粗糙度，Ra 的上限值为 3.2 μm，在文本中表示为 NMR Ra3.2
Ra 3.2 Ra_1 1.6	用去除材料方法获得的表面粗糙度，Ra 的上限值为 3.2 μm，Ra 的下限值为 1.6 μm，在文本中表示为 MRR Ra3.2；$Ra_1$1.6
Ra_{max} 3.2 Rz_{1max} 12.5	用去除材料方法获得的表面粗糙度，Ra 的最大值为 3.2 μm，Rz 的最大值为 12.5 μm，在文本中表示为 MRR Ra_{max}3.2；Rz_{1max} 12.5

11.4.2.2　*表面粗糙度标注*

表面结构要求对每一表面一般只标注一次，并尽可能标在相应的尺寸及其公差的同一视图上。除非另有说明，所标注的表面结构要求是对完工零件的要求。

1. 表面结构符号、代号的标注位置与方向

总的原则是根据 GB/T 131—2006 规定，使表面结构要求的注写和读取方向与尺寸的注写和读取方向一致。

(1) 标注在轮廓线或指引线上。表面结构要求可标注在轮廓上，其符号应从材料外指向并接触表面，如图 11-23(a)所示。必要时，表面结构符号也可以用带箭头或黑点的指引线引出标注。如图 11-23(b)所示。

(2) 标注在特征尺寸的尺寸线上。在不致引起误解时，表面结构要求可以标注在给出的尺寸线上，如图 11-23(c)所示。

(3) 标注在形位公差的框格上。表面结构要求可标注在形位公差的框格的上方，如图 11-24 所示。

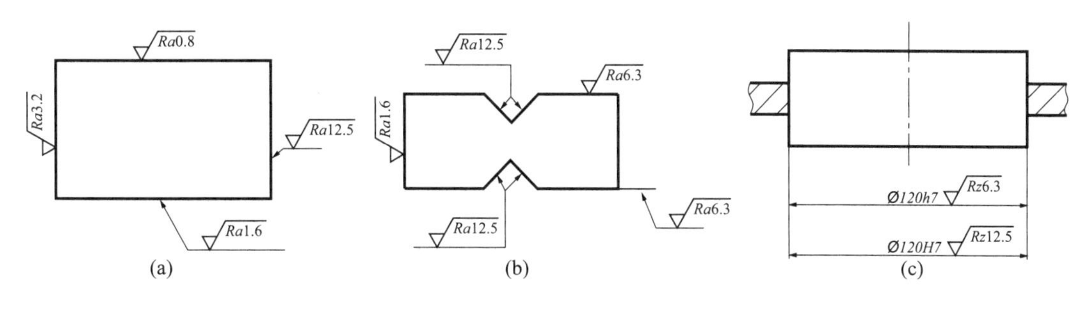

图 11－23 标注示例一

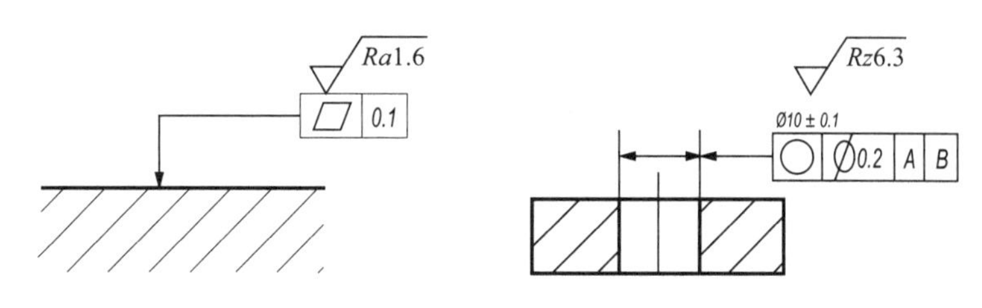

图 11－24 标注示例二

(4) 标注在延长线上。表面结构要求可以直接标注在延长线上，或用带箭头指引线引出标注，如图 11－25 所示。

(5) 标注在圆柱和棱柱表面上。圆柱和棱柱表面的表面结构要求只标注一次。如果每个圆柱和棱柱表面有不同的表面结构要求，则应分别单独标注，如图 11－26 所示。

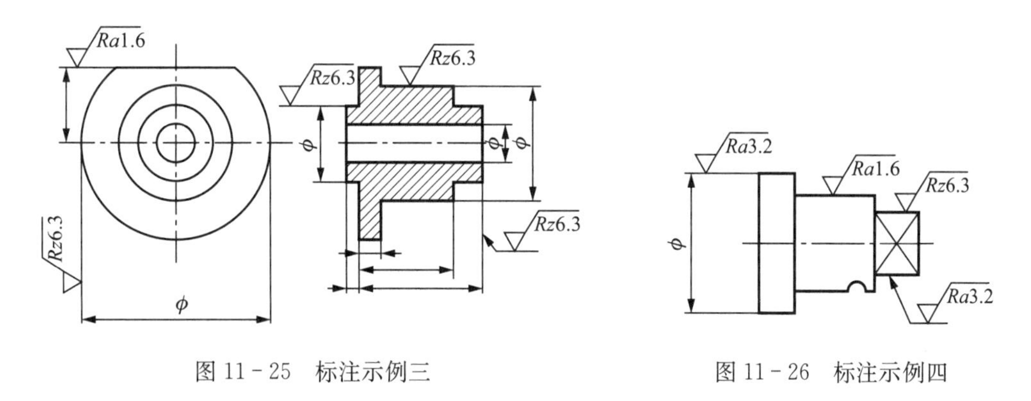

图 11－25 标注示例三

图 11－26 标注示例四

2. 表面结构要求的简化注法

1) 有相同表面结构要求的简化注法

(1) 如果零件的多数(包括全部)表面有统一的表面结构要求，则其表面结构要求可统一标注在图样的标题栏附近，如图 11－27(a)所示。

(2) 如果在零件的多数表面有相同的表面结构要求时，可将其统一标注在图样的标题栏附近，而表面结构要求的符号后面应有：

① 在圆括号内给出无任何其他标注的基本符号；

② 在圆括号内给出不同的表面结构要求；如图 11－27(b)所示。不同的表面结构要求

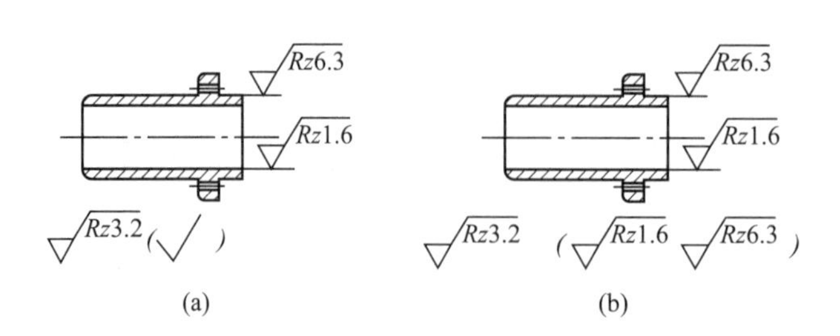

图 11－27　表面结构要求简化注法示例一

应直接标注在图形上。

(3) 多个表面有共同要求的注法：当多个表面具有相同的表面结构要求或空间有限时，可按图进行简化标注，如图 11－28 所示。

① 用带字母的完整符号的简化注法：可用带字母的完整符号，以等式，在图形或标题栏附近，对有相同表面结构要求的表面进行标注。

② 只用表面结构符号的简化注法：可用基本符号、扩展符号，以等式的形式给出对多个表面共同的表面结构要求。

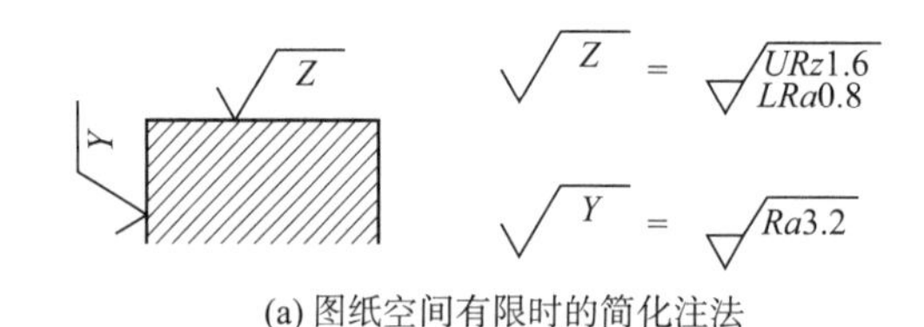

(a) 图纸空间有限时的简化注法

= Ra3.2　　= Ra3.2　　= Ra3.2

a) 未指定工艺方法　b) 要求去除材料　c) 不允许去除材料

(b) 多个表面有共同要求的简化注法

图 11－28　表面结构要求简化注法示例二

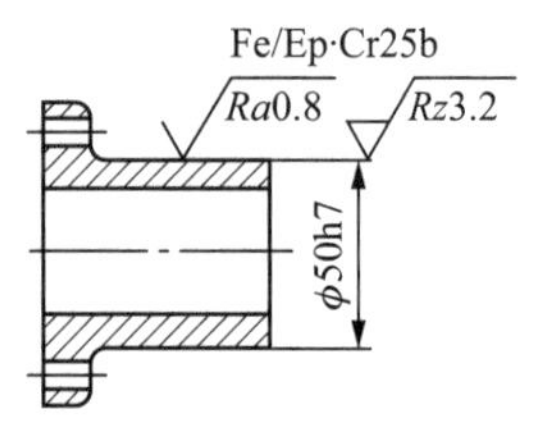

图 11－29　多种工艺获得同一表面的注法

2) 多种工艺获得同一表面的注法

由两种或多种不同工艺方法获得同一表面，当需要明确每一种工艺方法的表面结构要求时，可按图 11－29 进行标注。

3. 常用零件表面结构要求的注法

(1) 零件上连续表面及重复要素(孔、槽、齿等)的表面其表面粗糙度符号、代号只标注一次，如图 11－30(a)所示。

(2) 利用细实线连接不连续的同一表面，螺纹的工作表面没有画出牙形时，其表面粗糙度代号，可按图 11－30(b)所示的形式标注。

11.4.2　极限与配合

11.4.2.1　概述

在一批相同规格的零件或部件中，不经选择任取一件，且不经修配或其他加工，就能顺

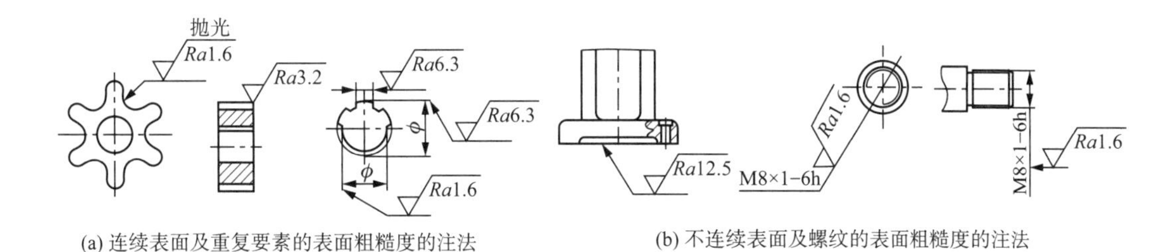

(a) 连续表面及重复要素的表面粗糙度的注法　(b) 不连续表面及螺纹的表面粗糙度的注法

图 11－30　常用零件表面结构要求的注法

利装配到机械上去，并能够达到预期的性能和使用要求。我们把这批零件或部件所具有的这种性质称为互换性。

如果能将所有相同规格的零件的几何尺寸做成与理想的一样，没有丝毫差别，则这批零件肯定具有很好的互换性。但是在实际中由于加工和测量总是不可避免地存在着误差，完全理想的状况是不可能实现的。在生产中，人们通过大量的实践证明，把尺寸的加工误差控制在一定的范围内，仍然能使零件达到互换的目的，于是就产生了极限与配合。在满足互换性的条件下，零件尺寸的允许变动量就叫尺寸公差，简称公差。

11.4.2.2　*尺寸及其公差*

图 11－31 表示了尺寸公差中公称尺寸、极限尺寸、极限偏差之间的关系，图 11－32 则表示了尺寸公差、公差带之间的关系。

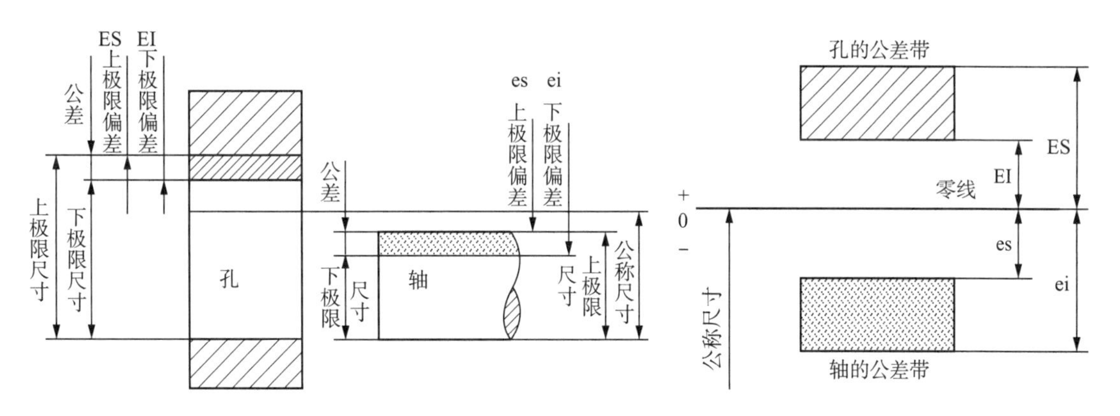

图 11－31　公称尺寸、极限尺寸、极限偏差之间的关系　图 11－32　尺寸公差、公差带之间的关系

(1) 公称尺寸：根据零件强度、结构和工艺性要求，设计确定的尺寸。通过它应用上、下极限偏差可算出极限尺寸。它是计算极限尺寸和确定尺寸偏差的起始尺寸。

(2) 极限尺寸：允许尺寸变化的两个界限值。它以公称尺寸为基数来确定。两个界限值中较大的一个称为上极限尺寸；较小的一个称为下极限尺寸。实际尺寸在这两个尺寸之间即为合格。

(3) 极限偏差：某一尺寸减其相应的公称尺寸所得的代数差。尺寸偏差有：

上极限偏差＝上极限尺寸－公称尺寸

下极限偏差＝下极限尺寸－公称尺寸

上、下极限偏差统称极限偏差。上、下极限偏差可以是正值、负值或零。国家标准规定：孔的上极限偏差代号为ES,孔的下极限偏差代号为EI;轴的上极限偏差代号为es,轴的下极限偏差代号为ei。

(4) 尺寸公差(简称公差)：允许实际尺寸的变动量

尺寸公差＝上极限尺寸－下极限尺寸＝上极限偏差－下极限偏差

因为上极限尺寸总是大于下极限尺寸,所以尺寸公差一定为正值。

(5) 公差带：由代表上极限偏差和下极限偏差或上极限尺寸和下极限尺寸的两条直线所限定的一个区域称为公差带,表示公称尺寸的一条直线称为零线。

例如,尺寸 $20^{+0.006}_{-0.015}$ 的公称尺寸是20,上极限尺寸20.006,下极限尺寸19.985,上极限偏差＋0.006,下极限偏差－0.015,尺寸公差为0.021。

11.4.2.3　配合

公称尺寸相同,相互结合的孔和轴公差带之间的关系称为配合。

根据机器的设计要求和生产实际的需要,国家标准将配合分为三类：

(1) 间隙配合。孔的公差带完全在轴的公差带之上,任取其中一对轴和孔相配都成为具有间隙的配合(包括最小间隙为零),如图11-33所示。

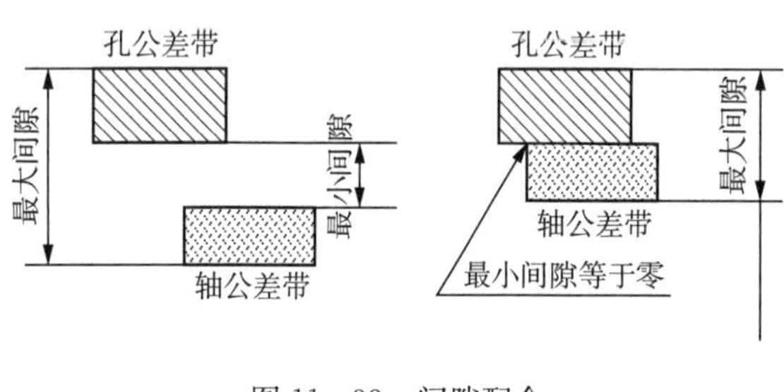

图11-33　间隙配合

(2) 过盈配合。孔的公差带完全在轴的公差带之下,任取其中一对轴和孔相配都成为具有过盈的配合(包括最小过盈为零),如图11-34所示。

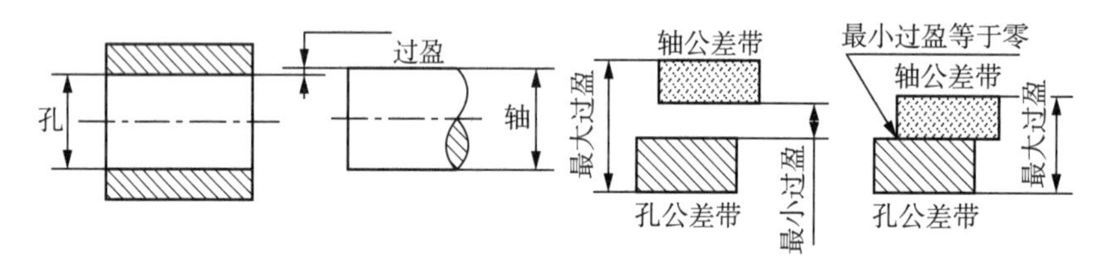

图11-34　过盈配合

(3) 过渡配合。孔和轴的公差带相互交叠,任取其中一对孔和轴相配合,可能具有间隙,也可能具有过盈的配合,如图11-35所示。

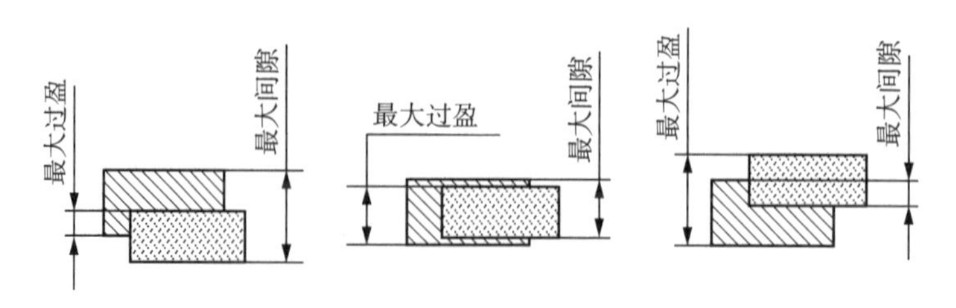

图11-35　过渡配合

11.4.2.4 标准公差与基本偏差

国家标准规定公差带由“公差带大小”和“公差带位置”两个要素来确定，公差带的大小由标准公差确定，公差带位置由基本偏差确定。在公差带图中，上、下偏差的距离应成比例，公差带方框的左、右长度根据需要任意确定。

1. 标准公差

标准公差(IT) 是国家标准《极限与配合基础》(GB/T 1800.1—2009)中“标准公差数值表”中所规定的任一公差。国家标准将标准公差分为 20 个公差等级，用标准公差等级代号 IT01，IT0，IT1，…，IT18 表示。“IT”为“标准公差”的符号，阿拉伯数字 01，0，1，…，18 表示公差等级。如 IT8 的含义为 8 级标准公差。在同一尺寸段内，从 IT01 至 IT18，精度依次降低，而相应的标准公差值依次增大。标准公差数值见表 11 - 4。

2. 基本偏差

在极限与配合制中，确定公差带相对零线位置的极限偏差称为基本偏差。它可以是上极限偏差或下极限偏差，一般为靠近零线的那个偏差。国家标准对孔和轴分别规定了 28 个基本偏差。并规定：大写字母表示孔的基本偏差，小写字母表示轴的基本偏差，如图 11 - 36 所示。

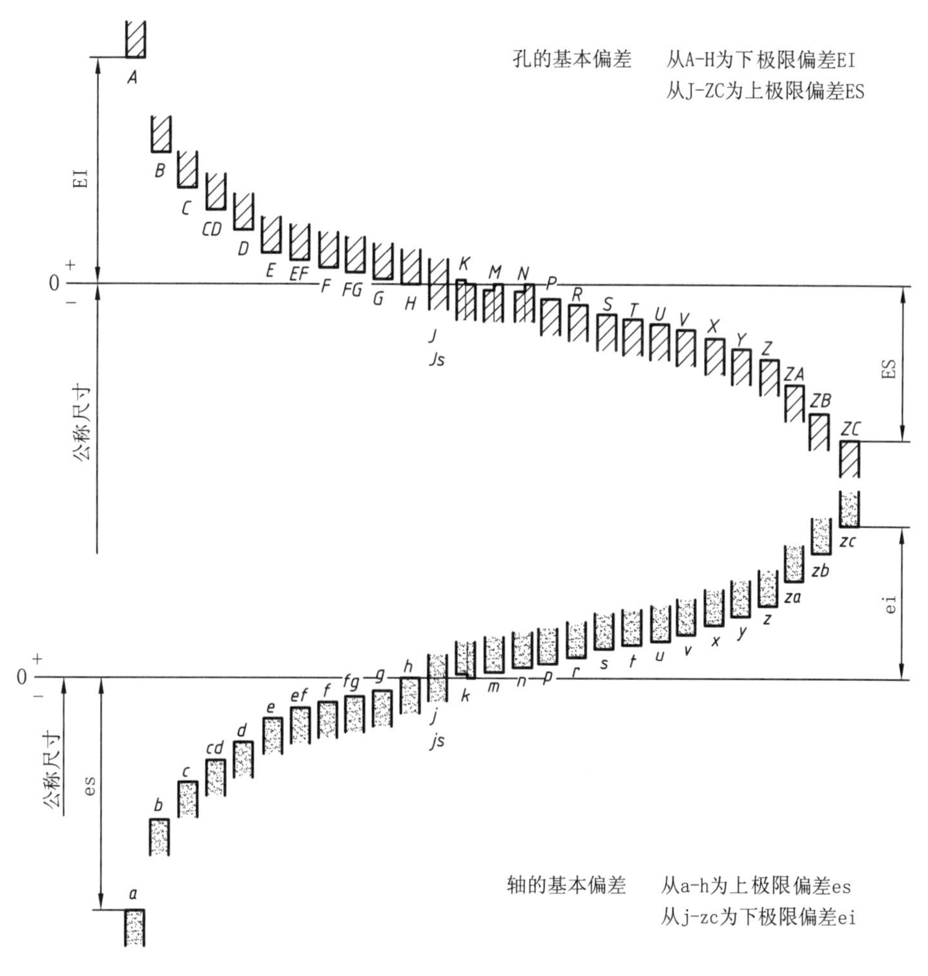

图 11 - 36 基本偏差系列示意图

标准公差数值如表 11 - 4 所示，优先配合轴公差带的极限偏差和优先配合孔公差带的极限偏差分别如表 11 - 5 和表 11 - 6 所示。

表 11 - 4　标准公差数值

公称尺寸(mm)		IT01	IT0	IT1	IT2	IT3	IT4	IT5	IT6	IT7	IT8	IT9	IT10	IT11	IT12	IT13	IT14	IT15	IT16	IT17	IT18
大于	至	μm													mm						
	3	0.3	0.5	0.8	1.2	2	3	4	6	10	14	25	40	60	0.10	0.14	0.25	0.40	0.65	1.0	1.4
3	6	0.4	0.6	1	1.5	2.5	4	5	8	12	18	30	48	75	0.12	0.18	0.30	0.48	0.75	1.2	1.8
6	10	0.4	0.6	1	1.5	2.5	4	6	9	15	22	36	58	90	0.15	0.22	0.36	0.58	0.9	1.5	2.2
10	18	0.5	0.8	1.2	2	3	5	8	11	18	27	43	70	110	0.18	0.27	0.43	0.70	1.1	1.8	2.7
18	30	0.6	1	1.5	2.5	4	6	9	13	21	33	52	84	130	0.21	0.33	0.52	0.84	1.3	2.1	3.3
30	50	0.6	1	1.5	2.5	4	7	11	15	25	39	62	100	160	0.25	0.39	0.62	1.00	1.6	2.5	3.9
50	80	0.8	1.2	2	3	5	8	13	19	30	46	74	120	190	0.30	0.46	0.74	1.20	1.9	3.0	4.6
80	120	1	1.5	2.5	4	6	10	15	22	35	54	87	140	220	0.35	0.54	0.87	1.40	2.2	3.5	5.4
120	180	1.2	2	3.5	5	8	12	18	25	40	63	110	160	250	0.40	0.63	1.00	1.60	2.5	4.0	6.3
180	250	2	3	4.5	7	10	14	20	29	46	72	115	185	290	0.46	0.72	1.15	1.85	2.9	4.6	7.2
250	315	2.5	4	6	8	12	16	23	32	52	81	130	210	320	0.52	0.81	1.30	2.1	3.2	5.2	8.1
315	400	3	5	7	9	13	18	25	36	57	89	140	230	360	0.57	0.89	1.40	2.3	3.6	5.7	8.9
400	500	4	6	8	10	15	20	27	40	63	97	155	250	400	0.63	0.97	1.55	2.5	4.0	6.3	9.7
500	630	4.5	6	9	11	16	22	30	44	70	110	175	280	440	0.70	1.10	1.75	2.8	4.4	7.0	11.0
630	800	5	7	10	13	18	25	35	50	80	125	200	320	500	0.80	1.25	2.00	3.2	5.0	8.0	12.0
800	1000	5.5	8	11	15	21	29	40	56	90	140	230	360	560	0.90	1.40	2.30	3.6	5.6	9.0	14.0
1000	1250	6.5	9	13	18	24	34	46	66	105	165	260	420	660	1.05	1.65	2.60	4.2	6.6	10.5	16.5
1250	1600	8	11	15	21	29	40	54	78	125	195	310	500	780	1.25	1.95	3.10	5.0	7.8	12.5	19.5
1600	2000	9	13	18	25	35	48	65	92	150	230	370	600	920	1.50	2.30	3.70	6.0	9.2	15.0	23.0
2000	2500	11	15	22	30	41	57	77	110	175	280	440	700	1100	1.75	2.80	4.40	7.0	11.0	17.0	28.0
2500	3150	13	18	26	36	50	69	93	135	210	330	540	860	1350	2.10	3.30	5.40	8.6	13.5	21.0	33.0

表 11-5 优先配合轴公差带的极限偏差(μm)(摘自 GB/T 1800.1—2009)

公称尺寸 mm		*c*	*d*	*f*	*g*	*h*				*k*	*n*	*p*	*s*	*U*
大于	至	11	9	7	6	6	7	9	11	6	6	6	6	6
—	3	-60 -120	-20 -45	-6 -16	-2 -8	0 -6	0 -10	0 -25	0 -60	+6 0	+10 +4	+12 +6	+20 +14	+24 +18
3	6	-70 -145	-30 -60	-10 -22	-4 -12	0 -8	0 -12	0 -30	0 -75	+9 +1	+16 +8	+20 +12	+27 +19	+31 +23
6	10	-80 -170	-40 -76	-13 -28	-5 -14	0 -9	0 -15	0 -36	0 -90	+10 +1	+19 +10	+24 +15	+32 +23	+37 +28
10	14	-95 -205	-50 -93	-16 -34	-6 -17	0 -11	0 -18	0 -43	0 -110	+12 +1	+23 +12	+29 +18	+39 +28	+44 +33
14	18													
18	24	-110 -240	-65 -117	-20 -41	-7 -20	0 -13	0 -21	0 -52	0 -130	+15 +2	+28 +15	+35 +22	+48 +35	+54 +41
24	30													+61 +43
30	40	-120 -280	-80 -142	-25 -50	-9 -25	0 -16	0 -25	0 -62	0 -160	+18 +2	+33 +17	+42 +26	+59 +43	+76 +60
40	50	-130 -290												+86 +70
50	65	-140 -330	-100 -174	-30 -60	-10 -29	0 -19	0 -30	0 -74	0 -190	+21 +2	+39 +20	+51 +32	+72 +53	+105 +87
65	80	-150 -340											+78 +59	+121 +102
80	100	-170 -390	-120 -207	-36 -71	-12 -34	0 -22	0 -35	0 -87	0 -220	+25 +3	+45 +23	+59 +37	+93 +71	+146 +124
100	120	-180 -400											+101 +79	+166 +144
120	140	-200 -450	-145 -245	-43 -83	-14 -39	0 -25	0 -40	0 -100	0 -250	+28 +3	+52 +27	+68 +43	+117 +92	+195 +170
140	160	-210 -460											+125 +100	+215 +190
160	180	-230 -480											+133 +108	+235 +210
180	200	-240 -530	-170 -285	-50 -96	-15 -44	0 -29	0 -46	0 -115	0 -290	+33 +4	+60 +31	+79 +50	+151 +122	+265 +236
200	225	-260 -550											+159 +130	+287 +258
225	250	-280 -570											+169 +140	+313 +284
250	280	-300 -620	-190 -320	-56 -108	-17 -49	0 -32	0 -52	0 -130	0 -320	+36 +4	+66 +34	+88 +56	+190 +158	+347 +315
280	315	-330 -650											+202 +170	+382 +390
315	355	-360 -720	-210 -350	-62 -119	-18 -54	0 -36	0 -57	0 -140	0 -360	+40 +4	+73 +37	+98 +62	+226 +190	+426 +390
355	400	-400 -760											+244 +208	+471 +435
400	450	-440 -840	-230 -385	-68 -131	-20 -60	0 -40	0 -63	0 -155	0 -400	+45 +5	+80 +40	+108 +68	+272 +232	+530 +490
450	500	-480 -880											+292 +252	+580 +540

表 11-6　优先配合孔公差带的极限偏差(μm)(摘自 GB/T 1800.1—2009)

公称尺寸 mm		*C*	*D*	*F*	*G*	*H*				*K*	*N*	*P*	*S*	*U*
大于	至	11	9	8	7	7	8	9	11	7	7	7	7	7
—	3	+120 +60	+45 +20	+20 +6	+12 +2	+10 0	+14 0	+25 0	+60 0	0 -10	-4 -14	-6 -16	-14 -24	-18 -28
3	6	+145 +70	+60 +30	+28 +10	+16 +4	+12 0	+18 0	+30 0	+75 0	+3 -9	-4 -16	-8 -20	-15 -27	-19 -31
6	10	+170 +80	+76 +40	+35 +13	+20 +5	+15 0	+22 0	+36 0	+90 0	+5 -10	-4 -19	-9 -24	-17 -32	-22 -37
10	14	+205 +95	+93 +50	+43 +16	+24 +6	+18 0	+27 0	+43 0	+110 0	+6 -12	-5 -23	-11 -29	-21 -39	-26 -44
14	18													
18	24	+240 +110	+117 +65	+53 +20	+28 +7	+21 0	+33 0	+52 0	+130 0	+6 -15	-7 -28	-14 -35	-27 -48	-33 -54
24	30													-40 -61
30	40	+280 +120	+142 +80	+64 +25	+34 +9	+25 0	+39 0	+62 0	+160 0	+7 -18	-8 -33	-17 -42	-34 -59	-51 -76
40	50	+290 +130												-61 -86
50	65	+330 +140	+174 +100	+76 +30	+40 +10	+30 0	+46 0	+74 0	+190 0	+9 -21	-9 -39	-21 -51	-42 -72	-76 -106
65	80	+340 +150											-48 -78	-91 -121
80	100	+390 +170	+207 +120	+90 +36	+47 +12	+35 0	+54 0	+87 0	+220 0	+10 -25	-10 -45	-24 -59	-58 -93	-111 -146
100	120	+400 +180											-66 -101	-131 -166
120	140	+450 +200	+245 +145	+106 +43	+54 +14	+40 0	+63 0	+100 0	+250 0	+12 -28	-12 -52	-28 -68	-77 -117	-155 -195
140	160	+460 +210											-85 -125	-175 -215
160	180	+480 +230											-93 -133	-195 -235
180	200	+530 +240	+285 +170	+122 +50	+61 +15	+46 0	+72 0	+115 0	+290 0	+13 -33	-14 -60	-33 -79	-105 -151	-219 -265
200	225	+550 +260											-113 -159	-241 -287
225	250	+570 +280											-123 -169	-267 -313
250	280	+620 +300	+320 +190	+137 +56	+69 +17	+52 0	+81 0	+130 0	+320 0	+16 -36	-14 -66	-36 -88	-138 -190	-295 -347
280	315	+650 +330											-150 -202	-330 -382
315	355	+720 +360	+350 +210	+151 +62	+75 +18	+57 0	+89 0	+140 0	+360 0	+17 -40	-16 -73	-41 -98	-169 -226	-369 -426
355	400	+760 +400											-187 -244	-414 -471
400	450	+840 +440	+385 +230	+165 +68	+83 +20	+63 0	+97 0	+155 0	+400 0	+18 -45	-17 -80	-45 -108	-209 -272	-467 -530
450	500	+880 +480											-229 -292	-517 -580

11.4.2.5 配合制

为了得到孔与轴之间不同性质的配合，需要制定其公差带，如果孔和轴两者都可以任意变动，则配合情况变化太多，不便于零件的设计和制造。为此，在制造相互配合的零件时，使其中一种零件作为基准件，它的基本偏差固定，通过改变另一种基本偏差来获得各种不同性质配合的制度称为配合制。根据生产实际需要，国家标准规定了两种配合制，如图 11－37 所示。

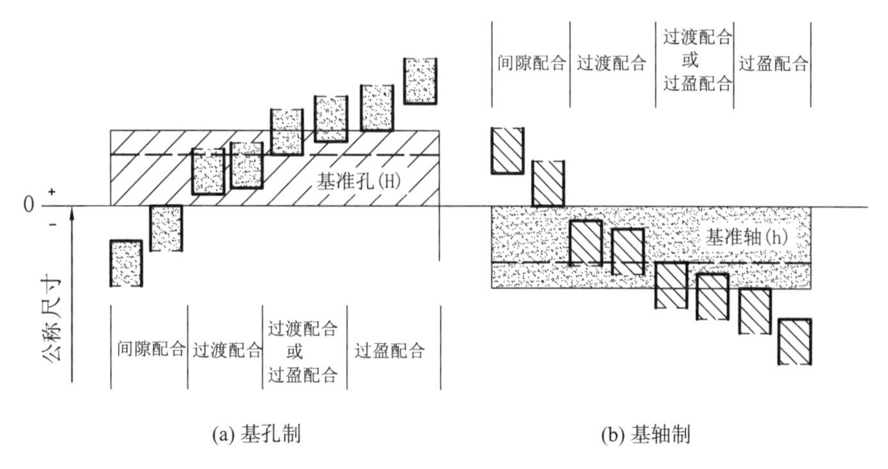

图 11－37 两种配合制

(1) 基孔制配合。基本偏差为一定的孔的公差带，与不同基本偏差的轴的公差带形成各种配合(间隙、过渡或过盈)的一种制度。在基孔制配合中，选作基准的孔称为基准孔，基准孔的下极限偏差为零，上极限偏差为正值。基准孔的基本偏差代号为“H”。

(2) 基轴制配合。基本偏差为一定的轴的公差带，与不同基本偏差的孔的公差带形成各种配合(间隙、过渡或过盈)的一种制度。在基轴制配合中，选作基准的轴称为基准轴，基准轴的上极限偏差为零，下极限偏差为负值。基准轴的基本偏差代号为“h”。

一般情况下，优先采用基孔制。因为轴的圆柱面容易加工，孔的公差带固定，可减少加工孔的空值刀具、量具的数量，有利于生产和降低成本。

11.4.2.6 极限与配合的标注

1. 装配图上的标注

配合的代号由两个相互结合的孔和轴的公差带的代号组成，用分数形式表示，分子为孔的公差带代号，分母为轴的公差带代号，标注的通用形式如图 11－38 所示。

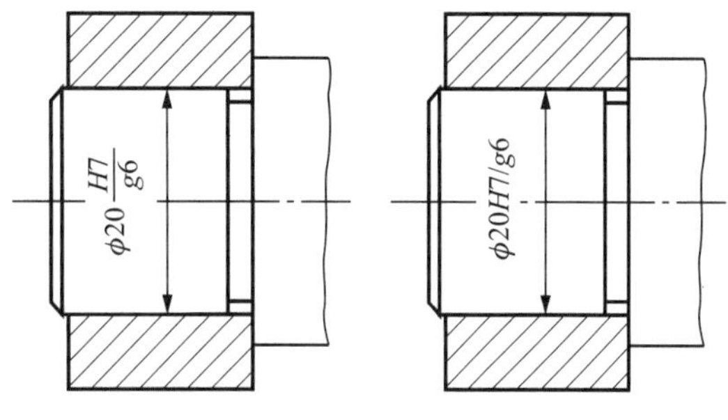

图 11－38 装配图上的标注

2. 零件图上的标注

用于大批量生产的零件图，可只注公差带代号，如图 11－39(a)所示。用于中小批量生产的零件图，一般可只注极限偏差，如图 11－39(b)所示，标注时应注意，上、下极限偏差绝对值不同时，偏差数字用比公称尺寸数字小一号的字体书写。下极限偏差应与公称尺寸注在同一底线上。若某一偏差为零时，数字

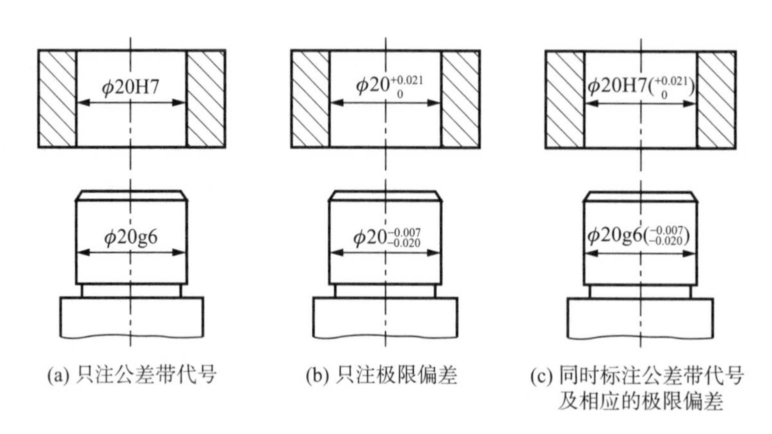

(a) 只注公差带代号　(b) 只注极限偏差　(c) 同时标注公差带代号及相应的极限偏差

图 11-39　零件图上的标注

"0"不能省略,必须标出,并与另一偏差的整数个位对齐。若上、下极限偏差绝对值相同符号相反时,则偏差数字只写一个,并与公称尺寸数字字号相同。如要求同时标注公差带代号及相应的极限偏差时,其极限偏差应加上圆括号,如图 11-39(c)所示。

例　确定 $\phi 20\dfrac{H8}{f7}$ 的轴与孔的极限偏差和极限尺寸。

解: 从 $\phi 20\dfrac{H8}{f7}$ 可以知道:公称尺寸为 20,基孔制配合,基准孔的标准公差等级为 IT8,与基本偏差代号为 f、标准公差等级为 IT7 的轴相配合。

1. 确定轴 ϕ20f7 的极限偏差和极限尺寸

根据轴的公称尺寸 20 查表 11-5,按公称尺寸分段 18～24 mm 横行与基本偏差 f、精度等级 IT7 的纵列相交处查得上极限偏差为 $-20\ \mu$m,下极限偏差为 $-41\ \mu$m,由此计算出上极限尺寸为 19.98 mm,下极限尺寸为 19.959 mm。

2. 确定孔 ϕ20H8 的极限偏差和极限尺寸

根据孔的公称尺寸 20 查表 11-6,按公称尺寸分段 18～24 mm 横行与基本偏差 H、精度等级 IT8 的纵列相交处查得孔的下极限偏差为 0,上极限偏差为 $+33\ \mu$m,由此计算出上极限尺寸为 20.033 mm,下极限尺寸为 20 mm。

11.4.3　几何公差

11.4.3.1　概述

在生产实际中,经过加工的零件,不但会产生尺寸误差,而且会产生形状和位置误差。例如,图 11-40(a)所示为一个理想形状的销轴,而加工后的实际形状则是轴线变弯了,因而产生了直线度误差。又如,图 11-40(b)所示的为一个严格要求的四棱柱,加工后的实际位置却是上表面倾斜了,因而产生了平行度误差。

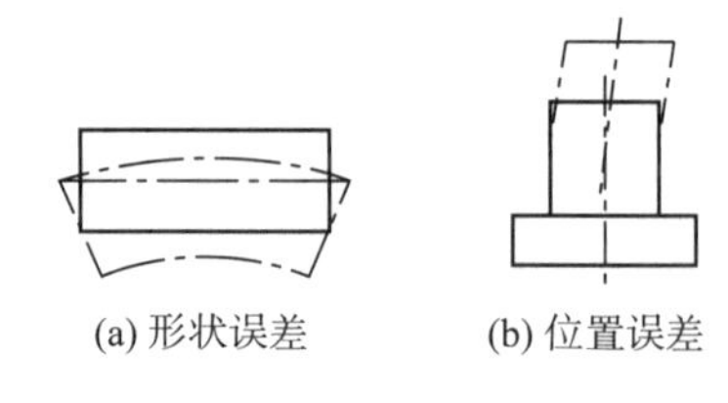
(a) 形状误差　(b) 位置误差

图 11-40　形状与位置公差

如果零件存在严重的形状和位置误差,将使其装配造成困难,影响机器的质量,因此,对于精度要求较高的零件,除给出尺寸公差外,还应根据设计要求给出允许的形状和位置误差。只有这样,才能将其误差控制在一个合理的范围之内。为此,国家标准规定了一项保证零件加工质量的技术指标——《产品几何技术规范(GPS) 几何公差 形状、方向、位置和跳动公差标准》(GB/T 1182—2008),它规定了工件的几何公差标注的基本要求和方法。

国家标准中规定了14项几何公差,其项目名称与符号见表11-7。

表11-7 几何公差特征项目符号

公差		特征项目	符号
形状		直线度	—
		平面度	▱
		圆度	○
		圆柱度	⌭
形状或位置	轮廓	线轮廓度	⌒
		面轮廓度	⌓
位置	定向	平行度	//
		垂直度	⊥
		倾斜度	∠
	定位	同轴(同心)度	◎
		对称度	⌯
		位置度	⌖
	跳动	圆跳动	↗
		全跳动	⌰

11.4.3.2 几何公差的标注

在图样上标注几何公差时,应有公差框格、被测要素和基准要素(对位置公差)三组内容。

1. 形状公差框格

公差要求在矩形公差框格中给出,该框格由两格或多格组成。用细实线绘制,框格高度推荐为图内尺寸数字高度的2倍,框格中的内容从左到右分别填写公差特征符号、线性公差值。形状公差共有两格。用带箭头的指引线将框格与被测要求相连。框格中的内容,从左到右第一格填写公差特征项目符号,第二格填写用以毫米为单位表示的公差值和有关符号,如图11-41(a)所示。

2. 方向、位置和跳动公差框格

方向、位置和跳动公差框格有三格、四格和五格等几种。用带箭头的指引线将框格与被测要素相连。框格中的内容,从左到右第一格填写公差特征项目符号,第二格填写用以毫米为单位表示的公差值和有关符号,从第三格起填写被测要素的基准所使用的字母和有关符号,如图11-41(b)所示。

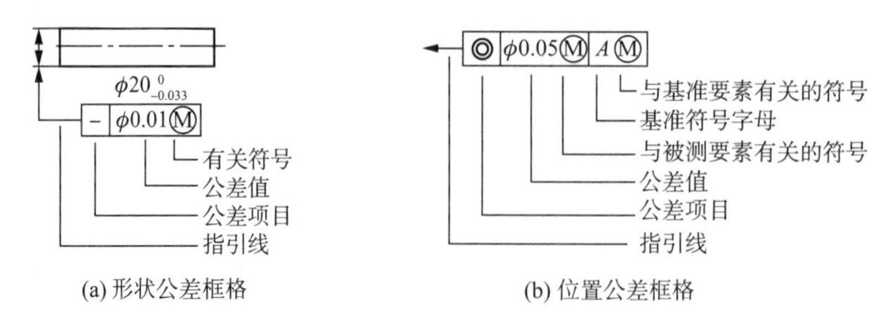

(a) 形状公差框格　　(b) 位置公差框格

图 11 - 41　公差框格

3. 被测要素的标注

用带箭头的指引线将几何公差框格与被测要素相连，按如图 11 - 42 所示的方式标注。

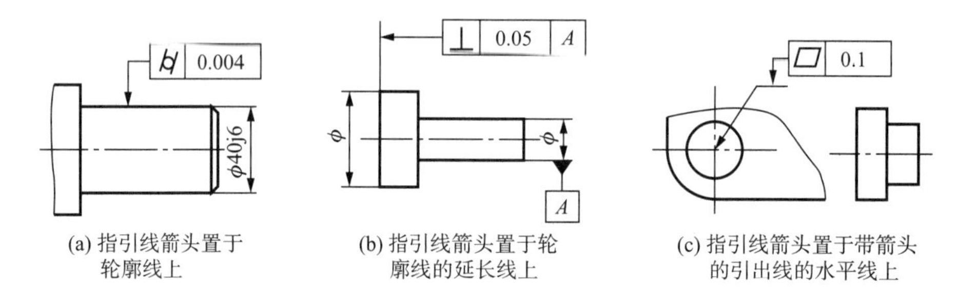

(a) 指引线箭头置于轮廓线上　(b) 指引线箭头置于轮廓线的延长线上　(c) 指引线箭头置于带箭头的引出线的水平线上

图 11 - 42　被测组成要素的标注示例

(1) 被测组成要素的标注方法

当被测要素为组成要素(轮廓要素，即表面或表面上的线)时，指引线的箭头应置于该要素的轮廓线上或它的延长线上，并且箭头指引线必须明显地与尺寸线错开，如图 11 - 43(a)、(b)所示。对于被测表面，还可以用带点的引出线把该表面引出(这个点在该表面上)，指引线的箭头置于指引线的水平线上，如图 11 - 43(c)所示的被测圆表面的标注方法。

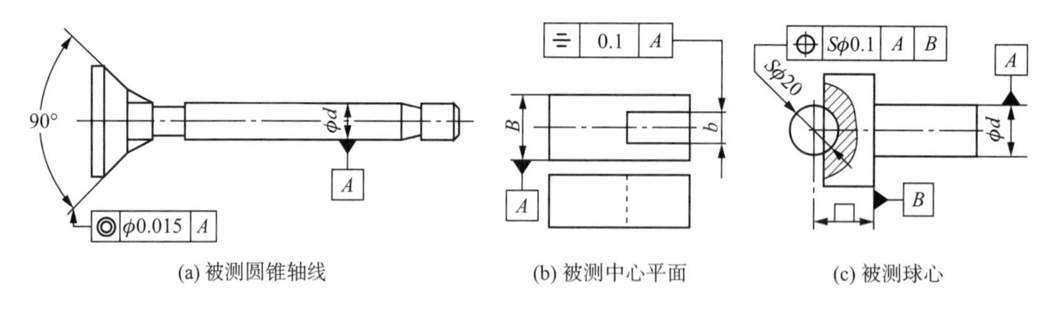

(a) 被测圆锥轴线　(b) 被测中心平面　(c) 被测球心

图 11 - 43　被测导出要素的标注示例

(2) 被测导出要素的标注方法

当被测要素为导出要素(中心要素，即轴线、中心直线、中心平面、球心等)时，带箭头的指引线应与该要素所对应的尺寸要素(轮廓要素)的尺寸线的延长线重合，如图 11 - 42 所示。

4. 基准符号

基准符号由一个基准方框(基准字母注写在这方框内)和一个涂黑的或空白的基准三角

形，用细实线连接而成，如图 11－44 所示。涂黑的和空白的基准三角形的含义相同。表示基准的字母也要注写在相应被测要素的方向，其方框中的字母都应水平书写。

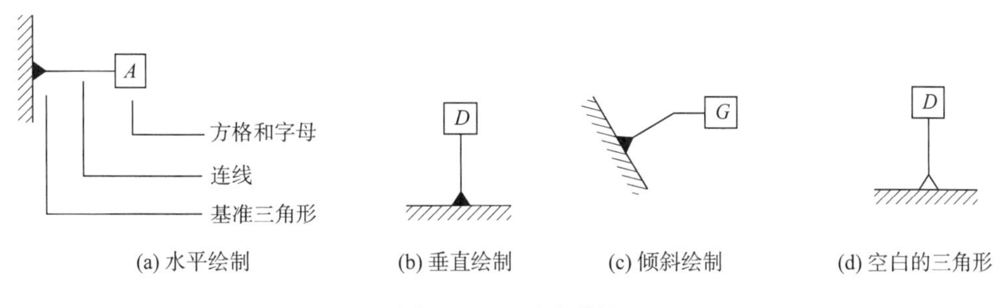

(a) 水平绘制　(b) 垂直绘制　(c) 倾斜绘制　(d) 空白的三角形

图 11－44　基准符号

5. 基准要素的标注方法

当基准要素为表面或表面上的线等组成要素(轮廓要素)时，应把基准符号的基准三角形的底边放置在该要素的轮廓线或它的延长线上，并且基准三角形放置处必须与尺寸线明显错开，如图 11－45(a)和(b)所示。对于基准表面，可以用带点的引出线把该表面引出(这个点在该表面上)，基准三角形的底边放置于该基准表面引出线的水平线上，如图 11－45(c)所示的圆环形基准表面的标注方法。

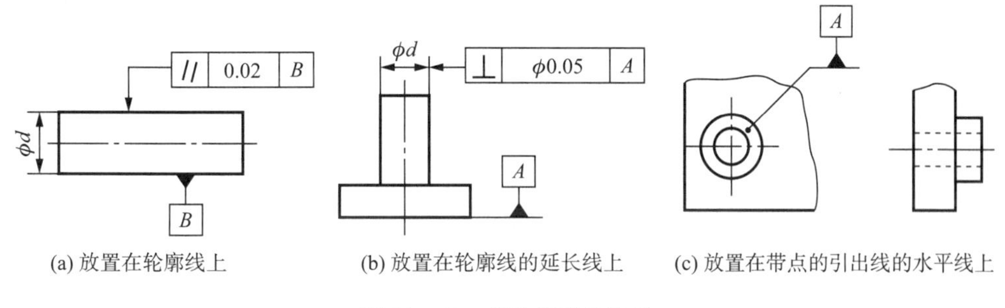

(a) 放置在轮廓线上　(b) 放置在轮廓线的延长线上　(c) 放置在带点的引出线的水平线上

图 11－45　基准符号的放置

国家标准 GB/T 1182—2008 中对直线度、平面度、圆度、圆柱度、平行度、垂直度、倾斜度、同轴度、对称度、圆跳动和全跳动公差等 11 个特征项目分别规定了若干公差等级及对应的公差值。这 11 个项目中将圆度和圆柱度的公差等级都规定了 13 个级，它们分别用阿拉伯数字 0、1、2、…、12 表示，其中 0 级最高，等级依次降低，12 级最低。其余 9 个特征项目的公差等级都规定了 12 个等级，它们分别用阿拉伯数字 1、2、…、12 表示，其中 1 级最高，等级依次降低，12 级最低。具体公差值可阅查有关手册。

零件图上几何公差标注实例见图 11－46。

图 11－46 为齿轮减速器的齿轮轴。两个 ϕ40k6 轴颈分别与两个相同规格的 0 级滚动轴承内圈配合，ϕ30m7 轴头与带轮或其他传动件的孔配合，两个 ϕ48 轴肩的端面分别为这两个滚动轴承的轴向定位基准，并且这两个轴颈是齿轮轴在箱体上的安装基准。

为了保证指定的配合性质，对两个轴颈和轴头都按包容要求给出尺寸公差。为了保证齿轮轴的使用性能，两个轴颈和轴头应同轴线，确定两个轴颈分别对它们的公共基准轴线 $A—B$ 的径向跳动公差值为 0.016 mm，轴头对公共基准轴线 $A—B$ 的径向跳动公差值为 0.025 mm。

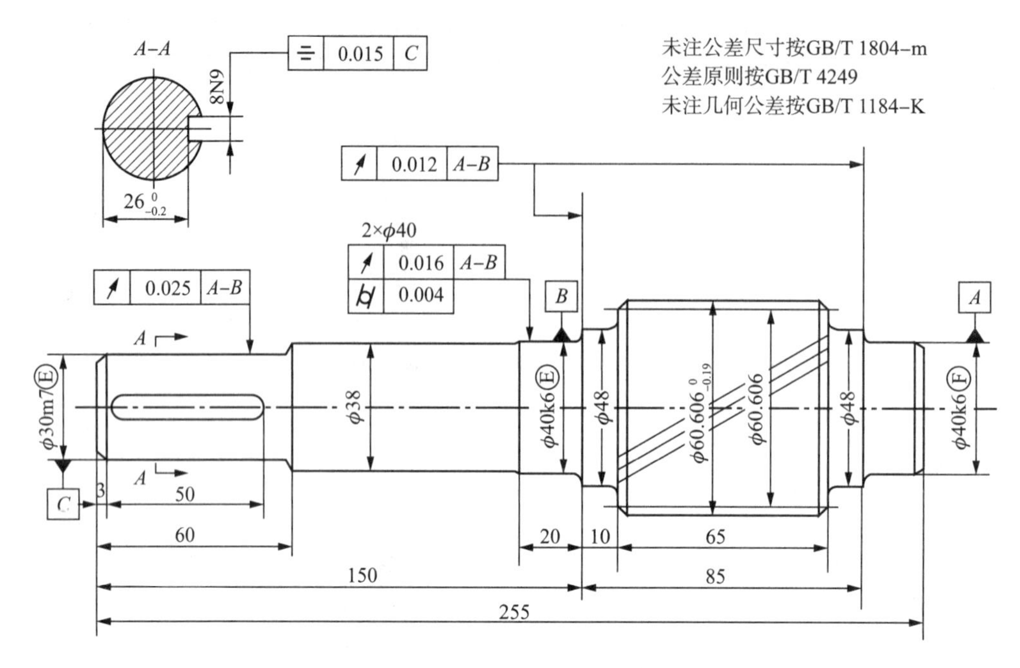

图 11-46　几何公差标注示例

为了保证滚动轴承在齿轮轴上的安装精度，选取两个轴肩的端面分别对公共基准轴线 A—B 的径向跳动公差值为 0.012 mm。

为了避免键与轴头键槽、传动件轮毂键槽装配困难，应规定键槽对称度公差。该项公差通常按 8 级选取。确定轴头的 8N9 键槽相对于轴头轴线 C 的对称度公差值为 0.015 mm。

11.5　零件上常见结构及其尺寸标注

由于零件的使用、制造和装配等要求，使其必须具有相应的结构，有些结构是常见的，如螺纹、铸造圆角等。第 10 章中，我们已详细介绍了螺纹，本节将介绍其他常见结构。

11.5.1　其他常见结构的工艺结构

零件的结构设计除了满足功能要求外，其结构形状还应满足加工、测量、装配等制造过程所提出的一系列工艺要求。这里介绍一些常见工艺对零件结构的要求。

1. 铸造圆角

铸造表面转角处应做成圆角，这样既便于起模，又能防止浇注铁水时将砂型转角处冲坏，还可避免铸件冷却时因应力集中而在转角处产生裂纹，影响铸件质量。零件图上一般应画出铸造圆角，铸造圆角的半径通常为 $R2$～$R5$，统一注写在技术要求中，如图 11-47(b)所示。

2. 拔模斜度

零件在铸造成型时，为了便于将木模从砂型中取出，要求木模上沿拔模方向做成 3°～7°的斜度，如图 11-47(a)所示。拔模斜度在零件图上一般不必画出，必要时可在技术要求中说明，如图 11-47(b)中注明“拔模斜度为 7°”。

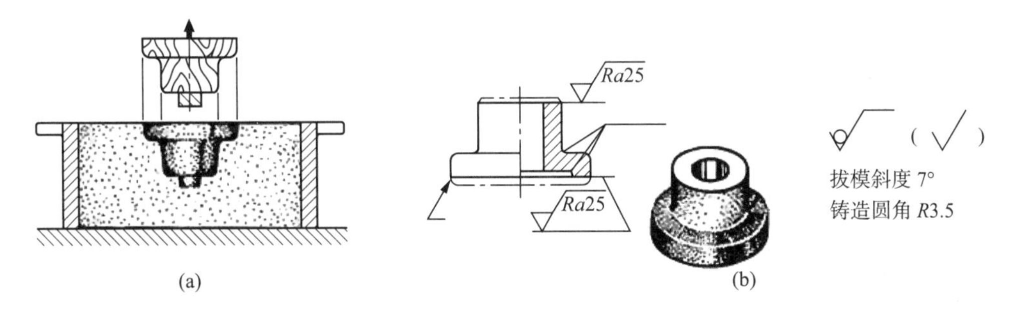

图 11 - 47 拔模斜度与铸造圆角

3. 铸件壁厚

若铸件各处的壁厚不均匀或相差过大，零件浇注后冷却速度就不一样。较厚处冷却慢，易产生缩孔；厚薄突变处易产生裂纹。因此，要求铸件各处壁厚保持均匀或逐渐变化，如图 11 - 48 所示。

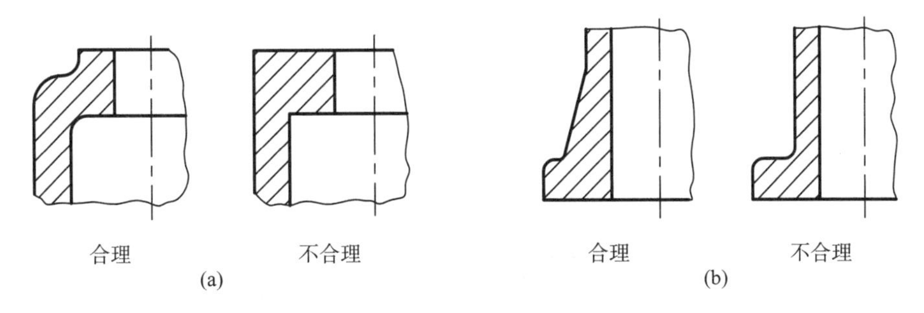

图 11 - 48 铸件壁厚

4. 过渡线

零件上由于铸造圆角的存在，使铸造毛坯表面产生的交线变得不太明显。但为了便于看图时区分不同表面，想象零件形状，在图上仍旧画出这些交线，此时称为过渡线。

过渡线表示方法说明如下：

(1) 当两曲面相交时，铸件的交线应画成与圆角的轮廓线断开，末端过渡线画成细尖线型，见图 11 - 49(a)。

(2) 当两曲面相切时，铸件的交线在切点附近应断开，并过渡成细尖状，见图 11 - 49(b)。

(3) 平面与平面、平面与曲面相交时，铸件的交线应在转角处断开，并画过渡圆弧，过渡圆弧的弯向与铸造圆角的弯向一致，见图 11 - 49(c)。

5. 倒角和倒圆

切削加工时，为了去除零件表面的毛刺、锐边和便于装配，在轴和孔的端部一般都应加工出倒角，见图 11 - 50(a)、(b)；为避免轴肩处因应力集中而产生裂纹，导致断裂，往往加工成圆角过渡形式，称为倒圆，如图 11 - 50(c)所示。

6. 凸台与凹槽

为了使零件的某些装配表面与相邻零件接触良好且减少加工面积，常在铸件上设计出凸台、凹槽等结构，如图 11 - 51 所示。

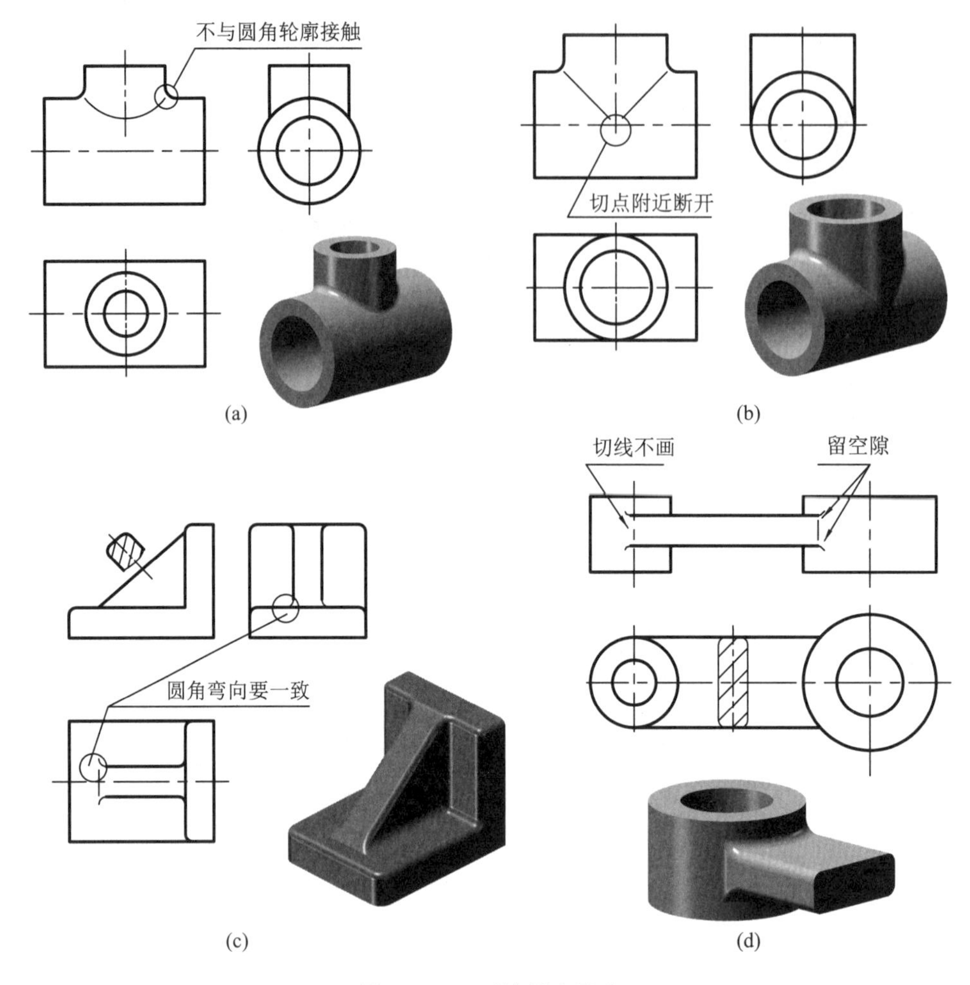

图 11-49　过渡线表示法

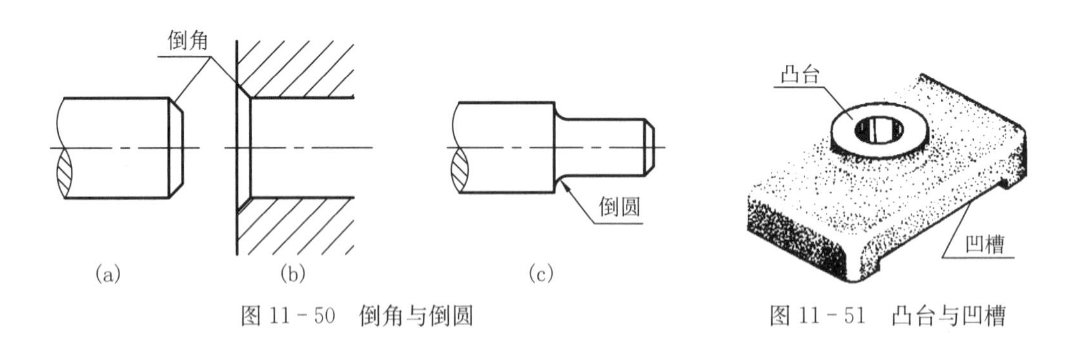

图 11-50　倒角与倒圆

图 11-51　凸台与凹槽

7. 沉孔

为了适应各种形式的螺钉连接,铸件上常常设计出各种沉孔结构,如图 11-52 所示。

8. 钻孔

用钻头钻出的不通孔,由于钻头的顶角接近 120°,所以钻孔的底部应画成 120°的圆锥

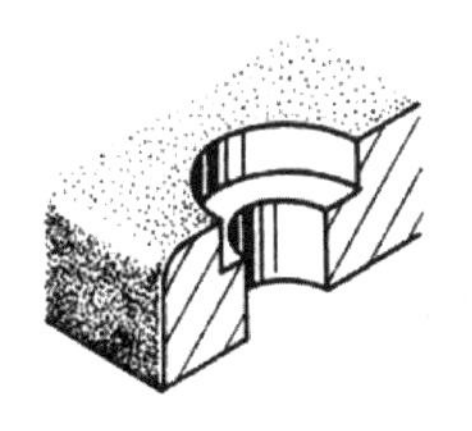
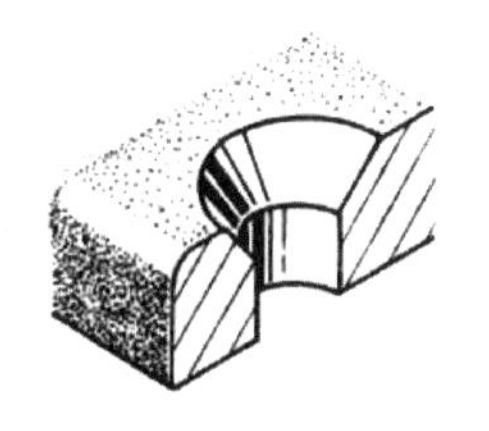

图 11－52　沉孔

面。钻孔深度系指圆柱部分的深度。孔深 H 不包括 120°倒角，见图 11－53(a)；用不同直径的钻头加工成的阶梯孔，过渡处也画成 120°的圆锥面，大孔深为 h，见图 11－53(b)。

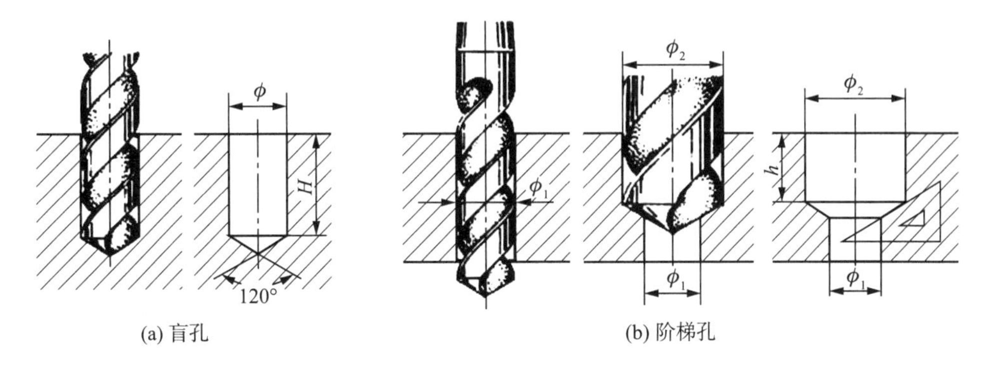

图 11－53　钻孔

用不同直径的钻头加工成的阶梯孔，大小过渡处画成顶角 120°。大孔深为 h。

其他常见结构如铸造圆角等的画法和标注见表 11－8。

表 11－8　零件上其他常见结构画法及标注示例

类　别	图　　例	说　　明
拔模斜度	斜度1:20 (a)　(b)	铸造零件的毛坯时，为便于将木模从砂型中取出，一般沿脱模方向做出 1∶20 的斜度，称拔模斜度。相应的铸件上，也应有拔模斜度。在零件图上允许不画该斜度，必要时可作为技术要求统一注明
铸造圆角	铸造圆角 缩孔 裂缝 加工后成尖角	为防止浇铸铁水时冲坏砂型，同时为防止铸件在冷却时转角处产生砂孔和避免应力集中而产生裂纹，铸件各表面相交处都成圆角，称铸造圆角。在零件图上需画出铸造圆角，圆角半径一般取壁厚的 0.2～0.4 倍，也可从有关手册查取，视图中一般不标注铸造圆角半径，而在技术要求中注写如"未注明铸造圆角半径 R2"

续表

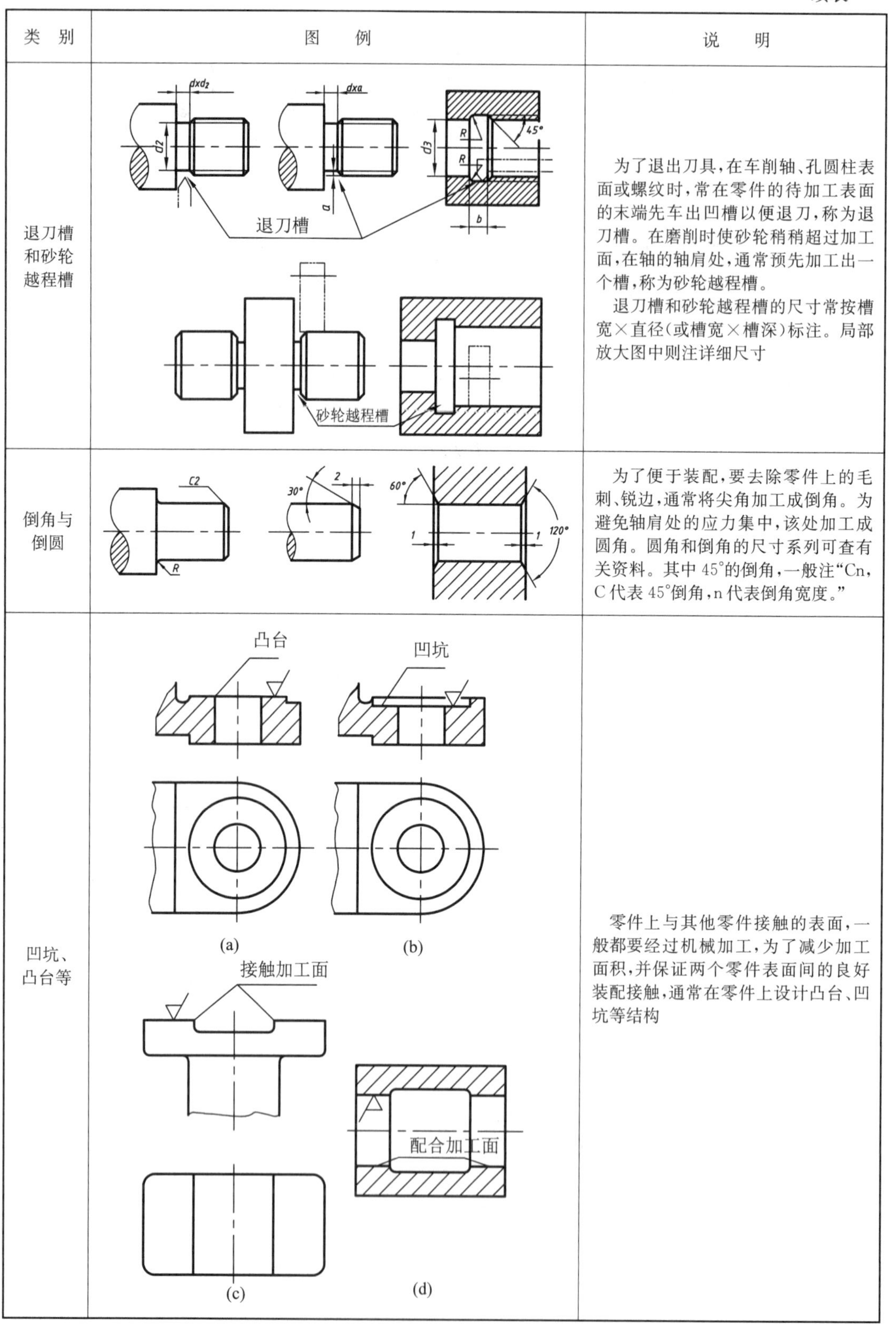

类　别	图　　例	说　　明
退刀槽和砂轮越程槽	dxd2　d2　dxa　a　退刀槽　R　45°　d3　b　砂轮越程槽	为了退出刀具,在车削轴、孔圆柱表面或螺纹时,常在零件的待加工表面的末端先车出凹槽以便退刀,称为退刀槽。在磨削时使砂轮稍稍超过加工面,在轴的轴肩处,通常预先加工出一个槽,称为砂轮越程槽。 退刀槽和砂轮越程槽的尺寸常按槽宽×直径(或槽宽×槽深)标注。局部放大图中则注详细尺寸
倒角与倒圆	C2　R　30°　2　60°　1　1　120°	为了便于装配,要去除零件上的毛刺、锐边,通常将尖角加工成倒角。为避免轴肩处的应力集中,该处加工成圆角。圆角和倒角的尺寸系列可查有关资料。其中45°的倒角,一般注“Cn,C代表45°倒角,n代表倒角宽度。”
凹坑、凸台等	凸台　凹坑　(a)　(b)　接触加工面　配合加工面　(c)　(d)	零件上与其他零件接触的表面,一般都要经过机械加工,为了减少加工面积,并保证两个零件表面间的良好装配接触,通常在零件上设计凸台、凹坑等结构

11.5.2 其他常见结构的尺寸标注

零件上常见结构的尺寸习惯注法和简化注法见表 11 - 9。

表 11 - 9 常见结构尺寸的习惯注法和简化注法

<table>
<tr><th colspan="2">零件结构类型</th><th colspan="2">标 注 示 例</th><th>说 明</th></tr>
<tr><td colspan="2" rowspan="2">倒角</td><td>45°倒角</td><td>非 45°倒角</td><td rowspan="2">倒角 45°时可与倒角的轴向尺寸 C 连注；倒角非 45°时，要分开标注。
C2 表示宽度为 2 的 45°倒角。
图样中倒角尺寸全部相同或某个尺寸占多数时，可在图样的空白处作总的说明，如“全部倒角 C1.5”“其余倒角 C1”等，而不必在图中一一注出</td></tr>
<tr><td>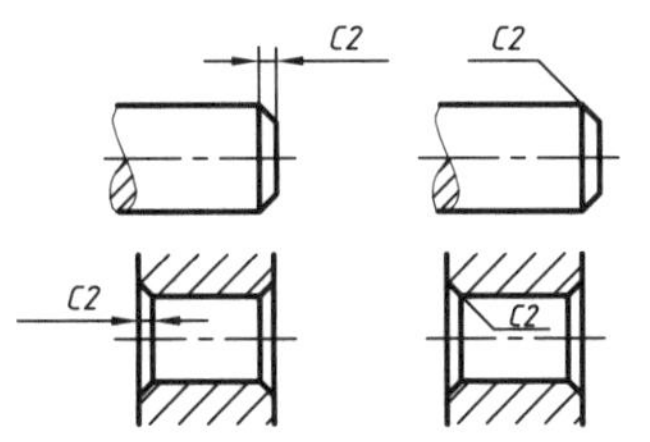</td><td>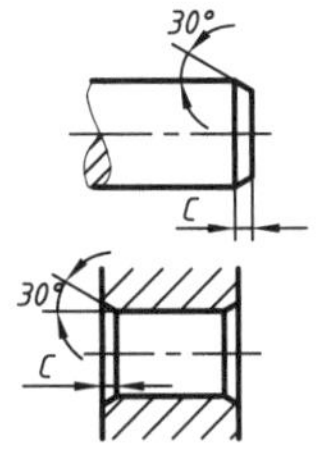</td></tr>
<tr><td colspan="2">退刀槽及砂轮越程槽</td><td colspan="2">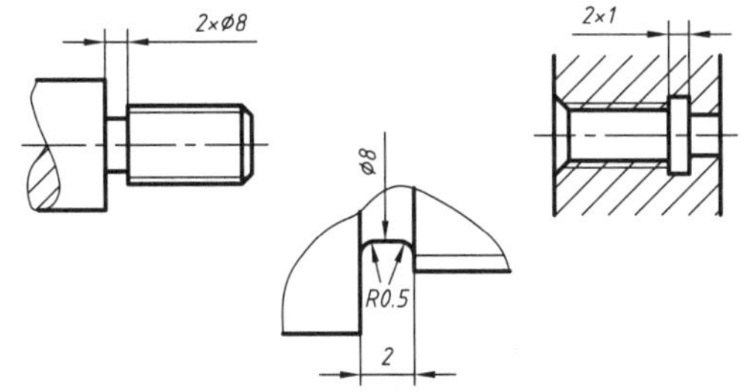</td><td>加工时，为便于选择割槽刀，退刀槽宽度应直接注出，可按“槽宽×直径”或“槽宽×槽深”的形式注出直径或切入深度</td></tr>
<tr><td colspan="2">光孔</td><td colspan="2">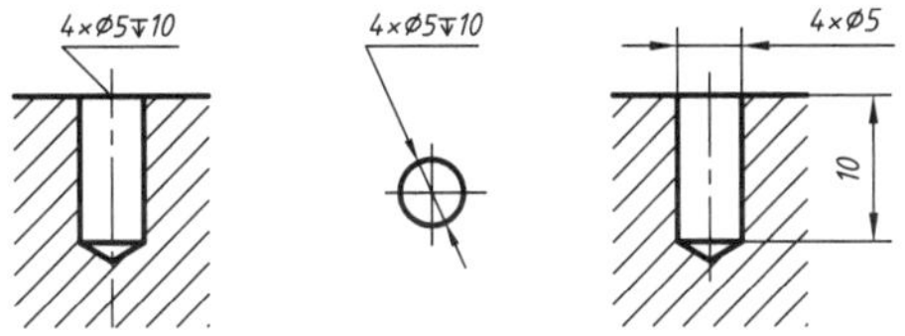</td><td>4×ϕ5 表示直径为 5、有规律分布的四个光孔，孔深可与孔径连注，也可分开注出</td></tr>
<tr><td rowspan="3">沉孔</td><td>柱孔</td><td colspan="2">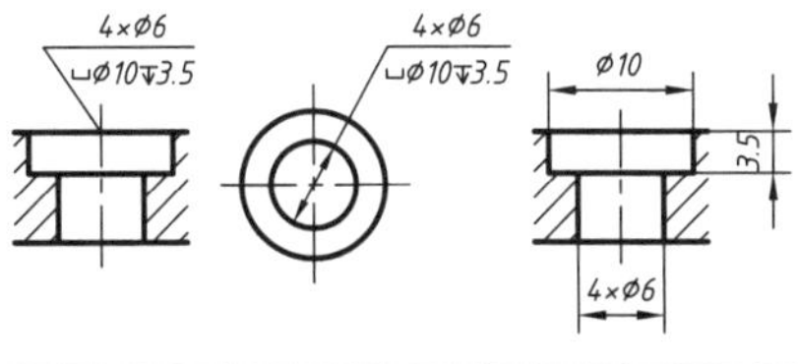</td><td>4×ϕ6 表示直径为 6、有规律分布的四个孔，柱形沉孔的直径为 10，深度为 3.5，均需注出</td></tr>
<tr><td>锥孔</td><td colspan="2">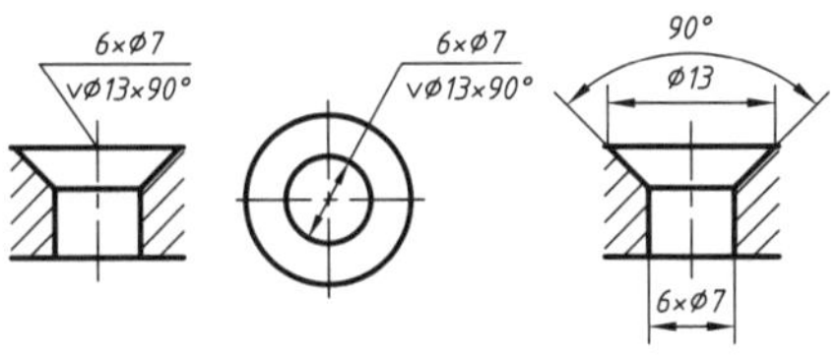</td><td>6×ϕ7 表示直径为 7、有规律分布的六个孔，锥形部分尺寸可以旁注，也可直接注出</td></tr>
<tr><td>锪孔</td><td colspan="2">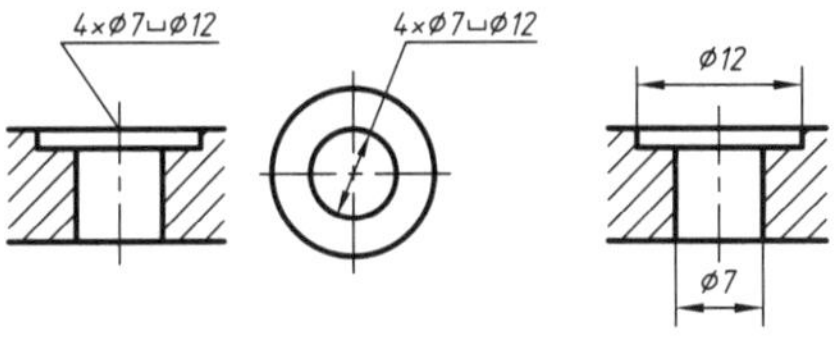</td><td>锪平面 ϕ12 的深度不需标注，一般锪平到不出现毛面为止</td></tr>
</table>

续表

零件结构类型		标注示例	说明
螺孔	通孔	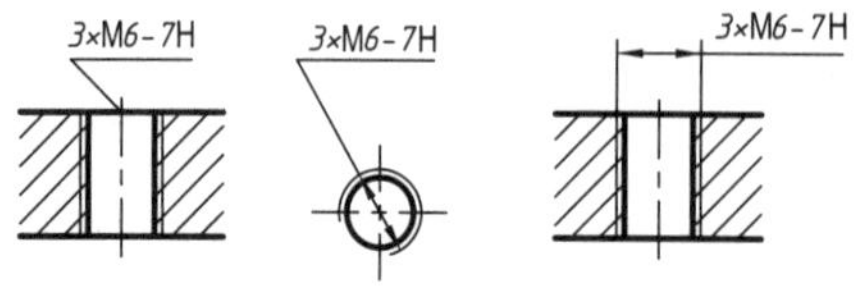 3×M6-7H　3×M6-7H　3×M6-7H	3×M6 表示大径为 6,有规律分布的三个螺孔。可以旁注,也可直接注出
	不通孔	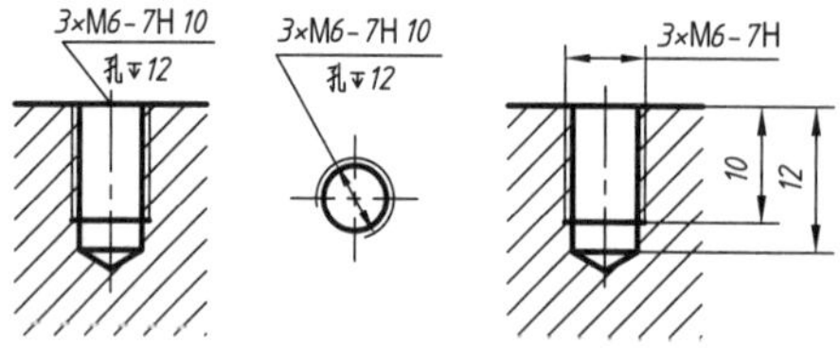 3×M6-7H 10 孔↧12　3×M6-7H 10 孔↧12　3×M6-7H 10 12	螺孔深度、钻孔深度可与螺孔直径连注,也可分开注出

11.6 零件图阅读

11.6.1 概述

在进行零件的设计和制造过程中,工程技术人员不仅需要绘制零件图,还经常需要阅读零件图。读零件图的目的就是根据零件图想象出零件的内、外结构形状,了解零件的尺寸和技术要求等。在设计零件时,往往需要参考同类零件的图纸,比较零件结构的优劣,选定合理的结构,以提高设计质量;在制造零件时,要看懂图纸,采用合理的加工方法,以保证产品的质量,因此工程技术人员必须具有阅读零件图的能力。

11.6.2 阅读零件图的方法步骤

(1) 阅读标题栏,了解概貌。通过阅读标题栏,了解零件的名称、材料、比例等。通过名称可大致了解零件的功能和相应的结构形状特点。

(2) 分析视图,想象形状。分析零件图的视图方案,各个视图的配置以及视图间的投影关系,运用投影规律和形体分析的方法,逐一看懂零件各部分的内、外结构以及它们之间的相对位置。最后,想象出零件的整体形状。

(3) 分析尺寸。了解零件长、宽、高三个方向的尺寸基准,找出各部分的定位尺寸,并进一步分析零件图上尺寸标注是否合理等。

(4) 阅读技术要求。了解零件图上表示粗糙度、尺寸公差、形位公差等全部技术要求。零件图上的技术要求是制造零件的质量指标。

11.6.3 阅读零件图举例

图 11-54 所示为缸体的零件图,我们按阅读的方法步骤来看懂它。

1. 阅读标题栏,了解概貌

零件名称为缸体,可见该零件属箱体类零件;材料为 HT200(铸铁),从而可知,零件是在铸造毛坯上加工而成的,作图比例为 1∶2。

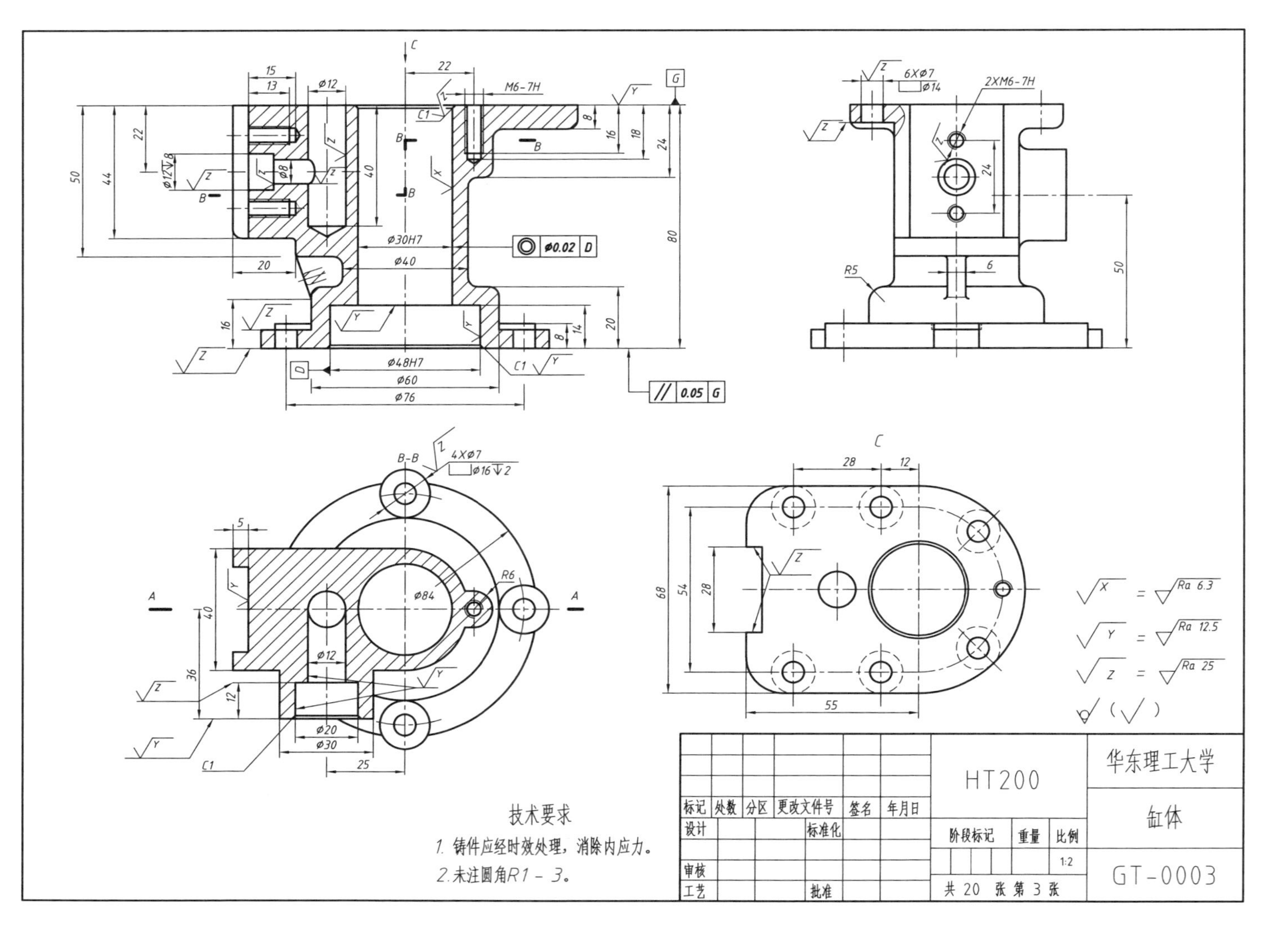
技术要求
1. 铸件应经时效处理，消除内应力。
2.未注圆角R1－3。
华东理工大学
缸体
GT-0003
HT200
标记 处数 分区 更改文件号 签名 年月日
设计 标准化
审核
工艺 批准
阶段标记 重量 比例
1:2
共 20 张 第 3 张

图 11－54 缸体零件图

2. 分析视图,想象形状

缸体零件采用了主、俯、左三个基本视图和一个 C 向局部视图来表达其内外形状。主视图采用 A—A 全剖,表达内部形状;俯视图采用 B—B 阶梯剖视,同时表达内部和底板的形状;左视图主要表达左端外形,并用局部剖视表示顶部的锪平孔;C 向局部视图用于表达顶面的形状。

运用形体分析和线面分析的方法,根据视图之间的投影联系,逐步分析清楚零件各组成部分的结构形状和相对位置。按照投影联系,可想象出缸体主要由上部的顶板和本体、下部的安装板以及左面的凸块组成。除凸块和顶板外,本体及底板基本上是回转体。

再看细部结构:顶部有 Φ30H7 的通孔、Φ12 的盲孔和 M6 的螺孔;底部有 Φ48H7 的台阶孔,底板上还有锪平 4×Φ16 的安装孔 4×Φ7。结合主、俯、左三个视图看,左侧为带有凹槽的 T 形凸块,在凹槽的左端面上有一 Φ12、Φ8 的台阶孔,与顶部 Φ12 的圆柱孔相通;在这个台阶孔的上方和下方,分别有一个 M6 螺孔。在凸块前方的圆柱形凸缘(从外径 Φ30 可以看出)上,有 Φ20、Φ12 的台阶孔,也与顶部 Φ12 的圆柱孔贯通。从采用局部剖视的左视图和 C 向视图可看到:顶部有六个安装孔 Φ7,并在它们的下端分别锪平成 Φ14 的平面。

图 11 - 55 缸体的结构形状

通过分析,想象出的零件结构形状,见图 11 - 55。

3. 分析尺寸

通过形体分析,并分析图上所注尺寸,可以看出:长度和宽度的主要基准是通过壳体上的本体轴线的侧平面和正平面;高度的主要基准是底面。从这三个尺寸基准出发,再进一步看懂各部分的定位尺寸和定形尺寸,从而可完全确定这个缸体的形状和大小。

4. 阅读技术要求

缸体表面粗糙度要求最高的为 $\sqrt{Ra\ 6.3}$,这个表面是圆柱孔 Φ301 - 17。未注铸造圆角均为 R1~3。

过缸体主轴的孔 Φ30H7 和 Φ48H7 为有配合要求的孔,两者基本偏差为 H,标准公差为 IT7 级。这两个孔应同轴线,公差值是 Φ0.02,缸体底部要求与缸体顶部平行,公差值为 0.05。

11.7 草图及其应用

11.7.1 概述

不借助绘图仪器,依靠目测估计图形与实物的大致比例,按一定画法要求徒手绘制的图样在工程上称为草图。常用的笔是铅笔,因为图像容易用橡皮擦修改。徒手绘图不使用直尺或量角器等绘图工具,以简化绘图的过程和节省时间,而线条的变化较为活泼自然。

草图常用于:设计最初阶段的构思以形成设计对象的雏形、设计方案的初稿(或讨论稿)、设计思想的传递及技术交流、零件或实物的现场测绘以及需要快速出图的其他场合等。熟练掌握徒手绘图的方法与技能是工程技术人员必须具备的基本功。

按投影方法的不同,草图可分为正投影草图、轴测草图和透视草图等,如图 11 - 56 所示。

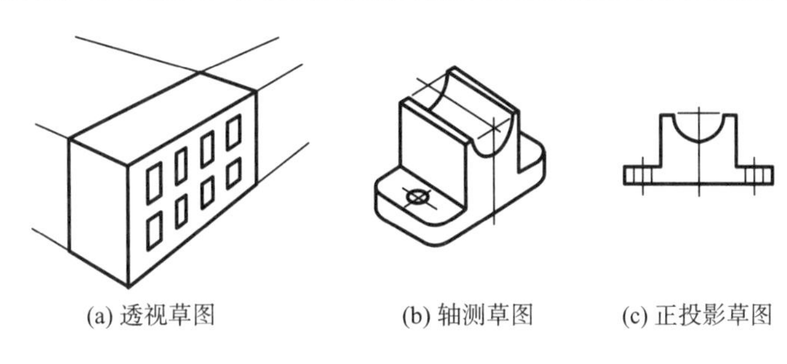

(a) 透视草图 (b) 轴测草图 (c) 正投影草图

图 11－56 各种投影草图

11.7.2 草图技能

草图虽是以目测的大致比例徒手绘制的图样，但仍须做到比例匀称、投影正确、线型分明、字体工整、图面整洁，不能将潦草的图样理解为草图。这就要求熟练掌握徒手绘图的方法与技巧。

图形无论多复杂，都是由直线、圆、椭圆等线组成的。因此要画好草图，必须掌握好徒手画各种线条的方法。画草图所使用的铅笔的铅芯磨成圆锥形，画中心线和尺寸线的磨得较尖，画可见的线磨得较钝。

1）直线的画法

徒手画直线时，手指应握在铅笔上离笔尖约 3～5 mm 处，手腕对桌面的压力不得太大。手腕不要转动，如果只让手臂自然地沿关节摆动，往往会好像圆规般画出弧线。所以，画长直线时要适当地轻轻移动手臂，眼睛看着画线的终点，使笔尖向着要画的方向作近似的直线运动，相似地，画短直线时要适当地移动手腕。如图 11－57 画长直线时可分段画，如果只靠眼睛来判断直线的方向，线条容易偏移。所以，徒手画直线时应先标示线条的起点和终点，以准确地连成直线。

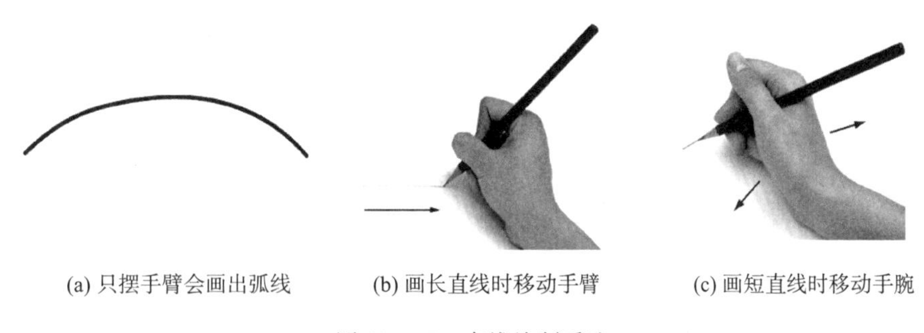

(a) 只摆手臂会画出弧线 (b) 画长直线时移动手臂 (c) 画短直线时移动手腕

图 11－57 直线绘制手法

绘画均匀分布的倾斜线，应先在画纸上均匀地标示各线的起点和终点，然后手眼配合用笔画线连接各起点和终点。为了运笔方便，可以将图纸旋转一适当角度，使它转成水平线来画所示。如图 11－58。可以用铅笔作度量工具，可确定直线的大致长度以及等分直线。

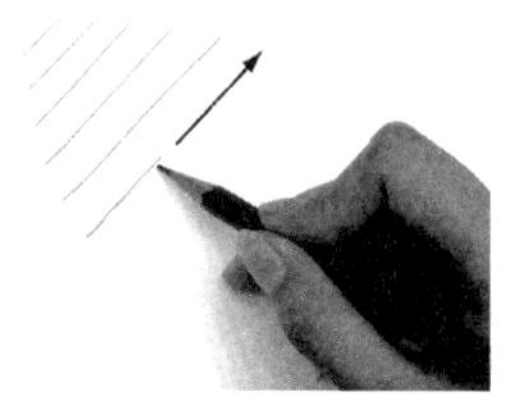

图 11－58 斜直线绘制手法

2) 角度的近似画法

画 45°、30°、60°等角度的倾斜线时,可根据斜度关系找出倾斜线上的两点,然后画出具有一定角度的直线,如图 11-59 所示。

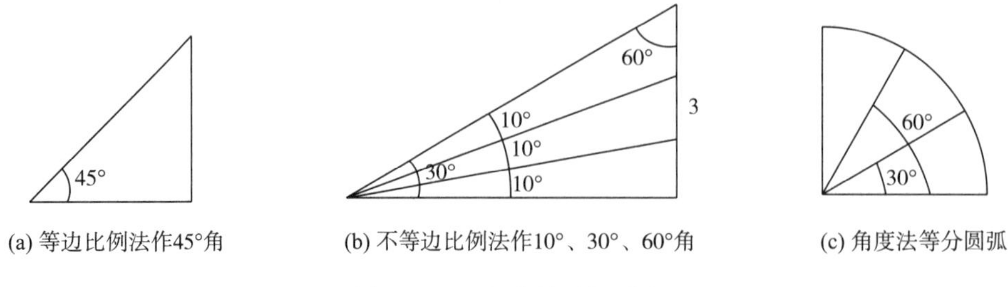

图 11-59　角度的近似画法

3) 圆的画法

(1) 目测半径法

先画出两条中心线定出圆心,再按目测的方法在中心线上定出四个端点,然后徒手勾画出圆。画较大直径的圆时可过圆心增加两条 45°的斜线,定出直径端点,再徒手光滑连接这些点勾画出圆。如图 11-60 所示。

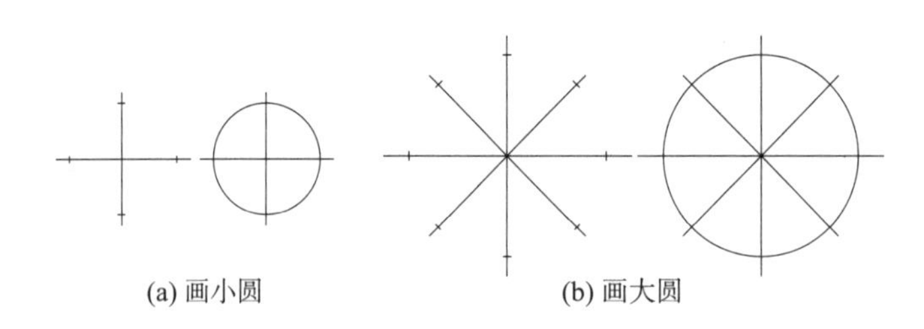

图 11-60　目测半径法画圆

(2) 模拟圆规法

手握铅笔,小指处于圆心位置上,笔尖与小指的距离为圆的半径,旋转图纸即可画出圆来,如图 11-61(a);或握两支铅笔,两笔尖的距离为圆的半径,旋转图纸画出圆来。如图 11-61(b)。此法能画出较大的圆来。

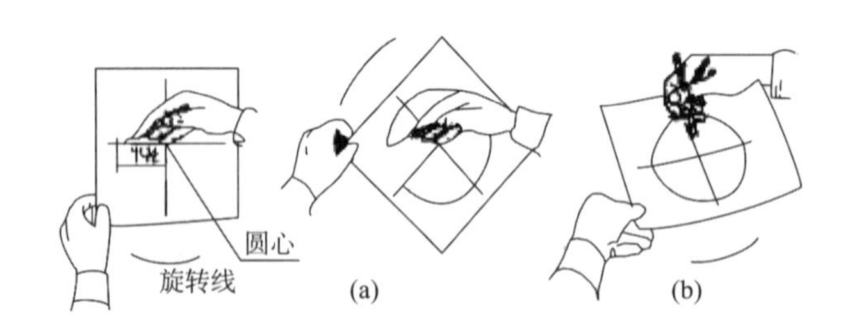

图 11-61　模拟圆规法

(3) 内切正多边形法

用内切正多边形画圆的方法及步骤见图 11-62,直径较小时可用内切正四边形法画圆,

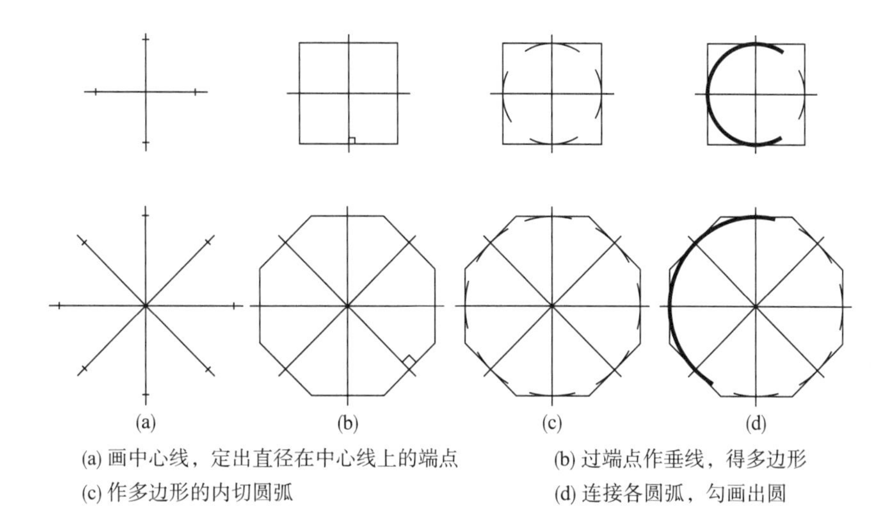

(a) 画中心线，定出直径在中心线上的端点　(b) 过端点作垂线，得多边形
(c) 作多边形的内切圆弧　(d) 连接各圆弧，勾画出圆

图 11-62　内切多边形法

直径较大时可用内切正八边形法画圆。

(4) 椭圆的画法

如图 11-63 所示，徒手画椭圆的步骤如下：

(1) 先画出椭圆的长短轴，并定出 A、B、C、D 四个端点的位置。如图 11-63(a)。

(2) 过四端点画一矩形 $EFGH$，并作对角线 EH、FG，目测取 EC、FC、HD、GD 的中点 1、2、3、4。连 $1A$、$2B$、$3B$、$4A$ 与矩形对角线交于 5、6、7、8 点。如图 11-63(b)。

(3) 光滑连接 A、5、C、7、B、6、8、A 这些点勾画出椭圆。如图 11-63(c)。

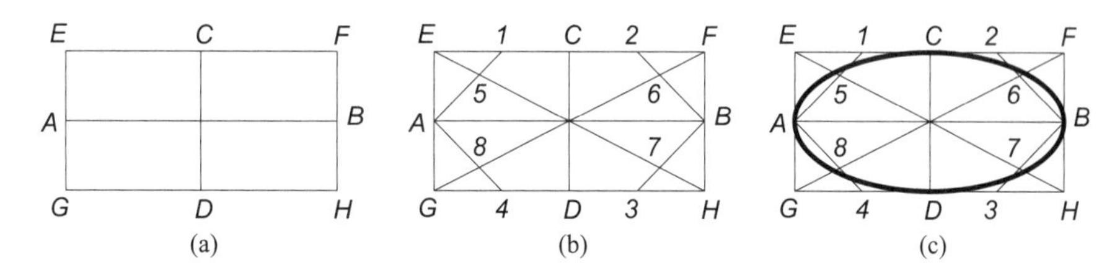

图 11-63　椭圆的画法

11.7.3　投影草图的绘制

投影草图是指依据目测的大致比例，用铅笔徒手绘制的投影图。为了做到投影正确，比例易于掌握，正投影草图常在方格纸上绘制。轴测投影草图则常用轴测坐标网格纸绘制。

11.7.3.1　正投影草图

画多面正投影草图时，先画出各投影框线、中心线和轴线。再轻笔画出各部分的投影。在校核并擦除多余线条后，加深图线并标注尺寸。如图 11-64 所示。

11.7.3.2　轴测投影草图

由于正规轴测图的绘制比较烦琐。轴测草图常被采用于各种需快速交流的场所。图 11-65～图 11-66 表示了各种轴测草图的绘制步骤及方法。

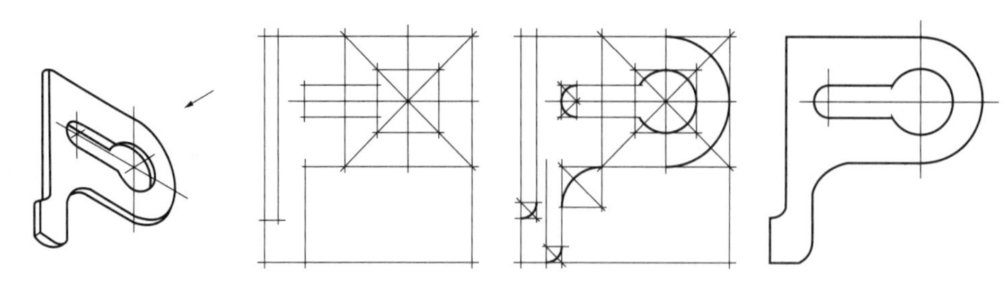

图 11 - 64 正投影草图的绘制步骤

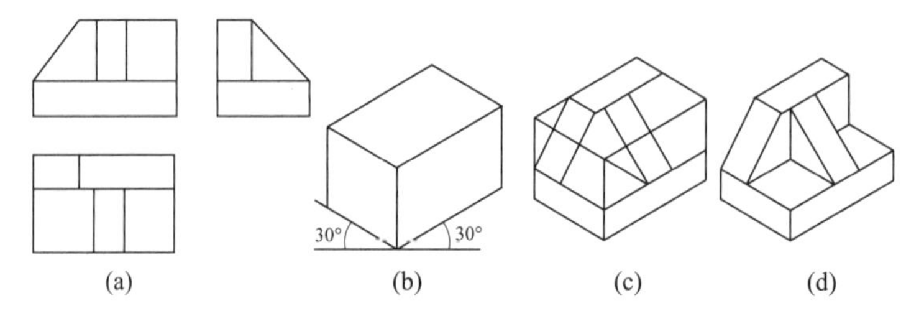

图 11 - 65 正等轴测草图的绘制步骤

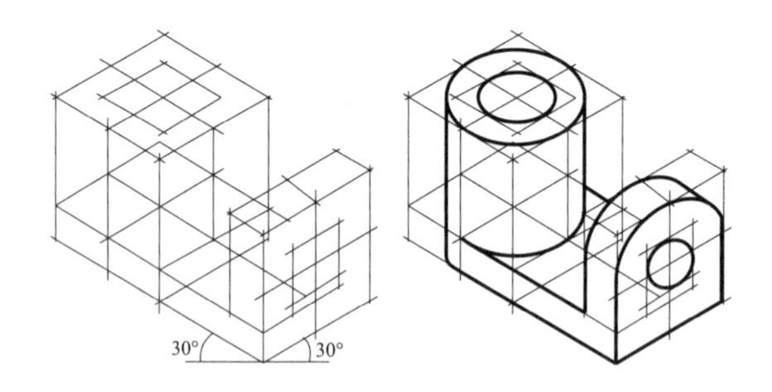

图 11 - 66 曲面立体的正等测草图

一般轴测草图的绘图步骤如下：

(1) 绘制轴测轴选定坐标原点。

(2) 按轴测轴的方向画线框，确定物体的轮廓范围。绘制曲面立体时，常画出其基本形体的包容体，如图 11 - 66 椭圆的外切四边形。

(3) 轻轻细画各部分的轮廓。

(4) 校核、加深图线，完成轴测草图。

在绘制轴测草图时，除了熟练掌握草图绘制的基本技巧外，还应注意以下几点：

(1) 选择适合的投影方向，尽可能清楚地表达形体的各个特征。

(2) 一般坐标原点选在形体下方的可见点处。

(3) 准确画出轴测轴的方向。

(4) 注意保持各平行线段的相互平行。特别是与坐标轴平行的线段，在轴测草图中与轴测轴的平行性。

11.7.4 草图的应用

11.7.4.1 在构形制图中的应用

构形制图是对空间形体进行想象、构思并设计绘图的过程。此时，物体的空间形状尚未确定，需要根据该物体的功能和一般的工程结构、制造工艺等要求，创造性地确定其形状、结构，然后用正投影图或轴测图表示出来。

在进行空间构思、构形的过程中，草图可起到帮助确定所构思的形体的作用。用轴测草图帮助进行构形设计，边想象、边绘制、边修改，手脑交叉并用，把头脑中构想的形体用轴测草图直观地表现出来。

要设计一个轴承座，如图 11－67 所示，已知底板Ⅰ与主体圆筒Ⅱ，要求：

(1) 底板Ⅰ能较好地支撑主体圆筒Ⅱ；

(2) 插放轴的 $\Phi 1$ 圆柱孔表面有润滑要求；

(3) 考虑加工工艺、使用性能及固定等因素，确定其形状和结构；

(4) 画出轴测草图及正投影草图。

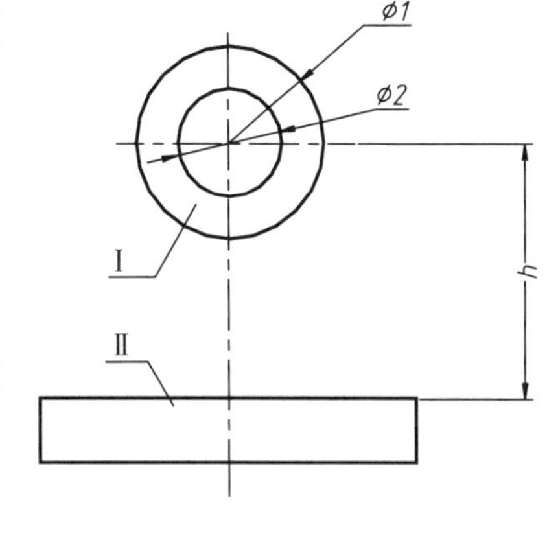

图 11－67 已知底板Ⅰ和圆筒Ⅱ

构形设计轴承座的过程大致如下：

(1) 底板的构形。考虑到底板需要安装固定，应有连接安装孔，安装孔可以是两个，也可以是四个；底板的形状可以设计成圆形、方形或等腰圆形等，如图 11－68 所示，方形板结构简单、安装平稳，所以，考虑设计成长方形，周边为了安全和美观应以圆角为宜。底板固定时为了保证平稳而宜挖出凹槽。初步结构可如图 11－69 所示。

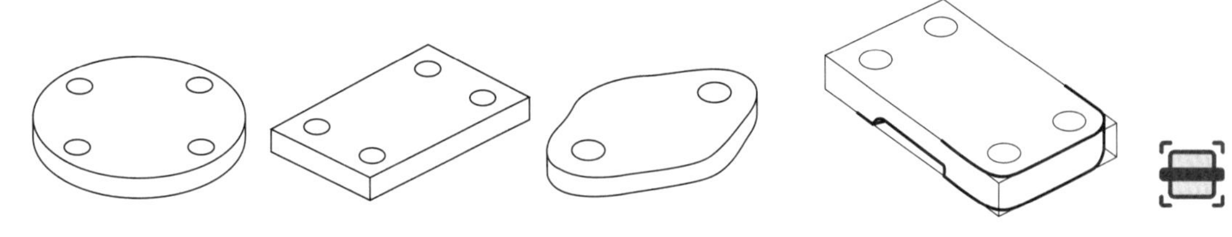

图 11－68 底板的形状　　图 11－69 底板的初步构形

(2) 主体圆筒的构形。考虑到需要润滑，在圆筒顶部开一油孔(小圆孔)，同时也考虑防尘而必须密封的可能性，故设计成如图 11－70 所示。

(3) 支撑结构的构形。用肋板进行支撑，既简单又省材料。初步方案可有各种形式，图 11－71(a)、(b)为两种结构形式。

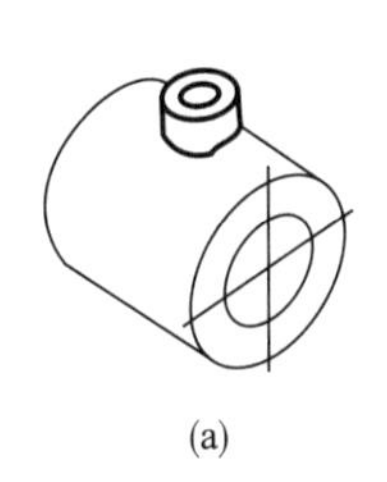

(a)

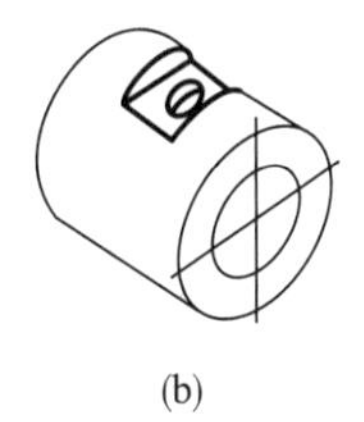

(b)

图 11－70 主体圆筒的构形

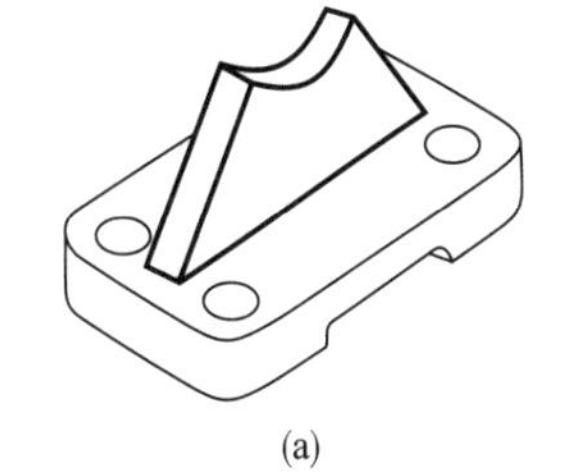

(a)

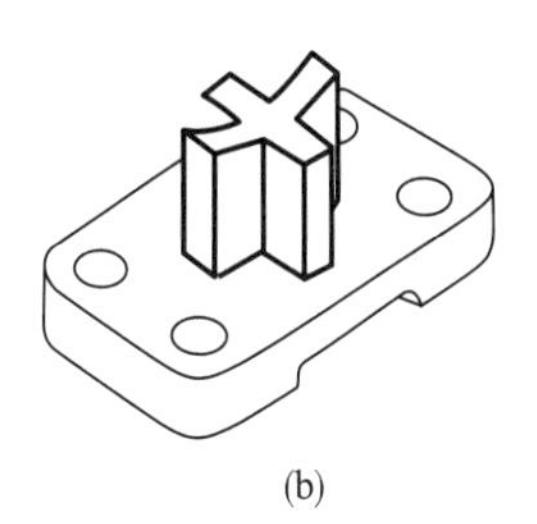

(b)

图 11－71 支撑结构的构形

(4) 考虑各种其他因素,改进方案成如图 11－72 所示的结构形状。

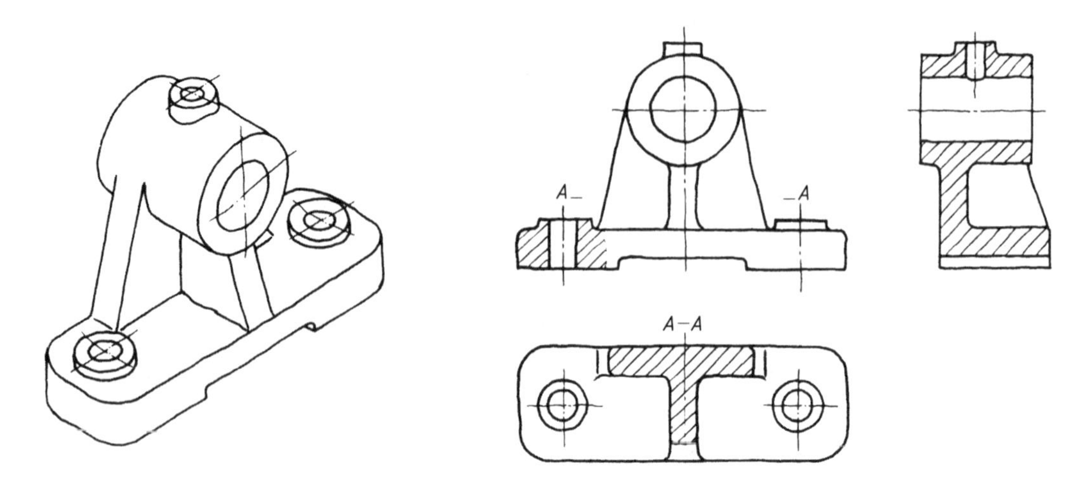

图 11－72　轴承座构形设计草图

11.7.4.2　在阅读图样时的应用

在进行视图阅读的过程中,初学者往往感到难以掌握,有时空间想象的形体难以定形。若边想边勾画轴测草图,可以帮助我们使想象形成图像。并可根据此检查所想象的物体形状是否符合正投影图所给定的物体形状。所以,画轴测草图可以作为阅读图样的一种辅助手段。

例如图 11－73 为已知物体的主、左视图,要求读懂后画出俯视图。

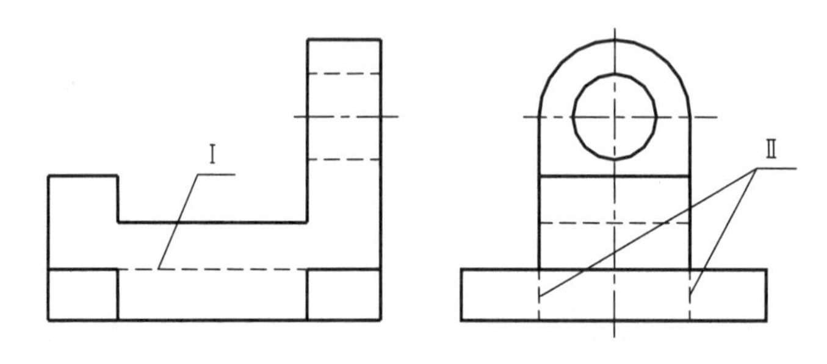

图 11－73　已知物体的主、左视图

解题时,从主视图入手,结合左视图的对应投影,物体可能为如图 11－74(a)所示的形状,考虑到主视图上有虚线Ⅰ,所以该物体后面的形状可能如图 11－74(b)所示,这样,与主视图投影相符合。再看左视图,有虚线Ⅱ存在,图 11－74(b)的结构与之不符,将物体后面的结构由(b)改为(c),则与所给物体的视图相吻合。想象出物体的形状后,画出俯视图(同学们可自行绘制)。

在阅读装配图时,也可以借助于草图的勾画,帮助我们读懂装配图。我们可以将组成机器或部件的各个零件逐个分离拆开,勾画其零件草图,从而读懂部件的结构形状、工作原理和各组成零件的装配关系、结构形状及装拆顺序等。图 11－75 为一运动部件连接固定结构的拆卸画法。从中可以清楚地看出运动件 1(图中仅画局部)与固定座板 4 是通过圆柱

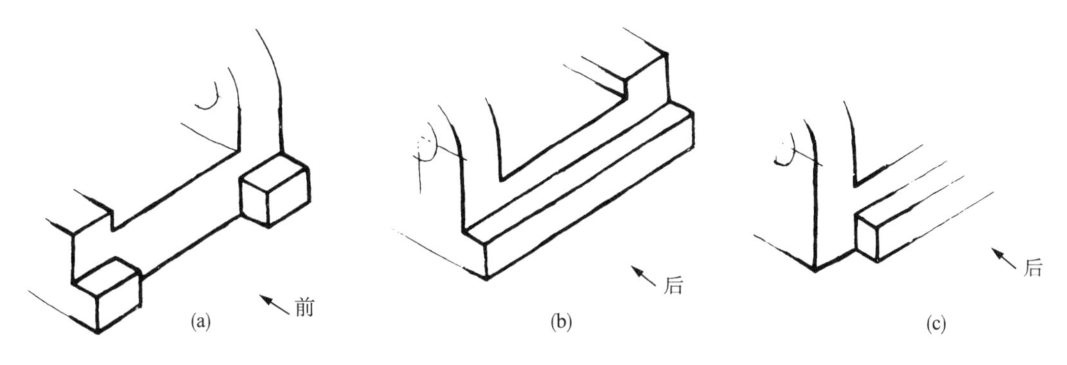

图 11－74 想象过程

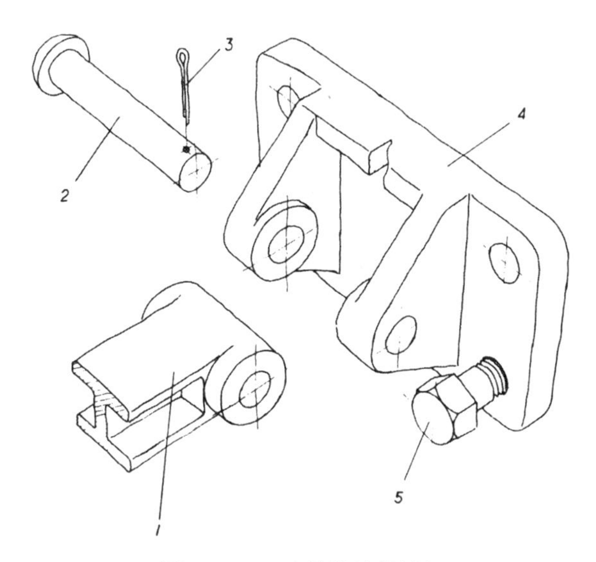

图 11－75 连接结构的拆卸

销轴连接起来，开口销 3 起到轴向固定作用。固定座板 4 再通过螺栓 5 安装到机座(图中未画出)上。件 1 的安装顺序为：件 1 与件 4 轴孔对齐，件 2 穿入孔中连接件 1 与件 4，插入件 3。

11.7.4.3 *在零件测绘中的应用*

对实际零件进行绘图、测量，并整理出零件图的过程，称为零件测绘。在仿制和修配机器，设备及其部件时或进行技术革新时，都常常要对零部件进行测绘。

测绘一般在机器旁进行。由于现场条件限制，一般不直接使用仪器绘图，而是先绘制零件草图，然后再由零件草图整理成零件工作图。

零件草图是绘制零件图的依据，必要时还直接在零件加工现场应用。因此，零件草图必须具备零件图应有的全部内容和要求。

画测绘草图的步骤和应注意事项：

1. 画测绘图前的准备工作

(1) 准备作底线和描粗线用的铅笔、图纸、橡皮、小刀以及所需的量具；

(2) 弄清楚零件的名称、用途以及它在装配体上的装配关系和运转关系，确定零件的材料，并研究它的制造方法；

(3) 弄清楚零件的构造,分析它是由哪些几何体所组成的;

(4) 确定零件的主视图、所需视图的数量,并定出各视图的表示方法。

主视图必须根据零件(特别是轴类零件)的特征、工作位置和加工位置来选定。

视图的数量应在以能充分表达零件形状为原则的前提下,愈少愈好。

2. 画测绘草图的步骤

(1) 选择图纸,定比例。安排好各视图和标题栏在图纸上的位置以后,细实线打出方框,作为每一视图的界线,保持最大尺寸的大致比例;视图与视图之间必须留出足够的位置,以便标注尺寸。

(2) 用细的点画线作轴线和中心线;

(3) 用细实线画出零件上的轮廓线;画出剖视、剖面和细节部分(如圆角、小孔、退刀槽等)。各视图上的投影线,应该彼此对应着画,以免漏掉零件上某些部分在其他视图上的图形。

(4) 校核后,用软铅笔把它们描深,画出图面中的剖面线和虚线。

(5) 定出尺寸基准和表面光洁度符号。

(6) 在所有必要的尺寸线都画出以后,就可以测量零件,在尺寸线上方法上量得尺寸数字。注明倒角的尺寸、斜角的大小、锥度、螺纹的标记等。

3. 零件测绘的注意事项

(1) 零件的制造缺陷,因长期使用所产生的磨损等,测绘时都不应画出。

(2) 零件上因制造工艺、装配工艺所需要的工艺结构,如铸造圆角、倒角、倒圆、退刀槽、凸台、凹坑等都必须画出,不应忽略。

(3) 测量尺寸时,应根据零件的精确程度选用相应的量具;钢直尺是最简单的长度量具,钢直尺的刻线间距为 1 mm,而刻线本身的宽度就有 0.1~0.2 mm,所以测量时读数误差比较大,即它的最小读数值为 1 mm。内卡钳用于测量内径和凹槽,外卡钳用于测量外径和凹槽,游标卡尺可测量长度、外径、内径和深度。螺纹规也可用于测量螺距。

(4) 采用正确的测量方法。测绘工具见图 11-76,测量方法见表 11-10。

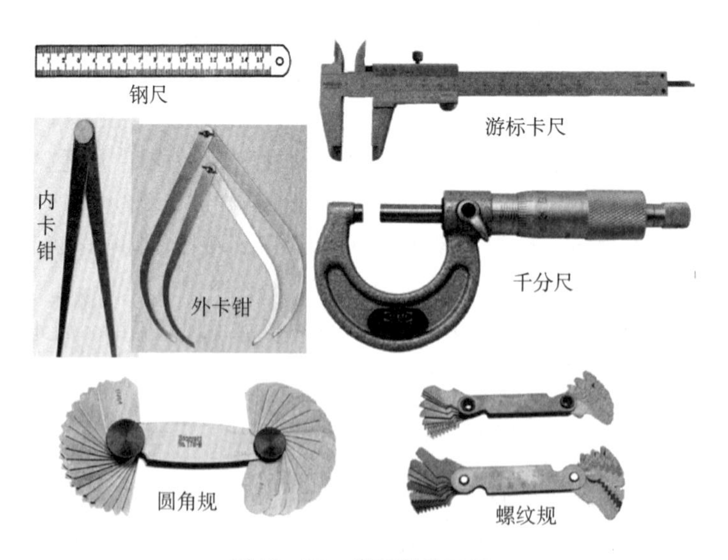

图 11-76　常用测绘工具

表 11-10 测量方法

钢尺	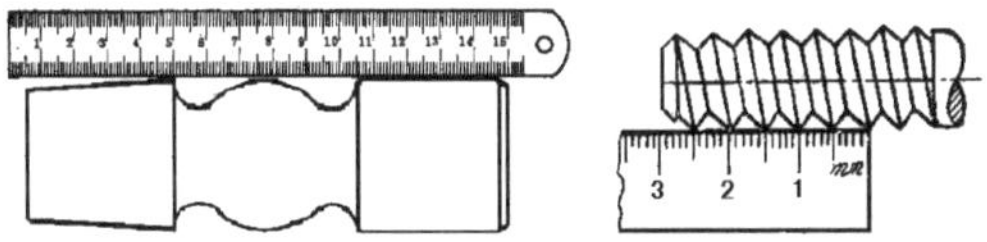	直线尺寸一般可直接用钢尺测量
卡钳	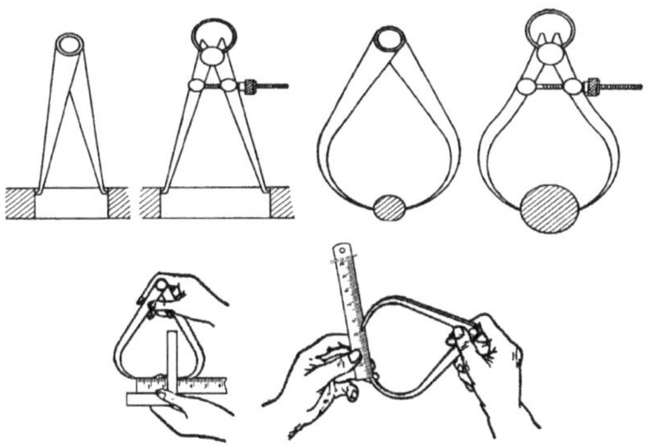	外直径用外卡测量，内直径用内卡测量，再在钢尺上读出数值。 测量时应注意，外(内)卡与回转面的接触点是直径的两个端点
游标卡尺	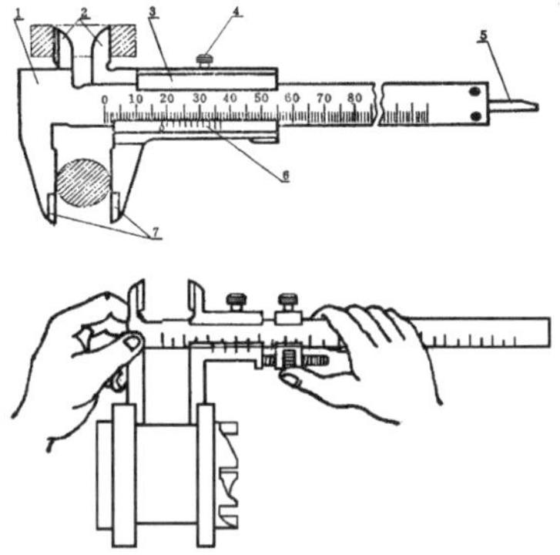	精确度比较高的尺寸可用游标卡尺测量，如图中外径和内径的数值，可在游标尺上直接读出。 游标卡尺可测量长度，外径，内径和深度
圆角规	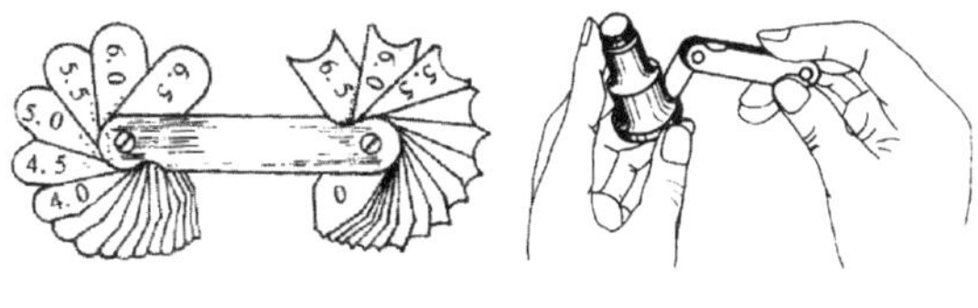	测量圆角直径
孔的中心距	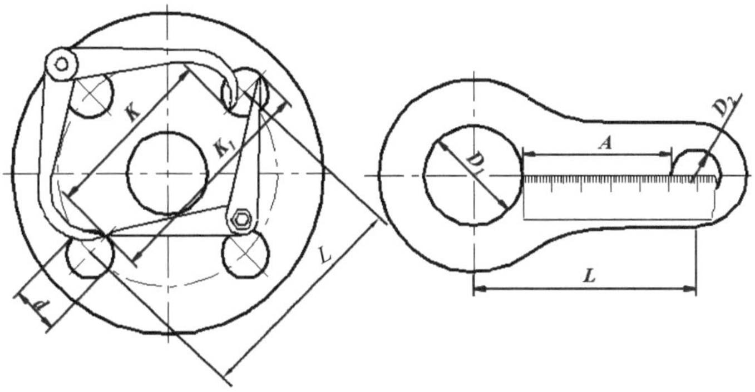	可用外(内)卡配合钢尺测量。在两孔的外径相等时，中心距： $L=k_1=k+d$ 在两孔的孔径不等时，其中心距 $L=A+\frac{D_1+D_2}{2}$

续表

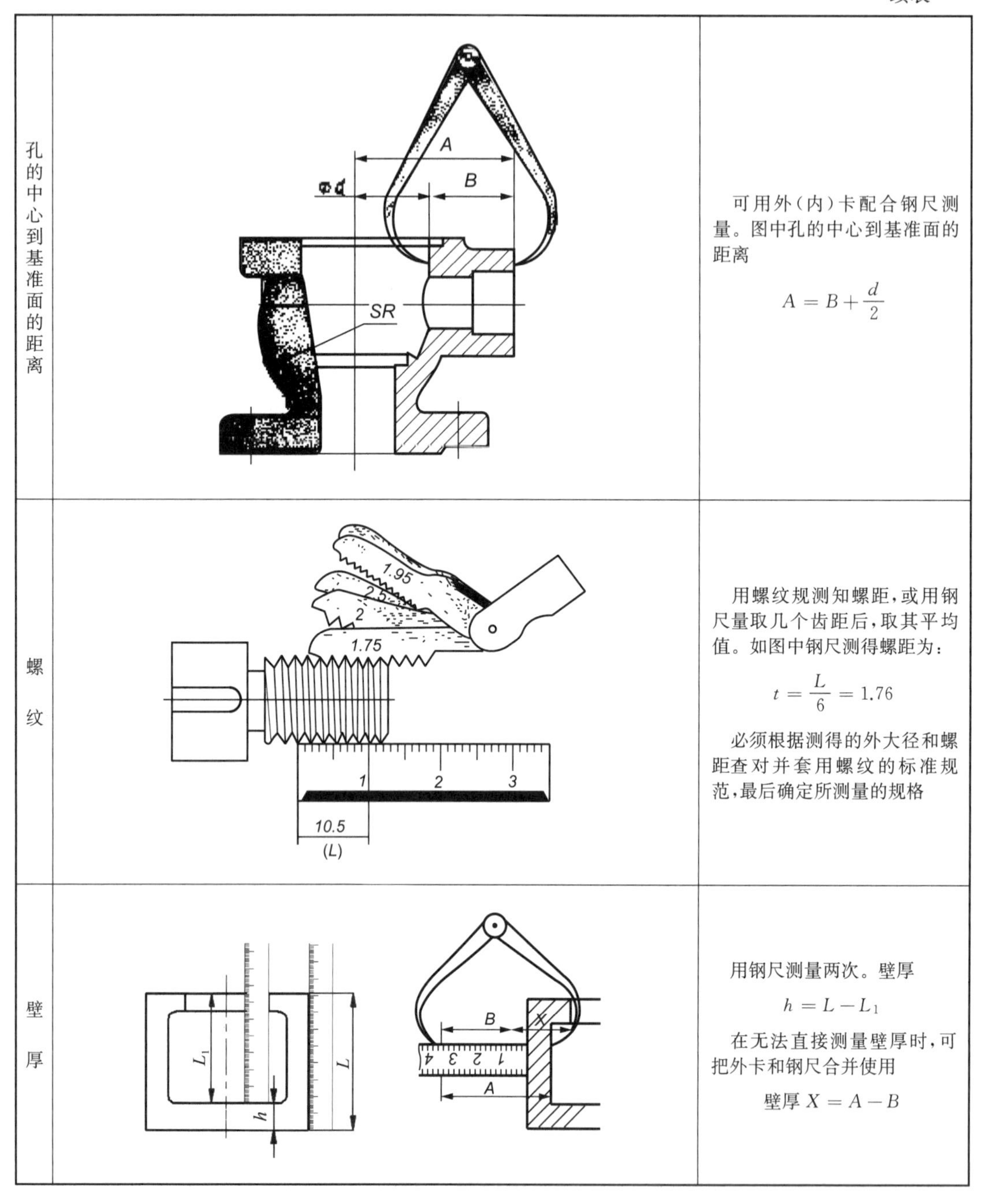

孔的中心到基准面的距离		可用外(内)卡配合钢尺测量。图中孔的中心到基准面的距离 $$A = B + \frac{d}{2}$$
螺纹		用螺纹规测知螺距，或用钢尺量取几个齿距后，取其平均值。如图中钢尺测得螺距为： $$t = \frac{L}{6} = 1.76$$ 必须根据测得的外大径和螺距查对并套用螺纹的标准规范，最后确定所测量的规格
壁厚		用钢尺测量两次。壁厚 $$h = L - L_1$$ 在无法直接测量壁厚时，可把外卡和钢尺合并使用 壁厚 $X = A - B$

12 装配图

本章提要

本章主要介绍装配图的作用、内容及表达，详细介绍依据已知零件图拼画装配图以及阅读装配图并从中拆画零件图的方法和步骤。

12.1 装配图的作用和内容

12.1.1 装配图的作用

装配图是表示机器或部件的装配关系、工作原理、传动路线和零件的主要结构形状以及装配、检验、安装时所需要的尺寸数据和技术要求的技术文件。在产品设计中，一般先根据产品的工作原理图画出装配草图，由装配草图整理成装配图，再根据装配图进行零件设计，并画出零件图。在产品制造中，装配图是制订装配工艺规程、进行装配和检验的技术依据。在机器使用和维修时，也需要通过装配图来了解机器的工作原理和构造。

12.1.2 装配图的内容

根据装配图的作用，由图 12-1 的滑动轴承装配图可以看出一张完整的装配图应具有下列五项基本内容。

1. 一组图形

用一组图形（包括视图、剖视图、断面图等）完整、清晰、准确地表达出机器的工作原理，各零件的相对位置及装配关系、连接方式，重要零件的形状结构。

2. 必要的尺寸

根据装配、使用及安装的要求，装配图上要标注表示机器或部件的规格、装配、检验和安装时所需要的一些尺寸。

3. 零件编号及明细栏

按一定方法和格式，将所有零件编号并列成表格，用于说明每个零件的名称、代号、数量和材料等内容。

4. 技术要求

用文字或代号说明机器或部件的性能以及装配、调整、试验等所必须满足的技术条件。

5. 标题栏

用规定的表格形式说明机器或部件的名称、规格、作图比例和图号以及设计、审核人员姓名等有关内容。

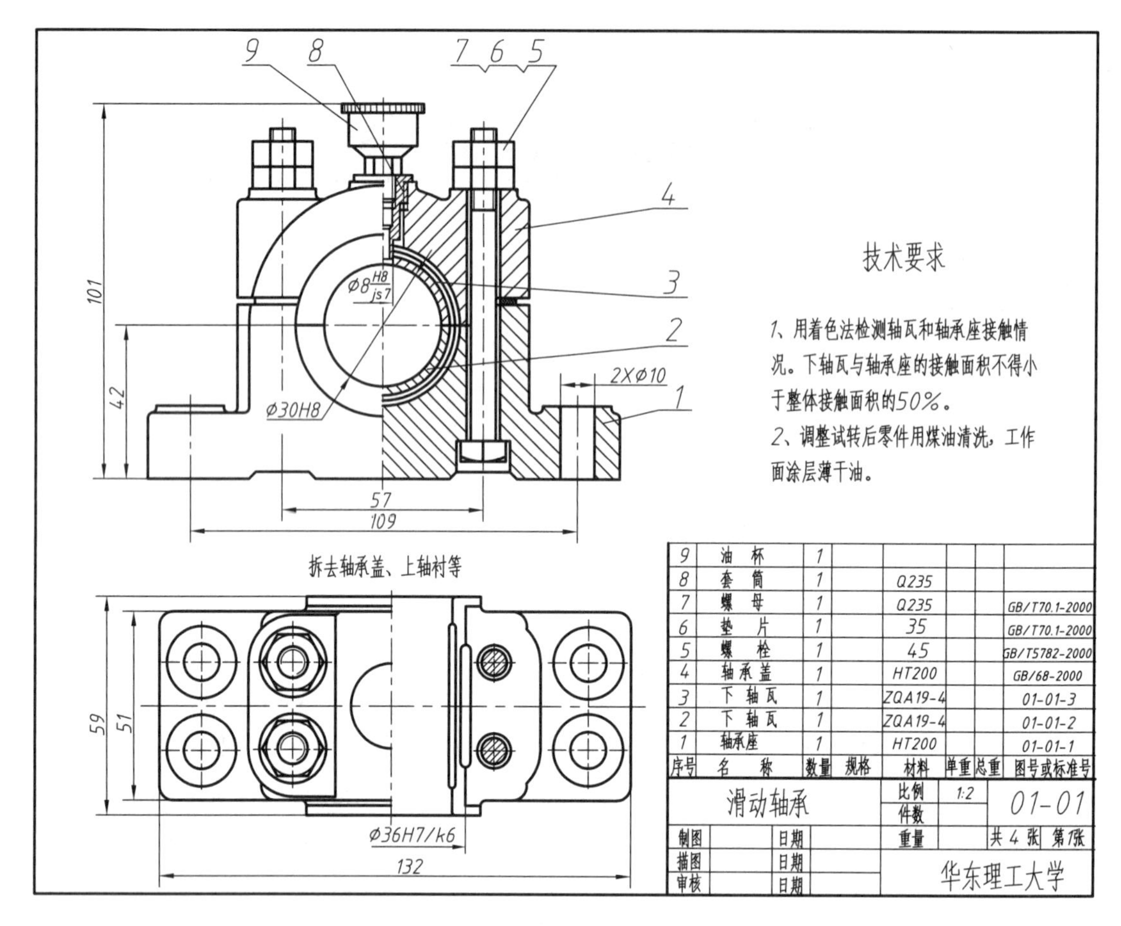

图 12-1　滑动轴承装配图

12.2　装配关系的表达方法

为了正确、完整、清晰地表达机器或部件的工作原理及装配关系，装配图除了适用前面讨论的机件的各种表达方法外，国家标准《机械制图》对装配图提出了一些规定画法和特殊的表达方法。

12.2.1　装配图的规定画法

（1）两相邻零件的接触面或基本尺寸相同的轴孔配合面，只画出一条线表示公共轮廓线。间隙配合即使间隙较大也只画出一条线。

（2）相邻两零件的非接触面或非配合面，应画出两条线，表示各自的轮廓。相邻两零件的基本尺寸不相同时，即使间隙很小也必须画出两条线。

（3）在剖视图或断面图中，相邻两零件的剖面线的倾斜方向应相反或方向相同而间隔不同；如两个以上零件相邻时，可改变第三零件剖面线的间隔或使剖面线错开，以区分不同零件。在装配关系已清楚的情况时，较大面积的剖面可只沿周边画出部分剖面符号或沿周边涂色，如图 12-2 所示。

(4) 对于紧固件以及实心的球、手柄、键等零件,若剖切平面通过其对称平面或轴线时,则这些零件均按不剖绘制,如图 12-1 中主视图的螺栓。如需表明零件的凹槽、键槽、销孔等构造,可用局部剖视表示,图 12-3 中转子泵装配图中轴用局部剖表达轴与端盖通过销钉的联结关系。当剖切平面垂直对称中心线或轴线时,则应该在其断面上画上剖面线,如图 12-3 右视图中的轴。

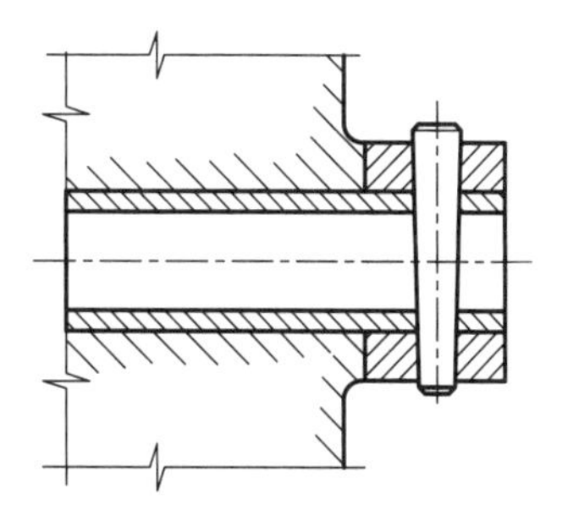

图 12-2 装配图的规定画法

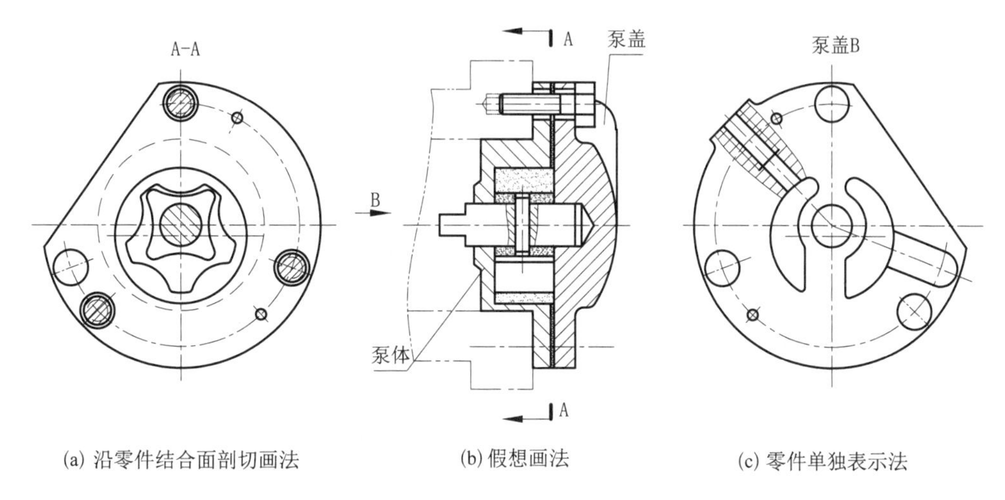

(a) 沿零件结合面剖切画法 (b) 假想画法 (c) 零件单独表示法

图 12-3 装配图的规定画法

12.2.2 装配图的特殊画法

1. 拆卸画法、沿零件结合面剖切画法

当某些零件的图形遮住了其后面的需要表达的零件,或在某一视图上不需要画出某些零件时,可拆去这些零件后再画;也可选择沿零件结合面进行剖切的画法。如图 12-3 的右视图就是沿零件结合面切开及拆去了零件后的投影视图。

2. 单独表达某零件的画法

如所选择的视图已将大部分零件的形状、结构表达清楚,但仍有少数零件的某些方面还未表达清楚时,可单独画出这些零件的视图或剖视图,如图 12-3 所示的 *B* 向视图即单独表达端盖零件未表达清楚的结构。

3. 假想画法

为了表示部件或机器的作用、安装方法,可将其他相邻零件、部件的部分轮廓用细双点画线画出。如图 12-3 主视图。当需要表示运动零件的运动范围或运动的极限位置时,可按其运动的一个极限位置绘制图形,再用细双点画线画出另一极限位置的图形,如图 12-4 所示。

4. 夸大画法

在装配图中,对于薄垫片、细丝弹簧、小间隙、小锥度等结构,按实际尺寸难以表达清楚时,允许将该部分不按原比例而采用适当夸大的比例画出,如图 12-5 中垫片的厚度及键与齿轮键槽的间隙,均采用了夸大画法。

5. 展开画法

为了表达某些重叠的装配关系，可以假想将各剖切面按一定顺序展开在一个平面上，画出剖视图。

12.2.3 装配图的简化画法

(1) 对于装配图中若干相同的零、部件组，如螺栓连接等，可详细地画出一组，其余只需用细点画线表示其位置即可，如图 12-5 所示。

(2) 在装配图中，零件的圆角、倒角、凹坑、凸台、沟槽、滚花及其他细节等可不画出。

(3) 在表示滚动轴承、油封等标准件时，允许一半用规定画法画出，一半用简化画法表示，如图 12-5 所示。

(4) 在剖视图或断面图中，如果零件的厚度在 2 mm 以下，允许用涂黑代替剖面符号。

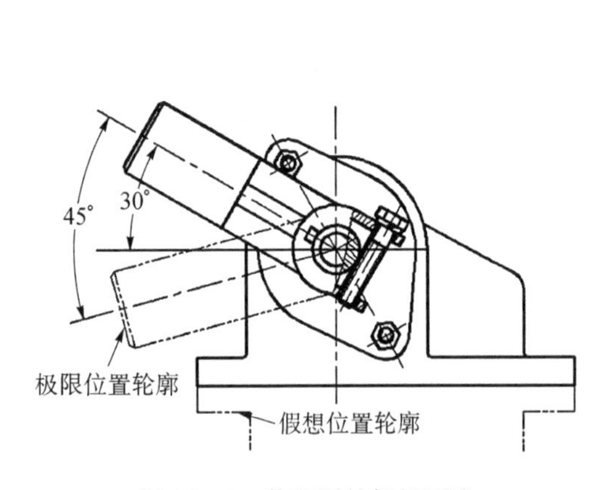

图 12-4 装配图的假想画法

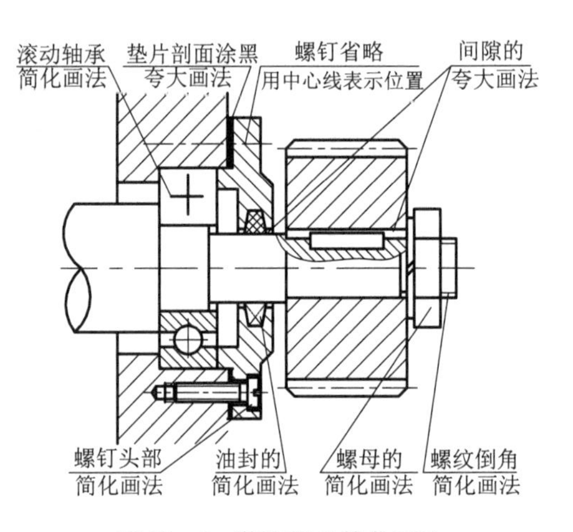

图 12-5 装配图的简化画法

12.3 装配结构的合理性

为了使机器或部件容易装配且装配后能正常工作，在设计零部件时，必须考虑它们之间装配结构的合理性问题，合理的结构既便于装配，又能降低零件的加工成本；而不合理的结构将给零件的制造和装配工作造成困难。同时，熟悉一些常用的合理装配结构，对迅速、合理地绘制和阅读装配图也较为有利。这里简单介绍一些常见装配工艺结构。

1. 合理的接触面

当两个零件接触时，在同一方向宜只有一对接触面。如图 12-6 所示，这样既保证了零件接触良好，又降低了加工要求。

当两锥面配合时，不允许同时再有任何端面接触，以保证锥面接触良好，如图 12-7 所示，当两锥面为接触面时，孔的底部就不能和轴的顶端相接触。

2. 转角处的结构

两零件有一对直角相交的表面接触时，在转角处不应都做成尖角或半径相等的圆角见图 12-8(b)，以免在转角处发生干涉、接触不良从而影响装配性能。可将对直角相交改成倒角与圆角、半径不等的圆角、或退刀槽等结构。如图 12-8(c)所示。

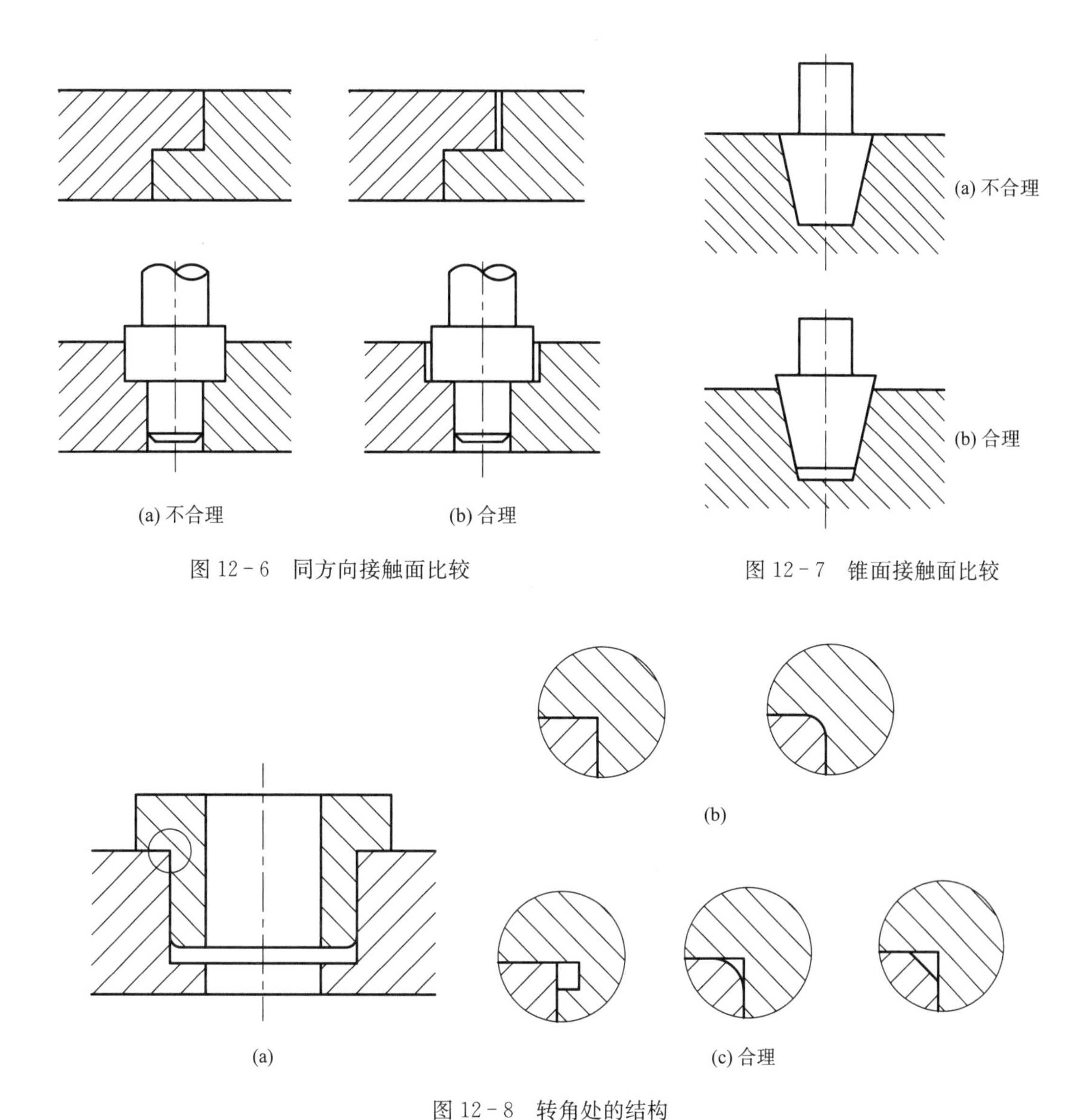

图 12-6　同方向接触面比较

图 12-7　锥面接触面比较

图 12-8　转角处的结构

当轴和孔配合并有端面接触时，应将孔的端面制成倒角或在轴的转折处切槽。以保证端面的接触。

3. 考虑装拆的可能性与方便性

部件在结构上必须能保证各零件按设计的装配顺序实现装拆，并且力求使装配的方法和装配时使用的工具最简单。在安放螺钉或螺栓处应留有装入螺钉或螺栓及旋动扳手所需的空间。如图 12-9 所示。

4. 填料密封装置的画法

当机器或部件中采用填料防漏装置时，在装配图中不能将填料画在压紧的位置，而应画在开始压紧的位置，表示填料充满的程度，如图 12-10 所示。

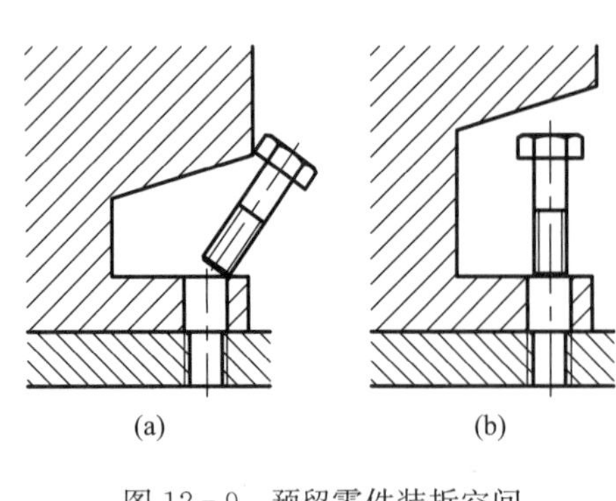

图 12－9　预留零件装拆空间

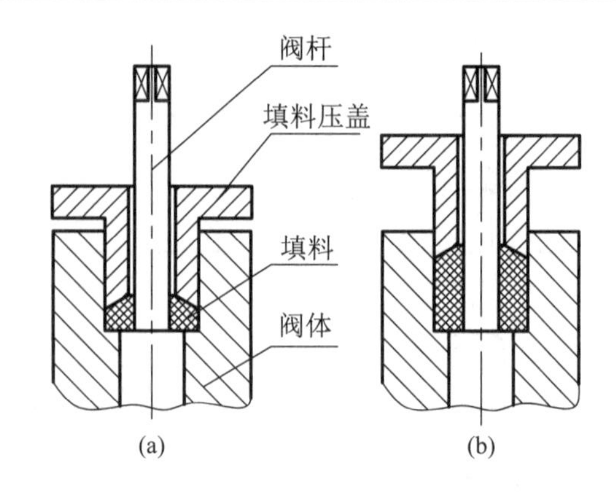

图 12－10　填料密封装置的画法

12.4　装配图的尺寸标注

装配图主要用于表达零、部件的装配关系，因此尺寸标注的要求不同于零件图。不需要标注出各个零件的全部尺寸。一般只需标注出与工作性能、装配、安装和整体外形等有关的装配体的规格尺寸、装配尺寸、安装尺寸、外形尺寸和其他一些重要的尺寸。

1. 规格(性能)尺寸

性能尺寸表明了装配体的性能或规格，这些尺寸在设计时就已经确定，它是设计和选用产品的主要依据。如图 12－1 所示轴孔尺寸 Φ30H8，它反映了该部件所支承转轴的直径大小。

2. 装配尺寸

装配尺寸有三种，具体如下：(1) 配合尺寸零件间有公差与配合要求的尺寸，称为配合尺寸。配合尺寸除注出基本尺寸外，还需注出其公差配合的代号，以表明配合后应达到的配合性质和精度等级如图 12－1 所示滑动轴承装配图中的 Φ8H8/js7 等。

(2) 装配时需要现场加工的尺寸(如定位销配钻等)，称为装配时加工尺寸。

(3) 表示零件间和部件间安装时必须保证相对位置的尺寸，称为相对位置尺寸。如滑动轴承装配图中轴孔中心高度的定位尺寸 42。

3. 安装尺寸

安装尺寸表示将机器或部件安装到其他设备或基础上固定该装配体所需的尺寸，如图 12－1 滑动轴承装配图中的 109，2×Φ10 等尺寸。

4. 外形尺寸

表示装配体的总长、总宽、总高的尺寸。它反映了机器或部件所占空间的大小，作为在包装、运输、安装以及厂房设计时考虑的依据，如图 12－1 中的尺寸 132、59、和 101。

5. 其他重要尺寸

在零部件设计时，经过计算或根据某种需要而确定的尺寸，不能包括在上述几类尺寸中的重要零件的主要尺寸。例如，为了保证运动零件有足够运动空间的尺寸，安装零件需要的操作空间的尺寸以及齿轮的中心距等。

装配图上的某一尺寸往往有几种含义。在标注装配图的尺寸时，应在掌握上述几类尺寸意义的基础上，分析机器或部件的具体情况，合理地进行标注。

12.5 装配图中的零部件序号、明细栏

为了便于看图和进行装配，并做好生产准备和图样管理工作，需在装配图上对每个不同的零件（或部件）进行编号，并在标题栏上方或在单独的纸上填写与图中编号一致的明细栏。

12.5.1 零部件的序号及编写方法

序号即零部件的编号。装配图中所有的零、部件都必须编写序号。形状、尺寸、材料完全相同的零部件应编写同样的序号，且只编注一次，其数量写在明细栏中。编写序号时应遵守以下的国家标准规定；

(1) 序号由指引线（细实线）、指引线末段端的圆点、和序号文字组成。

序号的编写方法可采用图 12-11 中的一种。指引线、水平短线及小圆的线型均为细实线。同一装配图中编写序号的形式应一致。序号文字其字号高比该装配图中所注尺寸数字大一号或大二号；指引线应自所指零件（或部件）的可见轮廓内引出，若所指部分（很薄的零件或涂黑的剖面）内不方便画圆点时，可用箭头，并指向该部分的轮廓，如图 12-11(e)所示。

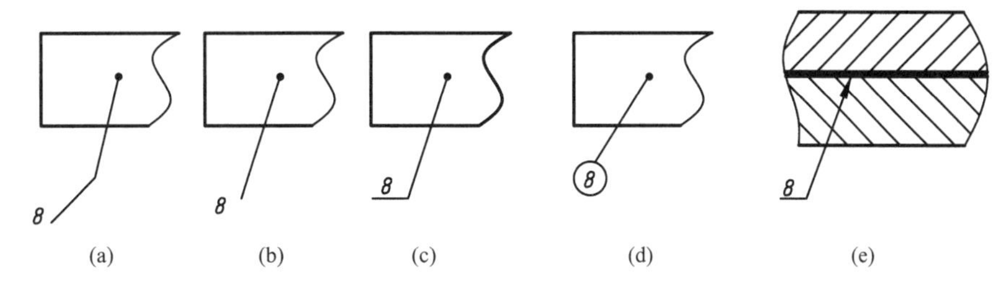

图 12-11 序号的编写方法

(2) 指引线相互之间不能相交。不应与剖面线平行。指引线可以画成折线，但只可曲折一次，如图 12-11(a)所示。

(3) 装配图中序号应按顺时针或逆时针方向顺次排列在水平或垂直方向上。

(4) 一组紧固件以及装配关系清楚的零件组，可采用公共指引线，如图 12-12 所示。

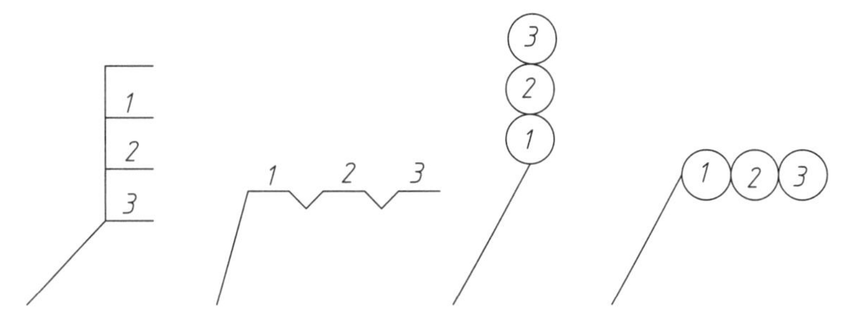

图 12-12 公共指引线

12.5.2 明细栏和标题栏及技术要求

12.5.2.1 明细栏和标题栏

明细栏是机器或部件中全部零件的详细目录，它表明了各组成部分的序号、名称、数量、

规格、材料、重量及图号(或标准号)等内容。明细栏中的零件序号应与装配图中的零件编号一致，并且由下往上填写。因此，应先编零件序号再填明细栏。

明细栏应紧接着画在标题栏上方。当位置不够用时，可续接在标题栏左方。明细栏外框竖线为粗实线，其余各线为细实线，其下边线与标题栏上边线重合，长度相等。明细栏的上方是开口的，即上端的框线应画成细实线($d/2$)，这样在漏编某零件的序号时，可以再予补编。

GB/T 10609.1—1989 和 GB 10609.2—1989 分别规定了标题栏和明细栏的统一格式。学校制图作业明细栏可采用图 12-13 所示的简化格式。明细栏“名称”一栏中，除填写零、部件名称外，对于标准件还应填写其规格，有些零件还要填写一些特殊项目，如齿轮应填写“$m=$”、“$z=$”。标准件的国家标准号应填写在“备注”中。

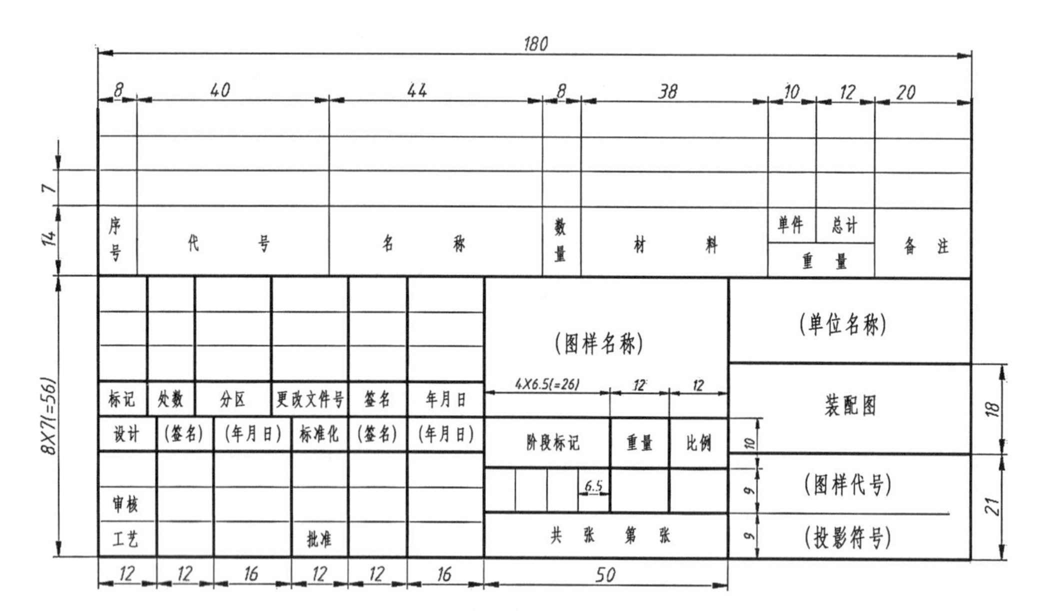

(a) 国家标准标题栏和明细栏格式

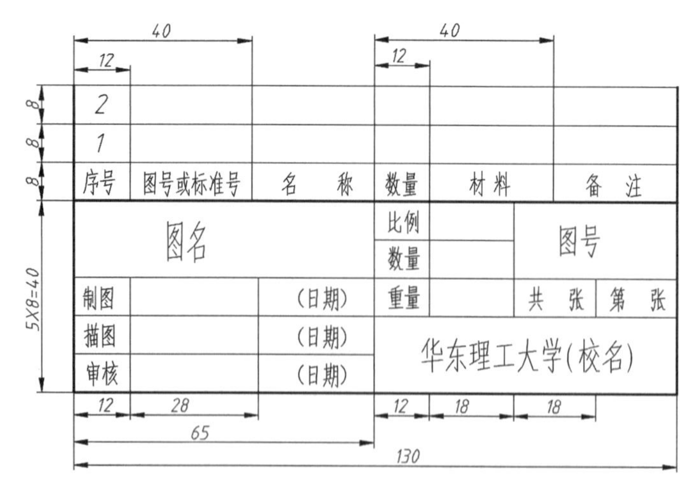

(b) 简化格式的标题栏和明细栏

图 12-13　装配图用的标题栏和明细栏

12.5.2.2 技术要求

在装配图上，除了用规定的代(符)号(如粗糙度符号、公差配合代号等)表示的技术要求外，有些技术要求需用文字才能表达清楚。故需在图纸的右上角或其他空白处予以注出。装配图上一般注写以下几方面的技术要求：

(1) 技术规范要求　是制造中所需遵循的。这类规范一般由国家或有关部门制订颁布，设计单位按使用要求选定，制造单位按规范要求施工，使用单位按规范要求验收。

(2) 装配要求　机器或部件在装配、施工、焊接等方面的特殊装配方法和其他注意事项。

(3) 使用要求　机器设备或部件在部门涂层、包装、运输、安装中以及使用操作上的注意事项。如图 12－1 中技术要求的第 2 项。

(4) 检验要求　机器设备或部件在试车、检验、验收等方面的条件和应达到的指标。

12.6 装配图绘制

部件是由若干零件装配而成的。在设计和测绘机器或部件时常常是先画出零件的草图，再依据这些零件草图拼画出装配图。在绘制装配图之前先要了解装配体的工作原理、零件的种类、数量及其在装配体中的作用，还需了解各零件之间的装配关系，看懂每个零件图并想象出各自的形状。现以螺旋千斤顶(图 12－14)为例介绍由零件图拼画装配图的绘图步骤。

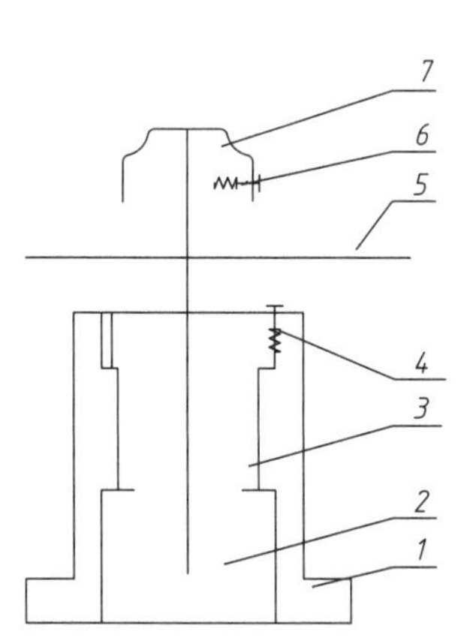

7	顶　垫	01-4
6	螺　钉	GB/T819 M8X30
5	绞　杠	01-5
4	螺　钉	GB/T71 M10X15
3	螺　套	01-1
2	螺　杆	01-2
1	底　座	01-3
序号	名　称	图号或标准号

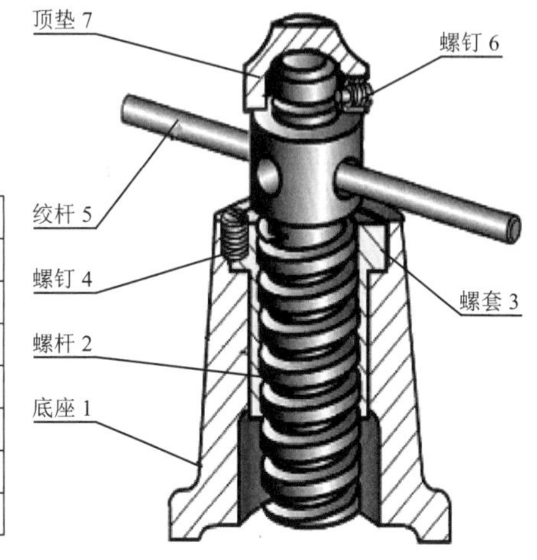

图 12－14　螺旋千斤顶装配示意图及立体图

12.6.1 分析所画的装配体

1. 读装配示意图

通过阅读螺旋千斤顶装配示意图(见图 12－14)等有关技术资料，了解螺旋千斤顶的工作原理、装配关系和结构特征。

螺旋千斤顶是简单的起重工具，工作时扳转铰杠带动螺旋杆在螺套中做螺转运动，螺旋作用使得螺旋杆上升，装在螺旋杆头部的顶垫顶起重物。顶垫上有刻槽，起防滑作用。顶垫与螺杆的接触表面为球面，可起到调节顶垫平面保证面接触的作用。骑缝安装的螺钉(件4)阻止螺杆的回转。还可自动调心使顶垫和重物贴合。螺钉(件6)防止顶垫脱落。该千斤顶在垂直方向上形成一条主装配线。

2. 读装配体的零件图

阅读装配体中的每个零件图，如图12-15所示，首先要分析该零件的尺寸、表达方式，想象其结构。然后还必须了解各零件在装配体中的作用、位置、与其相邻零件之间的装配关系等。阅读零件图的具体方法和步骤已在前面章节中予以介绍了。

图12-15列出了螺旋千斤顶各零件图。通过阅读零件图可知，底座的作用是支撑包容

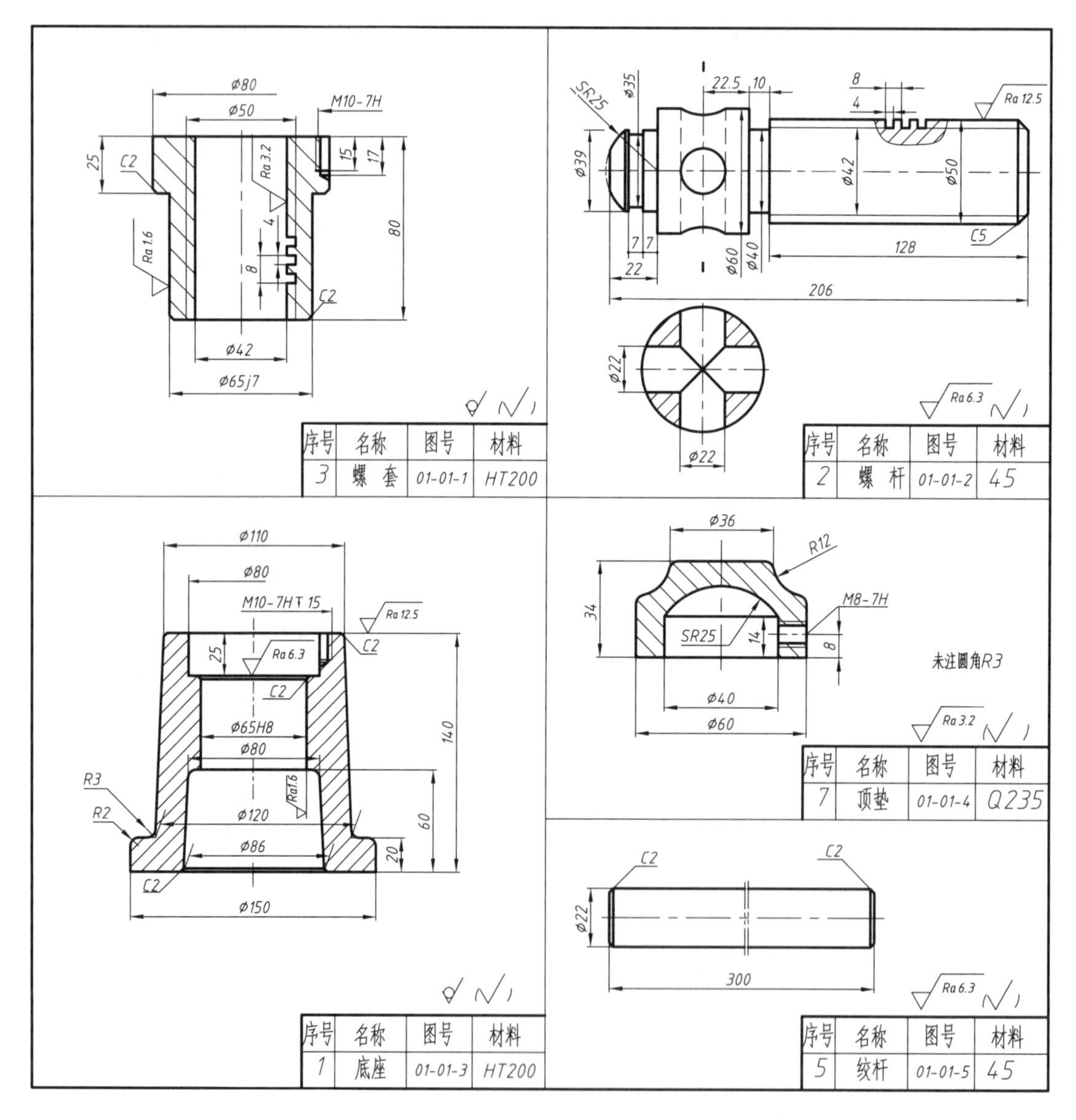

图12-15　螺旋千斤顶的零件图

其他零件。底座与螺套有配合关系,配合尺寸为 Φ65H8 和 Φ65j7,底座在 Φ80 处与螺套用螺钉(件 3)定位。螺杆零件采用了一个基本视图和一个断面图。主视图采用局部剖视图,表达螺杆的连接螺纹的形状和尺寸,断面图表达了绞杆通过孔的形状和尺寸。螺杆的头部为 SR25 球形尺寸与顶垫内部充分接触,螺钉 6 在螺杆头部直径 Φ35,宽 7 处将螺杆和垫顶固定。

分析每个零件图想象出各个零件立体形状如图 12-16 所示。

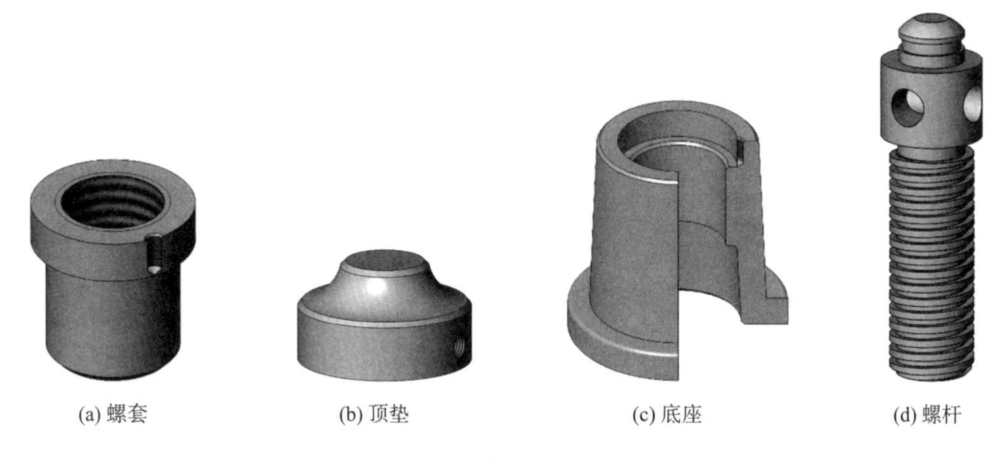

(a) 螺套　(b) 顶垫　(c) 底座　(d) 螺杆

图 12-16　螺旋千斤顶零件立体图

12.6.2　装配图的绘制

将属于螺旋千斤顶的各零件的结构及零件间的连接方式都逐一分析清楚后,就可以考虑装配图的表达方案了。

12.6.2.1　确定图形表达方案

1. 主视图的选择

主视图应能比较清楚地表达机器或部件中各零件的相对位置、装配连接关系、工作状况和结构形状。一般将主视图按机器或部件的工作位置或习惯位置画出。主视图通常画成剖视图,所选取的剖切平面应通过主要装配干线,并尽可能使装配干线与正面平行,以使所作的剖视图能较多、较好地反映零件之间的装配连接关系。

由上述分析,将螺旋千斤顶装配图的主视图按工作位置画出。主视图用全剖视图表达主要结构和装配关系。

2. 其他视图的选择

主视图确定后,其他视图的选择主要是对在主视图中尚未表达或表达不清楚的内容,作补充表达。通常可以从以下三个方面考虑:

(1) 零件间的相对位置和装配连接关系;

(2) 机器或部件的工作状况及安装情况;

(3) 某些主要零件的结构形状。

螺旋千斤顶装配图及其绘图步骤(见图 12-17～图 12-18),用 B—B 剖面图补充表达了螺杆的四通结构。

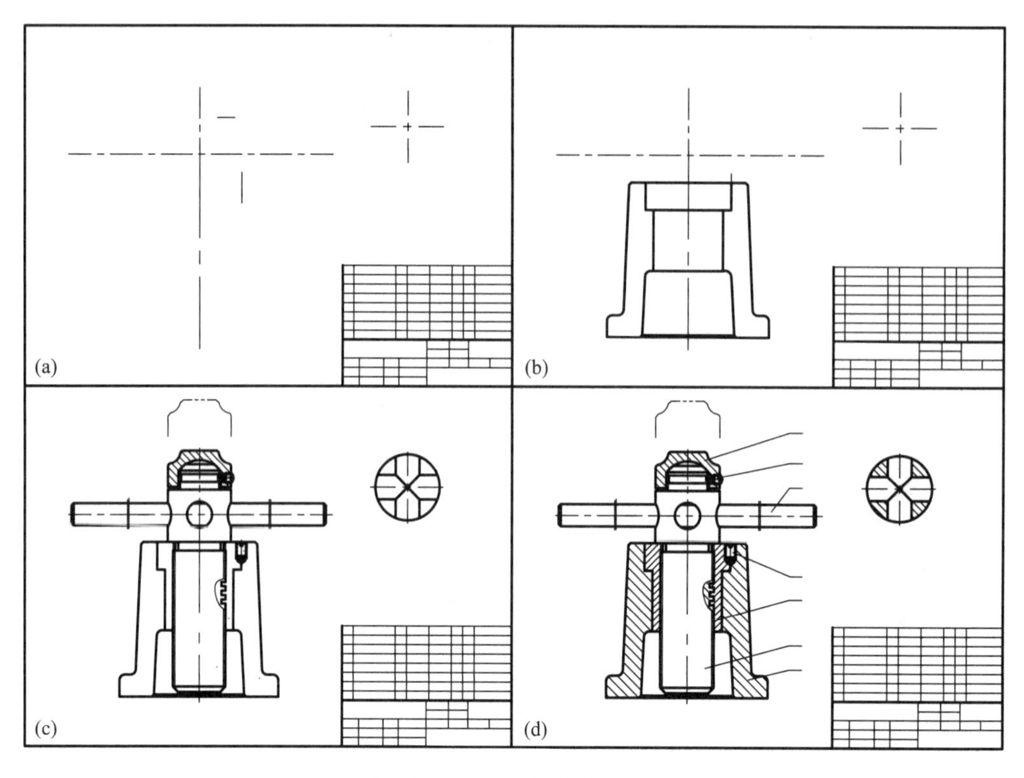

图 12-17　装配图绘图步骤

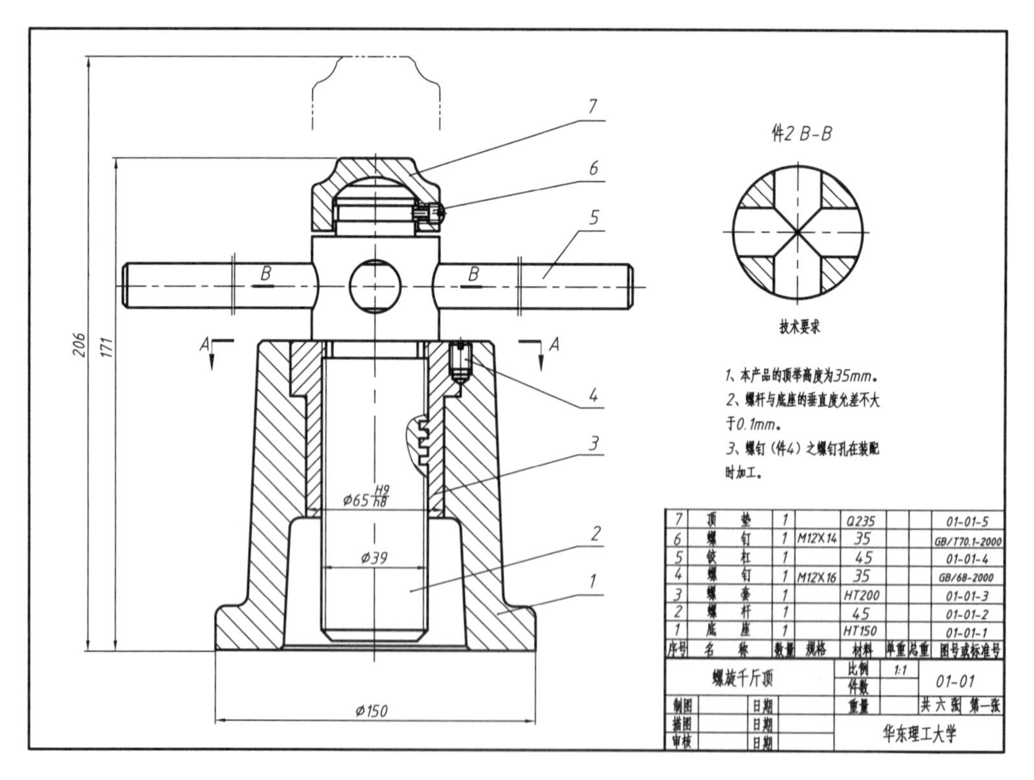

图 12-18　螺旋千斤顶装配图

12.6.2.2 选定比例和图幅

作图比例应按照机器或部件的尺寸和复杂程度，以表达清楚它们的主要结构为前提进行选定。然后按确定的表达方案，选定图纸幅面。布置视图时，应考虑在各视图间留有足够的空间，以便标注尺寸和编写序号等。

12.6.2.3 绘制视图

1. 布置图面大小

(1) 画图框线、标题栏框线和明细栏框线。

(2) 画出各视图的中心线、轴线或作图基准线。图面总体布置应力求匀称，如图 12-17(a)所示。

2. 画视图底稿

(1) 按主要装配干线，从主要零件的主视图开始画起，有投影联系的视图应同时画出，其中主要零件为底座。

(2) 根据装配连接关系，逐个画出各零件的视图。一般可按：先画主视图，后画其他视图；先画主零件，后画其他零件；先画外件，后画内件的次序进行。画螺旋千斤顶各零件的次序为：底座—螺套—螺杆—顶垫—螺钉—铰杠—螺钉。

3. 注意点

(1) 画相邻零件时，应从两零件的装配结合面或零件的定位面开始绘制，以正确定出它们在装配图中的装配位置。如画顶垫时，应从顶垫内的球面(与螺杆顶部球面的接触面)开始画起。

(2) 画各零件的剖视时，应注意剖和不剖、可见和不可见的关系。一般可优先画出按不剖处理的实心杆、轴等，然后按剖切的层次，由外向内、由前向后、由上而下地绘制，这样被挡住或被剖去部分的线条就可不必画出，以提高绘图效率，如图 12-17(c)所示。

(3) 画剖面符号、标注尺寸、编写零件序号。

视图底稿画完后，经仔细校对投影关系、装配连接关系、可见性问题后，按装配图上各相邻连接剖面线方向的规定画法，在所选的剖视和剖面图上加画剖面符号；按装配图的要求标注尺寸；逐一编写并整齐排列各组成零件(或部件)的序号，如图 12-17(d)所示。

(4) 加深图线，填写标题栏、明细表和技术要求。

按以上作图步骤，全部完成后的装配图如图 12-18 所示。

12.7 阅读装配图和由装配图拆画零件图

在机器和部件的设计、制造、使用和技术交流中，都需要阅读装配图。因此，工程技术人员必须具有阅读装配图的能力。

读装配图的目的是为了解部件的作用和工作原理，了解各零件间的装配关系、拆装顺序及各零件的主要结构形状和作用，了解主要尺寸、技术要求和操作方法。在设计时，还要根据装配图画出该部件的零件图。

12.7.1 阅读装配图的方法及步骤

阅读装配图一般先对装配图做概括了解，进而分析视图，分析零件，分析装配关系和工作原理全面理解装配图后再由装配图拆画零件图。

1. 概括了解

首先要了解零件的数量与种类：通过阅读标题栏了解机器(或部件)的名称，结合有关知识和资料，了解机器(或部件)的大致性能、用途。阅读明细表和零件序号，可得知该装配体由多少个零件组成。从中分清哪些是标准件，那些是非标准件，并查出零件的数量及材料种类和标准件的型号。估计部件的复杂程度，由画图的比例、视图大小和外形尺寸，了解机器或部件的大小。

其次了解部件的工作原理：通过查阅有关传动路线部件的主要参数、动力的传入方式来了解部件的工作原理。

2. 分析视图

首先找到主视图，再根据投影关系识别其他视图的名称，找出剖视图、断面图所对应的剖切位置。根据向视图或局部视图的投射方向，识别出表达方法的名称，从而明确各视图表达的意图和侧重点，为下一步深入看图作准备。

3. 分析装配关系和工作原理

对照视图仔细研究部件的装配关系和工作原理，是深入看图的重要环节。在概括了解装配图的基础上，从反映装配关系、工作原理明显的视图入手，找到主要装配干线，分析各零件的运动情况和装配关系及配合要求，分析装配体的轴向及周向是如何定位的，零件间是用何种方式连接的；再找到其他装配干线，继续分析工作原理、装配关系、零件的连接、定位以及配合的松紧程度等。

4. 分析零件

分析零件，就是弄清每个零件的结构形状及其作用。一般应先从主要零件入手，然后是其他零件。当零件在装配图中表达不完整时，可对有关的其他零件仔细观察和分析，然后再作结构分析，从而确定该零件的内外结构形状。

5. 分析尺寸

查看装配图各部分尺寸，了解机器或部件的规格尺寸和外形大小、零件间的配合性质及公差值的大小、装配时要求保证的尺寸、安装时所需要的尺寸等。

12.7.2 阅读装配图举例

下面以图 12-19 所示的球阀为例，介绍具体阅读步骤。

1. 概括了解

(1) 了解零件的数量与种类。由图 12-19 的标题栏可知该装配体是球阀。它是用于管道上控制流体的流动和流量的一种装置。从明细栏可以了解该阀门共有 17 种零件组成。其中有 5 种标准件。从其作用及技术要求可知，密封结构是该阀的关键部位。

(2) 了解工作原理。球阀是手动部件，由手柄入手开始分析：沿顺时针扳动手柄(件10)，通过阀杆(件 8)带动阀芯(件 5)转动，以控制 $\phi32$ 通道的开启和关闭，图中所示为全部开启状态。当手柄转至用双点画线表示的另一个极限位置时，阀芯转动 90°，通道完全关闭。定位块(件 11)用来控制手柄只能在 0°～90°范围内操纵，以保证迅速而准确地启闭球阀的通路。

(3) 分析清楚零件之间的装配连接方式。了解零件的定位表面和配合面的配合要求及

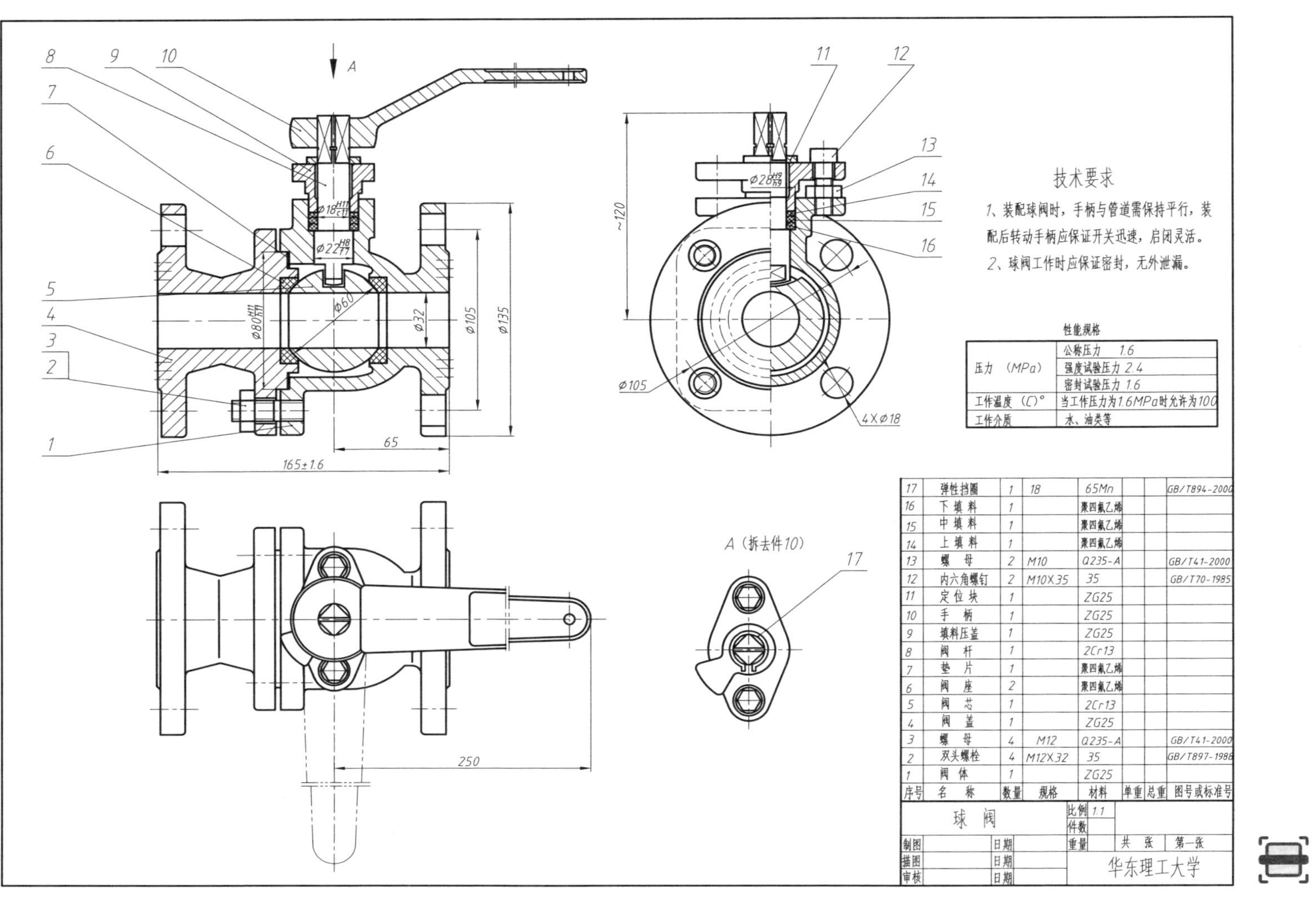
技术要求
1、装配球阀时，手柄与管道需保持平行，装配后转动手柄应保证开关迅速，启闭灵活。
2、球阀工作时应保证密封，无外泄漏。
性能规格
压力（MPa） 公称压力 1.6
强度试验压力 2.4
密封试验压力 1.6
工作温度（C）° 当工作压力为1.6MPa时允许为100
工作介质 水、油类等
17 弹性挡圈 1 18 65Mn GB/T894-2000
16 下填料 1 聚四氟乙烯
15 中填料 1 聚四氟乙烯
14 上填料 1 聚四氟乙烯
13 螺母 2 M10 Q235-A GB/T41-2000
12 内六角螺钉 2 M10X35 35 GB/T70-1985
11 定位块 1 ZG25
10 手柄 1 ZG25
9 填料压盖 1 ZG25
8 阀杆 1 2Cr13
7 垫片 1 聚四氟乙烯
6 阀座 2 聚四氟乙烯
5 阀芯 1 2Cr13
4 阀盖 1 ZG25
3 螺母 4 M12 Q235-A GB/T41-2000
2 双头螺栓 4 M12X32 35 GB/T897-1988
1 阀体 1 ZG25
序号 名称 数量 规格 材料 单重 总重 图号或标准号
球阀
比例 1:1
件数
重量
共 张 第一张
制图 日期
描图 日期
审核 日期
华东理工大学
A（拆去件10）
A
φ18H11/c11
φ22H8/f7
φ28H9/f9
φ80H11/h11
φ60
φ32
φ105
φ135
65
165±1.6
250
~120
4Xφ18
1
2
3
4
5
6
7
8
9
10
11
12
13
14
15
16
17

图 12－19 球阀装配图

零件的装拆顺序。图12-19中阀芯是由左、右两个阀座(件6)调整定位的,装配后应使阀芯的通孔与阀体(件1)和阀盖(件4)的通孔 $\phi32$ 在同一条轴心线上。

2. 分析视图

图12-19所示的球阀装配图采用了主视图、俯视图、左视图三个基本视图,以及一个 A 向视图。主视图采用通过轴线剖切的全剖视图,主要反映该阀的组成、结构和工作原理,表示了阀体、阀座、阀芯、阀杆、填料、填料压盖(件9)、定位块、手柄等零件的装配关系。左视图采用半剖,表达了阀杆下端部和阀芯上部凹槽的结构和连接情况。同时还表达了阀体的内腔结构与阀体和阀盖法兰盘的形状以及螺柱孔的分布情况。俯视图主要是补充表达整个球阀的外形和手柄运动的极限位置。A 向视图表示了定位块的形状和位置。

3. 分析零件的装配连接关系

有两条装配线。从主视图看,一条是水平方向,另一条是垂直方向。其装配关系是:阀盖和阀体用四个双头螺柱和螺母连接,并用合适的调整垫调节阀芯与密封圈之间的松紧程度。阀体垂直方向上装配有阀杆,阀杆下部的凸块嵌入到阀芯的凹槽内。为防止流体泄漏,填料压盖(件9)用两个内六角螺钉(件12)与阀体连接以压紧填料(件14、件15、件16),并用螺母(件13)锁紧。

图中注出了四处配合面的要求。如阀杆与阀体配合面的配合要求"$\phi22H8/f7$",即表明该孔和轴的公称尺寸均为 $\phi22$,采用基孔制、间隙配合,孔的公差等级为IT8级,轴的基本偏差为f,公差等级为IT7。

从图上可以分析出球阀的拆卸顺序是:先拆去手柄(件10),取出弹簧挡圈(件17)、定位块(件11),拧出内六角螺钉及螺母(件12、13),取下填料压盖(件9),将阀杆(件8)抽出,并取出填料(件14、15、16)。然后松开螺母、螺柱(件2、3),取下阀盖(件4),拿走垫片(件7),取出阀座、阀芯(件6、5)。

4. 分析零件的形状

在弄懂部件工作原理和零件间的装配关系后,分析零件的结构形状,可有助于进一步了解部件结构特点。

(1) 阀体(件1)

从主视图可以看出,阀体中的通道水平贯通,阀体右端为一直径为 $\phi135$ 的圆形法兰。从左视图可看出法兰上在直径 $\phi105$ 的圆周上均布四个直径 $\phi18$ 的圆孔。阀体左端法兰与阀盖(件4)的法兰用四个螺柱(M12)连接。从左视图的虚线以及主、俯视图可看出左端法兰为方形。由于阀为球形,根据包容零件内外匹配原则,及铸件壁厚要求均匀的工艺要求,可知阀体空腔应为球形。阀体上部直径 $\phi22$ 处与阀杆(件8)为间隙配合(H8/f7)另一部分与阀杆直径 $\phi18$ 处为装填料的空腔。由此可见阀体上部为阶梯圆孔。从俯视图和 A 向视图可知阀体上部的法兰形状。阀体立体形状如图12-20所示。

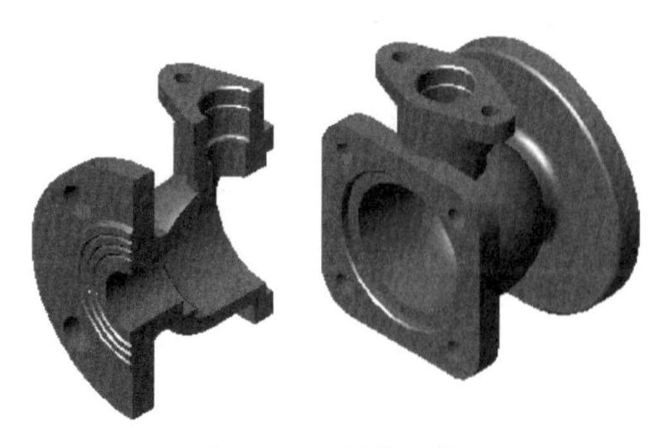

图12-20 阀体立体图

(2) 阀杆(件8)

阀杆是球阀的传递运动的主要零件。阀杆为一阶梯轴,上部与手柄相连,加工出与手柄方孔相匹配的方形头部。有嵌入弹性挡圈的凹槽。从俯视图和 A 向视图可看出阀杆的顶部开有一横槽。从主视图还可看出阀杆下端伸入阀芯(件 5)的凹槽。将阀芯的凹槽主、左视图上的投影联系起来看可知其为球形表面。按照包容原则,阀杆底部形状与阀芯的凹槽形状应一致,是与阀芯凹槽相匹配的凸榫结构,并为球形表面。当扳动手柄时,阀杆同步转动并带动阀芯转动。阀杆立体形状如图 12-21 所示。

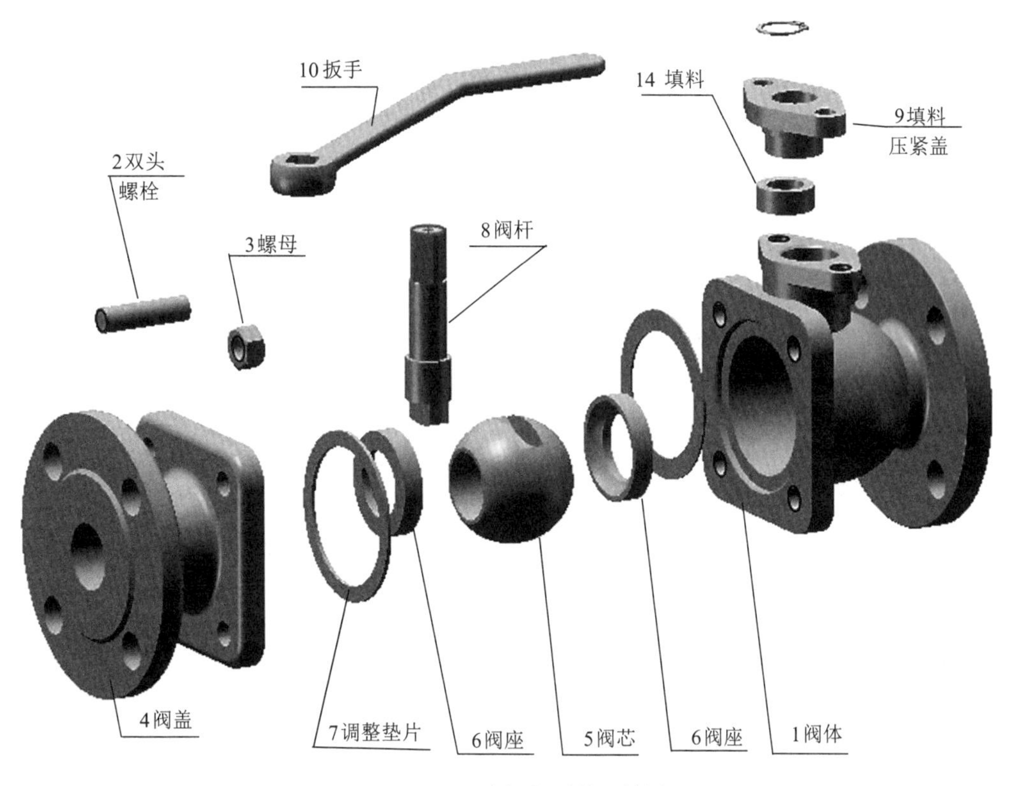

图 12-21 球阀各零件立体图

(3) 阀芯(件 5)

阀芯是控制阀体通道开、闭的零件。其基本形状为球形。阀芯中部开一直径为 32 的通孔。阀芯的上部有一凹槽与阀杆相连接。阀芯立体形状如图 12-21 所示。

5. 分析尺寸

分析球阀装配图得出图中各个尺寸的含义。

(1) 规格尺寸:ϕ32,表达阀体的流道大小;

(2) 配合尺寸:有四处配合尺寸要求以保证密封的可靠性及阀杆工作的灵活性。其中配合尺寸 ϕ22H8/f7 表示基本尺寸 ϕ22 处为基孔制间隙配合,孔(阀体)的精度为 8,轴(阀杆体)的精度为 7;

(3) 安装尺寸:有 ϕ105,4×ϕ18 保证安装的准确;

(4) 外形尺寸:165±1.6,250,~120;

(5) 其他尺寸:ϕ135。

12.7.3 由装配图拆画零件图的方法和步骤

在设计过程中,需要由装配图拆画零件图,简称拆图。由装配图拆画零件图是设计过程中的重要环节,也是检验看装配图和画零件图的能力的一种常用方法。拆图应在全面读懂装配图的基础上进行。拆画零件图前,应对所拆零件的作用进行分析,然后把该零件从与其组装的其他零件中分离出来。分析零件的结构形状,必须学会正确地区分不同零件的轮廓,有时,还需要根据零件的表达要求,重新选择主视图和其他视图。选定或画出视图后,采用抄注、查取、计算的方法标注零件图上的尺寸,并根据零件的功用注写技术要求,最后填写标题栏。

1. 拆画零件图时要注意装配图中零件表达的三个问题

(1) 由于装配图与零件图的表达要求不同,在装配图上往往把零件的细部结构和工艺结构省略。因此,在拆画零件图时,对那些未能表达完全的结构形状,应根据零件的作用、装配关系和工艺要求予以确定并表达清楚。此外对所画零件的视图表达方案一般不应简单地按装配图照抄。

(2) 由于装配图上对零件的尺寸标注不完全,因此在拆画零件图时,除装配图上已有的与该零件有关的尺寸要直接照搬外,其余尺寸可按比例从装配图上量取。标准结构和工艺结构可查阅相关国家标准来确定。

零件图的尺寸来源:

1) 抄:装配图上已注出的尺寸,在有关零件图上直接标注。

2) 查:两个互相配合零件的配合尺寸,应查出相应极限偏差数值,分别标注在对应的零件图上。重要的相对位置尺寸也要注出极限偏差数值;与标准件相关联的尺寸,如螺孔尺寸、销孔直径等,也应查表并标注在对应的零件结构上;明细表中给定的尺寸参数,查取后应标注在对应的零件图上;标准结构如倒角、沉孔、螺纹退刀槽等的尺寸,也应从有关表格中查取。

3) 算:根据装配图中给出的尺寸参数,计算出零件的有关尺寸。如齿轮分度圆直径和齿顶圆直径等。

4) 量:除了前面可得的尺寸外,零件图的其他尺寸都可由装配图中直接量取,把量得数值乘以对应比例,并尽量圆整符合尺寸标准系列。

特别要注意的是:同一部件中关联零件间的关联尺寸应标注一致,如泵体和泵盖螺栓连接孔的定位尺寸必须一致。

(3) 标注表面粗糙度、尺寸公差、几何公差等技术要求时,应根据零件在装配体中的作用,参考同类产品及有关资料确定。

零件图中技术要求在零件图中占重要地位,它直接影响零件的加工质量,但它涉及许多专业知识,这里只简单介绍几种确定技术要求的方法,更多经验要靠以后慢慢积累。

1) 抄:装配图中给出的技术要求,在零件图中照抄。如零件的材料、配合代号等。

2) 类比:将拆画的零件和其他部件的类似零件相比较,取相似的技术要求,如表面结构参数、表面处理、形位公差等。

3) 设计确定:根据理论分析、计算和经验确定技术要求的内容。

2. 从装配图分离零件画出零件图的基本方法

(1) 首先在装配图上找到该零件的序号和指引线,顺着指引线找到该零件;

(2) 再利用投影关系、剖面线的方向找到该零件在装配图中的轮廓范围。

例如,同一零件的剖面线的方向和间隔,在各个零件图上必须一致;相邻两个不同零件的剖面线方向应相反或间隔不等。按照这个规定，再根据视图间投影的对应关系，可以确定零件在装配图中的投影位置和范围，分离出零件的投影轮廓。

(3) 利用装配图的规定画法来区分。例如，可以利用实心件不剖的规定，区分出阀杆；利用标准件不剖的规定，区分出螺钉、螺母、螺柱等。再根据装配图提供的有关尺寸、技术要求等，逐步分离和判别出相应零件在视图中的投影轮廓。

分离出零件轮廓，往往不完整的图形。必须继续分析，想出完整的结构，补全所拆画零件的轮廓线。

3. 补全不完整视图时应注意

(1) 被其他零件遮盖掉的结构或形状。根据结构的完整性、合理性以及分析其他视图对不全处的投影，想象出完整结构后补画出其他零件遮盖掉的部分线条。

(2) 按零件图规定画法表达标准结构。熟悉螺纹结构、螺纹连接件、键、销等连接装配图及其零件规定表达。将零件的螺纹结构等部分由装配图表达方式改成零件图表达方式。

(3) 接合面形状的一致性原则。为便于零件间的对齐、安装，装配图中相接触的端面形状应一致。依据该原则，可根据一零件的可见形状，判断另一与之相接触零件的接触面形状。

(4) 包容体形状内外的一致性原则。装配图中包容体的内腔形状取决于被包容体的外部形状，为被包容体外部轮廓的相似形。在装配图的读图中常依据该原则从空腔内零件的形状判断空腔的形状。

12.7.4 由装配图拆画零件图举例

按照前述由装配图拆画零件图的方法和步骤来绘制球阀零件图。选取球阀装配图中结构复杂的阀体和结构相对简单的阀芯为例，分别说明拆画复杂零件球阀的视图分析技巧及完整阀芯零件图的拆画。

1. 阀体零件图视图分析

从装配图中分离零件的投影：按照前述介绍的分离方法，从装配图的三个视图中分离出阀体的投影轮廓，见图 12-22 所示。

(1) 想象零件的完整形状：分离出的零件的轮廓是不完整的图形，必须进一步想象出完整的形状，补全全部投影。

(2) 端面形状一致的原则分析：装配图中相接触的端面形状应一致。如球阀中的阀体，其左端面形状在投影中未直接表示出来，但通过分析与之相连接的阀盖(件 4)端面形状，可以确定其左端面为方形带圆角结构。同样，阀体上端面的投影被填料压盖(件 9)挡住，但由于阀体和填料压盖有装配关系，按结合面形状的一致原则阀体上端面投影轮廓应与填料压盖一致。

(3) 包容零件内外形状匹配原则分析：在装配图的读图中常依据该原则从空腔内零件的形状判断空腔的形状。在装配图中鉴于阀芯(件 5)是球形，故阀体容纳阀芯的空腔中带圆弧的部分就应理解为球面。同时由于阀体是铸件，根据铸件壁厚应均匀的原则，阀体内外形状应一致。

(4) 各零件配合面相同原则分析：检查球体与相邻零件的接触面，有配合关系的孔与轴，螺纹连接件间、键与键槽等配合面的结构和形状公称尺寸应在相同处得出配合公称尺寸。

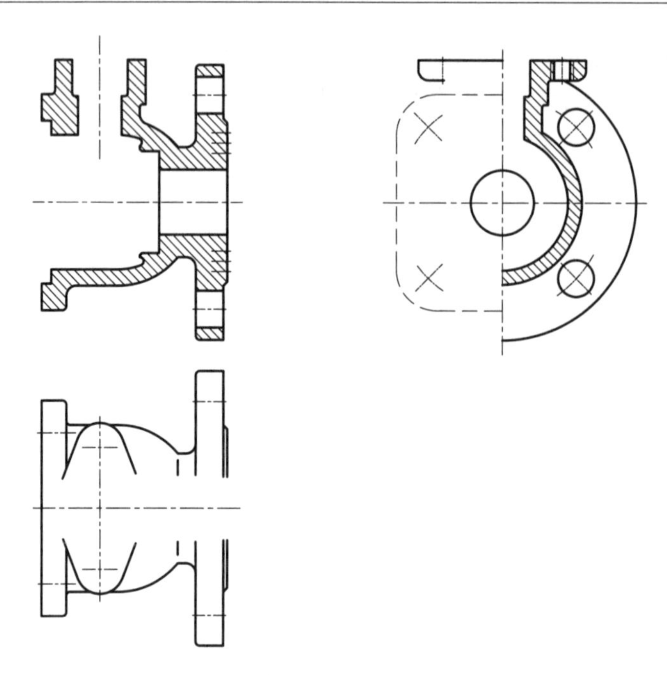

图 12-22　从装配图中分离阀体的投影轮廓

(5) 补全被不同层次遮盖掉的形状和线条,标注已知尺寸,得到零件的初步视图表达,如图 12-23 所示。

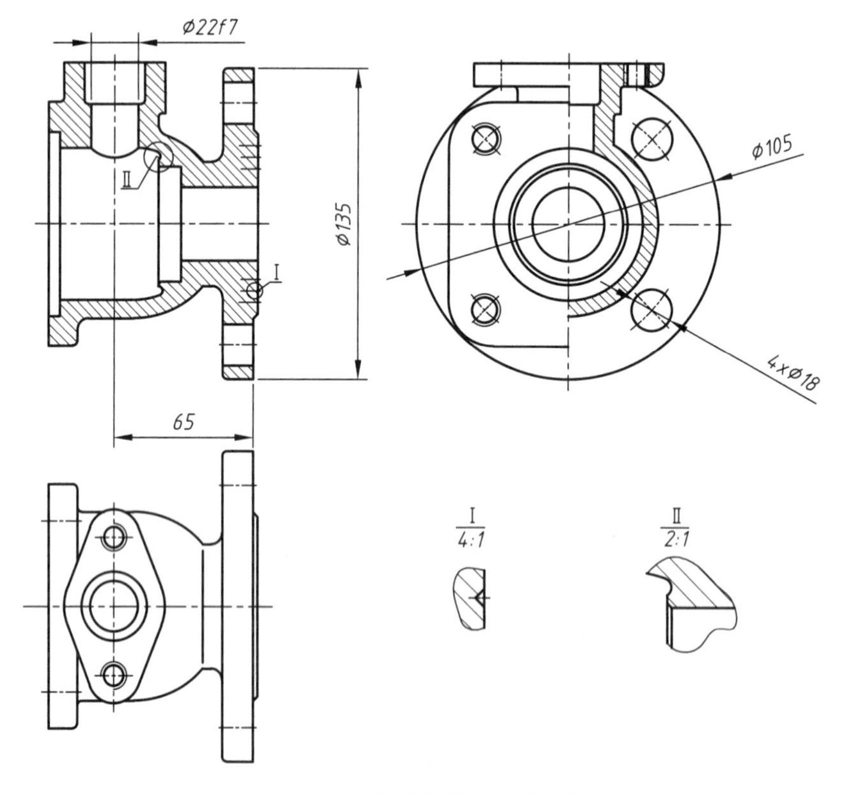

图 12-23　阀体的完整投影轮廓

2. 阀芯的零件图

从装配图主视图可以看出阀芯的基本形状为 $\phi60$ 球体，左右两端加工成平面，沿轴线上开有一 $\phi32$ 的通孔用通过流体。其槽宽度大于阀杆头部宽度，有利于和与阀杆装配。从装配图左视图可以看出顶部凹槽是弧形，凹槽圆弧半径大于球体头部球半径，使阀杆和阀芯形成点接触，从而减少接触面积，减少摩擦，方便阀芯定位。主视图全剖表达通道形状、尺寸及凹槽的宽度。左视图局部剖表达凹槽的形状及尺寸。为了保证阀芯在工作时转动顺畅。要求凹槽对 $\phi18$ 圆柱轴线、对 $\phi32$ 圆柱孔轴线(基准 A)垂直度的允许变动量为 0.15 mm；凹槽两侧面基准 B 对称度的允许变动量为 0.12 mm。同阀杆一样，阀芯是在工作中转动一个重要零件，因此对其表面粗糙度要求较高。与阀座有相对运动的阀芯球面，为 1.6 μm，凹槽的对称面 3.2 μm 其余为 6.3 μm。阀芯的零件图如图 12－24 所示。

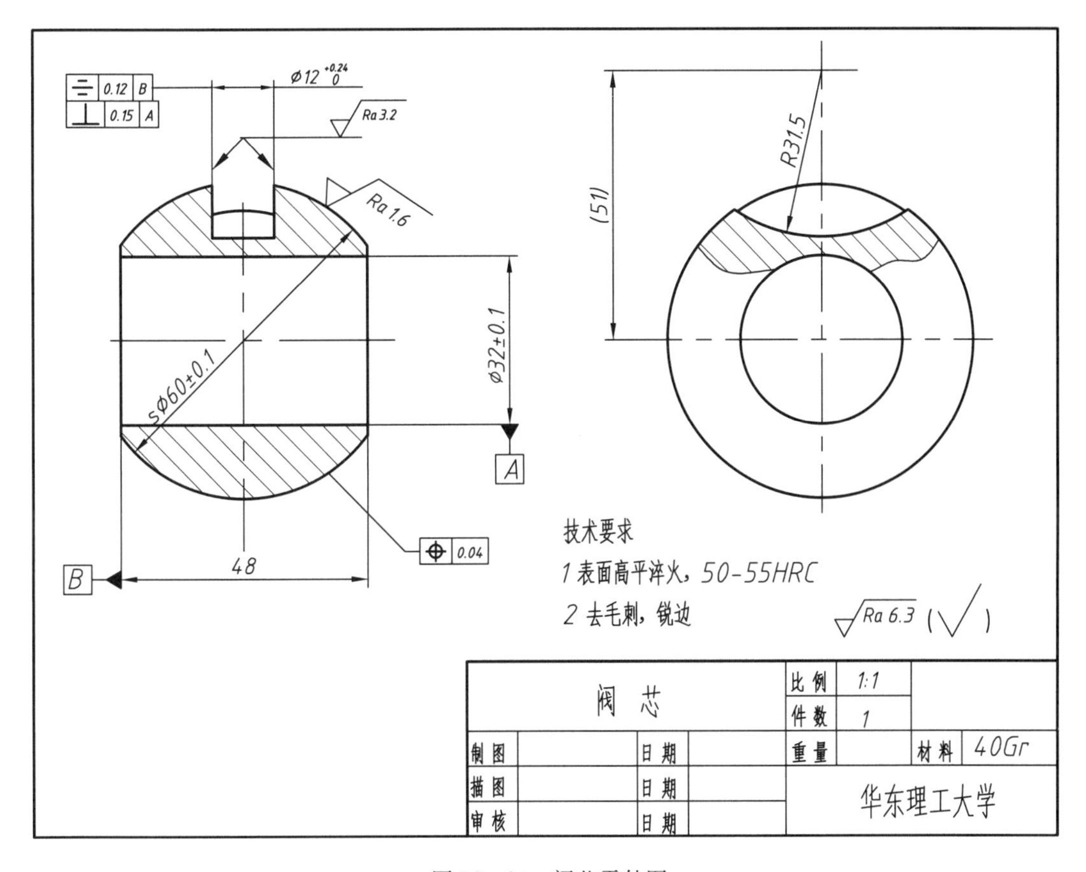

图 12－24 阀芯零件图

13 计算机绘图

本章概要

本章主要介绍 AutoCAD 的基本操作，以及绘图、编辑、设置、图层、文字注释、尺寸标注、图块等主要功能，要求能应用 AutoCAD 绘制一定复杂程度的零件图。

CAD 是 Computer Aided Design(计算机辅助设计)三个单词的缩写。它是一种利用计算机强有力的计算功能和高效率的图形处理能力，按设计师的意图进行分析、计算、判断和选择，最后得到满意的设计结果和生产图纸的一种技术手段。

AutoCAD 产生于 1982 年，是美国 Autodesk 公司开发的一种 CAD 软件，它具有强大的绘图功能，广泛应用于建筑、机械、电子、航天、化工、造船、轻纺、服装、地理等各个领域。作为未来的工程技术人员，了解和掌握 AutoCAD 的使用方法是十分必要的。

13.1 基本操作

13.1.1 AutoCAD 用户界面

AutoCAD 的用户界面主要包括：绘图窗口、命令窗口、菜单栏、工具栏、状态栏等，如图 13－1 所示。

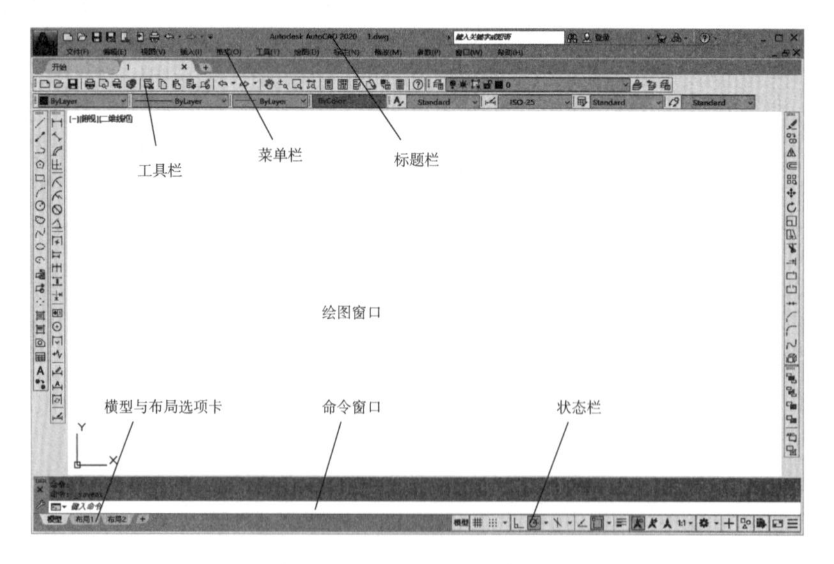

图 13－1 AutoCAD 用户界面

绘图窗口：AutoCAD 绘制、编辑图形的区域，类似于手工作图时的图纸。它包括标题栏、窗口大小控制按钮、滚动条、模型与布局选项卡等。绘图区左下方有坐标系图标，它表明了 X、Y 轴的方位。

命令窗口：AutoCAD 通过命令来绘图。命令窗口是输入命令和参数的区域，也是显示命令提示的区域，记录了 AutoCAD 与用户交流的过程，可以用鼠标上下拖动边框调整其区域大小。

文本窗口：要想看到更多的命令窗口内容，可打开 AutoCAD 文本窗口。用“F2”键可以在绘图窗口和文本窗口之间切换。

菜单：菜单包含通常情况下控制 AutoCAD 运行的功能和命令。用鼠标左键单击菜单标题时，会在标题下弹出下拉菜单项。下拉菜单中的大多数菜单项都代表相应的 AutoCAD 命令。点击某个菜单项即执行了该命令。某些菜单项后面有一小三角▶，把光标放在该菜单项上就会自动显示子菜单，这类菜单叫级联菜单，它包含了进一步的选项。如果选择的菜单项后面有“…”，就会打开 AutoCAD 的某个对话框，对话框可以更直观地执行命令。

按下“Shift”键和鼠标右键，会在当前光标位置弹出光标菜单。光标菜单包含常用的菜单项，默认的菜单中主要为对象捕捉的各种方法。

单击鼠标右键会显示快捷菜单。可以在绘图窗口、命令窗口、对话框、工具栏、状态栏、模型及布局选项卡等不同位置单击鼠标右键，显示的快捷菜单会自动依内容而调整。

工具栏：有固定、浮动两种形式，它提供了除输入命令和选取菜单以外的另一种调用命令的快捷方式。工具栏包含了许多命令按钮图标，当鼠标在图标上移动时，图标的右下角会显示出相应的命令名。在默认的初始屏幕上，显示的是“标准”“对象特性”“绘图”和“修改”工具栏。若需要显示其他工具栏，可单击菜单“视图”⇨工具栏…，在打开的工具栏对话框中选择所需要工具栏的开关按钮即可。更快的方法是将光标放在任一工具图标上，单击鼠标右键，弹出工具栏快捷菜单，从中选择需要的工具栏。可以按住工具栏抓手，将工具栏拖放到窗口的任何位置上。

状态栏：移动鼠标，十字光标跟随着鼠标在绘图区移动，状态栏将显示十字光标的坐标值。同时可提示文字和工作信息。此外还含有 8 个按钮：捕捉、栅格、正交、极轴、对象捕捉、对象追踪、线宽、模型。

13.1.2　图形文件管理

13.1.2.1　创建新图形文件

怎样建立一幅新图呢？有三种方式发出创建新图形的命令：(1) 输入命令 NEW；(2) 单击菜单“文件”⇨新建；(3) 单击“标准”工具栏中的图标。

启动命令后系统打开“选择样板”对话框，如图 13－2 所示。

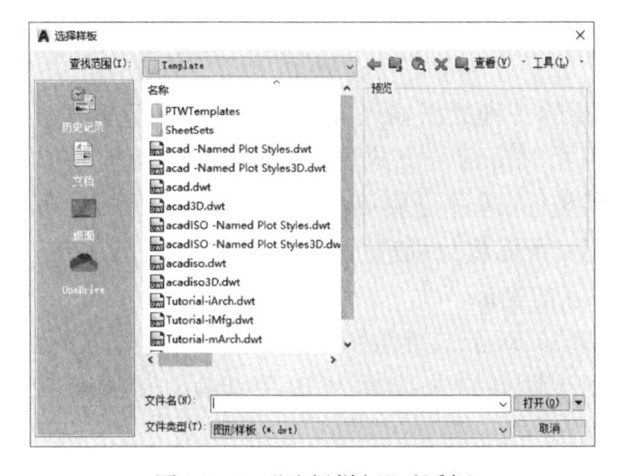

图 13－2　“选择样板”对话框

AutoCAD 提供了许多标准的样板文件，保存在 AutoCAD 目录下的 Template 子目录下，文件格式为“.dwt”。样板文件对绘制不同类型图形所需的基本设置进行了定义，如字体、标注样式、标题栏等。其中有英制和公制两个空白样板，分别为 acad.dwt 和 acadiso.dwt，图幅为 A3 图纸。如果使用的是中文版，可从样板图列表中选择 gb * .dwt 文件，这是按国家标准设置的样板文件。

13.1.2.2　打开和保存现有图形

输入命令“OPEN”，或单击菜单“文件”⇨“打开”，或单击“标准”工具栏图标，可打开已有的图形文件。

在作图过程中，定时地将文件存盘是个好习惯。调用“Save”或“Save As”命令，或选择菜单“文件”⇨“保存”，或单击保存图标，均可实现图形文件的保存。

打开和保存图形的基本方法与 Windows 的一般操作相同。

13.1.3　命令和数据的输入

13.1.3.1　命令的输入

要使用 AutoCAD，需要向它发出一系列的命令。AutoCAD 接到命令后，会立即执行该命令并完成相应的功能，所以 AutoCAD 通过调用命令来实现绘图操作。调用命令可以通过菜单、工具栏和输入命令三种方法来执行。此外：

(1) 可用回车键或空格键来重复执行上一个已完成或被取消的命令。

(2) 通过按方向键向上的箭头，可以找到先前在命令行输入过的命令；按回车键，就会重新调用先前执行过的命令。

(3) 在命令执行的任何时刻，都可以用“ESC”键来取消命令的执行。

13.1.3.2　坐标的输入

AutoCAD 有一个默认的坐标系统即世界坐标系(又称 WCS)。绘图时，经常要输入一些点的坐标值，如线段的端点、圆的圆心、圆弧的圆心及其端点等，都是以此坐标系来度量的。

在 AutoCAD 中，一般可采用以下 4 种方式输入一个点坐标。

(1) 用鼠标在屏幕上拾取点。

(2) 在指定的方向上通过给定距离确定点。正交打开时，将光标移到希望输入点的水平或垂直方向上，输入一个距离值，那么在指定方向上与当前点的距离为输入值的点即为输入点。

(3) 通过对象捕捉方式来精确捕捉一些特殊点。如捕捉圆心、切点、中点、垂足点等，见 13.3.2。

(4) 通过键盘输入点的坐标。这是非常重要的一种数据输入方式。当通过键盘输入点的坐标时，既可以用绝对坐标的方式，也可以用相对坐标的方式输入。在每一种坐标方式中，有直角坐标(输入点的 X, Y, Z 坐标值)、极坐标(通过与某一点的距离以及这两点之间的连线与 X 轴正向的夹角来确定点的位置)之分，下面将分别进行介绍。

① 绝对坐标：指相对于当前坐标系坐标原点的坐标。

绝对直角坐标：输入点的格式为“X, Y, Z”。对于二维绘图，不需要输入点 Z 坐标。注意坐标间要用西文逗号隔开。例如，某点相对于原点的 X 坐标为 10，Y 坐标为 8，则可在输入坐标点的提示后输入：10,8。

绝对极坐标：输入点的格式为“$\gamma<\theta$”。例如，某一点距坐标系原点的距离为 25，该点与

坐标系原点的连线相对于坐标系 X 轴正方向的夹角为 30°，那么该点的极坐标形式为"25<30"。

② 相对坐标：指相对于前一坐标点的坐标。

相对坐标也有直角坐标和极坐标，输入的格式与上述相同，但要求在坐标的前面加上"@"。例如，已知前一点的坐标为(20,12,8)，如果在输入点的提示后输入"@2,4,−5"，则相当于该点的绝对坐标为(22,16,3)。

AutoCAD 绘图时多用相对坐标。

13.1.4 图形设置

13.1.4.1 设置绘图单位

图形中实体是用坐标点来确定其位置的，两点之间的距离以"单位"来度量。因此，在屏幕上坐标点(1,1)和(1,2)两点间所绘直线的长度为一个单位，也称为一个图形单位。其长度单位可根据绘图时项目要求的度量标准，选取英寸、英尺、厘米、毫米等，在绘图过程中用"单位"命令来设置单位及精度。

输入命令"DDUNITS"，或单击菜单"格式"⇨单位…，在弹出的"单位"对话框中设置单位及精度。一般选择"小数"即十进制作长度单位，逆时针为角度测量的正方向，默认的左边为测量起点。

13.1.4.2 设置图形界限

利用 Limits 命令，用户可根据所需绘制图形的大小来规定图形的范围。通过输入整幅图形的左下角坐标和右上角坐标，在其矩形范围内绘制图形，这一矩形范围被称为图形范围。

一般情况下，按与实际对象 1∶1 的比例画图，可简单地根据对象的尺寸和图形四周的说明文字设置图形界限。在图形最终输出时再设置适当的比例系数，这样画图最为方便。

输入命令"IMITS"，或单击菜单"格式"⇨"图形界限"，可调用图形界限命令。

提示：图形范围与显示范围不同，AutoCAD 通过放大或缩小来显示图形的不同部位，而在屏幕上可以看得见的范围称为显示范围。要想显示图形范围，可发出视图命令 zoom/全部(A)。

13.2 绘制图形

AutoCAD 的大部分绘图命令可以在"绘图"工具栏中选取，如图 13-3 所示，也可从"绘图"菜单中选取相应命令或直接输入命令来绘制点、直线、圆等基本图形。

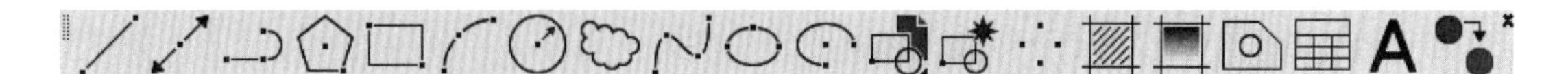

图 13-3 "绘图"工具栏

13.2.1 绘制点(POINT)

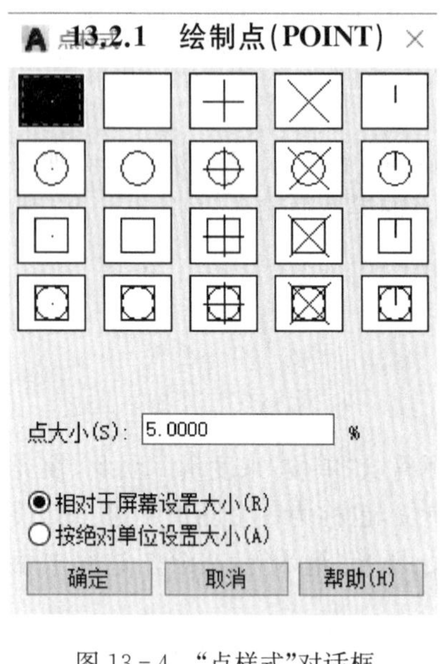

图 13-4 “点样式”对话框

点是最基本的图形对象,它用画点命令“Point”来生成(图标),画出的点有多种显示样式,可单击菜单“格式”⇨“点样式”,在“点样式”对话框中设置,如图 13-4 所示。

在“点样式”对话框,可改变点的样式和大小。“点大小”框用于设置点的显示大小,当选择了“相对于屏幕设置尺寸”时,点的大小将按一定百分比随显示窗口的大小变化而变化;而选择“用绝对单位设置尺寸”时,则按指定的实际单位设置点的显示大小。一张图中,只有一种点样式。

在菜单“绘图”⇨“点”下还有“定数等分”和“定距等分”命令,含义如下:

定数等分命令(DIVIDE):把一个图元分成几个相等的部分。图 13-5 是将直线等分为 8 段的结果。

定距等分命令(MEASURE):按指定长度,自所指端点(如果是开口线条)测量一个对象,命令执行结束后,在这个对象上每一单位打上一标记。与等分命令不同的是,测量命令不一定等分对象。

例如,一条直线长 34,按单位 8 测量,结果是在 8,16,24,32 处打上了 4 个按点样式设定的记号点。图 13-5 形象地表示出了等分(Divide)和测量(Measure)命令的区别。

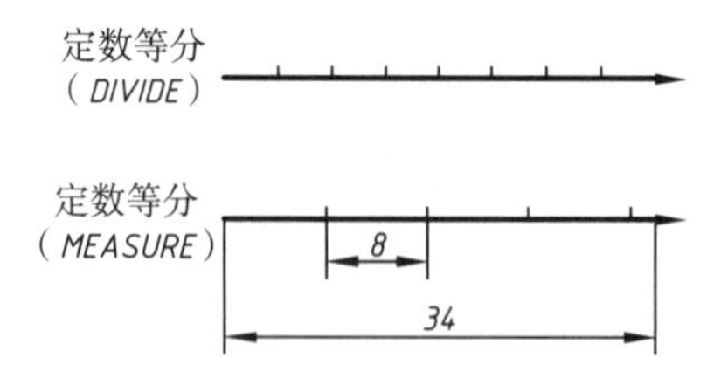

图 13-5 等分和测量命令的不同效果

13.2.2 画直线(LINE)

画直线命令可以画出一条线段,也可以依照命令提示不断地输入下一点坐标,画出连续的多条线段,直到用回车键或空格键退出画线命令。

(1) 调用

命令行:输入“LINE”或者“L”

菜单:绘图⇨直线

图标:在“绘制”工具栏中点击

(2) 命令选项

① 放弃(Undo)

该选项取消选择的最近一点,重复该选项可去掉在本次执行命令中输入的所有点。

② 闭合(Close)

在使用“Line”命令时选择“闭合”选项用于输入本次使用“Line”命令时输入的第一个点,即可以使本次使用“Line”命令输入的直线段构成闭合的环。

在执行“Line”命令的开始,在命令提示“指定第一点:”时按回车键,可从刚画完的线段的端点开始画新线。

例 13－1　分别用绝对直角坐标、相对坐标两种方法绘制图 13－6 所示平面图形。

1. 用绝对直角坐标绘图的过程如下：

命令：line

指定第一点：50,50

指定下一点或 \[放弃(U)\]：50,68

指定下一点或 \[放弃(U)\]：78,68

指定下一点或 \[闭合(C)/放弃(U)\]：60,50

指定下一点或 \[闭合(C)/放弃(U)\]：c

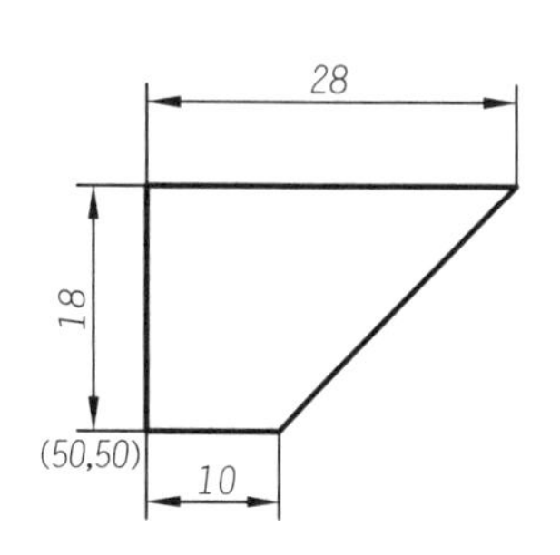

图 13－6　平面图形

2. 用相对坐标绘图的过程如下：

命令：line

指定第一点：50,50

指定下一点或 \[放弃(U)\]：@0,18 (或@18<90)

指定下一点或 \[放弃(U)\]：@28,0 (或@28<0)

指定下一点或 \[闭合(C)/放弃(U)\]：@－18,－18

指定下一点或 \[闭合(C)/放弃(U)\]：c

建议：可以直接用“Line”命令画轮廓线，如果不能准确地确认线端点的位置，可以先画辅助线。然后用这些辅助线联合确定线端点，这与在纸上画图的原则是相同的。

13.2.3　画圆和圆弧

13.2.3.1　画圆(CIRCLE)

(1) 调用

命令行：输入“CIRCLE”或者“C”

菜单：绘图⇨圆

图标：在“绘制”工具栏中点击

(2) 命令选项

下面解释圆的各种生成方法(图 13－7)：

① 圆心、半径：先提示输入圆心，再提示输入半径，输入半径值或拖动圆即得到想要的圆。此为系统默认的画圆方式。

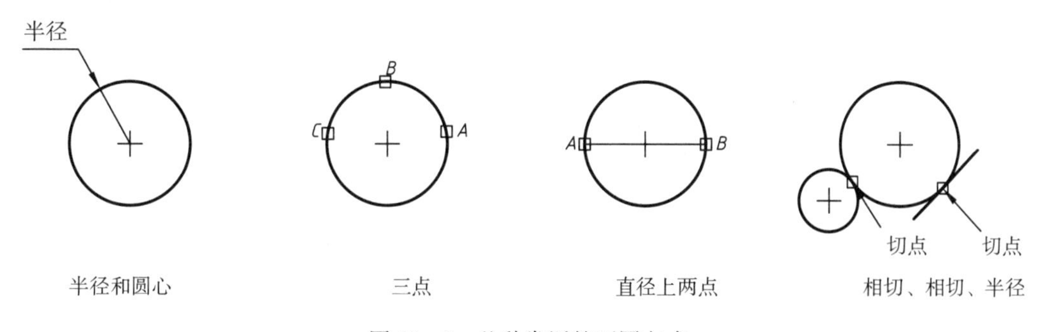

图 13－7　几种常用的画圆方式

② 圆心、直径：在系统提示输入半径时，输入D即代表直径，可以输入直径值或拖动圆到想要的大小。

③ 三点：在系统提示画图命令各选项时，输入3P，然后依次输入圆周上的三个点。

④ 直径上两点：在系统提示画圆命令各选项时，输入2P，即以圆的直径上的两个端点画圆。

⑤ 相切、相切、半径：在系统提示时输入T，先选第一个相切对象，再选第二个相切对象，最后输入半径。

⑥ 相切、相切、相切：在菜单中选择这种画圆方式后，依次选三个相切的对象，画出圆。

例13-2　绘制一个通过直径上点(10,0)和点(40,0)的圆，其提示序列如下。

命令：circle

指定圆的圆心或\[三点(3P)/两点(2P)/相切、相切、半径(T)\]：2P　(使用"两点"画圆方式)

指定圆直径的第一个端点：10,0

指定圆直径的第二个端点：40,0

注意：绘制正多边形的内切圆，可使用相切、相切、相切画圆方式快速画出。

13.2.3.2　画圆弧(ARC)

(1) 调用

命令行：输入"ARC"

菜单：绘图⇨圆弧

图标：在"绘制"工具栏中点击

(2) 命令选项

生成圆弧的方法有很多，默认方法是用三点生成圆弧。其他的选项可以通过输入恰当的字母以选定某一选项来调用。

① 三点；	② 起点，圆心，端点；	③ 起点，圆心，角度；
④ 起点，圆心，长度；	⑤ 起点，端点，角度；	⑥ 起点，端点，方向；
⑦ 起点，端点，半径；	⑧ 圆心，起点，端点；	⑨ 圆心，起点，角度；
⑩ 圆心，起点，长度。		

例13-3　绘制一个以点$A(100,100)$为弧心、$B(200,100)$为起点、弧度为60的圆弧，可以采用"起点，圆心，角度"来绘制。参照图13-8，提示序列如下：

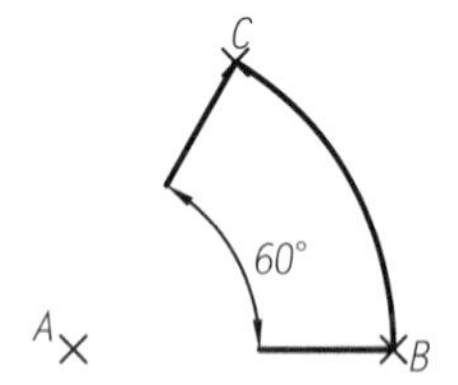

图13-8　用"起点，圆心，角度"绘制圆弧

命令：arc

指定圆弧的起点或\[圆心(C)\]：200,100　(*B*点)

指定圆弧的第二点或\[圆心(C)/端点(E)\]：C

指定圆弧的圆心：100,100　(*A*点)

指定圆弧的端点或\[角度(A)/弦长(L)\]：A

指定包含角：60

注意： 在画圆弧时，要注意角度的方向性和弦长的正负，按逆时针方向为正绘制。

13.2.4 画多段线(PLINE)

Polyline 多段线可以被拆成 Poly 和 Line 两部分。Poly 的意思是“许多”，这意味着一条多段线有许多特点，其特点如下：

· 多段线是可定义宽度的线。

· 多段线非常灵活，可以用它来绘制任意形状，如实心圆或圆环。

· 通过把不同宽度的多段线和多段圆弧连接起来形成单个多段线对象。

· 可以很容易地确定一条多段线的面积或周长。

(1) 调用

命令行：输入“PLINE”

下拉菜单：绘图⇨多段线

图标：在“绘制”工具栏中点击

(2) 命令选项

当调用了“Pline”命令之后提示如下：

指定起点：(指定起点或输入它的坐标)

当前线宽为 0.0000：(被画的多段线的当前线宽为 0.0000，可在后面调用“宽度”选项修改宽度)

指定下一点或\[圆弧(A)/半宽(H)/长度(L)/放弃(U)/宽度(W)\]：

在这个提示中可以根据自己的要求调用相应的选项。其中：

① 宽度 Width(W)：给多段线赋一个宽度或多个宽度。在“Pline”命令的提示中选“W”，这时系统提示输入起点宽度，要求输入一个宽度值；系统接着提示输入终点宽度，这时起点宽度值就成为了终点宽度的默认值。

② 半宽度 Halfwidth(H)：半宽度选项也可用来给多段线设定宽度，但只要输入实际宽度的一半。

③ 圆弧 Arc(A)：多段线可以画圆弧，在选项中选择了圆弧选项后，就进入了画圆弧模式。在多段线中画圆弧，系统为我们提供了各种子选项，有一些选项不同于“Arc”命令的选项，例如，

方向：选取圆弧的起始方向。

直线：回到“Pline”命令绘直线模式。

④ 长度 Length：用长度选项可以画一条指定长度的直线。如果多段线的上一段是直线，则画出一条方向、角度都和上一条直线段一样的直线；如果多段线的上一段是圆弧，则直线和圆弧相切。

13.2.5 画正多边形(POLYGON)

正多边形是一个封闭的几何图形，它的每条边都相等，每个夹角都相等。在 AutoCAD 中，可画正多边形的边数为 3～1 024。

(1) 调用

命令行：输入“POLYGON”

菜单：绘图⇨多边形

图标：在"绘制"工具栏中点击

(2) 命令选项

一旦调用了"Polygon"命令，系统就会提示输入正多边形边的数目，以决定正多边形的边数。"Polygon"命令有几个选项，各选项的功能如下：

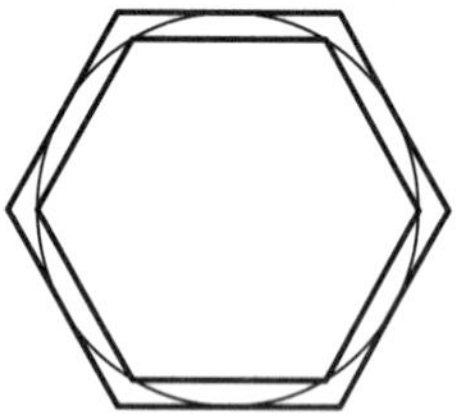

① 多边形中心点(Center)：根据多边形中心点绘制多边形。

② 内接多边形(Inscribed)：多边形在圆内，多边形的各顶点都落在圆上。通过圆的半径决定多边形的大小。

③ 外切多边形(Circumscribed)：多边形在圆外，多边形的各边都与圆相切。如果在生成内接多边形和外切多边形时，圆半径一样，则外切多边形比内接多边形大，见图 13－9。

④ 边(Edge)：根据边长来生成多边形。

图 13－9　内接多边形和外切多边形大小的比较

例 13－4　画一中心点在(100,80)处，内接于半径为 60 的圆上的六边形，提示序列如下：

命令：_polygon 输入边的数目 <4>：6

指定正多边形的中心点或 \[边(E)\]：100,80

输入选项 \[内接于圆(I)/外切于圆(C)\] <I>：回车(默认内接于圆的方式画多边形)

指定圆的半径：60

13.2.6　画矩形(RECTANG)

先选择一个起点，然后选取对角点生成矩形。

(1) 调用

命令行：输入"RECTANG"

菜单：绘图⇨矩形

图标：在"绘图"工具栏中点击

绘制一个以左下角坐标为(0,0)，右上角坐标为(60,40)的矩形，其提示序列如下：

命令：rectang

指定第一个角点或 \[倒角(C)/标高(E)/圆角(F)/厚度(T)/宽度(W)\]：0,0 (左下角点位置)

指定另一个角点或 \[尺寸(D)\]：60,40 (右上角点位置)

(2) 选项

① 倒角：设置倒角距离；　② 标高：设置高度；

③ 圆角：设置倒圆角半径；　④ 厚度：设置矩形厚度；

⑤ 宽度：设置边线的宽度。

13.2.7　画椭圆(ELLIPSE)

"Ellipse"命令生成椭圆和椭圆弧。系统变量"PELLIPSE"用来控制椭圆的类型。如果"PELLIPSE"设为"0"，那么生成的椭圆是真正的椭圆；如果"PELLIPSE"设为"1"，那么将用多段线逼近法绘制椭圆。

(1) 调用

命令行：输入"ELLIPSE"

下拉菜单：绘图⇨椭圆

图标：在“绘图”工具栏中点击

(2) 命令选项

在“Ellipse”命令中有许多有关生成椭圆的选项，通过如图13-10上、下两图所示椭圆的绘制可了解各选项的含义。

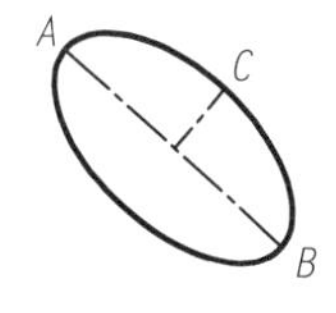

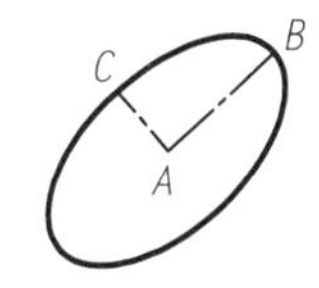

图13-10　内接多边形和外切多边形大小的比较

命令：ellipse　(绘制图13-10的上图)

指定椭圆的轴端点或 \[圆弧(A)/中心点(C)\]：　(输入 A 点坐标)

指定轴的另一个端点：　(输入 B 点坐标)

指定另一条半轴长度或 \[旋转(R)\]：(输入 C 点坐标或输入半轴数值得到图13-10的上图，若选择“R”，则将以 AB 为直径作一平行于绘图平面的圆，并将该圆以 AB 直线为轴线旋转 R 角度，再投影到绘图平面，得到椭圆)

命令：ellipse　(绘制图13-10的下图)

指定椭圆的轴端点或 \[圆弧(A)/中心点(C)\]：c　(以椭圆中心点方式画椭圆)

指定椭圆的中心点：　(输入 A 点坐标)

指定轴的端点：　(输入 B 点坐标)

指定另一条半轴长度或 \[旋转(R)\]：　(输入 C 点坐标或输入 AC 距离值，得到图13-10的下图)

13.2.8　画样条曲线(SPLINE)

样条是一种通过空间一系列给定点生成光顺曲线的方法，由此方法生成的曲线叫作样条曲线。在绘图时一般用于绘制波浪线。

命令行：输入“SPLINE”

菜单：绘图⇨样条曲线

图标：在“绘制”工具栏中点击

在命令结束时提示的“起点切向”和“端点切向”选项可以控制样条曲线在起点和终点的切向。如果在提示处按“Enter”键，系统会使用默认值，由样条曲线在选择点处的斜率决定。

13.3　绘图的辅助工具

13.3.1　草图设置

作图时，确定点位置最快的方法是在屏幕上拾取点。为了方便精确定点，AutoCAD提供了一些定位工具，它们是状态栏处的捕捉、栅格、正交、极轴、对象捕捉等命令。这些工具的设置在“草图设置”对话框中完成。

单击菜单“工具”⇨“草图设置”，弹出“草图设置”对话框，见图13-11，在“捕捉和栅格”选项卡中：

(1) 点击“启用栅格”前的小方框，打开栅格工具。在图形范围内将显示栅格点。可接受默认的栅格间距也可根据需要设置。栅格间距太小则使屏幕网点密集，小到一定程度以后，网点将不显示。

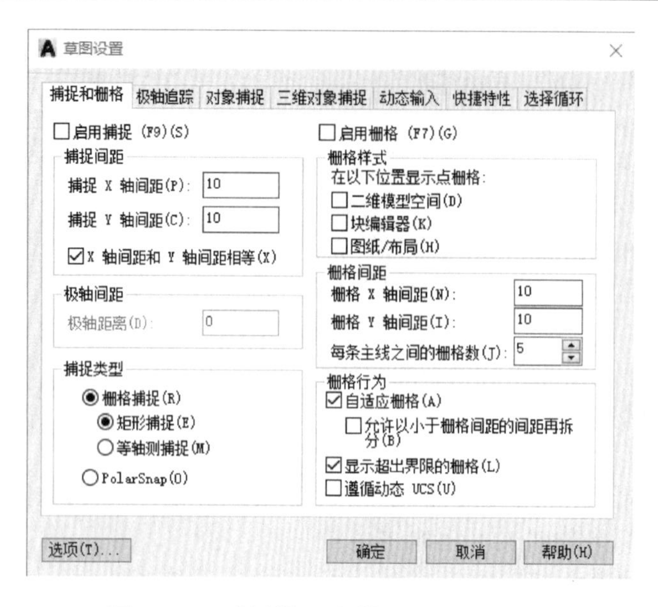

图 13-11　草图设置对话框的“捕捉和栅格”选

另外,输入命令“Grid”,或按功能键“F7”,或按下状态栏的“栅格”按钮,均可打开栅格工具。

(2) 点击“启用捕捉”前的小方框,即打开捕捉工具。在“捕捉 X 轴间距”和“捕捉 Y 轴间距”栏下单击一下,使间距与栅格的间距一致,则可捕捉上面设定的栅格点。输入命令“Snap”,或按功能键“F9”,或按下状态栏的“捕捉”按钮,均可打开捕捉工具。

例如,当我们需在点(80,100)和点(150,150)之间画一条直线时,可选 SNAP=10,这样移动光标时很容易对准点(80,100)和点(150,150)之数,而绝不至于对到点(80.01,99.20)和点(149.91,150.21)上。

(3) 使用正交方式

按下“正交”按钮,正交模式处于打开状态,光标的移动被限定在捕捉方向上,用鼠标绘出的直线总是水平或垂直的,绝不会是倾斜的。输入命令“Ortho”,或按功能键“F8”,均可打开正交工具。

13.3.2　对象捕捉

在绘制对象时,使用对象捕捉功能可以捕捉对象上的某些特定的点,例如端点、中点、圆心点和交点等,以便用鼠标定位这些点。

13.3.2.1　使用对象捕捉

只要 AutoCAD 命令行提示要求输入一个点时,就可以使用下面的方法激活对象捕捉模式。

(1) 单点对象捕捉

① 打开对象捕捉工具栏,如图 13-12 所示。当命令要求或需要指定对象上的特定点时,从工具栏中选择一种对象捕捉,然后选择捕捉点。

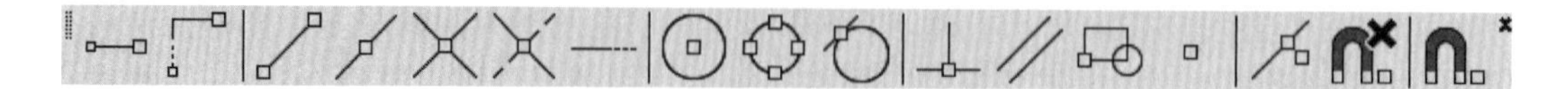

图 13-12　“对象捕捉”工具栏

② 直接在命令行中键入相应的关键字来选择捕捉模式，只需输入前三个字符。例如，在需要指定点时，键入“cen”就表示捕捉圆心。

上述方法均为临时打开对象捕捉模式，捕捉了一个点后，对象捕捉模式自动关闭。

(2) 启用对象捕捉

启用对象捕捉功能，捕捉模式在打开期间将始终起作用，只要被要求指定一个点时，就自动应用相应的对象捕捉模式，直到关闭对象捕捉功能。

启用对象捕捉的步骤如下：

在“草图设置”对话框中，单击“对象捕捉”选项卡，如图 13－13 所示。

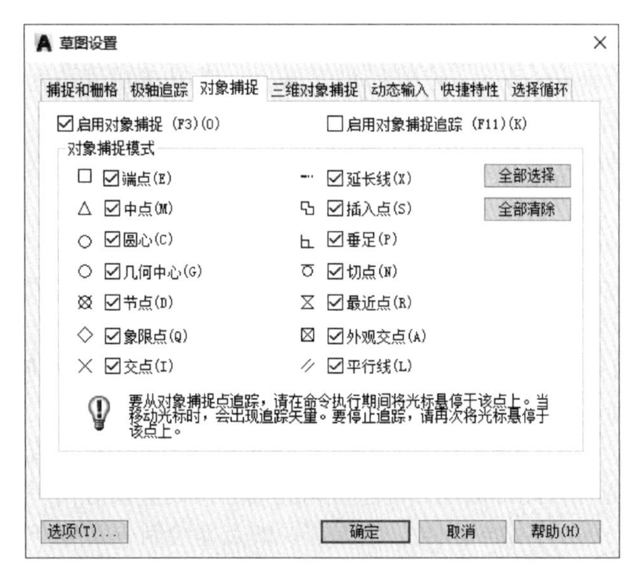

图 13－13 草图设置对话框的“对象捕捉”选项

在状态栏上的“对象捕捉”按钮上单击鼠标右键，选择“设置”项也可以显示该选项卡。

① 勾选上“启用对象捕捉”选项，即打开对象捕捉模式。根据需要选择一种或几种对象捕捉类型。

② 单击“确定”按钮。所设置的对象捕捉将一直持续生效。

提示：如果同时选择了多个对象捕捉类型，当捕捉靶框移近对象时，可能会同时存在数个捕捉点，此时按“Tab”键即可在这些捕捉点之间切换。

13.3.2.2 对象捕捉类型

AutoCAD 提供了下列对象捕捉类型：

(1) 端点(Endpoint)：捕捉到对象(如直线或圆弧)最近的端点。也可以用来捕捉三维实体(如长方体)和面域的边的端点。

(2) 中点(Midpoint)：捕捉到对象(如直线或圆弧)的中点。也可以用来捕捉三维实体(如长方体)和面域的边的中点。

(3) 圆心(Center)：捕捉到圆弧、圆或椭圆的圆心。也可以捕捉到实体、体或面域中圆的圆心。

(4) 节点(Node)：捕捉到单独绘制的点对象，也可以捕捉到由定距等分和定数等分命令在对象上产生的点对象。

(5) 象限点(Quadrant)：捕捉到圆弧、圆或椭圆的象限点(0°，90°，180°，270°点)。

(6) Intersection(交点)：捕捉到对象的交点，包括圆弧、圆、椭圆、椭圆弧、直线、多线、多段线、射线、样条曲线或构造线的交点。如果两个对象向外不断延伸，则可以捕捉到延伸的交点。

(7) 延伸(Extension)：捕捉对象的延伸路径。光标位于对象上时，将显示一条临时的延伸线，这样就可以通过延伸线上的点绘制对象。

(8) 插入点(Insert)：捕捉到块、形、文字、属性或属性定义的插入点。

(9) 垂足(Perpendicular)：捕捉到与圆弧、圆、椭圆、椭圆弧、直线、多线、多段线、射线、实体、样条曲线或构造线正交的点，也可以捕捉到对象的外观延伸上的垂足。

(10) 切点(Tangent)：捕捉到圆或圆弧上的切点。切点与指定的第一点连接可以构造出对象的切线。

(11) 最近点(Nearest)：捕捉对象上距离十字光标中心最近的点。

(12) 外观交点(Apparent Intersection)：捕捉到对象的外观交点。在三维模型中，从一个视图上看两个对象可能是相交的，而从另一个视图上看这两个对象可能又不相交。外观交点捕捉能够捕捉到对象外观上相交的点，也可以捕捉到外观延伸相交的交点。外观交点捕捉不能捕捉到三维实体的边或角点。

(13) 平行(Parallel)：画好直线的起点，将光标移到要平行的直线上停留一会，出现“//”标记，然后移动光标使光标跟起点的连线与先前停留的直线方向平行时，会显示一条虚线辅助线，拾取需要的点即绘制一条与停靠直线平行的直线。

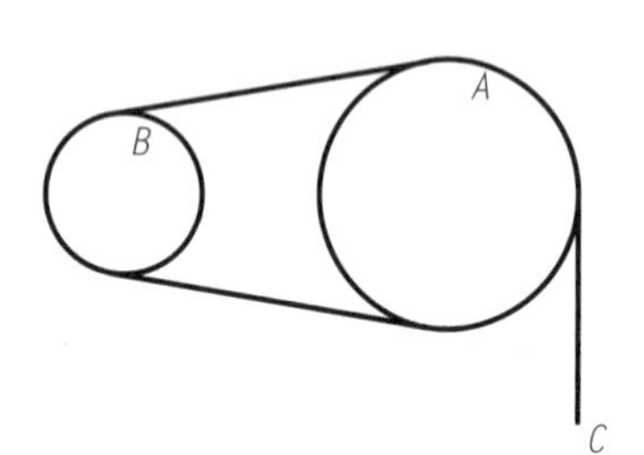

图 13-14 作两圆弧的公切线

例 13-5 作两圆弧的公切线，如图 13-14 所示，并从圆弧外一点 C 作圆弧 A 的切线。

命令：_line

指定第一点：_tan 到 (在圆弧 B 上方捕捉任一切点)

指定下一点或 \[放弃(U)\]：_tan 到 (在圆弧 A 上方捕捉任一切点)

命令：_line

指定第一点： (捕捉 C 点)

指定下一点或 \[放弃(U)\]：_tan 到 (在圆弧 A 右方捕捉任一切点)

13.3.3 自动追踪设置

自动追踪可以按特定的角度或与其他对象的指定关系来确定点的位置。若打开自动追踪模式，AutoCAD 会显示临时的辅助线来指示位置和角度以便于创建对象。

自动追踪包含两种追踪方式：极轴追踪和对象捕捉追踪。

13.3.3.1 极轴追踪

极轴追踪按事先给定的角度增量来对绘制对象的临时路径进行追踪。设置步骤如下：

(1) 在“草图设置”对话框中，选择“极轴追踪”选项卡，如图 13-15 所示。或在状态栏上的“极轴”按钮上单击右键，选择“设置”项也可。

(2) 勾选上“启用极轴追踪”选项，打开极轴追踪模式。

(3) 在“增量角”列表框中选择一个递增角。如果列表中没有所需的角度，可以新建新角度值，作为非递增角。

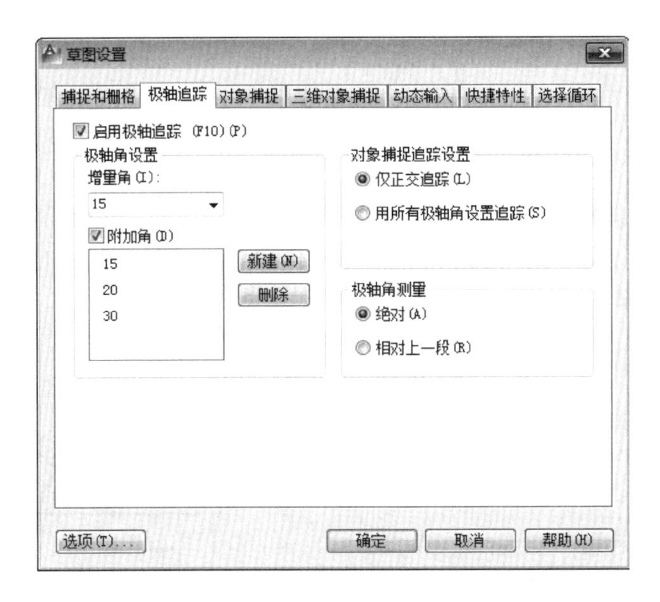

图 13-15 草图设置对话框的“极轴追踪”

例如，如果需要画一条与 X 轴成 45°角的直线，可以设置极轴角增量为 45°。那么绘图时移动十字光标到与 X 轴的夹角接近 0°，45°，90°等 45°角的倍数时，AutoCAD 将显示一条临时路径和提示角度。此时单击鼠标，则可以确保所画的直线与 X 轴的夹角为提示角度。

注意： 不能同时打开“正交”模式和极轴追踪。“正交”模式打开时，AutoCAD 会关闭极轴追踪。而打开极轴追踪，AutoCAD 将关闭“正交”模式。同样，如果打开“极轴捕捉”，栅格捕捉将自动关闭。

13.3.3.2 对象捕捉追踪

对象捕捉追踪按与对象的某种特定关系沿着由对象捕捉点确定的临时路径进行追踪。

设置步骤如下：

(1) 打开“对象捕捉”。

(2) 在“草图设置”对话框的“对象捕捉”选项卡上，勾选“启用对象捕捉追踪”选项。同时在“极轴追踪”选项卡选择“启用极轴追踪”选项，如图 13-15 所示。

(3) 在“对象捕捉追踪设置”框中选择下面两个选项之一：

仅正交追踪：将显示相对于追踪点的 0°，90°，180°，270°方向上的追踪路径。

用所有极轴角设置追踪：相对于追踪点显示极轴追踪角的捕捉追踪路径。

(4) 单击“确定”按钮，完成设置。

设置并启用了对象捕捉追踪后在绘图和编辑图形时移动光标到一个对象捕捉点，不要

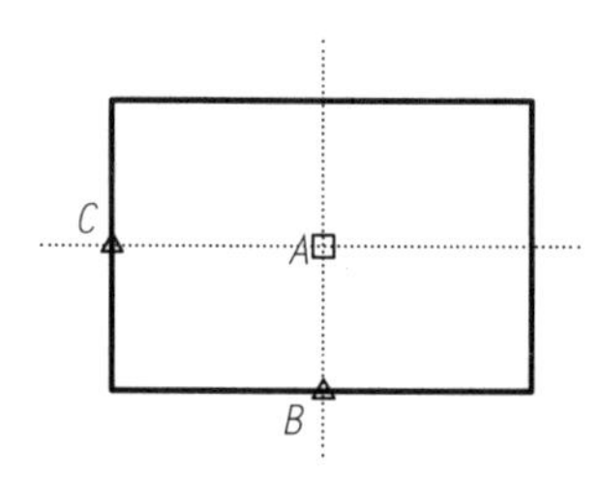

图 13-16　对象捕捉追踪

单击该点，只是暂时停顿即可临时获取该点，此即追踪点。获取该点后将显示一个小加号(+)。此时在绘图路径上移动光标，相对于该点的水平、垂直或极轴临时路径会显示出来。

如图 13-16 所示，欲找矩形的中心点 A，可启用对象捕捉追踪，移动光标到 B 点，停留一会以捕捉取该中点；接着移动光标到 C 点，停留一会以获取中点 C；再移动光标到 A 处，出现水平、垂直的两条临时对齐路径时，在 A 处单击一下即得到 A 点。

提示： 获取对象捕捉点之后，可以相对于追踪点沿临时路径在精确距离处指定点。即在显示对齐路径后，在命令行直接输入距离值即可。绘制三视图时，同时启用对象捕捉、极轴追踪和对象追踪模式，可方便实现视图“长对正”和“高平齐”。

例 13-6　利用追踪绘制如图 13-17 所示的图形。

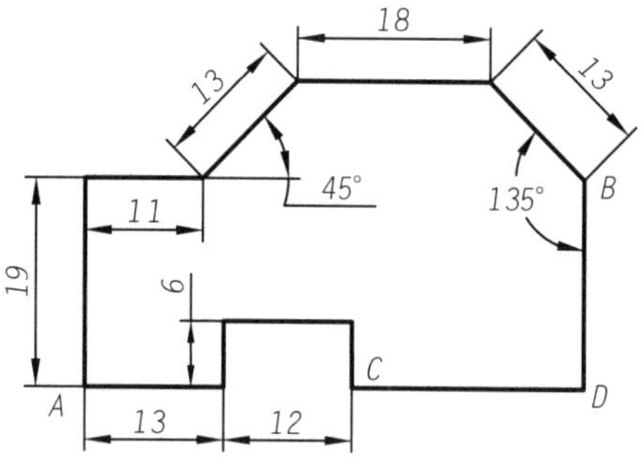

按下“对象捕捉”“极轴”“对象追踪” 按钮。极轴角设置为 45°

命令：LINE 指定第一个点：　(A 点)

指定下一点或 \[放弃(U)\]：19　(鼠标光标垂直往上移动，输入“19”)

指定下一点或 \[放弃(U)\]：11　(光标水平往右移动，输入“11”)

指定下一点或 \[闭合(C)/放弃(U)\]：13　(光标追踪 45°，输入“13”)

图 13-17　利用追踪绘图

指定下一点或 \[闭合(C)/放弃(U)\]：18　(光标水平往右移动，输入“18”)

指定下一点或 \[闭合(C)/放弃(U)\]：13　(光标追踪 45°，输入“13”，到 B 点)

命令：LINE 指定第一个点：　(捕捉 A 点)

指定下一点或 \[放弃(U)\]：13　(光标水平往右移动)

指定下一点或 \[放弃(U)\]：6　(光标垂直往上移动)

指定下一点或 \[闭合(C)/放弃(U)\]：12　(光标水平往右移动)

指定下一点或 \[闭合(C)/放弃(U)\]：6　(光标垂直往下移动)

指定下一点或 \[闭合(C)/放弃(U)\]：　(光标水平往右移动，捕捉 B 点，悬停一会出现追踪路径后获得 D 点)

指定下一点或 \[闭合(C)/放弃(U)\]：(捕捉 B 点，完成绘制)

13.3.4　显示控制

虽然计算机显示屏幕的大小是有限的，但是在 AutoCAD 中，图形可以平移、缩放显示，设计时可以很方便地看清楚图形的细节。显示操作并没有改变图形的真实大小，仅改变显示大小。

图 13-18　“缩放”工具栏

缩放操作工具栏如图 13-18 所示。

(1) 实时缩放命令(ZOOM)(图标)

通过移动鼠标动态改变放大倍数。要放大图形,将鼠标一直向上拖;要缩小图形,将鼠标一直向下拖;要退出实时缩放,可按鼠标右键,从弹出的快捷菜单中选取"退出"。

提示: 三键鼠标中间有一轮子,转动该轮也可缩放图形。

(2) 窗口(Window)(图标)

在图形上指定一个窗口,以该窗口作为边界,把该窗口内的图形放大到全屏。

(3) 缩放上一个(Previous)(图标)

恢复到前一个显示方式。

(4) 实时平移命令(PAN)(图标)

"Pan"命令使光标变成一只小手,按鼠标左键移动光标,当前视图中的图形就随光标的移动而移动。按鼠标右键,从弹出的快捷菜单中选取"退出"即可退出平移操作。该命令并非真正移动图形,而是移动图形窗口。

其他缩放选项的相关信息,可参见帮助中的相关标题。

13.4 图层

AutoCAD 的图层是用来组织图形的最有效工具之一,它类似透明的电子纸一层叠一层地放置。如果将对象分类放置在不同的图层上,每层具有一定的颜色、线型和线宽,将方便图形的查询、修改、显示及打印。例如:对于零件图,为区分其粗实线、中心线、细实线、虚线、尺寸线、剖面线、文字、辅助线等,可设 8 个图层,每层画一种图线,最后将所有图层重叠一起就构成一张完整的零件图。AutoCAD 利用图层特性管理器来建立新层、修改已有图层的特性及管理图层。

13.4.1 图层特性管理器的使用

输入命令"LAYER",或单击菜单"格式"⇨"图层",或单击"对象特性"工具栏的图标 ,将打开"图层特性管理器"对话框,见图 13-19,它列出了图层的名称及其特性值和状态。

(1) 创建新图层

单击对话框中的 按钮将创建新的图层。在"名称"栏下输入新图层名,紧接着按","键或回车,就可以再输入下一个新图层名。如要更改图层名,选择该图层使其高亮显示,单击图层名,键入新图层名。输入的图层名中不可含有"*""/""?"等通配符,也不能重名。

(2) 设置当前层

选择一个图层,单击对话框中的 按钮,就可将该层设置为当前层。

(3) 删除图层

选择一个或多个图层,单击 按钮即可。应注意的是,不能删除包含有对象的图层。

以上操作均有快捷方式,可在列表框中单击鼠标右键,弹出快捷菜单。

在快捷菜单中选取"全部选择"选项,将选择全部列出的图层;选取"除当前外全部选择"选项,将选择除了当前图层外的所有图层。

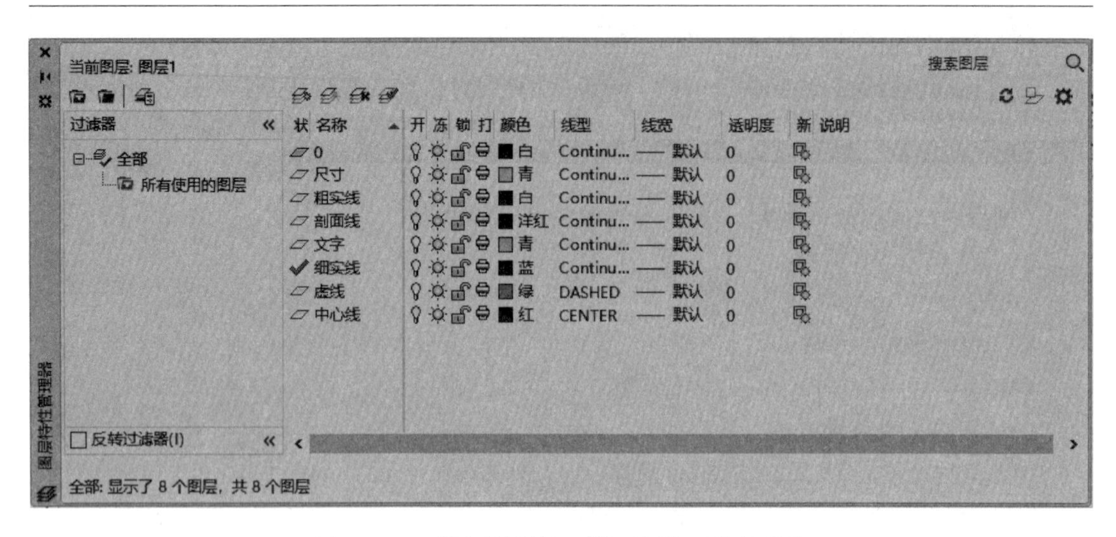

图 13-19　“图层特性管理器”对话框及快捷菜单

(4) 打开/关闭图层

如果要改变图形的可见性,可单击位于“开”栏下对应所选图层名的灯泡图标。此图标用于设置图层的打开或关闭,图层为打开状态时灯泡为黄色;单击灯泡图标,灯泡变成蓝色,图层即被关闭。此时该图层上的所有对象不会在屏幕上显示,也不会被打印输出。但这些对象仍在图形中,在刷新图形时还会计算它们。

(5) 解冻/冻结图层

位于“在所有视口冻结”栏下方对应的太阳图标 用于解冻/冻结图层。图层为解冻状态时图标为太阳;单击所选图层的太阳图标,图标变成雪花,图层即被冻结,此图层上的所有对象将不会在屏幕上显示,也不会被打印输出,在刷新图形时也不计算它们。

(6) 锁定/解锁图层

位于“锁定”栏下对应的锁形图标 用于设置图层的锁定/解锁。单击所选图层的锁形图标,开锁变成闭锁,图层即被锁定,已锁定图层的对象仍然可见,但是不能进行编辑。

(7) 改变图层颜色

图层颜色默认情况下为白色。单击位于“颜色”栏下对应所选图层名的颜色图标,AutoCAD将打开“选择颜色”对话框,用于改变所选图层的颜色。

图 13-20　“加载或重载线型”对话框

(8) 改变图层线型

默认情况下,新创建的图层的线型为连续型Continuous。要改变图层的线型可单击位于“线型”栏下对应所选图层名的线型名称,将打开“选择线型”对话框,此对话框列出了已加载进当前图形中的线型。如需加载另外线型,可单击对话框中的“加载”按钮,显示“加载或重载线型”对话框,如图13-20所示。

为了统一计算机在绘图时的图层特性设置,GB/T 14665—2012对图层、颜色和线型有规定,见表13-1。

表 13－1 图层的规定(摘自 GB/T 14665—2012)

国标线型		图层	颜色
粗实线	————————	01	白
细实线	————————	02	绿
虚线	— — — — — — — — — —	04	黄
细点画线	——·——·——·——	05	红
尺寸线	←————————→	08	
剖面线	／／／／／／／／／／／	10	

建议虚线用“Hidden2”，点画线用“Center2”，双点画线用“Phantom2”较为合适。

(9) 改变图层线宽

单击位于“线宽”栏下对应所选图层名的线宽图标，显示“线宽”对话框。从对话框的列表框中选择适当的线宽值，单击“确定”即可改变图层的线宽。如果屏幕线宽的显示没有变化，应单击状态栏的“线宽”按钮。

(10) 改变图层打印样式

打印样式通过确定打印特性(如线宽、颜色和填充样式)来控制对象的打印方式。要改变图层相关联的打印样式，可单击位于“打印样式”栏下对应所选图层名的图标。在英制图形中图层打印样式默认为“普通”(PSTYLEPOLICY 系统变量为 0)，单击“普通”图标，将显示“选择打印样式”对话框以选择图层的打印样式。如果正在使用颜色相关打印样式(PSTYLEPOLICY 系统变量设为 1，图层图标显示为 Color_颜色号)，则不能修改与图层关联的打印样式。

(11) 线型比例 LTSCALE

命令：ltscale

输入新线型比例因子<1.0000>：

线型定义中非连续线的划线与间隔的长度是根据绘图单位来设置的，不同的单位使划线与间隔的长度比例不相同，用“Ltscale”命令可改变划线与间隔的长度，使线型与绘图单位一致。比如中心线、虚线等线型，就可以通过“Ltscale”命令调整划线与间隔的长度。

13.4.2 图层与对象特性工具栏

为了使查看和修改对象特性的操作更方便、快捷。AutoCAD 提供了“图层”和“对象特性”工具栏，如图 13－21 所示。对象的许多特性可通过这两个工具栏来查看或修改。如改变或选择图层、设置对象所在图层的状态、设置对象的特性如颜色、线型、线宽和打印样式等。

(1) 图层列表

在图层控制列表框中，只需单击代表图层特性的图标：打开 /关闭、冻结 /解冻 、锁定 /解锁，就可以改变对象所在图层的状态。

(2) 将对象图层设置为当前层

单击“把对象的图层设置为当前”按钮 ，然后选择欲改变图层设置为当前层的对象。

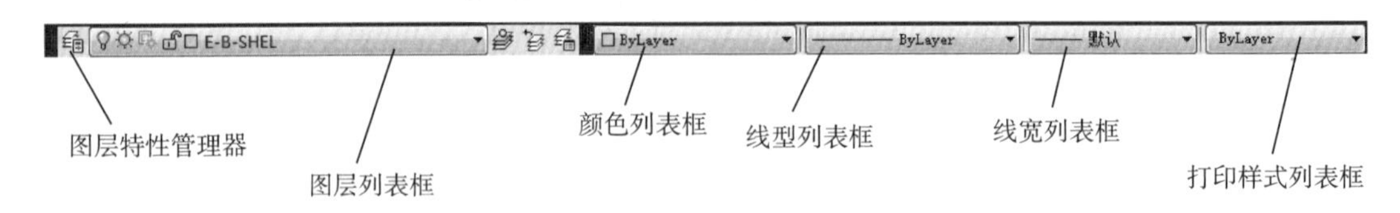

图 13-21　“图层”与“对象特性”工具栏

就可将该对象所在图层定义为当前层。在图层控制列表框中单击某图层名，也能将该图层设置为当前层。

(3) 恢复上一个图层

单击“上一个图层”按钮，或输入命令“Layerp”，可放弃已对图层设置(如颜色或线型)做的修改。但不放弃重命名、删除图层、添加图层的修改。

(4) 设置对象的特性

图形对象的特性：颜色、线型、线宽和打印样式，在默认情况下是继承它所在图层的特性，即随层(ByLayer)。也可通过“对象特性”工具栏进行修改。

① 颜色：图层的颜色默认为 ByLayer，意即取其所在图层的颜色。颜色控制列表框还包括 ByBlock、7 种标准颜色和“其他”，第一项通常为当前层的颜色，其中 ByLayer、ByBlock 为 AutoCAD 的逻辑色，单击“其他”将打开“选择颜色”框。如要改变对象的颜色，先选取图形对象，然后从颜色控制列表框中选取想要的颜色即可。但是图形对象的颜色最好使用 ByLayer，否则会导致颜色混乱，因为图形对象主要是通过层特性来组织管理的，使用 ByLayer 颜色，可以简单地改变层的颜色来整体更新对象颜色。

② 线型：线型控制列表框也有 ByLayer、ByBlock 和其他调入的线型，图层的线型默认为 ByLayer。如果要加入新线型，可选择“其他”选项。如要改变对象的线型，先选取图形对象，然后从线型列表框中选取想要的线型即可。但同颜色的设置一样，图形对象的线型最好使用 ByLayer。

③ 线宽：图层的线宽默认为 ByLayer。如要改变对象的线宽，先选取图形对象，然后从线宽控制列表框中选取该对象的线宽。

注意： 在“对象特性”工具栏中 ByLayer(随层)、ByLayer(随块)两选项的具体含义如下：

(1) ByLayer(随层)：图形对象的特性如颜色、线型、线宽和打印样式将取其所在图层的特性。

(2) ByBlock(随块)：图形对象的设置为 ByBlock，当它们被定义为块并插入到图形中时，这些对象的特性取当前层的设置。

13.4.3　对象特性管理器

AutoCAD 的对象特性管理器是一个表格式的窗口，它是查看和修改对象特性的主要途径。通过使用该管理器，可以使编辑对象和图形文件特性的操作变得十分容易，从而更快、更精确、更简单地修改对象特性，提高绘图效率。

输入特性命令(PROPERTIES)，或单击菜单“修改”⇨“特性”，或单击图标，将打开

图 13-22　三面视图的方位关系

“特性”对话框，也称作对象特性管理器，见图 13-22。内容即为所选对象的特性。根据所选择对象的不同，表格中的内容也将不同。

首先选择欲修改的对象，在对象特性管理器中选择欲修改的特性，然后使用下面列出的方法之一修改对象：

(1) 输入一个新值。

(2) 从下拉列表中选择一个值或在对话框中修改特性值。

(3) 用“拾取”按钮改变点的坐标值。

如选择一个圆，在特性管理器的“半径”栏中输入新半径值，回车，圆的半径则被修改。

13.4.4　特性匹配

命令行输入“MATCHPROP”，或单击图标，或单击菜单“修改”⇨“特性匹配”，可以将对象的特性复制给其他的对象。

操作过程：

(1) 在“标准”工具栏中单击“特性匹配”按钮。

(2) 选择要匹配的对象作为源对象。

(3) 选择要修改的对象为目标对象。

13.5　图形编辑

图形编辑是指对已有图形对象进行移动、旋转、缩放、复制、删除、参数修改及其他修改操作。与手工绘图相比，AutoCAD 的突出优点就是使图形修改变得非常方便。图形编辑工具栏如图 13-23 所示。

图 13-23　图形编辑工具栏

在进行编辑操作时，输入编辑命令后首先出现的提示为“选择对象:”，选中的对象将以虚线高亮显示。选择对象可以一次选一个对象或多个对象，也可窗口框选对象。AutoCAD 提供多种选择对象的方法，在“选择对象”提示下，如果输入错误(如输入 d)，则系统会列出所有选择对象的方式。

注意：(1) 按下“Shift”键并单击选中对象，可以将被选中的对象从选择集中移去。

(2) 在建立选择集时，可以选用比较简便的方法，如窗口框选，多选择一些对象，然后结合“Shift”键从中撤除不需要的部分。

13.5.1　删除命令(ERASE)

“Erase”命令用于删除选中的对象。在绘图过程中,可能会产生一些错误,用删除命令可以从图中删除对象。

调用方法如下:

命令行:输入“ERASE”

菜单:修改⇨删除

图标:在“修改”工具栏中点击

命令行提示“选择对象:”时,光标变成小正方形——拾取框,将拾取框移动到要选择的对象上,单击左键,则选取了要删除的对象。要结束对象选择,按回车键即可。

13.5.2　放弃命令(U)

用于取消上一次命令的操作。调用方法如下:

命令行:输入“U”

菜单:编辑⇨放弃

图标:在“标准工具栏”中点击

> **注意:**“U”命令不能取消诸如 Plot、Save、Open、New 或 Copyclip 等对设备做读、写数据的命令操作。

13.5.3　重做命令(REDO)

重做 U 命令所放弃的操作。调用方法如下:

命令行:输入“REDO”

菜单:编辑⇨重做

图标:在“标准工具栏”中 点击

13.5.4　复制对象命令(COPY)

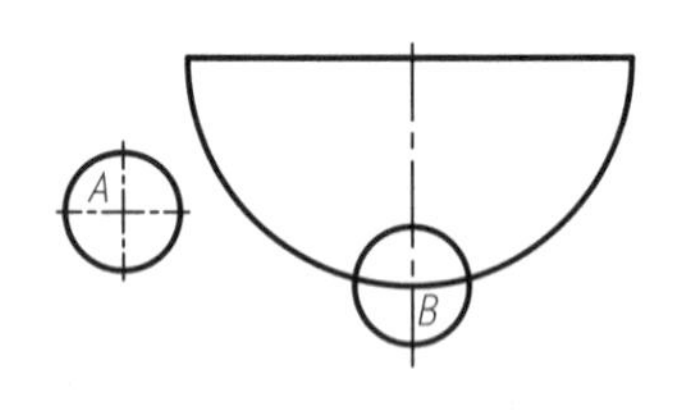

图 13-24　单个复制

用于复制选定的对象,还可做多重复制。

(1) 调用

命令行:输入“COPY”

菜单:修改⇨复制

图标:在“修改”工具栏中点击

命令:copy

选择对象:(建立选择集,选图 13-24 中圆心为 A 的圆)

指定基点或位移,或者\[重复(M)\]:拾取 A 点(A 点为基点,若输入“M”,则选择了多重复制,可复制一个对象到多处位置)

指定位移的第二点或<用第一点作位移>:拾取 B 点(B 点为目标点)

注意:基点与位移点可用光标定位、坐标值定位、对象捕捉等任何定点的方法来准确定位。

(2) 使用剪贴板复制对象

剪贴板是 Windows 操作系统内存中的临时存储区,用来存放数据。AutoCAD 中的对象数据同样可用剪贴板来存储。调用方法如下：

菜单：编辑⇨复制

图标：在标准工具栏中点击

使用剪贴板复制对象的步骤如下：

① 建立一对象选择集；

② 在“标准”工具栏中单击“复制”按钮或在图形窗口中单击鼠标右键并点击“复制”；

③ 在图形窗口中单击鼠标右键，在弹出的快捷菜单中选择粘贴；

④ 在图形的其他位置单击一点，插入该选择集的复制内容。

注意：剪贴板复制也可粘贴对象到其他图形窗口中。

13.5.5 镜像命令(MIRROR)

生成原对象的轴对称图形，该轴称为镜像线，镜像时可删去原图形，也可保留原图形(称为镜像复制)。调用方法是：

命令行：输入“MIRROR”

菜单：修改⇨镜像

图标：在“修改”工具栏中点击

命令：mirror

选择对象：[建立选择集，选图 13 - 25(a)左侧部分]

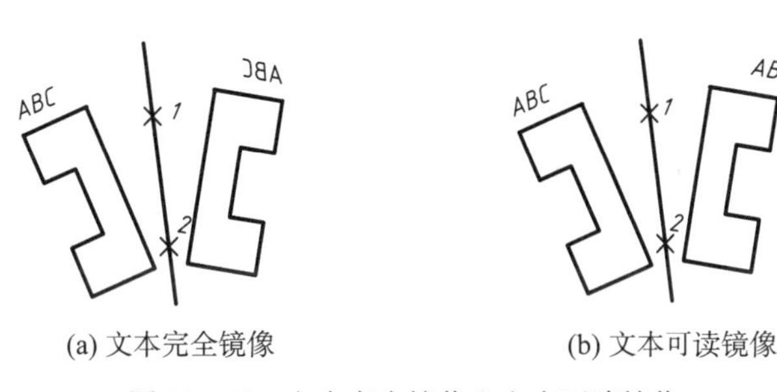

(a) 文本完全镜像　　(b) 文本可读镜像

图 13 - 25　文本完全镜像和文本可读镜像

指定镜像线的第一点：拾取点 1

指定镜像线的第二点：拾取点 2

是否删除源对象？\[是(Y)/否(N)\]<N>：回车　[N 即不删除源对象，如图 13 - 25(a)所示]

注意：在图 13 - 25(a)中文本做了完全镜像，不便阅读。把系统变量 MIRRTEXT 的值置于 0(OFF)，则镜像后文本仍然可读，如图 13 - 25(b)所示。

13.5.6 偏移命令(OFFSET)

按指定的距离用已有的对象建立新的对象，即为生成指定对象的等距曲线或平行线。调用方法如下：

命令行：输入“OFFSET”或“O”

菜单：修改⇨偏移

图标：在“修改”工具栏中点击

例 13－7　如图 13－26 所示，作出与原对象偏移距离为 6 mm 的偏移对象。

命令：offset

指定偏移距离或\[通过(T)\]<10>：6　(偏移的距离为 6，若输入“T”，则以指定通过点方式偏移)

选择要偏移的对象或<退出>：　(选择原对象)

指定点以确定偏移所在一侧：　(在 A 点附近拾取一点，即在 A 点所在的那一侧画等距线，偏移线已作出)

选择要偏移的对象或<退出>：　(继续进行或回车结束)

使用偏移命令还可绘制同心圆弧和等距矩形，如图 13－27 所示。

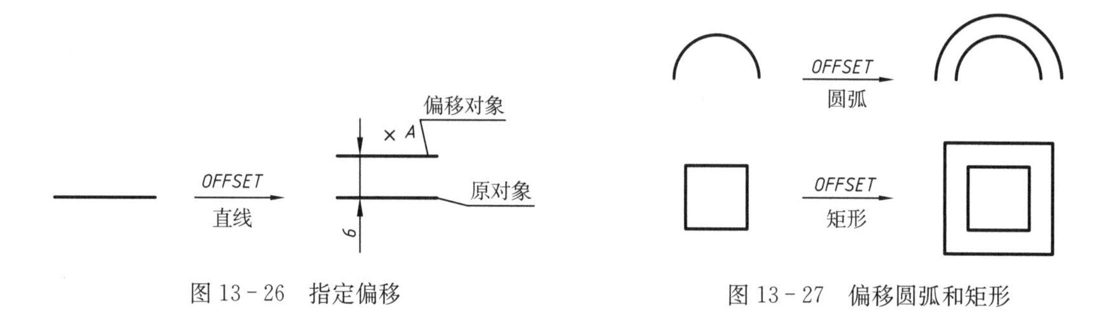

图 13－26　指定偏移　　　图 13－27　偏移圆弧和矩形

13.5.7　阵列命令(ARRAY)

对选定的对象做矩形和环形阵列的复制。

(1) 调用

命令行：输入“ARRAY”

菜单：修改⇨阵列

图标：在“修改”工具栏中点击

执行“Array”命令，在 AutoCAD 早期版本中将弹出“阵列”对话框，新版本中需要输入 ARRAY CLASSIC 命令才会弹出“阵列”对话框，如图 13－28 所示。有矩形和环形两种阵列方式。

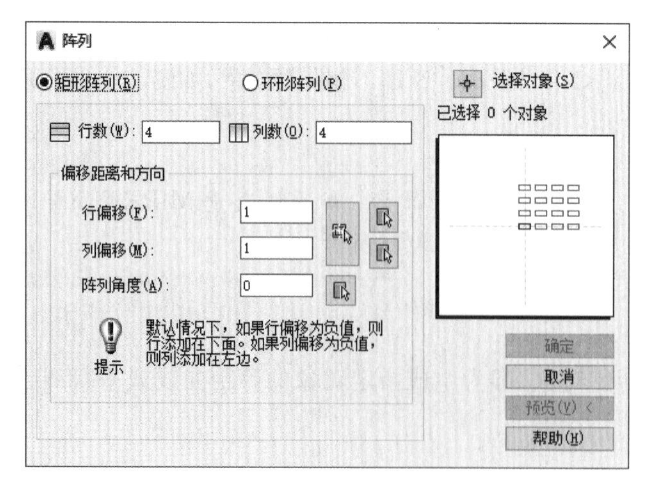

图 13－28　“阵列”对话框

(2) 矩形阵列

在对话框中点击“选择对象”按钮，根据提示选择要进行阵列的对象；指定阵列的行数、列数；输入阵列的行间距、列间距(或单击按钮在图形屏幕上指定间距)；阵列的同时若需要旋转则输入阵列角度；单击“预览”按钮可观察阵列效果。

(3) 环形阵列

选择要进行阵列的对象，单击

按钮在图形屏幕指定环形阵列的中心点，在“项目总数”框输入阵列要复制的数目，在“填充角度”框指定在多大的角度范围内进行阵列；若在旋转阵列的同时对象自身也要随着一起旋转，应选上“复制时旋转项目”。

在 AutoCAD 新版中，阵列命令不弹出“阵列”对话框，除了矩形阵列 和环形阵列 方式外，还有路径阵列 ，它们均在命令行完成阵列操作。路径阵列将使对象沿路径均匀分布，路径可以是直线、多段线、样条曲线、圆弧等。图 13－29 是三种阵列的结果，默认情况下阵列结果是关联的。其中矩形阵列操作变化较大，图 13－29(a)的矩形阵列命令操作过程如下：

命令：_arrayrect

选择对象：(选择要进行阵列的对象)

选择对象：

类型 = 矩形　关联 = 是

为项目数指定对角点或 \[基点(B)/角度(A)/计数(C)\] <计数>：　(按 Enter 键，默认“计数”选项)

输入行数或 \[表达式(E)\] <4>：2

输入列数或 \[表达式(E)\] <4>：2

指定对角点以间隔项目或 \[间距(S)\] <间距>：　(按 Enter 键，默认输入间距)

指定行之间的距离或 \[表达式(E)\] <112.0651>：10

指定列之间的距离或 \[表达式(E)\] <353.4032>：17

按 Enter 键接受或 \[关联(AS)/基点(B)/行(R)/列(C)/层(L)/退出(X)\] <退出>：(按 Enter 键结束操作)

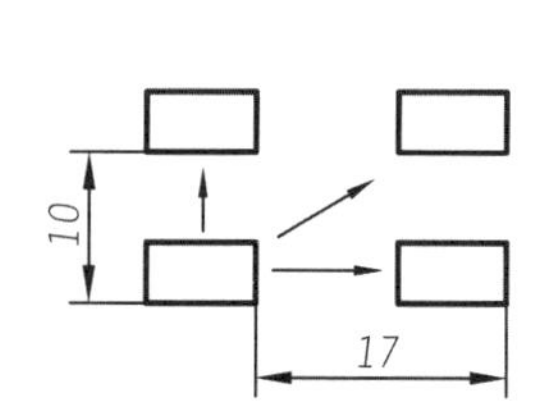

(a) 2 行 2 列，行间距 10，列间距 17 的矩形阵列

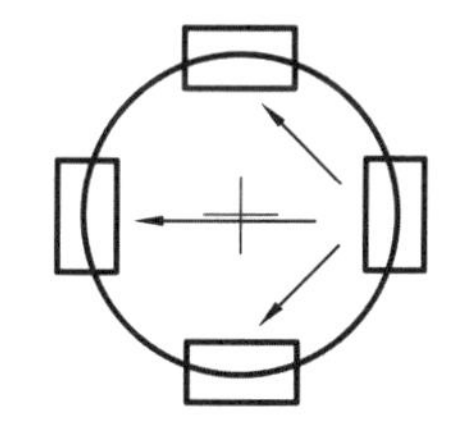

(b) 阵列中心为圆心，阵列数目 4 个，范围为 360° 的环形阵列

(c) 路径阵列，阵列数目6个

图 13－29　三种阵列的结果

13.5.8　移动命令(MOVE)

用于平移指定的对象。调用方法如下：

命令行：输入“MOVE”或“M”

菜单：修改⇨移动

图标：在“修改”工具栏中点击

13.5.9　旋转命令(ROTATE)

绕旋转中心旋转选定的对象。调用方法如下：

命令行：输入“ROTATE”或“RO”

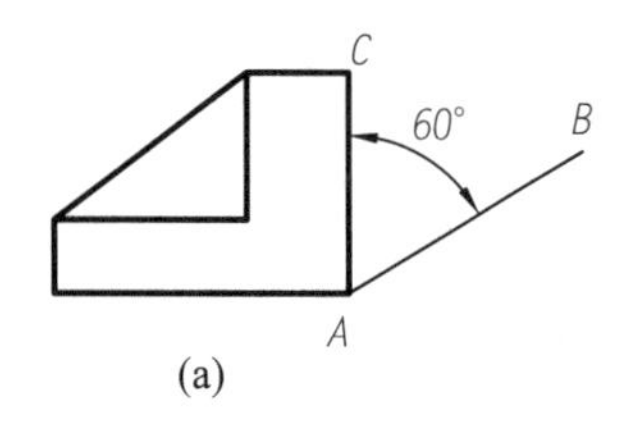

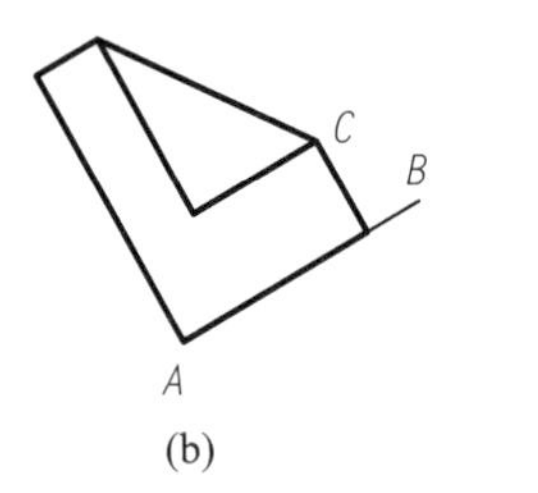

图 13－30 两种旋转

菜单：修改⇨旋转

图标：在“修改”工具栏中点击

例 13－8 旋转如图 13－30(a)所示的图形。

命令：rotate

选择对象： ［选择图 13－30(a)对象，除直线 *AB* 外］

指定基点： （拾取 *A* 点）

指定旋转角度或\[参照(R)\]：－60 （旋转角，顺时针为负）

当不知旋转角度值时，可用参照方式操作。操作步骤如下：

命令：rotate

选择对象： ［选择图 13－30(a)对象，除直线 *AB* 外］

指定基点： （拾取 *A* 点）：

指定旋转角度或\[参照(R)\]：R （选参照方式）

指定参考角： （拾取点 *A* 和 *C*，用点 *A* 和 *C* 的连线确定参照的方向角）

指定新角度： ［拾取点 *B*，用 *A* 和 *B* 两点连线来确定参照方向旋转后的角度，得到图 13－30(b)］

13.5.10 比例缩放命令(SCALE)

将选定的对象按指定的比例进行比例缩放。调用方法如下：

命令行：输入“SCALE”

菜单：修改⇨比例缩放

图标：在“修改”工具栏中点击

例 13－9 按 1.5 的比例因子放大图形。

命令：scale

选择对象：(选择要放大的图形对象)

指定基点：(拾取点 A 为基准点，即不动点)

指定比例因子或\[参照(R)\]：1.5 (输入比例因子)

结果图形放大了 1.5 倍。

在指定比例因子时也可按参照方式(R)来确定实际比例因子。

> **注意：**Scale 命令是 *X*、*Y* 方向的等比例缩放，所选择的基点不同，缩放后的图形在图形文件中的位置不同。比例因子＞1 为放大图形，比例因子＜1 时为缩小图形。

13.5.11 延伸命令(EXTEND)

在指定边界后，可连续地选择不封闭的对象(如直线、圆弧、多段线等)延长到与边界相交。调用方法如下：

命令行：输入“EXTEND”

菜单：修改⇨延伸

图标：在“修改”工具栏中点击 

例 13 - 10　使用延伸命令，将图 13 - 31 的直线 2 延伸至边界线。

命令：extend

当前设置：投影＝UCS，边＝无

选择边界的边……

选择对象：　(拾取点 1，所选择的对象为延伸的边界线)

选择对象：　(可连续选取边界线，不想继续选择则回车结束对象选择)

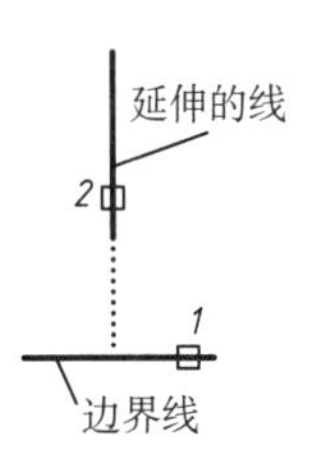

图 13 - 31　延伸

选择要延伸的对象，按住“Shift” 键选择要修剪的对象，或 \[投影(P)/边(E)/放弃(U)\]：(拾取点 2)

13.5.12　修剪命令(TRIM)

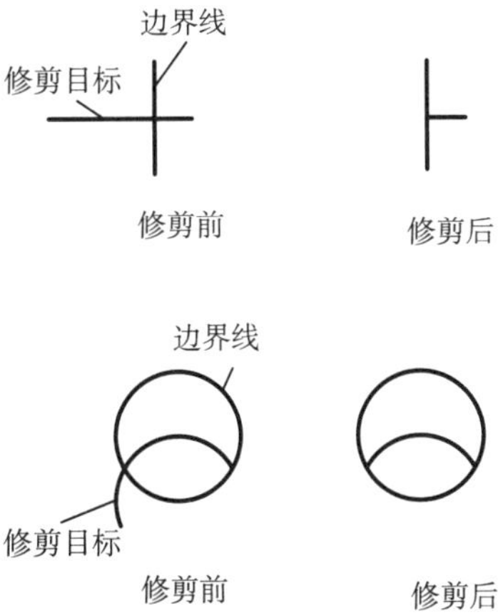

在指定边界后，可连续地选择对象进行剪切。

(1) 调用

命令行：输入“TRIM”或“TR”

菜单：修改⇨修剪

图标：在“修改”工具栏中点击

例 13 - 11　用“Trim”命令将图 13 - 32 左图变化成修剪后的右图。

命令：trim

当前设置：投影＝UCS，边＝无

选择剪切边……

选择对象：(选择修剪的边界线)

选择对象：(不需继续选择边界对象则回车)

边界线　修剪目标　修剪前　修剪后

边界线　修剪目标　修剪前　修剪后

图 13 - 32　修剪

选择要修剪的对象，按住 Shift 键选择要延伸的对象，或 \[投影(P)/边(E)/放弃(U)\]：(选择修剪目标)

(2) 注意

① 某一对象可以同时既是修剪对象，又是修剪边界。在使用修剪的过程中，当某一对象被修剪后，它就从亮显的虚线变成了实线，但它仍为边界。

② 选择剪切对象时，拾取点应在被剪切的一侧。

③ 在“选择要修剪的对象……或 \[投影(P)/边(E)/放弃(U)\]：”提示下输入“E”后则选择延伸修剪模式，可延长边界以便修剪。

> **建议：**(1) 可用窗交、栏选等建立选择集的方法来选择多个被剪对象，以提高效率。(2) 在“选择对象”提示下按“Enter”键，将会选择所有对象作为延伸边界或剪切边界。

13.5.13　打断命令(BREAK)

切掉对象的一部分或将对象切断成两个。

命令行：输入“BREAK”

菜单：修改⇨打断

图标：在“修改”工具栏中点击

在选择对象后，拾取点作为第一打断点，然后指定另一点作为第二打断点(可不在对象上，AutoCAD 会自动捕捉对象上离光标最近的点)。处于这两点之间的部分被切除。若第二打断点与第一打断点重合(用相对坐标符号 @来响应“指定第二个打断点(或第一点(F))”，此时对象被分为两个对象。

注意： 对于圆，从第一断开点逆时针方向到第二断开点的部分将被切掉。

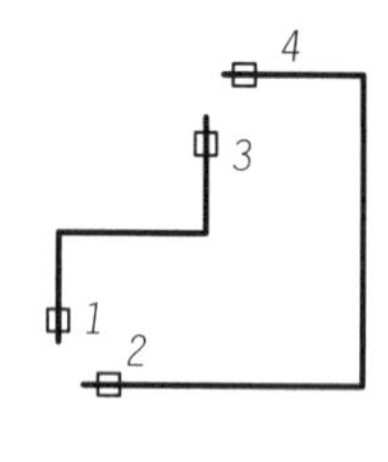

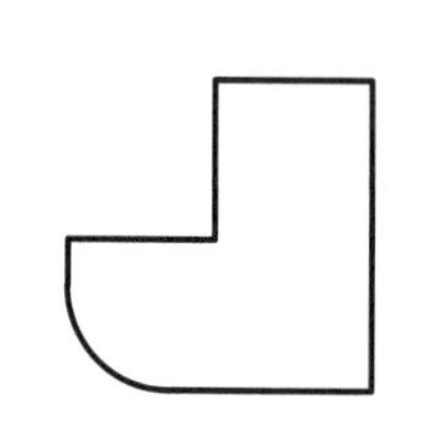

图 13－33　倒圆角

13.5.14　圆角命令(FILLET)

按指定的半径在直线、圆弧、圆之间倒圆角，也可对多段线倒圆角。

(1) 调用

命令行：输入“FILLET”或“F”

菜单：修改⇨圆角

图标：在“修改”工具栏中点击

例 13－12　使用 Fillet 命令将图 13－33 中的上图变化成下图，其中圆弧半径为 30。

命令：fillet

当前模式：模式 ＝ 修剪，半径 ＝ 10.0000

选择第一个对象或 \[多段线(P)/半径(R)/修剪(T)/多个(U)\]：R

指定圆角半径<10.0000>：30

选择第一个对象或 \[多段线(P)/半径(R)/修剪(T)/多个(U)\]：拾取点 1

选择第二个对象：(拾取点 2，结果如图 13－33 下图中的圆弧)

命令：fillet

当前模式：模式 ＝ 修剪，半径 ＝ 30.0000

选择第一个对象或 \[多段线(P)/半径(R)/修剪(T)/多个(U)\]：R

指定圆角半径<30.0000>：0

选择第一个对象或 \[多段线(P)/半径(R)/修剪(T)/多个(U)\]：拾取点 3

选择第二个对象：(拾取点 4，结果如图 13－33 下图所示)

从上例可知：将圆角半径设为 0，可迅速地将两条不相交的线直角相交。

对平行的直线、射线或构造线，执行 Fillet 命令时，可忽略当前所设定的半径，AutoCAD 会自动计算两平行线的半径来确定圆角半径，并从第一线段的端点绘制圆角。如图 13－34 所示。

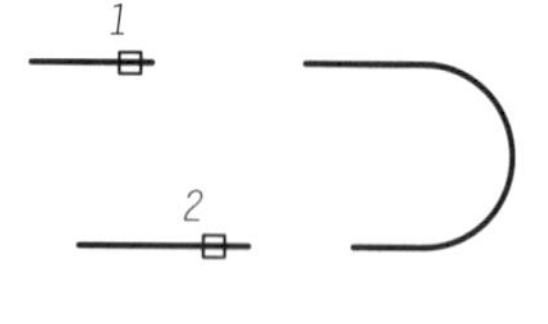

图 13－34　对平行线倒圆角

利用圆角命令，还可快速完成如图 13－35 所示的连接圆弧的绘制。

(2) 注意

① 选项“修剪(T)”用于控制修剪模式，后续提示为：“输入修剪模式选项 \[修剪(T)/不修剪(N)\]<修剪>”，键入 N 后，则倒圆角时将保留原线段，既不修剪，也不延伸。

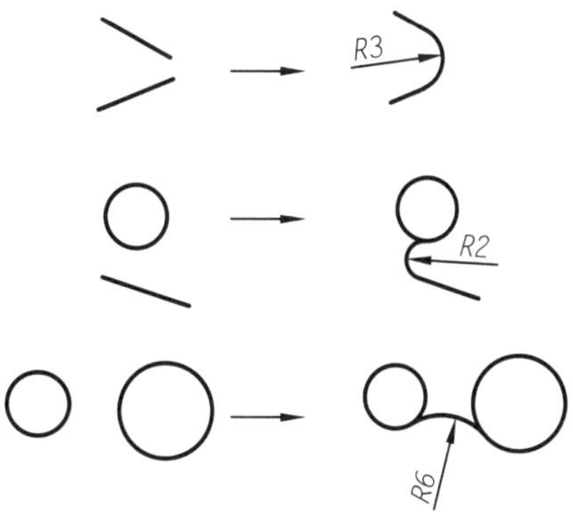

② 对多段线倒圆角时，在响应“选择第一个对象或 \[多段线(P)/半径(R)/修剪(T)/多个(U)\]”时，键入 P，可对整根多段线各处拐角处倒圆角。

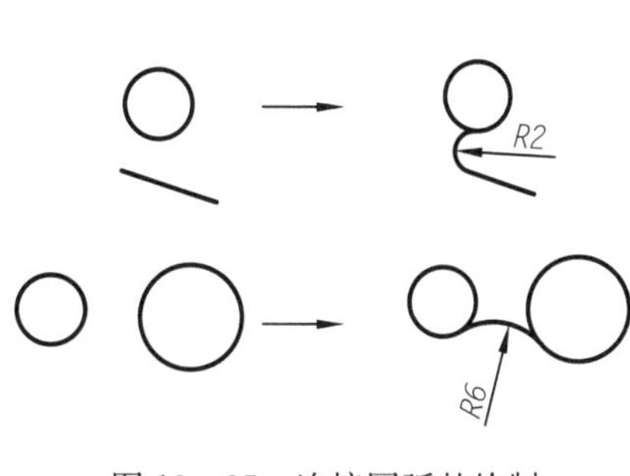

图 13－35　连接圆弧的绘制

13.5.15　倒角命令(CHAMFER)

Chamfer 命令用于对两条直线边倒棱角。

(1) 调用

命令行：输入“CHAMFER”或“CHA”

菜单：修改⇨倒角

图标：在“修改”工具栏中点击

命令：chamfer

(“修剪”模式) 当前倒角距离 1 ＝ 10.0000，距离 2 ＝ 10.0000

选择第一条直线或 \[多段线(P)/距离(D)/角度(A)/修剪(T)/方法(M)/多个(U)\]：d

指定第一个倒角距离<10.0000>：5

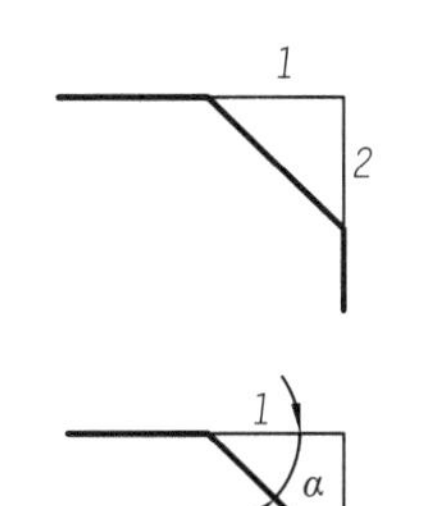

图 13－36　倒角参数

指定第二个倒角距离<5.0000>：2.5

选择第一条直线或 \[多段线(P)/距离(D)/角度(A)/修剪(T)/方式(M)/多个(U)\]：(选择直线 1)

选择第二条直线：(选择直线 2)

(2) 倒角的参数有两种方法

① 距离方法：由第一倒角距 1 和第二倒角距 2 确定，倒角效果与直线的选择顺序相对应。选择“距离(D)”，可重新设定倒角距离，如图 13－36 上图所示。

② 角度方法：对常见的标注形式 2×30°的倒角，可由第一倒角距 1 和角度 α 确定，如图 13－36 下图所示。

倒角命令的选项和用法与圆角命令类似。将倒角距离设为 0，可使不平行的两线精确相交。

13.5.16　多段线编辑命令(PEDIT)

用于编辑两维多段线、三维多段线和三维网格。调用方法为：

命令行：输入“PEDIT”

菜单：修改⇨对象⇨多段线

图标：在“修改Ⅱ”工具栏中点击

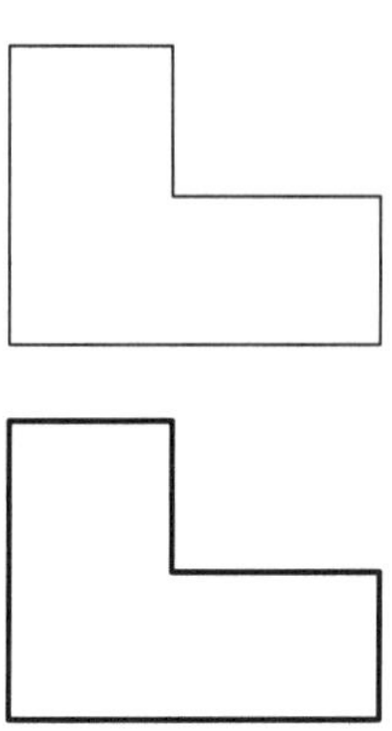

例 13－13　将图 13－37 中由 Line 命令绘成的上图编辑为宽为 2 mm 的多段线的下图。

命令：pedit

选择多段线或 \[多条(M)\]：拾取图中任一线段

选定的对象不是多段线

是否将其转换为多段线？<Y>Y　(输入 Y 将拾取的线转换为多段线)

输入选项 \[闭合(C)/合并(J)/宽度(W)/编辑顶点(E)/拟合

图 13－37　多段线编辑

(F)/样条曲线(S)/非曲线化(D)/线型生成(L)/放弃(U)\]：j　(选“合并”选项)

选择对象：指定对角点：找到 6 个　(窗选所有对象)

选择对象：(回车)　5 条线段已添加到多段线

输入选项 \[打开(O)/合并(J)/宽度(W)/编辑顶点(E)/拟合(F)/样条曲线(S)/非曲线化(D)/线型生成(L)/放弃(U)\]：w(选多段线的线宽度)

指定所有线段的新宽度：2　(宽度为 2，回车后即生成图 13 - 37 下图)

PEDIT 编辑命令中各选项的更多信息参见帮助和有关的书籍。

13.5.17　用夹点进行编辑

对象的夹点就是对象的一些特征点，不同的对象具有不同的特征点，见图 13 - 38。用光标拾取对象，该对象就进入选择集，并显示该对象的夹点，称为温点。单击一个温点，则该温点变为热点(颜色变为红色)，此时当前选择集即进入夹点编辑状态，可进行 Stretch(拉伸)、Move(移动)、Rotate(旋转)、Scale(缩放)、Mirror(镜像)、Copy(复制)六种编辑模式的操作。

默认的编辑模式为 Stretch(拉伸)，要选择其他编辑模式可键入模式名、按回车键、空格键或单击鼠标右键弹出快捷菜单。

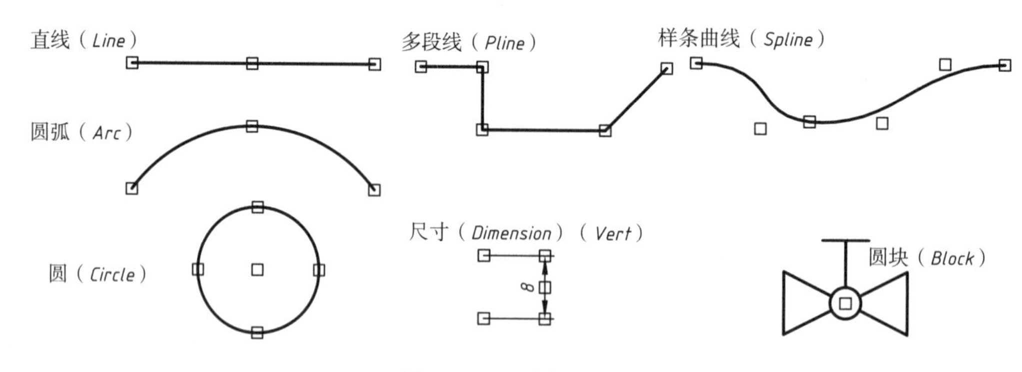

图 13 - 38　对象的夹点

例 13 - 14　如图 13 - 39 所示，用夹点编辑将长方形变成梯形。

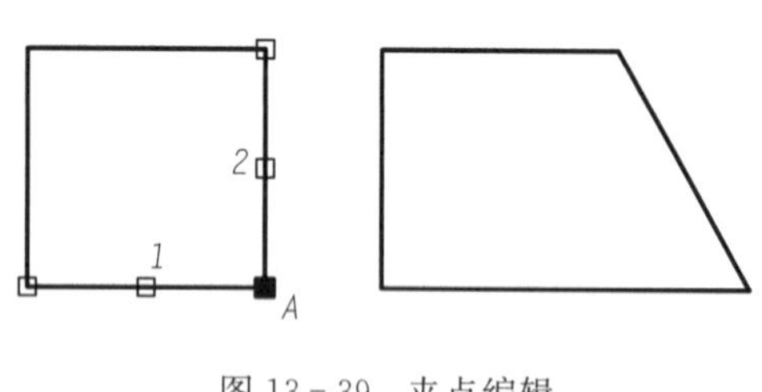

图 13 - 39　夹点编辑

(1) 拾取线 1 和 2，线上出现温点。

(2) 拾取温点 A，使温点 A 变成热点(此时即进入夹点编辑默认的拉伸模式)，并向右拖动光标，对象即被拉伸，如图 13 - 39 中的右图。

例 13 - 15　综合应用绘图命令和编辑命令绘制图 13 - 40(f)。

绘制步骤：

(1) 用 Circle 命令，以定位点(100，150)为圆心、半径为 40 画圆[如图 13 - 40(a)]。

(2) 用 Polygon 命令及其 Cen，I 方式画内接六边形[如图 13 - 40(b)]。

(3) 用 Line 命令和对象捕捉连接各顶点[如图 13 - 40(c)]。

(4) 用 Trim 和 Erase 命令修剪和删除多余的线段[如图 13 - 40(d)]。

(5) 用 Arc 命令，以 3P 方式画圆弧，3P 分别为 Int(或 End)，Cen，Int(或 End)[如图 13 - 40(e)]。

(6) 用 Array 命令将圆弧作环形阵列,复制数目为 6[如图 13－40(f)]。

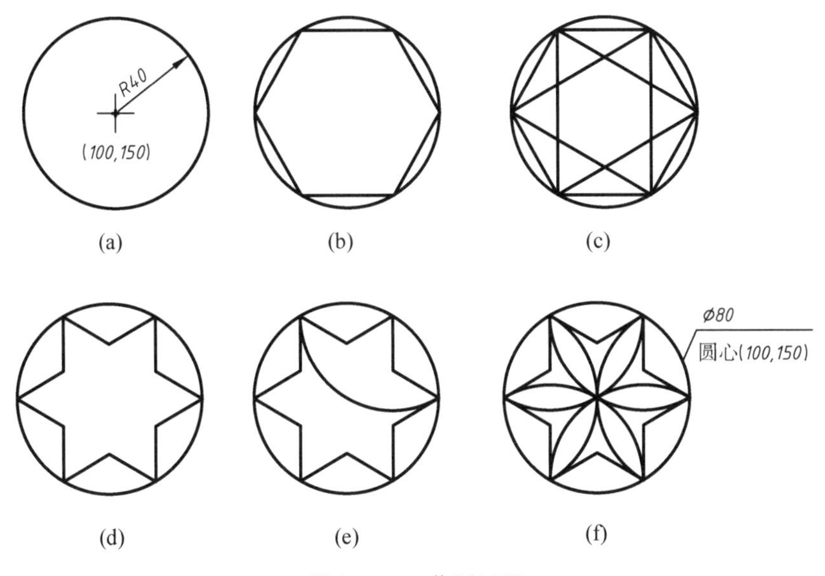

图 13－40　作图过程

13.6　填充

使用 AutoCAD 的填充功能可以将特定的图案填充到一个封闭的图形区域中。例如,机械图形中表示剖面的阴影线,建筑图形中墙面的方砖图案,都可以由此功能来绘制。为了管理方便建议使用专门的层来管理填充图案。

13.6.1　填充操作

输入命令“BHATCH”,或单击“菜单”绘图⇨图案填充…,单击图标 ,进入图 13－41 所示的“边界图案填充”对话框。

(1) 单击“图案”下拉按钮选择填充图案,如选 ANSI31 项。

(2) 指定填充边界的确定方式。单击“拾取点”按钮,或“选择对象”按钮,将临时关闭对话框。

(3) 回到图形界面,指定填充区域(一般应为封闭区域)后,回车再返回“边界图案填充”对话框。

(4) 单击“预览”按钮,观看填充效果。若不满意,回车结束预览,回到“边界图案填充”对话框中进行修改。

(5) 单击“确定”按钮,完成填充图案操作。

13.6.2　选择图案类型

在“边界图案填充”对话框中单击“图案”的下拉列表右旁的 按钮,弹出“填充图案控制板”对话框,在此可更加直观地选择图案。

如果要定义一个与选择的图案不同角度与间距的填充图案,可以:

(1) 在“比例”框中输入数值,可放大或缩小图案间距。默认值为 1。

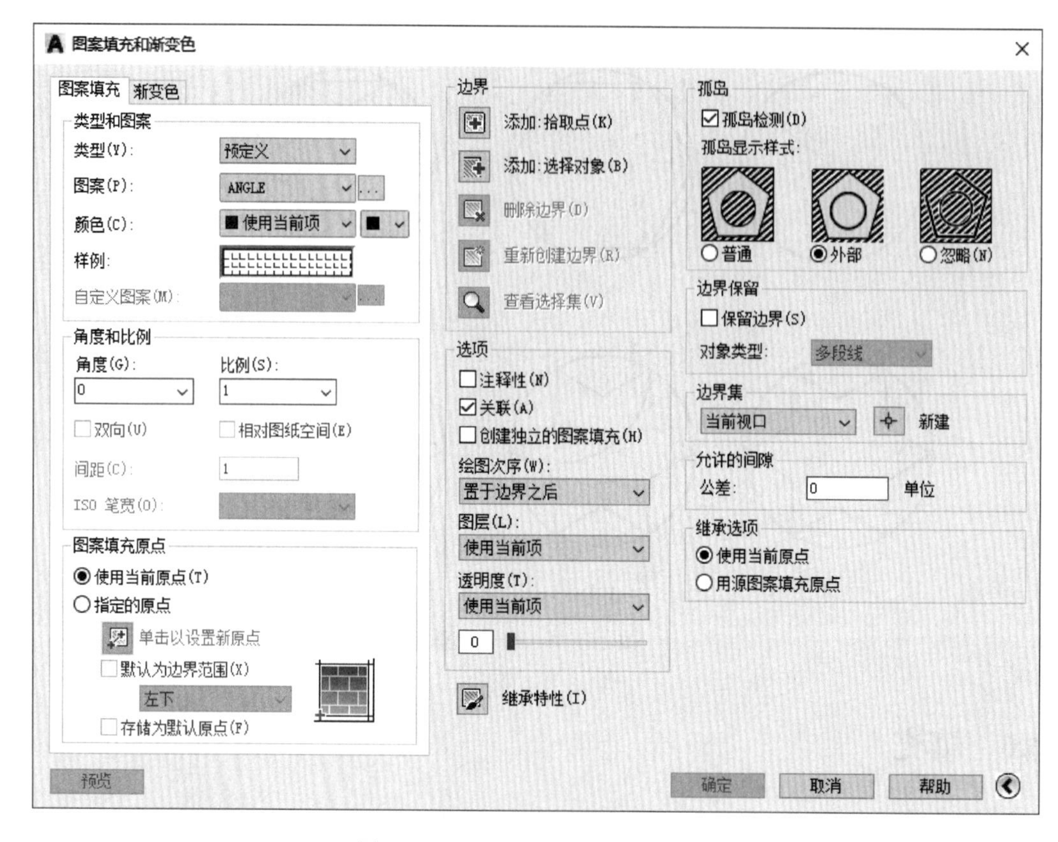

图 13 - 41 “边界图案填充”对话框

(2) 在“角度”框中输入图案倾斜的角度值。默认情况下角度为 0°(45°斜线)。

13.6.3 设置填充边界

“边界图案填充”对话框中定义填充边界的方法有“添加:拾取点”和“添加:选择对象”两种方法:

(1) 添加:拾取点

单击“拾取点”将暂时关闭边界图案填充对话框转到图形窗口,命令行提示“选择内部点:”在要填充的封闭区域内的任意位置单击一下鼠标左键,系统将自动搜索包围该点的封闭边界,同时生成一条临时的封闭边界,该边界区域即为填充区域。然后,依次选择下一个填充区域,不想继续可按回车键来结束选择内部点操作,返回“边界图案填充”对话框。

注意,若区域边界不封闭,系统会提示“未找到有效的图案填充边界”,不能继续填充操作。

(2) 添加:选择对象

通过指定填充图案的边界对象构成填充边界。单击“选择对象”按钮,屏幕转到图形窗口,用构造选择集的方法选择图元对象,使其围成一封闭边界,该边界区域即为填充区域。

注意:应勾选“关联”单选按钮,将建立相关联的填充图案,在修改图形时填充的图案将自动适应修改后的边界。

(3) 关联填充

AutoCAD 默认的图案填充区域与填充边界是关联的，在填充边界发生变化时，填充图案的区域自动更新，这给图案填充的编辑带来极大便利。为了使用关联图案填充功能，应当勾选对话框中的“关联”单选按钮。

13.6.4　孤岛

如果图形对象比较多，内部嵌套有多层封闭区域，称为孤岛，可通过图 13－41 所示的“孤岛”选项卡来设置特殊的填充格式。它们可以控制是否把填充边界内部的封闭边界也作为填充边界线，因而有三种内部区域的填充方式。

(1) 普通：剖面线从外向内画线，从外向内数，被分开的奇数区域画剖面线，偶数区域不画剖面线。填充区域内的文字也不会被阴影线穿过，保持其易读性。

(2) 外部：仅画最外层区域的阴影线，除此之外内部的各部分封闭区域均为空白。

(3) 忽略：该格式将忽略其内部结构，所指定的区域均被绘制上阴影线。

13.6.5　编辑填充图案

输入命令“HATCHEDET”，或单击“菜单”修改⇨对象⇨图案填充，或单击图标 编辑修改填充的图案。

可以修改填充的图案、角度、间距，操作的结果不受填充边界是否修改的限制。

13.7　文字注释

在一幅图中使用图形传达信息的时候，通常还需要使用文字的描述，如图纸说明、注释、标题、技术要求等。AutoCAD 具有很强的文字处理功能，提供了符合国家标准的汉字和西文字体。在注写英文、数字和汉字时，需要建立合适的文字样式。

13.7.1　建立文字样式

图形的文字样式用于确定字体名称、字符的高度及放置方式等参数的组合。AutoCAD 的默认文字样式为“Standard”，可以建立多个样式，但只有一个为当前样式。调用方法如下：输入命令“STYLE”，或单击“菜单”格式⇨文字样式，或单击图标 ，打开“文字样式”对话框，如图 13－42 所示。

新建一个文字样式的步骤如下：

(1) 单击“新建”按钮，弹出“新建文字样式”对话框，输入新样式的名称。

(2) 单击字体名下拉按钮，从下拉列表中选择一种字体。

(3) 在效果区域中设置文字特殊效果。

(4) 单击“应用”按钮，完成一种样式的设定。重复上述操作，可建立多个文字样式。说明：

(1) 字体：在字体下拉列表中列出了

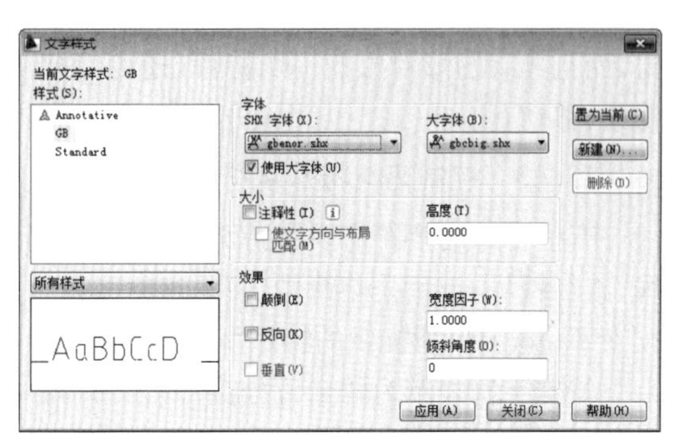

图 13－42　“文字样式”对话框

系统提供的字体，它包括两类字体：一种是 Windows 系列软件提供的 True Type 字体，具有实心填充功能；另一种是 AutoCAD 特有的 shx 字体。两类字体前用图标 和 加以区分。

在定义文字样式时，可以定义一种字体为 shx 的样式，专门用于注写西文和特殊符号(此样式注写汉字时有时会显示为“?”号或乱码)；可以再定义一种字体为 Windows 字体的样式，如宋体，专门用于注写汉字(此样式下注写特殊符号时有时会显示为“?”号或乱码)。以便针对西文、特殊符号和汉字等不同的场合选用不同的文字样式进行注写。

为解决乱码的问题，AutoCAD 中文版提供了符合国家标准的斜体西文 gbeitc.shx 及正体西文 gbenor.shx。同时还提供了符合国家标准的工程汉字 gbcbig.shx，此类汉字称为大字体 BigFont。定义文字样式时字体应采用“西文字体”+“大字体汉字”，例如 gbenor.shx+gbcbig.shx，则这一种文字样式就可同时注写正体西文、特殊符号和汉字，其设置方法见图13-42。即在“字体”列表中选择 gbenor.shx(或 gbeitc.shx)，然后选上“使用大字体”，再在“大字体”列表中选择 gbcbig.shx。

注：早期版本提供的 Bigfont 大字体 HZTXT.shx 也可以同时进行中、西文注写。

(2) 高度：如果高度设为 0，每次执行注写文字命令时命令行都会提示用户指定文字高度，即文字高度可随时按需要变动；高度为非 0 时，文字高度则不可更改，在文字命令执行过程中不再提示“指定高度：”。文字高度可参照 CAD 国家标准的规定，一般在 A2～A4 图纸中汉字字高为 5 mm，字母、数字字高为 3.5 mm；在 A0～A1 图纸中则分别是 7 mm 和 5 mm。如果图纸输出时存在比例系数，文字高度应设为输出后图纸上的字高÷比例。

(3) 效果：倾斜角，相对 90°而言，若要写斜体字，可取 15°。

宽高比例，即字符的宽高比，可取 2/3=0.67。

颠倒、反向、垂直等效果可在预览框观看效果，根据需要选用。

13.7.2 注写单行文字(TEXT)

按设定的文字样式，在指定位置一行一行地注写文字，一般用于绘制小篇幅的文字。

输入命令“TEXT”或“DTEXT”，或单击“菜单”绘图⇨文字⇨单行文字，或在文字工具条中单击图标 ，将执行单行文字的命令。

根据命令行提示所输入的文字将同时显示在命令提示行与图形窗口中，输完一行后，按 Enter 键可继续输入下一行文字。所输入的每行文字，都将被 AutoCAD 视为单独的图形对象，而且具有图形对象的一切特性，还可以接受相应的编辑与修改操作，如按指定比例进行修改、移动等。

13.7.3 控制码与特殊字符

有些特殊的字符需要在特殊控制下才能输入进图形中。例如，文字加上划线或者下划线、直径符号、正负公差符号、表示角度度数的小圆圈等。这些符号不能从键盘直接输入，必须在 AutoCAD 所提供的特殊字符与控制码下完成。

特殊字符表示为两个百分符号(%%)，各控制码如下所列：

%%o　　注写文字上划线

%%u　　注写文字下划线

%%d　　在指定数值的右上角注写一个表示“度数”的小圆圈

%%p　　注写“正/负”公差符号

%%c　　注写标准的表示圆的直径的专用字符

%%%　　注写一个“百分”符号

%%nnn　注写由 nnn 的 ASCII 代码对应的特殊符号

在命令行上输入上述附加有控制码的字符串时，屏幕上将完整地显示其输入的以百分号开头的控制码字符内容，结束命令后才会显示需要的真实结果。

如欲注写∅50，在文字命令提示“输入文字:”时输入%%c50 即可。

13.7.4 注写段落文字

在多行文字编辑器中注写段落文字。输入命令“MTEXT”，或单击“菜单”绘图⇨文字⇨多行文字，或单击图标 A ，将显示“文字格式”对话框，如图 13－43 所示。该命令建立的段落文字允许不同的字体存在，并支持扩展的字符格式、特殊字符系列等。

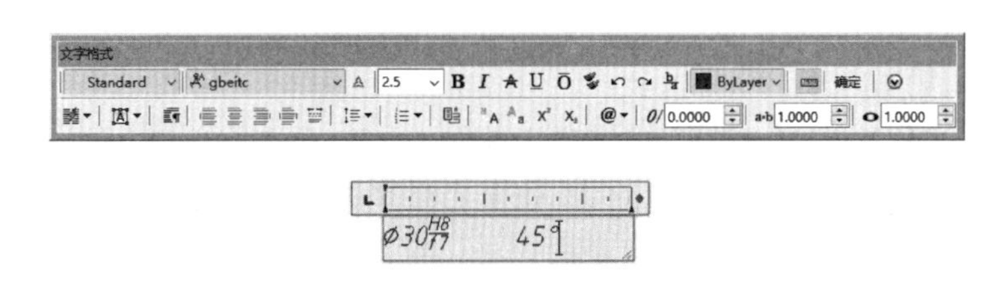

图 13－43 多行文字编辑器及其光标菜单

输入段落文本的步骤：

(1) 根据提示指定一个矩形区域的两个对角点，该矩形区域将用于容纳段落文本。

(2) 自动进入“文字格式”对话框，在该对话框的文本框输入要注释的文字。

说明：

(1) 指定一个矩形区域的两个对角点，该范围只限定文字行宽，不限制行数。

(2) 多行文编辑器类似于 Word 的字处理程序，可方便地输入文字，输入的文本最后将出现在前面指定的矩形区域中，文本超过区域指定的宽度会自动换行。可使用不同的字体、字体样式、字符格式、特殊字符、幂、堆叠、大小写等。而且 Word 的很多功能在此有效，如选择文字、单击鼠标右键弹出光标菜单等。

(3) 单击鼠标右键，在弹出的光标菜单中选择“输入文字”，可将.txt 和.rtf 文件输入到多行文本编辑器。

(4) 在光标菜单中选择“符号”，可插入常用的直径、度数等符号，“其他”选项可插入其他特殊符号。

(5) Mtext 命令与 Text 命令不同，文字类型可在“字符”下拉列表中选择。所以此命令可以在文本编辑器中直接输入西文、特殊符号和中文文字。

(6) $\frac{b}{a}$ 堆叠按钮：用于注写分数和指数。

例 13－16 配合代号 $\frac{\mathrm{H7}}{\mathrm{f6}}$ 的注写：进入 Mtext 文本编辑器，输入 H7/f6，用鼠标选取 H7/f6 后点取堆叠按钮即可，见图 13－43。

尺寸$\varnothing 30p6\left(\begin{smallmatrix}+0.035\\-0.022\end{smallmatrix}\right)$的注写：进入Mtext文本编辑器,输入%%C30p6(+0.035^−0.022),用鼠标选取 +0.035^−0.022 后点取堆叠按钮即可。

5^2的注写：在Mtext文本编辑器,输入52^,然后选择2^,单击堆叠按钮。如果要注写下标,只要将^符号放在下标数字的前面即可。

知识拓展：在多行文字编辑器中,将字体设置为gdt,单击键盘X键,多行文字编辑器将显示孔的深度符号↧;单击键盘V键,将出现沉孔符号⌴。

在gdt字体下,键盘上几乎每个字母键都分别代表一个制图符号。有兴趣的不妨试试。

13.7.5　编辑/修改文字

如果需要修改已经绘制在图形中的文字内容,可以使用AutoCAD的文字修改功能。DDEDIT命令用于修改文字内容,对象特性管理器用于修改文字的插入点、样式、对齐方式、字符大小和文字内容。

输入命令“DDEDIT”,单击“菜单”修改⇨对象⇨文字,单击图标 ：

(1) 从图形窗口中选择一个文本对象,如果要修改的文字是用Dtext命令建立的,将弹出编辑文字对话框,如果要修改的文字是用Mtext建立的,则弹出多行文字编辑器。

(2) 在文字编辑框中会显示所选择的文本内容,在此输入新的文本内容,按下键盘上的Enter键,或者单击确定按钮即可确认对所选择文字的修改。

(3) Properties特性命令：在“标准”工具栏中单击 按钮,弹出“特性”对话框,选择欲修改的文字,再单击文字内容项右边的文字进行修改。如果修改Mtext命令建立的文字,则弹出“多行文字编辑器”对话框,根据对话框中的各项内容予以修改。

13.8　尺寸标注

尺寸标注是工程制图中的一项重要内容,它描述了机械图、建筑图等各类图形对象各部分的大小和相对位置关系,是实际零件制造、建筑施工等工作的重要依据。AutoCAD配备了一套完整的尺寸标注系统,采用半自动方式,按系统的测量值进行标注。它提供了多种标注对象及设置标注格式的方法,可以方便快速地为图形创建一套符合工业标准的尺寸标注。

13.8.1　尺寸标注基础知识

AutoCAD的尺寸标注与我国工程制图绘图标准类似,由尺寸界线、标注文字、尺寸线和箭头四个基本元素组成,如图13-44所示。

标注文字包括测量值、标注符号和测量单位等内容,一般沿尺寸线放置。AutoCAD可以自动计算并标出测量值,因而要求在标注尺寸前必须精确构造图形。

注意：对图形进行尺寸标注之前,应遵守下面尺寸标注步骤：

(1) 设立“尺寸线”层作为尺寸标注的专用图层,使之与图形的其他信息分开。

(2) 为尺寸标注文本建立专门的文字样式。字体一般选择gbenor.shx+gbcbig.shx,按

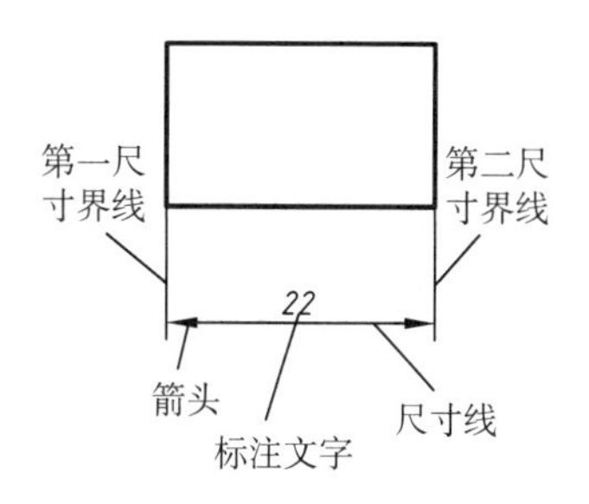

图 13 - 44　标注的基本组成

照我国对机械制图中尺寸标注数字的要求设定字高。若想在尺寸标注样式中随时修改字高，可将文字样式的文字高度 Height 设置为 0。

(3) 建立合适的标注样式。通过标注样式对话框设置尺寸线、尺寸界线、尺寸终端符号、比例因子、尺寸格式、尺寸字高、尺寸单位、尺寸精度、公差等。

(4) 根据图形输出的比例，计算图中尺寸文字的高度，我国机械图规定，打印输出后尺寸文字高度一般为 3.5 mm，按此可算出 AutoCAD 中的尺寸字高。

(5) 充分利用对象捕捉功能，及时利用缩放显示功能，以便快速拾取定义点。

13.8.2　尺寸标注命令

AutoCAD 中的尺寸标注可以分为以下类型：线性标注、对齐标注、基线标注、连续标注、角度标注、半径标注、直径标注、坐标标注、引线标注、公差标注、圆心标记以及快速标注等。有专门执行标注命令的“标注”菜单及“标注”工具栏。标注工具栏如图 13 - 45 所示。

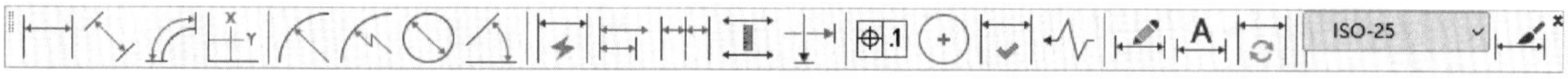

图 13 - 45　“标注”工具栏

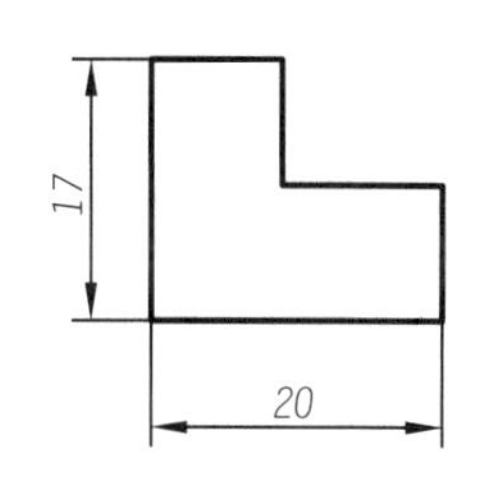

图 13 - 46　线性标注

1. 线性标注(DIMLINEAR)

用于测量并标注当前坐标系 XY 平面上两点间的距离，如图 13 - 46所示按尺寸线的放置可分为水平、垂直和旋转三个类型。

线性标注的步骤如下：

(1) 执行 Dimlinear 命令，命令行显示如下提示：

指定第一条尺寸界线原点或<选择对象>：(拾取第一条尺寸界线起点，若按回车键则选择要标注的对象)

指定第二条尺寸界线原点：(拾取第二条尺寸界线起点)

(2) 选择完界线原点或要标注的对象，命令行提示：

指定尺寸线位置或\[多行文字(M)\\文字(T)\\角度(A)\\水平(H)\\垂直(V)\\旋转(R)\]：

(3) 拖动鼠标，AutoCAD 会在屏幕中实时显示尺寸界线、尺寸线和标注文字的位置。按鼠标左键确定尺寸线的位置，完成线性标注。

命令行提示的其他选项说明如下：

多行文字：启动多行文字编辑器来注写尺寸文字。编辑器编辑区中的尖括号< >表示自动测量值。若希望替换掉测量值，则删除尖括号，输入新文字。

文字：在命令行中输入用于替代测量值的字符串。要恢复使用原来的测量值作为标注文字，可再次输入 T 后按回车。

角度：用于指定标注文字的旋转角度。0°表示将文字水平放置，90°表示将文字垂直放置。

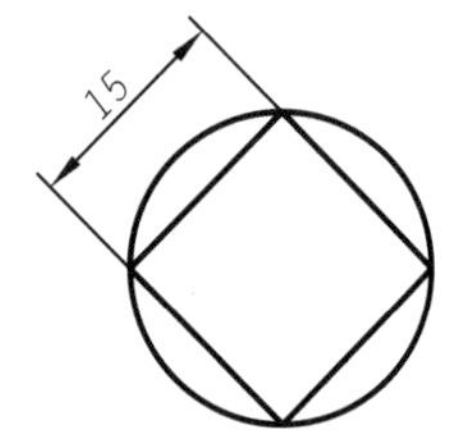

图 13－47　对齐尺寸样例

水平/垂直：将尺寸线水平或垂直放置。或通过拖动鼠标光标来确定尺寸线的摆放位置：左右移动将创建垂直的尺寸标注；上下移动则创建水平标注。

旋转：指定尺寸线的旋转角度。

2. 对齐标注(DIMALIGNED)

用于标注平行于两条尺寸界线的起点确定的直线，适合标注倾斜放置的对象，见图 13－47。

对齐标注的步骤及命令行提示中的选项参见线性标注中的相关内容。

3. 基线标注(DIMBASELINE)

已存在一个线性、坐标或角度标注，基线标注如图 13－48(a)所示，具有共同的第一尺寸界线，测量值是从相同的基点(线)测量得出，所以称之为基线标注。

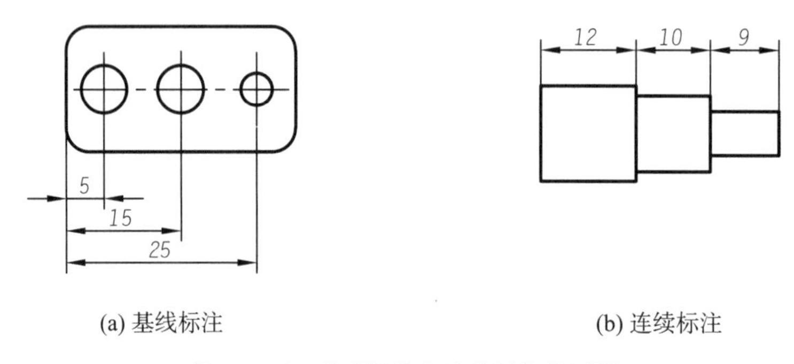

(a) 基线标注　　(b) 连续标注

图 13－48　基线标注和连续标注的区别

注意：尺寸线间距在标注样式中设定。

4. 连续标注(DIMCONTINUE)

连续标注中的所有标注共享一条尺寸线，使用上一个标注的第二尺寸界线作为后面连续标注的第一尺寸界线，见图 13－48(b)，从图中可看出它与基线标注的区别。

5. 角度标注(DIMANGULAR)

角度标注可以测量两条直线间的夹角、一段弧的弧度或三点之间的角度。

选择的对象可为选择圆弧、圆、直线。见图 13－49。

注意：当光标在不同侧时，标注值是不同的。

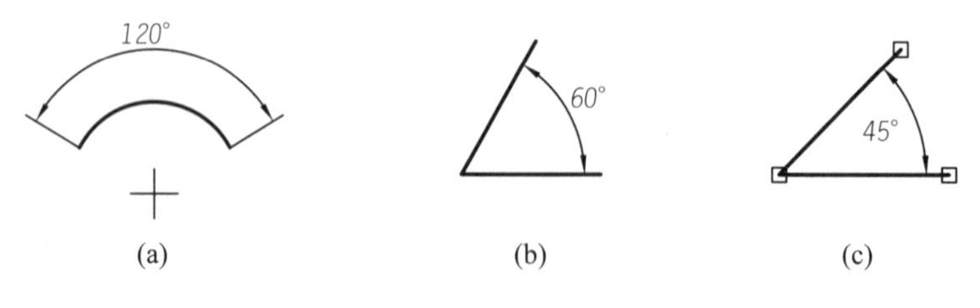

(a)　　(b)　　(c)

图 13－49　角度标注样例

6. 半径标注(DIMRADIUS)

半径标注用于标注圆弧的半径尺寸。默认时半径标注的文字为测量值，前面带有半径符号 R。

7. 直径标注(DIMDIAMETER)

用于标注圆的直径尺寸。直径标注与半径标注类似,尺寸线过选定圆或圆弧的圆心并指向圆周。默认时,前面有直径符号Ø。若自行输入尺寸文字应在前面加%%C,以显示符号Ø。

8. 多重引线标注(MLEADER)

通过引线和注释指明各部位的名称、材料及形位公差等信息。注释可以是文字、块和特征控制边框。

引线标注步骤:

执行 mleader 命令,命令行提示:

指定引线箭头的位置或 \[引线基线优先(L)/内容优先(C)/选项(O)\]<选项>:

指定下一点:(指定 B 点)

指定引线基线的位置:(指定 C 点)

回车,将启动将多行文字编辑器输入文字即可。

图 13-50(a)的引线标注,要求文字在引线上方,可以打开“格式”/“多重引线样式”对话框。如图 13-50(a),在引线内容/连接/水平连接中选上“最后一行加下划线”或“所有文字加下划线”或“第一行加下划线”来实现。

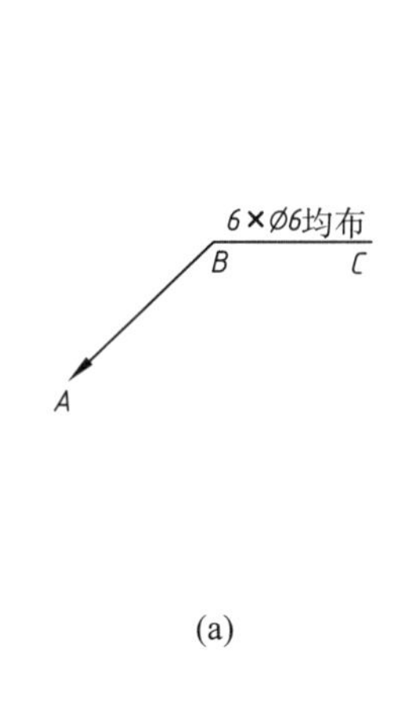

(a)

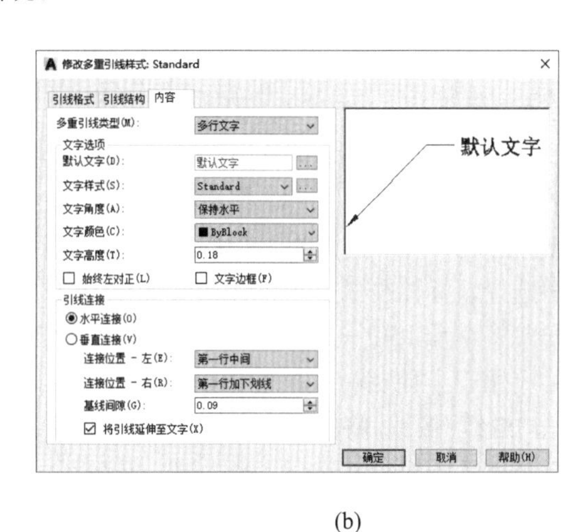

(b)

图 13-50 引线标注

9. 形位公差标注(TOLERANCE)

显示对象的形状、轮廓、方向、位置和跳动的偏差。如图 13-51 所示的形位公差。

标注形位公差的步骤如下:

(1) 执行“Tolerance”形位公差命令,弹出“形位公差”对话框,如图 13-52 所示。

(2) 单击“符号”下的黑色方框,弹出“符号”对话框,从中选择需要的形位公差符号,此处选同轴度符号。

(3) 单击“公差 1”下面左边的黑色方框,自动插入直径符号“Ø”。

(4) 在右面的输入框中输入第一个公差值“0.02”。

(5) 在“基准 1”下输入基准值,此处输入“A”。

注意：使用快速引线标注形位公差的方法与上类同，它还可以直接画出引线，更为方便。

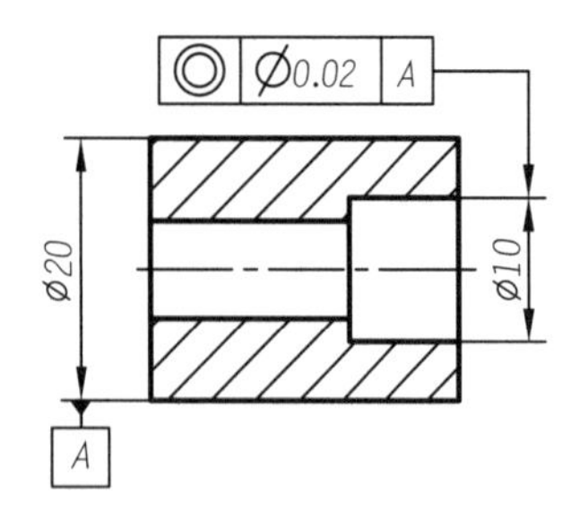

图 13-51　形位公差

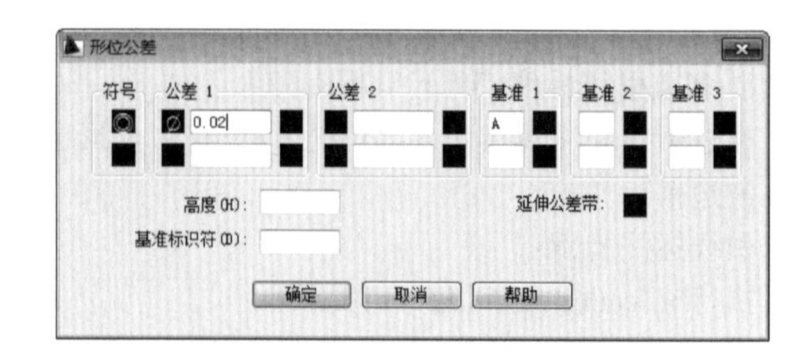

图 13-52　“形位公差”对话框

13.8.3　标注样式

标注尺寸时，尺寸线、标注文字、尺寸界线和箭头的格式和外观由标注样式控制。采用英制单位绘图，默认的标注样式为“Standard”，它是基于美国国家标准协会(ANSI)标注标准的样式。如果选择公制单位绘图，则默认的标注样式是 ISO—25。

考虑到实际应用的复杂性和多样性，AutoCAD 提供了设置标注样式的方法，可以创建自己的标注样式以满足不同应用领域的标准或规定。

1. 建立标注样式

(1) 输入命令“DDIM”，或单击“菜单”标注⇨标注样式，或单击图标弹出“标注样式管理器”对话框，如图 13-53 所示。

(2) 单击“新建…”按钮，弹出“创建新标注样式”对话框。输入新样式的名称。在“基础样式”列表中选择新标注样式，公制时默认选项是 ISO—25，它是 AutoCAD 自带的标注样式，新标注样式将继承 ISO—25 样式的所有外部特征设置。在“用于”列表中指定新样式的应用范围，可应用于半径、线性、角度等子样式的标注，减少样式切换次数。

(3) 单击“继续”按钮，将弹出“新建标注样式”对话框，如图 13-54 所示。对话框中有 7 个选项卡，每个选项卡对应标注的一组属性，可在其中逐一设置新样式的外部特征。

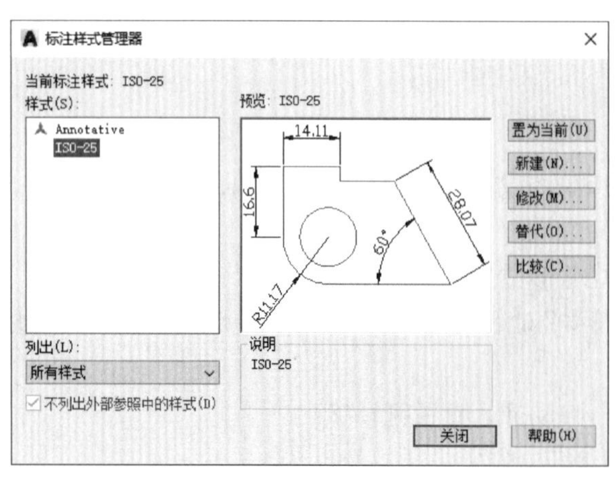

图 13-53　“标注样式管理器”对话框

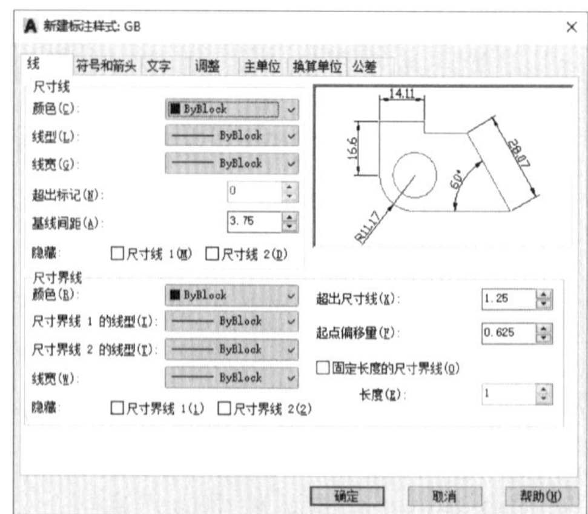

图 13-54　“新建标注样式”对话框

(4) 单击“确定”按钮，完成操作。新建的标注样式将出现在“样式”列表中。

2. 标注样式的设置

图 13－55(a)和 13－55(b)分别是系统的尺寸标注 ISO—25 样式和用户设定的 user 样式标注的尺寸。从图中看出，尺寸样式设置不同，标注的尺寸外观有很大区别，它们在箭头、文字大小等方面各不同。

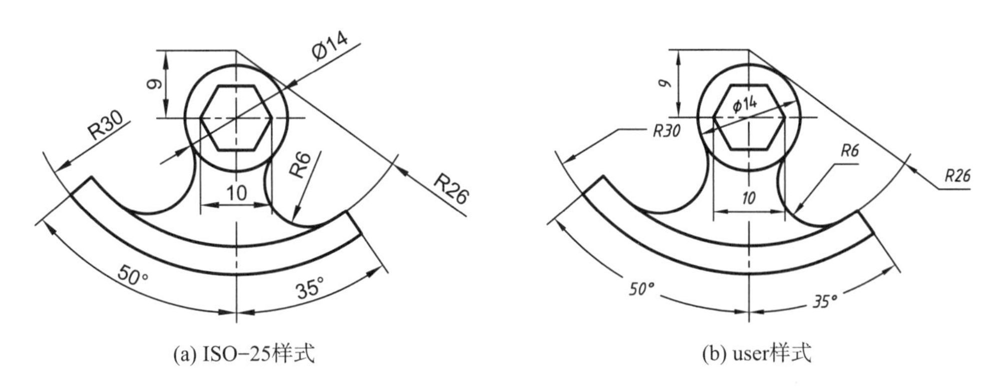

图 13－55　两种标注样式

(1) “直线”选项卡

用于修改控制尺寸标注的尺寸线、尺寸界线的外部特征。

尺寸线、尺寸界线的颜色、线型、线宽均为“ByBlock”。

基线间距：决定了基线标注两条尺寸线之间的间距，该距离应大于标注文字的高度，否则将导致基线标注文字与尺寸线重叠。

超出尺寸线：控制尺寸界线与尺寸线相交处尺寸界线超过尺寸线的数值，一般 2～5 mm。

起点偏移量：控制尺寸界线的起点与被标注对象间的间距，默认为 0.625，可设为 0。图 13－55(a)所示是 ISO—25 样式默认的 0.625，而 13－55(b)所示是按国家标准要求，设定的尺寸界线的起点为 0。

隐藏：控制是否完全显示尺寸线和尺寸界线。

(2) “箭头和符合”选项卡

用于控制箭头样式和圆心标记的格式。

第一项：控制第一尺寸线端的箭头样式。它是一个下拉列表框，可从中选择一个需要的样式。机械图中的箭头采用闭合填充的三角形，建筑图中通常采用斜线作箭头。

第二个箭头：用于控制第二尺寸线端的箭头样式。操作同上。

引线：用于设置引线的箭头样式。

圆心标记：用于控制圆心标记的外观。

(3) “文字”选项卡

设置标注文字样式、文字外观、文字位置及文字对齐方式等属性，如图 13－56 所示为“文字”选项卡。

文字样式：从下拉列表框中可以选择尺寸标注使用的文字样式。单击列表框右边的 ... 按钮，即可进行设置文字样式的操作。图 13－55(a)中文字样式为系统默认的 txt.shx 字体，

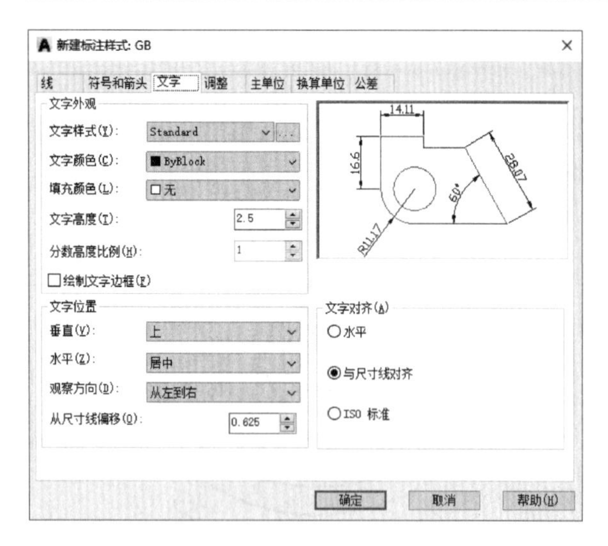

图 13－56　“文字”选项卡

在图 13－55(b)中文字样式设定为国家标准字体,二者明显不同。

文字高度:设定标注文字的高度。如果文字样式中设置了文字高度,则此处设定无效。图 13－55(a)中文字高度为 2.5,在图 13－55(b)中将文字高度设定为 2,所有尺寸的字高将变小。一般情况下,A4～A2 图纸中文字高为 3.5 mm,A1～A0 图纸中文字高为 5 mm。

标注文字相对于尺寸线和尺寸界线的位置有以下方式:

a. 垂直:设置文字沿尺寸线垂直方向的放置方式,可以有置中(放在尺寸线的中间)、上方(放在尺寸线的上面)、外部(放在距离标注定义点最远的尺寸线一侧)、JIS[按照日本工业标准(JIS)放置]。

b. 水平:设置标注文字沿尺寸线平行方向的放置方式。置中(把标注文字沿尺寸线放在两条尺寸界线中间)、第一条尺寸界线(沿尺寸线与第一条尺寸界线左对正排列标注文字)、第一条尺寸界线上方(沿第一条尺寸界线放置文字或把文字放在第一条尺寸界线之上),等等。各种格式的样例可在预览区中预览,以决定是否选用。

c. 从尺寸线偏移:设置标注文字与尺寸线的间距。图 13－55(a)中文字与尺寸线的间距为默认的 0.625,而在图 13－55(b)中显示的是文字与尺寸线的间距为 1 的效果。

文字对齐:用于设置标注文字的放置方式。一般选用“与尺寸线对齐”,即文字始终沿尺寸线平行方向放置。而在图 13－55(b)中角度的标注文字按国家标准要求水平位置放置,此时须在国家标准样式的基础上新建一个标注样式,专门用于角度标注,在文字对齐组件中选择“水平”即可。同样,图 13－55(b)中半径标注也是水平位置放置,也要作同样设定。

(4)“调整”选项卡

调整尺寸界线、箭头、标注文字以及引线相互间的位置关系,如图 13－57 所示为“调整”选项卡。

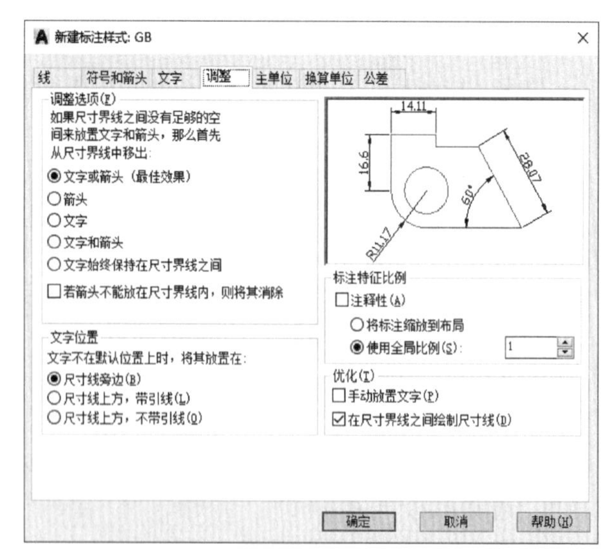

图 13－57　“调整”选项卡

根据两条尺寸界线间的距离确定标注文字和箭头是放在尺寸界线外还是尺寸界线内。首先,如果两条尺寸界线之间的空间允许,AutoCAD 自动将箭头和标注文字放置在尺寸界线之间。若尺寸界线间的空间不足,则按以下设置来调整标注:

“文字或箭头,取最佳效果”:标注

文字或箭头自动调整移动至尺寸界线的内侧或外侧，这是默认的选项，若勾选上：

“箭头”：当距离空间不够放下文字和箭头时，移出箭头而文字放在尺寸界线内。

“文字”：当距离空间不够放下文字和箭头时，文字移出而箭头放在尺寸界线内。

“文字和箭头”：当尺寸界线间空间不足时，文字和箭头一起移动至尺寸界线外侧。

“文字始终保持在尺寸界线之间”：始终将标注文字放置在两条尺寸界线之间。

“若不能放在尺寸界线内，则消除箭头”：如果尺寸界线间的空间过小，且箭头未被调整至尺寸界线外侧时，AutoCAD 将不绘制箭头。此选项可以分别与前五个选项一起使用。

图 13－55(a)中尺寸Ø14 是根据 ISO—25 默认的选项“文字或箭头，取最佳效果”所得到的尺寸，有时会不合适；而在图 13－55(b)中选择“文字和箭头”，尺寸Ø14 会尽可能将该尺寸的文字和箭头显示在尺寸界限内，否则，一起放至尺寸界线外侧。

调整后的标注文字将不在默认位置，此时可以通过“文字位置”组件来设定它们的放置方式。

使用全局比例：全局比例影响整个图形文字高度、箭头尺寸、偏移和间距等标注特征，用于控制打印图形的尺寸，详见后述。

当上述各组件都不能满足标注文字的位置要求时，可以使用：

手动放置文字：在标注对象时，手动确定标注文字沿尺寸线的摆放位置；图 13－55(a)中半径尺寸 $R30$ 和 $R23$ 分别放置在圆弧内侧和圆弧外侧，就应选择“标注时手动放置文字”选项以便在标注对象时，手动确定标注文字沿尺寸线的摆放位置。

在尺寸界线之间绘制尺寸线：将总在尺寸界线之间绘制尺寸线，如果取消此复选项，则当箭头移动至尺寸界线外侧时，不绘制尺寸线。

(5)“主单位”选项卡

用于设置线性标注和角度标注的单位格式和精度，如图 13－58 所示为“主单位”选项卡。

单位格式：包括科学、小数、工程、建筑、分数、Windows 桌面等格式。

精度：设置线性标注的小数位数。图13－55(a)和图 13－55(b)都是选用了整数。

前缀/后缀：可为标注测量值添加前缀或后缀。例如，将单位缩写作为标注文字的后缀，特殊字符作为前缀等。

测量单位比例：线性标注的测量值将乘以在测量单位比例中输入的数值，它为绘图比例。

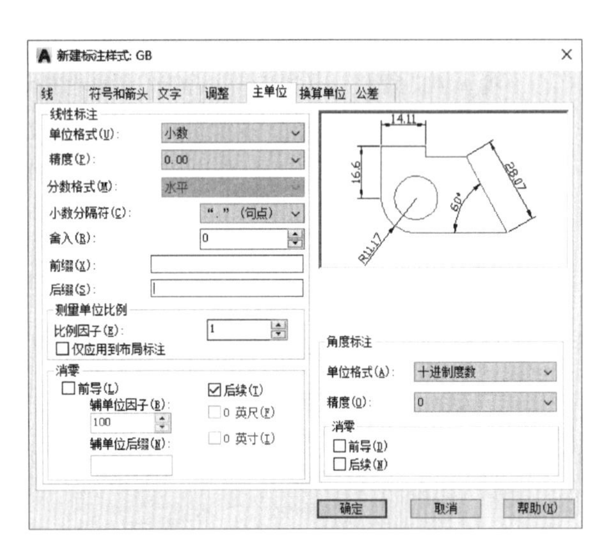

图 13－58 “主单位”选项卡

注意： AutoCAD 标注比例有两个概念——测量单位比例和全局比例(由 DIMSCALE 变量控制)。

测量单位比例：设置线性标注测量值的比例因子。AutoCAD按照此处输入的数值比例放大或缩小标注测量值。例如，如果测量单位比例为2，AutoCAD会将1 mm的标注尺寸显示为2 mm。

全局比例：见前面“调整”选项卡中“标注特征比例”提到的“使用全局比例”。用于设置尺寸偏移距离、文字高度和箭头大小等标注样式中设置的所有标注特征的全局比例因子，它不改变标注测量值。标注尺寸时尽量不要分别调整尺寸文字高度、箭头和各种间隙的尺寸，应通过修改全局比例的值，统一缩放。例如，尺寸样式中尺寸文字高度设为3.5 mm，箭头大小为2.5 mm，如果全局比例设为2，则AutoCAD会将尺寸文字高度和箭头放大2倍，分别显示为7 mm和5 mm，若按1∶2打印输出，输出在图纸上的尺寸字高和箭头正好是尺寸样式中设定的3.5 mm和2.5 mm。

(6)“换算单位”选项卡

用于设置换算单位的格式和精度，可以将一种单位转换到另一个测量系统中的标注单位。通常在英制标注与公制标注之间相互转换尺寸，换算后的值显示在旁边的方括号中。

注意：只有选中了“显示换算单位”复选项后，才能启用换算单位组件。

(7)“公差”选项卡

公差限定了标注测量值的变化范围，可在公差选项卡中设置格式，如图13-59所示为“公差”选项卡。

AutoCAD提供下列公差格式：无、对称、极限偏差、极限尺寸、基本尺寸。

上偏差/下偏差：用于设置公差的上偏差值或下偏差值。

高度比例：用于设置公差文字与标注测量文字的高度比例。

垂直位置：控制公差与尺寸文字的对齐方式，有上、中、下三种对齐方式。

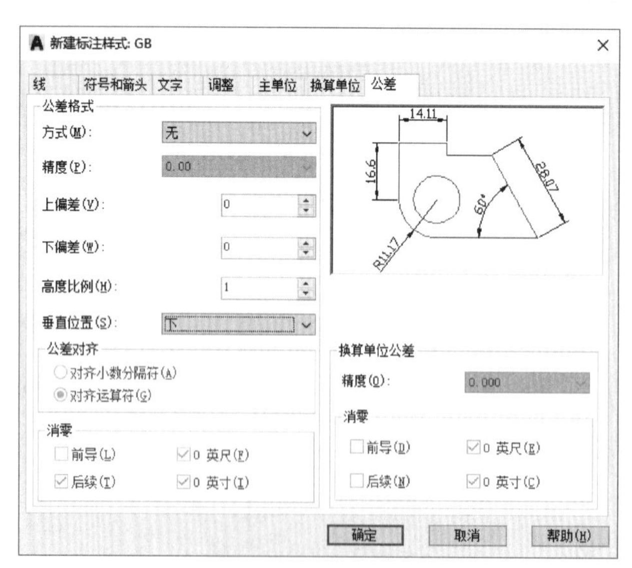

图13-59　“公差”选项卡

建议： 公差标注最好在“特性”对话框中修改公差栏的上、下偏差值实现，或利用多行文本编辑器的堆叠按钮标注，因为在尺寸标注样式中设定公差，将影响所有的尺寸标注。

知识拓展： 在AutoCAD中，只设定一种样式是不够的，例如，图形有较多的同轴回转体时，由于同轴回转体的直径应尽量标注在非圆视图上，此时用线性标注(DIMLINEAR)命令标注非圆视图上的轴径，不会自动加注直径∅符号。这就要求在图形主样式基础上新建一个自动加注直径∅符号的尺寸样式，方法是在“主单位”/“前缀”框输入%%c。这个尺寸样式专门用于非圆视图上同轴回转体的直径标注，这样用线性标注命令标注此类非圆视图上的轴径尺寸时，就会自动加注直径符号。以此类推，还可以根据绘图要求建立其他的尺寸样式。

在标注样式管理器对话框中，可以对标注样式进行新建、修改、比较、替代、重命名或删除以及将标注样式设置为当前等操作，实现标注样式的管理。标注尺寸使用图形的当前标注样式进行标注，在“样式列表框”中可方便地将某一样式设置为当前。

13.8.4 标注的编辑

当标注布局不合理时，会影响到图形表达信息的准确性，应对标注进行局部调整。如编辑标注文字、移动尺寸线和尺寸界线的位置以及修改标注的颜色线型等外部特征。

(1) 使用对象特性管理器：启动对象特性管理器，“特性”对话框可以同时修改一个或多个标注，修改的内容包括标注的外部特征、标注文字内容、公差以及该标注使用的标注样式等。

(2) 使用编辑标注(DIMEDIT)，编辑标注文字(DIMTEDIT)，标注更新。

13.9 图块与属性

图块是由多个对象组成并赋予块名的一个整体，AutoCAD可以把一些重复使用的图形定义为块，并随时将块作为单个对象插入到当前图形中的指定位置。

图形中的块可以被移动、旋转、删除和复制，还可以给它定义属性。组成块的各个对象可以有自己的图层、线型、颜色等特性。块可以建立图形库，有便于修改、节省空间等优点。

13.9.1 创建块

输入“Bmake”或“Block”命令，或高级“菜单”绘图⇨块⇨创建，或单击图标，打开“块定义”对话框，如图13-60所示。

图13-60 “块定义”对话框

下面以表面粗糙度符号为例，如图

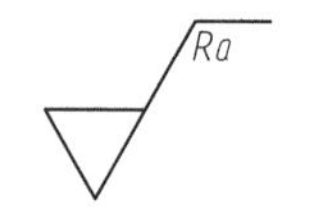

图 13－61　粗糙度符号

13－61所示，它被定义为块的步骤如下：

（1）用“Line”命令绘制粗糙度符号，并注写文字“Ra”，然后执行“Bmake”命令，弹出如图 13－60 所示的“块定义”对话框。

（2）在“名称”框中输入块定义的名称“粗糙度”。

（3）单击“拾取点”按钮在屏幕上捕捉块的插入基点，此处捕捉粗糙度的下方尖点。

（4）单击“选择对象”按钮，对话框暂时关闭，选择构成粗糙度块的对象。完成后按 Enter 键，重新显示对话框，并提示选定对象的数目。

（5）单击“确定”按钮，完成块定义。

注意：① 块定义是十分灵活的，一个块中可以包含不同图层上的对象。如果创建块定义时，组成块的对象在 0 图层上，并且对象的颜色、线型和线宽设置为“ByLayer”（随层），则将该块插入到当前图层时，AutoCAD 将指定该块各个特性与当前图层的基本特性一致。如果将组成块对象的颜色、线型或线宽设置为“ByBlock”（随块），则插入此块时，组成块的对象的特性将与当前图层的特性一致。

② Bmake 和 Block 命令创建的块定义为内部块，只能在当前图中直接调用。用“WBLOCK”命令创建块，可将块对象保存为新图形文件(.dwg 格式)，允许其他图形引用所创建的块，又称为“外部块”。

13.9.2　插入块(INSERT)

输入命令 INSERT，或单击“菜单”插入⇨块，或单击图标，可将建立的块按指定位置插入到当前图形，并且可以改变块的比例和旋转角度。

执行命令后，弹出块“插入”对话框，如图 13－62 所示。插入过程如下：

（1）在“名称”列表框中选择要插入的块，也可单击“浏览”按钮指定块文件名。

（2）在“插入点”框中指定块的插入位置，一般在图形窗口中用鼠标指定插入点。

（3）在“缩放比例”“旋转”框中指定插入块与原块的比例因子，和旋转角度。

（4）如果要将块作为分离对象而非一个整体插入，则可以选中“分解”复选项。

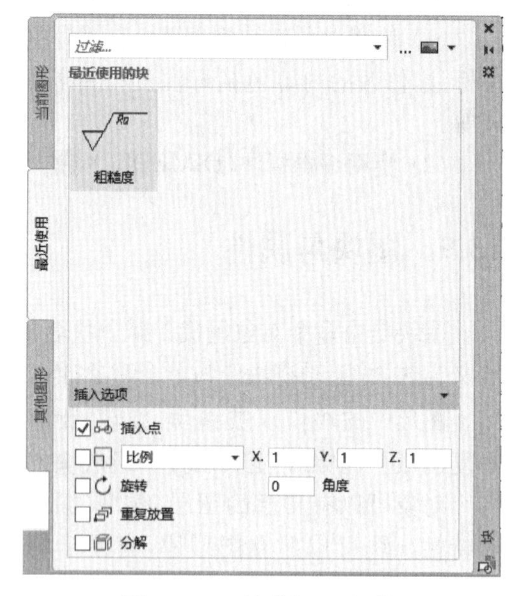

图 13－62　块“插入”对话框

提示：可以使用拖放操作插入块。在“资源管理器”找到需要插入的块文件，然后用鼠标左键按住该块文件，将其拖动到 AutoCAD 图形窗口中。

13.9.3　属性操作

前面所做的粗糙度图块并没包含粗糙度值，粗糙度值应作为属性添加到块中。属性是特定的可包含在块定义中的文字对象，可以存储与之关联的块的说明信息。插入附有属性的块时，AutoCAD会提示输入属性数据。

例如机械制图中的表面粗糙度，其值有6.3、12.5、25等，如图13-63所示。若将这些文字信息定义为粗糙度块的属性，则每次插入粗糙度块时，AutoCAD将自动提示输入粗糙度的数值。

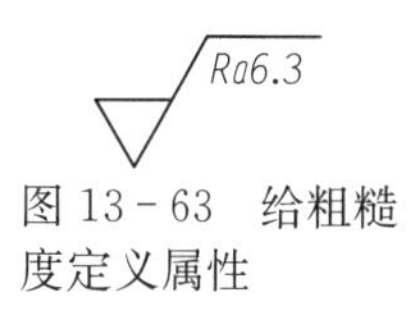

图13-63 给粗糙度定义属性

使用图块的属性有三步：

(1) 定义属性；

(2) 将属性附着到块；

(3) 插入图块时输入属性值。

13.9.3.1 属性定义

输入命令“ATTDEF”，或单击“菜单”绘图⇨块⇨定义属性，弹出如图13-64所示的“属性定义”对话框。

图13-64 “属性定义”对话框

以粗糙度的数值为例，见图13-63，它被定义为粗糙度属性的过程如下：

(1) 在“标记”框中键入文字如Ra，它将作为粗糙度数值的标记显示在图形中。

在“提示”框输入属性定义的提示信息，如“请输入粗糙度值”。

在“默认”框中输入6.3，该数值将作为属性定义的默认值。

(2) 在“插入点”框中指定属性定义的位置。

(3) 在“文字设置”框中设置属性字符的对正方式、文字样式、高度及旋转角度。

(4) 单击“确定”按钮，所创建属性的标记出现在图形中。

13.9.3.2 将属性附着到块

完成属性定义后，必须将它附着到块上才能成为真正有用的属性。在定义块时将需要的属性与图形一起包含到选择集中，这样属性定义就与块关联了。如定义了多个属性，则选择属性的顺序决定了在插入块时提示属性信息的顺序。

以后每次插入该块时，AutoCAD都会提示输入属性值，所以每次引用都可以为块赋予不同的属性值。

13.10 图形输出

工程图纸的输出是设计工作的一个重要环节。在AutoCAD中打印输出，应先将所使用的打印输出设备配置好。图形既可在模型空间也可在布局中打印输出。

输入命令PLOT，或单击菜单“文件”⇨打印，或单击图标 ，弹出“打印”对话框，其界面内容如图13-65所示。

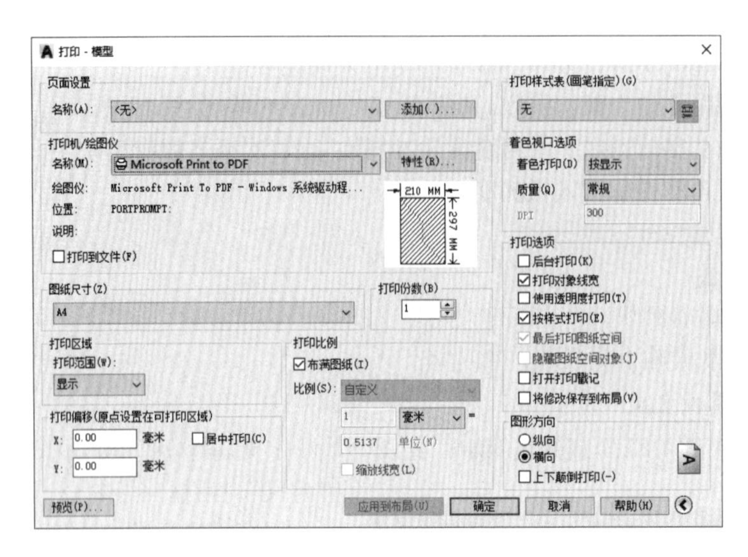

图 13-65 “打印”对话框

(1) 打印机/绘图仪：用于指定当前已配置的系统打印机。

(2) 打印样式表：用于指定当前赋给布局或视口的打印样式。打印样式类型有两种：颜色相关打印样式和命名打印样式。前者按对象的颜色决定打印方式，打印样式表文件的扩展名为“.ctb”。后者直接指定对象和图层的打印样式，打印样式表文件的扩展名为“.stb”，它可使图形中的每个对象以不同颜色打印，与对象本身的颜色无关。

注意： 默认情况下使用的是颜色相关的打印样式，可以通过改变绘图线条的颜色来改变线条的打印粗细。在绘图时应注意对象颜色的选用，所有对象的颜色应为 Bylayer，否则出图时打印效果不方便控制。

(3) 打印样式表编辑器：如需对已有打印样式修改可单击编辑按钮，弹出“打印样式表”编辑器，用于编辑打印样式表中包含的样式及其设置。可以修改打印样式的颜色、淡显、线型、线宽和其他设置。其中各参数说明请参看帮助信息。

(4) 图形方向：该组件设置打印时图形在图纸上的方向是“纵向”还是“横向”。

(5) 打印区域：

窗口：通过指定一个区域的两个对角点来确定打印区域。

打印范围：用于打印包含图形的当前空间中的所有几何元素。

图形界限：在对“模型”选项卡进行页面设置时，将出现“界限”选项。此选项将打印指定的图纸尺寸界线内的所有图形。

显示：用于打印“模型”选项卡中的当前视口的图形。

(6) “打印比例”组件：可根据自己的需要设置打印比例。

13.11 零件图的绘制

对某一专业图样而言，其绘图环境基本上是相同的，可以创建样板图来存储该绘图环境。当绘制新图时就可利用样板图来初始化绘图环境，不必每次都重新设置。

创建样板图的步骤如下：

(1) 创建新图。

(2) 设置图形单位和显示精度。

(3) 设置图形界限，并用 Zoom⇨All 命令使屏幕显示全部图形范围。

(4) 设置图层(包含设置线型、颜色和线宽等)。

(5) 设置文本字体样式。

(6) 设置尺寸标注样式。

(7) 绘制图框和标题栏。

(8) 将图形存为“.dwt”样板文件。

例 13－17　图 13－66 所示是法兰盘零件图，要求输出在 A3(420×297)图纸上，下面介绍如何用 AutoCAD 绘制该图。

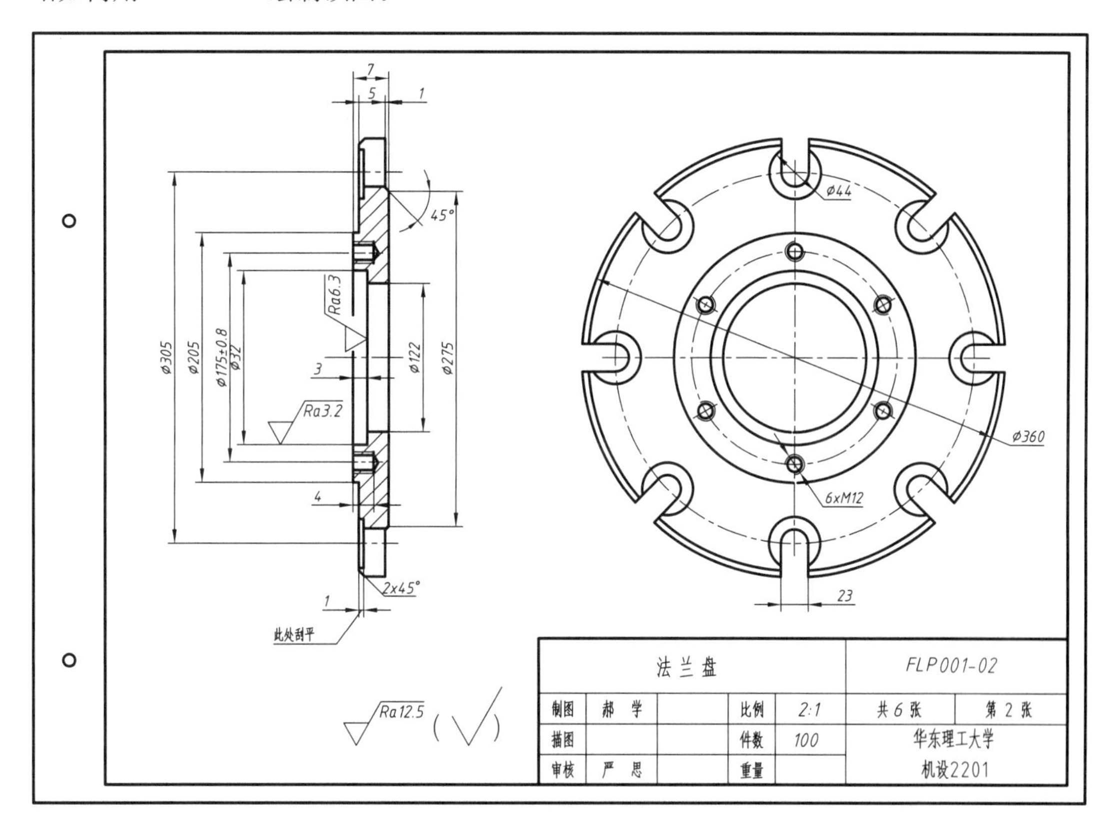

图 13－66　法兰盘零件图

1. 图形的基本设置

按照上述步骤，首先创建样板图。

(1) 图形精度设为整数；

(2) 设定图形界限。按 1∶1 绘图，根据该法兰零件尺寸，图形范围 4 号图纸大小就够了，因欲用 A3 图纸输出，建议输出比例为 2∶1；

(3) 按粗实线(01)、细实线(02)、中心线(05)、尺寸线(08)、剖面线(10)、文字等设定图层；

(4) 建立工程汉字的文字样式，即字体为“gbeitc.shx+gbcbig.shx”，文字字高为“3.5/2”；

(5) 建立尺寸样式，字高、箭头等标注特征均按在A3纸上的实际大小设定(如字高为“3.5”，箭头为“3”)，将全局比例设为“0.5”；

(6) 标题栏大小为(150×40)/2；

(7) 将图形存为“.dwt”样板文件，此即为2∶1输出的A3样板图。然后在该样板图上1∶1绘制法兰盘零件图。

2. 法兰盘的绘制

(1) 在中心线层用“Line”命令绘制定位中心线。

(2) 在粗实线层绘制左视图，用画圆命令绘出一系列同心圆。

(3) 绘制一个沉孔直径为Ø44，槽宽为23的法兰孔，并用修剪(Trim)命令剪去多余边，然后阵列8个沉孔。

(4) 绘制一个螺纹孔，并阵列6个螺纹孔。细实线要画在细实线层上。

(5) 用“Line”命令绘主视图，并在剖面线层上添加剖面线。

(6) 标注尺寸，创建粗糙度图块并插入到相应位置。图右上角粗糙度符号应放大1.4倍。

(7) 在标题栏加上姓名、班级等。